超图计算

高 跃 戴琼海 著

科学出版社
北京

内 容 简 介

本书深入探讨了超图计算的理论、方法和应用，包括超图的概念和数学基础、超图计算的概念、范式、超图建模理论及方法、超图上的学习算法、超图上的神经网络以及超图计算在大规模数据处理和轻量化应用中的实践。此外，本书还讨论了超图计算在医学、视觉、社交媒体等多个领域的具体应用案例，并介绍了超图计算相关的工具库。

本书适合本科计算机、人工智能等相关专业的高年级学生学习，也适合领域内研究人员和专业人士阅读。

图书在版编目（CIP）数据

超图计算 / 高跃, 戴琼海著. --北京 : 科学出版社, 2025. 3. --ISBN 978-7-03-081633-7

Ⅰ. O157. 5; TP301

中国国家版本馆 CIP 数据核字第 20253UQ262 号

责任编辑：赵丽欣　王会明 / 责任校对：王万红
责任印制：吕春珉 / 封面设计：东方人华平面设计部

科学出版社 出版
北京东黄城根北街 16 号
邮政编码：100717
http://www.sciencep.com
北京中科印刷有限公司印刷
科学出版社发行　各地新华书店经销
*
2025 年 3 月第　一　版　开本：787×1092 1/16
2025 年 3 月第一次印刷　印张：24
字数：569 000

定价：248.00 元

（如有印装质量问题，我社负责调换）
销售部电话 010-62136230　编辑部电话 010-62134021

前　言

客观物理世界包含广泛而复杂的相互作用。在生命科学中，蛋白质的复杂相互作用可以反映蛋白质的功能；在认知科学中，神经元之间的映射关系展示了大脑复杂的认知活动；在信息科学中，广泛存在的多类型数据复杂关系也会引导系统实现聚类、识别、推荐等任务。早在20世纪80年代，科学家们就已经开始探索信息复杂性和任务内在性质之间的关系。例如，视觉信息的复杂关联可以影响模型对视觉语义的分析性能，而医学非欧几何数据中蕴含的高阶关联可以辅助医生进行临床诊断。在这个过程中，结构的复杂性是研究系统性质的关键要素，其反映的复杂高阶相互作用已经成为通用任务中的基础模式之一。

如何从数据和知识中挖掘背后蕴藏的高阶关联关系是一个值得深入思考的难题。早期研究关注单个对象，近期许多研究则进一步拓展至考虑成对关联结构，但对于三个及更多样本之间的群组高阶关联的探索仍然相对较少。高阶关联在各类自然或人工系统中普遍存在，并在很大程度上影响着系统的结构和功能。以色列科学与人文学院院士尤里·阿隆（Uri Alon）教授在其2002年发表的*Science*论文中指出："三个及以上节点的高阶关联模式可以更好地刻画数据特征。"为了深入理解和研究这些复杂系统，必须对其中的高阶关联进行精确建模和表征，并选择合适的数学工具。超图能够自然、准确地描述对象之间的高阶关联，是建模高阶关联最常用的数学结构之一。著名计算机科学家、物理学家斯蒂芬·沃尔弗拉姆（Stephen Wolfram）教授曾宣布找到了理论物理基础的正确道路，其核心是超图。在他所设想的模型中，宇宙中的一切都可以用不断演化的超图特征来表示。然而，如何基于超图这一数学工具来刻画样本间的关系，并表征样本在演化过程中的语义特征，仍然是一个亟待研究的问题。在本书中，我们将重点探讨基于超图的计算范式——超图计算。超图计算通过超图结构建模对象间的高阶关联关系，以高阶关联增强数据，并实现高阶关联与其他信息（如数据和知识）协同的超图语义计算。

超图计算的相关研究工作始于2007年夏季。在清华大学主楼713办公室，我们讨论了如何进行立体视觉对象内容的理解，从单个对象的分析拓展至更高维空间中的对象间关联关系挖掘，基于超图来建模数据高阶关联的思想开始萌芽。从多媒体检索应用入手，开始深入探索超图计算的理论基础和模型方法，逐步扩展到医学、视觉、社交媒体等领域中的应用，相关的研究成果和进展进一步凝练成了本书所介绍的超图计算范式。超图计算主要包括两个阶段，分别是基于超图的高阶关联结构建模和高阶关联引导下的协同语义计算。面向实际应用中的多模态、多种类信息，首先需要基于超图结构建模数据与知识等信息所蕴含的多尺度高阶关联，实现从数据和知识到高阶关联的映射。在基于超图建模待分析对象间高阶关联的基础上，超图计算的第二个阶段是在高阶关联协同引导下进行协同语义计算，从而提升分类、聚类和检索等基础能力，并最终赋能医学辅助诊断、视觉内容理解和社交媒体分析等应用。对应地，本书从超图结构建模、超图学习与聚类、超图上的神经网络、大规模和轻量化超图计算以及超图计算的应用等五个核心部分展开。超图结构建模部分作为后续部分的基础，主要介绍如何在不同场景下实现对数据和知识间多尺度高阶关联的建模和挖掘；超图学习与聚类、超图上的神经网络分别作为实现语义计算的方法基础，提升表示能力；大规模和轻量化超图计算以及超图计算的应用从实践角度入手，着重介绍了超图计算在处理大规模超图、轻量化部署、超图大模型以及在医学、视觉、社交媒体等实际应用场景中的挑战和解决方案。本书还提供了一个超图计算的 Python 库 DHG，并给出了多个应用实例，以帮助读者快速掌握和应用超图计算。

随着超图计算相关研究的迅速发展，全面掌握这一领域的发展脉络并从宏观角度理解该领域变得极具挑战性。为此，我们精心编纂了本书，旨在系统地梳理和总结超图计算的理论基础、关键技术、实际应用及其未来发展趋势。本书探讨了如何利用高阶关联作为桥梁，实现数据、知识与高阶关联之间的协同语义计算，揭示了超图计算在解决现实世界复杂问题中的应用潜力。我们期望本书对包括本科高年级学生、研究人员及其他相关专业人士在内的广大读者群体有所帮助。我们也期待本书能激发更多的创新思考与实践探索，推动读者在超图计算领域进行更深入的研究与应用。

高　跃　戴琼海

于清华园

目　　录

第 1 章 绪　　论

1.1 引　　言

自然界和人造系统的许多基本元素之间存在着复杂的相互依赖和关联关系。从城市道路网络到社交媒体网络、脑网络以及生物分子间的相互作用，各处都普遍存在着这些关联关系。图 1.1 展示了在视觉数据、社交媒体、医学诊断和生命科学领域中的相关例子。视觉数据中不同对象之间存在着空间、时间、语义等维度的关联关系，构成了视觉对象之间的复杂相互作用；社交媒体中用户之间的关注、评论等行为，构成了用户之间的复杂相互作用；医学诊断中不同患者之间诊疗指标的相关性构成了患者之间的复杂相互作用；生命科学中蛋白质之间也同样存在着复杂的相互作用。这些关联关系可能是成对的二元关系（可称之为低阶关联），如脑拓扑连接中两个脑区之间的联系、社交网络中用户与账号之间的成对关系、生命科学中基因与蛋白质之间的一一对应关系；也有可能是更为复杂的面向群组的多元关系（可称之为高阶关联），如高阶脑网络中多脑区之间的协同关系、社交媒体网络中的社区、蛋白质网络中的复杂交互。需要指出的是，高阶关联的建模对于理解和分析这些系统至关重要。实际上，现实世界中的所有对象也都是通过它们与其他对象的关联关系、该对象内各个组成要素之间的关联关系来定义的。这些关联关系通常可以使用图结构来进行表述。图是一种由节点和边组成的非线性数据结构，其中节点代表待分析的对象，而图上的每条边则连接着图中的两个节点。图 1.2 中给出了三个图的例子，展示了三个典型的图的形式，即所有节点之间都有连接、部分节点之间有连接以及节点被分割成了多个孤立的群组。通过图结构的表示，关联关系可以被抽象成图上的拓扑结构。例如，在城市交通网络中，道路可用图的边来表示，显示不同地点之间的空间连接；在航空网络中，每个机场可以通过图上的一个节点来表示，而图上的一条边则代表了一条航线，用来连接两个节点（机场）。

在过去的数十年间，随着信息技术的进步和计算能力的飞速增长，图论得到了非常广泛的应用。数据量的激增也推动了网络科学的发展，并迅速成为多个学科交叉研究的焦点。例如，通过研究互联网上节点之间的连接关系，可以估算网络中数据传输的效率；研究人际关系网能够帮助研究者理解人类的交流方式、信息传播途径和社区形成模式；研究传染病的传播链能够帮助人们及时预测和识别风险，从而采取有效的预防和控制措施。此外，在研究生物网络、社交网络、信息网络和其他现实世界网络时，研究者们也发现了一些非常规的连接模式，这些模式成了理解网络特性的重要线索。例如，小世界网络——即使网络规模增大，网络中的平均路径长度却未显著增加——在社交网络中十分普遍[1]。又如，无标度网络——其节点度分布遵循幂律分布——这一现象也存在于某些生物代谢网络[2-3]。图 1.3 展示了这两种网络的示意图。

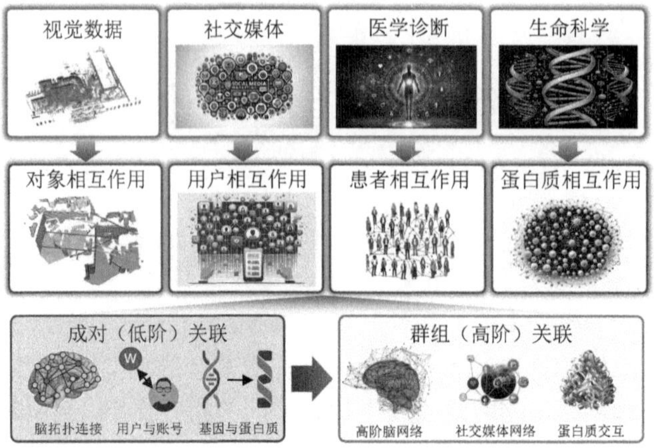

图 1.1 不同领域中的关联关系示例

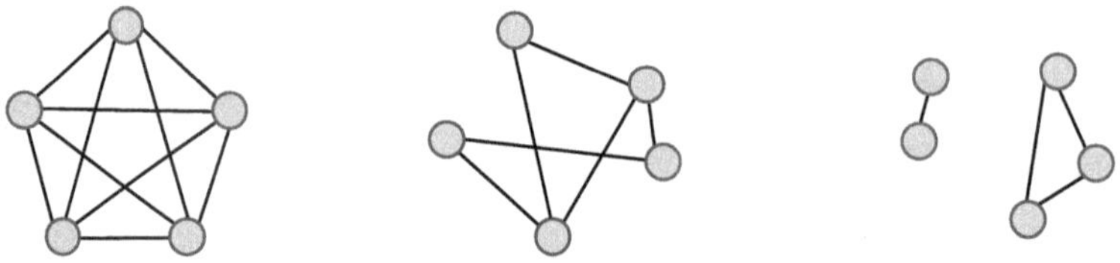

（a）所有节点之间都有连接　　（b）部分节点之间有连接　　（c）节点被分割为多个孤立的群组

图 1.2 三个图的例子

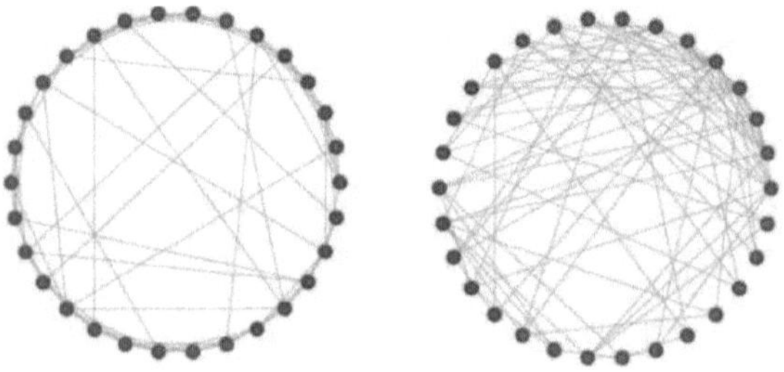

（a）小世界网络　　（b）无标度网络

图 1.3 小世界网络与无标度网络示意图

在基于图和网络科学的机器学习发展初期，研究者们通常使用图结构来描述网络或相关性，其中系统元素之间的关联通过图的拓扑结构来表示。基于图结构的建模方法能够有效描述成对的二元关系，但是表征高阶关联关系时可能会导致重要信息丢失，从而无法完整表征网络特性。需要指出的是，一些被广泛讨论的网络属性，如度中心性、半局部中心性和接近中心性等，都是基于这种静态的单一网络模型提出的。在此过程中，原始的高阶信息所反映的多元关系必须退化为二元关系进行处理，容易导致严重的信息损失。随着大数据时代的到来，数据呈现出爆炸式增长，复杂性和多样性也日益凸显，研究者们迫切需要能够应对更为全面的高阶关联数据的建模方法。针对这一挑战，近年来涌现出许多新的关联关系建模方法，以应对复杂的数据类型、拓扑结构和连接模式。例如，在社交网络中，可以通过加权网络[4]来为节点之间的关联分配不同的权重，以表现个体间社交亲密度的强弱；电力网络和通信网络在基础设施建设中的相互依存关系也可以通过相互依赖图[5]来建模；航空运输网络中不同航空公司之间的航线联系也可以用多层网络[6]来描述。对于动态系统，时间网络的概念[7]也被引入进来，用于描述随时间变化的主体之间的关联，如物种网络中的生态食物链随季节和环境条件的变化等。

尽管基于图的方法在过去几十年中取得了显著的发展与成就，但仍面临许多挑战和局限性。图结构在表达系统元素之间的二元关系方面表现出色，却往往难以捕捉三个及更多元素之间的多元关系，而这些多元关系所代表的高阶关联在现实世界中普遍存在[8]。例如，在社交网络中，人们常常形成三人以上的小组进行交流；而在学术网络中，多个作者可能会合作撰写一篇论文；在生物网络中，蛋白质之间的相互作用可能涉及多个蛋白质，而基因表达则受到生物分子之间高阶相互作用的驱动。这些元素之间的高阶关联难以用简单图的拓扑结构来描述。下面举例来看实际应用中的关联关系。

在社交网络中，用户的个人特征与其交互模式紧密相关，特征相似的用户更倾向于形成社交群体。同时，用户的社交关系也会影响他们的个人画像。在这些应用场景中，用户之间的关联关系远不止简单的成对关系，而是涉及更复杂的群组关系。图 1.4 展示了一个社交网络关联的示例，其中每个用户可能与两个或更多的其他用户建立多种类型的关联。例如，基于“编程”这一属性，有多个用户被划分到这一群组，同时基于音乐属性则可以形成有用户重叠的另一组关联关系，这种群组关联所代表的高阶关联相比成对关联更加复杂。

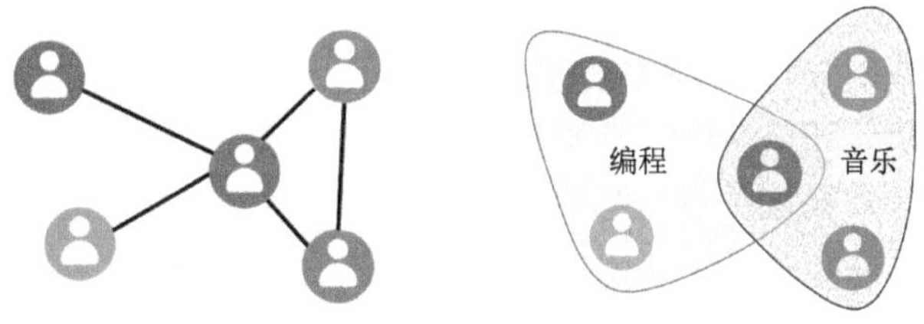

(a) 成对关联　　(b) 群组关联

图 1.4　用户之间成对关联和群组关联的示例

另一个典型例子是脑网络。大脑皮层包含超过 10^{11} 个神经元，具有相似功能和连接的一组神经元形成一个神经核，进一步可以形成多层次、多尺度的复杂脑网络。例如，全脑图包括岛叶、扣带回、前额叶、枕叶、顶叶等区域，这些区域可以根据自动解剖标记图谱进一步细分为 90 个大脑区域[9]，如海马和旁海马等。每个神经元可以拥有超过 10000 个突触，这些突触可以将大脑中的神经元与身体其他部位的神经元相连，或者将神经元与肌肉相连，进而形成非常复杂的神经元连接结构。图结构在过往研究中常被用来表示大脑中的脑区之间的关联关系，但面对这种复杂高阶关联时仍存在很多困难。

在时间的维度上，高阶关联揭示了复杂系统中对象之间的动态相互作用。已有证据表明[10]，高阶关联不仅反映了系统内部的复杂结构，还能够影响系统的动力学行为，有助于预测和解释系统的演变过程。例如，在金融领域，通过对金融时间序列中的高阶关联进行建模，有助于识别和评估金融系统的潜在风险[11]。此外，复杂网络中还会出现爆炸性转变现象[12]。从耦合振荡器的动态演化到疾病的传播，网络上的大多数过程都呈现出集群行为，群体中的个体会对某些刺激或事件产生共同反应，而这一反应往往无法提前预测，且没有统一的组织，由每个个体独立产生，缺乏稳定性保证。通常此类现象由状态的连续改变来描述，但对于复杂网络，这一改变的过程可能会更加迅速，一旦达到临界点，就会导致阶跃参数的突然跳变。作为自然界中普遍存在的现象，爆炸性转变比连续现象更难处理、预测和控制，目前也成为许多领域关注的焦点。现有研究显示，在不同系统中引入并调整非线性高阶相互作用的强度，有助于研究爆炸性转变现象，并细粒度地研究系统中的非线性反馈。

为了深入理解和研究现实世界中的复杂系统，必须对系统中个体之间的高阶关联进行精确建模和表征。系统中的高阶关联模式在很大程度上影响着系统的功能和性能，因此建模和优化高阶关联非常重要[13]。例如，在生物圈系统中，物种之间的高阶相互作用对维持物种多样性的稳定发挥着重要作用[14]；不同网络的高阶特征可以有效区分它们所属的领域[15]。随着网络科学和数据科学的迅速发展，数据的复杂性和相关性也在不断增长。在生物医药、社交关系和计算机视觉等领域，数据往往有着模态多样、结构不同、关联复杂的特点，这些都需要有效的高阶关联建模和分析方法来应对。对于复杂网络中的爆炸性转变这一现象，基于高阶相互作用的分析方法同样提供了有效的研究框架[12]。

作为生物医药、社群研究和电子信息技术等多个不同领域的交叉学科研究对象，高阶关联的建模和分析在近几十年中备受关注。研究者们引入了新的数学表达，如超图[16]和单纯复形[17]，来解决高阶关联的建模问题。

超图是图的扩展，不仅能表示成对关联，还能表示多个元素之间的高阶关联关系。在传统的图结构中，每条边的度数只有 2，即只能表示样本两两之间的关系；而在超图中，一个超边的度数可以大于等于 2，也就是对于节点数量没有约束，从而能够自然地表征多元关系。超图的这种特性使其非常适合于描述传统图结构无法准确捕捉的高阶关联，如社交网络中多个人之间的群组关系。单纯复形是另一种用于建模高阶关联的数学结构。如图 1.5 所示，单纯复形是由单纯形组成的集合，由点（0 维单纯形）、线段（1 维单纯形）、三角形（2 维单纯形）以及更高维的类似结构组成。与仅能建模数据中二元关系的传统图结构相比，超图和单纯复形都能有效建模数据中的复杂高阶关联。超图通过超边直接描述多个节点之间的关系，侧重于表示复杂的群组关联；而单纯复形则利用三角形、四面体等高维单纯形表达节点之间的关系，更侧重于展示数据的拓扑特征。在复杂高阶关联中进行计算时，单纯复形由于其基本组成部分（单纯形）本质上是无向且连接等权的特性，在数据传输、信息流动等需要明确方向权重的计算场景中，不如使用超图直接高效。例如，在表示多源传播路径时，超图能够通过一个超边直接表示多个信息源对单个或多个目标的单向影响，而在单纯复形中，要模拟这种信息传播关系，则需要尝试构建并组合单纯形。如果要在单纯复形框架内精确表示带方向的信息流，往往需要对模型进行额外的修改或引入特殊的编码机制，这不仅使模型结构变得更加复杂，也降低了其直观性。与使用超图建模的简洁和直接相比，使用单纯复形进行计算显得更为烦琐。因此，本书重点探讨基于超图的计算范式——超图计算。

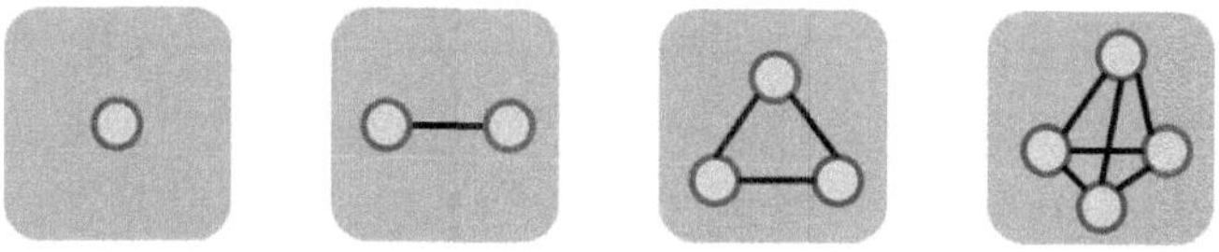

（a）0 维单纯形　（b）1 维单纯形　（c）2 维单纯形　（d）3 维单纯形

图 1.5　不同维度单纯复形示意

1.2　超图的定义

超图是数学中的一个重要概念，是图的一种扩展形式，许多和超图相关的概念都可以与更为常见的图的定义联系起来。最基础的超图 $\mathcal{G}$ 可以被定义为一个超节点集 $\mathcal{V}$ 和超边集 $\mathcal{E}$ 的组合：$\mathcal{G}=(\mathcal{V},\mathcal{E})$ 超节点集（也称为节点集）是一个有限的集合，而超边集是节点集的子集，每个超边连接这个子集中的全部节点。图 1.6 给出了几种常见的超图示例。在图 1.6（a）中，每条闭合曲线围成的内部区域代表一个超边，在该区域内的所有节点都被该超边连接起来，例如，超边 e_1 连接了节点 v_1、v_2、v_4 和 v_5。在图 1.6（b）中，所有同色线条共同组成一个超边，该超边连接了同色线条上的所有节点，例如，红色线条构成了超边 e_1，而 e_1 连接了节点 v_1、v_2 和 v_5。在图 1.6（c）中，每个空心圈代表一个超边，而同色线条连接该超边上的节点。这里每个超边有一个具象的刻画（空心圈），对于分别表征节点和超边更加方便。以图 1.6（a）中的超图为例，超边集共包含了三个超边 $\mathcal{E}=\{e_1,e_2,e_3\}$，节点集共包含了五个节点 $\mathcal{V}=\{v_1,v_2,v_3,v_4,v_5\}$。与传统图上的边的度固定为 2 不同，超图上的超边的度可以为任意正整数，使超图能够更广泛地建模各种类型的关系。超图的阶和大小可以根据节点集和超边集来定义，即超图的阶代表节点集的基数，超图的大小表示超边集的基数。

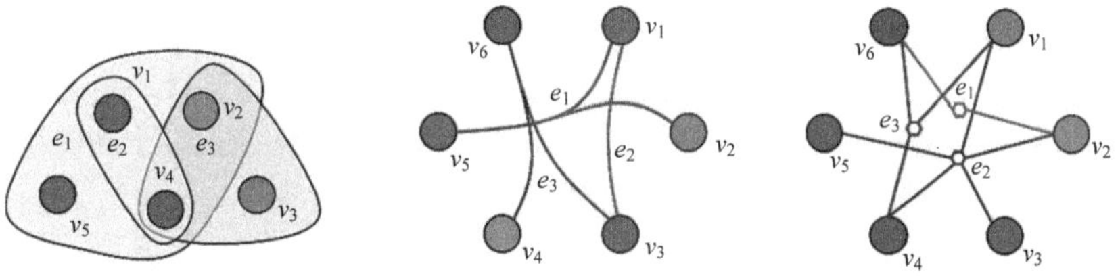

（a）　（b）　（c）

图 1.6（彩色）

图 1.6　三个典型的超图可视化示例

与图类似，超图也可以定义两种特定类型，即空超图和平凡超图。它们的定义如下：

- 空超图是指具有空节点集和空超边集的超图，即没有任何节点和超边的超图。
- 平凡超图是指具有非空节点集和空超边集的超图，即只有节点而没有超边的超图。

通常情况下，除非特别指出，超图被认为是拥有非空节点集和非空超边集的，并且不包含任何空的超边。

在超图中，孤立节点是指不包含在任何超边中的节点，即这些节点没有与其他任何节点具有直接的关联关系。当两个节点同属于一个超边时，称这两个节点为相邻的。在这种情况下，这两个节点通过一个或多个连接它们的超边建立了联系。当两个超边存在一个非空的交集时，即具有至少一个共同的节点时，称这两个超边是关联的。在超图中，子超图和部分超图的定义如下：

- 给定超图的导出子超图是指其节点集是给定超图的子集，超边集合中的超边要么只包含一个节点，要么至少包含两个节点集中的节点的超图。
- 给定超图的子超图是指节点集和超边集都是给定超图的子集的超图。
- 部分超图是指超边集是给定超图的子集的超图。

根据度数的定义，可以定义两种特殊类型的超图，即正则超图和均匀超图：

- 正则超图是指所有节点具有相同度数的超图，即每个节点都被相同数量的超边所连接。
- 均匀超图是指所有超边具有相同度数的超图，即每个超边都包含相同数量的节点。

这两种特殊类型的超图可以提供有关超图结构的一些重要特性。

超图中的另一个重要概念是连通性。自环是指只包含一个节点的超边。路径是一个节点-超边的交替序列，其中每个节点在序列中紧邻其所属的超边，路径的长度是指路径中节点的数量。如果一条路径中包含两个节点，则称这条路径连接这两个节点。圈是一条起始节点和终止节点相同的路径。如果超图中任意一对节点之间都存在连接路径，则称该超图是连通的；否则，它是不连通的。两个节点之间的距离是指连接这两个节点的路径的最小长度。超图的直径是指所有节点对之间的最大距离。这些基础概念可以帮助理解超图中节点和路径之间的关系以及超图的整体结构特征。

图 1.7 展示了两个超图示例。图 1.7（a）是一个不连通超图，包含 11 个节点和 5 个超边。在此超图中，超边的连接如下：超边 e_1 连接节点 x_1、x_2、x_3 和 x_4；超边 e_2 连接节点 x_4、x_6、x_7 和 x_8；超边 e_3 连接节点 x_5 和 x_6；超边 e_4 连接节点 x_1、x_5 和 x_8；超边 e_5 是一个自环，它只连接节点 x_{10} 本身。在此超图中，节点 x_9 和 x_{11} 是孤立的节点，它们没有与任何超边相连。特别地，由于节点 x_9 和 x_{11} 与其他节点未形成任何连接，这导致该超图是不连通的。$x_3 \to e_1 \to x_4 \to e_2 \to x_7$ 是一条从 x_3 到 x_7 的路径，长度为 3。x_4 和 x_5 之间的距离是 3，因为从 x_4 到 x_5 的最短路径是 $x_4 \to e_2 \to x_8 \to e_4 \to x_5$。图 1.7（b）是一个连通超图，相比于图 1.7（a）所示的不连通超图，其增加了一个包含 x_7、x_9、x_{10} 和 x_{11} 的超边。此时，该超图中任意一对节点之间均存在连通路径，因此可以称该超图是连通的。

需要注意的是，许多应用场景中包含着大量的高阶关联信息，但这些高阶关联信息在转化为图的数据清洗过程中可能会丢失，只剩下成对的关联信息。例如，在分析引文网络[图 1.8（a）]数据中，作者和文章之间存在多种高阶关联，如具有相同作者的文章和引用相同文献的文章。据此可以构建出共同作者关联关系和共引关联关系。在共同作者关联关系中，每个节点代表一篇文章，共享相同作者的文章则通过超边相连，从而形成共同作者超图结构，如图 1.8（b）所示。在共引关联关系中，每篇文章被视为一个节点，而引用了相同文献的文章组成一个超边，从而形成共引超图。然而，现有的大量研究工作直接将引文网络转化为图结构，只保留作者-文章的成对关联，如图 1.8（c）所示。这一过程无疑损失了大量高阶关联信息。因此这也提示我们，需要选择合适的方法进行数据清洗，避免损失高阶关联信息。

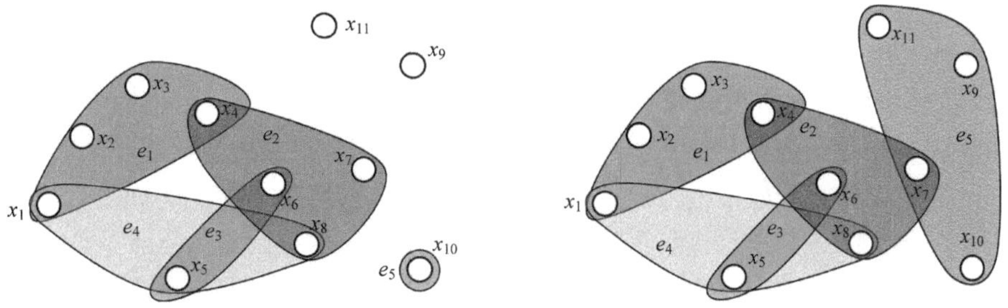

（a）不连通超图　　（b）连通超图

图 1.7　超图连通性示例

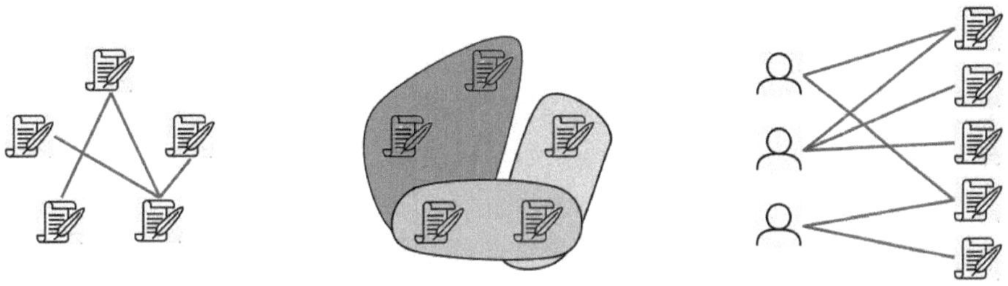

（a）引文网络　　（b）共同作者超图　　（c）作者-文章图

图 1.8　引文网络数据中的关联关系

1.3　超图的应用

超图因其在复杂关联建模方面的优越性，在生物学、经济学、社会学等多个学科中得到了广泛的应用。图 1.9 中列出了不同领域中超图的典型应用示例。本节接下来也将介绍超图在不同领域中的几个典型应用案例，帮助读者深入理解这一方法及工具。

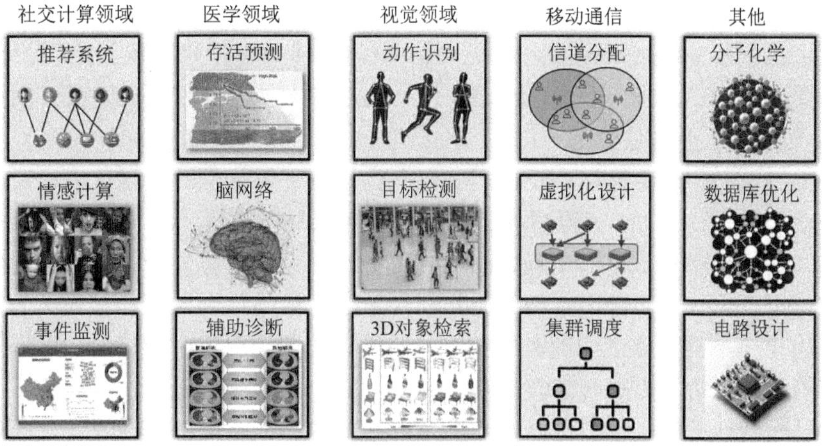

图 1.9　超图的典型应用示例

首先看一下社交媒体领域。近几十年社交媒体数据的爆炸式增长为研究者提供了深入理解人群行为的可能，而超图则成为在这些海量数据中挖掘复杂、深层次关联的有效工具。利用超图的结构特性，可以自然地建模社交网络中的高阶关联。例如，在社交网络中，个体（用户、组织）可以通过多种方式互动，如朋友关系、共同兴趣、参与共同活动等。在分析社交网络的结构时，可以通过构建超边来表征个体之间的多元高阶关系，更准确地捕捉社交网络中的群体结构和动态演化模式[18]。在分析社交媒体上的信息传播模式时，也可以将社交媒体的互动（如转发、评论）通过超边来建模关联，从而构建超图并分析信息在网络中传播的特性，以及影响信息扩散的重要因素。在推荐系统中，超图被用于对用户-商品网络进行建模，以洞察用户行为并预测其偏好。超图能够有效地建立用户与商品之间的高阶连通性，从而应用于协同过滤等任务[19]。在推荐系统应用场景下，用户和商品可能拥有不同的属性或特征。例如，用户信息可以包括性别、年龄和性格等，商品信息可以包括类别、文字描述和图像等，而这些属性信息对于捕获用户偏好至关重要。因此，在推荐系统中，超图的另一个重要应用是属性建模和推理，通过分析用户和商品的属性信息来提高推荐系统的准确度和个性化水平。情感计算是社交媒体分析中另一个广受欢迎且具有挑战性的应用，其核心目标是识别社交媒体环境中人们表达的真实情绪和态度。

然而，社交媒体数据的多模态和复杂性使这项任务变得非常困难。例如，文本、图像和视频可能共存于同一条帖子中。此外，帖子之间在时间、地点和用户偏好等维度上也存在错综复杂的关系。在这种背景下，超图可以被用来建模数据多维度、多层次的相关性，从而全面深入地分析帖子的情感倾向。

超图在医学中同样展现出了显著优势，特别是在处理复杂、异构和多模态的医学数据时。医学数据之间存在着错综复杂的关联，超图的结构特性使其能够自然而然地建模这些数据之间的复杂关系，通过整合不同数据维度的信息来提供更全面的视角。值得注意的是，在这个过程中，超图既能够捕捉单个样本内部的高阶关联（例如，在分析某个病例的病理图时，将病理图上的图像块建模为节点，构建个体内部的超图进行分析），也能够建模、揭示多个样本之间的关系（例如，将多个患者/正常人建模为节点，构建群体超图进行分析）。在医学领域中，超图已经被应用于多个任务，例如，基于磁共振成像（magnetic resonance imaging，MRI）辅助进行轻度认知障碍诊断[20]、基于 CT 成像进行 COVID-19 的辅助诊断[21]、通过分析脑功能网络来识别自闭症谱系障碍[22]，以及医学图像的检索等[23]。

在视觉领域，超图也有着广泛应用。以动作识别任务为例，超图可以通过其节点表示不同的动作元素，例如，人体关节点或物体，而超边则表示节点之间的空间关系、运动关系等。超边能够表示这些节点之间的高阶关联关系，从而更全面地理解动作元素之间的相互作用。此外，动作识别任务通常需要考虑对象的运动轨迹和相对位置，而超图能够灵活地建模不同节点之间的时序关系。通过在超图中引入时间维度，可以更准确地捕捉动作的演化过程，提高动作识别的准确性[24]。视觉领域的另一个重要任务是目标检测。在目标检测任务中，超图可以通过节点表示图像中的不同区域或目标，而超边则用于表示目标之间的空间、语义等关联关系。通过引入超图，可以更好地建模目标之间的语义联系与目标空间线索，将周围环境的信息纳入考虑，提高目标检测的准确性[25]。在3D对象检索领域，超图中的节点可以视为场景中的抽象对象（如物体或区域），而超边则用于建模对象之间的多种关系，包括空间关系、语义关系以及功能关系等。通过考虑对象之间的复杂关系与语义信息，超图可以增强对3D对象的表征能力[26]。

在移动通信领域，超图可用于建模蜂窝移动通信系统。在蜂窝系统中，如果两个蜂窝之间的距离至少达到某个预定值，则它们可以使用相同的信道。这种情况可以用一个超图来建模，其中节点代表蜂窝，超边表示该网络的最小禁止集，即小于重用距离的蜂窝所构成的集合。建模得到的超图可以用于对移动通信网络的分析或进行信道的分配任务[27]。超图还可以助力网络虚拟化设计。网络运营商可以将一个虚拟功能复制到不同服务器的多个实例上，并将多个虚拟功能合并到一个服务器上。上述过程的关键问题在于如何在多个服务器上合理分配不同功能，而这一问题也可以用超图来建模。通过将服务器建模为超边，将各个虚拟功能建模为节点，实现了该超图建模过程[28]。集群调度场景同样可以使用超图进行建模。在这一场景中，一系列作业之间需要满足数据流图的约束，目标是决定如何将有限的资源分配给不同的作业。在这种情况下，超图上的每个节点表示一组集群上的并行操作，而每条超边则表示并行操作之间相互依赖的复杂关系[29]。通过超图结构，可以找出哪些调度决策对性能有重要影响，从而解释调度系统。

在分子化学领域，原子间的化学键往往结构复杂且含有异构性，也可以用超图结构来建模。在这种超图结构中，每个节点表示独立的原子，而超边则表示原子间的化学键。例如，度数大于2的超边可以表示分散非中心键，而度数等于2的超边可以表示简单的共价键。超图中的超边可以是异构的，用于区别σ键和π键。通过这种方式建模得到的超图可以用于判断两个复杂分子是否含有相同的结构。这一问题也可以转化为超图同构问题来解决[30]。此外，超图还可以用于在化学分析任务中寻找不同分子中的相似结构[31]。

超图在数据库领域也具有潜在的优势。在数据库的查询优化中有一个重要的问题是Join Ordering，该问题的目标是将一组Join操作排列好，让它们的总体执行效率达到最优。从1979年美国计算机科学家帕特里夏·塞林格提出Access Path Selection for Joins（连接操作的访问路径选择）理论[32]开始到现在，针对Join Ordering问题的解决方案层出不穷，其中最常见的是基于动态规划的方法。利用动态规划来获取最优Join Ordering结果，首先要利用Join算子中的谓词表达式构建一个无向图结构，这个图结构称为Query Graph，其中将谓词表达式作为边，将关系作为节点。通过定义连通子图与连通补集的概念，可以将Join Ordering问题转化为在图上寻找连通子图-连通补集对的问题[33]。然而，上述基于图的方法无法应对含有复杂谓词的场景，同时也无法处理含有非内连接的序列。DPhyp等方法则通过超图有效地解决了上述问题[34]。超图中的节点可以由复杂谓词组来构造，而超边则代表谓词之间的关系，这样的定义可以充分发挥超图对谓词之间复杂关系的建模能力，提升数据库中查询的效率。

在超大规模集成电路设计领域，超图同样能够发挥重要作用。超大规模集成电路是将众多晶体管和其他器件集成到一个芯片中，从而形成集成电路。在超大规模集成电路设计中，超图结构可以用于芯片组的布局设计[35-37]。超图上的节点建模了电路中的各个元件，而超边则建模了元件之间的连接关系。通过解决超图的聚类与分区问题，可以减少电路元素之间的连接、交叉，以实现正交布局，提升芯片组的布局效果。

超图还可以用于并行计算领域的加速任务中。在这一领域中，超图往往用于对矩阵的建模，将矩阵的行建模为超图的节点，而将与行有非零元素交集的列建模为超边。通过对稀疏矩阵的行进行超图分区[38]，可以最大限度地减少不同区段之间所需的总通信量，从而实现矩阵与向量相乘过程的并行计算。超图还可以用于构建非对称嵌套剖分排序算法，用于稀疏矩阵的三角分解[39]，或通过正则化低秩矩阵因式分解，将超图拉普拉斯矩阵组合在一起，构建多超图正则化，并将其添加到原始截断奇异值分解的正则化项中[40]。

这里只简要介绍了超图的应用场景，实际上超图可应用的任务远不止本小节所展示的范围。在许多涉及高阶关联的数据分析场景中，超图都能够展现出巨大的应用潜力，值得进一步深入挖掘和探索。

1.4 超图研究的发展历史

超图相关的研究和应用历史悠久，从早期的超图上的拓扑及着色问题到近些年基于超图的人工智能方法都得到了非常多的关注。

1.4.1 超图的拓扑和着色

早在 1943 年，Prenowitz[41]首次将几种几何形式（射影几何、描述几何和球面几何）描述为超群。这种独特的结构有助于研究图、超图、二元关联、模糊集和粗糙集等多种对象[42]。其中，二元关联是集合论中的一个概念，它描述了两个元素之间的某种关系；模糊集是对传统集合概念的一种扩展。在模糊集中，元素的隶属度不再是二元的，而是 0～1 之间的实数，表示元素属于这个集合的程度；粗糙集理论通过将对象的属性划分为确定性属性和不确定性属性，来刻画不同对象之间的关系。1996 年，Vougiouklis[43]从更广泛的角度探讨了超结构（超图）与二元关联之间的联系，指出超图可以更灵活地捕捉超结构中元素之间的多对多关系。在描述超结构中元素之间的特定关系时，超结构中的操作或关联可以与二元关联的概念产生联系，超图中的超边和超节点之间的关系可以类比为二元关联的概念，超图中的超边可以看作是连接多个节点的关联。此后，Leoreanu[44]对这些结构进行了深入研究，将直接极限和逆极限的概念应用于与模糊集相关的连接空间，并将一系列模糊集合组合成一个更大的模糊集合，探索这些集合之间的关系和特性。其中，直接极限是范畴论和代数结构理论中的一个概念，用于描述一系列对象（通常是代数结构或拓扑空间）的极限；逆极限是与直接极限相对应的概念，同样用于描述一系列对象的极限，但是是通过反向的同态映射来定义的。Tofan 等[45]提出了与模糊集相关的连接空间，将多个模糊集合融合成一个更大的模糊集合的构造或空间，并探讨了超结构与模糊集之间的联系。他们将超结构应用在模糊集合的计算上，并将模糊集合视为超结构的元素，以便更好地描述和处理模糊集合之间的关系。另外，Ameri 等[46]提出了将超图与模糊集结合起来的方法，并探讨了具备模糊结构的代数结构，探讨如何使用模糊子集来构建超群或者在超群上诱导联结空间，以及模糊性质如何影响代数结构的性质。

超图着色（hypergraph coloring）是组合学中一个经典且重要的任务，自 20 世纪以来一直受到学者们的广泛关注。超图着色扩展了传统图着色问题，其目标是为超图的节点赋予颜色，使任何一个超边都包含不止一种颜色的节点。随着对超图理论的深入研究，研究者们开始意识到超图着色是解决许多理论和实际问题的有效工具。在组合学中，Kierstead 等[47]借助有向星图与着色超图确定某些图的色数上界，通过将图转化为有向星图，并在有向星图上进行拓扑排序，获得节点的线性排序。随后构建着色超图，将原图的节点映射到超图的超边上。通过适当的着色方式，他们得到了原图的一个着色方案，从而确定了图的色数上界。Lu[48]使用超图与相位去随机化等技术解决不同的优化问题，寻找单色路径和循环的问题，通过随机性分析和相位变换引入确定性因素，逐步减小或消除原问题中的随机性，然后采用传统的确定性优化算法求解。最终，通过逆变换将结果还原到原问题的空间，确保最终解具有实际意义。在能源领域，Voloshin[49]探索了如何为混合超图着色，并将其应用于能源供应问题，将能源系统中的不同能源产生源、传输线路和消耗节点等元素构建成超图，然后使用着色算法来确保能够有效地满足各个节点的能源需求，同时最大程度地利用可用的资源。在通信领域，超图着色被用于优化信道和功率资源分配[50]。研究者们将通信信道和频谱资源视为超图中的节点和边，使用超图着色算法来确定在不同频段或信道上分配信号，以最大化频谱利用率并减少干扰，确保相邻信道之间的干扰最小化。这样的信道着色方案有助于提高系统的频谱效率，减少同频干扰，从而提高通信质量和可靠性。在解决超图匹配问题时，研究者们发现图或超图的颜色索引边界与寻找大匹配问题密切相关[51]。对于超图匹配问题，可以将超图中的每个节点表示为一个超边，而超图匹配即对应于找到最大的不相交的超边集合。在这个背景下，超图匹配问题可以转化为图着色问题。这意味着解决匹配问题可以通过对颜色索引边界的研究来获得启发或改进算法。这些工作为超图相关研究奠定了早期的理论基础。

1.4.2 超图分割、聚类等人工智能方法

基于超图的人工智能方法在近些年备受关注，其中一个典型的任务是超图分割问题（hypergraph cut）。超图分割是指对超图进行划分的过程，划分的目的在于确保划分后每个部分的大小大致相同，同时尽可能降低划分过程的成本。在许多实际应用中，将超图分割为两个平衡子集的定义可能过于严格，因此将超图分割成两个及以上子集的定义被更广泛地应用以增强适用性。针对超图分割任务，Karypis 等[52]提出了一种基于多级粗粒化的 hMetis 算法。hMetis 算法对传统的图分割算法进行了扩展，主要用于在超图中找到合适的划分，将超图中的节点（或超边）划分到不同的组（或集群）中，以实现最小的跨组连接，从而实现超图的均衡分割。该算法从一个最小的超图开始，通过迭代进行二分粗粒化，最终实现超图的划分。Fiduccia 等[53]进一步提出了 hMetis-Kway 算法，主要用于解决大规模超图的分割问题，旨在使划分后的各个部分具有较好的平衡性，并尽量减少跨划分的连接。该算法通过直接构建具有粗粒化和非粗粒模式的超图的 K-way 划分来解决 K-way 超图划分问题，通过不断地优化节点或边的分配方式，以寻找一个较好的划分方案，使超图中的节点被合理地分配到 K 个部分中，并尽量减少划分后的连接。

这种算法在大规模超图的分割中具有较好的性能，通常用于处理超大规模的网络、通信网络拓扑、VLSI 设计等领域。

超图聚类（hypergraph clustering）是一种用于对复杂数据集进行聚类分析的方法，其通常将超图的分割或划分应用于聚类问题中，以便将数据点划分为不同的聚类或簇。早在 1982 年，Fiduccia 等[53]提出了用于超图聚类的 Fiduccia-Mattheyses 启发式算法，用于将一个超图聚类为预定数量的部分，以实现划分的平衡性并最小化跨划分的连接。该算法最初用于 VLSI 电路布局中的电路划分，但后来被广泛应用于各种领域的超图聚类问题。该算法通过迭代优化不断改进划分，每次迭代都尝试将某个节点从一个部分移动到另一个部分，以期改善划分的质量。1997 年，Alpert 等[54]提出了多层次 Fiduccia-Mattheyses 算法，对 Fiduccia-Mattheyses 算法进行改进和扩展，旨在处理大规模超图的高效聚类。该算法的核心思想是通过多层次的方式来处理超图划分问题，将原始的大规模超图转化为多个层次的超图，然后在不同层次上运用 Fiduccia-Mattheyses 或其他聚类算法进行聚类，最终汇总得到一个更好的整体聚类结果。Alpert 等[55]使用空间填充曲线与动态规划算法研究多路超图聚类问题，其中空间填充曲线通常用于将多维空间映射到一维空间，可以用于超图聚类中节点排序或超图表示。Lim 等[56]通过超图聚类研究电路划分，探讨了在大规模电路设计中采用松散稳定网络去除和基于信号流的聚类方法进行电路划分的问题，利用信号流的相关性，将相互关联性较强的电路模块或信号聚合在一起，以便更好地进行划分和优化。Papa 等[57]总结了多种划分超图的方法，并将聚类定义为“将节点组合成更大的节点组，根据输入超图计算更粗略超图的过程”。他们还介绍了划分和聚类在众多领域中的应用，包括 VLSI 设计、数值线性代数、自动定理证明和形式验证等领域。超图的聚类和划分通常采用多级策略，这方面的研究已在超大规模集成电路设计、并行科学计算、图像分类和社交网络等多个领域得到了广泛应用[52,58-63]。关于超图划分在聚类中的更多应用，可以参考 Ghaemi 等[64]发表的综述。

进入 21 世纪以来，超图在人工智能领域得到了快速发展。Zhou 等 [62]首次提出了转导式超图学习的概念，为预测超图节点标签提供了基本的数学框架。转导式学习是超图机器学习方法中应用最广泛的方法之一，它实现了超图上的标签传播，通过超图结构信息从已标记节点向未标记节点传播标签。标签传播通常通过超图切割和基于随机游走的策略来实现。相应地，归纳式超图学习[65]则关注于超图的扩展性，通过引入节点特征到标签信息的投影映射，实现在线分类时仅需计算测试样本在投影矩阵上的映射结果，从而提高了学习效率和灵活性。另外，多超图学习方法[66]针对多模态数据场景，通过对多组超图结构的有效学习，为每个超图分配学习权重，从而实现多超图结构下的重要性计算及标签传播。这种方法在处理多模态数据时具有优势，促进了超图学习方法在实际应用中的发展。

1.4.3 超图结构建模与优化

超图结构是使用超图的根本性基础。因此，超图结构建模是超图应用中最初始的一步。一般而言，超图结构建模[67-68]可分为显式超图结构建模和隐式超图结构建模，其区别在于数据之间的拓扑关联是否可以直接获取。在显式超图结构建模中，数据之间的初始关联关系是可以获得的。因此，显式超图结构建模侧重于利用数据中的暨有信息来构建它们之间的高阶关联。显式超图结构建模的两种典型方法是基于网络关联的超边生成方法和基于属性信息的超边生成方法。基于网络关联的超边生成方法通过暨有网络中的拓扑连接来建立节点之间的关联，从而建立超边。基于属性信息的超边生成方法通过属性作为桥梁来发现用于建立超边的群组关系。在隐式超图结构建模中，数据之间的关联不是直接给定的。隐式超图结构建模的两种典型方法是基于距离的超边生成方法和基于表示的超边生成方法。在基于距离的超边生成方法中，在指定的特征空间中计算节点之间的相似度或距离，将特征空间中具有高相似度（低距离）的节点通过对应的超边连接起来。在基于表示的超边生成方法中，样本之间基于向量表示进行刻画，通过不同向量之间的关系来衡量节点之间的关系并用于生成超边。在具体应用时，可以根据数据的特性选择不同的方法。例如，在建模用户-商品网络数据时，可以直接基于用户和商品之间的拓扑结构构建对应的超图；当用户和商品的属性可获取时，则可以进一步基于属性生成对应的超边。

在构建超图的过程中，直接从数据中提取的结构可能由于数据收集时的噪声和超图构建的复杂性而导致构建的超图与实际的结构存在差异。此时优化超图结构以更好地建模真实的高阶关联成为一项关键任务。超图结构优化的一个思路是寻找最优的超边权重、节点权重和子超图权重。一方面，超边的权重代表不同超边对整体结构贡献的重要性差异，而超图中的节点可能存在异质性、不平衡性和离群等问题，因此考虑超边与节点的重要性有助于提升超图的关联建模能力，降低数据质量带来的影响。另一方面，基于多模态及多视角数据可以构建不同的子超图，用于衡量不同模态、不同视角下节点之间的相关性。Gao 等[69]提出的子超图权重优化旨在调整子超图的重要性权重，从而更好地建模节点之间的复杂关联。上述方法虽然可以优化超边权重或子超图权重，但是却无法改变节点和超边之间的拓扑结构，修正错误的连接。为了解决这一问题，研究者们开始探索对超图结构进行全局优化，如同时对超图结构和标签投影矩阵进行联合学习[70]。在迭代过程中，该方法在优化标签投影矩阵的同时，综合考虑标签空间和特征空间的数据关联性，更新超图结构。近年来也有研究以端到端的方式优化超图结构与超图神经网络[71]，采用两阶段的超边采样剪枝和节点采样剪枝来优化超图结构。

1.4.4 超图上的深度学习

近年来，随着深度学习技术的快速进步，超图上的深度学习也迅速发展。一般而言，超图上的深度学习方法可以分为基于谱的方法和基于空间的方法。Feng 等[72]首次基于谱分解算法提出了朴素超图神经网络，通过对谱分解结果的一阶线性近似计算超图拉普拉斯算子，进而学习节点表示。通过引入超图结构，朴素超图神经网络方法不仅扩展了图神经网络的适用范围，还提升了在高阶关联建模及表示上的能力，特别是在处理复杂数据关系的任务中表现出色。此外，Yadati 等[73]利用超图谱理论工具，提出了使用图卷积网络在超图上进行训练的方法，用于半监督学习任务。Feng 等[72]进一步扩展了传统的超图神经网络，提出了基于空间的广义超图神经网络。该方法通过引入自适应策略，在生成整体超图表示时融合不同超边组，以更有效地利用多种信息特征之间的互补性，同时通过更灵活的方式定义超图卷积，允许更灵活地定义每个阶段的卷积和聚合操作，并且能够自然地扩展到有向超图。上述设计使广义超图神经网络能够更灵活地处理各种类型的超图数据，如无向超图、有向超图、概率超图以及节点/超边加权超图等。Huang 等[74] 提出了 UniGNN，将一般的图神经网络模型泛化为超图，通过解释图和超图神经网络中的消息传递过程来实现表示学习。

注意力机制也可以被引入超图上的深度学习方法中，以提升所学习的节点表示的辨识力。Bai 等[75]提出了一种超图注意力机制，用于在超图卷积的基础上自适应地学习超边的权重而非采取预定义的方式来生成更具辨别力的节点嵌入。该方法旨在通过概率模型学习一个动态的超图关联矩阵，以生成一个动态的转移矩阵，从而更有效地揭示节点之间的深层关系。Kim 等[76]针对图片和文字的跨模态问题，通过随机游走建立多模态超图，融合图像中的语义信息与超图子图匹配得到的结构信息，构造互注意力映射，并应用于视觉问答任务。对于同构和异构超图，Zhang 等[77]提出了一种基于自注意力机制的超图神经网络，分别学习节点的静态嵌入与动态嵌入并使用 Hadamard 幂衡量二者的差异，基于此对模型进行训练。该模型适用于不同大小的同质和异质超图，能够预测非 k-均匀异构超图的超边。此外，对于异构超图上的深度学习，Fan 等[78]提出了异构超图自编码器，基于贝叶斯深度生成策略学习低维异质超图嵌入，其目的是从超图数据中学习出节点的低维表示，并在尽可能保留超图结构信息的前提下进行重构。其中，编码器部分负责将超图中的每个节点映射到低维空间，而解码器部分则致力于重构超图的信息。另外，Bandyopadhyay 等[79]通过将超图映射到加权属性线图的方式实现了双射超图结构。

随着对超图上深度学习方法的深入研究，研究者们不仅探索了不同的算法策略，还考虑到了结构的适应性和灵活性。Jiang 等[80]提出了一种动态超图神经网络，通过扩展动态超图学习方法[81]，可以自适应地改变超图神经网络中每一层的超图结构。该方法由动态超图构建模块和动态超图卷积模块组成。其中，动态超图构建模块的核心功能是动态更新超图结构，从而有效地削弱那些与当前任务无关的初始超图结构信息；动态超图卷积模块则负责在超图中编码数据点之间的高阶关联。Zhou 等[82]则提出了一种完全动态超图神经网络，通过调整超边数量以优化超图结构。该方法首先捕捉超边特征分布，通过对所学分布进行采样，获得动态超边特征，然后根据采样超边和节点的注意力系数构建超图。

超图上的深度学习方法在近些年为许多应用提供了新的手段，在计算机视觉、医学图像处理等领域发挥了重要作用。

1.5 超图计算的内涵和挑战

虽然超图相关的研究工作有了长久的发展历史，但是基于超图的分析方法还尚未形成一个完善的理论体系。相较于传统的图结构及其他结构，超图在建模高阶关联方面具有显著优势，这使得超图成为各种应用中理解和处理复杂关联的强大工具。

超图计算通过超图结构建模目标对象的高阶关联关系，并基于高阶关联自身，或与其他信息（如数据）协同进行语义计算，具备分类、聚类及检索等基础能力。超图计算主要包括两个阶段，即基于超图的高阶关联结构建模和数据与高阶关联协同的语义计算。

第一个阶段是基于超图的高阶关联结构建模。目标对象的高阶关联包含两个视角，即目标对象内元素的高阶关联和目标对象间的高阶关联。目标对象内元素的高阶关联是从外向内的视角，通过内在元素之间的关联关系来对目标对象进行刻画。目标对象间的高阶关联是从内向外的视角，通过多个目标对象之间的关联关系来对目标对象进行刻画。这两种视角都如图 1.10 所示。内在、外在的高阶关联都能够对目标对象的特性进行刻画，两者也可以结合起来。

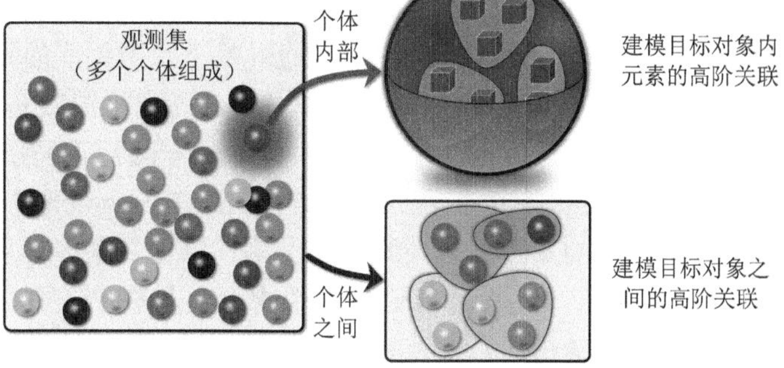

图 1.10（彩色）

图 1.10　内相关超图和互相关超图示意图

针对这两个类型的高阶关联，超图结构建模可以从两个角度进行：内在高阶关联建模（Intra-Correlation）和互相关高阶关联建模（Inter-Correlation）。两者的主要区别在于关注的主体对象不同，如图 1.10 所示。观测集由多个个体组成，每一个个体都是可观测的对象。在内在高阶关联建模中，通常侧重研究单个个体对象内部的高阶关联。个体内部的元素通过超图上的节点进行表示，而这些元素之间的相关性则通过超图中的超边来表示，通过这种方式构造的超图被称为内相关超图（Intra-Hypergraph）。在互相关高阶关联建模中，则主要将多个目标对象之间的高阶关联关系作为研究对象。每个目标对象都通过超图上的节点进行表示，而这些个体之间的相关性则通过超图上的超边进行表示，通过互相关建模方式构造的超图被称为互相关超图（Inter-Hypergraph）。互相关建模的目标是通过目标个体与其他个体的相关性来建立目标个体的表示或联系。

以医学领域为例具体介绍内相关超图与互相关超图建模，如图 1.11 所示。一方面，

图 1.11　医学领域中的内相关超图与互相关超图建模示例图

对于某个被试患者个体而言，患者的病理图等数据可以用内相关超图建模，其中超图上的节点表示病理图中的采样块，而超边则表示采样块在拓扑空间与语义空间上的关联关系。另一方面，不同患者之间的关系也可以用互相关超图建模，其中超图上的节点表示不同的患者，而超边则表示不同患者在临床信息、病理数据语义信息等方面的关联关系。这样，从两个不同的视角，可以分别刻画目标对象的内在和外在的高阶关联。

在基于超图建模目标对象高阶关联的基础上，超图计算的第二个阶段是数据与高阶关联协同的语义计算。传统的语义计算方法主要基于数据本身，通过提取特征、建立分类器模型等实现语义分析任务。在给定了多媒体、多模态观测数据且数据充分的基础上，基于观测数据的语义计算可以获得比较满意的结果。当观测数据不充分时，目标任务性能将受到限制甚至难以完成。同时，数据蕴藏的复杂关联也制约了语义计算的性能。近年来，基于图结构的计算方法不断涌现，这些方法通过基于二阶关联的图结构和观测数据进行语义计算。需要指出的是，基于图结构的建模方式未考虑被观测对象的高阶关联，从而丢失了高阶关联信息。微软首席科学家、ACM 研究员杰亚米 • 蒂凡（Jaime Teevan）在 SIGKDD 2022 最佳研究论文“Learning Causal Effects on Hypergraphs”（超图上的因果效应学习）中指出“虽然传统的基于成对关联的图结构能够覆盖很多应用，但是在获取成组关联的完整信息时会失效”。超图计算则同步考虑数据与高阶关联，通过在超图结构上的标签传播或神经网络等方式，实现两者相协同的语义计算。在观测数据不充分时，通过挖掘观测数据背后的复杂高阶关联，并与数据协同分析，以解决语义计算难题；在观测数据比较充分时，高阶关联也能够进一步增强基于数据的语义分析能力。在超图计算框架中，不同于传统的基于二阶（低阶）关联的图结构建模与计算任务，超图计算将观测数据和蕴藏的高阶关联协同使用，实现面向目标任务的语义计算，解决数据受限难题，提高语义表示能力。

在实际应用中，超图计算面临三方面挑战：从观测数据到高阶关联的映射问题、由观测数据和高阶关联到目标任务的语义映射问题，以及大规模数据高效计算问题。

（1）从观测数据到高阶关联的映射问题。随着数据模态的多样化、数据视角的增加以及语义关联的差异，数据之间除了简单的成对关联，还存在更高阶的分组关联及隐含关联等。由于关联复杂多样、数据模态多元，且时空等多维度数据不完备，存在信息欠定及数据噪声等问题，难以精确建立关联模型。如何从数据中获得复杂高阶关联是首要关键挑战，面临超图结构建模难题。在大多数场景下，超图结构并非直接给定。观测到的数据通常以非结构化形式存在，如图像、视频、离散信号，或者是实体间的成对关系。要将这些数据背后的高阶关联映射到超图结构中，需要建立系统性的超图结构建模方法。同时，考虑到观测数据可能存在噪声、缺失且常为多模态形式，准确描述这些数据本身就是一个挑战。在此背景下，根据这些数据生成准确的超图结构尤为困难。因此，如何有效构建精确的超图结构，特别是对特定任务有效的超图结构，是超图计算的首要难题。

（2）由观测数据和高阶关联到目标任务的语义映射问题。在超图上进行语义计算的主要挑战是如何有效理解和利用超图结构。超图独特的结构性质使其在高阶关联建模上展现出巨大的优势，但这也增加了学习的复杂度。传统的图计算方法并不直接适用于超图，因此需要探索能够有效处理超图结构的方法，研究如何结合超图的结构特性和数据本身的特点来设计更优的语义计算框架，以捕捉超图上丰富的关联信息。以深度学习为例，近年来深度神经网络显著提升了数据表示性能。传统的神经网络表示学习较少考虑数据的关联结构，而近期的图神经网络等方法则采用图结构进行表示学习。需要指出的是，这些方法均未能充分挖掘数据之间的高阶关联。在基于超图建模高阶关联后，如何有效地将高阶关联独立或与数据协同起来应用于语义表示是亟待解决的难题。

（3）大规模数据高效计算问题。在实际应用中，存在数据规模较大、计算资源受限等难题，基于超图结构建模的节点数量和超边数量可能达到数十万、数百万甚至更多。这使得超图计算模型的训练和推理变得非常耗时且计算密集，同时超图的存储和处理也变得非常困难，需要设计更加高效的数据结构和算法。此外，超图神经网络的训练和推理需要大量的计算资源，如 GPU 内存和计算能力，而在很多边缘计算场景中，可能难以提供足够的计算资源来满足需求。为了解决以上挑战，通常需要使用高效的计算框架和算法，如混合精度和轻量化。随着超图规模的增大，时间消耗也呈指数级增长，极大地阻碍了超图计算在低延时推理应用场景下的使用。因此，需要探索高效的超图计算方法，以解决超图在处理大规模数据时的存储和计算挑战。

本章小结

本章系统性地介绍了超图研究的基本概念、历史发展、核心挑战和应用领域。从超图的基本定义出发，阐述了超图作为一种先进的数据结构的优势，特别是超图在建模高阶关联方面的能力。在介绍超图的定义和特性之后，本章进一步探讨了超图在不同领域的应用，如社交网络分析、推荐系统、医学图像处理等。这些应用展示了超图在建模和分析复杂数据高阶关联方面的强大能力，同时也回顾了超图相关研究的发展历史。

总结过往的超图相关研究工作，本章系统性介绍了超图计算的概念和任务范畴，并介绍了基于超图的人工智能分析方法的总体框架。虽然超图计算已经在许多领域展现出巨大的优势和应用潜力，但仍然面临着一系列挑战，包括如何高效生成和优化超图结构、如何处理大规模数据以及如何在超图上进行语义计算等。这些挑战的解决将成为进一步夯实超图计算理论基础、提升超图计算应用能力的关键。随着计算能力的提升和数据量的增加，超图计算将在解决复杂数据高阶关联分析和处理问题方面发挥越来越重要的作用。

参考文献

[1] WATTS D J, STROGATZ S H. Collective dynamics of 'small-world' networks[J]. Nature, 1998, 393(6684): 440-442.

[2] BARABÁSI A L, ALBERT R. Emergence of scaling in random networks[J]. Science, 1999, 286(5439): 509-512.

[3] BROIDO A D, CLAUSET A. Scale-free networks are rare[J]. Nature Communications, 2019, 10(1): 1017.

[4] ALMAAS E, KOVACS B, VICSEK T, et al. Global organization of metabolic fluxes in the bacterium escherichia coli[J]. Nature, 2004, 427(6977): 839-843.

[5] BASHAN A, HAVLIN S. The combined effect of connectivity and dependency links on percolation of networks[J]. Journal of Statistical Physics, 2011, 145(3): 686-695.

[6] MUCHA P J, RICHARDSON T, MACON K, et al. Community structure in time-dependent, multiscale, and multiplex networks[J]. Science, 2010, 328(5980): 876-878.

[7] BARABÂSI A L, JEONG H, NÉDA Z, et al. Evolution of the social network of scientific collaborations[J]. Physica A: Statistical Mechanics and Its Applications, 2002, 311(3-4): 590-614.

[8] BENSON A R, GLEICH D F, LESKOVEC J. Higher-order organization of complex networks[J]. Science, 2016, 353(6295): 163-166.

[9] TZOURIO-MAZOYER N, LANDEAU B, PAPATHANASSIOU D, et al. Automated anatomical labeling of activations in SPM using a macroscopic anatomical parcellation of the MNI MRI single-subject brain[J]. NeuroImage, 2002, 15(1): 273-289.

[10] DI GAETANO L, BATTISTON F, STARNINI M. Percolation and topological properties of temporal higher-order networks[J]. Physical Review Letters, 2024, 132: 037401.

[11] SANTORO A, BATTISTON F, PETRI G, et al. Higher-order organization of multivariate time series[J]. Nature Physics, 2023, 19(2): 221-229.

[12] BATTISTON F, AMICO E, BARRAT A, et al. The physics of higher-order interactions in complex systems[J]. Nature Physics, 2021, 17(10): 1093-1098.

[13] MILO R, SHEN-ORR S, ITZKOVITZ S, et al. Network motifs: Simple building blocks of complex networks[J]. Science, 2002, 298(5594): 824-827.

[14] GRILLI J, BARABÁS G, MICHALSKA-SMITH M J, et al. Higher-order interactions stabilize dynamics in competitive network models[J]. Nature, 2017, 548(7666): 210-213.

[15] BENSON A R, ABEBE R, SCHAUB M T, et al. Simplicial closure and higher-order link prediction[J]. Proceedings of the National Academy of Sciences, 2018, 115(48): E11221-E11230.

[16] Berge C. Hypergraphs: Combinatorics of finite sets[M]. Amsterdam: Elsevier, 1984.

[17] MAJHI S, PERC M, GHOSH D. Dynamics on higher-order networks: A review[J]. Journal of the Royal Society Interface, 2022, 19(188): 20220043.

[18] YU J, YIN H, LI J, et al. Self-supervised multi-channel hypergraph convolutional network for social recommendation[C]// Proceedings of the Web Conference. Ljubljana: Association for Computing Machinery, 2021: 413-424.

[19] JI S, FENG Y, JI R, et al. Dual channel hypergraph collaborative filtering[C]//Proceedings of the ACM SIGKDD Conference on Knowledge Discovery and Data Mining. Virtual Event: Association for Computing Machinery, 2020: 2020-2029.

[20] GAO Y, WEE C, KIM M, et al. MCI identification by joint learning on multiple MRI data [C]//Proceedings of the International Conference on Medical Image Computing and Computer-Assisted Intervention. Munich: Springer, 2015:78-85.

[21] DI D, SHI F, YAN F, et al. Hypergraph learning for identification of COVID-19 with CT imaging[J]. Medical Image Analysis, 2021, 68: 101910.

[22] ZHANG Z, LIU J, LI B, et al. Diagnosis of childhood autism using multi-modal functional connectivity via dynamic hypergraph learning[C]//Proceedings of the Chinese Association for Artificial Intelligence. Hangzhou: Springer-Verlag, 2021: 123-135.

[23] GAO Y, ADELI-MOSABBEB E, KIM M, et al. Medical image retrieval using multi-graph learning for MCI diagnostic assistance[C]//Proceedings of the International Conference on Medical Image Computing and Computer-Assisted Intervention. Munich: Springer-Verlag, 2015: 86-93.

[24] HAO X, LI J, GUO Y, et al. Hypergraph neural network for skeleton-based action recognition[J]. IEEE Transactions on Image Processing, 2021, 30: 2263-2275.

[25] LI X, LI Y, SHEN C, et al. Contextual hypergraph modeling for salient object detection[C]//Proceedings of the IEEE International Conference on Computer Vision. Sydney: IEEE, 2013: 3328-3335.

[26] GAO Y, WANG M, TAO D, et al. 3-D object retrieval and recognition with hypergraph analysis[J]. IEEE Transactions on Image Processing, 2012, 21(9): 4290-4303.

[27] ZHANG H, SONG L, LI Y, et al. Hypergraph theory: Applications in 5G heterogeneous ultra-dense networks[J]. IEEE Communications Magazine, 2017, 55(12): 70-76.

[28] XIAO Y, ZHANG Q, LIU F, et al. NFVdeep: Adaptive online service function chain deployment with deep reinforcement learning[C]//Proceedings of the International Symposium on Quality of Service. Phoenix: IEEE, 2019: 1-10.

[29] MAO H, SCHWARZKOPF M, VENKATAKRISHNAN S B, et al. Learning scheduling algorithms for data processing clusters[C]//Proceedings of the ACM Special Interest Group on Data Communication. Beijing: Association for Computing Machinery, 2019: 270-288.

[30] KONSTANTINOVA E V, SKOROBOGATOV V A. Application of hypergraph theory in chemistry[J]. Discrete Mathematics, 2001, 235(1-3): 365-383.

[31] KLAMT S, HAUS U, THEIS F J. Hypergraphs and cellular networks[J]. PLOS Computational Biology, 2009, 5(5): 1-6.

[32] SELINGER P G, ASTRAHAN M M, CHAMBERLIN D D, et al. Access path selection in a relational database management system[C]//Proceedings of the ACM SIGMOD International Conference on Management of Data. Boston: ACM, 1979: 23-34.

[33] MOERKOTTE G, NEUMANN T. Analysis of two existing and one new dynamic programming algorithm for the generation of optimal bushy join trees without cross products[C]//Proceedings of the International Conference on Very Large Data Bases. Seoul: VLDB Endowment, 2006: 930-941.

[34] MOERKOTTE G, NEUMANN T. Dynamic programming strikes back[C]//Proceedings of the ACM SIGMOD International Conference on Management of Data. Vancouver: Association for Computing Machinery, 2008: 539-552.

[35] ESCHBACH T, GÜNTHER W, BECKER B. Orthogonal hypergraph drawing for improved visibility[J]. Journal of Graph Algorithms and Applications, 2006, 10(2): 141-157.

[36] KARYPIS G, AGGARWAL R, KUMAR V, et al. Multilevel hypergraph partitioning: Applications in VLSI domain[J]. IEEE Transactions on Very Large Scale Integration Systems, 1999, 7(1): 69-79.

[37] KARYPIS G, KUMAR V. Multilevel k-way hypergraph partitioning[C]//Proceedings of the Annual ACM/IEEE Design Automation Conference. New Orleans: Association for Computing Machinery, 1999: 343-348.

[38] CATALYUREK U V, AYKANAT C. Hypergraph-partitioning-based decomposition for parallel sparse-matrix vector multiplication[J]. IEEE Transactions on Parallel and Distributed Systems, 1999, 10(7): 673-693.

[39] GRIGORI L, BOMAN E G, DONFACK S, et al. Hypergraph-based unsymmetric nested dissection ordering for sparse LU factorization[J]. SIAM Journal on Scientific Computing, 2010, 32(6): 3426-3446.

[40] JIN T, YU J, YOU J, et al. Low-rank matrix factorization with multiple hypergraph regularizer[J]. Pattern Recognition, 2015, 48(3): 1011-1022.

[41] PRENOWITZ W. Projective geometries as multigroups[J]. American Journal of Mathematics, 1943, 65(2): 235-256.

[42] JANTOSCIAK J, PRENOWITZ W. Geometrics and join spaces[Z]. 1972.

[43] VOUGIOUKLIS T. New frontiers in hyperstructures[M]. Florida: Hadronic Press, 1996.

[44] LEOREANU V. Direct limit and inverse limit of join spaces associated with fuzzy sets[J]. Pure Mathematics and Applications, 2000, 11(3): 509-516.

[45] TOFAN I, VOLF A. On some connections between hyperstructures and fuzzy sets[J]. Italian Journal of Pure and Applied Mathematics, 2000: 63-68.

[46] AMERI R, ZAHEDI M, et al. Hypergroup and join space induced by a fuzzy subset[J]. Pure Mathematics and Applications, 1997, 8(2-4): 155-168.

[47] KIERSTEAD H A, RODL V. Applications of hypergraph coloring to graphs not inducing certain trees[J]. Discrete Mathematics, 1996, 150(1-3): 187-193.

[48] LU C J. Deterministic hypergraph coloring and its applications[C]//International Workshop on Randomization and Approximation Techniques in Computer Science. Barcelona: Springer-Verlag, 1998: 35-46.

[49] VOLOSHIN V. The mixed hypergraphs[J]. Computer Science Journal of Moldova, 1993, 1(1): 1-4.

[50] KANG D Y, KELLY T, KÜHN D, et al. Graph and hypergraph colouring via nibble methods: A survey[J]. European Congress of Mathematics, 2021: 771-823.

[51] ZHANG H, SONG L, HAN Z. Radio resource allocation for device-to-device underlay communication using hypergraph

theory[J]. IEEE Transactions on Wireless Communications, 2016, 15(7): 4852-4861.

[52] KARYPIS G, AGGARWAL R, KUMAR V, et al. Multilevel hypergraph partitioning: Application in VLSI domain[C]// Proceedings of the Annual Design Automation Conference. San Diego: Association for Computing Machinery, 1997: 526-529.

[53] FIDUCCIA C M, MATTHEYSES R M. A linear-time heuristic for improving network partitions[C]//Proceedings of the 19th Design Automation Conference. Las Vegas: ACM/IEEE, 1982: 175-181.

[54] ALPERT C J, HUANG J H, KAHNG A B. Multilevel circuit partitioning[C]//Proceedings of the Annual Design Automation Conference. San Diego: Association for Computing Machinery, 1997: 530-533.

[55] ALPERT C J, KAHNG A B. Multi-way partitioning via spacefilling curves and dynamic programming[C]//Proceedings of the Annual Design Automation Conference. San Diego: Association for Computing Machinery, 1994: 652-657.

[56] LIM S K, XU D, et al. Large-scale circuit partitioning with loose/stable net removal and signal flow-based clustering[C]// Proceedings of IEEE International Conference on Computer Aided Design. San Jose: IEEE, 1997: 441-446.

[57] PAPA D A, MARKOV I L. Hypergraph partitioning and clustering[J]. Handbook of Approximation Algorithms and Metaheuristics, 2007, DOI: 10.1201/9781420010749.ch61.

[58] CATALYUREK U V, AYKANAT C. Hypergraph-partitioning-based decomposition for parallel sparse-matrix vector multiplication[J]. IEEE Transactions on Parallel and Distributed Systems, 1999, 10(7): 673-693.

[59] DEVINE K D, BOMAN E G, HEAPHY R T, et al. Parallel hypergraph partitioning for scientific computing[C]//Proceedings of the IEEE International Parallel and Distributed Processing Symposium. Rhodes: IEEE, 2006:10.

[60] BALLARD G, DRUINSKY A, KNIGHT N, et al. Hypergraph partitioning for sparse matrix-matrix multiplication[J]. ACM Transactions on Parallel Computing, 2016, 3(3): 1-34.

[61] HUANG Y, LIU Q, LV F, et al. Unsupervised image categorization by hypergraph partitioning[J]. IEEE Transactions on Pattern Analysis and Machine Intelligence, 2011, 33(6): 1266-1273.

[62] ZHOU D, HUANG J, SCHÖLKOPF B. Learning with hypergraphs: Clustering, classification, and embedding[C]//Proceedings of the Advances in Neural Information Processing Systems. Vancouver: The MIT Press, 2006: 1601-1608.

[63] YANG W, WANG G, BHUIYAN M Z A, et al. Hypergraph partitioning for social networks based on information entropy modularity[J]. Journal of Network and Computer Applications, 2017, 86: 59-71.

[64] GHAEMI R, SULAIMAN M N, IBRAHIM H, et al. A survey: Clustering ensemble techniques[J]. International Journal of Computer and Information Engineering, 2009, 3(2): 365-374.

[65] ZHANG Z, LIN H, ZHAO X, et al. Inductive multi-hypergraph learning and its application on view-based 3D object classification[J]. IEEE Transactions on Image Processing, 2018, 27(12): 5957-5968.

[66] ZHANG Z, LIN H, ZHU J, et al. Cross diffusion on multi-hypergraph for multi-modal 3D object recognition[C]// Proceedings of the Advances in Multimedia Information Processing. Hefei: Springer-Verlag, 2018: 38-49.

[67] GAO Y, ZHANG Z, LIN H, et al. Hypergraph learning: Methods and practices[J]. IEEE Transactions on Pattern Analysis and Machine Intelligence, 2020, 44(5): 2548-2566.

[68] GAO Y, FENG Y, JI S, et al. HGNN$^+$: General hypergraph neural networks[J]. IEEE Transactions on Pattern Analysis and Machine Intelligence, 2022, 45(3): 3181-3199.

[69] GAO Y, WANG M, TAO D, et al. 3-D object retrieval and recognition with hypergraph analysis[J]. IEEE Transactions on Image Processing, 2012, 21(9): 4290-4303.

[70] ZHANG Z, LIN H, GAO Y, et al. Dynamic hypergraph structure learning[C]//Proceedings of the International Joint Conference on Artificial Intelligence. Stockholm: AAAI Press, 2018: 3162-3169.

[71] CAI D, SONG M, SUN C, et al. Hypergraph structure learning for hypergraph neural networks[C]//Proceedings of the International Joint Conference on Artificial Intelligence. Vienna: AAAI Press, 2022: 1923-1929.

[72] FENG Y, YOU H, ZHANG Z, et al. Hypergraph neural networks[C]//Proceedings of the AAAI conference on artificial intelligence. Honolulu, Hawaii: AAAI Press, 2019: 3558-3565.

[73] YADATI N, NIMISHAKAVI M, YADAV P, et al. HyperGCN: A new method for training graph convolutional networks on

hypergraphs[C]//Proceedings of Advances in Neural Information Processing Systems. Vancouver: IEEE, 2019: 1509-1520.

[74] HUANG J, YANG J. UniGNN: A unified framework for graph and hypergraph neural networks[C]//Proceedings of the International Joint Conference on Artificial Intelligence, 2021: 2563-2569.

[75] BAI S, ZHANG F, TORR P H. Hypergraph convolution and hypergraph attention[J]. Pattern Recognition, 2021, 110: 107637.

[76] KIM E S, KANG W Y, ON K W, et al. Hypergraph attention networks for multimodal learning[C]//Proceedings of the IEEE/CVF Conference on Computer Vision and Pattern Recognition. Seattle: IEEE, 2020: 14581-14590.

[77] ZHANG R C, ZOU Y S, MA J. Hyper-SAGNN: A self-attention-based graph neural network for hypergraphs[C]//Proceedings of the International Conference on Learning Representations. Addis Ababa: ICLR, 2020. arXiv:1911.02613.

[78] FAN H, ZHANG F, WEI Y, et al. Heterogeneous hypergraph variational autoencoder for link prediction[J]. IEEE Transactions on Pattern Analysis and Machine Intelligence, 2021, 44(8): 4125-4138.

[79] BANDYOPADHYAY S, DAS K, MURTY M N. Line hypergraph convolution network: Applying graph convolution for hypergraphs[J]. CoRR, 2020, abs/2002.03392.

[80] JIANG J, WEI Y, FENG Y, et al. Dynamic hypergraph neural networks[C]//Proceedings of the International Joint Conference on Artificial Intelligence. Macao: AAAI Press, 2019: 2635-2641.

[81] ZHANG Z, FENG Y, YING S, et al. Deep hypergraph structure learning[J]. CoRR, 2022, abs/2208.12547.

[82] ZHOU P, WU Z, ZENG X, et al. Totally dynamic hypergraph neural network[C]//Proceedings of the International Joint Conference on Artificial Intelligence. Macao: ACM, 2023: 2476-2483.

第 2 章　超图的数学基础

在超图中，超边的构成可以超越传统简单图中边的二元限制，这一特性使超图成为研究数据之间复杂高阶关联的理想数学工具。相较于仅能通过二元边来建模的传统图结构，超图能够更有效地建模数据之间的高阶关系，因此超图结构具有更强的表达能力。由于这一特点，超图在数据科学、人工智能等领域显示出其特有的优势，基于超图的计算方法也吸引了广泛的研究兴趣和关注[1]。为了全面深入地理解超图的计算理论和应用，本章首先介绍不同类型超图的定义，包括无向超图、有向超图、概率超图等。接下来介绍超图的多种数学表示方法，包括关联矩阵、张量及二分图等，最后讨论超图泛化等问题。

2.1　不同类型超图的定义

超图可以分为许多不同的类型，本节主要介绍不同类型超图的定义，所涉及的主要符号和定义如表 2.1 所示。首先介绍无向超图和有向超图，然后依次介绍概率超图、K-均匀超图、K-正则超图、带权超图、对偶超图和完全超图。

表 2.1　超图中的主要符号和定义

符号	定义
$\mathcal{G}$	超图
$\mathcal{V}$	节点集合
$\mathcal{E}$	超边集合
$\boldsymbol{W}$	超边权重的对角矩阵
$\boldsymbol{U}$	节点权重的对角矩阵
$\boldsymbol{X}$	节点的特征矩阵
$\boldsymbol{Y}$	节点的标签矩阵
$\boldsymbol{H}$	超图结构的关联矩阵 $\|\mathcal{V}\|\times\|\mathcal{E}\|$，$\boldsymbol{H}(v,e)$ 表示节点 $\mathcal{V}$ 和超边 $\mathcal{E}$ 之间的连接强度
$\boldsymbol{D}_v$	节点度数的对角矩阵
$\boldsymbol{D}_e$	超边度数的对角矩阵
$\boldsymbol{\Delta}$	超图的拉普拉斯矩阵
$\boldsymbol{x}_i$	节点 v_i 的特征向量
$d(v)$	节点 v 的度数
$\delta(e)$	超边 e 的度数
$w(e)$	超边 e 的权重
$u(v)$	节点 v 的权重

1. 无向超图

令$\mathcal{G}$表示一个超图（无向超图），它由一组节点$\mathcal{V}$和一组超边$\mathcal{E}$构成。在一个加权超图中，每个超边$e \in \mathcal{E}$被赋予一个权重$w(e)$，表示其连接关系的重要性。$\boldsymbol{W}$为超边权重的对角矩阵，即$\boldsymbol{W} = \mathrm{diag}\left(\left[w(e_1), w(e_2), \cdots, w\left(e_{|\mathcal{E}|}\right)\right]\right)$。给定一个超图$\mathcal{G} = (\mathcal{V}, \mathcal{E}, \boldsymbol{W})$，该超图的结构通常由一个关联矩阵$\boldsymbol{H} \in \{0,1\}^{|\mathcal{V}| \times |\mathcal{E}|}$来表示，矩阵中的每一项$\boldsymbol{H}(v,e)$表示节点$v$是否被超边$e$所连接：

$$\boldsymbol{H}(v,e) = \begin{cases} 1 & v \in e \\ 0 & v \notin e \end{cases} \tag{2.1}$$

超边e的度数和节点v的度数定义如下：

$$\delta(e) = \sum_{v \in \mathcal{V}} \boldsymbol{H}(v,e) \tag{2.2}$$

$$d(v) = \sum_{e \in \mathcal{E}} w(e) * \boldsymbol{H}(v,e) \tag{2.3}$$

传统的超图结构在节点之间建立了关联，即使用超边来连接多个关联的节点。在关联矩阵$\boldsymbol{H}$中，同一个超边上的所有节点都被赋予值为 1 的常量。图 2.1 展示了一个无向超图的示例，包括关联矩阵$\boldsymbol{H}$、节点度数的对角矩阵$\boldsymbol{D}_v$和超边度数的对角矩阵$\boldsymbol{D}_e$。图 2.1 所示的无向超图中包括 3 个超边，即e_1、e_2和e_3，以及 6 个节点，其中超边e_3连接了节点$\{v_4, v_5, v_6\}$，因此超边e_3的度为 3。类似地，可以计算出$\boldsymbol{D}_e$中的其他元素。由于节点v_4同时被超边e_2和超边e_3所连接，因此节点v_4的度为2。超图的关联矩阵$\boldsymbol{H}$可通过式（2.1）所示构造规则获得。

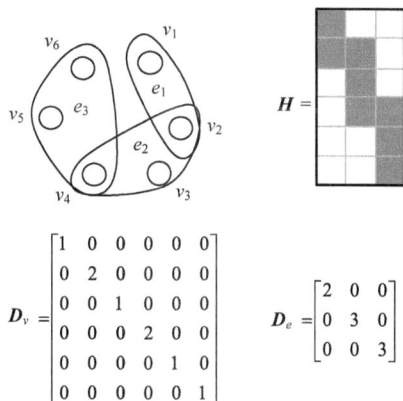

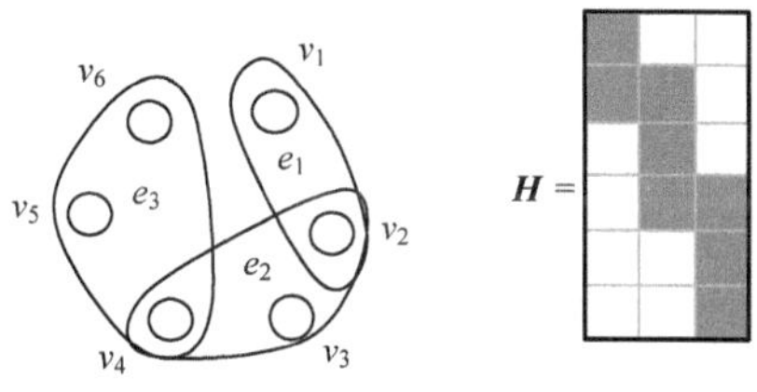

$$\boldsymbol{D}_v = \begin{bmatrix} 1 & 0 & 0 & 0 & 0 & 0 \\ 0 & 2 & 0 & 0 & 0 & 0 \\ 0 & 0 & 1 & 0 & 0 & 0 \\ 0 & 0 & 0 & 2 & 0 & 0 \\ 0 & 0 & 0 & 0 & 1 & 0 \\ 0 & 0 & 0 & 0 & 0 & 1 \end{bmatrix} \qquad \boldsymbol{D}_e = \begin{bmatrix} 2 & 0 & 0 \\ 0 & 3 & 0 \\ 0 & 0 & 3 \end{bmatrix}$$

图 2.1 无向超图的示例

如式（2.1）所示，超图的关联矩阵$\boldsymbol{H}$中所有的元素只包含 0 或 1 两种取值。对于无向超图来讲，可以使用多种不同的规则来确定节点之间的关联关系。例如，可以通过使用成对边和 k 跳（k-hops）的方式，从具有图结构的数据中生成超边；而对于不存在图结构的数据，则可以通过在特征空间中寻找近邻的方式来生成超边。具体的超图生成策略可以参考本书第 5 章。

2. 有向超图

实际世界中的超边可能是有向的，与传统无向超图表示不兼容。因此，有向超图结构的表示在许多任务中更为重要。与无向超图不同，在有向超图的每个超边中，节点可以进一步分为两个集合：源节点集合和目标节点集合。有向超图的一种简单定义[2]可以将关联矩阵定义为

$$\boldsymbol{H}(v,e)=\begin{cases}-1 & v\in T(e)\\ 1 & v\in S(e)\\ 0 & 其他\end{cases} \tag{2.4}$$

其中，$T(e)$和$S(e)$分别是超边e的目标节点集合和源节点集合。对于所有超边，关联矩阵$\boldsymbol{H}$还可以被拆分成描述源节点和目标节点的两个矩阵$\boldsymbol{H}_{\mathrm{s}}$和$\boldsymbol{H}_{\mathrm{t}}$。当使用这两个关联矩阵传递信息时，需要保留其中的方向信息。不同于无向超图，两个不同的关联矩阵$\boldsymbol{H}_{\mathrm{s}}$和$\boldsymbol{H}_{\mathrm{t}}$引导着信息在有向超图中的传递方向。两个矩阵$\boldsymbol{D}_{\mathrm{s}}$和$\boldsymbol{D}_{\mathrm{t}}$表示超边的源度数和目标度数，具体可表示为

$$\begin{cases}\boldsymbol{D}_{\mathrm{s}}=\operatorname{diag}(\operatorname{col\_sum}(\boldsymbol{H}_{\mathrm{s}}))\\ \boldsymbol{D}_{\mathrm{t}}=\operatorname{diag}(\operatorname{col\_sum}(\boldsymbol{H}_{\mathrm{t}}))\end{cases} \tag{2.5}$$

其中，$\operatorname{diag}(\cdot)$表示将向量$\boldsymbol{v}$转换为对角矩阵的函数；$\operatorname{col_sum}(\cdot)$表示列累加函数。

图 2.2 展示了一个有向超图的例子，包括有向超图结构、关联矩阵$\boldsymbol{H}$、源关联矩阵$\boldsymbol{H}_{\mathrm{s}}$和目标关联矩阵$\boldsymbol{H}_{\mathrm{t}}$。该有向超图包含六个节点，同时也包含两个超边，即$e_1$和$e_2$。其中超边$e_1$连接了四个节点，而超边$e_2$连接了三个节点。在超边$e_1$中，源节点为$v_1$和$v_2$，目标节点为$v_4$和$v_5$。在超边$e_2$中，源节点为$v_2$和$v_3$，目标节点为$v_6$。通过上述定义，可以明确超图中的信息传递方向。

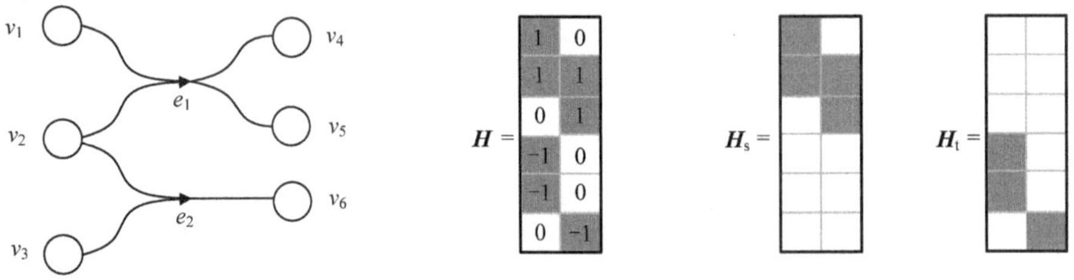

图 2.2　有向超图的示例

3. 概率超图

在实际场景下的关联中，超边上的节点之间的连接强度具有差异性，其权重取值不仅可以是 0 或 1，还可以是 0 到 1 之间的任意数。因此，关联矩阵可以是一个连续矩阵，其元素取值范围从 0 到 1，用来表示概率超图（probabilistic hypergraph）。

图 2.3 为一个概率超图的示例，其中包括六个节点和三个超边。超边e_1连接了两个节点v_1和v_2，且该超边中不同的连接拥有不同的强度。由关联矩阵$\boldsymbol{H}$可知，超边e_1中节

点 v_1 的连接强度为 0.9，而节点 v_2 的连接强度为 0.3。概率超图中的节点和超边度数由超图关联矩阵 $\boldsymbol{H}$ 的行或列之和计算得到。

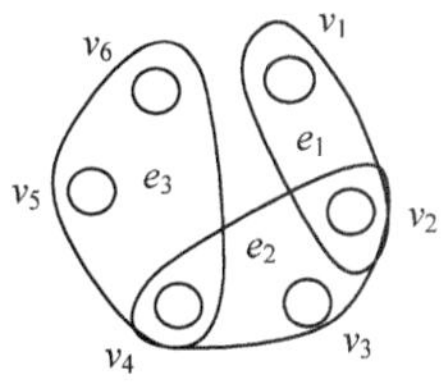

$$\boldsymbol{H}=\begin{bmatrix}0.9 & 0 & 0\\0.3 & 0.7 & 0\\0 & 0.8 & 0\\0 & 0.3 & 0.2\\0 & 0 & 0.5\\0 & 0 & 0.8\end{bmatrix}$$

$$\boldsymbol{D}_v=\begin{bmatrix}0.9 & 0.0 & 0.0 & 0.0 & 0.0 & 0.0\\0.0 & 1.0 & 0.0 & 0.0 & 0.0 & 0.0\\0.0 & 0.0 & 0.8 & 0.0 & 0.0 & 0.0\\0.0 & 0.0 & 0.0 & 0.5 & 0.0 & 0.0\\0.0 & 0.0 & 0.0 & 0.0 & 0.5 & 0.0\\0.0 & 0.0 & 0.0 & 0.0 & 0.0 & 0.8\end{bmatrix}\quad \boldsymbol{D}_e=\begin{bmatrix}1.2 & 0.0 & 0.0\\0.0 & 1.8 & 0.0\\0.0 & 0.0 & 1.5\end{bmatrix}$$

图 2.3　概率超图的示例

4. K-均匀超图

在一些应用场景中，每个超边被要求连接相同数量的节点。当每个超边所连接的节点数量都相等时，这类超图被称为 K-均匀超图（K-uniform hypergraph），其中每个超边都恰好连接 k 个节点。在这个定义下，一个简单图可以被看作是超图的一个特例，即 $k=2$ 的 2-均匀超图，每个超边仅连接两个节点。图 2.4 中展示了一个 3-均匀超图的示例，该超图包含六个节点和三个超边，且每个超边恰好连接了三个节点，其中超边 e_1 连接节点 v_1、v_2 和 v_3，超边 e_2 连接节点 v_2、v_3 和 v_4，超边 e_3 连接节点 v_4、v_5 和 v_6。在 K-均匀超图中，所有超边的度都是相同的，即都是常数 $\boldsymbol{k}$。

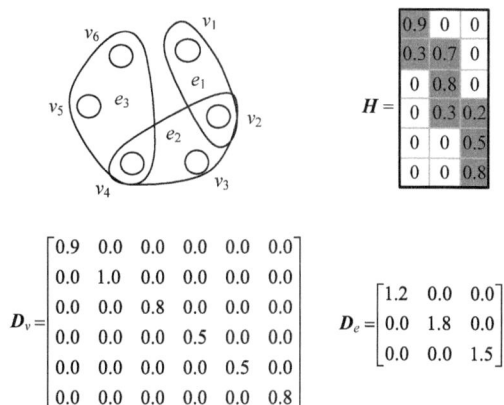

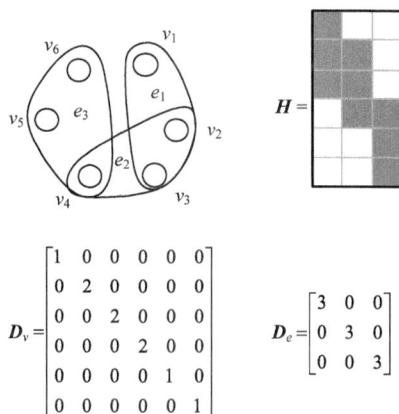

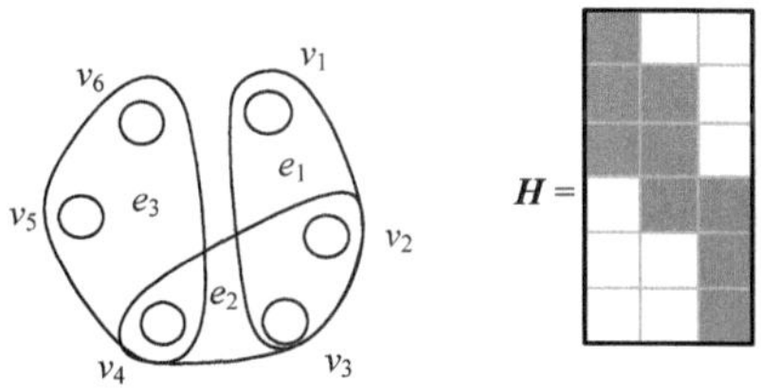

$$\boldsymbol{D}_v=\begin{bmatrix}1 & 0 & 0 & 0 & 0 & 0\\0 & 2 & 0 & 0 & 0 & 0\\0 & 0 & 2 & 0 & 0 & 0\\0 & 0 & 0 & 2 & 0 & 0\\0 & 0 & 0 & 0 & 1 & 0\\0 & 0 & 0 & 0 & 0 & 1\end{bmatrix}\quad \boldsymbol{D}_e=\begin{bmatrix}3 & 0 & 0\\0 & 3 & 0\\0 & 0 & 3\end{bmatrix}$$

图 2.4　3-均匀超图的示例

5. K-正则超图

在图论中，节点度相同（即每个节点连出相等边数）的图称为正则图。在超图中，可以类似地定义 K-正则超图（K-regular hypergraph）为所有节点有相同度的超图。K-正则超图和 K-均匀超图之间存在对偶关系。这里给出可 K-正则超图的概念，即若将超图$\mathcal{G}$的超边集合$\mathcal{E}=\{e_1,e_2,\cdots,e_m\}$中的每个超边$e_i$用$k_i\geqslant 1$个重边代替后，可以得到一个正则超图，则称超图$\mathcal{G}$是可正则的。

图 2.5 中展示了一个 2-正则超图的示例。该超图包含六个节点和五个超边，且每个节点都被两个超边所连接。例如，节点v_1被超边e_1和e_2所连接。在 K-正则超图中，所有的节点度都是相同的，即都是常数 $\boldsymbol{k}$。

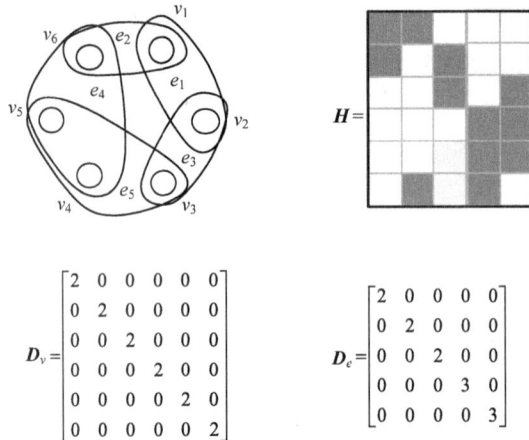

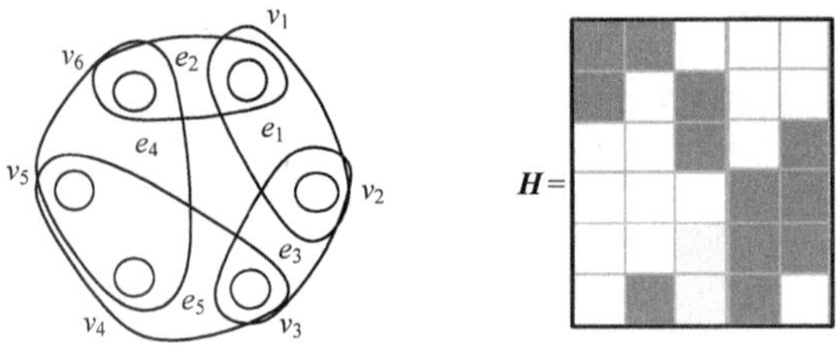

$$\boldsymbol{D}_v=\begin{bmatrix}2&0&0&0&0&0\\0&2&0&0&0&0\\0&0&2&0&0&0\\0&0&0&2&0&0\\0&0&0&0&2&0\\0&0&0&0&0&2\end{bmatrix}\qquad \boldsymbol{D}_e=\begin{bmatrix}2&0&0&0&0\\0&2&0&0&0\\0&0&2&0&0\\0&0&0&3&0\\0&0&0&0&3\end{bmatrix}$$

图 2.5　2-正则超图的示例

6. 带权超图

不同节点、超边在超图结构上的重要性是可以存在差异的，即它们可以具有不同的权重，这些权重为超图结构提供了额外的信息。由于超图的不同组成部分（如节点、超边甚至子超图）对关联建模会产生不同的影响，可以通过对这些组成部分进行加权[3] 来表达超图中更重要的信息。例如，在推荐系统[4] 中，用户属性的权重影响用户属性的分类。如果属性分类不准确，则基于用户属性的推荐和营销的准确性就可能存在问题。在超图结构上，主要的权重信息包括超边的权重和节点的权重，这些权重取值表示超边和节点的相对重要性。

不同的节点在超图结构建模中可能具有不同的重要性。一部分节点会发挥主要作用，则应该被赋予更高的权值，而另一部分节点相对不重要，则应该被赋予相对较低的权值。这里可以使用节点权重来对节点的重要性进行量化。如果一个节点在超图中连接紧密（具有高相关性），或是符合某些特定要求，则该节点应该有一个较大的权重，否则，应该有较小的权重。在这里使用矩阵 $\boldsymbol{U}$ 的对角线元素值来表示节点权重，这些值可以设置为介于 0 和 1 之间，表示这些节点的相对重要性。图 2.6 给出了一个带有节点权重的超图例子。在这个节点加权超图中，六个节点的权重 $\boldsymbol{U}$ 分别为 0.8、0.2、0.4、0.5、0.7 和 0.9。每个节点的权重用节点的大小表示，比如节点v_6的权重为 0.9，比所有其他节点都大，而节点v_2则是六个节点中最小的，其权重也最低。

与节点权重类似，超边权重反映了超图中不同超边的相对重要性。由于不同的超边在表示节点之间连接时可能具有不同的重要性，或某些类型的超边需要被设定为更加重要，因此对超边进行加权能够更精准地表征高阶关联关系。这里可以使用矩阵 $\boldsymbol{W}$ 的对角元素值来表示超边的权重。这些值可以介于 0 和 1 之间，用来刻画这些超边的相对重要性。图 2.7 给出了一个超边加权超图的示例。在该例子中，三个超边 e_1、e_2 和 e_3 的权重分别是 0.3、0.9 和 0.5，说明超边 e_2 的重要性/可靠性最强，而超边 e_1 的权重最低。通过给超边赋予权重，可以实现不同关联关系的差异化，提升超图结构的关联建模能力。

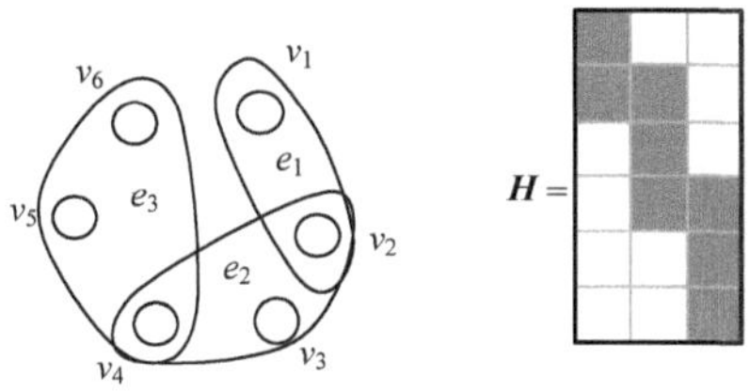

$$\boldsymbol{U}=\mathrm{diag}([0.8\quad 0.2\quad 0.4\quad 0.5\quad 0.7\quad 0.9])$$

$$\boldsymbol{D}_v=\begin{bmatrix}1&0&0&0&0&0\\0&2&0&0&0&0\\0&0&1&0&0&0\\0&0&0&2&0&0\\0&0&0&0&1&0\\0&0&0&0&0&1\end{bmatrix}\qquad \boldsymbol{D}_e=\begin{bmatrix}2&0&0\\0&3&0\\0&0&3\end{bmatrix}$$

图 2.6　节点加权超图的示例

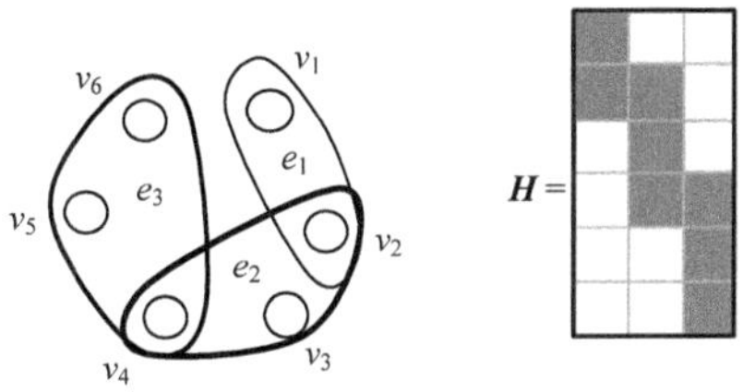

$$\boldsymbol{W}=\mathrm{diag}([0.3\quad 0.9\quad 0.5])$$

$$\boldsymbol{D}_v=\begin{bmatrix}1&0&0&0&0&0\\0&2&0&0&0&0\\0&0&1&0&0&0\\0&0&0&2&0&0\\0&0&0&0&1&0\\0&0&0&0&0&1\end{bmatrix}\qquad \boldsymbol{D}_e=\begin{bmatrix}2&0&0\\0&3&0\\0&0&3\end{bmatrix}$$

图 2.7　超边加权超图的示例

7. 对偶超图

对偶超图[5] 提供了另一种视角来理解数据之间的复杂关联。这里以论文-作者的关联关系为例进行介绍。从读者的视角出发，可以将每位作者视为超图中的节点，而论文作为联系作者之间关联关系的属性，一个超边用来连接一篇论文中的所有作者，反映了一篇论文中全部作者之间的合作关系。与之相对的是，撰写的论文可被视为一个超图中的节点，而作者则构成了这些论文之间的关系，此时一个超边包含了一位作者参与撰写的所有论文，展示了一个作者的研究成果集。上述这两个超图就是互为对偶关系。

对于不含孤立节点的超图 $\mathcal{G}=(\mathcal{V},\mathcal{E})$，其对偶超图可以表示为 $\mathcal{G}^*=\left(\mathcal{V}^*,\mathcal{E}^*\right)$。这里节点集 $\mathcal{V}^*$ 与原超图的超边集 $\mathcal{E}$ 存在一个双射关系 f。为不失一般性，可以将 $\mathcal{V}^*$ 与 $\mathcal{E}$ 等同，因此，每个对偶超边 e_j^* 对应于原超图中包含节点 v_j 的所有超边的集合，也就是 $e_j^*=\left\{e_i:v_j\in e_i\right\}$。因为节点 $v_i^*\in e_j^*$ 当且仅当 $v_j\in e_i$，因此超图 $\mathcal{G}$ 关联矩阵的转秩恰好是其对偶超图 $\mathcal{G}^*$ 的关联矩阵，也就是 $\boldsymbol{H}^{\mathrm{T}}=\boldsymbol{H}^*$。图 2.8 给出了一组对偶超图的示例。在该例子中，原始超图包含 4 个节点和 3 个超边，那么其对偶超图包含 3 个节点和 4 个超边。根据前述定义，对偶超图中每一个超边的构成与原始超图的节点相关。例如，原始超图

中节点 v_1 被超边 e_1 及超边 e_2 连接，那么对偶超图的超边 $e_1^* = \{v_1^*, v_2^*\}$ 。对偶超图具有如下两个重要性质：①对偶超图的对偶为原始超图，也就是 $(\mathcal{G}^*)^* = \mathcal{G}$ ；②K-均匀超图的对偶为 K-正则超图，反之亦然。

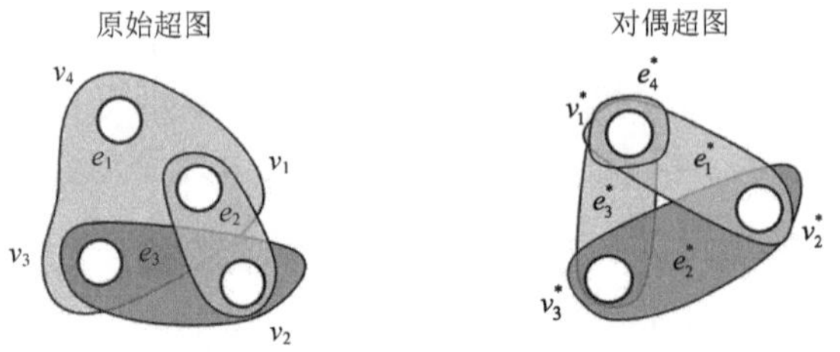

图 2.8　对偶超图的示例

8. 完全超图

完全超图[6]是一种特殊的超图形式，其超边覆盖所有可能的情况。这种结构的特点在于，它代表了节点集中所有可能的节点组合。因此，完全超图通常用于表示节点之间最大程度的关联关系。在数据聚类[7]、网络分析[8]和组合优化问题[9]等应用中，完全超图可以被用来建模节点之间的全面关系。

对于超图 $\mathcal{G} = (\mathcal{V}, \mathcal{E})$，若其为完全超图，其超边集合 $\mathcal{E}$ 包含了节点集 $\mathcal{V}$ 的所有非空子集，即 $\mathcal{E} = 2^{\mathcal{V}} \setminus \varnothing$ ，并且有 $|\mathcal{E}| = 2^{|\mathcal{V}|} - 1$ 。对节点和超边依次编号，即 $\mathcal{V} = \{v_1, v_2, \cdots, v_n\}$，$\mathcal{E} = \{e_1, e_2, \cdots, e_m\}$ 。由于完全超图包含所有可能的节点组合，每个超边 e_j 包含了 j 的二进制中对应位为 1 的节点。据此，关联矩阵 $\boldsymbol{H}$ 可以计算为

$$\boldsymbol{H}(v_i, e_j) = \mathbb{I}\left(\left\lfloor \frac{j}{2^{i-1}} \right\rfloor \equiv 1 (\mathrm{mod} 2)\right) \tag{2.6}$$

其中，$\mathbb{I}(\cdot)$ 为示性函数。图 2.9 给出了一个包含 3 个节点的完全超图的示例。根据完全超图的定义，该超图包含 7 个超边，即（$\mathcal{E} = \{e_1 = \{v_1\}, e_2 = \{v_2\}, e_3 = \{v_3\}\} \cup \{e_4 = \{v_1, v_2\}, e_5 = \{v_1, v_3\}, e_6 = \{v_2, v_3\}, e_7 = \{v_1, v_2, v_3\}\}$），节点集中的任意非空子集都出现在超边集中。

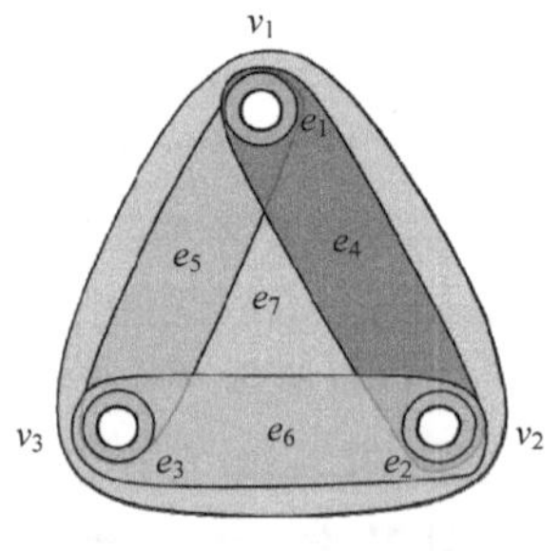

图 2.9　完全超图的示例

2.2 超图的多种数学表示

本节将介绍超图的多种数学表示形式，包括基于关联矩阵、基于张量和基于二分图的表示形式。基于关联矩阵的表示提供了一种直观的方式来表示超图中节点与超边之间的关系。基于张量的表示是一种更高维度的表达方式，通过张量来表示更复杂的数据结构和关系。基于二分图的表示通过将超图转换为二分图来对超图进行刻画。

1. 关联矩阵表示

超图的关联矩阵是一个二维矩阵，通常其行代表超图中的节点，而列代表超边。关联矩阵是描述超图节点与超边之间关系的重要工具。在关联矩阵中，每个元素用于标识节点与超边之间是否存在关系。具体来说，超图$\mathcal{G}$的节点集和超边集分别为$\mathcal{V}$和$\mathcal{E}$，则该超图结构可以用一个大小为$|\mathcal{V}|\times|\mathcal{E}|$的关联矩阵$\boldsymbol{H}$来表示。在无向超图中，关联矩阵的每个元素可以为 0 或 1，即$\boldsymbol{H}\in\{0,1\}^{|\mathcal{V}|\times|\mathcal{E}|}$。对于节点$v\in\mathcal{V}$，如果它被超边$e\in\mathcal{E}$所连接，则关联矩阵中节点$v$与超边$e$的对应元素为 1；反之，为 0。这个关系可以表示为

$$\boldsymbol{H}(v,e)=\begin{cases}1 & v\in e\\ 0 & v\notin e\end{cases} \tag{2.7}$$

在有向超图中，每个超边e中的节点被进一步划分为源节点集$S(e)$和目标节点集$T(e)$。无向超图的关联矩阵中的元素取值为 0 或 1，难以表达超边中的方向信息。因此，对于有向超图，关联矩阵的每个元素取值范围为 0、1 或−1，即$\boldsymbol{H}\in\{0,1,-1\}^{|\mathcal{V}|\times|\mathcal{E}|}$。对于节点$v\in\mathcal{V}$，若其属于超边$e\in\mathcal{E}$的源节点集$S(e)$，则关联矩阵中节点$v$与超边$e$的对应元素为 1；若其属于超边$e\in\mathcal{E}$的目标节点集$T(e)$，则关联矩阵中节点$v$与超边$e$的对应元素为−1；否则取值为 0。这个关系可以表示为

$$\boldsymbol{H}(v,e)=\begin{cases}-1 & v\in T(e)\\ 1 & v\in S(e)\\ 0 & \text{其他}\end{cases} \tag{2.8}$$

关联矩阵$\boldsymbol{H}$还可以进一步拆分为描述源节点和目标节点的两个矩阵$\boldsymbol{H}_{\mathrm{s}}$和$\boldsymbol{H}_{\mathrm{t}}$：

$$\boldsymbol{H}_{\mathrm{s}}(v,e)=\begin{cases}1 & v\in S(e)\\ 0 & \text{其他}\end{cases} \tag{2.9}$$

$$\boldsymbol{H}_{\mathrm{t}}(v,e)=\begin{cases}1 & v\in T(e)\\ 0 & \text{其他}\end{cases} \tag{2.10}$$

在实际应用中，节点与超边的连接强度可能会变化，因此关联矩阵的元素不仅限于 0 或 1。在前面介绍的概率超图中，关联矩阵的元素被扩展为表示节点属于超边的概率或权重。矩阵中的每个元素不再只是表示存在与否，而是可以设置一个介于 0 和 1 之间的数值，体现节点与超边之间关联的置信度或强度。这种概率表示方法为超图结构提供了更丰富的信息。

谱图理论[10]是图论研究的重要分支，主要研究图的谱域结构和图的性质之间的关

系，而图拉普拉斯矩阵是谱图理论的重要概念。可以基于超图的关联矩阵来考虑拉普拉斯矩阵在超图中的推广形式。Bolla 根据定义的节点度数的对角矩阵 $\boldsymbol{D}_v$、超边度数的对角矩阵 $\boldsymbol{D}_e$ 和上文介绍的关联矩阵 $\boldsymbol{H}$ 定义了无权超图的拉普拉斯算子[11]：

$$\boldsymbol{\Delta}^0 = \boldsymbol{D}_v - \boldsymbol{H}\boldsymbol{D}_e^{-1}\boldsymbol{H}^{\mathrm{T}} \tag{2.11}$$

Bolla 的拉普拉斯算子 $\boldsymbol{\Delta}^0$ 的特征向量定义了超图的最佳欧几里得嵌入，表示同一超边中嵌入节点对之间的总平方距离，具体可以写为

$$\sum_{u,v\in\mathcal{V}} \sum_{e\in\mathcal{E},u,v\in e} \left(\phi(u)-\phi(v)^2\right) \tag{2.12}$$

其中，$\phi:\mathcal{V}\to\mathbb{R}^k$ 是一个从节点到特征空间的映射。Bolla 证明 $\boldsymbol{\Delta}^0$ 的谱域特性与超图最小割之间的关系。在此基础上，可以定义超图上的归一化 k 割准则 $P_k=\{\mathcal{V}_1,\mathcal{V}_2,\cdots,\mathcal{V}_k\}$[12]：

$$\mathrm{NCut}(P_k)=\sum_{i=1}^{k}\frac{\sum_{e\in\mathcal{E}} w(e)|e\cap\mathcal{V}_i||e\cap\mathcal{V}_i^c|}{\delta(e)\sum_{v\in\mathcal{V}_i} d(v)} \tag{2.13}$$

其中，$\mathcal{V}_i^c$ 为第 i 个割集的补；$\delta(e)$ 为超边 e 的度；$d(v)$ 为节点 v 的度。基于该标准，可以给出节点函数 f 的正则化形式[12]：

$$\langle f,\Delta,f\rangle=\frac{1}{2}\sum_{u,v\in\mathcal{V}}\sum_{e\in\mathcal{E},u,v\in e} w(e)\left(\frac{f(u)}{\sqrt{d(u)}}-\frac{f(v)}{\sqrt{d(v)}}\right)^2 \tag{2.14}$$

该正则化函数表示如果具有高相似度的节点具有相同的标签，则此正则化结果较小，将其写为矩阵形式即为超图拉普拉斯算子 $\boldsymbol{\Delta}$，即 $\boldsymbol{\Delta}=\boldsymbol{I}-\boldsymbol{D}_v^{-1/2}\boldsymbol{H}\boldsymbol{W}\boldsymbol{D}_e^{-1}\boldsymbol{H}^{\mathrm{T}}\boldsymbol{D}_v^{-1/2}$。超图拉普拉斯算子在后续介绍的超图计算方法中具有重要作用。

2. 张量表示

除了关联矩阵表示之外，超图结构也可以通过张量来表示[13-14]。对于超图 $\mathcal{G}=(\mathcal{V},\mathcal{E})$，其节点集 $\mathcal{V}$ 的幂集记为 $2^{\mathcal{V}}$，则 $2^{\mathcal{V}}$ 包含了所有可能的节点子集，即每个元素都是一个节点子集。超边集 $\mathcal{E}$ 则是这个幂集的子集，即 $\mathcal{E}\subseteq 2^{\mathcal{V}}$。可以使用一个二维的 n 阶张量来索引包含 n 个节点的集合的幂集。以一个含有 3 个节点的超图为例，其节点集合 $\mathcal{V}$ 包含三个元素 $\{v_1,v_2,v_3\}$。那么，该节点集的幂集包括 $\{\varnothing,\{v_1\},\{v_2\},\{v_3\},\{v_1,v_2\},\{v_1,v_3\},\{v_2,v_3\}\}\cup\{\{v_1,v_2,v_3\}\}$，这些元素可以与一个 $2\times2\times2$ 的张量 $\mathcal{T}$ 中的元素一一对应，如图 2.10 所示。例如，$\mathcal{T}(0,0,0)$ 对应 $\varnothing$，$\mathcal{T}(1,0,0)$ 对应 $\{v_1\}$，$\mathcal{T}(1,1,0)$ 对应 $\{v_1,v_2\}$，依此类推。如果该超图的超边集 $\mathcal{E}$ 包含三个超边 $\{e_1=\{v_1,v_3\},e_2=\{v_2,v_3\},e_3=\{v_1,v_2,v_3\}\}$，则在张量 $\mathcal{T}$ 中，$\mathcal{T}(1,0,1)$、$\mathcal{T}(0,1,1)$ 和 $\mathcal{T}(1,1,1)$ 三个元素为 1，其余为 0，如图 2.11 所示。

由于超图中空集没有实际意义，故无须考虑 $\mathcal{T}(0,0,\cdots,0)$。将节点集 $\mathcal{V}$ 中的一个子集记为 ω，其也可以称为团，$\mathcal{T}(\omega)$ 定义了张量 $\mathcal{T}$ 中对应子集 ω 的元素。$\mathcal{T}(\omega)$ 的值位于 0 到 1 之间，代表团 ω 的连接强度。这种方法使张量 $\mathcal{T}$ 能够记录所有可能的高阶关联及其连接强度。如果 $\mathcal{T}(\omega)\neq 0$，则表明 $\omega\in\mathcal{E}$。在基于张量的超图表示方法下，超图中超边的数量等同于张量 $\mathcal{T}$ 中非零元素的数量，超图结构的调整可以通过修改该张量相应元素的值来实现。

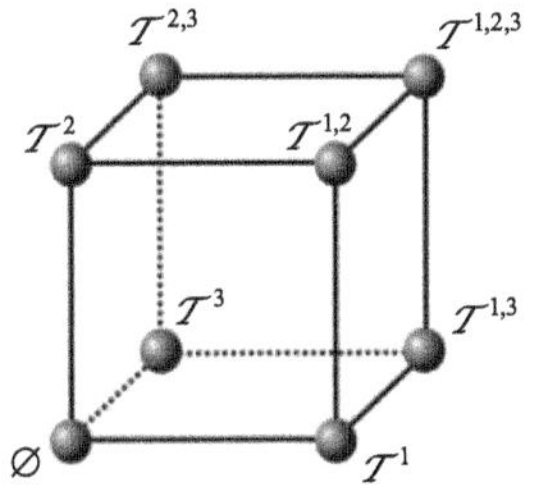

图 2.10　三阶张量示意

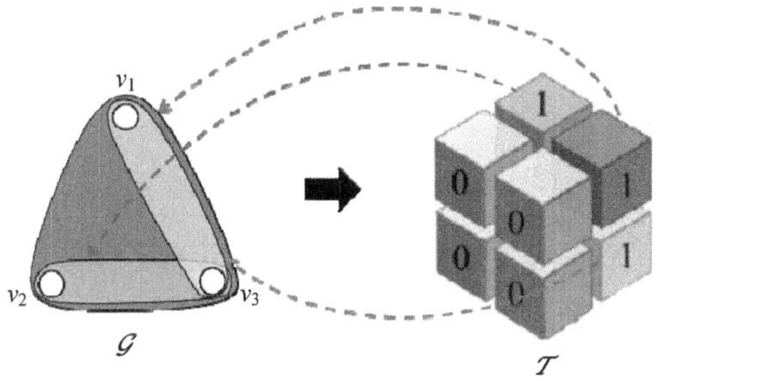

图 2.11　具有 3 个节点的超图的张量表示

3. 二分图表示

另外一种超图的表示方式是基于二分图来实现的，这种方法可以用来表示无向超图和概率超图。二分图可以记为$\mathcal{G}=(\mathcal{U},\mathcal{V},\mathcal{E})$，其节点可以被划分为两个互不相交且独立的集合，即$\mathcal{U}$和$\mathcal{V}$。二分图上的每个边仅连接集合$\mathcal{U}$中的一个节点和集合$\mathcal{V}$中的另一个节点，$\mathcal{U}$和$\mathcal{V}$各自内部的节点之间都没有边来连接。如果超图中原来的节点集不变，将全部的超边视为另一个节点集，则无向超图可以通过一个对应的二分图来表示。图 2.12 给出了一个将超图使用二分图表示的示例。使用二分图表示超图有两种方法。第一种方法将原始超图中的节点和超边分别视为$\mathcal{U}$集合和$\mathcal{V}$集合中的节点（如左侧部分所示），另一种方法则是反过来，将节点和超边分别视为$\mathcal{V}$集合和$\mathcal{U}$集合中的节点（如右侧部分所示）。与上述方法类似，一个二分图也可以转换为一个无向超图，其中集合$\mathcal{U}$或$\mathcal{V}$用来作为超边集，另一个集合则作为超图中的节点集。值得一提的是，这并不意味着超图与二分图是等价的或可以相互转换的。上述转换仅存在于无向超图和概率超图中，在面对更复杂的超图结构（如有向超图）时，这种使用二分图进行超图结构表示和转换的方法将不再适用。

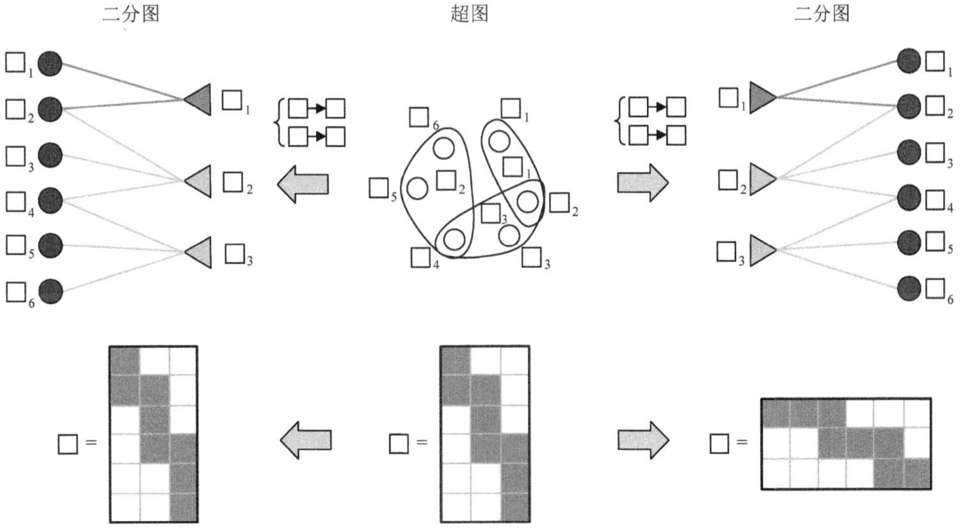

图 2.12　使用二分图表示超图的示例

2.3 超 图 泛 化

超图的概念可以通过将超边视为其他超边内的对象而完成泛化，进而实现一种能够表示复杂多层次关系的关联结构。超图泛化能够丰富超图的表达能力，使其成为一种能够精确描述复杂多层次关联关系的结构。在泛化超图中，每个超边不仅能够包含传统超图意义上的节点，还可以包含其他超边，从而实现对更复杂关联关系的有效表示。泛化超图的一个显著优势在于其能够表达系统内部的多级交互和依赖关系。以社交网络分析为例，每个用户可以视为超图中的一个节点，而一个超边则可能代表一个社交圈子。在这种情境下，一个更大的社交圈子（如“运动”社交圈）可以进一步包含更细分的圈子（如“篮球”社交圈子），从而形成一个层次化的超图。

泛化超图也可以通过关联矩阵表示。对于一个给定的泛化超图$\mathcal{G}=(\mathcal{V},\mathcal{E})$，其关联矩阵的维度为$(|\mathcal{V}|+|\mathcal{E}|)\times|\mathcal{E}|$。如图 2.13 给出了一个泛化超图的示例。在该泛化超图中，节点集为$\mathcal{V}=\{v_1,v_2,v_3,v_4,v_5,v_6\}$，超边集为$\mathcal{E}=\{e_1=\{v_1,v_2,v_3\},e_2=\{v_4,e_1\}\}\cup\{e_3=\{v_4,v_5,v_6\}\}$。$e_1$可以被视作是一个包含所有球队成员的集合，而$v_4$代表教练。如果$e_2$代表球队的报名名单，在泛化超图的表示法中，$e_2$可以被定义为$\{v_4,e_1\}$，即包含教练和球员集合。相较于传统的超图，泛化超图的表示方式在表达嵌套关系时更加直观且简洁，能够有效地捕捉和表达元素之间的多层级关系。

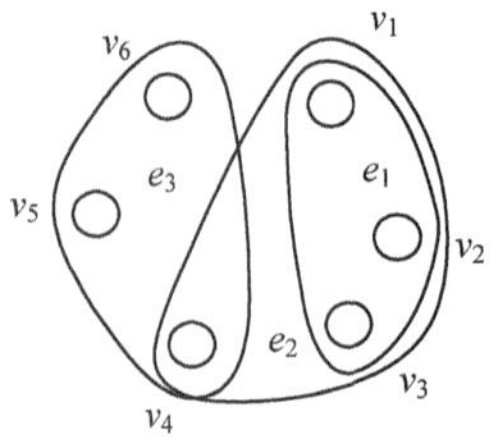

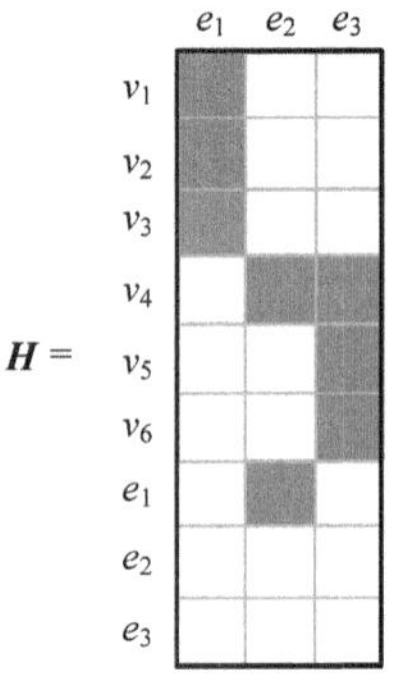

图 2.13　泛化超图的示例

本章小结

本章主要介绍了超图的数学基础，并引入了用于深入理解和分析超图结构的数学符号。超图是图的一种泛化形式，由一组节点和超边组成。超图还可以分为无向超图和有向超图，后者进一步将一个超边中的节点分为源节点集和目标节点集，以表征更复杂的关联关系。本章还介绍了概率超图、K-均匀超图、K-正则超图、带权超图、对偶超图和完全超图。在概率超图中，节点和超边的连接强度是一个介于 0 和 1 之间的数值，体现节点与超边之间关联的置信度或强度。在 K-均匀超图中，每个超边连接相同数量的节点，而在 K-正则超图中，每个节点被相同数量的超边所连接。在带权超图中，每个超边或节点被分配一个权重，用以量化其在整个超图结构中的相对重要性。对偶超图是一种通过将原始超图的超边和节点互换而得到的超图结构，体现了原始节点与超边在另一个维度的结构关系，完全超图的超边则会覆盖所有可能的节点组合。

本章还介绍了超图的多种数学表示，包括基于关联矩阵的表示、基于张量的表示和基于二分图的表示，每种表示都有其独特的优势和应用场景。关联矩阵表示提供了一种直观的方式来理解超图中节点与超边之间的关系，其简洁性能有助于快速分析超图的基本结构，并进行高效的数学计算。张量表示则引入了一种更高维度的视角，通过张量来刻画更复杂的数据结构和关系，特别是在处理多维数据时显示出强大的表达能力。二分图表示则将超图转化为二分图形式，这不仅使超图的结构易于分析，还可以应用已有的二分图处理技术和工具来解决具体问题。最后，本章还介绍了超图泛化。超图泛化是将超边也视为节点，从而对已有的超图概念进行泛化，允许对更复杂的关系和高阶相互作用进行建模和分析，增强了理论框架的应用范围和深度。图论是一种基础性前沿学科，其中有非常丰富的面向超图的数学理论和方法可供参考。本章作为超图的数学基础章节，为后续介绍超图计算的理论与方法提供了基本的知识储备。如有不详尽之处，可参考图论的相关教材。

参考文献

[1] GAO Y, FENG Y, JI S, et al. HGNN+: General hypergraph neural networks[J]. IEEE Transactions on Pattern Analysis and Machine Intelligence, 2022, 45(3): 3181-3199.

[2] GALLO G, LONGO G, PALLOTTINO S, et al. Directed hypergraphs and applications[J]. Discrete Applied Mathematics, 1993, 42(2-3): 177-201.

[3] GAO Y, WANG M, TAO D, et al. 3-D object retrieval and recognition with hypergraph analysis[J]. IEEE Transactions on Image Processing, 2012, 21(9): 4290-4303.

[4] JI S, FENG Y, JI R, et al. Dual channel hypergraph collaborative filtering[C]//Proceedings of the 26th ACM SIGKDD International Conference on Knowledge Discovery & Data Mining. New York: Association for Computing Machinery, 2020: 2020-2029.

[5] YE J, JIN Z. Hyper-graph regularized discriminative concept factorization for data representation[J]. Soft Computing, 2018, 22: 4417-4429.

[6] KEEVASH P. Hypergraph turan problems[J]. Surveys in Combinatorics, 2011, 392: 83-140.

[7] PURKAIT P, CHIN T J, SADRI A, et al. Clustering with hypergraphs: the case for large hyperedges[J]. IEEE Transactions on Pattern Analysis and Machine Intelligence, 2016, 39(9): 1697-1711.

[8] LOTITO Q F, MUSCIOTTO F, MONTRESOR A, et al. Higher-order motif analysis in hypergraphs[J]. Communications Physics, 2022, 5(1): 79.

[9] BASHAR M K, MALLICK A, GHOSH A W, et al. Dynamical system-based computational models for solving combinatorial optimization on hypergraphs[J]. IEEE Journal on Exploratory Solid-State Computational Devices and Circuits, 2023, 9(1): 21-28.

[10] CHUNG F R. Spectral graph theory: Vol. 92[M]. Rhode Island: American Mathematical Society, 1997.

[11] BOLLA M. Spectra, euclidean representations and clusterings of hypergraphs[J]. Discrete Mathematics, 1993, 117(1-3): 19-39.

[12] ZHOU D, HUANG J, SCHÖLKOPF B. Learning with hypergraphs: Clustering, classification, and embedding[J]. Advances in Neural Information Processing Systems, 2006, 19-27.

[13] GAO Y, ZHANG Z, LIN H, et al. Hypergraph learning: Methods and practices[J]. IEEE Transactions on Pattern Analysis and Machine Intelligence, 2020, 44(5): 2548-2566.

[14] MAURYA D, RAVINDRAN B. Hypergraph partitioning using tensor eigenvalue decomposition[J]. Plos One, 2023, 18(7): e0288457.

第 3 章　超图计算范式

本章介绍超图计算范式，以及如何在超图计算的框架内构建和形式化相关任务。这为理解和应用超图计算提供了一个通用的视角和方法论基础，有助于更深入地探索和利用超图在数据表示和分析中的潜力。

3.1　超图计算范式概述

客观物理世界存在多样性的复杂关联，这些关联在生命科学、信息科学、社会科学等多个领域中都起着关键作用。许多生物、社会和技术系统的复杂性及其功能实现都源于系统单元之间丰富的关联关系。例如，在生命科学中，蛋白质之间的复杂交互作用反映了蛋白质的功能；在认知科学中，神经元之间复杂的映射展示了大脑的认知活动。以色列科学与人文学院院士 Uri Alon 教授 2002 年在 *Science* 发表的论文中[1]指出，“三个节点及以上的高阶关联模式可以更好地刻画数据特征”。有效地利用这些多模态、多层级高阶关联对于理解和预测不同任务的语义和动态行为，以及增强各类系统的建模能力具有重要意义。

超图计算范式通过超边（可以连接任意数量的节点）来表示数据元素之间的多元关系，为复杂数据分析提供了新的维度。与传统图相比，超图计算突破了传统仅基于数据的计算范式，建立了数据与高阶关联协同的新型范式，如图 3.1 所示，通过高阶关联增强数据，从而提升任务性能、降低数据需求。

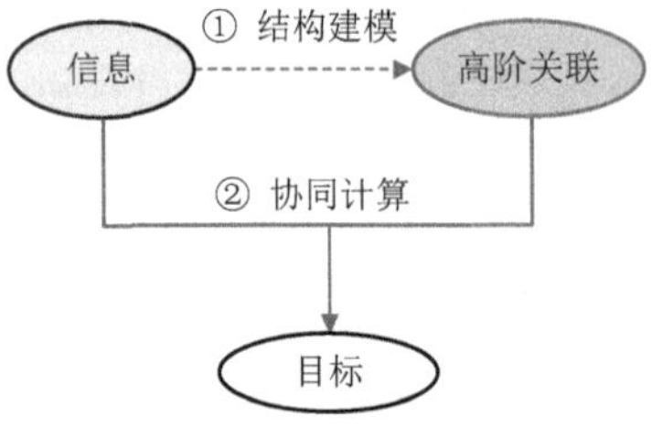

图 3.1　超图计算范式示意图

超图计算主要包括两部分内容：超图结构建模和超图语义计算。在许多实际应用中，数据和知识的高阶关联并不是显式存在的，因此需要先通过数据和现有领域知识进行高阶关联建模。超图计算通过超图结构建模方法获取给定信息的高阶关联，如图 3.2（a）所示。在关联建模任务中，超图的建模能力覆盖了图的建模能力，特别是在超边的度为 2 时，超图退化为图结构。因此，基于超图结构能够获得更完整的关联信息[2]。在基于超图结构建模了高阶关联的基础上，超图计算将信息和高阶关联进行协同语义计算，如图 3.2（b）所示。超图语义计算旨在以高阶关联作为桥梁，实现信息和高阶关联的协同语义计算，降低数据依赖的同时提升任务性能。

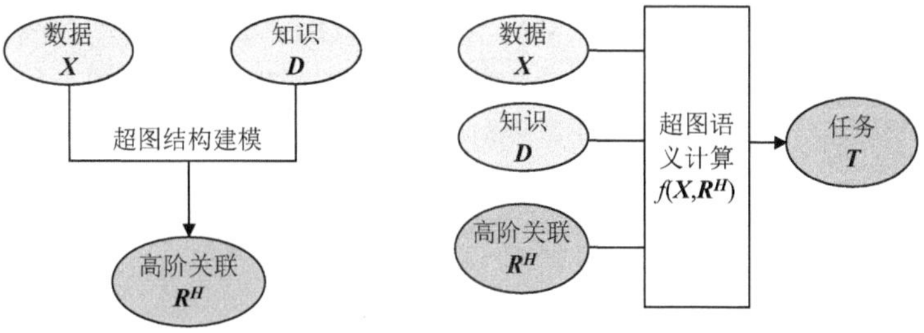

（a）超图结构建模　　（b）超图语义计算

图 3.2　超图结构建模与超图语义计算示意图

超图计算范式的优势主要有以下两点。

（1）降低数据需求。在生物医学、国防安全、航空航天及地理信息系统等领域中，获取高质量数据的成本高昂且难度大。在数据不充分的情况下如何完成任务是一个艰巨挑战。超图计算可以通过挖掘少量观测数据或知识中蕴含的复杂高阶关联信息来弥补源数据不足的缺陷，基于现有数据来提升模型性能，从而降低数据需求。

（2）应对复杂任务。超图计算能有效应对复杂任务的挑战。数据和知识中的复杂关系给计算模型带来了很多挑战，传统方法难以充分挖掘这些复杂关系。超图计算通过个体和群体的高阶关联分析，为复杂任务提供了新的计算视角。例如，在蛋白质结构预测领域，传统模型难以准确捕捉蛋白质内部的复杂高阶关联，而超图计算能够有效揭示蛋白质的层级三维结构特征，构建蛋白质结构与其核心功能之间的关联映射机制。

下面以 3D 对象识别为例，讨论超图计算的能力。这里主要在通用三维对象数据集 ModelNet40 上，对比了典型的超图计算方法（即超图神经网络，hypergraph neural network，HGNN）[3]和基于数据的深度学习方法（即群视图卷积神经网络，group-view convolutional neural network，GVCNN）[4]的多类别分类性能。为了验证超图计算的性能，设计了不同组别的实验，训练数据比例分别设置为全部训练集的 6%、8%、10%、20%、30%、40%、50%、60%、70%、80%、90%和 100%。3D 目标分类结果如图 3.3 所示。在使用完整训练集时，超图计算方法 HGNN 的识别错误率为 3.30%，相比基于数据的深

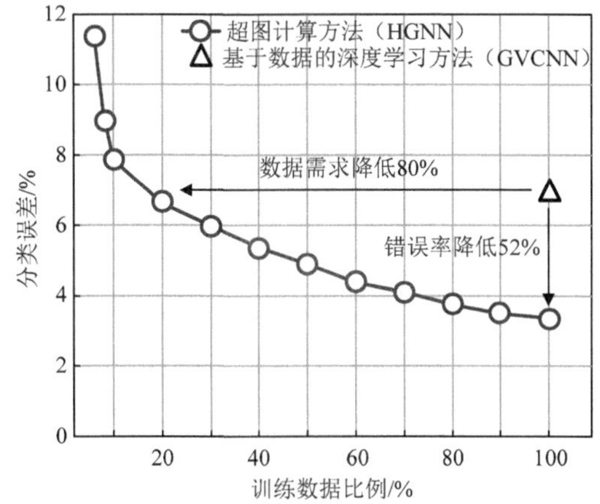

图 3.3　超图计算范式和传统计算范式的对比实验结果

度学习方法 GVCNN，错误率降低了 52%。此外，HGNN 仅需要大约 20%的训练数据即可达到 GVCNN 使用全部训练数据的分类性能，这说明 HGNN 在该任务中可以降低 80%的数据需求，充分显示了超图计算在减少数据需求和提升性能方面的优势。

3.2 超图计算的基础能力

超图计算可以挖掘数据和知识的高阶关联，从而提升表示能力。利用超图计算，可以更有效地建模、表示和分析事物的高阶关联，从而提升分类、聚类和检索等基础能力。接下来分别介绍超图计算在分类、聚类和检索这三类基础能力中的典型使用方式。

（1）分类：针对分类需求，每个样本可视为超图上的一个节点，而样本之间的关联性（如基于颜色、纹理或形状的相似性）可以通过超边来表示。基于超图计算从原始数据中提取高阶关联特征，充分反映样本之间更深层次的关联，为每个样本获得更加全面的表征，从而实现更精准的分类。

（2）聚类：聚类旨在将数据集自动分成由相似元素组成的子集。通过超图结构可以更全面地建模待分类数据之间的高阶关联信息，更准确地模拟数据之间的关系，从而在更高维的空间中发现潜在的类别信息，提升聚类性能。

（3）检索：检索过程涉及根据一定的查询条件从数据库中找到相关信息。通过超图结构建模待查询样本和数据库中样本的高阶关联，更精准地挖掘它们之间的关联关系，从而提升检索性能。

需要特别指出的是，分类、聚类和检索这三项基础能力并不一定涵盖所开展任务的全部，可能仅是其中的某一个阶段或某一部分需要解决的内容。通过将待完成任务中的部分内容归类为分类、聚类或检索的需求，就可以利用超图计算来开展相关工作。在本书后续的应用章节中也将介绍如何在实际任务中应用超图计算。

3.3 超图计算的典型任务

本节将介绍超图计算的三种典型任务：个体表示学习、群体表示学习和群体关联计算。个体表示学习主要关注超图中单个主体或对象的高阶关系表示。例如，在病理学领域，通过分析病理图像中不同区域之间的高阶关联，可以更精细地理解和表示病变组织的特征。这种计算范式能够揭示单一病理样本内部复杂的结构和关系，有助于更深入地进行病理分析。群体表示学习专注于表征多个个体或对象之间的高阶关联。以不同患者为例，可以通过分析患者之间的高阶关联来构建一个群体级别的表示模型。这种模型有助于理解不同患者之间的相似性和差异性，对疾病分型、预后评估等具有重要意义。群体关联计算更加关注群体中个体之间关联的预测，如链路预测。通过分析和预测超图中的节点（即个体）之间的潜在连接，可以揭示群体内部的潜在结构和动态。这种计算范式在社交网络分析、蛋白质相互作用网络等领域有着广泛的应用。

3.3.1 个体表示计算

超图个体表示计算旨在通过考虑个体之间的相关性来学习个体的表示。在这个任务中，每个个体都被建模成超图中的节点，个体之间的高阶关联由超边表示，并通过超图计算得到每个个体的特征表示。由于这个超图是根据个体之间的关联构建的，因此可以将其称为个体超图。对象分类和检索[3,5-7]是个体表示的典型应用之一。例如，在视觉领域，可以将图像作为目标个体，每个图像可以用超图中的一个节点来表示。根据这些图像的语义和空间信息生成超图，并使用图像及其高阶关联的信息来学习目标图像的表示。在医学领域，可以将患者建模成超图中的节点，并使用患者的 CT 图像和病理检测结果分别建立超图，从不同角度对患者之间的关联进行刻画，并基于这些关联信息学习每个患者的表示。

给定一个目标个体和其他$n-1$个个体，它们的特征由向量$\boldsymbol{X}\in\mathbb{R}^{n\times d}$表示。可以生成一个个体超图$\mathcal{G}$来表示这些个体之间的高阶关联，其关联矩阵记为$\boldsymbol{H}$。可以通过超图计算来获得目标个体的表示：

$$\boldsymbol{Z}_{\mathcal{V}}=f_{\Theta}(\boldsymbol{H},\boldsymbol{X}) \tag{3.1}$$

个体表示计算可以进一步用于下游任务。例如，在节点分类任务中，节点与预定义标签相关联。需要注意的是，考虑到节点的定义方式，超图结构可以是同质的或异质的。在给定多种类型的数据或多模态数据时，可以用多个超图分别表示不同类型、不同模态的关联。例如，假设有m种特征或模态，分别表示为$\boldsymbol{X}_1,\boldsymbol{X}_2,\cdots,\boldsymbol{X}_m$，可以分别为每个模态构建一个超图。这样，对于具有$m$个模态的数据，可以得到$m$个超图$\mathcal{G}_1=(\mathcal{V}_1,\mathcal{E}_1,\boldsymbol{W}_1),\mathcal{G}_2=(\mathcal{V}_2,\mathcal{E}_2,\boldsymbol{W}_2),\cdots,\mathcal{G}_m=(\mathcal{V}_m,\mathcal{E}_m,\boldsymbol{W}_m)$。

多模态个体表示学习的一般范式可以描述如下：

$$\boldsymbol{Z}_{\mathcal{V}}=f_{\Theta}(\boldsymbol{H}_1,\boldsymbol{H}_2,\cdots,\boldsymbol{H}_m;\boldsymbol{X}_1,\boldsymbol{X}_2,\cdots,\boldsymbol{X}_m) \tag{3.2}$$

其中，$\boldsymbol{H}_1,\boldsymbol{H}_2,\cdots,\boldsymbol{H}_m$分别是第$1,2,\cdots,m$个超图的关联矩阵。

3.3.2 群体表示计算

超图群体表示计算旨在利用群体内部组成元素的信息来学习群体之间的样本表示，通过超图建模群体内样本之间的关联。在这个超图中，群体内的样本被视为节点集合，并用超边建模样本之间的高阶关联。通过这种方式，整个群体被转化为一个超图。

在视觉领域中，图像表示和图像理解[8-10]是典型的群体表示案例。例如，可以将图像分割成一组图像块，并将每个图像块表示为超图中的一个节点，基于这些图像块的语义和空间信息生成超图，从而刻画整个图像。超图计算使用这些图像块及其高阶关联的信息来获得整个图像的表示。在社交媒体领域，可以将社区中所有用户建模为节点，并将用户之间的关联建模为超边，通过用户的表示和用户之间的关联来学习整个社区的特征表示。在医学领域，蛋白质上的关键点位可以建模为节点，关键点位之间的连接关系可以建模为超边，通过对蛋白质中各个点位及其关系的学习，可以得到蛋白质的特征表示，并进一步用于蛋白质功能预测。

群体表示计算的一般范式可以描述如下：给定包含n个元素的目标群体，这些元素由特征向量$\boldsymbol{X} \in \mathbb{R}^{n \times d}$表示。对应群体超图为$\mathcal{G}$，群体内部的高阶关联性用关联矩阵$\boldsymbol{H}$表示：

$$\boldsymbol{Z}_{\mathcal{G}} = f_{\Theta}(\boldsymbol{H}, \boldsymbol{X}) \tag{3.3}$$

其中，Θ是可学习参数。函数$f_{\Theta}(\cdot)$可以是神经网络层或其他计算操作符，根据超图结构将节点信息聚合在一起。群体表示学习将元素之间的复杂关联整合到学习到的群体表示中，相比简单聚合操作可以提取更多的信息。

3.3.3 群体关联计算

超图可以刻画样本群体之间的复杂关联，已知的关联信息有助于挖掘未知和潜在的关联，可用于群体关联计算任务中。超图群体关联计算可以基于超图结构上的分析实现群体关联的修正和补充，从而支撑链路预测等相关任务。接下来分别以推荐系统、社交网络和生物信息学等领域为例介绍超图群体关联计算。

推荐系统是一个典型的应用场景。在推荐系统中，用户与物品之间存在关联关系，数据可能包含丰富的上下文信息。这些复杂的关联信息可以使用超图进行建模，从而提升推荐系统的性能。给定n个用户和m个物品，用$\boldsymbol{X}_U$与$\boldsymbol{X}_I$分别表示用户和物品的嵌入表示。通过超图$\boldsymbol{H}$对用户、物品的嵌入进行聚合，得到用户与物品的特征$\boldsymbol{Z}_U$、$\boldsymbol{Z}_I$。然后可以通过内积等方式计算用户与物品两两之间的关联分数，用于预测群体关联。

在社交网络中，用户可以被建模成节点，而用户之间的朋友关系则可以被建模成超边。例如，基于用户信息中的地区、年龄或用户的兴趣构造超边，可以得到用户群体关联超图。给定n个用户，通过超图$\boldsymbol{H}$融合相似用户的信息，得到用户特征$\boldsymbol{Z}$，然后计算用户之间的关联分数，用于预测潜在的关联关系，实现感兴趣内容推荐等。

蛋白质相互作用预测是另一个典型例子。由于蛋白质之间的作用关系往往是高阶的，传统图计算方法难以精确刻画蛋白质之间的关联，而超图计算可以通过对高阶关联的建模，用超边建模相关的蛋白质，得到蛋白质群体关联超图[11]。给定n个蛋白质，用$\boldsymbol{X}$表示蛋白质的嵌入，通过超图$\boldsymbol{H}$融合相关蛋白质的信息，得到特征$\boldsymbol{Z}$，然后可以计算蛋白质之间的关联分数，用于预测潜在的蛋白质相互作用。

本章小结

本章主要介绍了超图计算范式。该范式以超图结构建模为基础，以多尺度信息和高阶关联协同的语义计算为核心。超图计算以高阶关联为桥梁，实现了同步提升任务性能和降低数据需求的目的。超图计算可以支撑分类、聚类和检索三种基础能力。许多实际应用中的任务都包含对这三种基础能力的需求，因此可以通过将这些任务建模成相关问题来应用超图计算方法。

本章也介绍了超图计算应用的三种典型任务：个体表示计算、群体表示计算和群体关联计算。个体表示计算关注单一个体内部的高阶关联，如病理图像中不同区域的关系，能够揭示个体内部的复杂结构，实现精确的语义表示。群体表示计算则聚焦于多个个体之间的高阶关联，如通过分析不同个体之间的联系来构建群体级别的表示模型，这有助于理解群体的语义表示。群体关联计算则专注于预测群体内部个体之间的潜在关联关系，如社交网络中的链路预测任务等。

超图计算为理解和分析复杂数据与知识结构提供了新的视角，对于精准的数据表征和预测均具有重要价值。后续章节将详细介绍超图计算范式中的超图结构建模和超图语义计算，并进一步讨论超图计算的不同应用场景。

参考文献

[1] MILO R, SHEN-ORR S, ITZKOVITZ S, et al. Network motifs: Simple building blocks of complex networks[J]. Science, 2002, 298(5594): 824-827.

[2] FENG Y, JI S, LIU Y S, et al. Hypergraph-based multi-modal representation for open-set 3D object retrieval[J]. IEEE Transactions on Pattern Analysis and Machine Intelligence, 2024, 46(4): 2206-2223.

[3] FENG Y, YOU H, ZHANG Z, et al. Hypergraph neural networks[C]//Proceedings of the AAAI Conference on Artificial Intelligence. Honolulu: AAAI, 2019: 3558-3565.

[4] FENG Y, ZHANG Z, ZHAO X, et al. GVCNN: Group-view convolutional neural networks for 3D shape recognition[C]// Proceedings of the IEEE Conference on Computer Vision and Pattern Recognition. Salt Lake City: IEEE, 2018: 264-272.

[5] GAO Y, ZHANG Z, LIN H, et al. Hypergraph learning: Methods and practices[J]. IEEE Transactions on Pattern Analysis and Machine Intelligence, 2022, 44(5): 2548-2566.

[6] GAO Y, WANG M, TAO D, et al. 3-D object retrieval and recognition with hypergraph analysis[J]. IEEE Transactions on Image Processing, 2012, 21(9): 4290-4303.

[7] GAO Y, WANG M, ZHA Z, et al. Visual-textual joint relevance learning for tag-based social image search[J]. IEEE Transactions on Image Processing, 2013, 22(1): 363-376.

[8] DI D, LI S, ZHANG J, et al. Ranking-based survival prediction on histopathological whole- slide images[C]//Proceedings of the International Conference on Medical Image Computing and Computer-Assisted Intervention. Singapore: MICCAI Society, 2022: 428-438.

[9] DI D, ZHANG J, LEI F, et al. Big-hypergraph factorization neural network for survival prediction from whole-slide image[J]. IEEE Transactions on Image Processing, 2022, 31: 1149-1160.

[10] DI D, ZOU C, FENG Y, et al. Generating hypergraph-based high-order representations of whole-slide histopathological images for survival prediction[J]. IEEE Transactions on Pattern Analysis and Machine Intelligence, 2023, 45(5): 5800-5815.

[11] HWANG T, TIAN Z, KUANG R, et al. Learning on weighted hypergraphs to integrate protein interactions and gene expressions for cancer outcome prediction[C]//Proceedings of the IEEE International Conference on Data Mining. Pisa: IEEE, 2008: 293-302.

第 4 章　超图建模的理论分析

探索基于超图的结构建模与计算方法，首先需要分析超图建模的特点及优势，并论证超图与图的关系，为后续建模提供理论基础。本章首先介绍用于判断不同超图或其子结构相似性的超图同构计算方法，特别阐述超图 Weisfeiler-Lehman 核框架、通用超图 Weisfeiler-Lehman 核框架、超图 Weisfeiler-Lehman 子树核和超图 Weisfeiler-Lehman 超边核等，并给出计算过程与实例。基于超图同构计算方法，本章讨论超图 Weisfeiler-Lehman 子树核与图 Weisfeiler-Lehman 子树核之间的关系，以及它们与图神经网络、超图神经网络和二分图核的关系。接下来，针对超图和图之间的相互映射问题，介绍从图邻接矩阵 $\boldsymbol{A}$ 到超图关联矩阵 $\boldsymbol{H}$ 的转换方法，以及超图结构转化为图结构的三种常见方法：图扩展、星形扩展和线性扩展。最后，讨论超图结构和图结构之间的可转换性问题。虽然理论上可以相互转换，但缺乏清晰的可转换条件。将超图结构转换为图结构时会产生信息损失，而图结构转换为超图结构时可能因超边嵌套和“超边三角形”等因素导致错误推断。通过阐述超图同构和超图与图之间的可转换性，本章表明超图同构是图同构问题的泛化形式，相较于图结构，超图结构具有更丰富的表征能力。本章还给出了超图和图之间的可转换条件和不可转换约束，介绍任务导向下超图和图相互转换的条件，并特别指出边依赖节点加权超图不能退化成等价的图结构，揭示了超图在高阶关联建模上的优势。

4.1　超图同构计算

超图的结构特性赋予其更加灵活的数据建模能力，而对超图结构的分析是超图计算理论研究中值得关注的基础问题。为了衡量不同结构或其子结构之间的相似性，可以使用“同构测试”来理解超图结构。在图论中，图同构问题可以定义如下：给定两个图 $G=\{V,E\}$ 和 $G'=\{V',E'\}$，如果存在一个双射函数 $f:V\to V'$，且满足对于任意的 $(u,v)\in E$，有 $(f(u),f(v))\in E'$，则称 G 和 G' 是同构的。这里的 f 被称为同构函数，而寻找 f 是否存在的过程则被称为“图同构测试”。

从图同构问题的定义中可以看出，对于更为复杂的高阶结构，上述图同构难以处理。因此，将原问题推广到超图范畴变得十分必要。在“图同构测试”的基础上，下面给出“超图同构测试”的定义。给定两个超图 $\mathcal{G}=\{\mathcal{V},\mathcal{E}\}$ 和 $\mathcal{G}'=\{\mathcal{V}',\mathcal{E}'\}$，超图同构测试的目标（表示为 $\mathcal{G}\cong\mathcal{G}'$）是寻找一个双射满足 $g:=\mathcal{V}\to\mathcal{V}'$。这个映射 g 被称为同构函数，即

$$(v_1,v_2,\cdots,v_m)\in\varepsilon\Leftrightarrow\left(g(v_1),g(v_2),\cdots,g(v_m)\right)\in\mathcal{E}' \tag{4.1}$$

针对超图同构问题，这里介绍一种超图 Weisfeiler-Lehman 测试算法，并给出两种超图 Weisfeiler-Lehman 核函数的运算实例。图 4.1 展示了超图 Weisfeiler-Lehman 测试算法的一次迭代过程，其输入为待测试的两个超图 $\mathcal{G}$ 和 $\mathcal{G}'$，包括超图的节点标签集合和超边

标签集合。超图 Weisfeiler-Lehman 测试算法包括节点标签-超边标签、超边标签-节点标签两个步骤，随后获得一次迭代后的$\mathcal{G}$和$\mathcal{G}'$的超图表示。之后，可以通过符合通用超图 Weisfeiler-Lehman 核函数形式的方法获得两个超图的相似度比较，在后文将给出具体的计算过程案例。

接下来讨论超图同构测试的计算复杂度。这里令具有 h 次迭代的超图 Weisfeiler-Lehman 测试算法的时间复杂度为$\mathcal{O}(hm)$，其中 m 是超图的容量，可以用超图关联矩阵 $\boldsymbol{H}$ 中非零元素的数量来计算。m 的值也可以通过 $m=|\mathcal{V}|\overline{d}_v$ 或 $m=|\mathcal{E}|\overline{d}_e$ 来计算，其中 $\overline{d}_v$ 和 $\overline{d}_e$ 分别是节点和超边的平均度数，可通过 $\overline{d}_v=\frac{1}{|\mathcal{V}|}\sum_{v\in\mathcal{V}}d_v$ 和 $\overline{d}_e=\frac{1}{|\mathcal{E}|}\sum_{e\in\mathcal{E}}d_e$ 计算获得。在超图同构测试过程中，首先考虑节点标签到超边标签的过程。显然，邻居聚合和字符串化的最差运算复杂度为$\mathcal{O}(\overline{d}_e)$。由于多集合中标签数量是有限的，这里可以使用基数排序算法[1]来消除标签顺序的影响，此时时间复杂度为$\mathcal{O}(\overline{d}_e)$。字符串拼接、字符串压缩和重新标记的运算时间复杂度为$\mathcal{O}(1)$。因此，第一个子过程的计算复杂度对于所有超边是$\mathcal{O}(|\mathcal{E}|\overline{d}_e)$。类似地，第二个子过程的计算复杂度对于所有节点是$\mathcal{O}(|\mathcal{V}|\overline{d}_v)$。将这些步骤进行 h 次迭代所产生的总体计算复杂度为$\mathcal{O}(hm)$，从而可以获得超图同构测试过程的整体复杂度。

4.1.1　超图 Weisfeiler-Lehman 核框架

在超图 Weisfeiler-Lehman 算法迭代中，需要生成两个标签函数，其中 l_i^v 用于节点、l_i^e 用于超边。需要注意的是，这些标签函数在超图$\mathcal{G}$和$\mathcal{G}'$中是保持一致的。如果在超图$\mathcal{G}$或$\mathcal{G}'$中的两个节点具有相同的标签，表明它们具有相同的根子树。这里将每次迭代（包括其两个子过程）视为一个函数 $r\left(\mathcal{V},\mathcal{E},l_i^v,l_i^e\right)=\left(\mathcal{V},\mathcal{E},l_{i+1}^v,l_{i+1}^e\right)$，它以相同的方式转换输入的超图。经过 h 次迭代后，可以得到一个包含 $h+1$ 个超图的序列（包括原始超图）。这个序列被称为超图 Weisfeiler-Lehman 序列，定义如下。

定义 1　给定一个超图 $\mathcal{G}=\left(\mathcal{V},\mathcal{E},\ell^v,\ell^e\right)$ 和一个重标记函数 $r:=\mathcal{G}_i\to\mathcal{G}_{i+1}=\left(\mathcal{V},\mathcal{E},l_i^v,l_i^e\right)\to\left(\mathcal{V},\mathcal{E},l_{i+1}^v,l_{i+1}^e\right)$，其中 $\mathcal{G}_i$ 表示经过 i 次迭代后的重新标记的超图，则超图 Weisfeiler-Lehman 序列可以定义为

$$\{\mathcal{G}_0,\mathcal{G}_1,\cdots,\mathcal{G}_h\}=\left\{\left(\mathcal{V},\mathcal{E},l_0^v,l_0^e\right),\left(\mathcal{V},\mathcal{E},l_1^v,l_1^e\right),\cdots,\left(\mathcal{V},\mathcal{E},l_h^v,l_h^e\right)\right\}$$

其中，$\mathcal{G}_0=\mathcal{G}$ 和 $l_0=\ell_0$。

在定义 1 中，$\mathcal{G}_0$、l_0^v 和 l_0^e 是从原始超图$\mathcal{G}$初始化的。重标记函数 $r:=\mathcal{G}_{i-1}\to\mathcal{G}_i$ 根据上一次迭代的超图$\mathcal{G}_{i-1}$，进行了重新标注并输出了新标注后的超图。在序列中，节点集$\mathcal{V}$和超边集$\mathcal{E}$是相同的，而每次迭代中节点和超边的标签都会发生变化。

4.1.2　通用超图 Weisfeiler-Lehman 核框架

根据图 4.1 中描述的算法流程，可以得到超图 Weisfeiler-Lehman 序列。为了对这些序列进行计算并生成超图的嵌入表示，本节给出通用超图 Weisfeiler-Lehman 核的定义。

定义 2　设 k 是任意超图的核函数，即为基础核函数。给定两个超图$\mathcal{G}$和$\mathcal{G}'$，具有

h 次迭代的超图 Weisfeiler-Lehman 核可以定义为

$$k_{WL}^{(h)}(\mathcal{G},\mathcal{G}')=k(\mathcal{G}_0,\mathcal{G}_0')+k(\mathcal{G}_1,\mathcal{G}_1')+\cdots+k(\mathcal{G}_h,\mathcal{G}_h')$$

其中，$\{\mathcal{G}_0,\mathcal{G}_1,\cdots,\mathcal{G}_h\}$ 和 $\{\mathcal{G}_0',\mathcal{G}_1',\cdots,\mathcal{G}_h'\}$ 分别是超图 $\mathcal{G}$ 和 $\mathcal{G}'$ 的超图 Weisfeiler-Lehman 序列。

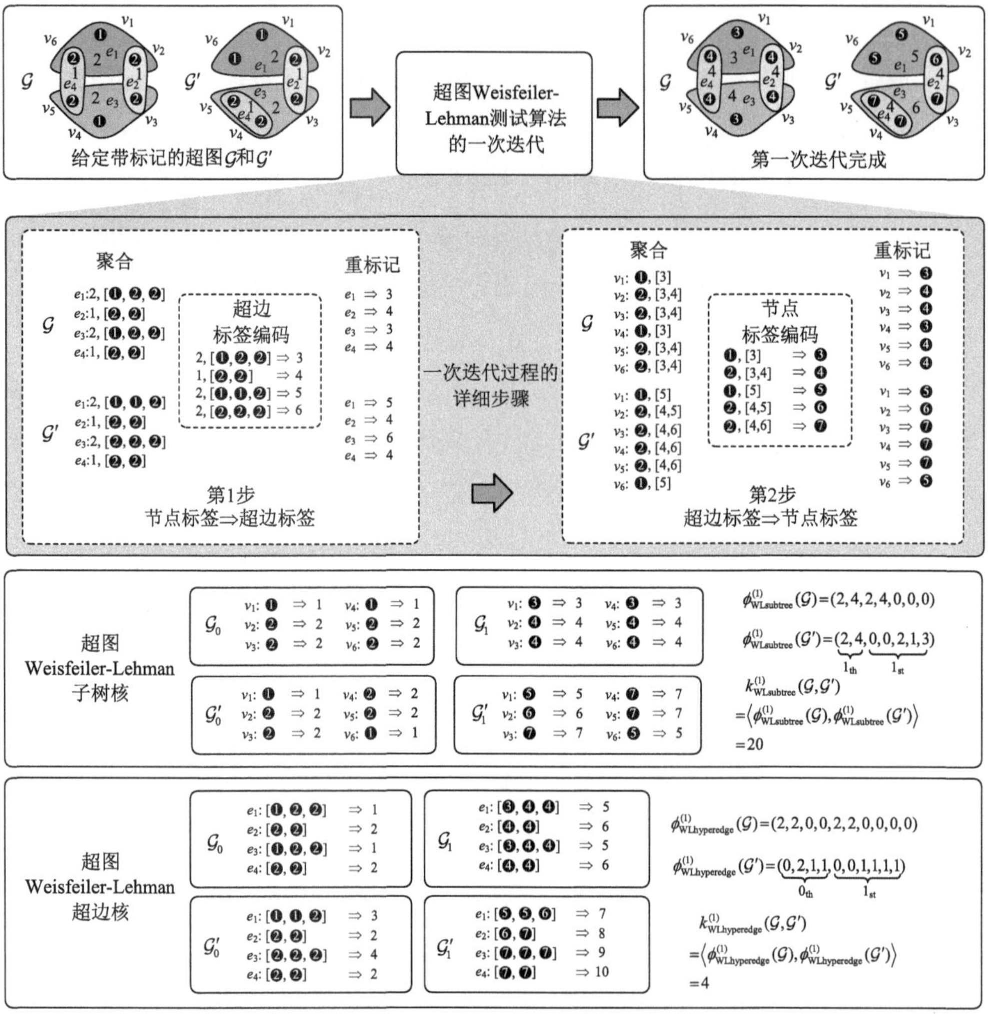

图 4.1 超图 Weisfeiler-Lehman 核算法流程

定义 2 提出了一个基于核的超图嵌入框架，该框架可以处理包含不同高度的离散根子树。在给定基础核的明确策略（如标签类型计数）的情况下，超图 Weisfeiler-Lehman 核将原始超图结构转化为希尔伯特空间中的向量嵌入。这种嵌入表示可以辅助完成多种下游任务，如节点分类[2-4]和超图分类等[5]。

定理 1 假设基础核 k 是超图上的任意半正定核函数。那么，相应的超图 Weisfeiler-Lehman 核 $k_{WL}^{(h)}$ 也是半正定核函数。

证明 假设 ϕ 是与核函数 k 相对应的特征映射。

$$k(\mathcal{G}_i,\mathcal{G}_i')=\langle\phi(\mathcal{G}_i),\phi(\mathcal{G}_i')\rangle$$

可以推出

$$\mathcal{G}_i = \underbrace{r \cdots r}_{i}(\mathcal{G}) = R^i(\mathcal{G}) \text{ and } \mathcal{G}_i' = \underbrace{r \cdots r}_{i}(\mathcal{G}') = R^i(\mathcal{G}')$$

由此可以得到

$$k(\mathcal{G}_i, \mathcal{G}_i') = k\left(R^i(\mathcal{G}), R^i(\mathcal{G}')\right) = \left\langle \phi\left(R^i(\mathcal{G})\right), \phi\left(R^i(\mathcal{G}')\right)\right\rangle$$

进一步构造一个$\phi(\cdot)$和$R^i(\cdot)$的复合函数$\psi(\cdot)$，由此可以得出

$$k\left(\mathcal{G}_i, \mathcal{G}_i'\right) = \langle \psi(\mathcal{G}), \psi(\mathcal{G}')\rangle$$

因为半正定核函数之和是半正定核，k 是一个超图$\mathcal{G}$和$\mathcal{G}'$的半正定核，因此$k_{\text{WL}}^{(h)}$是半正定核。

4.1.3　超图 Weisfeiler-Lehman 子树核

基于图 4.1 和定义 2，本节介绍一种名为超图 Weisfeiler-Lehman 子树核的实例。由于迭代 i 中的节点标签压缩了一个高度为 i 的唯一根子树，使用离散标签的频率来描述原始超图结构是一种直观的策略。通过将 Weisfeiler-Lehman 子树核[6]从图推广到超图，第一个实例可以定义如下。

定义 3　给定超图$\mathcal{G}$和$\mathcal{G}'$，定义$\Sigma_i \subseteq \Sigma$为超图 Weisfeiler-Lehman 算法的第i次迭代中出现的节点标签集。令$\mathcal{G}_0, \mathcal{G}_1, \cdots, \mathcal{G}_h$和$\mathcal{G}_0', \mathcal{G}_1', \cdots, \mathcal{G}_h'$分别是超图$\mathcal{G}$和$\mathcal{G}'$的超图 Weisfeiler-Lehman 序列。令Σ_0是超图$\mathcal{G}$和$\mathcal{G}'$的原始标签集。假设所有的Σ_i两两不相交。不失一般性地，假设每个$\Sigma_i = \sigma_i^1, \sigma_i^2, \cdots, \sigma_i^{|\Sigma_i|}$是有序的。定义一个映射$c := \mathcal{G}_i, \mathcal{G}_i' \times \sigma_i^j \to \mathbb{N}$，其中$i \in [0,1,\cdots,h]$，使得$c\left(\mathcal{G}_i, \sigma_i^j\right)$是超图$\mathcal{G}_i$中标签$\sigma_i^j$的出现次数。那么，具有$h$次迭代的两个超图$\mathcal{G}$和$\mathcal{G}'$上的 Weisfeiler-Lehman 子树核可定义为

$$k_{\text{WLsubtree}}^{(h)}(\mathcal{G}, \mathcal{G}') = \phi_{\text{WLsubtree}}^{(h)}(\mathcal{G}), \phi_{\text{WLsubtree}}^{(h)}(\mathcal{G}')$$

其中

$$\phi_{\text{WLsubtree}}^{(h)}(\mathcal{G}) = \left(c\left(\mathcal{G}_0, \sigma_0^1\right), \cdots, c\left(\mathcal{G}_0, \sigma_0^{|\Sigma_0|}\right), \cdots, c\left(\mathcal{G}_h, \sigma_h^{|\Sigma_h|}\right)\right)$$

且

$$\phi_{\text{WLsubtree}}^{(h)}(\mathcal{G}') = \left(c\left(\mathcal{G}_0', \sigma_0^1\right), \cdots, c\left(\mathcal{G}_0', \sigma_0^{|\Sigma_0|}\right), \cdots, c\left(\mathcal{G}_h', \sigma_h^{|\Sigma_h|}\right)\right)$$

为简化计算，超图 Weisfeiler-Lehman 子树核可以被写为如下形式：

$$\begin{aligned} k_{\text{WLsubtree}}^{(h)}(\mathcal{G}, \mathcal{G}') &= k(\mathcal{G}_0, \mathcal{G}_0') + k(\mathcal{G}_1, \mathcal{G}_1') + \cdots + k(\mathcal{G}_h, \mathcal{G}_h') \\ &= \sum_{i=0}^{h} \sum_{v \in \mathcal{V}} \sum_{v' \in \mathcal{V}'} \delta\left(l_i^v(v), l_i^v(v')\right) \\ &= \sum_{i=0}^{h} \sum_{j=1}^{|\Sigma_i|} c\left(\mathcal{G}_i, \sigma_i^j\right) \cdot c\left(\mathcal{G}_i', \sigma_i^j\right) \end{aligned} \tag{4.2}$$

其中，$\delta(a,b)$是狄利克雷核，即当a和b相等时为 1，否则为 0。$c\left(\mathcal{G}_i, \sigma_i^j\right)$是定义 3 中给出的元素计数函数。显然，统计不同（节点）子树的数量是利用超图 Weisfeiler-Lehman 序列信息的最直接且有效的策略。这是因为在第$i+1$层的重新标记过程中，可以自然地获得第i层中（节点）子树的识别标记，从而可以方便地进行超图之间的距离比对。

在 N 个超图上进行 h 次迭代的超图 Weisfeiler-Lehman 子树核的计算复杂度为 $\mathcal{O}(Nh\bar{m}+N^2hd)$，其中 $\bar{m}$ 是 N 个超图的平均超图容量（参见第 4.1 节）；d 表示最终超图特征的维度，它等于 $|\Sigma_0|,|\Sigma_1|,\cdots,|\Sigma_h|$ 的和。超图 Weisfeiler-Lehman 子树核的计算可以分为两个阶段，即构建超图 Weisfeiler-Lehman 序列和计算每次迭代的节点标签的数量。这里第一阶段的计算复杂度为 $\mathcal{O}(Nh\bar{m})$。第二阶段中可以将所有特征向量相乘以获得所有超图对的核值，由于每个特征向量的维度是 d，第二阶段的计算复杂度为 $\mathcal{O}(N^2hd)$。因此，以上这些步骤产生的总体计算复杂度为 $\mathcal{O}(Nh\bar{m}+N^2hd)$。

4.1.4 超图 Weisfeiler-Lehman 超边核

本节介绍通用超图 Weisfeiler-Lehman 核的另一个实例，即超边核。与子树核的两阶段映射不同，该实例仅计算不同类型超边的频率。由于每个超边可以连接两个以上的节点，在该实例中超边被视为有序集合进行比较。与子树核的计算方式不同，超边核可以直接表示每次迭代中的高阶连接信息。超图 Weisfeiler-Lehman 超边核定义如下：

定义 4 已知$\mathcal{G}$和$\mathcal{G}'$表示超图。定义 $\Sigma_i\subseteq\Sigma$ 为超图 Weisfeiler-Lehman 算法的第 i 次迭代中出现的节点标签集。令 $\mathcal{G}_0,\mathcal{G}_1,\cdots,\mathcal{G}_h$ 和 $\mathcal{G}_0',\mathcal{G}_1',\cdots,\mathcal{G}_h'$ 分别是超图 $\mathcal{G}$ 和 $\mathcal{G}'$ 的超图 Weisfeiler-Lehman 序列。令 Σ_0 是超图$\mathcal{G}$和$\mathcal{G}'$的原始标签集。假设所有的 Σ_i 两两不相交。定义映射 $z_i:=e\rightarrow\left(l_i^v\left(v_1\right),\cdots,l_i^v\left(v_{|e|}\right)\right),v_j\in e,l_i^v\left(v_j\right)\in\Sigma_i,e\in\mathcal{E}$，用于表示第 i 次迭代中的超边编码。假设每个超边编码都是排序的节点标签元组。定义 $\Omega_i\subseteq\Omega$ 为第 i 次迭代中出现的超边编码集。假设每个 $\Sigma_i=\left\{\sigma_i^1,\sigma_i^2,\cdots,\sigma_i^{|\Sigma_i|}\right\}$ 和 $\Omega_i=\left\{\omega_i^1,\omega_i^2,\cdots\omega_i^{|\Omega_i|}\right\}$ 是有序的。定义映射 $p:=\{\mathcal{G}_i,\mathcal{G}_i'\}\times\omega_i^j\rightarrow\mathbb{N},i\in[0,1,\cdots,h]$，使得 $p\left(\mathcal{G}_i,\omega_i^j\right)$ 是超图 $\mathcal{G}_i$ 中超边编码 ω_i^j 的出现次数。那么，具有 h 次迭代的两个超图$\mathcal{G}$和$\mathcal{G}'$上的 Weisfeiler-Lehman 超边核可定义为

$$k_{\text{WLhyperedge}}^{(h)}(\mathcal{G},\mathcal{G}')=\langle\phi_{\text{WLhyperedge}}^{(h)}(\mathcal{G}),\phi_{\text{WLhyperedge}}^{(h)}(\mathcal{G}')\rangle$$

其中

$$\phi_{\text{WLhyperedge}}^{(h)}(\mathcal{G})=\left(p\left(\mathcal{G}_0,\omega_0^1\right),\cdots,p\left(\mathcal{G}_0,\omega_0^{|\Omega_0|}\right),\cdots,p\left(\mathcal{G}_h,\omega_h^{|\Omega_h|}\right)\right)$$

且

$$\phi_{\text{WLhyperedge}}^{(h)}(\mathcal{G}')=\left(p\left(\mathcal{G}_0',\omega_0^1\right),\cdots,p\left(\mathcal{G}_0',\omega_0^{|\Omega_0|}\right),\cdots,p\left(\mathcal{G}_h',\omega_h^{|\Omega_h|}\right)\right)$$

类似地，超图 Weisfeiler-Lehman 超边核可以被写为

$$\begin{aligned}k_{\text{WLhyperedge}}^{(h)}(\mathcal{G},\mathcal{G}')&=k\left(\mathcal{G}_0,\mathcal{G}_0'\right)+\cdots+k\left(\mathcal{G}_h,\mathcal{G}_h'\right)\\&=\sum_{i=0}^{h}\sum_{e\in\mathcal{E}}\sum_{e'\in\mathcal{E}'}\delta\left(z_i(e),z_i(e')\right)\\&=\sum_{i=0}^{h}\sum_{j=1}^{|\Omega_i|}p\left(\mathcal{G}_i,\omega_i^j\right)\cdot p\left(\mathcal{G}_i',\omega_i^j\right)\end{aligned}\tag{4.3}$$

其中，$\delta(a,b)$ 是狄利克雷核函数。超图 Weisfeiler-Lehman 超边核利用超边作为子树的根，并计算不同超边子树的数量，以捕捉原始超图中的高阶信息。与超图 Weisfeiler-Lehman 子树核相比，超图 Weisfeiler-Lehman 超边核可以通过多样化的度量来表示超边，

从而更好地嵌入复杂的超图结构。对于在 N 个超图上进行 h 次迭代的超图 Weisfeiler-Lehman 超边核，其计算复杂度为 $\mathcal{O}\left(Nh\bar{m}+N^2hd'\right)$。其中，$d'$ 是最终超图嵌入特征的维度，等于 $|\Omega_0|,|\Omega_1|,\cdots,|\Omega_h|$ 的和。

参考超图子树核函数的复杂度计算过程，在构建超图 Weisfeiler-Lehman 序列的过程中，其计算复杂度为 $\mathcal{O}(Nh\bar{m})$。对于每个超图，构建具有 h 次迭代的超边编码的计算复杂度为 $\mathcal{O}(hm)$。因此，对于 N 个超图，构建超边编码的计算复杂度为 $\mathcal{O}(Nh\bar{m})$。在超边编码计数阶段，N 个超图对的复杂为 $\mathcal{O}\left(N^2hd'\right)$，如式（4.3）所示。因此，这些步骤所产生的总体计算复杂度为 $\mathcal{O}\left(Nh\bar{m}+N^2hd'\right)$。

4.1.5　超图同构计算过程与实例

1. 超图同构计算过程

由于超图 Weisfeiler-Lehman 核生成的特征维度较大，实际计算中通常采用归一化技巧[7]来降低训练和测试超图嵌入的特征维度。给定超图 Weisfeiler-Lehman 核 k 提取的特征矩阵 $\boldsymbol{X}_{\mathrm{tr}}\in\mathbb{R}^{N_{\mathrm{tr}}\times d}$ 和 $\boldsymbol{X}_{\mathrm{te}}\in\mathbb{R}^{N_{\mathrm{te}}\times d}$，其中 N_{tr} 和 N_{te} 分别表示用于训练和测试的超图数量，d 是特征的原始维度。基于训练超图的嵌入表示，使用函数 $Z:\mathbb{R}^{N\times d}\to\mathbb{R}^{N\times N_{\mathrm{tr}}}$ 对特征维度进行压缩。压缩后的特征可以通过以下方式来计算：$\breve{\boldsymbol{X}}_{\mathrm{tr}}=Z\left(\boldsymbol{X}_{\mathrm{tr}}\right)\in\mathbb{R}^{N_{\mathrm{tr}}\times N_{\mathrm{tr}}}$ 和 $\breve{\boldsymbol{X}}_{\mathrm{te}}=Z\left(\boldsymbol{X}_{\mathrm{te}}\right)\in\mathbb{R}^{N_{\mathrm{te}}\times N_{\mathrm{te}}}$。压缩特征 $\breve{\boldsymbol{X}}_{\mathrm{tr}}$ 和 $\breve{\boldsymbol{X}}_{\mathrm{te}}$ 的每个元素可以表示为

$$\breve{\boldsymbol{X}}_{i,j}=\frac{k\left(\mathcal{G}_i,\mathcal{G}_j\right)}{\sqrt{k\left(\mathcal{G}_i,\mathcal{G}_i\right)k\left(\mathcal{G}_j,\mathcal{G}_j\right)}} \tag{4.4}$$

其中，j=1,2,$\cdots$,N_{tr}；i 的范围为 $[1,N_{\mathrm{tr}}]$ 或 $[1,N_{\mathrm{te}}]$，分别对应训练集和测试集。函数 Z 可以定义为

$$Z(\boldsymbol{X})=\frac{\boldsymbol{X}\boldsymbol{X}_{\mathrm{tr}}^{\mathrm{T}}}{\sqrt{\left(\boldsymbol{X}\circ\boldsymbol{X}1_d\right)\otimes\left(\boldsymbol{X}_{\mathrm{tr}}\circ\boldsymbol{X}_{\mathrm{tr}}1_d\right)^{\mathrm{T}}}} \tag{4.5}$$

其中，$\circ$ 和 $\otimes$ 分别表示矩阵的哈密顿积和克罗内克积；$1_d\in 1^{d\times 1}$ 是全为 1 的向量。需要注意的是，在测试超图的嵌入过程中，需要舍弃不可见结构，从而使训练超图和测试超图的最终特征可比较。

2. 超图同构计算实例

前面介绍了超图 Weisfeiler-Lehman 子树核和超图 Weisfeiler-Lehman 超边核的两个计算实例，如图 4.1 所示。给定带标签的两个超图 $\mathcal{G}$ 和 $\mathcal{G}'$，初始化标签得到初始标签集合 $l_0^v(v),l_0^v(v')$ 和 $l_0^e(e),l_0^e(e')$，例如，$l_0^v(v)=\{v_1:1,v_2:2,v_3:2,v_4:1,v_5:2,v_6:2\}$。具体步骤如下。

第一步：节点标签向超边标签聚合后得

$$\begin{array}{ll} e_1:2,\{1,2,2\} & e_1':2,\{1,1,2\} \\ e_2:1,\{2,2\} & e_2':1,\{2,2\} \\ e_3:2,\{1,2,2\} & e_3':2,\{2,2,2\} \\ e_4:1,\{2,2\} & e_4':1,\{2,2\} \end{array}$$

第二步：超边标签压缩，即

$$2,\{1,2,2\} \to 3$$
$$1,\{2,2\} \to 4$$
$$2,\{1,1,2\} \to 5$$
$$2,\{2,2,2\} \to 6$$

第三步：超边标签重映射，即

$$l_1^e(e) = \{e_1:3, e_2:4, e_3:3, e_4:4\}$$
$$l_1^e(e') = \{e_1':5, e_2':4, e_3':6, e_4':4\}$$

第四步：超边标签向节点标签聚合后得

$$v_1:1,\{3\} \qquad v_1':1,\{5\}$$
$$v_2:2,\{3,4\} \qquad v_2':2,\{4,5\}$$
$$v_3:2,\{3,4\} \qquad v_3':2,\{4,6\}$$
$$v_4:1,\{3\} \qquad v_4':2,\{4,6\}$$
$$v_5:2,\{3,4\} \qquad v_5':2,\{4,6\}$$
$$v_6:2,\{3,4\} \qquad v_6':1,\{5\}$$

第五步：节点标签压缩，即

$$1,\{3\} \to 3$$
$$2,\{34\} \to 4$$
$$1,\{5\} \to 5$$
$$2,\{45\} \to 6$$
$$2,\{4,6\} \to 7$$

第六步：节点标签重映射，即

$$l_1^v(v) = \{v_1:3, v_2:4, v_3:4, v_4:3, v_5:4, v_6:4\}$$
$$l_1^v(v') = \{v_1':5, v_2':6, v_3':7, v_4':7, v_5':7, v_6':5\}$$

第七步：对比标签：

如果是超图 Weisfeiler-Lehman 子树核，则

$$\phi_{\text{WLsubtree}}^{(1)}(\mathcal{G}) = \{2,4,2,4,0,0,0\}$$
$$\phi_{\text{WLsubtree}}^{(1)}(\mathcal{G}') = \{2,4,0,0,2,1,3\}$$

如果是超图 Weisfeiler-Lehman 超边核，则

$$\phi_{\text{WLhyperedge}}^{(1)}(\mathcal{G}) = \{2,2,0,0,2,2,0,0,0,0\}$$
$$\phi_{\text{WLhyperedge}}^{(1)}(\mathcal{G}') = \{0,2,1,1,0,0,1,1,1,1\}$$

由于两个核映射都是不同的，因此原来的两个超图$\mathcal{G}$和$\mathcal{G}'$不同构。否则，返回第一步继续该过程，如果迭代至最大迭代次数仍相同，则可以得出结论两个超图是同构的。

此外，超图 Weisfeiler-Lehman 子树核和超图 Weisfeiler-Lehman 超边核还可以用来衡量两个超图之间的相似度。对于超图 Weisfeiler-Lehman 子树核，可以计算：

$$k_{\text{WLsubtree}}^{(1)}(\mathcal{G},\mathcal{G}') = \phi_{\text{WLsubtree}}^{(1)}(\mathcal{G}), \phi_{\text{WLsubtree}}^{(1)}(\mathcal{G}') = 20$$

对于超图 Weisfeiler-Lehman 超边核，可以计算：

$$k_{\text{WLhyperedge}}^{(1)}(\mathcal{G},\mathcal{G}')=\phi_{\text{WLhyperedge}}^{(1)}(\mathcal{G}),\phi_{\text{WLhyperedge}}^{(1)}(\mathcal{G}')=4$$

从上述具体计算过程可以看出，超图 Weisfeiler-Lehman 核方法能够考虑超图结构中节点-超边和超边-节点的关系，既增加了模型的可扩展性，又对高阶结构进行了深入分析，能够区分不同的超图结构，性能更佳。然而，通用的超图 Weisfeiler-Lehman 核尚未能够彻底解决超图同构的问题。具体来说，存在不同的超图$\mathcal{G}$与$\mathcal{G}'$，在经历 h 次及以上步骤后，可能会获得相同的标签集合。因此，对超图同构问题的深入探讨尤为关键，对于高阶关联的比较和选择具有重要意义。

4.2　超图同构与图同构的关系

本节主要讨论超图同构和图同构之间的关系，包括超图 Weisfeiler-Lehman 子树核与现有其他方法（图 Weisfeiler-Lehman 子树核、图神经网络、超图神经网络、二分图核）之间的关系。

4.2.1　与图 Weisfeiler-Lehman 子树核的关系

本节旨在说明超图同构是图同构的泛化形式，而图同构是超图同构的特例。这里主要探索超图 Weisfeiler-Lehman 子树核与图 Weisfeiler-Lehman 子树核之间的关系。可以证明，对于简单的图结构，超图 Weisfeiler-Lehman 子树核可以退化为图 Weisfeiler-Lehman 子树核，如以下定理所示。

定理 2　对于图$G=\{V,E\}$，令c和c'为图/超图 Weisfeiler-Lehman 子树核的压缩函数，分别将根字符串s/s'压缩为唯一标签l/l'。存在一个双射ϕ，将图 Weisfeiler-Lehman 子树核的根字符串s映射到超图 Weisfeiler-Lehman 子树核的根字符串s'。

证明过程分为满射证明和单射证明。

满射证明　在第i次迭代中，给定节点v，图 Weisfeiler-Lehman 子树核压缩根字符串[6]为$l_{i-1}(v)|\, l_{i-1}(v_j),v_j\in\mathcal{N}(v)$，其中$\mathcal{N}(v)=\{v_1,v_2,\cdots\}$是节点$v$的邻居节点集合。$\langle\cdot\rangle$是多集合排序函数，$\cdot|\cdot$是字符串拼接函数。在第$i$次迭代中，节点$v$的图 Weisfeiler-Lehman 子树核压缩根字符串可以被公式化为

$$l_{i-1}(v)|\langle l_{i-1}(v_1),l_{i-1}(v_2),\cdots,l_{i-1}(v_m)\rangle \tag{4.6}$$

通过构造标签函数$l(\cdot)$，可以构造一个将有序节点集合映射到根字符串的单射函数f，节点v的根字符串表示为$f(v,v_1,v_2,\cdots,v_m)$。类似的，给定节点v，在第i次迭代中，超图 Weisfeiler-Lehman 子树核压缩根字符串为$l_{i-1}^{v}(v)|\, l_i^{e}(e_j),e_j\in\mathcal{N}_e(v)$，其中$\mathcal{N}_e(v)=\{e_1,e_2,\cdots\}$是给定节点的超边邻居集合$v$。每个超边标签可以被计算为$l_i^{e}(e)=\langle l_{i-1}^{e}(e)|\, l_{i-1}^{v}(v_j)\rangle,v_j\in\mathcal{N}_v(e)$，其中$\mathcal{N}_v(e)=\{v_1,v_2,\cdots\}$给定超边$e$的邻居节点集合。在第$i$次迭代中，节点$v$的超图 Weisfeiler-Lehman 子树核压缩根字符串可以被公式化为

$$
\begin{aligned}
& l_{(i-1)}^{v}(v) \mid \langle l_{(i-1)}^{e}(e_1) \mid l_{(i-1)}^{v}(v_1^{(e_1)}), l_{(i-1)}^{v}(v_2^{(e_1)}), \cdots \rangle, \\
& l_{(i-1)}^{e}(e_2) \langle l_{(i-1)}^{v}(v_1^{(e_2)}), l_{(i-1)}^{v}(v_2^{(e_2)}), \cdots \rangle, \\
& \cdots \\
& l_{(i-1)}^{e}(e_m) \langle l_{(i-1)}^{v}(v_1^{(e_m)}), l_{(i-1)}^{v}(v_2^{(e_m)}), \cdots \rangle
\end{aligned} \tag{4.7}
$$

其中，$\left\{v_1^{e_j}, v_2^{e_j}\right\}$表示超边$e_j$关联的节点集合。考虑给定图$G$的每条边仅包含两个节点并且其中一个节点必为$v$，式（4.7）可以写为

$$
\begin{aligned}
l_{i-1}^{v}(v) \mid & \langle l_{i-1}^{e}(e_1) \big| l_{i-1}^{v}(v), l_{i-1}^{v}(v_1) \rangle, \\
& \langle l_{i-1}^{e}(e_2) \big| l_{i-1}^{v}(v), l_{i-1}^{v}(v_2) \rangle, \\
& \cdots \\
& \langle l_{i-1}^{e}(e_m) \big| l_{i-1}^{v}(v), l_{i-1}^{v}(v_m) \rangle
\end{aligned} \tag{4.8}
$$

因为图转为超图后，每个超边的度为常数 2，所以超边的标签都是相同的$l_0^e(e): l_0^e(e_1) = l_0^e(e_2) = \cdots = l_0^e(e_m)$。当$i=0$时，两个算法均将不同类型的标签直接进行计数，因此得到相同的根字符串数。

当$i=1$时，构造标签函数$l^v(\cdot)$，给定最初的超边标签$l_0^e(e)$，可以构造一个映射函数f'将节点集合映射为字符串。随后使用超图 Weisfeiler-Lehman 子树核提取的节点v的根字符串可以被写为$f'(v, v_1, v_2, \cdots, v_m)$，它可以映射到从图 Weisfeiler-Lehman 子树核中提取的根字符串。由于输入的图相同，高度为 1 的根子树的数量也相同，因此两个算法第一次迭代中唯一标签的数量是相同的。

当$i>1$时，$l_{i-1}^e(e)$是关于$l_{i-2}^e(e), l_{i-2}^v(v), l_{i-2}^v(v')$的函数，其中$v$是给定的根节点，$v'$是由边$e$连接的另一个节点。对于给定的节点$v$，确定根字符串的相关节点集$v, v, v_1, v, v_2, \cdots, v, v_m$可以简化为$v, v_1, v_2, \cdots, v_m$。还可以构建一个单射函数$f'$进行映射。然后，根字符串可以写为$f'(v, v_1, v_2, \cdots, v_m)$。因此，在$i>1$的迭代中，两个算法的压缩标签数量也是相同的。

由于这两个算法在每次迭代中产生相同数量的唯一压缩标签，经过h次迭代的两个算法提取的根字符串数量是相同的，这些根字符串也可以从相同的排序节点集中确定。因此，满射结论成立。

单射证明 首先，可以构造一个从图 Weisfeiler-Lehman 根字符串到超图 Weisfeiler-Lehman 根字符串的映射$\phi := s \to s'$。给定一个根字符串s，如式（4.6）所示，可以首先使用单射函数f提取茎节点集合$\{v, v_1, v_2, \cdots, v_m\}$。注意茎节点集的第一个元素是根节点$v$，其余部分是节点$v$的邻居节点集合。然后，将茎节点集转换为扩展集$v, v, v_1, v, v_2, \cdots, v, v_m$。在超图 Weisfeiler-Lehman 子树核的根字符串中，如式（4.8）所示，更新后的超边标签$l_{i-1}^e(e_j) \mid \langle l_{i-1}^v(v), l_{i-1}^v(v_j) \rangle$是$v, v_j$的函数，而初始超边标签$\ell(e)$是相同的。因此，根字符串$s'$也可以从茎节点集$v, v_1, v_2, \cdots, v_m$计算，这可以用单射函数$g$表示，这里映射$\phi: s \to s'$可以实现为一个复合函数。

接下来证明$\forall s_1, s_2 \in S, \phi(s_1) = \phi(s_2) \Rightarrow s_1 = s_2$。这里，$S$表示由图 Weisfeiler-Lehman 子树核提取的最终根字符串集合。根据算法的定义，可以知道S中的任意两个元素都是

不同的，表示不同的根子树结构。假设有两个根字符串 s_1 和 s_2，使 $\phi(s_1)=\phi(s_2)$，那么 $\phi(s_1)$ 和 $\phi(s_2)$ 的根节点是相同的，记为节点 v。显然，单射函数 g 的操作是可逆的。然后，两个相同的根字符串 $\phi(s_1)$ 和 $\phi(s_2)$ 可以转换为茎节点集 $v,v,v_1,v,v_2,\cdots,v,v_m$。在移除每个元素的根节点并应用 f 的逆函数后，$\phi(s_1)$ 和 $\phi(s_2)$ 将产生相同的根字符串 s_1 和 s_2。因此得出结论，单射成立。

最终，由于满射和单射均成立，根据双射定义，可知定理 2 成立。

定理 3　给定一个图集合 $\mathcal{G}=\{G_1,G_2,\cdots,G_n\}$，通过图 Weisfeiler-Lehman 子树核和超图 Weisfeiler-Lehman 子树核对应的核矩阵分别为 $\boldsymbol{K}\in\mathbb{R}^{n\times n}$ 和 $\boldsymbol{K}'\in\mathbb{R}^{n\times n}$，$\boldsymbol{K}$ 和 $\boldsymbol{K}'$ 是相同的。

证明　给定图 $G_i\in\mathcal{G}$，从图/超图 Weisfeiler-Lehman 子树核提取的图级别嵌入分别为 $\boldsymbol{x}_i\in\mathbb{R}^{c\times 1}$ 和 $\boldsymbol{x}_i'\in\mathbb{R}^{c\times 1}$。由于特征向量中的每个元素对应于一个唯一的根字符串，并且根据定理 2，存在一个置换矩阵 $\boldsymbol{P}\in 0,1^{N\times N}$，使 $\boldsymbol{x}_i'=\boldsymbol{P}\boldsymbol{x}_i$。核矩阵 $\boldsymbol{K}$ 和 $\boldsymbol{K}'$ 的元素可以通过以下方式计算：

$$\begin{cases}\boldsymbol{K}_{ij}=k\left(G_i,G_j\right)=\langle\boldsymbol{x}_i,\boldsymbol{x}_j\rangle=\boldsymbol{x}_i^{\mathrm{T}}\boldsymbol{x}_j\\ \boldsymbol{K}_{ij}'=k'\left(G_i,G_j\right)=\langle\boldsymbol{x}_i',\boldsymbol{x}_j'\rangle=\boldsymbol{x}_i'^{\mathrm{T}}\boldsymbol{x}_j'\end{cases}\tag{4.9}$$

这里的 $\langle\cdot,\cdot\rangle$ 表示两个向量的内积操作。根据置换矩阵的性质，有

$$\begin{aligned}\boldsymbol{x}_i'^{\mathrm{T}}\boldsymbol{x}_j'&=\left(\boldsymbol{P}\boldsymbol{x}_i\right)^{\mathrm{T}}\left(\boldsymbol{P}\boldsymbol{x}_j\right)\\&=\boldsymbol{x}_i^{\mathrm{T}}\boldsymbol{P}^{\mathrm{T}}\boldsymbol{P}\boldsymbol{x}_j\\&=\boldsymbol{x}_i^{\mathrm{T}}\boldsymbol{x}_j\end{aligned}\tag{4.10}$$

因此，核矩阵 $\boldsymbol{K}$ 和 $\boldsymbol{K}'$ 中位置 (i,j) 的每个元素都是相同的，从而定理成立。

定理 2 和定理 3 表明，对于同一图 G，分别使用图 Weisfeiler-Lehman 测试和超图 Weisfeiler-Lehman 测试算法获得的两个图表示存在一个相互转换的双射，即获得的两个图表示是一一对应的，这说明超图 Weisfeiler-Lehman 和图 Weisfeiler-Lehman 在图同构任务上具有相同的表达能力。由此可知，超图同构是图同构的泛化形式，而图同构是超图同构的特例，超图同构计算方法在面对图结构时可以得到与图同构计算相同的结果。

接下来提供面向高阶关联结构时，超图同构与图同构计算方法的能力对比。图 4.2 给出了两对易混淆的超图结构，图 4.2（a）超-检查表和图 4.2（b）超-旋转检查表源于 RHG-Table 数据集，图 4.2（c）超-金字塔和图 4.2（d）超-加固金字塔源于 RHG-Pyramid 数据集。

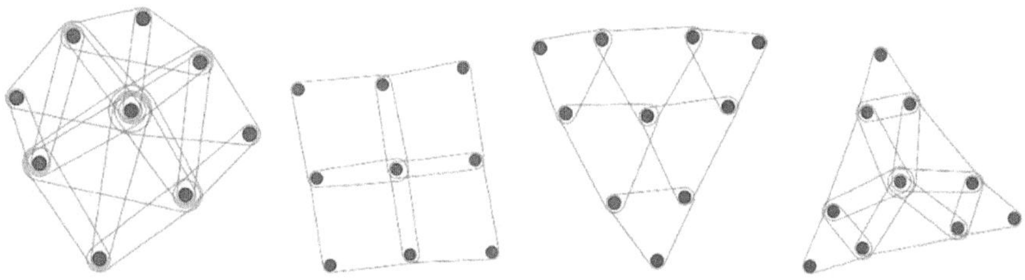

（a）超-检查表　（b）超-旋转检查表　（c）超-金字塔　（d）超-加固金字塔

图 4.2　合成高阶关联数据集示例

表 4.1 展示了图 WL 子树核（graph WL subtree）和本节介绍的超图 WL 子树核（hypergraph WL subtree）、超图 WL 超边核（hypergraph WL hyperedge）在易混淆超图数据集中的实验结果。从结果可以看出，超图 WL 子树核和超图 WL 超边核能够更为精确地区分出此类易混淆的超图结构，而图 WL 子树核却无法区分。由此可以说明，超图 WL 测试算法在超图同构测试、超图分类等任务中，比图 WL 测试算法具有更好的表达能力。

表 4.1 RHG-Table 和 RHG-Pyramid 数据集超图分类实验结果

算法	RHG-Table		RHG-Pyramid	
	Acc	F1_ma	Acc	F1_ma
图 WL 子树核	0.50	0.49	0.49	0.47
超图 WL 子树核	1.00	1.00	1.00	1.00
超图 WL 超边核	0.99	0.99	1.00	1.00

4.2.2 与图神经网络的关系

本节讨论超图 Weisfeiler-Lehman 算法与常见的图神经网络[包括图卷积神经网络（GCN）[8]、图同构网络（GIN）[9]和 k-图神经网络（k-GNN）[10]]之间的关系。图卷积神经网络使用拉普拉斯矩阵对邻居特征进行平滑。与提出的超图 Weisfeiler-Lehman 子树核相比，图卷积神经网络的固有成对消息传递限制了其在高阶结构（如超图）中的应用。由于基于平均值的邻居聚合在图级别的表达能力弱于 WL 核，图卷积网络难以区分部分相似的子结构。为了获得更强的子结构识别能力，图同构网络采用了基于多层感知机来模拟标签重映射的过程（在文献[9]中证明为单射函数），以实现与图 Weisfeiler-Lehman 测试[10]中的哈希映射函数相似的结果。需要指出的是，GIN 框架受到成对消息聚合的限制，因此不适用于超图结构。相比之下，超图 Weisfeiler-Lehman 测试将邻居定义从图推广到超图，可以看作对 GIN 框架的高阶推广。

另一个高阶图神经网络是 k-GNN，它源于 k-Weisfeiler-Lehman 测试。k-GNN 将图中的任意 k 个节点绑定在一起生成超节点，并连接那些共享相同节点的超节点。换句话说，k-GNN 在原始图的基础上构建了高阶关联，并通过连接一些成对边将其转化为新的低阶结构。显然，k-GNN 具有更强的表达能力，使其在理论上能够区分 1-WL 和 GIN 无法区分的情况。k-GNN 的复杂度随着 k 和图的大小呈指数增长，同时也无法处理高阶超图结构。相比之下，超图 Weisfeiler-Lehman 核能够以较低的运算复杂度直接区分低阶图结构和高阶超图结构中的子结构。

4.2.3 与超图神经网络的关系

本节进一步讨论超图 Weisfeiler-Lehman 算法与典型的超图神经网络的关系，包括超图神经网络（HGNN）[2]和通用超图神经网络（$HGNN^+$）[3]。超图神经网络利用超图拉普拉斯将节点特征平滑到高阶相关性上，但其非单射的聚合函数会限制其在超图级任务上的表达能力。超图神经网络类似于将原始超图进行团扩展，并使用基于平均的聚合传播消息，这使其难以区分相似的子结构。由于团扩展是一种多对一映射，这可能会将不同的超图结构映射到相同的图结构中[11]。此外，基于平均的聚合是一个对结构识别而言较弱的判别器[9]。

与超图神经网络不同，通用超图神经网络（HGNN$^+$）执行两阶段的消息传递，即从节点到超边的消息传递和从超边到节点的消息传递，这类似于星形扩展。通过添加更多虚拟节点作为桥梁，替代高阶连接，HGNN$^+$能够克服基于团的 HGNN 在子结构区分方面的固有不足。HGNN$^+$ 在大多数情况下可以达到更高的表达能力。然而，HGNN$^+$ 同样受限于基于平均的聚合，可能无法区分相似的子结构。因此，一个潜在的研究方向是在超图中定义一个映射函数，用于超图 Weisfeiler-Lehman 测试中的哈希函数。未来的工作可以进一步扩展 HGNN$^+$，使其具备神经网络的强大学习能力和 Weisfeiler-Lehman 测试的准确判别能力。

4.2.4　与二分图核的关系

本节讨论超图 Weisfeiler-Lehman 算法与两种二分图核算法的关系。二分图可以用于建模用户-物品交互数据，从而构建一个具有两种类型节点的异构图[12]。在这种模型中，可以设计一个随机游走核，将相关结构嵌入节点表示中，以用于下游任务。然而，这种类型的二分图核只能处理成对的关联，无法推广到超图结构。与二分图核相比，超图 Weisfeiler-Lehman 子树核可以通过对高阶关联进行邻居定义的拓展来处理超图。星形扩展虽然可以将超图扩展为低阶关联的二分图，但需要额外的内存开销。当处理包含高阶关联的更复杂超图时，将超图建模为二分图的方法可能会失败。

另一种典型的二分图核是超图有向线核[13]，它设计了一种将超图结构转化为有向线图以进行结构识别的映射。这种映射不是双射，并会生成大量冗余结构，从而导致在许多中等规模的超图数据中出现内存不足的问题。随着超图数据规模的增长，计算复杂度将显著增加。与之相比，超图 Weisfeiler-Lehman 核方法在效果和效率上均展现出了更大的优势。

4.3　超图与图的映射

超图作为图的泛化形式，两者之间的相互转化一直都是非常重要的问题。由图结构生成超图结构是许多应用场景中面临的关键难题。本节从低阶关联到高阶关联的映射、从邻接矩阵到关联矩阵的映射以及从超图到图的结构转换三个角度介绍两者之间的联系。

4.3.1　从低阶关联到高阶关联的映射

这里“关系”定义为一个包含 k 个系统基本元素的集合 $I=[p_0,p_1,\cdots,p_{k-1}]$，这些基本元素也可以称为节点。各种真实世界的交互作用都可以用该集合来描述，如科学论文的共同作者、执行特定功能所需的基因、在特定任务中共同激活的神经元等。将节点之间的交互顺序（或维度）定义为一个节点仅与自身交互的关系、两个节点相互作用的二元关系、三个节点相互作用的三元关系。依此类推，更高阶的关联关系被认为是 $k\geqslant 2$

的k元关系。

图 4.3 展示了图和超图在对不同关联关系建模方面的比较。可以看到，图仅能表示两个节点之间的二元关系，即存在一条边。与图不同，超图通过其灵活的超边可以表示任何k的多元关系。因此，在建模主体之间的高阶关联方面，超图相对于图更加有效，于是在实际应用中有必要实现从低阶关联到高阶关联的映射。对于给定的二元关系图$\mathcal{G}_s=(\mathcal{V}_s,\mathcal{E}_s)$，其中$v_i \in \mathcal{V}_s$是一个节点，$e_{s_{ij}} \in \mathcal{E}_s$是节点$v_i$和节点$v_j$之间的一条边。一般来说，可以将图结构中节点$v$的$k$-Hop 邻居视为一个高阶关联超边组$\mathcal{E}_{\text{hop}_k}$，完成从低阶关联到高阶关联的映射。具体来说，节点$v$在图$\mathcal{G}_s$中的$k$-Hop 邻居定义为$N_{\text{hop}_k}(v)=\{u|\ \boldsymbol{A}_{uv}^k \neq 0, u \in \mathcal{V}_s\}$。在这里$k$的取值范围可以是$[2,n_v]$，其中$n_v$代表节点数。由此可以得到使用$k$-Hop 邻居映射的超边$\mathcal{E}_{\text{hop}_k}$为

$$\mathcal{E}_{\text{hop}_k}=\{N_{\text{hop}_k}(v)|\ v \in \mathcal{V}\} \tag{4.11}$$

使用k-Hop 邻居来映射超边能够通过扩展图结构中的搜索半径来连接中心节点的外部相关节点，从而生成具有更丰富邻域信息的超边。与仅包含低阶关联信息的图结构相比，这种方法可以提供节点之间的高阶关联信息。

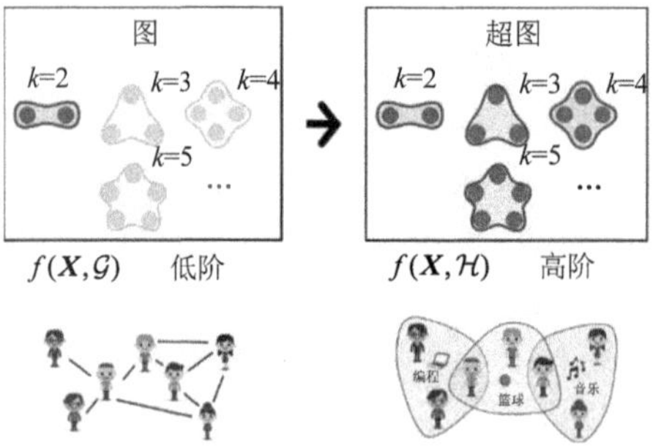

图 4.3 图和超图表达能力的比较

4.3.2 从邻接矩阵到关联矩阵的映射

在实际应用中，处理多模态数据并执行多模态分析任务是经常遇到的场景。当需要考虑多模态数据的关联关系时，基于图结构的方法是广泛采用的模式，但是基于图的邻接矩阵来处理这些任务可能会面临诸多挑战。例如，为了获得统一的图结构，需要选择多个图的融合策略。此外，如何高效地整合不同图的信息也是一个具有挑战性的问题。与图相比，超图在执行多模态数据的关联分析任务时更具灵活性。通过将关联矩阵直接连接，可以创建一个新的超图$\boldsymbol{H}$来完成任务。这个过程无须显式地融合步骤，同时一旦构造出超图，所有的后续处理都可以在融合的超图上直接进行。因此，将邻接矩阵映射到关联矩阵的操作具有重要的实际应用价值。在将图转换为超图的过程中，也需要将邻接矩阵转换为关联矩阵，以便后续进行超图上的计算。

这里一个包含N个节点的图可以用邻接矩阵$\boldsymbol{A} \in \{0,1\}^{N \times N}$描述，其中$\boldsymbol{A}_{i,j}=1$表示节点$v_i$和$v_j$之间存在一条边。在大多数情况下，邻接矩阵$\boldsymbol{A}$是一个对称矩阵。一个包含$N$个节点和$M$条超边的超图可以用关联矩阵$\boldsymbol{H} \in \{0,1\}^{N \times N}$来描述，其中$\boldsymbol{H}_{i,j}=1$表示超边$e_j$连接了节点$v_i$。

通过对比邻接矩阵和关联矩阵，不仅可以深入探究图的内在结构，还可以将图的属性与超图的性质联系起来。图可以被视为一种特殊的仅建模二元关系的超图，即 2-uniform 超图。在这种超图中，节点和边分别对应于原图的节点和边，而超图中的关联关系则反映了原图中边的关系。对于 $N\times N$ 的超边 $\boldsymbol{H}$，它可以直接映射到邻接矩阵 $\boldsymbol{A}$ 中的 $N\times N$ 个元素。超图的关联矩阵和图的邻接矩阵可以通过以下方式进行双向转换：

$$\boldsymbol{H}\boldsymbol{H}^{\mathrm{T}}=\boldsymbol{A}+\boldsymbol{D} \tag{4.12}$$

当处理多模态数据或多种类型的关联关系时，图的邻接矩阵和超图的关联矩阵有不同的应对方式。假设有 m 个邻接矩阵分别代表 m 个图 $\mathcal{G}_1,\mathcal{G}_2,\cdots,\mathcal{G}_m$，可以有两种典型的方式将这些数据合并成一个图。第一种方式是将不同的图合并成一个图 $\mathcal{G}$，然后进行其他任务，相当于图数据的早期融合（early fusion）。第二种方式是在每个图中单独进行任务，然后将所有结果合并，相当于图数据的晚期融合（late fusion）。图 4.4 和图 4.5 展示了

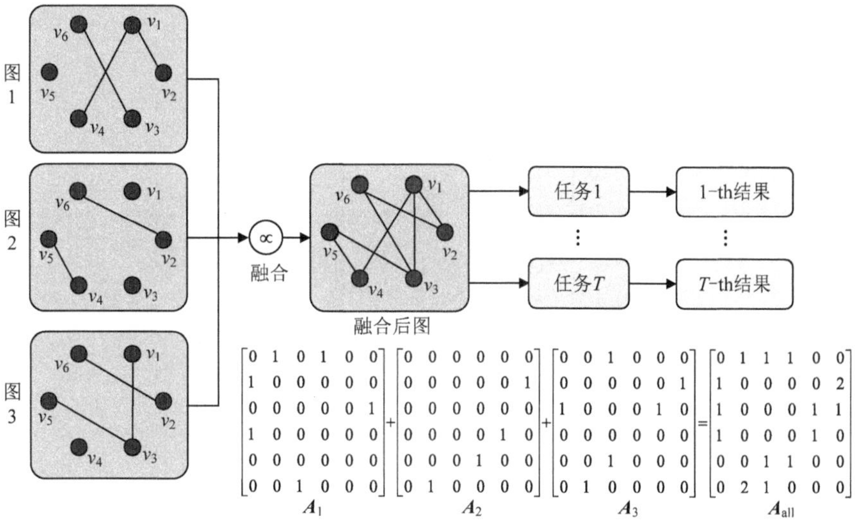

图 4.4　多模态数据的图结构融合示例

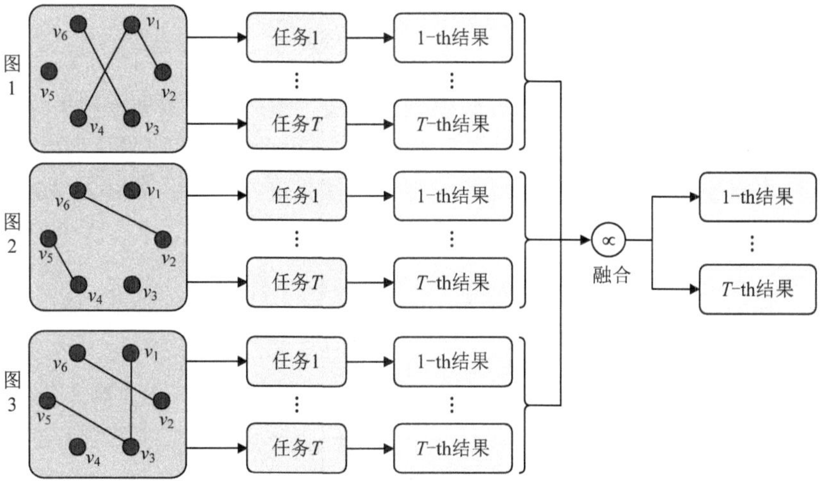

图 4.5　多模态数据的结果融合示例

这两种融合方法。需要指出的是，无论是在图的结构部分还是在结果部分，都需要对图的邻接矩阵进行融合。近年来，已经发展出一系列的图融合方法[14-15]，但如何最优地结合不同的图仍然是一个具有挑战性的任务。另外，多模态图融合具有较高的计算复杂度，这可能限制了其在多模态数据上的应用。

与传统的图处理方法相比，超图因其灵活的超边结构而能够以简便且直接的方式处理多样化的关联关系类型。正如图 4.6 所示，当面临多种关联关系类型时，可以通过创建多个超边组来应对，这些超边组由 m 个关联矩阵 $\boldsymbol{H}_1,\boldsymbol{H}_2,\cdots,\boldsymbol{H}_m$ 组成。m 个关联矩阵可以直接相连，共同构成一个完整的超图结构 $\boldsymbol{H}$。这种方式使得在一个超图中建模所有的多模态数据或不同类型的关联关系成为可能，而且所有后续处理工作都可以直接在该超图结构上进行。在超图的计算过程中，不需要显式地执行多模态融合操作，而是将不同模态的信息通过其中的关联关系融合起来，从而提供了一个统一的框架。这一框架能够有效地处理多种数据类型，提升计算效率和准确性。

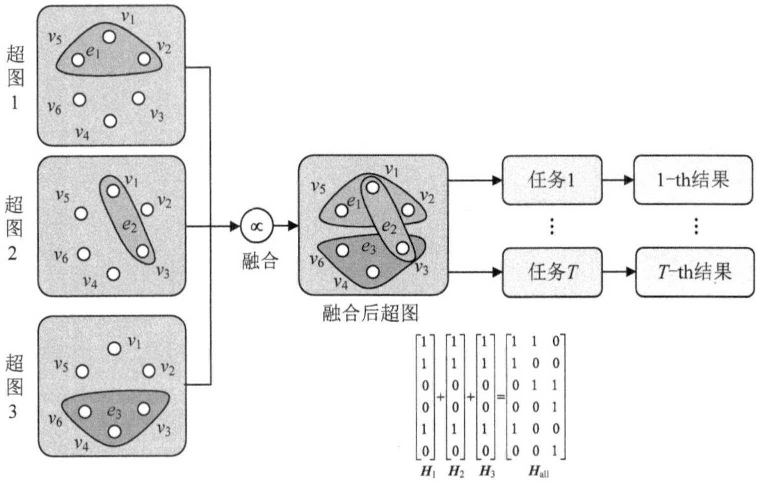

图 4.6　多模态数据的超图融合示例

4.3.3　从超图到图的结构转换

与图相比，超图可以使用其无度数限制的超边来编码高阶数据关联关系。图可以视为超图的一种特殊情况，即所有超边的度数都为 2。因此，超图和图是可以互相转换的。目前，有许多将超图转换为图的方法，常见的有团扩展、星形扩展和线性扩展等。

1. 团扩展

给定无向图 $\mathcal{G}=(\mathcal{V},\mathcal{E})$，$\mathcal{C}$ 为节点集 $\mathcal{V}$ 的子集（$\mathcal{C}\subseteq\mathcal{V}$），当 $\mathcal{C}$ 中任意两个节点都有边连接，则称 $\mathcal{C}$ 是无向图 $\mathcal{G}$ 的团。

图 4.7 展示了使用团扩展算法将超图转换为图的示例。团扩展算法从原始超图 $\mathcal{G}(\mathcal{V},\mathcal{E})$ 构造出图 $\mathcal{G}^x\left(\mathcal{V},E^x\right)$，对于超边 e 中的每一对节点 (u,v)，用度为 2 的边进行替换[16]：$\mathcal{E}^x=(u,v):u,v\in e,e\in\mathcal{E}$。

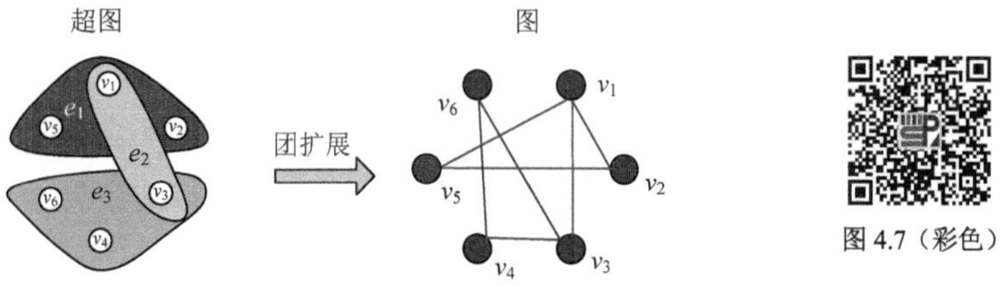

图 4.7　使用团扩展算法将超图转换为图的示例

值得注意的是，超边 e 中的节点在图 $\mathcal{G}^x$ 中形成一个团，这也是团扩展名称的由来。$\mathcal{G}^x$ 保留了 $\mathcal{G}$ 的节点结构，此外还需要保证团扩展后包含 u 和 v 的任意两条边上的信息与超边 e 的信息尽可能一致。也就是说，在 $\mathcal{G}^x$ 上，包含 u 和 v 的任意两条边的权重和超边 e 的权重之差应尽可能小。因此，在为 $\mathcal{G}^x$ 上的边分配权重 $w^x(u,v)$ 时，可以使用以下公式：

$$w^x(u,v)=\underset{w^x(u,v)}{\operatorname{argmin}}\sum_{e\in\mathcal{E}:u,v\in e}\left(w^x(u,v)-w(e)\right)^2 \tag{4.13}$$

因此，团扩展算法采用了判别模型，其中与超边 e 相关联的 $\mathcal{G}^x$ 中的每个团都具有权重 $w(e)$。该准则有以下最小化形式：

$$w^x(u,v)=\mu\sum_{e\in\mathcal{E}:u,v\in e}w(e)=\mu\sum_e h(u,e)h(v,e)w(e) \tag{4.14}$$

其中，μ 是一个固定的标量。从边的角度看，两个节点 u 和 v 之间的权重相当于连接它们的超边所分配的权重之和。

2. 星形扩展

图 4.8 是一个使用星形扩展算法将超图转换为图的示例。通过星形扩展，可以从超图 $\mathcal{G}(\mathcal{V},\mathcal{E})$ 构建出一个图 $\mathcal{G}^*(\mathcal{V}^*,\mathcal{E}^*)$，其中每个超边 $e\in\mathcal{E}$ 被看作一个新的节点，因此 $\mathcal{V}^*=\mathcal{V}\cup\mathcal{E}$[16]。每个超边中的节点与新图中的节点 e 相连，即 $\mathcal{E}^*=(u,e):u\in e,e\in\mathcal{E}$。

图 $\mathcal{G}^*$ 中有不同类型的节点，每个超边 $\mathcal{E}$ 对应于图 $\mathcal{G}$ 中的一个星形。通过星形扩展，可以为每个与 $\mathcal{E}$ 中超边相对应的图的边 $w^*(u,e)$ 分配经过缩放的超边权重，公式如下：

$$w^*(u,e)=w(e)/\delta(e) \tag{4.15}$$

针对每个表示超边的节点，其相连的边权重在平均分配超边权重 $\delta(e)$ 为 $|\delta(e)|$ 个部分时是等价的。

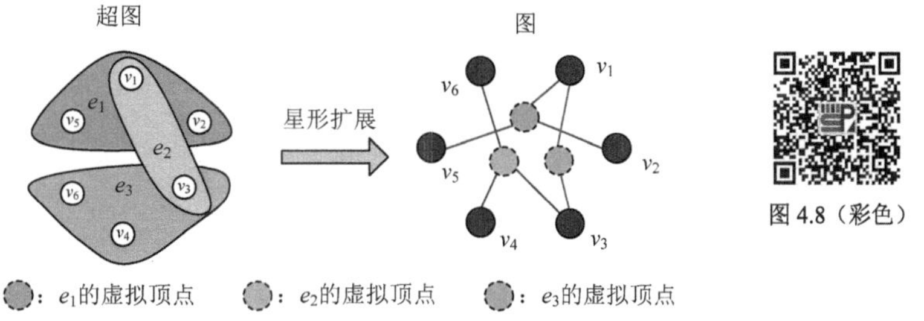

图 4.8　使用星形扩展算法将超图转换为图的示例

3. 线性扩展

图 4.9 展示了一个将超图通过线性扩展转化为图的示例。在线性扩展中，图 $\mathcal{G}^l=\left(\mathcal{V}^l,\mathcal{E}^l\right)$ 的节点是通过重构超图 $\mathcal{G}=(\mathcal{V},\mathcal{E})$ 中节点的数据结构得到的。图 $\mathcal{G}^l$ 中的每个线性节点 (u,e) 都可以看作一条超边上的一个节点或一个节点在一条超边的上下文中的一个超边[17]。对于超边上的每个点，都会创建一个节点来表示它。新图中的节点 v 表示超边中的节点属性。对于每条超边，都会为其上的每个节点创建一个与之对应的图中的节点，即 $\mathcal{V}^*=(u,e):u\in e,u\in\mathcal{V},e\in\mathcal{E}$，这意味着 $|\mathcal{V}^l|=\sum_e\delta(e)$。因此，在图 $\mathcal{G}^l$ 中，包含相同节点或相同超边的节点可以定义为相邻的。考虑到两种关联是同等重要的，因此 $W^l=\operatorname{diag}(1,\cdots,1),|W^l|=|\mathcal{V}^l|\times|\mathcal{V}^l|$。在这种构造下，超图 $\mathcal{G}$ 和其线性扩展 $\mathcal{G}^l$ 之间的映射是双射的。

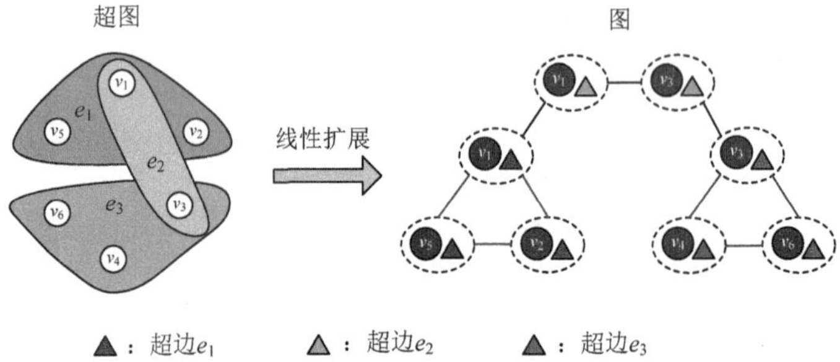

图 4.9（彩色）

图 4.9　通过线性扩展算法将超图转换为图的示例

4.4　超图与图的可转换性

前面介绍了超图与图之间的结构转换方法，需要指出的是，两者相互转换并不能保证完整的信息传递，可能会存在信息损失。本节将继续讨论超图与图之间的可转换性，包括超图转换为图时的高阶信息损失、将图重建为超图时可能出现的错误，以及特定任务下超图与图的可转换条件。

4.4.1　超图转换为图时的信息损失

考虑一个从超图空间 $\mathcal{H}^n$ 到图空间 $\mathcal{G}^n$ 的映射 ϕ，其中 $\mathcal{H}^n$ 和 $\mathcal{G}^n$ 分别是包含 n 个节点的超图空间和图空间。由于图可以被视为一种特殊的 2-均匀超图，因此得出 $\mathcal{G}^n\subset\mathcal{H}^n$。基于这一关系，映射 ϕ 可以通过如下方式实现：

$$\phi(\boldsymbol{H})=\begin{cases}\boldsymbol{H} & \boldsymbol{H}\in\mathcal{G}^n\\ \boldsymbol{H}\boldsymbol{H}^{\mathrm{T}} & \text{其他}\end{cases}\tag{4.16}$$

其中，$\boldsymbol{H}\in\mathbb{N}^{n\times m}$ 是任意包含 n 个节点的超图的关联矩阵。

定理 4　给定一个包含 n 个节点的超图以及一个结构映射函数 $\phi:\mathcal{H}^n\to\mathcal{G}^n$，则从超图到图的映射$\phi$是非单射与满射的。

证明　对于满射，显然任何图都可以嵌入超图空间中，即任何图都可以被视为一个超边仅连接两个节点的特殊超图。对于非单射，可以考虑这样一种情况，如图 4.10 所示，给定一个图的邻接矩阵$\boldsymbol{A} \in \mathbb{N}^{n \times n}$，有两个逆像$\boldsymbol{H}$和$\boldsymbol{H}'$使$\boldsymbol{A} = \boldsymbol{H}\boldsymbol{H}^{\mathrm{T}} = \boldsymbol{H}'\boldsymbol{H}'^{\mathrm{T}}$。有了这一反例，也就意味着映射$\phi$是非单射的。

上述分析表明，在节点数量固定为特定值n的情况下，采用图结构相比于超图结构会丢失更多的信息。由于图空间$\mathcal{G}^n$是超图空间$\mathcal{H}^n$的一个子集，当处理具有高维特征的建模对象时（图 4.10），基于图的建模可能会将一些相似的超图结构混淆。因此，基于图结构的模型在信息保留方面存在不足，而基于超图结构的模型则能够表示更广泛的信息，从而在执行任务时展示出更强的能力。

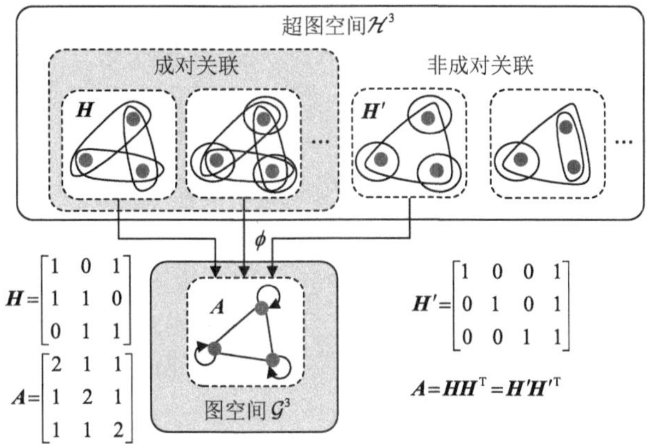

图 4.10　超图空间$\mathcal{H}^3$与图空间$\mathcal{G}^3$的对比

4.4.2　图转换为超图时存在的问题

与将超图映射成图相反，在将图转换成超图时，可能会遇到许多新的问题，这也是本节要重点介绍的内容。

给定$\mathcal{C}$是无向图$\mathcal{G}$的一个团，当$\mathcal{C}$无法在增加一个节点后仍然满足团的定义时，称$\mathcal{C}$为无向图$\mathcal{G}$的一个极大团。这也意味着每个极大团不被任何其他团所包含。

理论上，任何团都可以作为真实超边在图上的映射。因此，如果要从图结构重建超图结构，超边可以考虑的范围是图$\mathcal{G}$中所有团的集合$\mathcal{C}$。为了列举所有团的集合$\mathcal{C}$，一个可行的方法是先找到图$\mathcal{G}$中所有的极大团，这里将极大团的集合记为$\mathcal{M}$，然后得到所有极大团的幂集的并集：$\mathcal{C} = \cup_{c \in \mathcal{M}} \mathcal{P}(c) \setminus \varnothing_0$。按照这种方法，重建超图的第一步就是找到给定图的极大团。当节点数量保持一致时，超图到图的映射并不具有单射性质。因此，即便发现了极大团的集合$\mathcal{M}$，若缺乏额外的信息，也无法精确地重构原始的超图。在最极端的情况下，即超边之间完全不重叠时，所有的极大团确实对应于超图中的所有超边，然而，这种情形在实际中极为少见。通常情况下，超图中可能存在超边嵌套和超边三角形的情况，会导致“所有极大团等同于超图的所有超边”这一结论不成立。

1. 情况一：超边嵌套

超边嵌套是指存在两个超边$\mathcal{E}$和$\mathcal{E}'$，使$\mathcal{E}$完全包含于E'中。超边嵌套带来的问题是显而易见的，当仅将极大团作为超边来考虑时，就会忽视那些极大团的子集也可能作为超边存在的可能性。以图 4.11（a）为例，如果只是简单地将极大团还原为超边，那么这个过程中只能得到一条超边e_3，而无法得到e_1和e_2。这是因为将这些超边映射到图之后，不再作为图中的极大团存在，而是被更大的团所包含，即被e_3所对应的团包含在内。因此，超图中的超边嵌套特性可能会导致在结构转换过程中遗漏一部分超边。

2. 情况二：超边三角形

如图 4.11（b）所示，超边三角形是指由三个超边构成的一个类似三角形的形状，这三个超边两两之间存在交集。观察这个例子可知，这种超边三角形的交集的并集，在映射到图G后，同样形成了一个极大团。然而，这个极大团并非原始超图中的超边。如图 4.11（b）所示，存在三个超边e_1、e_2、e_3，它们两两相交。可以推断，在将超图转换为图后，节点v_1、v_3、v_5之间也会形成连接，从而在图中构成一个极大团。如果仅仅依靠极大团来重构超边，可能会错误地建立由节点v_1、v_3、v_5组成的超边，但实际上原始超图结构中并没有这个超边的连接。因此，图G中所有极大团都是超图的超边的充要条件是：对于任意三个超边$e_i,e_j,e_k \in \mathcal{E}$，都存在一个超边$e \in \mathcal{E}$，使$\left(e_i \cap e_j\right) \cup \left(e_i \cap e_k\right) \cup \left(e_j \cap e_k\right) \subseteq e$。因此，超边三角形的存在可能会导致重建出错误的超边。

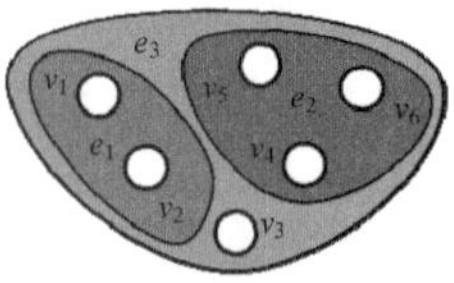

（a）超边嵌套

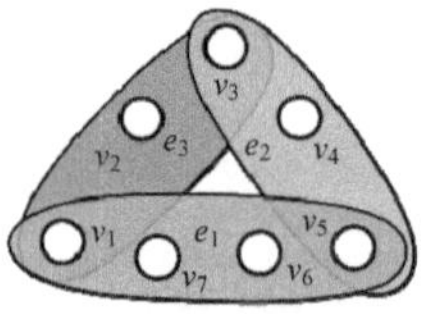

（b）超边三角形

图 4.11 使用极大团算法将图恢复为超图的两种失效情形

超图与图之间存在相互转换的关系。在这种转换过程中，从超图映射到图时往往会伴随信息的丢失。相反，从图映射到超图时，如果没有额外的信息辅助，可能会因为超边嵌套现象和超边三角形的存在而导致错误的推断。因此，如何准确地从图中重构出原始的超图，仍然是一个需要深入探究的问题。

4.4.3 任务导向下超图和图的可转换条件

下面以随机游走任务为例，介绍超图与图之间可转换的条件。首先介绍图与超图上的随机游走任务[18]；其次针对超图随机游走任务，具体介绍在两种不同类型超图上的随机游走；然后讨论两种类型超图与图上随机游走的转换情况；最后总结在随机游走任务下，超图与图之间转换的条件。

图上的随机游走：在时刻t，一个随机游走者处在节点v_t处，它将做出以下行动：

- 以概率$p_{v \to v'}$选择与节点$v_t = v$有边相连的节点v'。

- 在$t+1$时刻移动到v'。

$\mathcal{V}$上对应的马尔可夫链的转移概率即为$p_{v\to v'}$。

超图上的随机游走[18-21]：在时刻t，一个随机游走者处在节点v_t处，它将做出以下行动：

- 以概率$p_{v\to e}$选择一条包括节点$v_t=v$的超边e。
- 以概率$p_{e\to v'}$从超边e包含的节点中选择一个节点v'。
- 在$t+1$时刻移动到v'。

$\mathcal{V}$上对应的马尔可夫链上的转移概率$p_{v,u}$可以被定义为$p_{v,u}=\sum\limits_{e\in\mathcal{N}_e(v,u)}p_{v\to e}p_{e\to u}$，其中$\mathcal{N}_e(v,u)=\mathcal{N}_e(v)\cap\mathcal{N}_e(u)$表示同时包含节点$v$和$u$。

一般来说，可以构造两类超图以准确描述真实世界的关联关系：边独立顶点权重的超图，边相关顶点权重的超图。边独立顶点权重的超图$\mathcal{G}_{\text{in}}=\{\mathcal{V},\mathcal{E},\boldsymbol{W}\}$可以建模成对关系，成对关系可以用二值化的关联矩阵$\boldsymbol{H}\in\{0,1\}^{|\mathcal{V}|\times|\mathcal{E}|}$来表示，其中每条超边包含的节点共享同样的权重。相比之下，边相关顶点权重的超图$\mathcal{G}_{\text{de}}=\{\mathcal{V},\mathcal{E},\boldsymbol{W},\gamma\}$可以进一步对每条超边中多变的关联强度进行建模，这可以用超图加权关联矩阵$\boldsymbol{R}\in\mathbb{R}^{|\mathcal{V}|\times|\mathcal{E}|}$来表示。假设超边$e$包含节点$v$，那么使用$\gamma_e(v)$来表示$e$和$v$之间的连接强度，$w(e)$表示超边$e$的权重。边独立顶点权重的超图二值化关联矩阵$\boldsymbol{H}$、节点度$d(v)$和超边度$\delta(e)$的定义与之前一致；而在边相关顶点权重的超图中，节点度$d(v)$和超边度$\delta(e)$可以定义如下：

$$\begin{cases}d(v)=\sum\limits_{\beta\in\mathcal{N}_e(v)}w(\beta)\\ \delta(e)=\sum\limits_{\alpha\in\mathcal{N}_v(e)}\gamma_e(\alpha)\end{cases}\tag{4.17}$$

其中，$N_v(e)=\{v\mid vNe,v\in\mathcal{V}\text{ and }e\in\mathcal{E}\}$；$N_e(v)=\{e\mid vNe,v\in\mathcal{V}\text{ and }e\in\mathcal{E}\}$。

在随机游走任务中，对于边独立顶点权重的超图，有$p_{v\to e}=w(e)/d(v)$和$p_{e\to u}=1/\delta(e)$。转移概率$p_{v,u}$可以定义为

$$p_{v,u}=\sum_{\beta\in\mathcal{N}_e(v,u)}\frac{w(\beta)}{d(v)}\cdot\frac{1}{\delta(\beta)}\tag{4.18}$$

在边相关顶点权重的超图中，有$p_{v\to e}=w(e)/d(v)$和$p_{e\to u}=\gamma_e(u)/\delta(e)$，转移概率$p_{v,u}$可以定义为

$$p_{v,u}=\sum_{\beta\in\mathcal{N}_e(v,u)}\frac{w(\beta)}{d(v)}\cdot\frac{\gamma_\beta(u)}{\delta(\beta)}\tag{4.19}$$

根据文献[19]，下面介绍一些定义与引理来比较图和两种类型超图的随机游走。

定义 5 令M是一个具有状态空间X和转移概率$p_{x,y}$的马尔可夫链，其中$x,y\in S$。如果S上存在一个概率分布π使$\pi_x p_{x,y}=\pi_y p_{y,x}$，则称$M$是可逆的。

引理 1 令M是具有状态空间S和转移概率$p_{x,y}$的不可约马尔可夫链，其中$x,y\in S$。当且仅当存在一个包含顶点集S的加权无向图G使G和M上的随机游走等价时，M是可逆的。

证明 “$\Rightarrow$”：假设M是可逆的，其转移概率为$p_{x,y}$。构建一个图G，其顶点集为S，边权重为$w_{x,y}=\pi_x p_{x,y}$。由于M是不可约的，$\pi_x\neq 0$和$p_{x,y}\neq 0$对于所有状态x和y成

立。因此有边权重 $w_{x,y} \neq 0$ 以及 G 是一个连通图。由于 M 是可逆的，则有 $w_{x,y} = \pi_x p_{x,y} = \pi_y p_{y,x} = w_{y,x}$，可知构造出来的图 G 是一个无向图。在图 G 上从 x 到 y 进行一个时间步的随机游走满足：

$$\frac{w_{x,y}}{\sum_{z \in S} w_{x,z}} = \frac{\pi_x p_{x,y}}{\sum_{z \in S} \pi_x p_{x,z}} = \frac{p_{x,y}}{\sum_{z \in S} p_{x,z}} = p_{x,y} \tag{4.20}$$

其中，$\sum_{z \in S} p_{x,z} = 1$。因此，如果 M 是可逆的，则上述的声明成立。

“$\Leftarrow$”：正如文献[22]所声明的，在无向图上的随机游走总是可逆的。

定义 6　一条马尔可夫链是可逆的，当且仅当它的转移概率满足对任意的有限状态序列 $v_1, v_2, \cdots, v_n \in S$ 有

$$p_{v_1,v_2} p_{v_2,v_3} \cdots p_{v_n,v_1} = p_{v_1,v_n} p_{v_n,v_{n-1}} \cdots p_{v_2,v_1} \tag{4.21}$$

该定义也称为 Kolmogorov 标准。有关证明可以在文献[23]中找到。

定理 5　令 $\mathcal{G}_{\text{in}} = \{\mathcal{V}, \mathcal{E}, \boldsymbol{W}\}$ 是一个边独立顶点权重的超图。存在一个加权无向图 G 使得在 G 上的随机游走等价于在 $\mathcal{G}_{\text{in}}$ 上的随机游走。

证明　$\mathcal{G}_{\text{in}}$ 的转移概率由式（4.18）所定义。根据定义 6，有

$$\begin{aligned}
& p_{v_1,v_2} p_{v_2,v_3} \cdots p_{v_n,v_1} \\
&= \sum_{\beta \in \mathcal{N}_e(v_1,v_2)} \left(\frac{w(\beta)}{d(v_1)} \cdot \frac{1}{\delta(\beta)} \right) \cdots \sum_{\beta \in \mathcal{N}_e(v_n,v_1)} \left(\frac{w(\beta)}{d(v_n)} \cdot \frac{1}{\delta(\beta)} \right) \\
&= \left(\frac{1}{d(v_1)} \sum_{\beta \in \mathcal{N}_e(v_1,v_2)} \frac{w(\beta)}{\delta(\beta)} \right) \cdots \left(\frac{1}{d(v_n)} \sum_{\beta \in \mathcal{N}_e(v_n,v_1)} \frac{w(\beta)}{\delta(\beta)} \right) \\
&= \frac{1}{d(v_2)} \sum_{\beta \in \mathcal{N}_e(v_1,v_2)} \frac{w(\beta)}{\delta(\beta)} \cdots \frac{1}{d(v_1)} \sum_{\beta \in \mathcal{N}_e(v_n,v_1)} \frac{w(\beta)}{\delta(\beta)}
\end{aligned}$$

对于任意的 v_i 和 v_j，有 $\sum_{\beta \in \mathcal{N}_e(v_i,v_j)} \frac{w(\beta)}{\delta(\beta)} = \sum_{\beta \in \mathcal{N}_e(v_j,v_i)} \frac{w(\beta)}{\delta(\beta)}$。因此，可逆性可以证明如下：

$$\begin{aligned}
& p_{v_1,v_2} p_{v_2,v_3} \cdots p_{v_n,v_1} \\
&= \frac{1}{d(v_2)} \sum_{\beta \in \mathcal{N}_e(v_2,v_1)} \frac{w(\beta)}{\delta(\beta)} \cdots \frac{1}{d(v_1)} \sum_{\beta \in \mathcal{N}_e(v_1,v_n)} \frac{w(\beta)}{\delta(\beta)} \\
&= p_{v_2,v_1} p_{v_3,v_2} \cdots p_{v_1,v_n} \\
&= p_{v_1,v_n} p_{v_n,v_{n-1}} \cdots p_{v_2,v_1}
\end{aligned}$$

因此，在 $\mathcal{G}_{\text{in}}$ 上的随机游走是可逆的。此外，根据引理1，$\mathcal{G}_{\text{in}}$ 上的随机游走等价于加权的无向图 G 上的随机游走。

定理 6　令 $\mathcal{G}_{\text{de}} = \{\mathcal{V}, \mathcal{E}, \boldsymbol{W}, \gamma\}$ 是一个边相关顶点权重的超图。不存在一个加权无向图 G 使得在 G 上的随机游走等价于在 $\mathcal{G}_{\text{de}}$ 上的随机游走。

证明　图 4.12 提供了一个在 $\mathcal{G}_{\text{de}}$ 上的随机游走不等价于可逆马尔可夫链上的随机游走的示例。图中两个超图具有相同的连接结构，但连接的强度不一样。首先，可以为两种类型的超图相应地计算出它们的转移概率 $p_{v,u}$。然后可以从节点 v_0 开始两个随机游

走：$v_0 \rightarrow v_1 \rightarrow v_2 \rightarrow v_0$ 和 $v_0 \rightarrow v_2 \rightarrow v_1 \rightarrow v_0$。两条路径的累积转移概率可以分别通过 $p_{v_0,v_1} \cdot p_{v_1,v_2} \cdot p_{v_2,v_0}$ 和 $p_{v_0,v_2} \cdot p_{v_2,v_1} \cdot p_{v_1,v_0}$ 计算得到。根据定理 5 和引理 1，该超图上的随机游走是可逆的。因此，可以从两条可逆路径上得到相同的累积转移概率。相比之下，边独立顶点权重的超图上的两条可逆随机游走路径所计算的累积转移概率是不同的。因此，基于定理 5 的结论（可逆马尔可夫链上的随机游走等价于加权无向图 G 上的随机游走），可以推出定理 6 成立。

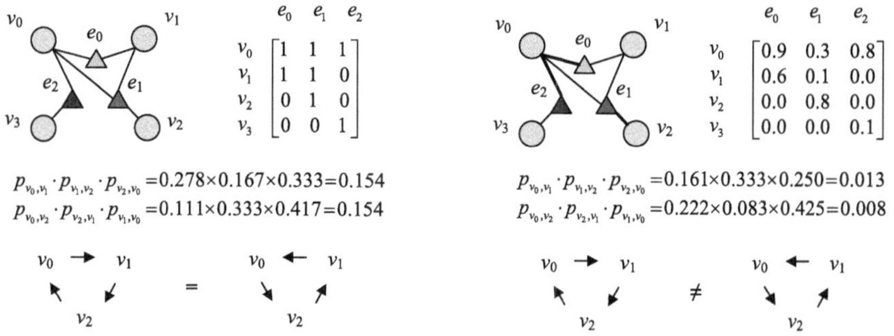

$$p_{v_0,v_1} \cdot p_{v_1,v_2} \cdot p_{v_2,v_0} = 0.278 \times 0.167 \times 0.333 = 0.154$$
$$p_{v_0,v_2} \cdot p_{v_2,v_1} \cdot p_{v_1,v_0} = 0.111 \times 0.333 \times 0.417 = 0.154$$

（a）边独立顶点权重的超图

$$p_{v_0,v_1} \cdot p_{v_1,v_2} \cdot p_{v_2,v_0} = 0.161 \times 0.333 \times 0.250 = 0.013$$
$$p_{v_0,v_2} \cdot p_{v_2,v_1} \cdot p_{v_1,v_0} = 0.222 \times 0.083 \times 0.425 = 0.008$$

（b）边相关顶点权重的超图

图 4.12　两类超图的示例

本章小结

本章针对超图建模的理论进行了深入分析。首先介绍了通用的超图 Weisfeiler-Lehman 同构测试算法，用以衡量结构之间的相似性，从而区分不同的超图结构。接着，具体展示了超图 Weisfeiler-Lehman 子树核和超图 Weisfeiler-Lehman 超边核的运算实例，并讨论了它们与图 Weisfeiler-Lehman 子树核、图神经网络、超图神经网络以及二分图核之间的关系。随后，针对超图和图之间的映射，讨论了从低阶关联到高阶关联的映射、从邻接矩阵 A 到关联矩阵 H 的映射，以及团扩展、星形扩展和线性扩展三种超图到图的结构转换方法。最后，在超图和图的可转换性方面，介绍了超图转化为图时的信息损失问题，并说明了某些相似但不一致的超图可能映射成同一个图的情况。同时，也介绍了由图转换成超图时可能遇到的超边嵌套和超边三角形等问题，这些问题可能导致结构转化中的错误推断。

虽然本章阐述了多种超图同构计算的方法，但仍面临诸多挑战。特别是在使用超图 Weisfeiler-Lehman 核进行同构计算时，可能会遇到两个不同构的超图 G 和 G' 在进行 h 次 Weisfeiler-Lehman 计算后仍然拥有相同标签集合的现象，这使两个不同构的超图难以区分。因此，探索更为精确的超图同构计算方法仍是一个前沿的研究方向。由于现有方法在将超图结构转换为图结构时常常伴随着信息损失，需要进一步探索更为完善的映射机制以解决这一问题。在由图结构建立超图结构时，超边嵌套和超边三角形问题也需要探索解决策略，这些问题制约了实际应用中超图结构的获取。

参考文献

[1] TARJAN R E. Data structures and network algorithms[M]. Philadelphia: Society for Industrial and Applied Mathematics, 1983.

[2] FENG Y, YOU H, ZHANG Z, et al. Hypergraph neural networks[C]//Proceedings of the AAAI Conference on Artificial Intelligence. Honolulu: AAAI Press, 2019: 3558-3565.

[3] GAO Y, FENG Y, JI S, et al. HGNN$^+$: General hypergraph neural networks[J]. IEEE Transactions on Pattern Analysis and Machine Intelligence, 2022, 45(3): 3181-3199.

[4] CHIEN E, PAN C, PENG J, et al. You are AllSet: A multiset function framework for hypergraph neural networks[C]//Proceedings of the International Conference on Learning Representations. Virtual Event: ICLR, 2022: 1-9.

[5] ZHANG J, CHEN Y, XIAO X, et al. Learnable hypergraph Laplacian for hypergraph learning[C]//Proceedings of the International Conference on Acoustics, Speech and Signal Processing. Singapore: IEEE, 2022: 4503-4507.

[6] SHERVASHIDZE N, SCHWEITZER P, VAN LEEUWEN E J, et al. Weisfeiler-Lehman graph kernels[J]. Journal of Machine Learning Research, 2011, 12(77): 2539-2561.

[7] CRISTIANINI N, SHAWE-TAYLOR J. An introduction to support vector machines and other kernel-based learning methods[M]. Cambridge: Cambridge University Press, 2000.

[8] KIPF T N, WELLING M. Semi-Supervised classification with graph convolutional networks[C]//Proceedings of the International Conference on Learning Representations. San Juan: ICLR, 2016: 1-14.

[9] XU K, HU W, LESKOVEC J, et al. How powerful are graph neural networks?[C]// Proceedings of the International Conference on Learning Representations. New Orleans: ICLR, 2019: 1-12.

[10] MORRIS C, RITZERT M, FEY M, et al. Weisfeiler and leman go neural: Higher-order graph neural networks[C]//Proceedings of the AAAI Conference on Artificial Intelligence. Honolulu, Hawaii: AAAI Press, 2019: 4602-4609.

[11] FENG Y, JI S, LIU Y, et al. Hypergraph-Based multi-modal representation for open-set 3d object retrieval[J]. IEEE Transactions on Pattern Analysis and Machine Intelligence, 2024, 46(4): 2206-2223.

[12] LI X, CHEN H. Recommendation as link prediction in bipartite graphs: A graph kernel-based machine learning approach[J]. Decision Support Systems, 2013, 54(2): 880-890.

[13] BAI L, REN P, HANCOCK E R. A hypergraph kernel from isomorphism tests[C]// Proceedings of the International Conference on Pattern Recognition. Stockholm: IEEE, 2014: 3880-3885.

[14] KANG Z, SHI G, HUANG S, et al. Multi-graph fusion for multi-view spectral clustering [J]. Knowledge-Based Systems, 2020, 189: 105102.

[15] ZHAN K, NIU C, CHEN C, et al. Graph structure fusion for multiview clustering[J]. IEEE Transactions on Knowledge and Data Engineering, 2018, 31(10): 1984-1993.

[16] ZIEN J Y, SCHLAG M D, CHAN P K. Multilevel spectral hypergraph partitioning with arbitrary vertex sizes[J]. IEEE Transactions on Computer-aided Design of Integrated Circuits and Systems, 1999, 18(9): 1389-1399.

[17] YANG C, WANG R, YAO S, et al. Hypergraph learning with line expansion[A]. 2020.

[18] CARLETTI T, BATTISTON F, CENCETTI G, et al. Random walks on hypergraph[J]. Physical Review E, 2020: 100-105.

[19] UTHSAV CHITRA B R. Random walks on hypergraphs with edge-dependent vertex weights[C]//Proceedings of the International Conference on Machine Learning. Long Beach: PMLR, 2019: 1172-1181.

[20] AURéLIEN DUCOURNAU A B. Random walks in directed hypergraphs and application to semi-supervised image segmentation[J]. Computer Vision and Image Understanding, 2014, 120: 91-102.

[21] ZHOU D, HUANG J, SCHÖLKOPF B. Learning with hypergraphs: Clustering, classification, and embedding[C]// Proceedings of the Neural Information Processing Systems. Vancouver: MIT, 2006: 1-8.

[22] DAVID ALOUS J A F. Reversible Markov chains and random walks on graphs[M]. Berkeley: University of California, 2002.

[23] KELLY F. Reversibility and stochastic networks[M]. Cambridge: Cambridge University, 2011.

第 5 章　超图结构建模

超图结构由于其特性，在建模数据之间的高阶关联方面具有重要作用。然而，在给定多模态、多类型数据后，如何建立数据的超图模型仍是一个难题。本章介绍如何从数据实现高阶关联超图结构的映射。超图结构建模质量的差异将直接影响后续分析任务的性能。在数据采集和超图构建过程中，干扰可能导致生成的超图包含噪声超边、缺失超边甚至重复超边，进而使生成的超图结构与实际基准结构存在偏差。在这种情况下，需要进一步优化超图结构以更精确地匹配实际的高阶关联。超图的质量可以通过与实际基准结构的比较进行直接评估，或通过下游应用的性能间接评估。

本章首先系统介绍现有的超图结构建模方法，包括显式和隐式超图结构建模策略。显式超图结构建模适用于具有显式高阶关联信息的数据，如成对连接信息和属性信息。隐式超图结构建模适用于没有显式高阶关联信息的数据，通过数据之间的距离或相似性来生成超图结构。显式方法主要包括基于网络和属性的超图结构生成，隐式方法主要包括基于距离和表示的超图结构生成。接下来，本章将阐述超图结构的优化方法，主要包括超图组件优化和整体优化。此外，本章还将介绍如何将超图结构优化问题与超图上的学习过程结合起来，构建为一个双层优化问题并求解。最后，本章将通过计算机视觉、医学图像处理和大数据分析等领域的实例，展示典型应用场景中的超图结构建模过程。

5.1　超图结构建模概述

在很多应用领域中，数据之间常常存在复杂的相互关联。然而，由于这些关联关系并不直观，现有观测技术难以直接感知这些关联，获取这些复杂关联常常颇具挑战。以社交网络为例，社交网络中的群组信息代表了一种高阶关联，根据特定标准将诸多个体连接在一起。然而，在拥有数百万甚至数十亿节点的社交网络中，部分高阶关联信息形成了明确的群组，而更多的高阶关联信息则没有形成具体的群组，无法直接观测，对所有潜在群组进行详细调查几乎是不可能的。脑网络是另一个典型例子。大脑的许多功能由多个脑区共同工作、彼此通信来实现，而不仅仅是通过两个脑区之间的联系。尽管这些脑区之间存在高阶关联，通过神经科学实验直接记录这些高阶关联既需要大量的人力和物力资源，也难以实现精确记录，因此现有的脑网络分析方法主要以二阶脑网络为主。在实际应用中，获取这些高阶关联信息是一个长期存在的挑战。这些高阶关联并不像在面包坊挑选面包那样，有现成的选项供我们选择。因此，基于现有观测信息来建模数据背后的高阶关联显得尤为重要。本节将介绍超图结构建模方法，包括显式超图结构建模策略和隐式超图结构建模策略，如图 5.1 所示。

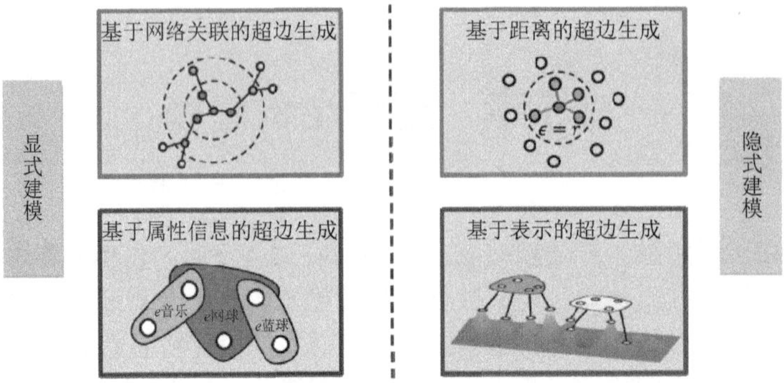

图 5.1　多类型超图建模方式的示例

5.1.1　显式超图结构建模

在显式超图结构建模中，数据之间的初始关联关系是可以获得的。因此，显式超图结构建模侧重于利用数据中的现有信息来构建它们之间的高阶关联。显式超图结构建模有两种典型方法：基于网络关联的超边生成方法和基于属性信息的超边生成方法。基于网络关联的超边生成方法利用现有网络中的拓扑连接来建立节点之间的关联，从而形成超边。基于属性的超边生成方法则通过属性作为桥梁，发现并建立用于形成超边的群组关系。

1. 基于网络关联的超边生成

网络信息在许多应用场景中广泛存在，如社交网络[1]、反应网络[2]、细胞网络[2]和脑网络[3]等，可以使用这些网络信息构建高阶关联关系。以社交媒体分析[4]任务为例，超图上的节点代表社交媒体中的用户，用户之间已存在一定的社交关联，如彼此关注、互为好友等。同时，用户数据中也可能包含位置信息，这些社交和地理位置关联均可用于构建用户之间的超图[1]。社交领域内的关联通过好友关系来刻画，而地理位置信息可用于构建跨社交、语义、时间和空间等多个领域的关联关系。在生命科学中，“蛋白质-蛋白质”相互作用网络可以自然地表示为一个超图[5]，其子集（超边）可以由串联亲和纯化（tandem affinity purification）数据表示。除了网络关联中的一阶相关性外，其二阶和三阶等高阶相关性也可用于构建超边。首先，选定一个节点作为中心节点，构建一个超边，将该中心节点与具有一定最短路径距离的节点连接起来，并设定最短路径阈值来约束需要连接的节点数量。需要指出的是，只有在关注网络关联中的局部连接时才需要考虑节点的低阶近邻，其他情况下可以同时考虑不同阶数的关联关系。例如，在推荐系统[6]相关的网络数据中，具有相似偏好的用户可以根据其一阶、二阶或更高阶的相关性连接起来，以构建用户关系超图并执行协同过滤推荐等任务。若某个节点在网络结构中的影响力辐射范围较广，则需要依据高阶关联性来构建超边。

接下来介绍通过网络关联来构建超边的两种典型方法，即基于成对关联和基于 k-hop 的方法，如图 5.2 所示。

首先介绍基于成对关联的超边构造方法。$\mathcal{E}_{\text{pair}}$ 用于表示基于网络关联中的成对关联

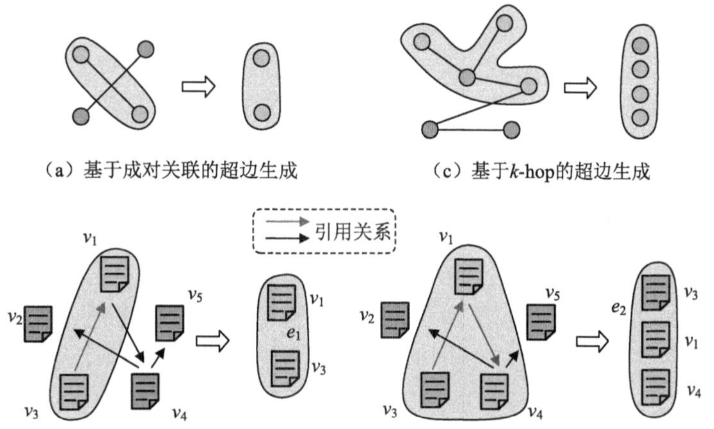

（a）基于成对关联的超边生成　（c）基于k-hop的超边生成

（b）面向引文网络的基于成对关联的超边生成示例　（d）面向引文网络的基于k-hop的超边生成示例

图 5.2（彩色）

图 5.2　两种基于网络关联的超边生成方法

构建的超边，旨在将网络关联结构直接转化为一组 2-均匀（2-uniform）超边，如图 5.2（a）所示，具体可以表示为

$$\mathcal{E}_{\text{pair}}=\left\{\left\{v_i,v_j\right\}\mid\left(v_i,v_j\right)\in\mathcal{E}\right\} \tag{5.1}$$

其中，$\mathcal{E}$指暨有的网络关联；v_i和v_j是在$\mathcal{E}$中具有关联关系的两个节点，可以构建一个超边将v_i和v_j连接起来。基于这种建模方法，$\mathcal{E}_{\text{pair}}$可以涵盖暨有网络关联结构中的全部低阶（成对）关联。

图 5.2（b）中给出了一个面向引文网络的基于成对关联的超边生成示例。在这个例子中，文章v_1引用了文章v_3，可以构建一个超边e_1将文章v_1和文章v_3连接起来。

接下来介绍基于k-hop 的超边构造方法。$\mathcal{E}_{\text{hop}}$用于表示在网络关联中k-hop 邻居构建的超边。这里先定义一个网络关联图$\mathcal{G}$中节点v的k-hop 邻居如下：

$$\mathcal{N}_{\text{hop}_k}(v)=\left\{u\mid A_{uv}^k\neq 0,u\in\mathcal{V}\right\} \tag{5.2}$$

其中，$\mathcal{V}$为网络关联的节点集；A_{uv}^k代表邻接矩阵A中节点u经过k-hop 是否能够到达节点v。如图 5.2（c）所示，节点v_1的 1-hop 近邻包括v_2、v_3和v_4这三个节点。

在超边建立过程中，首先选定中心节点v，基于网络关联结构中k-hop 可到达的位置可以获得一组节点$\mathcal{N}_{\text{hop}_k}(v)$。这里可以建立一个超边$\mathcal{E}_{\text{hop}_k}$将$v$和$\mathcal{N}_{\text{hop}_k}(v)$连接起来。

$$\mathcal{E}_{\text{hop}_k}=\left\{\mathcal{N}_{\text{hop}_k}(v)\mid v\in\mathcal{V}\right\} \tag{5.3}$$

其中，$\mathcal{V}$为超图中的节点集。这里k的取值范围可以为$[1,n_v]$，其中，n_v是网络关联的节点个数，在实际应用中可以根据具体情况选择合适的k值。较小的k可以连接关联更加紧密的节点，超边内节点之间的拓扑距离相对较小；而较大的k则可以连接相对更加广泛范围的节点，超边内节点之间的拓扑距离相对更大。

图 5.2（d）中给出了一个面向引文网络的基于k-hop 的超边生成示例。在这个例子中，以文章v_3为中心节点，文章v_1引用了文章v_3，而文章v_4引用了文章v_1，以v_3为中心的 2-hop 距离内包含了v_1和v_4。因此，可以构建一个超边e_2将文章v_1、文章v_3和文章v_4连接起来。

$\mathcal{E}_{\text{hop}}$ 超边相比于 $\mathcal{E}_{\text{pair}}$ 可以提供更高阶的关联信息。$\mathcal{E}_{\text{pair}}$ 是利用网络关联结构中相邻的两个节点，仅仅包含成对关联，而 $\mathcal{E}_{\text{hop}}$ 可以通过扩大搜索半径 k 到达更远的节点，从而获得更丰富的信息。

基于成对关联构建的超边只能覆盖原有网络关联中的低阶关联，而基于 k-hop 构建的超边则能够进一步扩展到原始网络关联中的高阶信息。需要指出的是，基于 k-hop 构建的超边可能存在冗余或噪声信息。这是因为 k-hop 超边可能会丢失连接细节，而仅保留多个节点之间的群组关系，这意味着可能难以从这种超边中重构原始的网络关联。尽管如此，很多应用实验结果证明了基于 k-hop 构建的超边能够比基于成对关联构建的超边具有更好的表达作用。

2. 基于属性信息的超边生成

在很多应用中，现实世界的数据包含不同类型的属性信息。例如，社交网络中的用户拥有性别、年龄和兴趣爱好等个人画像信息，而图像中的视觉对象具有颜色、形状和纹理等不同特征。对于具有这些属性信息的数据，可以采用基于属性的超边生成方法，根据它们的属性信息一致性或相关性构建超图结构。

当基于属性信息建立超边时，节点集 $\mathcal{V}$ 中的每个或部分节点应具有特定的属性信息。当一组节点具有相同的属性时，说明这组节点具有某种共同的特征，从而可以构建一个超边 e 来连接这组节点。需要指出的是，这些属性信息可能是客观存在的标签，如“包含四个轮子”或“红色”，也可能是主观评价，如“好看”或“跑得快”。每个属性都可以用来构建一个超边，当每个属性有多种选项时，则可以构建一组超边。使用这种方式构建超边时，超边数等于属性或属性可选项的数量。基于属性信息构建的超边可以表示为

$$\mathcal{E}_{\text{attribute}} = \{\mathcal{N}_{\text{att}}(a) \mid a \in \mathcal{A}\} \tag{5.4}$$

其中，$\mathcal{N}_{\text{att}}(a)$ 是 $\mathcal{V}$ 的子集，表示具有属性 a 的节点集合；$\mathcal{A}$ 是所有已定义属性的全集。需要指出的是，属性也是可以分层的，例如，“汽车”属性可以包含在“交通工具”属性集合中。在这种情况下，可以扩展 $\mathcal{A}$ 和 $\mathcal{E}_{\text{attribute}}$ 来包含属性的子类型。同时，部分属性可能也具有一定的相关性，也可以扩展属性的范围，形成属性集合来进行相关节点的选择，凡是包含同一属性集合内的属性的节点均可被同一超边连接。例如，某一色彩属性集合包括“红色”“蓝色”“绿色”三个属性，那么具有这三个属性的任意一个或多个节点都可以被该超边连接起来。

图 5.3 给出了使用属性信息建立超边结构的例子。在这个例子中，给定一份带有个人档案的社交网络数据，每个用户都是超图结构中的一个节点，形成节点集合 $\mathcal{V}$。每个用户的个人档案包含不同类型的属性，如客观事实（性别、年龄等）以及主观特征（兴趣、能力等），两者都可以用来构建对应的超边组。例如，可以根据“性别”这个属性构建 $e_{\text{女性}}$ 超边来连接所有女性用户，根据“兴趣”这个属性构建 $e_{\text{运动}}$ 超边来连接所有喜欢运动的用户。由于很多场景下属性信息也是分层的，在这种情况下可以构建不同层次的超边来表征多尺度的属性关联。在上面这个例子里，个体 A、个体 C、个体 D 和个体 E 都喜欢运动，其中 C 喜欢打网球，E 喜欢打篮球，D 不仅喜欢打网球还喜欢打篮球，而

个体 A 仅给出了喜欢运动的属性，没有进一步细化到特定运动。在这种情况下，可以首先构建 $e_{\text{运动}}$ 超边连接用户 A、C、D 和 E，然后构建 $e_{\text{篮球}}$ 超边和 $e_{\text{网球}}$ 超边，分别连接 D、E 和连接 C、D，从而构建了多层次的超边。在此情况下的超边集可以表示为

$$\mathcal{E}=\left\{e_{\text{女性}},e_{\text{音乐}},e_{\text{网球}},e_{\text{篮球}},e_{\text{男性}},e_{\text{运动}}\right\} \tag{5.5}$$

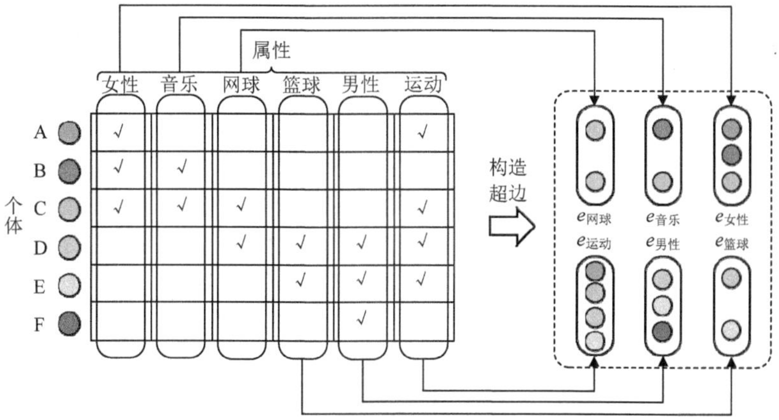

图 5.3　基于属性信息的超边生成方法

基于属性的超边生成方法除了可以获得超图结构本身所传递的结构信息外，还可以表达一定层次的语义属性。属性作为节点的一种中间层级特征表示，可以为超边提供语义信息。需要指出的是，很多时候对象的属性信息并不总是存在的，或很多属性并不是显式表征在外的。在这种情况下，需要采用一些额外的方案来进行属性的挖掘。一种解决方案是主动设计属性标签，或通过机器学习模型从低层级特征中提取属性信息[7]。很多常见的属性信息是可命名的，如颜色、形状、地理位置等信息，这表示该属性信息的语义是可以被直接理解的。但是基于机器学习方法提取出的属性可能不具备直接可理解的语义信息，因此也可以是不可命名的。例如，通过聚类等方式形成一组属性，每个属性代表了一类型的特征特点，但这种相似的特征却不一定能够给出具体语义名称。这种方法类似于计算机视觉任务中典型的词袋模型（bag-of-words）。如果可以为视觉对象建立一个视觉词典，其中每个内容就是一个视觉词（visual word），那么这个视觉词典中的视觉词就可以用来作为属性进行超边构建。

5.1.2　隐式超图结构建模

在隐式超图结构建模中，数据之间的关联不是直接给出的。在这种情况下，需要探索数据的不同表示形式来构建它们之间的高阶关联。隐式超图结构建模有两种典型方法：基于距离的超边生成方法和基于表示的超边生成方法。在基于距离的超边生成方法中，在指定的特征空间中计算节点之间的相似度或距离，将特征空间中具有高相似度（低距离）的节点通过对应的超边连接起来。在基于表示的超边生成方法中，样本之间基于向量表示进行刻画，通过不同向量之间的关系来衡量节点之间的关系并用于生成超边。

1. 基于距离的超边生成

基于距离的超边生成方法假设在特征空间中距离较近的节点应更加相似。因此，通过在特征空间中找到这些相似的节点，可以构建超边。在这个过程中，一方面要找到用于构建超边的节点群组，另一方面由于这些节点并不具有某些维度的一致性，还需要进一步考虑超边的权重初始化问题。

为了获得这些具有相似关系的节点群组，需要在特征空间中进行相似节点挖掘，主要有两种方法：基于最近邻的超边生成策略和基于聚类的超边生成策略。基于最近邻的超边生成策略首先给定一个中心节点，接着在特征空间中寻找该中心节点的近邻节点，并通过超边将这些节点连接起来。基于聚类的超边生成策略则是在特征空间对全部节点进行聚类，形成的聚类结果中每一个节点集合都可以构建一个超边进行连接。这两种方法分别从个体和全局视角进行相似节点挖掘，可以分别兼顾局部高阶相关性和全局高阶相关性。

基于最近邻的超边生成策略[8]首先计算特征空间中所有节点之间的距离，从节点的局部相关性角度寻找近邻节点，如图 5.4 所示。通常有两种方法来确定给定中心节点的近邻节点，即 k-最近邻（k-NN）和 ϵ -球近邻[9]。在获得了中心节点的近邻后，将中心节点和其近邻节点通过一个超边连接在一起。

这里 $\mathcal{V}$ 表示节点集，$u \in \mathcal{V}$ 表示选定的中心节点，用 $\boldsymbol{X}(u)$ 表示节点 u 的特征向量，用 $d(\boldsymbol{x}_1, \boldsymbol{x}_2) = \|\boldsymbol{x}_1 - \boldsymbol{x}_2\|_2$ 表示向量 $\boldsymbol{x}_1$ 和 $\boldsymbol{x}_2$ 之间的欧几里得距离。在给定中心节点 $u \in \mathcal{V}$ 后，k-最近邻方法在该特征空间内找到 u 的 k 个近邻，用 $\mathcal{N}_k(u)$ 来表示，这时 $\mathcal{N}_k(u)$ 和 u 共计 $k+1$ 个节点可以用一个超边连接起来。如图 5.4（a）所示，该中心节点的四个近邻节点被找到，于是可以建立一个对应的超边。在给定中心节点 $u \in \mathcal{V}$ 后，ϵ -球近邻方法在该特征空间内找到与 u 距离小于一个预设阈值 ϵ 的近邻，用 $\mathcal{N}_\epsilon(u)$ 表示，即

$$\mathcal{N}_\epsilon(u) = \{v \mid d(\boldsymbol{X}(u), \boldsymbol{X}(v)) \leqslant \epsilon\} \tag{5.6}$$

这时 $\mathcal{N}_\epsilon(u)$ 和 u 可以用一个超边连接起来。如图 5.4（b）所示，找到了该中心节点不大于 ϵ 距离内的四个近邻节点，于是可以建立一个对应的超边。

中心节点 u 与其近邻节点 $\mathcal{N}(u)$（$\mathcal{N}_k(u)$ 或 $\mathcal{N}_\epsilon(u)$）组合在一起，形成一个超边 $e(u)$：

$$e(u) = \mathcal{N}(u) \cup u \tag{5.7}$$

则超边集合 $\mathcal{E}$ 可以定义为

$$\mathcal{E} = \{e(u) \mid u \in \mathcal{V}\} \tag{5.8}$$

需要指出的是，中心节点的选择可以根据实际任务需要来设定，比如可以遍历每一个节点，使其作为一次中心节点，也可以选择满足特定规则的节点作为中心节点。同时，每一个节点也可以采用不同的 k 值或 ϵ 值来选择不同的近邻范围。图 5.4（c）给出了一个基于图像特征距离的超边生成示例。在图像特征空间中，选择围绕中心节点的四个近邻节点，从而可以构建一个包含五个节点的超边。

图 5.4（彩色）

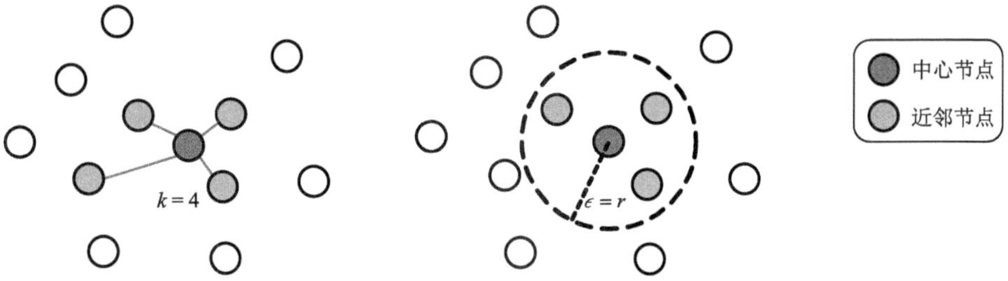

（a）给定中心节点的 k-最近邻　　（b）给定中心节点的 ϵ-球近邻

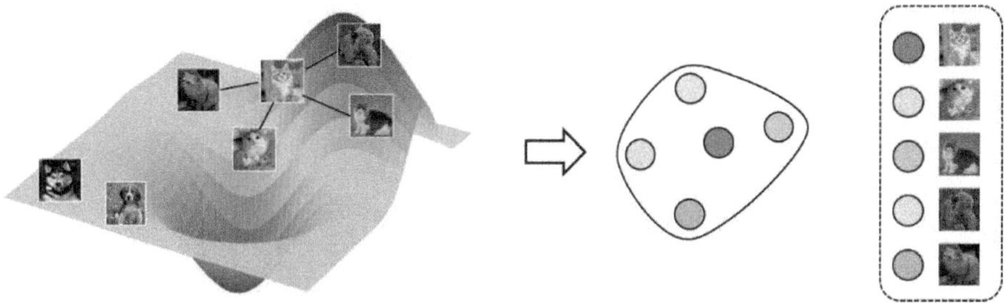

（c）基于图像特征距离的超边生成

图 5.4　基于最近邻的超边生成策略示意图

如图 5.5 所示，与基于最近邻的超边生成策略不同，基于聚类的超边生成策略从节点的全局相关性角度寻找相关节点。在特征空间中，首先使用聚类算法（如 k-means 算法等）对节点进行聚类分组。随后，为处于同一聚类的节点建立一个超边，将这些节点连接在一起。这里假设使用 k-means 算法将节点集合 $\mathcal{V}$ 聚类成 K 个群组 $\mathcal{V}_1,\mathcal{V}_2,\cdots,\mathcal{V}_K$，则可以利用这些聚类结果构建 K 个超边：

$$\forall 1 \leqslant k \leqslant K, e_k = \mathcal{V}_k = \{v_{k_1}, v_{k_2}, \cdots\} \tag{5.9}$$

这里超边集合 $\mathcal{E}$ 可以写成

$$\mathcal{E} = \{e_k \mid \forall 1 \leqslant k \leqslant K\} \tag{5.10}$$

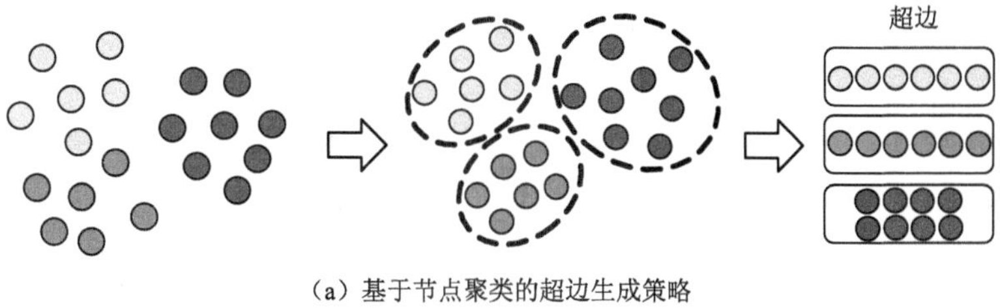

（a）基于节点聚类的超边生成策略

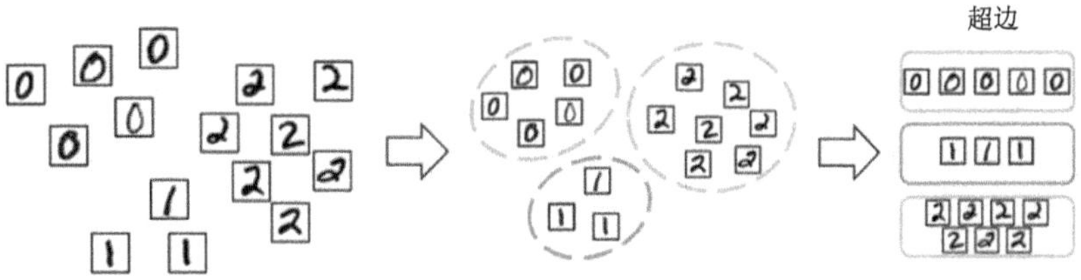

（b）基于节点聚类的超边生成示例

图 5.5　基于聚类的超边生成策略示意图

图 5.5（a）中，数据被聚成三类，于是可建立三个超边，分别连接特定聚类内的节点。图 5.5（b）给出了一个基于节点聚类的超边生成示例，其中 15 个手写字母可被聚成三类，每个类别内的手写字母则分别可被一个超边连接起来。在这个例子里，聚类结果很精准，每个聚类内恰好分别都是字母 0、1 和 2。在实际应用中，聚类结果可能存在一定误差，使每个聚类内的节点可能存在较大差异。

需要指出的是，除了特征空间中的相似性或距离之外，还可以利用其他类型的信息来衡量特定空间内的相关性，并用于超边生成。例如，在图像处理中，像素的空间信息可以用来选择像素的近邻。例如，一个中心像素点周围的邻近像素群可以很容易通过空间坐标获得，这些像素可以通过一个超边连接起来。图 5.6 给出了一个中心像素点连接四个周围近邻像素点的示例。

图 5.6　利用空间像素信息生成超边的示例

在获得超边后，可以使用关联矩阵 $\boldsymbol{H}$ 来表示超图的结构，即

$$\boldsymbol{H}_{ve}=\begin{cases}1 & v\in e\\ 0 & \text{其他}\end{cases} \tag{5.11}$$

其中，$v\in\mathcal{V}$；$e\in\mathcal{E}$。

基于距离的超边生成方法形成的超边中的节点虽然彼此具有相似（相关）性，但仍有一定差异，这使得超边的权重变得十分重要。超边权重用来衡量超边的重要性，可以通过超边连接节点的一致性来进行计算。当超边连接的节点一致性高时，说明该超边内部相似性强，因此可以具有较高的权重，反之则权重较低。一种常用的超边权重计算方法是首先计算超边内各节点之间的成对距离，并基于高斯核计算其总分数作为超边的权重，即

$$w(e)=\sum_{u,v\in e}\exp\left(-\frac{d\left(\boldsymbol{X}(u),\boldsymbol{X}(v)\right)}{\sigma^2}\right) \tag{5.12}$$

其中，$w(e)$表示超边 e 的权重；σ 是高斯核的带宽。在实际应用中，σ 可以设定为所有节点之间距离的中位数：

$$\sigma=\text{median}_{u,v\in\mathcal{V}}\left(d\left(\boldsymbol{X}(u),\boldsymbol{X}(v)\right)\right) \tag{5.13}$$

其中，$\text{median}(\cdot)$ 表示中位数。

通过这种方式，如果一个超边连接的节点具有相对较高的相似性，那么对应的超边权重会更大，反之亦然。通过这种方式计算的超边权重可以表示这个超边的可靠性程度。上述仅给出了超边权重的一种设置方法，在实际应用中可根据领域知识和具体需求来设计超边权重赋值方法，比如根据经验将某些特定超边赋予较高权重等。

上述基于距离的超图生成方法的主要局限性在于数据中的噪声和异常值会导致距离计算不准确，这可能进一步引入超图结构噪声。实际上数据的特征表示仍是一个具有挑战性的任务，在特定应用场景下进行有效的特征提取并不容易。距离计算的度量标准也很重要。尽管欧几里得距离在很多场景下被广泛使用，但不同的环境下也需要考虑其他度量标准，如 L_1 范数和负余弦距离等，这些度量标准的选择需要根据实际情况和经验或实验结果进行选择。基于最近邻的超边生成策略是实际应用中最简单且最常用的一种，但这种策略主要存在两点局限性。首先是最近邻的超参数设置，即 k-最近邻的 k 值和 ϵ-球近邻的 ϵ 值。这些超参数的设置会影响超边中连接节点的范围，进而影响超图的计算性能。然而，目前还没有通用原则来选择 k 和 ϵ，在实践中对这些超参数进行自适应调整也并不容易，通常根据经验进行 k 值或 ϵ 值的选择。其次，对于大规模数据来说，计算全部节点的成对距离并进行近邻查询在时间和内存上的开销都是巨大的。类似的问题同样在基于聚类的超边生成策略中存在。目前还没有通用的方法来确定节点集应该被划分成多少个聚类，因此聚类结果的规模也会影响所生成的超图结构。一种可能的解决方案是在不同尺度上进行多次聚类，从而产生具有不同聚类数量的多组超边，然后将这些超边组连接起来，获得相对更加完整的超图结构。

2. 基于表示的超边生成

与基于距离的超边生成方法不同，基于表示的超边生成方法通过特征空间中的度量生成超边，其节点之间的关系来自特征重建。在重建过程中，不同的策略会产生有差异的生成效果。这里主要介绍三种基于表示的方法来构建超边，包括基于 ℓ_1 重建的超边生成、基于弹性网络（Elastic Net）的超边生成及基于 ℓ_2 重建的超边生成[10]。

（1）基于 ℓ_1 重建的超边生成。在基于 ℓ_1 重建的超边生成中[11]，可以使用稀疏表示方法来构建超边与其节点之间的关系，这种稀疏表示体现为线性组合向量，以重建输入向量的系数。在超边的构建中，中心节点的向量由同一超边中的其他节点所重建。通常使用这些系数来表示超图的关联矩阵，用 v_c 表示 ℓ_1 重建过程中的中心节点，则重建过程可以表示为

$$\begin{cases}\underset{z}{\operatorname{argmin}} \| \boldsymbol{Bz} - \boldsymbol{X}(v_c) \|_2^2 + \gamma \| \boldsymbol{z} \|_1 \\ \text{s.t.} \forall i. \boldsymbol{z}_i \geqslant 0\end{cases} \tag{5.14}$$

其中，$\boldsymbol{X}(v_c)$ 表示中心节点的特征向量；$\boldsymbol{B}$ 表示其 k 个最近节点的特征；$\boldsymbol{z}_i$ 是重建系数向量。

式（5.14）中的第一项是重建项，用基本向量 $\boldsymbol{B}$ 表示输入向量 $\boldsymbol{X}(v_c)$。第二项是 ℓ_1-正则化项，其使得系数 $\boldsymbol{z}$ 稀疏，γ 则是用来平衡这两项作用的超参数，约束条件 $\boldsymbol{z}_i \geqslant 0$ 使重建系数非负。需要注意的是，每个样本都可以作为中心节点生成一个超边，对于包含 n 个样本的数据集，这个优化问题需要重复求解 n 次。其中，非零重建系数可以看作超边中邻居节点的连接权重，而重建系数为零的邻居节点则不连接在该超边内。超边与邻居节点之间的连接权重可以设置为系数向量 $\boldsymbol{z}_i$，则该超图的关联矩阵 $\boldsymbol{H}$ 可以定义为

$$H\left(v_j,e_i\right)=\begin{cases}z_i^j & v_j\in e_i\\0 & 其他\end{cases} \tag{5.15}$$

其中，e_i是以中心节点v_i生成的超边；z_i^j是表示系数z_i的第j个元素。

（2）基于弹性网络的超边生成。基于ℓ_1重建的超边生成中的ℓ_1正则化虽然可以生成稀疏且有效的超边结构，但难以揭示样本的分组信息。为了增强分组效果，可以引入弹性网络[12]，将ℓ_2-范数惩罚与ℓ_1-范数约束结合起来。弹性网络的目标函数可以表达为

$$\begin{cases}\underset{z}{\operatorname{argmin}}\|\boldsymbol{Bz}-\boldsymbol{X}\left(v_c\right)\|_2^2+\gamma\|\boldsymbol{z}\|_1+\beta\|\boldsymbol{z}\|_2^2\\\text{s.t.}\forall i.\boldsymbol{z}_i\geqslant 0\end{cases} \tag{5.16}$$

利用弹性网络创建的超边，其权重可以通过结合使用ℓ_2-范数和ℓ_1-范数惩罚来确定，将更多相关且重要的邻居进行分组，从而获得更加有效的超边。

（3）基于ℓ_2重建的超边生成。前面两种基于表示的方法有两个缺点：①使用基于ℓ_1-范数的度量来衡量重建误差，这使得对稀疏重建误差仍然敏感；②由于这些方法通过线性化来创建超边，因此难以处理非线性数据。为了消除原始数据中的稀疏噪声成分，整合局部性，并保持线性回归框架的约束，可以进一步采用基于ℓ_2重建的超边生成方法[12]来解决这些问题，其目标函数可以写为

$$\begin{cases}\underset{z}{\operatorname{argmin}}\|\boldsymbol{X}-\boldsymbol{XC}-\boldsymbol{E}\|_\text{F}^2+\dfrac{\gamma_1}{2}\|\boldsymbol{C}\|_\text{F}^2+\dfrac{\gamma_2}{2}\|\boldsymbol{Q}\odot\boldsymbol{C}\|_\text{F}^2+\beta\|\boldsymbol{E}\|_1\\\text{s.t.}\boldsymbol{C}^\text{T}1=1,\text{Diag}\left(\boldsymbol{C}\right)=0\end{cases} \tag{5.17}$$

其中，$\odot$表示元素间乘法；$\boldsymbol{C}$是系数矩阵；$\boldsymbol{E}$是数据误差矩阵；$\boldsymbol{Q}$是用来保持局部流形结构的局部适应矩阵。可以使用系数矩阵$\boldsymbol{C}$创建超边。

基于表示的超边生成可以评估每个节点在特征空间中的重要性，并可以计算和使用特征向量之间的相关性在节点之间创建连接。类似于基于距离的超边生成方法，这种超边构建方法也可能会遇到数据噪声和异常值的问题。除此之外，基于表示的超边生成方法的另一个缺点是在计算过程中只选择了部分相关样本进行重建，生成的超边可能无法准确捕捉完整数据分布中的数据相关性，而在全局范围进行特征重建则需要更多的计算资源。

5.2 超图结构优化

基于 5.1 节中介绍的从观测数据中隐式和显式地生成超图的方法，可以完成超图结构建模。但由于数据获取和超图构建过程中不可避免的干扰和影响，所建立的超图结构可能包含冗余连接、缺失连接及噪声连接，与真实的关联结构之间存在偏差。当偏差较大时会对超图计算等任务产生较大的影响。在这种情况下，需要对所建立的超图结构进行优化，使其更准确地刻画真实的高阶关联。这里超图的质量可以通过与真实结构的比较来直接确定，也可以通过下游应用的性能来间接评估。在静态超图结构建模的基础上，本节将介绍系列超图结构优化方法。超图结构优化方法可以分为两大类：超图元素优化和超图全局优化。超图元素优化主要关注超图中的节点、超边及超边集的权重更新，而

超图全局优化则关注超图的整体结构优化。此外，本节还将介绍面向深度神经网络的超图结构优化方法。

5.2.1　超图元素优化

除了由关联矩阵表示的超图主结构外，超图还由超边、节点甚至子超图等元素组成，如图 5.7 所示，这些元素对超图结构也起着非常重要的作用。超图元素优化的目的是探索超图中最佳的超边权重、节点权重和子超图权重，从而提升超图结构的质量。超边权重代表数据之间高阶关联的强度，而节点权重则代表不同样本对结构的重要性。子超图的权重用来衡量不同的子超图对整体结构的重要性。超图元素优化方法通过调整超边权重、节点权重和子超图权重来提高超图质量，从而提升后续应用性能。

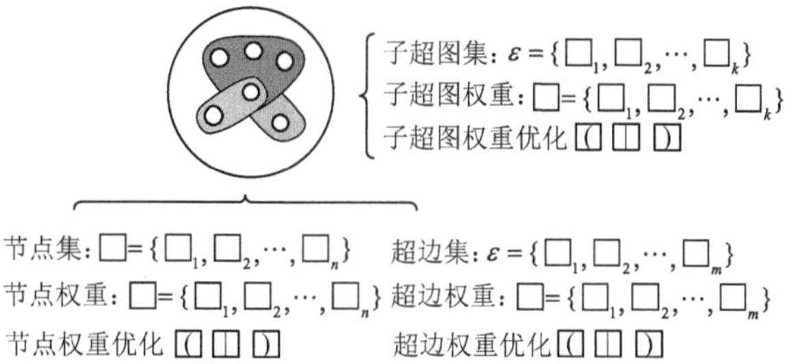

图 5.7　超图元素优化分类

1. 超边权重优化

超边是超图的重要组成元素，代表了节点之间的高阶复杂相关性。初始的超图通常给所有超边分配相同的权重，或者根据预先设定的规则赋予权重。然而，对于特定的任务而言，每个超边的作用可能有所不同。超边的权重代表了不同超边对整体结构贡献的重要性差异。本节将介绍一种超边权重优化方法[13]，该方法在训练过程中能够自适应地优化和调整超边的权重。

假定超图中含有 n 个超边，分别为 $\{e_1, e_2, \cdots, e_n\}$。这里超边的权重定义为 $n\times 1$ 维的向量 $\boldsymbol{w} = [w_1, w_2, \cdots, w_n]^{\mathrm{T}}$。通常来讲，超边的权重之和会被约束为 1，即 $\sum_{i=1}^{n} w_i = 1$。以超图上的节点分类任务为例，在给定超图结构和训练样本后，这里用 $\boldsymbol{F}$ 表示超图上语义计算的输出，超边权重优化的问题可以用数学上的双重优化写为如下形式：

$$
\begin{cases}
\arg\min\limits_{\boldsymbol{F},\boldsymbol{w}} \Psi(\boldsymbol{F}) := \left\{\Omega(\boldsymbol{F}) + \lambda R_{\mathrm{emp}}(\boldsymbol{F}) + \mu\Phi(\boldsymbol{w})\right\} \\
\text{s.t.} \sum\limits_{e\in\mathcal{E}} \boldsymbol{W}(e) = 1
\end{cases}
\tag{5.18}
$$

其中，$\Omega(\boldsymbol{F})$ 和 $R_{\mathrm{emp}}(\boldsymbol{F})$ 分别是超图结构平滑正则项与 $\boldsymbol{F}$ 的经验损失；$\Phi(\boldsymbol{w})$ 是对 $\boldsymbol{w}$ 进行约束的正则项；λ 和 μ 是用于控制这些正则项重要程度的超参数。

通过指定函数 $\Omega(\cdot)$、$R_{\mathrm{emp}}(\cdot)$ 和 $\Psi(\cdot)$ 的实现可以得到通用的表述形式。如前所述，$\boldsymbol{F}$ 是节点分类任务中要预测的标签矩阵，正则项 $\Omega(\boldsymbol{F})$ 用来保证在超图结构上标签具有平滑性，可以定义为 $\boldsymbol{F}^{\mathrm{T}}\boldsymbol{\Delta}\boldsymbol{F}$ ，其中 $\boldsymbol{\Delta}$ 是超图的拉普拉斯矩阵。一般形式的经验损失 $R_{\mathrm{emp}}(\boldsymbol{F})$ 可以通过学习到的 $\boldsymbol{F}$ 和训练数据的标签矩阵 $\boldsymbol{Y}$ 之间的差异来计算，$\boldsymbol{w}$ 可以采用 ℓ_2 范数。因此，上述目标函数可以写成

$$\begin{cases}\arg\min\limits_{\boldsymbol{F},\boldsymbol{w}}\Psi(\boldsymbol{F}):=\left\{\boldsymbol{F}^{\mathrm{T}}\boldsymbol{\Delta}\boldsymbol{F}+\lambda\|\boldsymbol{F}-\boldsymbol{Y}\|^2+\mu\sum\limits_{i=1}^{n}w_i^2\right\}\\ \text{s.t.}\sum\limits_{i=1}^{n}w_i^2=1\end{cases}\tag{5.19}$$

优化过程的目的是搜索 $\boldsymbol{F}$ 和 $\boldsymbol{w}$ 的最优解，以最小化式（5.19）中的损失函数。这里需要优化两个变量，可以通过交替优化算法来求解。每一步优化 $\boldsymbol{F}$ 和 $\boldsymbol{w}$ 中的一个变量，同时保持另一个变量不变。交替优化策略可以按照如下步骤进行。

首先给定初始超边权重，第一步是固定 $\boldsymbol{w}$ ，来优化 $\Omega(\boldsymbol{F})$，该问题可以写成

$$\arg\min_{\boldsymbol{F}}\Psi(\boldsymbol{F})=\arg\min_{\boldsymbol{F}}\left\{\boldsymbol{F}^{\mathrm{T}}\boldsymbol{\Delta}\boldsymbol{F}+\lambda\|\boldsymbol{F}-\boldsymbol{Y}\|^2\right\}\tag{5.20}$$

在传统的超图学习过程中，可以直接获得问题（5.20）的闭式解为

$$\begin{aligned}\boldsymbol{F}&=\left(\mathrm{I}+\frac{1}{\lambda}\boldsymbol{\Delta}\right)^{-1}\boldsymbol{Y}\\&=\left(\boldsymbol{I}+\frac{1}{\lambda}(\boldsymbol{I}-\boldsymbol{\Theta})\right)^{-1}\boldsymbol{Y}\\&=\frac{\lambda+1}{\lambda}\left(\boldsymbol{I}-\frac{1}{\lambda+1}\boldsymbol{\Theta}\right)^{-1}\boldsymbol{Y}\end{aligned}\tag{5.21}$$

令 $\zeta=\dfrac{1}{\lambda+1}$，式（5.21）可以被整理成

$$\boldsymbol{F}=\frac{1}{1-\zeta}(\boldsymbol{I}-\zeta\boldsymbol{\Theta})^{-1}\boldsymbol{Y}\tag{5.22}$$

得到更新的 $\boldsymbol{F}$ 后，下一步是固定 $\boldsymbol{F}$ 以优化 $\boldsymbol{w}$ 。这时关于 $\boldsymbol{w}$ 需求求解的问题为

$$\begin{cases}\arg\min\limits_{\boldsymbol{w}}\Psi(\boldsymbol{F})=\arg\min\limits_{\boldsymbol{F}}\left\{\boldsymbol{F}^{\mathrm{T}}\boldsymbol{\Delta}\boldsymbol{F}+\mu\sum\limits_{i=1}^{n}w_i^2\right\}\\ \text{s.t.}\sum\limits_{i=1}^{n}w_i=1,\mu>0\end{cases}\tag{5.23}$$

该问题可以采用拉格朗日乘子法进行求解，可被替换为

$$\arg\min_{\boldsymbol{w},\eta}\boldsymbol{F}^{\mathrm{T}}\boldsymbol{\Delta}\boldsymbol{F}+\mu\sum_{i=1}^{n}w_i^2+\eta\left(\sum_{i=1}^{n}w_i-1\right)\tag{5.24}$$

令 $\boldsymbol{\Gamma}=\boldsymbol{D}_0^{-1/2}\boldsymbol{H}$ ，有

$$\eta=\frac{\boldsymbol{F}^{\mathrm{T}}\boldsymbol{\Gamma}\boldsymbol{F}-2\mu}{n}\tag{5.25}$$

同时，有

$$w_i=\frac{1}{n}-\frac{\boldsymbol{F}^{\mathrm{T}}\boldsymbol{\Gamma}\boldsymbol{D}_e^{-1}\boldsymbol{\Gamma}^{\mathrm{T}}\boldsymbol{F}}{2n\mu}+\frac{\boldsymbol{F}^{\mathrm{T}}\boldsymbol{\Gamma}_i\boldsymbol{D}_e^{-1}(i,i)\boldsymbol{\Gamma}_i^{\mathrm{T}}\boldsymbol{F}}{2\mu}\tag{5.26}$$

其中，$\boldsymbol{\Gamma}_i$ 表示 $\boldsymbol{\Gamma}$ 的第 i 列。

以上过程交替更新 $\boldsymbol{F}$ 和 $\boldsymbol{w}$ 直到收敛，最后会得到 $\boldsymbol{F}$ 和 $\boldsymbol{w}$ 的最优值。通过优化结果为每个超边赋予新的权重，这些权重可以应用到后续计算任务中。上述方法使用了 ℓ_2-范数进行超边的权重优化，在实际应用中可以根据需要使用其他方法进行超边权重的学习，比如面向稀疏超边选择的 ℓ_1-范数等。

2. 超图节点权重优化

早期的超图计算方法主要关注超边的权重，而很少考虑节点的重要性。需要指出的是，超图中的节点是需要分析的对象，可能存在异质性、不平衡性和离群等问题。考虑节点重要性能够提升关联建模能力，从而减小数据质量问题带来的影响。因此，超图节点权重优化旨在为每个节点学习一个优化的权重，并通过节点的权重来调整不同主体对任务的影响。例如，属于少数类别的节点可能需要更大的权重，从而改善其信息传播能力，反之亦然。本部分将介绍一种节点加权的超图计算方法[14]，该方法可以在优化过程中考虑节点的权重。

超图节点权重优化算法的目的是强调具有可区分信息的节点，同时减少那些带来偏差和噪声的冗余节点的权重。令 $v_1,v_2,\cdots,v_n$ 表示超图中的 n 个节点，节点 v_i 的权重用 u_i 来表示，令 $\boldsymbol{U}$ 表示节点权重的对角矩阵。与超边权重优化相似，这里也以超图上的节点分类任务为例。在给定超图结构和训练样本后，总的损失函数与超边权重优化时相似，但同时考虑了 $\boldsymbol{U}$ 的影响。这里的优化目标也使用超图上语义计算输出矩阵 $\boldsymbol{F}$ 和超边的权重 $\boldsymbol{w}$，其损失函数的一般表述形式可以写成

$$\begin{cases}\arg\min\limits_{\boldsymbol{F},\boldsymbol{w}} \Psi_U(\boldsymbol{F}) := \left\{\Omega_U(\boldsymbol{F}) + \lambda R_{\mathrm{emp}}(\boldsymbol{F}) + \mu\Phi(\boldsymbol{w})\right\} \\ \mathrm{s.t.}\boldsymbol{W}(e) \leqslant 0, \sum\limits_{e\in\mathcal{E}} \boldsymbol{H}(v,e)\boldsymbol{W}(e) = \boldsymbol{D}_v(v)\end{cases} \tag{5.27}$$

节点权重优化可以先设计一个对每个节点重要性进行初始评分的方法。首先，根据暨有特征可以计算节点之间的距离，令 d_{ij} 表示节点 v_i 和 v_j 之间的距离，$\hat{d}_i$ 表示 v_i 和所有其他具有相同标签的训练节点之间的平均距离。这样，节点的初始权重可以被定义为

$$u_i = \frac{\hat{d}_i}{\sum\limits_{j=1}^{n_{\mathrm{train}}} \hat{d}_j} \tag{5.28}$$

其中，n_{train} 表示训练样本的数量。需要注意的是，有标签的数据中只包含训练集样本，这些样本会被赋予不同的权重，而无标签的节点则被初始化为具有相同的权重。之后，可以对节点的权重进行归一化处理。这种加权方案可以给远离其他同类节点的节点分配较高的权重，反之亦然。通过这种方式，含有信息更少的样本在后续计算过程中的重要性会小于离群的样本。

在节点加权的超图结构中，其正则项与超边权重优化中的正则项不同。如前所述，超图结构的正则项是基于切割损失定义的。在节点权重优化任务中，切割损失不仅与超边权重有关，而且与节点权重有关。一般来讲，两个节点的权重越高，切割损失就越高。

因此，超图结构的正则项 $\Omega_U(\boldsymbol{F})$ 可以被重写为

$$\begin{aligned}
\Omega_U(\boldsymbol{F}) &= \sum_{k=1}^{C}\sum_{e\in\mathcal{E}}\sum_{u,v\in\mathcal{V}} \frac{\boldsymbol{W}(e)\boldsymbol{U}(u)\boldsymbol{H}(u,e)\boldsymbol{U}(v)\boldsymbol{H}(v,e)}{2\delta(e)}\left(\frac{\boldsymbol{F}(u,k)}{\sqrt{d(u)}}-\frac{\boldsymbol{F}(v,k)}{\sqrt{d(v)}}\right)^2 \\
&= \sum_{k=1}^{C}\sum_{e\in\mathcal{E}}\sum_{u,v\in\mathcal{V}} \frac{\boldsymbol{W}(e)\boldsymbol{U}(u)\boldsymbol{H}(u,e)\boldsymbol{U}(v)\boldsymbol{H}(v,e)}{\delta(e)}\left(\frac{\boldsymbol{F}(u,k)^2}{d(u)}-\frac{\boldsymbol{F}(u,k)\boldsymbol{F}(v,k)}{\sqrt{d(u)d(v)}}\right) \\
&= \sum_{k=1}^{C}\left\{\sum_{u\in\mathcal{V}}\boldsymbol{U}(u)\boldsymbol{F}(u,k)^2\sum_{e\in\mathcal{E}}\frac{\boldsymbol{W}(e)\boldsymbol{H}(u,e)}{d(u)}\sum_{v\in\mathcal{V}}\frac{\boldsymbol{H}(v,e)\boldsymbol{U}(v)}{\delta(e)}\right. \\
&\quad \left. -\sum_{e\in\mathcal{E}}\sum_{u,v\in\mathcal{V}}\frac{\boldsymbol{F}(u,k)\boldsymbol{U}(u)\boldsymbol{H}(u,e)\boldsymbol{W}(e)\boldsymbol{H}(v,e)\boldsymbol{U}(v)\boldsymbol{F}(v,k)}{\sqrt{d(u)d(v)}\delta(e)}\right\} \\
&= \sum_{k=1}^{C}\boldsymbol{F}(:,k)^{\mathrm{T}}\boldsymbol{\Delta}_U\boldsymbol{F}(:,k) \\
&= \boldsymbol{F}^{\mathrm{T}}\boldsymbol{\Delta}_U\boldsymbol{F}
\end{aligned} \tag{5.29}$$

在这里，$\boldsymbol{F}(:,k)$ 是 $\boldsymbol{F}$ 的第 k 列，C是数据类别的数量。$\boldsymbol{\Delta}_U$ 是节点加权的超图拉普拉斯矩阵，可以定义为

$$\boldsymbol{\Delta}_U = \boldsymbol{U} - \boldsymbol{D}_v^{-1/2}\boldsymbol{UHWD}_e^{-1}\boldsymbol{H}^{\mathrm{T}}\boldsymbol{UD}_v^{-1/2} \tag{5.30}$$

与传统的超图拉普拉斯矩阵，$\boldsymbol{\Delta} = \boldsymbol{I} - \boldsymbol{D}_v^{-1/2}\boldsymbol{HWD}_e^{-1}\boldsymbol{H}^{\mathrm{T}}\boldsymbol{D}_v^{-1/2}$ 相比，节点加权的超图拉普拉斯矩阵在计算超图结构时考虑到了不同的节点权重。因此，上述优化任务可以进一步定义为

$$\begin{cases}
\arg\min\limits_{\boldsymbol{F},\boldsymbol{W}} \Psi(\boldsymbol{F}) := \left\{\boldsymbol{F}^{\mathrm{T}}\boldsymbol{\Delta}_U\boldsymbol{F} + \lambda\|\boldsymbol{F}-\boldsymbol{Y}\|^2 + \mu\sum\limits_{e\in\mathcal{E}}\boldsymbol{W}(e)^2\right\} \\
\text{s.t.}\boldsymbol{W}(e)\geqslant 0, \sum\limits_{e\in\mathcal{E}}\boldsymbol{H}(v,e)\boldsymbol{W}(e) = \boldsymbol{D}_v(v)
\end{cases} \tag{5.31}$$

该优化问题可采用交替最优化策略解决，其步骤最初固定超边权重矩阵 $\boldsymbol{W}$ 来优化 $\boldsymbol{F}$，这里 $\boldsymbol{F}$ 的优化子问题也有闭式解。接下来固定 $\boldsymbol{F}$ 、$\boldsymbol{W}$，该问题可以写成

$$\begin{cases}
\arg\min\limits_{\boldsymbol{F},\boldsymbol{W}} \Psi(\boldsymbol{F}) := \left\{\boldsymbol{F}^{\mathrm{T}}\boldsymbol{\Delta}_U\boldsymbol{F} + \mu\sum\limits_{e\in\mathcal{E}}\boldsymbol{W}(e)^2\right\} \\
\text{s.t.}\boldsymbol{W}(e)\geqslant 0, \sum\limits_{e\in\mathcal{E}}\boldsymbol{H}(v,e)\boldsymbol{W}(e) = \boldsymbol{D}_v(v)
\end{cases} \tag{5.32}$$

上述优化目标也是一个和节点权重相关的函数，因为它在 $\boldsymbol{W}$ 上是凸的，所以可以通过二次优化来解决。通过节点权重优化，节点加权的超图结构考虑了每个节点对整个超图结构的贡献，因此可以更准确地建模对象之间的高阶关联性。在学习过程中，一方面，重复和冗余的训练样本对整个结构的影响较小，有助于防止它们错误地影响分类任务；另一方面，少数类别的训练数据会被赋予更大的重要性。节点加权的超图拉普拉斯矩阵比传统的拉普拉斯矩阵更能准确地衡量数据的相关性，从而提高任务性能。需要指出的是，本节仅给出了节点加权的计算方法和在节点加权超图上进行优化的一种方法，针对节点权重的优化还需要进一步探索。

3. 子超图权重优化

基于多模态、多视角数据，可以构建不同的超边组，即子超图。这些子超图可以用来衡量不同模态、不同视角下节点之间的相关性，而衡量这些子超图的重要性也是十分重要的。子超图权重优化旨在调整子超图的重要性权重，增加起主要作用的子超图的权重，降低其他子超图的权重，从而更好地建模节点之间的复杂关联。本节将介绍归纳式多超图学习方法（inductive multi hypergraph learning，iMHL）[15]，该方法可以同时学习目标任务与子超图的权重。在训练时，该方法基于多模态数据进行多子超图的高阶关联建模，并在监督学习范式下学习从数据到标签的映射，同时优化子超图的权重。在部署测试时，直接使用学习到的映射来预测新数据的标签信息。iMHL 的框架如图 5.8 所示，其中离线训练和在线训练都使用归纳学习模式，以便于高效处理新的数据。需要指出的是，以下优化方法也可以用于转导学习模式。

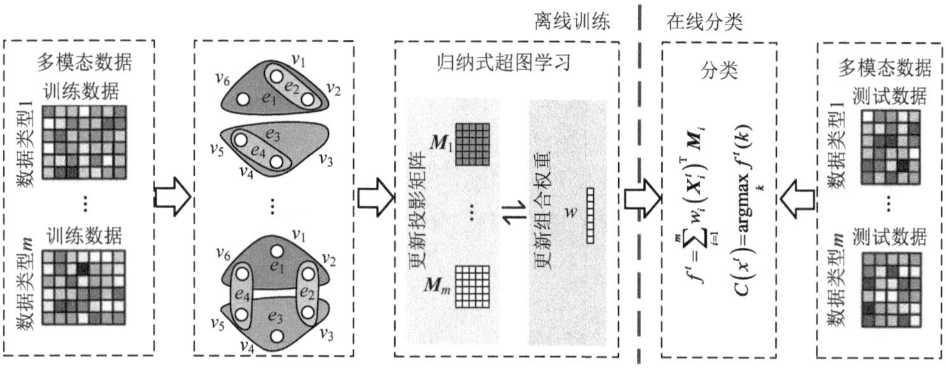

图 5.8　归纳式多超图学习方法的框架

这里，令 m 表示所有构建的子超图的数量，$\mathcal{G}_i=(\mathcal{V}_i,\mathcal{E}_i,\boldsymbol{W}_i)$ 表示第 i 个子超图，其对应的标签投影矩阵 $\boldsymbol{M}_i$ 按照子超图的权重进行组合加权并用于数据标签预测。这里，组合权重 $\boldsymbol{w}=[w_1,w_2,\cdots,w_m]$ 是需要优化的对象，代表不同子超图的权重。这里可以对 $\boldsymbol{w}$ 增加约束 $\sum_{i=1}^{m} w_i=1$ 和 $\boldsymbol{w}\geqslant 0$ 以便于求解和表示。

首先要构建用于优化的全局损失函数。所有 $\boldsymbol{M}_i$ 的损失函数 $\bar{\Psi}$ 可以被表述为

$$\bar{\Psi}=\sum_{i=1}^{m} w_i\left\{\Omega(\boldsymbol{M}_i)+\lambda R_{\text{emp}}(\boldsymbol{M}_i)+\mu\Phi(\boldsymbol{M}_i)\right\}+\eta\boldsymbol{\Gamma}(\boldsymbol{w}) \tag{5.33}$$

式(5.33)包括每个子超图的损失项与子超图权重的正则项 $\boldsymbol{w}$ 的加权和，其中 $\Phi(\boldsymbol{M})$ 是投影矩阵的正则项。在相似标签的节点之间应具有较强连接的假设下，超图上的平滑正则项 $\Omega(\boldsymbol{M})$ 可以写成如下形式：

$$\begin{aligned}\Omega(\boldsymbol{M})&=\frac{1}{2}\sum_{k=1}^{c}\sum_{e\in\mathcal{E}}\sum_{u,v\in\mathcal{V}}\frac{\boldsymbol{W}(e)\boldsymbol{H}(u,e)\boldsymbol{H}(v,e)}{\delta(e)}\left(\frac{\boldsymbol{X}^{\mathrm{T}}\boldsymbol{M}(u,k)}{\sqrt{d(u)}}-\frac{\boldsymbol{X}^{\mathrm{T}}\boldsymbol{M}(v,k)}{\sqrt{d(v)}}\right)^2\\&=\mathrm{tr}\left(\boldsymbol{M}^{\mathrm{T}}\boldsymbol{X}\boldsymbol{\Delta}\boldsymbol{X}^{\mathrm{T}}\boldsymbol{M}\right)\end{aligned} \tag{5.34}$$

其中，$\boldsymbol{\varDelta}$ 表示归一化后的超图拉普拉斯矩阵，即

$$\boldsymbol{\varDelta} = \boldsymbol{I} - \boldsymbol{D}_v^{-1/2}\boldsymbol{H}\boldsymbol{W}\boldsymbol{D}_e^{-1}\boldsymbol{H}^{\mathrm{T}}\boldsymbol{D}_v^{-1/2} \tag{5.35}$$

这里的经验损失项 $R_{\mathrm{emp}}(\boldsymbol{M})$ 可以写成

$$R_{\mathrm{emp}}(\boldsymbol{M}) = \left\|\boldsymbol{X}^{\mathrm{T}}\boldsymbol{M} - \boldsymbol{Y}\right\|^2 \tag{5.36}$$

其中，$\Phi(\boldsymbol{M})$ 为 $\boldsymbol{M}$ 的 $\ell_{2,1}$-范数，可以为包含更多信息的特征提供行稀疏性：

$$\Phi(\boldsymbol{M}) = \|\boldsymbol{M}\|_{2,1} \tag{5.37}$$

$\boldsymbol{\varGamma}(\boldsymbol{w})$ 是子超图权重的 ℓ_2-范数，即

$$\boldsymbol{\varGamma}(\boldsymbol{w}) = \|\boldsymbol{w}\|^2 \tag{5.38}$$

因此，归纳式多超图学习任务可以总体表述为

$$\begin{cases} \arg\min\limits_{\boldsymbol{M}_i, \boldsymbol{w}\geqslant 0} \sum\limits_{i=1}^{m} w_i\left(\Omega(\boldsymbol{M}_i) + \lambda R_{\mathrm{emp}}(\boldsymbol{M}_i) + \mu\Phi(\boldsymbol{M}_i)\right) + \eta\boldsymbol{\varGamma}(\boldsymbol{w}) \\ \text{s.t.} \sum\limits_{i=1}^{m} w_i = 1 \end{cases} \tag{5.39}$$

可以发现，式（5.39）可以分成 $m+1$ 个独立子问题，从而单独优化每个 $\boldsymbol{M}_i$，同时优化组合权重 $\boldsymbol{w}$，以融合所有子超图结果。

而 $\boldsymbol{M}_i$ 的优化可以通过如下迭代算法求解：

$$\arg\min_{\boldsymbol{M}_i} \Omega(\boldsymbol{M}_i) + \lambda R_{\mathrm{emp}}(\boldsymbol{M}_i) + \mu\Phi(\boldsymbol{M}_i) \tag{5.40}$$

$\boldsymbol{w}$ 的优化问题可以写成

$$\begin{cases} \arg\min\limits_{w\geqslant 0} \sum\limits_{i=1}^{m} w_i\left(\Omega(\boldsymbol{M}_i) + \lambda R_{\mathrm{emp}}(\boldsymbol{M}_i) + \mu\Phi(\boldsymbol{M}_i)\right) + \eta\,\|\,\boldsymbol{w}\,\|^2 \\ \text{s.t.} \sum\limits_{i=1}^{m} w_i = 1 \end{cases} \tag{5.41}$$

记 $\Upsilon_i = \Omega(\boldsymbol{M}_i) + \lambda R_{\mathrm{emp}}(\boldsymbol{M}_i) + \mu\Phi(\boldsymbol{M}_i)$，式（5.41）可以简化为

$$\begin{cases} \arg\min\limits_{w\geqslant 0} \sum\limits_{i=1}^{m} w_i \Upsilon_i + \eta\|\boldsymbol{w}\|^2 \\ \text{s.t.} \sum\limits_{i=1}^{m} w_i = 1 \end{cases} \tag{5.42}$$

可以采用拉格朗日算法求解式（5.42），它可以被表述为

$$\min_{w,\zeta} \sum_{i=1}^{m} w_i \Upsilon_i + \eta\|\boldsymbol{w}\|^2 + \zeta\left(\sum_{i=1}^{m} w_i - 1\right) \tag{5.43}$$

可以得到

$$\zeta = \frac{-\sum\limits_{i=1}^{m} \Upsilon_i - 2\eta}{m} \tag{5.44}$$

和

$$w_i = \frac{1}{m} + \frac{\sum_{i=1}^{m} \mathrm{Y}_i}{2m\eta} - \frac{\mathrm{Y}_i}{2\eta} \tag{5.45}$$

在给定测试数据 $x^t = \left\{x_1^t, x_2^t, \cdots, x_m^t\right\}$ 中每个模态的特征后，相应的标签预测可以通过以下方式实现：

$$C\left(x^t\right) = \arg\max_k \sum_{i=1}^{m} w_i x_i^t \boldsymbol{M}_i \tag{5.46}$$

子超图权重优化可以有效更新不同子超图的权重，针对多模态和多视角数据建模能够更好地实现融合，从而提升超图建模能力，改善任务性能。

5.2.2　超图全局优化

尽管上述元素优化方法可以通过修改超边、节点或子超图的权重来提升超图质量，但由于节点和超边之间的拓扑结构无法改变，超图关联矩阵是固定的，因此难以更有效地调整初始超图结构中不合适甚至错误的连接。当初始超图结构质量存在较大不足时，比如存在较多错误超边和噪声超边时，超图元素优化难以从根本上解决这些问题。因此，需要进一步优化超图结构本身。该过程可以看作在超图结构空间中进行结构演化，寻找对当前任务和数据来说最优的超图结构，如图 5.9 所示。

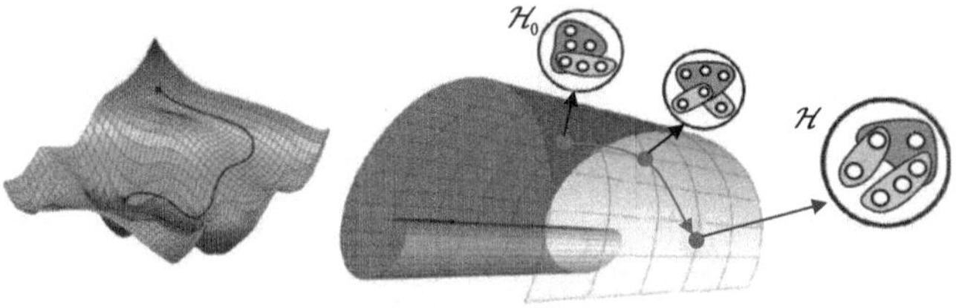

图 5.9　超图结构演化的示例

本节介绍的超图结构学习方法[16]的总体框架如图 5.10 所示，旨在优化超图的关联矩阵 $\boldsymbol{H}$，动态调整每一个超边结构。以分类任务为例，在给定训练数据及标签后，超图结构学习方法基于双重优化策略，联合优化更新标签预测矩阵 $\boldsymbol{F}$ 和超图关联矩阵 $\boldsymbol{H}$，其优化目标函数可以表述为

$$\mathop{\arg\min}_{\boldsymbol{F}, 0 \prec \boldsymbol{H} \prec 1} \Psi(\boldsymbol{F}) := \left\{\Omega(\boldsymbol{F}, \boldsymbol{H}) + \lambda \mathcal{R}_{\mathrm{emp}}(\boldsymbol{F}) + \mu \Phi(\boldsymbol{H})\right\} \tag{5.47}$$

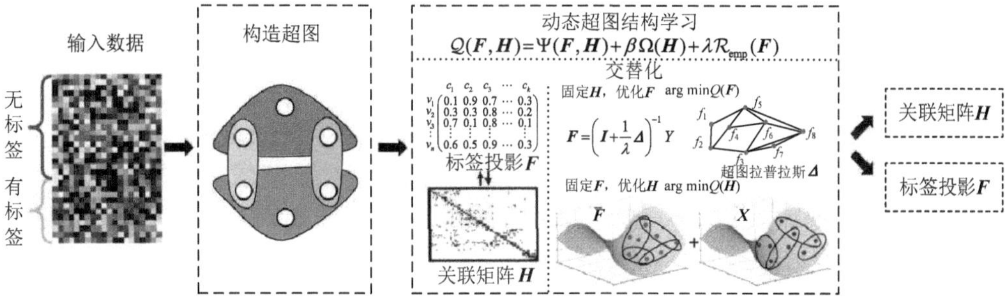

图 5.10　动态超图结构学习方法的总体框架

上述目标函数包括超图结构平滑正则项$\Omega(\boldsymbol{F},\boldsymbol{H})$、经验损失$\mathcal{R}_{\text{emp}}(\boldsymbol{F})$和对超图关联矩阵做约束的正则项$\Phi(\boldsymbol{H})$。超图结构平滑正则项$\Omega(\boldsymbol{F},\boldsymbol{H})$是同时与$\boldsymbol{F}$和$\boldsymbol{H}$相关的正则项，其中输出的$\boldsymbol{F}$是待学习的节点标签矩阵。这一项旨在保证在超图结构上标签具有平滑性。与之前的优化过程类似，这里常用的超图结构平滑性正则项可以写成

$$\Omega(\boldsymbol{F},\boldsymbol{H})=\operatorname{tr}\left(\boldsymbol{F}^{\mathrm{T}}\left(\boldsymbol{I}-\boldsymbol{D}_{\mathrm{v}}^{-1/2}\boldsymbol{H}\boldsymbol{W}\boldsymbol{D}_{\mathrm{e}}^{-1}\boldsymbol{H}^{\mathrm{T}}\boldsymbol{D}_{\mathrm{v}}^{-1/2}\right)\boldsymbol{F}\right) \tag{5.48}$$

其中，tr表示矩阵的迹。经验损失$\mathcal{R}_{\text{emp}}(\boldsymbol{F})$是$\boldsymbol{F}$和$\boldsymbol{Y}$之间的$\ell_2$-范数，保证更新后的标签预测矩阵和初始训练数据的标签偏移不会过大。最后一项$\Phi(\boldsymbol{H})$则是仅与$\boldsymbol{H}$有关的正则项，用于约束$\boldsymbol{H}$以满足先验知识。例如，考虑到数据的特征信息，超图结构不仅要保持标签空间的平滑性，还要保持特征空间的平滑性。令$\boldsymbol{X}$表示节点的特征矩阵，该正则项可以被表述为

$$\Phi(\boldsymbol{F})=\operatorname{tr}\left(\boldsymbol{X}^{\mathrm{T}}\left(\boldsymbol{I}-\boldsymbol{D}_{v}^{-1/2}\boldsymbol{H}\boldsymbol{W}\boldsymbol{D}_{e}^{-1}\boldsymbol{H}^{\mathrm{T}}\boldsymbol{D}_{v}^{-1/2}\right)\boldsymbol{X}\right) \tag{5.49}$$

综上所述，式（5.47）中超图结构学习的目标函数可以写为

$$\underset{\boldsymbol{F},0\prec\boldsymbol{H}\prec 1}{\arg\min}\,\Psi(\boldsymbol{F})\operatorname{tr}\left(\left(I-\boldsymbol{D}_{v}^{-1/2}\boldsymbol{H}\boldsymbol{W}\boldsymbol{D}_{e}^{-1}\boldsymbol{H}^{\mathrm{T}}\boldsymbol{D}_{v}^{-1/2}\right)\left(\boldsymbol{F}\boldsymbol{F}^{\mathrm{T}}+\mu\boldsymbol{X}\boldsymbol{X}^{\mathrm{T}}\right)\right)+\lambda\,\|\,\boldsymbol{F}-\boldsymbol{Y}\,\|^{2} \tag{5.50}$$

与之前的方法优化过程类似，该对偶优化问题可以用替代优化算法来求解。关于$\boldsymbol{F}$的子问题与传统的超图学习[17]相似，有相同的闭式解。与之前相比，主要的不同在于关于$\boldsymbol{H}$的子问题，它可以写成

$$\begin{aligned}\underset{0\prec\boldsymbol{H}\prec 1}{\arg\min}\;\mathcal{Q}(\boldsymbol{H})&=\Omega(\boldsymbol{H})+\mu\Phi(\boldsymbol{H})\\&=\operatorname{tr}\left(\left(I-\boldsymbol{D}_{v}^{-1/2}\boldsymbol{H}\boldsymbol{W}\boldsymbol{D}_{e}^{-1}\boldsymbol{H}^{\mathrm{T}}\boldsymbol{D}_{v}^{-1/2}\right)\boldsymbol{K}\right)\end{aligned} \tag{5.51}$$

其中，$\boldsymbol{K}=\boldsymbol{F}\boldsymbol{F}^{\mathrm{T}}+\mu\boldsymbol{X}\boldsymbol{X}^{\mathrm{T}}$。由于式（5.51）是$\boldsymbol{H}$的复合函数，并带有约束条件，因此这里采用了投影梯度法求解。梯度的推导如下：

$$\begin{aligned}\nabla\mathcal{Q}(\boldsymbol{H})=&\,\boldsymbol{J}\left(\boldsymbol{I}\otimes\boldsymbol{H}^{\mathrm{T}}\boldsymbol{D}_{v}^{-1/2}\boldsymbol{K}\boldsymbol{D}_{v}^{-1/2}\boldsymbol{H}\right)\boldsymbol{W}\boldsymbol{D}_{e}^{-2}\\&+\boldsymbol{D}_{v}^{-3/2}\boldsymbol{H}\boldsymbol{W}\boldsymbol{D}_{e}^{-1}\boldsymbol{H}^{\mathrm{T}}\boldsymbol{D}_{v}^{-1/2}\boldsymbol{K}\boldsymbol{J}\boldsymbol{W}-2\boldsymbol{D}_{v}^{-1/2}\boldsymbol{K}\boldsymbol{D}_{v}^{-1/2}\boldsymbol{H}\boldsymbol{W}\boldsymbol{D}_{e}^{-1}\end{aligned} \tag{5.52}$$

其中，$\boldsymbol{J}=\boldsymbol{1}\boldsymbol{1}^{\mathrm{T}}$，$\boldsymbol{1}$表示全1的列向量。详细的梯度推导过程可以参考文献[16]。这里学习$\boldsymbol{H}$的步长被设定为α。由于$\boldsymbol{H}$中的元素被限制在$[0,1]$范围内，每次更新后都要对可行集进行P投影，因此，$\boldsymbol{H}$的更新方式为

$$\boldsymbol{H}_{k+1}=\boldsymbol{P}\left[\boldsymbol{H}_{k}-\alpha\nabla\mathcal{Q}(\boldsymbol{H}_{k})\right] \tag{5.53}$$

其中，

$$\boldsymbol{P}\left[h_{ij}\right]=\begin{cases}h_{ij} & 0\leqslant h_{ij}\leqslant 1\\0 & h_{ij}<0\\1 & h_{ij}>1\end{cases} \tag{5.54}$$

通过上述方法，可以交替优化标签预测矩阵$\boldsymbol{F}$和超图关联矩阵$\boldsymbol{H}$，直至目标函数收敛。大量实验结果表明，超图结构学习方法的性能超过传统的超图学习方法，其主要原因在于超图结构的动态优化能够更好地适应数据，从而更有效地挖掘数据背后的高阶关联。此外，在超图结构优化过程中同时融合了特征与标签信息，从而形成的超图结构能在特征和标签空间展现出更高的适应性。这意味着共享相同标签的节点将形成更紧密的高阶联系，从而为后续任务的学习提供有利条件。需要指出的是，上述超图结构优化方

法的计算复杂性相对较高，多次迭代优化也会增加计算时间。

5.2.3　深度超图结构学习

近年来，超图神经网络体现出了强大的表达能力。因此，本节主要介绍如何在超图神经网络中对超图结构进行优化。本节将首先介绍深度超图结构优化（deep hypergraph structure learning，DeepHGSL）的通用框架与目标函数，其次介绍其中的超图结构学习模块，最后进行收敛性分析。

超图结构及其表示包括由节点集$\mathcal{V}$和超边集$\mathcal{E}$构成的超图$\mathcal{G}=(\mathcal{V},\mathcal{E})$及节点特征$\boldsymbol{X}$。我们用$\boldsymbol{H}^{(0)}$来表示最初的超图结构关联矩阵。深度超图学习方法的过程涉及多个关键步骤，如图 5.11 所示。流程开始于生成第一层超图结构$\boldsymbol{H}^{(1)}$，将特征输入超图神经网络模块 HGNN$^{(1)}$后，会得到初步隐藏层的表示$\boldsymbol{Z}^{(1)}$以及初始的输出预测$\hat{\boldsymbol{y}}^{(1)}$。随后，基于$\boldsymbol{Z}^{(1)}$和$\boldsymbol{H}^{(1)}$学习到更优的超图结构，该操作通过在初始超图上添加新的超边的方法得到优化后的超图$\boldsymbol{H}^{(2)}$，并将其应用于下一层超图神经网络模块中，接着输入特征表示后获得下一层的隐藏层表示以及预测输出。这些步骤持续迭代L次，从而持续优化超图结构。

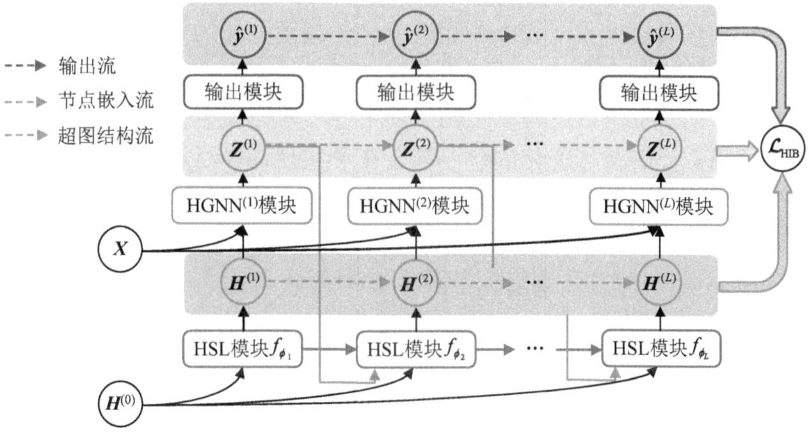

图 5.11（彩色）

图 5.11　深度超图结构学习的通用框架

整体框架包括两个主要部分：面向超图结构创建的结构学习模块，以及用于更新节点特征表示的超图神经网络模块。在计算时，框架交替执行这两个模块对应的操作。每一步执行时，数据会依次通过超图结构学习模块、超图神经网络模块，再到后续用于结果生成的输出模块。第l层的超图结构学习模块基于上一层得到的节点特征，对超图结构进行更新，并将其与原始超图结构结合。超图神经网络模块随后对这一新结构中的信号进行处理。需要指出的是，由于框架的第一层超图结构学习模块使用原始节点表示作为输入，而后续其他层的超图结构学习模块使用更新后的节点嵌入作为输入。因此，这会导致第一层与后续其他层的参数维度发生变化，也就是说第一层的超图结构学习模块拥有与后续其他层的超图结构学习模块相独立的参数集，以融合新旧结构信息。随后的超图结构学习模块则共享参数，将输出与初始结构及上一超图结构学习模块生成的结构融合。

记 Φ_1 为第一个超图结构学习模块中的参数，Φ_2 为除了第一个模块后其余超图结构学习模块的参数。第 l 个超图结构学习模块为如下形式：

$$\boldsymbol{H}^{(1)} = f_{\Phi_1}\left(\boldsymbol{X}, \boldsymbol{H}^{(0)}\right), \boldsymbol{H}^{(l)} = f_{\Phi_2}\left(\boldsymbol{Z}_{\mathcal{V}}^{(l-1)}, \boldsymbol{H}^{(l-1)}, \boldsymbol{H}^{(0)}\right) \tag{5.55}$$

而所有超图神经网络模块共用网络参数 Θ_1，第 l 层超图神经网络模块的节点嵌入 $\boldsymbol{Z}_{\mathcal{V}}^{(l)}$ 表示为

$$\boldsymbol{Z}_{\mathcal{V}}^{(l)} = g_{\Theta_1}\left(\boldsymbol{H}^{(l)}, \boldsymbol{X}\right) \tag{5.56}$$

每层的输出模块旨在将节点嵌入转换为标签预测，所有模块也共享参数 Θ_2，第 l 层的输出函数表示为

$$\hat{\boldsymbol{y}}^{(l)} = g_{\Theta_2}\left(\boldsymbol{H}^{(l)}, \boldsymbol{Z}_{\mathcal{V}}^{(l)}\right) \tag{5.57}$$

最终的输出包括预测值集合 $\left\{\hat{\boldsymbol{y}}^{(1)}, \hat{\boldsymbol{y}}^{(2)}, \cdots, \hat{\boldsymbol{y}}^{(L)}\right\}$、节点特征集合 $\left\{\boldsymbol{Z}_{\mathcal{V}}^{(1)}, \boldsymbol{Z}_{\mathcal{V}}^{(2)}, \cdots, \boldsymbol{Z}_{\mathcal{V}}^{(L)}\right\}$ 以及超图的各层结构 $\left\{\boldsymbol{H}^{(1)}, \boldsymbol{H}^{(2)}, \cdots, \boldsymbol{H}^{(L)}\right\}$，所有输出都参与到损失的计算中。参数优化至稳定后，便得到特定任务下最佳的超图结构 $\boldsymbol{H}^{(*)}$，并由此得到节点表示 $\boldsymbol{Z} = g\left(\boldsymbol{H}^{(*)}, \boldsymbol{X}\right)$。这些节点表示进而应用于节点分类等下游任务中。除此之外，优化后的超图 $\boldsymbol{H}^{(*)}$ 也有助于解析模型的预测逻辑。

在深度超图结构学习框架中，着重关注用于优化超图结构的损失函数。鉴于原始超图结构可能包含冗余的连接和噪声，这可能会对超图神经网络的性能产生影响。为了提升超图神经网络的性能，希望通过超图结构学习增强与目标任务密切相关的连接，并减小与任务无关的信息。超图结构优化的核心理念在于实现这一目标。在这个过程中，采用了信息瓶颈原则，这是一种旨在增强模型对噪声数据鲁棒性的机器学习原则。信息瓶颈原则旨在增强表示 $\boldsymbol{Z}$ 与目标变量 $\boldsymbol{y}$ 的互信息，同时尽可能减少 $\boldsymbol{Z}$ 与输入特征 $\boldsymbol{X}$ 之间的互信息。总的来说，信息瓶颈原则目标是减少 $\boldsymbol{Z}$ 中与 $\boldsymbol{X}$ 相关但对 $\boldsymbol{y}$ 不具有意义的信息成分。通过这一策略在超图结构优化中的应用，形成一种基于超图信息瓶颈的损失函数。该函数可以对超图进行优化，使模型有效捕获与下游任务预测最为关键、最有价值的信息，减少多余无关信息对模型的影响。具体的实现方式是使用超图信息瓶颈原则，对所学节点表示中与预测任务有关信息的比重进行增大，同时对与原始超图结构无关的多余信息所占的比重进行限制。此处定义 $\mathcal{I}\left(\boldsymbol{Z}, \boldsymbol{H}^{(0)}\right)$ 为 $\boldsymbol{Z}$ 和 $\boldsymbol{H}^{(0)}$ 的互信息，$\mathcal{I}(\boldsymbol{Z}, \boldsymbol{y})$ 为 $\boldsymbol{Z}$ 和 $\boldsymbol{y}$ 的互信息，超图信息瓶颈的目标就是在最小化 $\mathcal{I}\left(\boldsymbol{Z}, \boldsymbol{H}^{(0)}\right)$ 的同时，最大化 $\mathcal{I}(\boldsymbol{Z}, \boldsymbol{y})$。

正如图 5.11 所示，每轮迭代都会产生一系列新的超图结构 $\left\{\boldsymbol{H}^{(l)}\right\}$。需要首先评估每一层的信息瓶颈损失 $\mathcal{L}_{\mathrm{HIB}}^{(l)}$，进而对这些损失进行整合。超图信息瓶颈示意图如图 5.12 所示。在这一过程中，Ω 表示给定初始结构 $\boldsymbol{H}^{(0)}$ 和数据特征 $\boldsymbol{X}$ 时，第 l 层隐藏层表征 $\boldsymbol{Z}_{\mathcal{V}}^{(l)}$ 的概率搜索空间。于是，第 l 层的信息瓶颈损失函数可以表示为以下形式：

$$\min_{\mathbb{P}\left(\boldsymbol{Z}_{\mathcal{V}}^{(l)} \mid \boldsymbol{H}^{(0)}, \boldsymbol{X}\right) \in \Omega} \mathrm{HIB}_\beta\left(\boldsymbol{H}^{(0)}, Y; \boldsymbol{Z}_{\mathcal{V}}^{(l)}\right) = -\mathcal{I}\left(Y; \boldsymbol{Z}_{\mathcal{V}}^{(l)}\right) + \beta \mathcal{I}\left(\boldsymbol{H}^{(0)}; \boldsymbol{Z}_{\mathcal{V}}^{(l)}\right) \tag{5.58}$$

超图结构的学习模块依托于超边-节点注意力机制，如图 5.13 所示，其核心在于超边聚合与其相连的所有节点的信息。考虑到每个节点对超边的贡献不同，通过对所连接节点特征进行加权聚合，可以得到超边的特征。通过引入注意力机制，可以对节点-超边

对之间的信息匹配水平进行量化，从而确保超边能够针对其连接的所有节点进行加权聚合。假设有 K 个独立的注意力头标记为 $\{\boldsymbol{w}_1,\boldsymbol{w}_2,\cdots,\boldsymbol{w}_K\}$，则节点 v 至超边 e 的聚合注意力得分可以根据以下公式得到

$$\boldsymbol{Z}_e=\sum_{u\in e}\frac{\boldsymbol{H}(u,e)\boldsymbol{Z}_u}{d(e)} \tag{5.59}$$

$$A(v,e)=\frac{1}{K}\sum_{i=1}^{K}\operatorname{sim}(\boldsymbol{Z}_v\odot\boldsymbol{w}_i,\boldsymbol{Z}_e\odot\boldsymbol{w}_i) \tag{5.60}$$

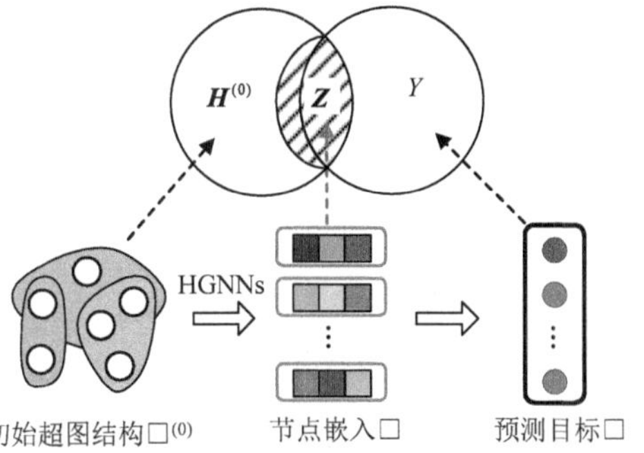

图 5.12　超图信息瓶颈示意图

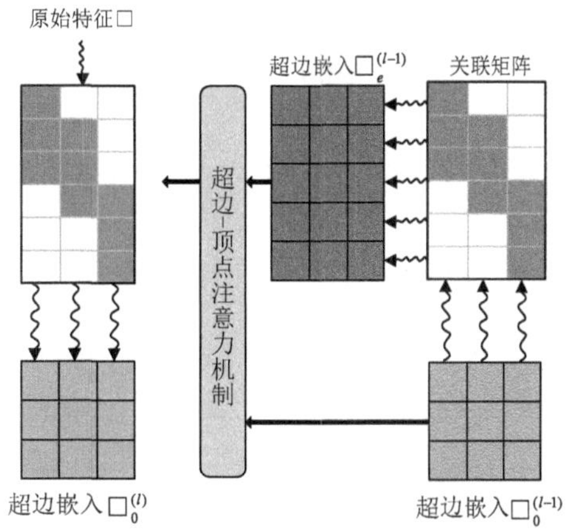

图 5.13　超图结构学习模块示例

过度稠密的超图往往存在过量的干扰信息，降低网络整体性能。为此，引入阈值超参数 ϵ 进行筛选，旨在筛除低注意力得分，仅留下节点与超边之间具有显著相似性的连接。使用此方法筛选连接，构建新超图 $\tilde{\boldsymbol{H}}^{(l)}$，此超图将与原始超图 $\boldsymbol{H}^{(0)}$ 进行整合，得到最终的超图结构。整合步骤可具体描述为

$$\tilde{\boldsymbol{H}}^{(l)}(v,e)=\operatorname{Mask}\left(A_{\boldsymbol{Z}_{\mathcal{V}}^{(l-1)},\boldsymbol{H}^{(l-1)}}(v,e)\right) \tag{5.61}$$

$$\boldsymbol{H}^{(l)}=\alpha\boldsymbol{H}^{(0)}+(1-\alpha)\tilde{\boldsymbol{H}}^{(l)} \tag{5.62}$$

其中，α 是一个 $(0,1)$ 范围内的超参数，用以平衡原始结构与新结构之间的重要性。

在深度超图结构学习框架中，超图神经网络模块是基于空域方法实现的。具体而言，第 l 层的节点表示和输出都是基于以下公式从上层的超图结构和节点嵌入计算得到的，确保超图关联结构和节点表示的更新。

$$\boldsymbol{Z}_{\mathcal{V}}^{(l)}=g_{\Theta_1}\left(\boldsymbol{H}^{(l)},\boldsymbol{X}\right)=\boldsymbol{D}_v(\boldsymbol{H}^{(l)})^{-1}\boldsymbol{H}^{(l)}\boldsymbol{D}_e(\boldsymbol{H}^{(l)})^{-1}\boldsymbol{H}^{(l)\mathrm{T}}\boldsymbol{X}\boldsymbol{\Theta}_1 \tag{5.63}$$

$$\hat{\boldsymbol{y}}^{(l)}=g_{\Theta_2}\left(\boldsymbol{H}^{(l)},\boldsymbol{Z}_{\mathcal{V}}^{(l)}\right)=\boldsymbol{D}_v(\boldsymbol{H}^{(l)})^{-1}\boldsymbol{H}^{(l)}\boldsymbol{D}_e(\boldsymbol{H}^{(l)})^{-1}\boldsymbol{H}^{(l)\mathrm{T}}\boldsymbol{Z}_{\mathcal{V}}^{(l)}\boldsymbol{\Theta}_2 \tag{5.64}$$

鉴于该框架融合了内层与外层两级迭代的优化机制，因此要对在优化过程中超图结构的收敛性进行深入分析。值得注意的是，超图的关联性质由其多维关联矩阵所定义，对该矩阵内各维度分量达到收敛状态的直接验证存在一定难度，而超图结构更新后的关联矩阵与初始结构的互信息可作为信息量的衡量标准。这里分析新超图结构与初始结构之间的互信息的收敛性。可以证明，在前馈过程中 $\boldsymbol{H}^{(0)}$ 和 $\boldsymbol{H}^{(l)}$ 之间的互信息会逐

层减少。

命题 在上述实现中，不等式$\mathcal{I}\left(\boldsymbol{H}^{(0)},\boldsymbol{H}^{(l+1)}\right)<\mathcal{I}\left(\boldsymbol{H}^{(0)},\boldsymbol{H}^{(l)}\right)$成立。

证明 做如下推导：

$$\begin{aligned}\mathcal{I}\left(\boldsymbol{H}^{(0)},\boldsymbol{H}^{(l+1)}\right)&\overset{1)}{=}H\left(\boldsymbol{H}^{(0)}\right)+H\left(\boldsymbol{H}^{(l+1)}\right)-H\left(\boldsymbol{H}^{(0)},\boldsymbol{H}^{(l+1)}\right)\\&\overset{2)}{=}H\left(\boldsymbol{H}^{(0)}\right)+\sum_{\boldsymbol{H}^{(0)},\boldsymbol{H}^{(l+1)}}\mathbb{P}\left(\boldsymbol{H}^{(l+1)}\right)\log\frac{\mathbb{P}\left(\boldsymbol{H}^{(l+1)}\right)}{\mathbb{P}\left(\boldsymbol{H}^{(0)}\right)}\\&\overset{3)}{\leqslant}H\left(\boldsymbol{H}^{(0)}\right)+(1-\alpha)\sum_{\boldsymbol{H}^{(0)},\tilde{\boldsymbol{H}}^{(l+1)}}\mathbb{P}\left(\tilde{\boldsymbol{H}}^{(l+1)}\right)\log\frac{\mathbb{P}\left(\tilde{\boldsymbol{H}}^{(l+1)}\right)}{\mathbb{P}\left(\boldsymbol{H}^{(0)}\right)}\\&\overset{4)}{<}H\left(\boldsymbol{H}^{(0)}\right)+\sum_{\boldsymbol{H}^{(0)},\tilde{\boldsymbol{H}}^{(l+1)}}\mathbb{P}\left(\tilde{\boldsymbol{H}}^{(l+1)}\right)\log\frac{\mathbb{P}\left(\tilde{\boldsymbol{H}}^{(l+1)}\right)}{\mathbb{P}\left(\boldsymbol{H}^{(0)}\right)}\\&\overset{5)}{=}\mathcal{I}\left(\boldsymbol{H}^{(0)},\tilde{\boldsymbol{H}}^{(l+1)}\right)\end{aligned}\tag{5.65}$$

另外，考虑到$\tilde{\boldsymbol{H}}^{(l+1)}$的条件分布只依赖于$\boldsymbol{H}^{(l)}$，独立于$\boldsymbol{H}^{(0)}$，形成了一个马尔可夫链$\boldsymbol{H}^{(0)}\to\boldsymbol{H}^{(l)}\to\boldsymbol{H}^{(l+1)}$。基于式（5.65）和数据处理的不等式，以下不等式成立：

$$\mathcal{I}\left(\boldsymbol{H}^{(0)},\boldsymbol{H}^{(l+1)}\right)<\mathcal{I}\left(\boldsymbol{H}^{(0)},\tilde{\boldsymbol{H}}^{(l+1)}\right)\leqslant\mathcal{I}\left(\boldsymbol{H}^{(0)},\boldsymbol{H}^{(l)}\right)\tag{5.66}$$

显然，$\mathcal{I}\left(\boldsymbol{H}^{(0)},\boldsymbol{H}^{(l)}\right)$的值被限制在一个有限的范围内，其上限为$\boldsymbol{H}^{(0)}$的信息熵，下限为零，确保了在前馈阶段，互信息$\mathcal{I}\left(\boldsymbol{H}^{(0)};\boldsymbol{H}^{(l)}\right)$能够收敛至有限值。同时，考虑到网络整体目标函数在训练阶段的稳定收敛性，作为目标函数一部分的互信息$\mathcal{I}\left(\boldsymbol{H}^{(0)};\boldsymbol{H}^{(l)}\right)$也展现出稳定趋势，从而可以得出结论：在训练过程中，新超图结构与初始结构之间的互信息通常会趋于收敛。

通过上述方法，可以在深度神经网络框架下实现超图结构的动态优化，从而使超图结构更适合当前任务及已有数据。需要指出的是，不论是超图元素优化还是超图全局优化，都是在既定任务下进行的适配，没有任何一个超图结构适用于所有任务，不同任务导向下最适合当前数据的超图结构应该是有差异的。同时，即使在同一个任务下，也可能存在多种不同的合理超图结构与当前数据相适配。在实际应用中，应考虑任务及数据自身的特点选择合适的结构建模及优化方法。

5.3 典型应用场景中的超图结构建模

本节将介绍超图结构建模在典型应用场景中的若干示例，涵盖计算机视觉、医学图像处理及大数据分析等领域，展示如何从丰富的数据源中抽象并构建数据背后的超图结构。在给定不同模态的数据后，可以根据各自类型数据的特点来建立数据背后的高阶关联结构。如图 5.14 所示，基于图像数据，可以提取图像块作为超图的节点，根据这些图像块在视觉内容上的关联性来定义超边，从而完成超图结构建模，刻画图像内在的复杂空间关系。类似地，在处理文本数据时，可以将文本内容作为超图的节点，利用词语之间的属性关联来构建超图结构，从而在语义层面揭示文本之间的深层关联。进一步，在图像、点云、文本及声音等多维度和多模态的数据场景下，超图结构建模可以通过上述方法生成多样化的超边类型，形成多类型的超图结构，从而能够表征数据的多元关系。接下来以几个典型应用场景为例来说明实际应用中的超图结构建模过程。

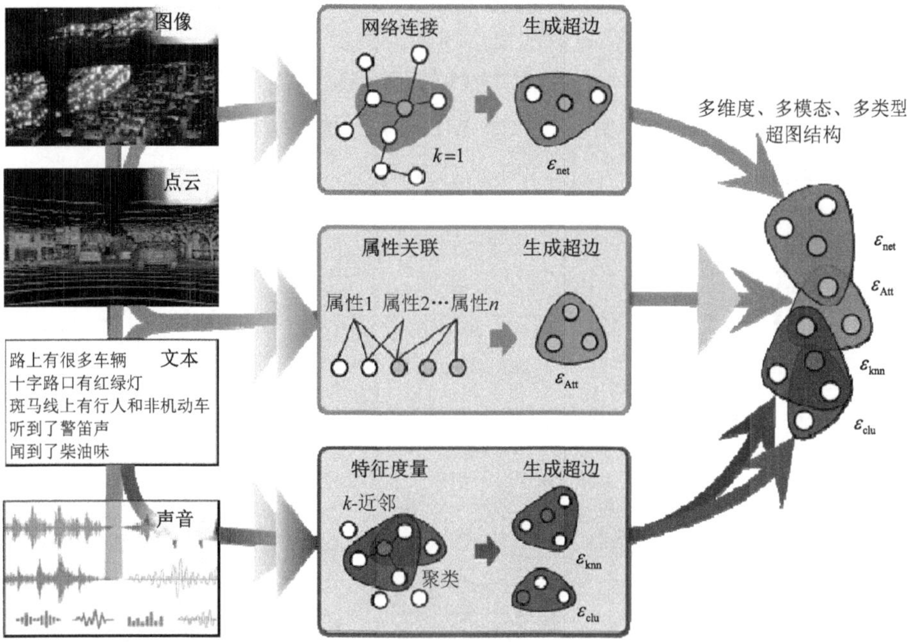

图 5.14　基于图像、点云、文本、声音等多模态数据建立超图结构的示意图

5.3.1　计算机视觉中的超图结构建模

计算机视觉是近几十年来备受关注的领域。计算机视觉中存在着多种多样的数据模式，如图像、点云等。无论是低层次视觉任务还是高层次视觉任务，都需要处理视觉数据背后的复杂关联问题。以图像为例，像素或图像块是图像的基本元素，这些像素或图像块承载了图像的语义信息。美国科学院院士、加州大学圣地亚哥分校教授特伦斯・约瑟夫・塞诺夫斯基（Terrence Joseph Sejnowski）提到，“在执行人脸识别任务时，关键信息往往存在于像素之间的复杂高阶关系中。”[18] 如何挖掘这些像素之间的高阶关系成为更好地理解图像内容的一个关键问题。在处理多模态 3D 视觉数据时也面临类似问题。3D 视觉对象可以通过不同的方式来表示，如单张图像、多视角图像、点云、体素和网格等。在多模态、多视角数据环境下，视觉对象之间的关联变得更为复杂，传统的图结构模式难以建模图像中像素/图像块之间或不同 3D 视觉对象之间的高阶关系。

首先来看图像中的高阶关联建模的例子。一张二维图像由一系列像素组成，每个像素都有一个特征向量（通道）。为了生成一个超图结构来建模这张图像背后的关联，首先将图像分成若干图像块，并将每个图像块作为要建模的超图中的一个节点。这里超图结构建模的目标是生成一组超边来连接这些节点（图像块），从而表示图像内的高阶关联。因此，如何获得这些图像块之间的关系成为超图结构建模最重要的部分。在这个例子中，采用基于距离的超边生成方法，针对每个图像块进行视觉特征提取。然后分别将每个图像块选为中心节点，并将其在视觉特征空间中的近邻节点通过一个超边连接起来，如图 5.15 所示，这样可以构建基于视觉特征的图像块超图结构。此外，还可以利用空间信息来构建这些图像块之间的连接，将每个图像块与其空间位置接近的图像块通过一个超边连接起来，构建基于空间信息的图像块超图，如图 5.16 所示。通过这种方式，可以从不同模态、不同视角建立图像块的高阶关联，并将这些高阶关联拼接起来，建立面向图像块高阶关联的统一超图结构，完成图像内元素的超图结构建模。

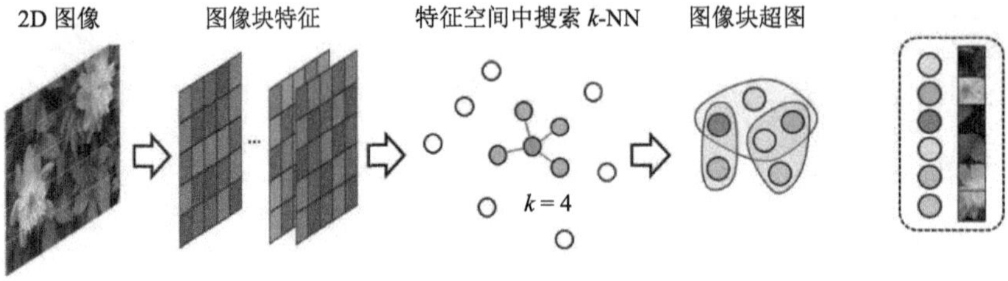

图 5.15　利用视觉特征信息为图像块建立超图结构的示例

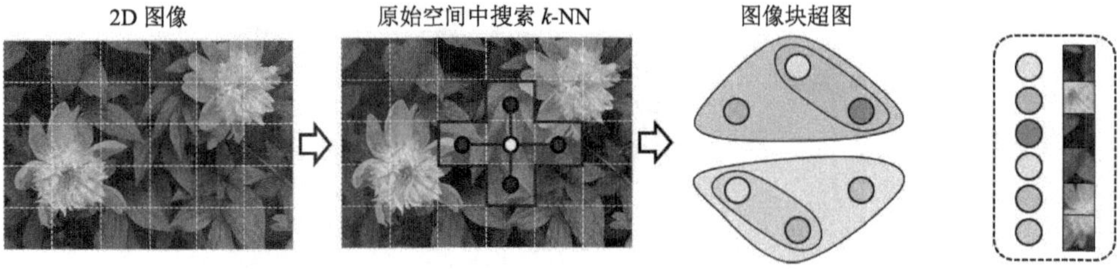

图 5.16　利用空间信息为图像块建立超图结构的示例

接下来再来看视觉对象分析的例子。视觉对象之间也存在复杂的相互关系。例如，不同类型的家具（如桌子和椅子）都有腿部结构，而各种车辆（如汽车和自行车）都配备有轮子。这些属性信息表示了视觉对象的关联关系。视觉对象的多模态特性增加了任务的挑战性，它们之间的关系还包括模态内的关系和跨模态的关系。在许多视觉分析任务中，如何把视觉对象的关联关系建立清楚是解决问题的关键。为了构建视觉对象的超图结构，每个视觉对象都可以通过超图中的一个节点来表示，这些视觉对象之间的关联关系则通过超图上的超边来进行刻画。为了生成视觉对象之间的超边，可以首先提取视觉对象的特征，然后基于隐式超图生成方法构建超图结构。视觉对象可以通过多种模态来描述，如点云、视图、网格和体素等。这里可以通过相应的特征提取方法来获得不同模态的特征，常用方法包括针对点云数据的动态图神经网络（DGCNN）[19]和 PointNet[20]，针对多视图数据的多视图卷积神经网络（MVCNN）[21]和群视图卷积神经网络（GVCNN）[22]等。在获得多模态特征后，可以为每种特征分别构建一个超图结构。在构造超图的过程中，会选取一个视觉元素作为中心节点，并在给定的特征空间内识别与之邻近的节点，进而通过超边将它们相连。重复这一过程直到所有视觉对象都至少在这个特征空间中被选为中心节点一次。通过这种方式，可以为每一种模态数据分别构建一个超图结果，假设由关联矩阵 $\boldsymbol{H}_1,\boldsymbol{H}_2,\cdots,\boldsymbol{H}_m$ 来表示，如图 5.17 所示。进一步，将这些关联矩阵拼接起来，整合这些超边组得到完整的视觉对象超图结构，如图 5.18 所示。

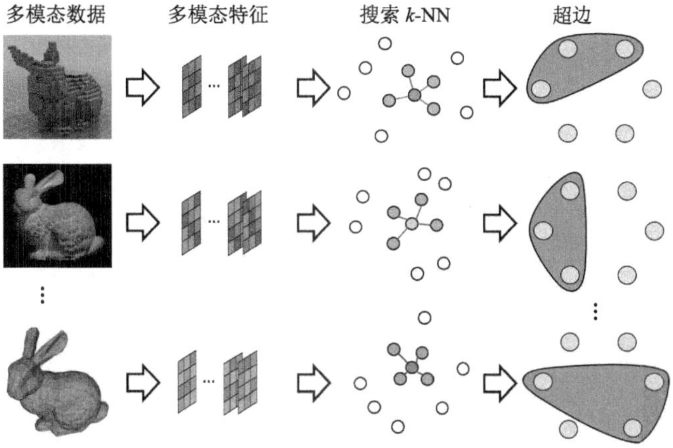

图 5.17　多模态视觉对象的超图结构建模示例

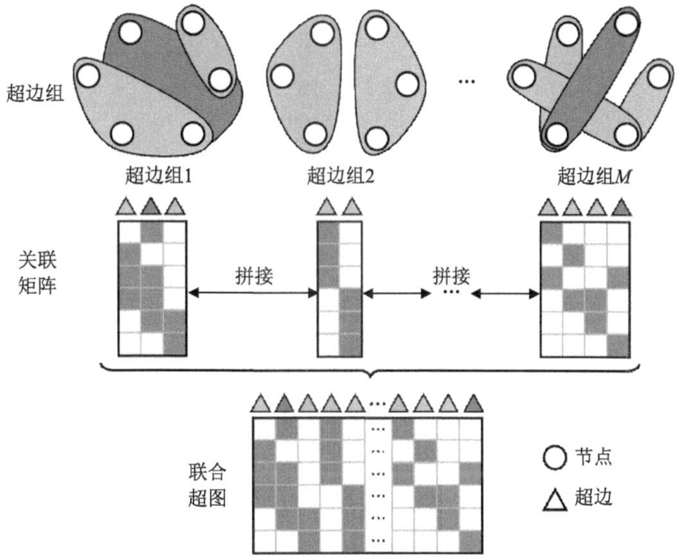

图 5.18　多超图组合的示意图

5.3.2　医学图像处理中的超图结构建模

在医学图像处理中也存在不同层次、不同维度的复杂高阶关联。例如，在诊断任务中，判断当前被试的状态不仅需要考虑其自身数据的特点，还要分析与其他被试之间的关系；在病理图分析任务中，病理图内部各个区域之间的关联关系对于整张病理图的刻画起到关键作用。在医学图像处理任务中，一个典型的任务是判定被试是否存在某种疾病，或者给出疾病的严重程度，这都依赖于对历史医疗记录的经验和知识分析。因此，如何挖掘暨有标记的医学诊疗数据在临床实践中具有重要意义，特别是很多情况下医学数据相对稀缺，这显得尤为关键。同时，医学任务中的数据类型也非常多样，如磁共振成像（MRI）、计算机断层扫描（CT）图像以及其他类型的数据，给数据分析与关联建模带来了更多挑战。

以被试的分析任务为例，每一个被试都通过超图上的节点代表，从而这些被试之间的关联关系可以通过对应的超图结构来进行建模。针对暨有的不同类型诊疗数据，可以从临床文本及医学影像等数据中分别提取特征，并通过基于距离的超边生成方法或基于属性的超边生成方法来构建超图结构。以磁共振成像为例，针对影像数据首先进行特征提取，然后以一个节点为中心进行近邻节点的选择，从而建立以该节点为中心的超边，建立基于影像数据的超图结构。当给定了检验数据时，不同的被试也可以通过所承载的病毒信息作为属性进行超边构建。同时，存在相同病毒信息的节点可以构建起一个超边，如图 5.19 所示。例如，表征 B 同时在三个被试中存在，那么就可以构建一个超边 B 来连接这三个节点；表征 C 仅在两个被试中存在，则可以构建一个超边 C 来连接这两个节点。

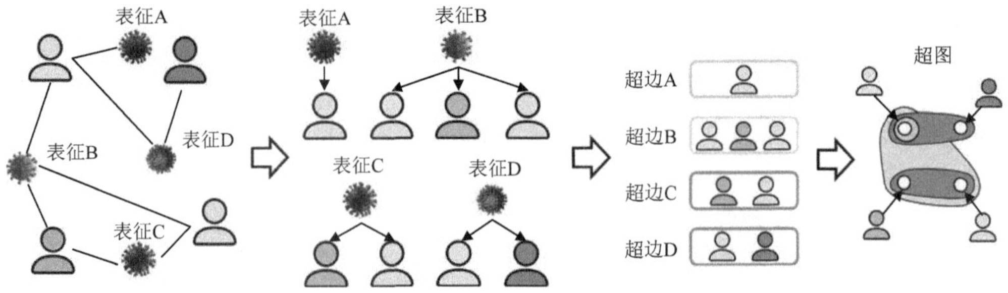

图 5.19　医学图像处理中的超图结构建模示例

5.3.3　大数据分析中的超图结构建模

与医学图像处理中挖掘和分析复杂数据关系的需求相似，推荐系统和社交网络分析等大数据分析领域也面临着类似挑战。在这些领域中，不仅要处理大量的数据，还要分析和理解数据中隐藏的复杂多元关系。例如，在推荐系统中，传统的建模方法通常侧重于用户和物品之间的一对一关系。然而，实际情况远比这更复杂，用户的偏好可能受到多种因素的影响，包括他们的社交网络、历史行为、上下文环境等。建模更全面、更复杂的关联关系，有效地捕捉这些复杂的多对多关系，对为每个用户提供更准确、更个性化的推荐至关重要。在社交网络分析中，用户与用户之间的关系不再是简单的双向联系，而是一个更加复杂的网络，涉及共同的兴趣、活动、社会圈等多种因素。超图结构通过其能够连接多个节点的超边，使研究者能够更好地理解和分析这些复杂的社交动态，从而发现社交网络中的关键结构，如社区、影响力群体等。

在推荐系统中，每个用户都可以在超图中被表示为一个节点，共享相同物品的用户可以通过相应的超边连接起来，如图 5.20 所示。如果将物品视为节点，那么可以通过共享用户来生成超边。这种超图的生成过程遵循基于属性的超边生成策略。从数学角度来看，推荐系统中的排名矩阵可以对应于相应超图的关联矩阵。这种视角转换使研究者能够应用超图计算方法来解决推荐系统中的诸多挑战。值得注意的是，在某些情况下，推荐关系图与超图模型之间存在可以相互转换的关系，若其内的边带有权重，相应的超图模型亦可采用带权重的超边来表达这种加权关系。根据多类型任务的需要，可以定义不同的节点来分别建模具有特定含义的数据关系，如将用户、物品甚至地理位置作为节点。

这样，可以采用不同的超边生成策略来建立具有特定目标的超图结构。以上仅以三个应用场景为例初步介绍了超图结构建模的形式，在后续章节中还会更加详细地说明如何在实际应用中建立超图并使用超图计算解决具体问题。

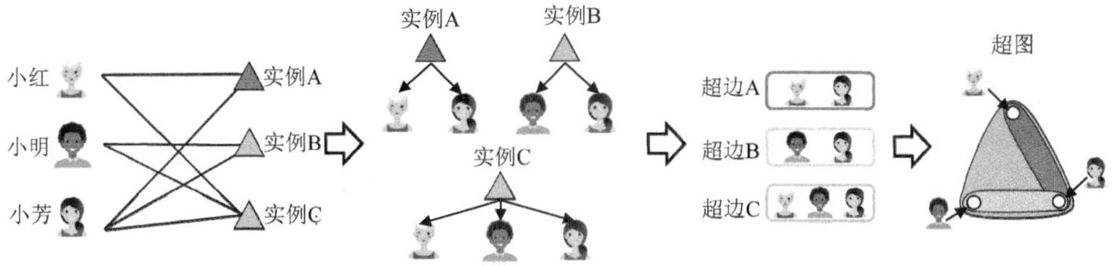

图 5.20　推荐系统中的超图结构建模示例

本章小结

本章主要介绍了超图结构建模方法、超图结构优化方法以及典型应用场景中的超图结构建模。超图结构并不是直接存在的内容，而是需要从观测数据中进行建模。超图结构建模主要分为显式和隐式两种方法，其中显式超图结构建模适用于输入数据本身包含一定的结构化信息的场景，而隐式超图结构建模则适用于表征系统内对象或评估目标对象之间相似性的任务。在隐式超图结构建模中，基于表示的超边生成方法相比基于距离的超边生成方法在减轻节点噪声等方面更为有效，而基于距离的超边生成方法则更加便于在实际应用中进行部署实施。在超图结构优化方法方面，介绍了针对超图结构元素的优化、超图结构全局优化以及在深度神经网络框架下的超图结构优化。在超图元素优化中，超边权重优化旨在调整每个超边的权重以反映它们在复杂高阶关联中的不同贡献，而节点权重优化则关注于超图中节点的重要性差异，子超图权重优化则结合了多模态数据中不同子超图的重要性。全局优化通过更新连接本身来优化超图结构，在一定程度上可以解决缺失和错误连接的问题。在深度神经网络框架下，超图结构学习则依据超图信息瓶颈原理，强化正确的连接同时削弱错误的连接，以最小化超图结构中的噪声信息。此外，本章还介绍了在三个典型应用场景中超图结构建模的使用，这些场景包括计算机视觉、医学图像处理和大数据分析等。

超图结构建模是实施超图计算的首要步骤，只有将待分析的目标对象关系建模成超图结构，才能开展后续计算。建立超图结构既要考虑数据驱动的策略，也要考虑知识/经验驱动的策略。一方面，依托观测数据本身，通过显式超图结构建模和隐式超图结构建模实现超图结构的生成。另一方面，针对特定任务本身的领域，基于暨有知识及经验，建立超边生成的规则，从而构建面向该领域的超边。显式超图结构建模中基于网络关联的超边生成就是数据驱动的，而基于属性的超边生成既包括数据驱动的策略，也包括知识/经验驱动的策略，可以根据领域知识及经验设计特定的属性，从而实现建立超边的目的。隐式超图结构建模主要属于数据驱动。这两种策略在实际应用中要结合起来，才能充分发挥数据和知识的作用，解决复杂高阶关联的建模难题。

参考文献

[1] YANG D, QU B, YANG J, et al. Revisiting user mobility and social relationships in LBSNs: A hypergraph embedding approach[C]//The World Wide Web Conference. San Francisco: ACM, 2019: 2147-2157.

[2] FRANZESE N, GROCE A, MURALI T, et al. Hypergraph-based connectivity measures for signaling pathway topologies[J]. PLoS Computational Biology, 2019, 15(10): e1007384.

[3] ZU C, GAO Y, MUNSELL B, et al. Identifying high order brain connectome biomarkers via learning on hypergraph[C]// Machine Learning in Medical Imaging. Athens: Springer, 2016: 1-9.

[4] FANG Q, SANG J, XU C, et al. Topic-sensitive influencer mining in interest-based social media networks via hypergraph learning[J]. IEEE Transactions on Multimedia, 2014, 16(3): 796-812.

[5] KLAMT S, HAUS U U, THEIS F. Hypergraphs and cellular networks[J]. PLoS Computational Biology, 2009, 5(5): e1000385.

[6] JI S, FENG Y, JI R, et al. Dual channel hypergraph collaborative filtering[C]//Proceedings of the 26th ACM SIGKDD International Conference on Knowledge Discovery & Data Mining. Virtual Conference: ACM, 2020: 2020-2029.

[7] FANG Y, ZHENG Y. Metric learning based on attribute hypergraph[C]//IEEE International Conference on Image Processing. Beijing: IEEE, 2017: 3440-3444.

[8] GAO Y, FENG Y, JI S, et al. $HGNN^+$: General hypergraph neural networks[J]. IEEE Transactions on Pattern Analysis and Machine Intelligence, 2022, 45(3): 3181-3199.

[9] GAO Y, WANG M, TAO D, et al. 3-D object retrieval and recognition with hypergraph analysis[J]. IEEE Transactions on Image Processing, 2012, 21(9): 4290-4303.

[10] JIN T, YU Z, GAO Y, et al. Robust L2-hypergraph and its applications[J]. Information Sciences, 2019, 501: 708-723.

[11] WANG M, LIU X, WU X. Visual classification by 1-hypergraph modeling[J]. IEEE Transactions on Knowledge and Data Engineering, 2015, 27(9): 2564-2574.

[12] LIU Q, SUN Y, WANG C, et al. Elastic net hypergraph learning for image clustering and semi-supervised classification[J]. IEEE Transactions on Image Processing, 2016, 26(1): 452-463.

[13] GAO Y, WANG M, ZHA Z J, et al. Visual-textual joint relevance learning for tag-based social image search[J]. IEEE Transactions on Image Processing, 2012, 22(1): 363-376.

[14] SU L, GAO Y, ZHAO X, et al. Vertex-weighted hypergraph learning for multi-view object classification[C]//Proceedings of the 26th International Joint Conference on Artificial Intelligence. Melbourne: AAAI Press, 2017: 2779-2785.

[15] ZHANG Z, LIN H, ZHAO X, et al. Inductive multi-hypergraph learning and its application on view-based 3D object classification[J]. IEEE Transactions on Image Processing, 2018, 27(12): 5957-5968.

[16] ZHANG Z, LIN H, GAO Y. Dynamic hypergraph structure learning[C]//Proceedings of the 27th International Joint Conference on Artificial Intelligence. Stockholm: AAAI Press, 2018: 3162-3169.

[17] ZHOU D, HUANG J, SCHÖLKOPF B. Learning with hypergraphs: Clustering, classification, and embedding[C]// Advances in Neural Information Processing Systems. Vancouver: MIT Press, 2006: 19.

[18] BARTLETT M S, MOVELLAN J R, SEJNOWSKI T J. Face recognition by independent component analysis[J]. IEEE Transactions on Neural Networks, 2002, 13(6): 1450-1464.

[19] WANG Y, SUN Y, LIU Z, et al. Dynamic graph CNN for learning on point clouds[J]. ACM Transactions on Graphics, 2019, 38(5): 1-12.

[20] QI C R, SU H, MO K, et al. PointNet: Deep learning on point sets for 3D classification and segmentation[C]//Proceedings of the IEEE Conference on Computer Vision and Pattern Recognition. Honolulu: IEEE, 2017: 652-660.

[21] SU H, MAJI S, KALOGERAKIS E, et al. Multi-view convolutional neural networks for 3D shape recognition[C]//Proceedings of the IEEE International Conference on Computer Vision. Santiago: IEEE, 2015: 945-953.

[22] FENG Y, ZHANG Z, ZHAO X, et al. GVCNN: Group-view convolutional neural networks for 3D shape recognition[C]// Proceedings of the IEEE Conference on Computer Vision and Pattern Recognition. Salt Lake City: IEEE, 2018: 264-272.

第 6 章　超图学习方法

本章介绍三种基本的超图学习方法[1-5]，包括转导式超图学习（transductive hypergraph learning）、归纳式超图学习和多超图学习。其中，转导式超图学习方法是超图学习中应用最广泛的一种。给定一组样本，其中只有一部分带有标签，转导式超图学习的目的是实现超图结构上的标签传播，为每个未标记的数据预测一个标签。需要指出的是，转导式超图学习是一种半监督学习方法，其训练数据和测试数据需要同时使用。归纳式超图学习方法引入了节点特征与标签信息映射的投影矩阵，学习过程分为离线训练和在线分类两个阶段。在离线训练阶段，通过基于超图拉普拉斯正则项和经验损失项来训练投影矩阵的参数，这个投影矩阵用于后续的分类任务；在在线分类阶段，利用投影矩阵直接计算测试样本向标签空间的映射结果。在这种方法中，对新加入的样本进行标签预测时，不需要在整个图上重新计算，仅计算其投影结果即可。多超图学习方法应用在经常需要建模多组超图结构的实际场景中，如多模态和多视角数据场景。这一部分将介绍一种多超图加权融合学习方法，该方法基于多超图结构进行学习，通过优化每个超图的权重，将每个超图正则项的加权和作为多超图学习的正则项，从而在多超图结构上实现标签传播。

6.1　转导式超图学习

转导式超图学习的基本任务是节点分类。首先介绍节点分类任务中标签传播过程的基本定义[6-7]。在节点分类任务中，超图结构上的一部分节点已经标注了标签信息（可以是二类或多类标签），而另一部分节点尚未标注，任务目标是预测这些未标注节点的标签信息。图 6.1 展示了将标签信息从已标注节点传播到未标注节点的标签传播过程，其中 v_3 和 v_5 节点是初始已经标注的节点，而 v_1 和 v_2 等节点则是未标注节点。在实际应用中，这些已初始标注的节点主要来源于训练数据，而未标注节点则是测试数据。在转导式超图学习中，所有已标注节点和未标注节点都用于超图结构的建立，并在整个超图结构上进行标签传播，完成未标注节点的标签预测任务。

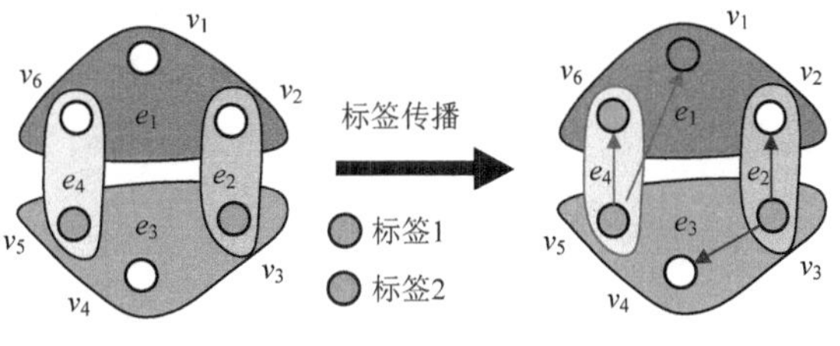

图 6.1（彩色）

图 6.1　超图上的标签传播示意图

在超图结构上传播标签信息时，一个基本假设是，被同一个超边连接的节点应该具有相似的标签。连接越紧密或被更多超边连接的节点，其标签相似度应该越大。反之，若两个节点没有被超边连接或连接较弱，则其标签相似度相对较小。在这种假设下，标签传播可以视为超图分割问题。超图分割的目标是以尽可能少的超边将超图的节点集分割为互不重叠的子集，同时确保分割后的子集内部关联尽可能紧密。在超图被分割后，不同的节点集可以被赋予不同的标签。通过求解超图分割问题，可以有效满足上述假设下的标签传播任务目标。超图结构分割的数学形式[6]可以按照如下方法进行描述。

假设给定一个节点集 $S\in\mathcal{V}$，以及它的补集 $\overline{S}$，则存在一种将节点集 $\mathcal{V}$ 分为 S 和 $\overline{S}$ 的分割。如果一个超边上的节点既属于 S 又属于 $\overline{S}$，那么这个超边将被分割。这里定义超边边界 ∂S 为被分割的超边的集合，即 $\partial S=\{e\in\mathcal{E}\mid e\cap S\neq\varnothing, e\cap\overline{S}\neq\varnothing\}$，而集合 S 的体积 $\mathrm{vol}(S)$ 则为属于 S 中节点的度数之和，即 $\mathrm{vol}(S)=\sum_{v\in S}\boldsymbol{D}_v(v)$，则有

$$\mathrm{vol}(\partial S)=\sum_{e\in\partial S}w(e)\frac{|e\cap S||e\cap\overline{S}|}{\boldsymbol{D}_e(e)} \tag{6.1}$$

假设超边 e 是一个团（clique），即一个完全连接的图。为了与超边作区别，团中的边被称为子边，其中每个子边被赋予权重 $\frac{w(e)}{\boldsymbol{D}_e(e)}$。超边 e 的分割体积定义为被分割的子边的权重总和，即 $|e\cap S|\times|e\cap\overline{S}|$ 个子边的权重总和。超图分割的目标函数可以表示为

$$\arg\min_{S\subset\mathcal{V}} c(S)=\mathrm{vol}(\partial S)\left(\frac{1}{\mathrm{vol}(S)}+\frac{1}{\mathrm{vol}(\overline{S})}\right) \tag{6.2}$$

在超图结构上传播标签信息时，基于随机游走的方法是使用最为广泛的。图 6.2 给出了一个基于随机游走的超图标签传播过程示意。

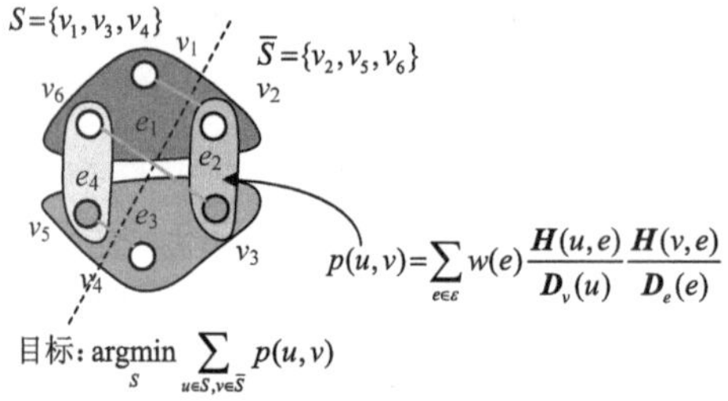

图 6.2　基于随机游走的超图标签传播过程示意图

假设当前位置为节点 $u\in\mathcal{V}$，首先超图结构上的随机游走以概率 $w(e)$ 在与节点 u 相关的所有超边中进行选择，然后在选定的超边 e 上均匀地采样一个节点 $v\in e$。这里定义 $\boldsymbol{P}$ 作为超图结构上随机游走的转移概率矩阵，其中元素 $p(u,v)$ 定义如下：

$$p(u,v)=\sum_{e\in\mathcal{E}}w(e)\frac{\boldsymbol{H}(u,e)}{\boldsymbol{D}_v(u)}\frac{\boldsymbol{H}(v,e)}{\boldsymbol{D}_e(e)} \tag{6.3}$$

这个公式以矩阵形式可以表示为 $\boldsymbol{P}=\boldsymbol{D}_v^{-1}\boldsymbol{H}\boldsymbol{W}\boldsymbol{D}_e^{-1}\boldsymbol{H}^{\mathrm{T}}$。随机游走的平稳分布 π 定义如下：

$$\pi(v)=\frac{d(v)}{\mathrm{vol}(\mathcal{V})} \tag{6.4}$$

其中，$d(v)$ 为 $\boldsymbol{D}_v(v)$ 的简记；$\mathrm{vol}(\cdot)$ 是集合 S 中节点的体积，定义为 $\mathrm{vol}(S)=\sum_{v\in S}d(v)$。这个公式可以根据以下推导获得

$$\begin{aligned}\sum_{u\in\mathcal{V}}\pi(u)p(u,v)&=\sum_{u\in\mathcal{V}}\frac{d(u)}{\mathrm{vol}(\mathcal{V})}\sum_{e\in\mathcal{E}}w(e)\frac{\boldsymbol{H}(v,e)\boldsymbol{H}(u,e)}{d(u)\delta(e)}\\&=\frac{1}{\mathrm{vol}(\mathcal{V})}\sum_{e\in\mathcal{E}}w(e)\sum_{u\in\mathcal{V}}\frac{\boldsymbol{H}(v,e)\boldsymbol{H}(u,e)}{d(u)\delta(e)}\\&=\frac{1}{\mathrm{vol}(\mathcal{V})}\sum_{e\in\mathcal{E}}w(e)\boldsymbol{H}(v,e)=\frac{d(v)}{\mathrm{vol}(\mathcal{V})}\end{aligned}\tag{6.5}$$

目标函数（6.2）可以重写为

$$c(S)=\frac{\mathrm{vol}(\partial S)}{\mathrm{vol}(\mathcal{V})}\left(\frac{1}{\mathrm{vol}(S)/\mathrm{vol}(\mathcal{V})}+\frac{1}{\mathrm{vol}(\overline{S})/\mathrm{vol}(\mathcal{V})}\right)\tag{6.6}$$

进一步得到随机游走到集合 S 中节点的概率：

$$\frac{\mathrm{vol}(S)}{\mathrm{vol}(\mathcal{V})}=\sum_{v\in S}\frac{d(v)}{\mathrm{vol}(\mathcal{V})}=\sum_{v\in\mathcal{V}}\pi(v)\tag{6.7}$$

稳态分布下从集合 S 中的一个节点到 $\overline{S}$ 的随机游走概率表示为

$$\begin{aligned}\frac{\mathrm{vol}(\partial S)}{\mathrm{vol}(\mathcal{V})}&=\sum_{e\in\partial S}\frac{w(e)}{\mathrm{vol}(\mathcal{V})}\frac{|e\cap S||e\cap\overline{S}|}{\delta(e)}\\&=\sum_{e\in\partial S}\sum_{u\in e\cap S}\sum_{v\in e\cap\overline{S}}\frac{w(e)}{\mathrm{vol}(\mathcal{V})}\frac{\boldsymbol{H}(v,e)\boldsymbol{H}(u,e)}{\delta(e)}\\&=\sum_{u\in e\cap S}\sum_{v\in e\cap\overline{S}}\frac{d(u)}{\mathrm{vol}(\mathcal{V})}\sum_{e\in\partial S}w(e)\frac{\boldsymbol{H}(v,e)\boldsymbol{H}(u,e)}{d(u)\delta(e)}\\&=\sum_{u\in S}\sum_{v\in\overline{S}}\pi(u)p(u,v)\end{aligned}\tag{6.8}$$

可以看出，超图归一化分割准则是使跨团随机游走的相对概率最小。由于目标函数式（6.2）的求解为 NP 完全问题，因此需要将其松弛为

$$\begin{cases}\arg\min\limits_{\boldsymbol{f}\in\mathbb{R}^{|\mathcal{V}|}}\Omega(\boldsymbol{f})=\dfrac{1}{2}\displaystyle\sum_{e\in\mathcal{E}}\sum_{\{u,v\}\in e}\frac{w(e)}{\delta(e)}\left(\frac{\boldsymbol{f}(u)}{\sqrt{d(u)}}-\frac{\boldsymbol{f}(v)}{\sqrt{d(v)}}\right)^2\\ \text{s.t.}\displaystyle\sum_{v\in\mathcal{V}}\boldsymbol{f}^2(v)=1,\sum_{v\in\mathcal{V}}\boldsymbol{f}(v)\sqrt{d(v)}=0\end{cases}\tag{6.9}$$

其中，$\boldsymbol{f}$ 是待学习的标签向量。另外，对于已知标签的标记数据，学习得到的标签向量与其真实值应尽可能接近。因此，可以通过加入一项经验损失项来约束训练数据的标签预测值与真实值之间的差异，保证对于训练数据的标签预测不能偏离暨有标签太多。综上，原始优化问题可以转化为以下的转导推断问题：

$$\arg\min_{\boldsymbol{f}\in\mathbb{R}^{|\mathcal{V}|}}\{\Omega(\boldsymbol{f})+\lambda R_{\mathrm{emp}}(\boldsymbol{f})\}\tag{6.10}$$

其中，超图结构上的平滑正则项为 $\Omega(\boldsymbol{f})$，面向训练数据的经验损失项为 $R_{\mathrm{emp}}(\boldsymbol{f})=|\boldsymbol{f}-\boldsymbol{y}|^2=\sum_{v\in\mathcal{V}}(\boldsymbol{f}(v)-\boldsymbol{y}(v))^2$，其中 $\boldsymbol{y}\in\mathbb{R}^{|\mathcal{V}|}$ 是标签向量，λ 是平衡参数。在设定

初始化标签矩阵时，假设节点 v 被标记为第 i 类，那么 $\boldsymbol{y}(v)$ 的元素除了第 i 个值为 1 以外，其余均为 0。超图结构平滑正则项 $\Omega(\boldsymbol{f})$ 可以转化为

$$\begin{aligned}\Omega(\boldsymbol{f}) &= \frac{1}{2}\sum_{e\in\mathcal{E}}\sum_{\{u,v\}\in e}\frac{w(e)}{\delta(e)}\left(\frac{f(u)}{\sqrt{d(u)}}-\frac{f(v)}{\sqrt{d(v)}}\right)^2 \\ &= \sum_{e\in\mathcal{E}}\sum_{\{u,v\}\in e}\frac{w(e)\boldsymbol{H}(u,e)\boldsymbol{H}(v,e)}{\delta(e)}\left(\frac{f^2(u)}{d(u)}-\frac{f(u)}{\sqrt{d(u)}}\frac{f(v)}{\sqrt{d(v)}}\right) \\ &= \sum_{u\in\mathcal{V}}f^2(u)\sum_{e\in\mathcal{E}}\frac{w(e)\boldsymbol{H}(u,e)}{d(u)}\sum_{v\in\mathcal{V}}\frac{\boldsymbol{H}(v,e)}{\delta(e)} \\ &\quad -\sum_{e\in\mathcal{E}}\sum_{u,v\in\mathcal{V}}f(u)f(v)\frac{w(e)\boldsymbol{H}(u,e)}{\sqrt{d(u)}\sqrt{d(v)}}\frac{\boldsymbol{H}(v,e)}{\delta(e)} \\ &= \boldsymbol{f}^{\mathrm{T}}(\boldsymbol{I}-\boldsymbol{\Theta})\boldsymbol{f}\end{aligned} \tag{6.11}$$

其中，$\boldsymbol{\Theta}=\boldsymbol{D}_v^{-1/2}\boldsymbol{H}\boldsymbol{W}\boldsymbol{D}_e^{-1}\boldsymbol{H}^{\mathrm{T}}\boldsymbol{D}_v^{-1/2}$。超图拉普拉斯算子表示为 $\boldsymbol{\Delta}=\boldsymbol{I}-\boldsymbol{\Theta}$，从而可将目标函数重写为

$$\Omega(\boldsymbol{f})=\boldsymbol{f}^{\mathrm{T}}\boldsymbol{\Delta}\boldsymbol{f} \tag{6.12}$$

该优化函数也可转化为

$$\arg\min_{\boldsymbol{f}\in\mathbb{R}^{|\mathcal{V}|}}\left\{\boldsymbol{f}^{\mathrm{T}}\boldsymbol{\Delta}\boldsymbol{f}+\lambda\|\boldsymbol{f}-\boldsymbol{y}\|^2\right\} \tag{6.13}$$

上述优化问题有两种方法求解。第一种方法是直接求解，将式（6.13）中的目标函数对 $\boldsymbol{f}$ 求导，可以得到 $\boldsymbol{f}$ 的闭式解如下：

$$\boldsymbol{f}=\left(\boldsymbol{I}+\frac{1}{\lambda}\boldsymbol{\Delta}\right)^{-1}\boldsymbol{y} \tag{6.14}$$

第二种方法是间接求解[8]，可以通过迭代过程近似求解式（6.13），从上一次迭代的 $\boldsymbol{f}^t$ 和 $\boldsymbol{y}$ 中获得 $\boldsymbol{f}^{t+1}$，并且重复该过程直到收敛。该过程将收敛并得到式（6.14）的解。在这个求解过程中，首先根据式 $\boldsymbol{\Theta}=\boldsymbol{D}_v^{-1/2}\boldsymbol{H}\boldsymbol{W}\boldsymbol{D}_e^{-1}\boldsymbol{H}^{\mathrm{T}}\boldsymbol{D}_v^{-1/2}$，推导得到 $\boldsymbol{\Theta}$ 的特征值在 $[-1,1]$ 范围内。

假设 $\boldsymbol{f}^{(0)}=\boldsymbol{y}$，在迭代过程中可以得到以下结果：

$$\begin{aligned}\boldsymbol{f}^{(t)} &= \left(\frac{\lambda}{1+\lambda}\right)\sum_{i=0}^{t-1}\left(\frac{1}{1+\lambda}\boldsymbol{\Theta}\right)^i\boldsymbol{y}+\left(\frac{1}{1+\lambda}\boldsymbol{\Theta}\right)^t\boldsymbol{y} \\ &= (1-\zeta)\sum_{i=0}^{t-1}(\zeta\boldsymbol{\Theta})^i\boldsymbol{y}+(\zeta\boldsymbol{\Theta})^t\boldsymbol{y}\end{aligned} \tag{6.15}$$

其中，$\zeta=\dfrac{1}{1+\lambda}$，由于 $0<\zeta<1$，且 $\boldsymbol{\Theta}$ 的特征值在 $[-1,1]$ 范围内，可以推导出以下结果：

$$\lim_{t\to\infty}(\zeta\boldsymbol{\Theta})^t=0 \tag{6.16}$$

$$\lim_{t\to\infty}\sum_{i=0}^{t-1}(\zeta\boldsymbol{\Theta})^i=(\boldsymbol{I}-\zeta\boldsymbol{\Theta})^{-1} \tag{6.17}$$

进而可得

$$\boldsymbol{f}=\lim_{t\to\infty}\boldsymbol{f}^{(t)}=(1-\zeta)(\boldsymbol{I}-\zeta\boldsymbol{\Theta})^{-1}\boldsymbol{y}=\left(\boldsymbol{I}+\frac{1}{\lambda}\boldsymbol{\Delta}\right)^{-1}\boldsymbol{y} \tag{6.18}$$

从而可以证明 $\boldsymbol{f}^{(t)}$ 的收敛极限等于式（6.14）的闭式解。上述详细证明可见文献[2]。

基于随机游走的方法是超图标签传播中最常用的方法，具有实现简单、通用性强等优点。在给定节点集 $S\in\mathcal{V}$ 以及其补集 $\bar{S}$ 的情况下，上述过程可以将节点集 $\mathcal{V}$ 进行二分分割。进一步地，可以将二分分割扩展到 k 分分割，从而支撑任意类别的超图学习。

这里定义节点集 V 以及子集 $V_1,V_2,\cdots,V_k$，其中 $V_1\cup V_2\cup\cdots\cup V_k=V$ 且对于 $1\leqslant i,j\leqslant k$ 满足 $V_i\cap V_j=\varnothing$。通过最小化 $c(V_1,V_2,\cdots,V_k)=\sum_{i=1}^{k}\frac{\text{vol}(\partial V_i)}{\text{vol}(V_i)}$ 来获得超图的 k 分分割。与二分分割类似，该组合优化问题也可以简化为实值问题，其解可以是由与前 k 个最小特征值相对应的超图拉普拉斯算子 $\boldsymbol{\Delta}$ 的特征向量所跨越的线性空间的任何正交基：

$$c(V_1,V_2,\cdots,V_k)=\sum_{i=1}^{k}\frac{\boldsymbol{r}_i^{\mathrm{T}}\left(\boldsymbol{D}_v-\boldsymbol{HWD}_e^{-1}\boldsymbol{H}^{\mathrm{T}}\right)\boldsymbol{r}_i}{\boldsymbol{r}_i^{\mathrm{T}}\boldsymbol{D}_v\boldsymbol{r}_i} \tag{6.19}$$

其中，$\boldsymbol{r}_i$ 为 n 维向量，若 $v\in V_i$，则 $\boldsymbol{r}_i(v)=1$，否则为 0。

定义 $s_i=\boldsymbol{D}_v^{-1/2}\boldsymbol{r}_i$，且 $f_i=s_i/s_i$，因此可以得到 $c(V_1,V_2,\cdots,V_k)\sum_{i=1}^{k}\boldsymbol{f}_i^{\mathrm{T}}\boldsymbol{\Delta}\boldsymbol{f}_i=\text{tr}\left(\boldsymbol{F}^{\mathrm{T}}\boldsymbol{\Delta}\boldsymbol{F}\right)$。拉普拉斯算子 $\boldsymbol{\Delta}=\boldsymbol{I}-\boldsymbol{D}_v^{-1/2}\boldsymbol{HWD}_e^{-1}\boldsymbol{H}^{\mathrm{T}}\boldsymbol{D}_v^{-1/2}$，$\boldsymbol{F}=[f_1,f_2,\cdots,f_k]$。这里 $\boldsymbol{F}^{\mathrm{T}}\boldsymbol{F}=\boldsymbol{I}$，如果允许 $\boldsymbol{r}_i$ 中元素取任意连续值而不是 0 或 1 的离散值，则有 $c_k(\mathcal{G})=\min_{V_1,V_2,\cdots,V_k}c(V_1,V_2,\cdots,V_k)\geqslant\min_{\boldsymbol{F}^{\mathrm{T}}\boldsymbol{F}=\boldsymbol{I}}\text{tr}\left(\boldsymbol{F}^{\mathrm{T}}\boldsymbol{\Delta}\boldsymbol{F}\right)=\sum_{i=1}^{k}\lambda_i$，这里矩阵 $\boldsymbol{\Delta}$ 的特征值 λ_i 所对应的特征向量 Φ_i 组成特征矩阵 $\boldsymbol{X}=[\Phi_1,\Phi_2,\cdots,\Phi_k]$，然后将 $\boldsymbol{X}$ 的行向量视为节点在 k 维欧几里得空间中的表示，这时就可以通过诸如 k-means 等聚类方法得到聚类结果，从而实现面向多类别的超图学习。

本节主要介绍如何将基于随机游走的图分割技术推广到超图，以及基于超图分割的超图嵌入和转导学习的方法。将图分割的概念推广到超图领域，可以拓展传统图数据处理方法的适用范围，为更复杂的超图结构提供一种强大的聚类框架。超图上的转导式学习可以有效实现基于数据的高阶关联结构和既有训练数据的标签分类的同步，更加充分地利用数据背后的复杂高阶关联，在分类、检索、聚类等任务中均展现出突出的性能。

由于转导式超图学习同时使用未标记的数据和有限的标记数据进行分类，在实际应用中可能会受到许多限制。首先，很多应用场景中无法提前获取测试数据，用来测试的数据是单独、依次出现的，或者只提前获取其中一小部分。在这种情况下，不适合等待一批测试数据后再建立超图结构、进行转导式学习，从而限制了半监督学习的能力。其次，转导式超图学习过程中考虑了所有训练数据和测试数据。作为一种半监督学习方法，当训练数据或测试数据量较大时，转导式超图学习需要使用全部数据建立超图，在学习过程中需要进行大量的矩阵求逆等计算，这需要大量的内存等计算资源，计算成本较高，在一定程度上也限制了转导式超图学习在大规模数据中的使用。此外，在处理新的测试数据时，现有的转导式超图学习框架也必须重新建模超图结构，超图学习的过程需要重复进行，这不仅导致处理新数据成本过高，而且在测试数据增加时，转导超图学习方法的计算复杂度也会进一步增加。

6.2 归纳式超图学习

与转导式超图学习不同，归纳式超图学习[9-10]的主要目标是从训练数据中学习出从数据到标签的映射矩阵，属于监督学习的范畴。在归纳式超图学习过程中，通过超图结构表示数据的高阶关联，并以监督的方式学习从数据到标签的映射矩阵。给定测试数据后，可以基于学习到的投影矩阵直接进行标签预测。图 6.3 展示了归纳式超图学习方法的框架，主要包含一个离线训练过程和一个在线分类过程。在离线训练过程中，训练数据之间的关系通过超图结构进行建模，并通过归纳式超图学习获得标签映射矩阵。在在线分类过程中，直接使用标签映射矩阵计算分类结果。在这种监督学习范式中，训练数据仅用于映射矩阵的学习。对于新来的测试数据，不论是单独依次出现还是成组出现，都不需要放到前述映射矩阵学习过程中，因此可以快速完成标签预测，完成分类任务。与转导式超图学习相比，归纳式超图学习可以更加有效地处理新出现的数据。

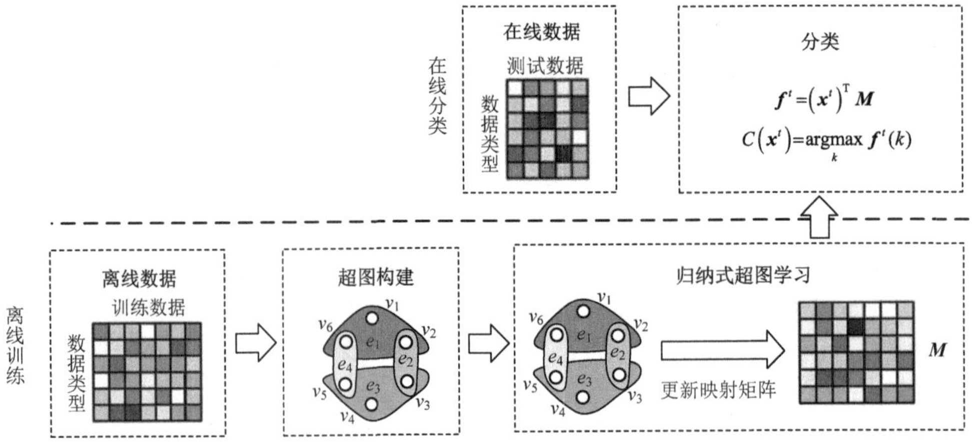

图 6.3 归纳式超图学习方法的总体框架示意图

接下来对归纳式超图学习进行详细介绍。给定 n 个带有相应标签的训练样本 $\boldsymbol{X}=[x_1,x_2,\cdots,x_i,\cdots,x_n]\in\mathbb{R}^{d\times n}$，构造一个超图 $\mathcal{G}=(\mathcal{V},\mathcal{E},\boldsymbol{W})$ 来表示这些样本之间的关系，其中 $\mathcal{V}$ 是表示训练样本的节点集，$\mathcal{E}$ 是超边集，$\boldsymbol{W}$ 的对角线对应于超边权重，$\boldsymbol{H}$ 则表示超图的关联矩阵。与转导式超图学习不同，归纳式超图学习旨在通过学习正则化映射矩阵来预测数据类别。为了学习到映射矩阵 $\boldsymbol{M}$，需要定义优化任务，其总体损失函数 Ψ 可以由三部分组成，即超图结构平滑正则项 $\Omega(\boldsymbol{M})$、训练数据经验损失项 $\mathcal{R}_{\text{emp}}(\boldsymbol{M})$ 和映射矩阵的正则项 $\Phi(\boldsymbol{M})$，具体如下：

$$\Psi=\Omega(\boldsymbol{M})+\lambda\mathcal{R}_{\text{emp}}(\boldsymbol{M})+\mu\Phi(\boldsymbol{M}) \tag{6.20}$$

与转导式超图学习过程类似，归纳式超图学习的超图平滑正则项也可以写成

$$\Omega(\boldsymbol{M}) = \frac{1}{2}\sum_{k=1}^{c}\sum_{e\in\mathcal{E}}\sum_{u,v\in\mathcal{V}}\frac{w(e)\boldsymbol{H}(u,e)\boldsymbol{H}(v,e)}{\delta(e)}\vartheta$$
$$= \operatorname{tr}\left(\boldsymbol{M}^{\mathrm{T}}\boldsymbol{X}\boldsymbol{\Delta}\boldsymbol{X}^{\mathrm{T}}\boldsymbol{M}\right) \tag{6.21}$$

其中，$\vartheta=\left(\frac{\left(\boldsymbol{X}^{\mathrm{T}}\boldsymbol{M}\right)(u,k)}{\sqrt{d(u)}}-\frac{\left(\boldsymbol{X}^{\mathrm{T}}\boldsymbol{M}\right)(v,k)}{\sqrt{d(v)}}\right)^2$。$\boldsymbol{M}$ 上的经验损失项可以定义为

$$\mathcal{R}_{\text{emp}}(\boldsymbol{M})=\boldsymbol{X}^{\mathrm{T}}\boldsymbol{M}-\boldsymbol{Y}^2 \tag{6.22}$$

而 $\Phi(\boldsymbol{M})$ 是一个 $\ell_{2,1}$-范数的正则项，为避免 $\Phi(\boldsymbol{M})$ 在优化过程中过度拟合，可以写作 $\Phi(\boldsymbol{M})=\boldsymbol{M}_{2,1}$。

这里，超图上的归纳式学习任务的总体目标可以写成

$$\arg\min_{\boldsymbol{M}}\left\{\operatorname{tr}\left(\boldsymbol{M}^{\mathrm{T}}\boldsymbol{X}\boldsymbol{\Delta}\boldsymbol{X}^{\mathrm{T}}\boldsymbol{M}\right)+\lambda\boldsymbol{X}^{\mathrm{T}}\boldsymbol{M}-\boldsymbol{Y}^2+\mu\|\boldsymbol{M}\|_{2,1}\right\} \tag{6.23}$$

由于 $\ell_{2,1}$-范数正则项是凸的和非光滑的，因此归纳学习任务（6.23）可以放宽为以下优化问题：

$$\arg\min_{\boldsymbol{M},\boldsymbol{U}}\left\{\operatorname{tr}\left(\boldsymbol{M}^{\mathrm{T}}\boldsymbol{X}\boldsymbol{\Delta}\boldsymbol{X}^{\mathrm{T}}\boldsymbol{M}\right)+\lambda\boldsymbol{X}^{\mathrm{T}}\boldsymbol{M}-\boldsymbol{Y}^2+\mu\operatorname{tr}\left(\boldsymbol{M}^{\mathrm{T}}\boldsymbol{U}\boldsymbol{M}\right)\right\} \tag{6.24}$$

其中，$\boldsymbol{U}$ 是对角矩阵，第 $\boldsymbol{i}$ 个对角元素可以定义为

$$\boldsymbol{U}_{i,i}=\frac{1}{2\boldsymbol{M}(i,:)_2^2} \tag{6.25}$$

这里可以采用迭代重加权最小二乘法来求解任务（6.24）中的优化问题。具体来讲，可以交替更新待优化的每个变量，同时固定另一个变量，直到整体目标函数收敛。例如，可以首先固定 $\boldsymbol{U}$，优化 $\boldsymbol{M}$。$\boldsymbol{M}$ 的闭式解可以写成

$$\boldsymbol{M}=\lambda\left(\boldsymbol{X}\boldsymbol{\Delta}\boldsymbol{X}^{\mathrm{T}}+\lambda\boldsymbol{X}\boldsymbol{X}^{\mathrm{T}}+\mu\boldsymbol{U}\right)^{-1}\boldsymbol{X}\boldsymbol{Y} \tag{6.26}$$

接下来，固定 $\boldsymbol{M}$ 并通过式（6.25）来更新 $\boldsymbol{U}$。重复上述交替优化过程，直到 $\boldsymbol{U}$ 和 $\boldsymbol{M}$ 都是稳定的。在给定一个测试样本 $\boldsymbol{x}^t$ 后，该测试样本的分类问题可以通过以下方式实现：

$$C\left(\boldsymbol{x}^t\right)=\arg\max_k \boldsymbol{x}^{t\mathrm{T}}\boldsymbol{M} \tag{6.27}$$

与转导式超图学习相比，归纳式超图学习仅基于训练数据进行超图结构建模，既考虑了训练数据中的复杂高阶关联，又没有过多引入动态变化的测试数据。这使得归纳式超图学习不需要动态更新超图结构，能够更好地应对新增加的测试数据。由于归纳式超图学习在测试过程中不需要进行矩阵求逆，因此计算效率非常高。需要指出的是，虽然归纳式超图学习也能充分利用训练数据的高阶关联，但与转导式超图学习相比，它丢失了测试数据内部及训练数据与测试数据之间的高阶关联。这是两种方法在高阶关联数据使用上的一个主要区别。另一个需要关注的问题是，随着测试数据的不断增加，过往的训练数据可能难以保持代表性。所学习到的标签映射矩阵可能会出现灾难性遗忘问题，或者数据特征分布发生较大变化，导致初始学习到的标签映射矩阵性能逐步下降。在这种情况下，一种解决方案是，当测试数据增量达到一定程度时，可以重新进行一次归纳式超图学习，即用原始训练数据和积累的测试数据建立新的超图结构并完成学习，从而

获得更新的标签映射矩阵，使其能够适应动态变化的数据。另一种解决方案是在测试过程中保留初始的标签映射矩阵，并设计动态调整机制，持续根据新的测试数据修正初始标签映射矩阵。

6.3 多超图学习

本节主要介绍超图学习方法中的多超图学习。在许多应用场景中存在多模态、多视角等数据环境，此时数据关系往往需要从不同视角进行建模，从而面临多个超图协同建模的状态。例如，在视觉对象分类任务中，同一个视觉对象往往存在不同模态、多个视角的数据，这些表示可以使用多个超图结构来进行建模。虽然可以将多个超图通过拼接其关联矩阵构建一个大的超图，但在很多场景中还需要分别考虑这些超图各自的特点，此时就需要采用多超图协同学习的计算方法。本节介绍一种多超图加权融合学习方法[9-15]，其框架如图 6.4 所示。

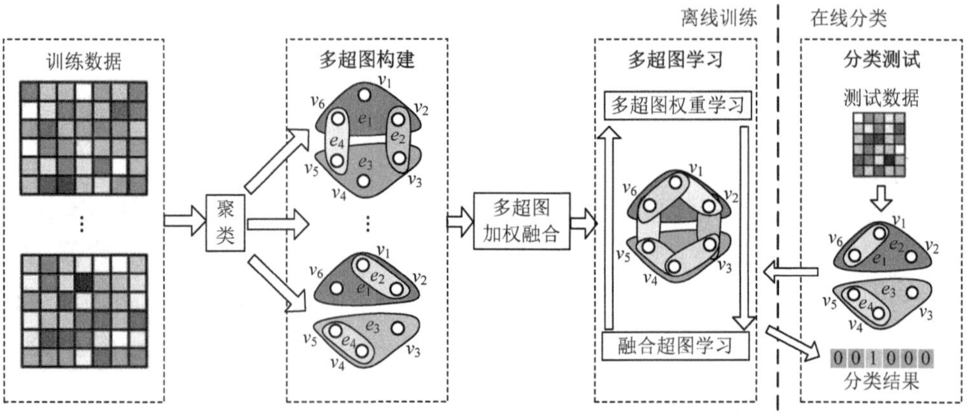

图 6.4 多超图学习方法框架示意图

这里以转导式超图学习为例来说明多超图学习。在给定训练数据和测试数据后，首先构建多个超图结构分别建模这些数据的高阶关联，然后为每个超图分配一个初始权重，该权重也可以初始化为相同的数值。在转导式超图学习过程中，整体优化的目标函数采用每个超图的优化正则项的加权，并以此多超图学习正则项进行多超图上的标签传播。在这个学习过程中，同时对不同超图的权重进行优化，以求解不同超图在学习过程中的重要性差异。通过对上述两个步骤进行迭代优化，最终在多超图关联结构下实现测试数据的分类任务。

在给出训练数据和测试数据后，将全部数据的每个对象都通过超图 $\mathcal{G}=(\mathcal{V},\mathcal{E},\boldsymbol{W})$ 中的节点进行表示。如果数据集中总共有 n 个对象，则相应构建的超图就有 n 个节点。这些节点都通过预定义的特征来表示，这些特征在不同任务中需要选择对应合适的方法。通过设计超图结构建模方法，将这些节点的高阶关联通过 $\mathcal{G}$ 进行表示，其中用两个对角矩阵 $\boldsymbol{D}_v$ 和 $\boldsymbol{D}_e$ 分别表示节点和超边的度数，并构建一个关联矩阵 $\boldsymbol{H}$ 表示超图上节点的关联关系。与前面介绍的方法类似，一个超边 e 的权重 $w(e)$ 可以通过超边中任意两个节点的特征之间的相似性来计算，如 $w(e)=\sum_{x_a,x_b\in e}\exp\left(-d(x_a,x_b)^2/\sigma^2\right)$，其中，$d(x_a,x_b)$ 是同一个超边上连接的两个节点 x_a 和 x_b 之间的距离，通常可以用欧几里得距离计算，参数 σ 根据经验设置为所有特征对之间距离的中位数。在实际应用中，要选择合适的建模方法和权重初始化方法。这里根据不同模态数据、不同视角数据或其他原则，可以构建多个超图结构。令 $\mathcal{G}_1=(\mathcal{V}_1,\mathcal{E}_1,\boldsymbol{W}_1),\mathcal{G}_2=(\mathcal{V}_2,\mathcal{E}_2,\boldsymbol{W}_2),\cdots,\mathcal{G}_{n_g}=\left(\mathcal{V}_{n_g},\mathcal{E}_{n_g},\boldsymbol{W}_{n_g}\right)$ 表示建立的 n_g 个超图，$\left\{\boldsymbol{D}_{v_1},\boldsymbol{D}_{v_2},\cdots,\boldsymbol{D}_{vn_g}\right\}$，$\left\{\boldsymbol{D}_{e_1},\boldsymbol{D}_{e_2},\cdots,\boldsymbol{D}_{en_g}\right\}$ 和 $\left\{\boldsymbol{H}_1,\boldsymbol{H}_2,\cdots,\boldsymbol{H}_{n_g}\right\}$ 分别表示相应的节点度矩阵、超边度矩阵和关联矩阵，第 i 个超图的权重用 α_i 来表示，预设 $\sum_{i=1}^{n_g}\alpha_i=1$，并且 $\alpha_i\geqslant 0$。

以二分类问题为例，转导式超图学习的目标函数中首先要包括基于多超图的结构平滑正则项和待学习的标签向量 $\boldsymbol{f}$ 的正则项 $\Omega(\boldsymbol{f})$，即 $\underset{\boldsymbol{f}}{\arg\min}\,\lambda R_{\text{emp}}(\boldsymbol{f})+\Omega(\boldsymbol{f})$。这里将每个超图正则项的加权和作为多超图学习的正则项 $\Omega(\boldsymbol{f})$ 进行多超图结构上的标签传播，$\Omega(\boldsymbol{f})$ 可以定义为

$$\begin{aligned}
\Omega(\boldsymbol{f})&=\frac{1}{2}\sum_{i=1}^{n_g}\alpha_i\sum_{e\in\mathcal{E}_i}\sum_{\{u,v\}\in e}\frac{w_i(e)H_i(u,e)H_i(v,e)}{\delta_i(e)}\left(\frac{f(u)}{\sqrt{d_i(u)}}-\frac{f(v)}{\sqrt{d_i(v)}}\right)^2\\
&=\sum_{i=1}^{n_g}\alpha_i\sum_{e\in\mathcal{E}_i}\sum_{\{u,v\}\in e}\frac{w_i(e)H_i(u,e)H_i(v,e)}{\delta_i(e)}\left(\frac{f^2(u)}{d_i(u)}-\frac{f(u)}{\sqrt{d_i(u)}}\frac{f(v)}{\sqrt{d_i(v)}}\right)\\
&=\sum_{i=1}^{n_g}\alpha_i\left[\sum_{u\in\mathcal{V}_i}f^2(u)\sum_{e\in\mathcal{E}}\frac{w_i(e)H_i(u,e)}{d_i(u)}\sum_{v\in\mathcal{V}_i}\frac{H_i(v,e)}{\delta_i(e)}\right.\\
&\quad\left.-\sum_{e\in\mathcal{E}_i}\sum_{u,v\in\mathcal{V}_i}f(u)f(v)\frac{w_i(e)H_i(u,e)}{\sqrt{d_i(u)}\sqrt{d_i(v)}}\frac{H_i(v,e)}{\delta_i(e)}\right]\\
&=\sum_{i=1}^{n_g}\alpha_i\boldsymbol{f}^{\mathrm{T}}(\boldsymbol{I}-\boldsymbol{\Theta})\boldsymbol{f}=\boldsymbol{f}^{\mathrm{T}}\sum_{i=1}^{n_g}\alpha_i(\boldsymbol{I}-\boldsymbol{\Theta})\boldsymbol{f}
\end{aligned}\tag{6.28}$$

其中，$\boldsymbol{\Theta}_i=\boldsymbol{D}_{v_i}^{-1/2}\boldsymbol{H}_i\boldsymbol{W}_i\boldsymbol{D}_{e_i}^{-1}\boldsymbol{H}_i^{\mathrm{T}}\boldsymbol{D}_{v_i}^{-1/2}$。令 $\boldsymbol{\Delta}=\sum_{i=1}^{n_g}\alpha_i\left(\boldsymbol{I}-\boldsymbol{\Theta}_i\right)=\boldsymbol{I}-\sum_{i=1}^{n_g}\alpha_i\boldsymbol{\Theta}_i=\boldsymbol{I}-\boldsymbol{\Theta}\left(\boldsymbol{\Theta}=\sum_{i=1}^{n_g}\alpha_i\boldsymbol{\Theta}_i\right)$，$\boldsymbol{\Delta}$ 可以视为融合的多超图拉普拉斯矩阵。因此，正则项 $\Omega(\boldsymbol{f})$ 可以被化简为

$$\Omega(\boldsymbol{f})=\boldsymbol{f}^{\mathrm{T}}\boldsymbol{\Delta}\boldsymbol{f}\tag{6.29}$$

训练数据损失函数正则项可定义为

$$\|\boldsymbol{f}-\boldsymbol{y}\|^2=\sum_{u\in\mathcal{V}}\left(f(u)-y(u)\right)^2\tag{6.30}$$

其中，$\boldsymbol{y}$ 是初始标签向量。假设 n 表示数据集中对象的数量，并且第 i 个对象是训练数据（初始化标签数据），则 $\boldsymbol{y}$ 就表示一个 $n\times 1$ 的向量，且该向量中的第 i 个值为 1，其余都为 0。当有多个训练数据时，则多个对应取值可以设置为 1。这里多超图学习的优化目标就是最小化多超图结构平滑正则项和训练数据损失函数正则项的总和。这里用 $\Phi(\boldsymbol{f})$ 将优

化目标表示为

$$\Phi(\boldsymbol{f})=\boldsymbol{f}^{\mathrm{T}}\boldsymbol{\Delta}\boldsymbol{f}+\lambda\|\boldsymbol{f}-\boldsymbol{y}\|^2 \tag{6.31}$$

其中，λ是加权参数。通过计算$\Phi(\boldsymbol{f})$关于$\boldsymbol{f}$的微分，可以得到闭式解：

$$\boldsymbol{f}=\left(\boldsymbol{I}+\frac{1}{\lambda}\boldsymbol{\Delta}\right)^{-1}\boldsymbol{y} \tag{6.32}$$

在上述计算过程中，每个超图的权重都在起始阶段通过一定的方法进行初始化，比如可以使用相同的初始权重，或者根据特定规则设置每个超图的权重。

当具体应用任务为多类别分类问题时，多超图学习需要把向量$\boldsymbol{y}$和$\boldsymbol{f}$分别变更为矩阵$\boldsymbol{Y}=\left[\boldsymbol{y}_1,\boldsymbol{y}_2,\cdots,\boldsymbol{y}_{n_c}\right]$和$\boldsymbol{F}=\left[\boldsymbol{f}_1,\boldsymbol{f}_2,\cdots,\boldsymbol{f}_{n_c}\right]$，这里$\boldsymbol{Y}$和$\boldsymbol{F}$都是$n\times n_c$的矩阵，$n_c$是类别总数。另外，还可以使用训练数据来学习最优的多超图组合权重，以便更有效地融合所有超图。在这种应用任务下优化目标$\underset{\boldsymbol{F},\alpha}{\operatorname{argmin}}\,\Phi(\boldsymbol{F},\alpha)$的总损失函数可以写为

$$\begin{cases}\Phi(\boldsymbol{F},\alpha)=\dfrac{1}{2}\displaystyle\sum_{k=1}^{n_c}\sum_{i=1}^{n_g}\alpha_i\sum_{e\in\mathcal{E}_i}\sum_{\{u,v\}\in e}\frac{w_i(e)H_i(u,e)H_i(v,e)}{\delta_i(e)}\left(\frac{F_{uk}(u)}{\sqrt{d_i(u)}}-\frac{F_{uk}(v)}{\sqrt{d_i(v)}}\right)^2\\ \qquad+\lambda\displaystyle\sum_{k=1}^{n_c}\|\boldsymbol{f}_k-\boldsymbol{y}_k\|^2+\mu\sum_{i=1}^{n_g}\alpha_i^2\\ \quad=\dfrac{1}{2}\displaystyle\sum_{k=1}^{n_c}\boldsymbol{f}^{\mathrm{T}}\sum_{i=1}^{n_g}\alpha_i(\boldsymbol{I}-\boldsymbol{\Theta}_i)\boldsymbol{f}+\lambda\sum_{k=1}^{n_c}\|\boldsymbol{f}_k-\boldsymbol{y}_k\|^2+\mu\sum_{i=1}^{n_g}\alpha_i^2\\ \text{s.t.}\displaystyle\sum_{i=1}^{n_g}\alpha_i=1,\mu>0,\lambda>0\end{cases} \tag{6.33}$$

其中，$\alpha=[\alpha_1,\alpha_2,\cdots,\alpha_{n_g}]^{\mathrm{T}}$是需要学习的多超图权重，$\boldsymbol{Y}$是初始的标签矩阵，如果第$i$个对象属于第$j$类，那么$\boldsymbol{Y}_{ij}=1$，否则$\boldsymbol{Y}_{ij}=0$。因此，最终分类结果可以通过为每个测试数据选择最高的$\boldsymbol{F}_{ij}$值来给出。这里可以采用交替优化方法来求解上面的优化问题。首先，固定α并优化$\boldsymbol{F}$，可以将式（6.33）化简为

$$\arg\min_{\boldsymbol{F}}\sum_{k=1}^{n_c}\boldsymbol{f}_k^{\mathrm{T}}\sum_{i=1}^{n_g}\alpha_i(\boldsymbol{I}-\boldsymbol{\Theta}_i)\boldsymbol{f}_k+\lambda\sum_{k=1}^{n_c}\|\boldsymbol{f}_k-\boldsymbol{y}_k\|^2 \tag{6.34}$$

与单类别分类问题一样，也可以直接求解得$\boldsymbol{F}=\left(\boldsymbol{I}+\dfrac{1}{\lambda}\boldsymbol{\Delta}\right)^{-1}\boldsymbol{Y}$。类似地，也可以用与式（6.32）一样的迭代过程进行求解。

接下来，固定$\boldsymbol{F}$并优化多超图的权重α，这时可以把式（6.33）化简为

$$\begin{cases}\arg\min\limits_{\alpha}\displaystyle\sum_{k=1}^{n_c}\boldsymbol{f}_k^{\mathrm{T}}\sum_{i=1}^{n_g}\alpha_i(\boldsymbol{I}-\boldsymbol{\Theta}_i)\boldsymbol{f}_k+\mu\sum_{i=1}^{n_g}\alpha_i^2\\ \text{s.t.}\displaystyle\sum_{i=1}^{n_g}\alpha_i=1\end{cases} \tag{6.35}$$

这里可以引入拉格朗日乘数法，把优化问题转化成以下形式：

$$\arg\min_{\alpha,\eta}\sum_{k=1}^{n_c}\boldsymbol{f}_k^{\mathrm{T}}\sum_{i=1}^{n_g}\alpha_i(\boldsymbol{I}-\boldsymbol{\Theta}_i)\boldsymbol{f}_k+\mu\sum_{i=1}^{n_g}\alpha_i^2+\eta\left(\sum_{i=1}^{n_g}\alpha_i-1\right) \tag{6.36}$$

从而可以求解出最优的α和η：

$$\eta = \frac{-\sum_{k=1}^{n_c} \boldsymbol{f}_k^{\mathrm{T}} \sum_{i=1}^{n_g} (\boldsymbol{I} - \boldsymbol{\Theta}_i) \boldsymbol{f}_k - 2\mu}{2n_g} \tag{6.37}$$

以及

$$\alpha_i = \frac{1}{n_g} + \frac{\sum_{k=1}^{n_c} \boldsymbol{f}_k^{\mathrm{T}} \sum_{i=1}^{n_g} (\boldsymbol{I} - \boldsymbol{\Theta}_i) \boldsymbol{f}_k}{2n_g\mu} - \frac{\sum_{k=1}^{n_c} \boldsymbol{f}_k^{\mathrm{T}} (\boldsymbol{I} - \boldsymbol{\Theta}_i) \boldsymbol{f}_k}{2\mu} \tag{6.38}$$

上述每一步都会降低目标函数$\Phi(\boldsymbol{F},\alpha)$，从而可以不断优化多超图的权重及分类目标。

本章小结

本章对超图学习方法进行了全面介绍，主要涵盖经典的转导式超图学习方法、归纳式超图学习方法以及多超图学习方法。本章深入剖析了超图学习的基本概念，包括超图学习的定义、应用领域及其相较于传统图学习的优势。转导式超图学习是最早探索的超图学习方法，采用半监督学习策略，通过超图结构上的标签相似性假设进行标签传播，从而预测未知标签数据。与不采用关联结构的学习方法及图学习方法相比，转导式超图学习能够充分利用数据背后的高阶关联，实现更为精准的标签预测。然而，由于转导式超图学习需要同时进行训练数据和测试数据的超图建模与学习，在实际应用中常常因数据规模过大而导致计算效率降低。此外，现实中测试数据往往不是固定分批提供或仅提供一次，而是可能单独依次或动态出现。这使得转导式超图学习面临每次预测都需要重新进行超图结构建模和学习的问题，从而在一定程度上限制了其应用。与转导式超图学习不同，归纳式超图学习采用监督学习策略，仅基于训练数据进行超图结构建模并学习标签映射矩阵。这样既考虑了训练数据中的复杂高阶关联，又在面对动态更新的测试数据时无须重新学习，从而更好地应对新增加的测试数据，提高计算效率。然而，在归纳式超图学习中，由于丢失了测试数据内部以及训练数据和测试数据之间的高阶关联，相比转导式超图学习会有一定的性能损失。同时，随着测试数据的不断增加，学习到的标签映射矩阵也会受到一定限制。如何应用新的测试数据来动态更新标签映射矩阵也是需要考虑的问题。本章还以归纳式超图学习为例介绍了多超图学习，并介绍了多超图权重的优化方法。超图学习方法已经有了深入的发展，并在许多应用领域发挥了重要作用。

参 考 文 献

[1] HEIN M, SETZER S, JOST L, et al. The total variation on hypergraphs-learning on hypergraphs revisited[C]//Proceedings of the Advances in Neural Information Processing Systems. Lake Tahoe: MIT Press, 2013: 2427-2435.

[2] AKSOY S G, JOSLYN C A, MARRERO C O, et al. Hypernetwork science via high-order hypergraph walks[J]. EPJ Data Science, 2020, 9(1): 16.

[3] ZHAO X, WANG N, SHI H, et al. Hypergraph learning with cost interval optimization[C]//Proceedings of the AAAI Conference

on Artificial Intelligence, New Orleans: AAAI Press, 2018.

[4] HUANG Y, LIU Q, ZHANG S, et al. Image retrieval via probabilistic hypergraph ranking[C]//Proceedings of the IEEE Conference on Computer Vision and Pattern Recognition. Las Vegas: IEEE, 2010: 3376-3383.

[5] JI R, CHEN F, CAO L, et al. Cross-modality microblog sentiment prediction via bi-layer multimodal hypergraph learning[J]. IEEE Transactions on Multimedia, 2018, 21(4): 1062-1075.

[6] ANTELMI A, CORDASCO G, POLATO M, et al. A survey on hypergraph representation learning[J]. ACM Computing Surveys, 2023, 56(1): 24.

[7] CHEN F, GAO Y, CAO D, et al. Multimodal hypergraph learning for microblog sentiment prediction[C]//Proceedings of the IEEE International Conference on Multimedia and Expo. Turin: IEEE, 2015: 1-6.

[8] KIM S, LEE D, KIM Y, et al. Datasets, tasks, and training methods for large-scale hypergraph learning[J]. Data Mining and Knowledge Discovery, 2023, 37(6): 2216-2228.

[9] HAYASHI K, AKSOY S G, PARK C H, et al. Hypergraph random walks, Laplacians, and clustering[C]//Proceedings of the ACM International Conference on Information and Knowledge Management. Online: ACM, 2020: 495-504.

[10] ZHANG C, HU S, TANG Z G, et al. Re-revisiting learning on hypergraphs: Confidence interval, subgradient method, and extension to multiclass[J]. IEEE Transactions on Knowledge and Data Engineering, 2020, 32(3): 506-518.

[11] ZHOU D, HUANG J, SCHÖLKOPF B. Learning with hypergraphs: Clustering, classification, and embedding[C]//Proceedings of the Advances in Neural Information Processing Systems. Vancouver: MIT Press, 2007: 1601-1608.

[12] ZHANG Y, WANG N, CHEN Y, et al. Hypergraph label propagation network[C]//Proceedings of the AAAI Conference on Artificial Intelligence. 2020: 6885-6892.

[13] ZHOU D, BOUSQUET O, LAL T N, et al. Learning with local and global consistency[C]//Proceedings of the Advances in Neural Information Processing Systems. Vancouver: MIT Press, 2004: 321-328.

[14] GAO Y, WANG M, TAO D, et al. 3-D object retrieval and recognition with hypergraph analysis[J]. IEEE Transactions on Image Processing, 2012, 21(9): 4290-4303.

[15] ZHANG Z, LIN H, ZHAO X, et al. Inductive multi-hypergraph learning and its application on view-based 3D object classification[J]. IEEE Transactions on Image Processing, 2018, 27(12): 5957-5962.

第 7 章　超图上的聚类

聚类是数据分析的一项基础任务，其核心目标是将数据集中的元素根据相似性划分为多个组或“簇”。聚类的应用十分广泛，如市场细分[1]、社交网络分析[2-3]、生物信息学[4]等领域。虽然传统聚类方法（如 *k*-means、层次聚类等）经过几十年的发展，性能显著提升，但如何更好地挖掘数据背后的复杂关联对于聚类任务仍然非常重要[5]。超图上的聚类旨在对超图结构中的节点进行聚类，如图 7.1 所示。近年来，超图聚类在数据挖掘和机器学习领域得到了广泛关注[6-9]。本章主要介绍两种典型的超图聚类方法，分别是基于自适应超图自编码器的超图聚类[10] 和基于惩罚流的超图局部聚类[11]。

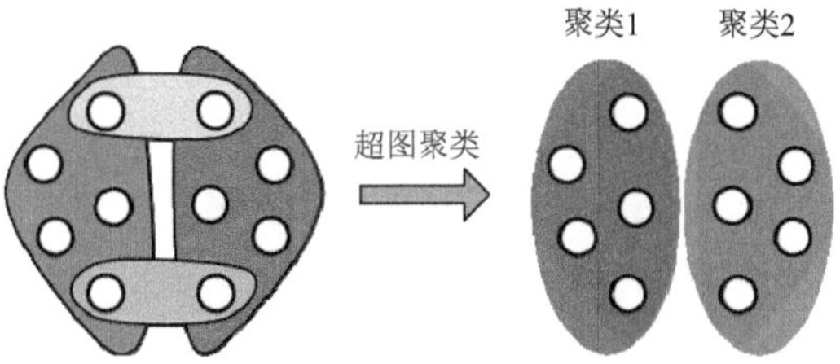

图 7.1　超图聚类示意图

本章首先介绍基于自适应超图自编码器的超图聚类方法。在现实世界中建模具有超图关系的数据时，超图节点通常伴随着属性信息，构成了属性超图。该方法在节点属性的基础上进一步结合超图结构，通过自适应超图自编码器学习低维空间中的节点嵌入表示，从而获得更好的聚类性能。接下来介绍基于惩罚流的超图局部聚类方法。该方法通过随机游走扩展初始种子集，并将节点的随机游走信息作为惩罚流引入最大流框架，以优化输出。由于该方法具有强局部性特点，可以在大规模超图上进行高效聚类。

7.1　基于自适应超图自编码器的超图聚类

虽然超图具备建模高阶关联的优势，但在属性超图中如何同时利用结构信息和属性信息以提升聚类性能仍需探索。本节介绍自适应超图自编码器（adaptive hypergraph autoencoder，AHGAE）[10]方法，通过超图神经网络自适应学习聚类过程中结构和属性的整合模式。AHGAE 方法的框架如图 7.2 所示，包括节点平滑和基于关系重构的超图自适应聚类两个步骤，实现结构和属性信息的有效整合。AHGAE 方法的第一个步骤是节点平滑。对节点信息及其邻居信息进行超图拉普拉斯平滑滤波，通过超边和节点之间的关联信息自适应选择最优平滑阶数，以生成更优的节点表示。第二个步骤是自适应聚类。通过特征学习生成节点的低维特征向量，并通过生成重构邻接矩阵约束节点的低维嵌入特征空间，使其尽可能保留原始超图中节点的拓扑关系，以进一步优化节点的特征表示。

这两个步骤完成了对超图数据的解耦，实现了面向属性信息的超图聚类。

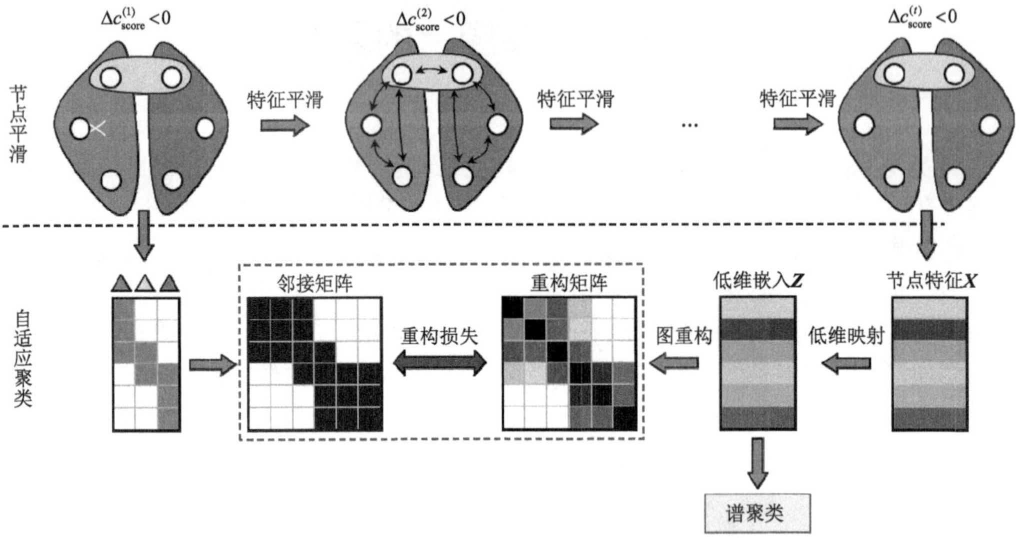

图 7.2 AHGAE 方法的框架

1. 节点平滑

AHGAE 方法的第一步是基于超图拉普拉斯滤波的节点平滑表示。节点信息的聚合包括两个过程，分别是节点特征传递到超边及超边特征传递到节点。节点特征传递到超边的过程可以写为

$$\boldsymbol{E}_k^{(t)}=\frac{1}{|\mathcal{N}(e_k)|}\sum_{v_j\in\mathcal{N}(e_k)}\boldsymbol{X}_j^{(t)}=\sum_{v_j\in\mathcal{V}}\frac{\boldsymbol{H}(j,k)}{d_e(k)}\boldsymbol{X}_j^{(t)} \tag{7.1}$$

其中，e_k 表示超边集合 $\mathcal{E}$ 中的第 k 个超边；v_j 表示节点集合 $\mathcal{V}$ 中的第 j 个节点；t 表示超边特征的阶数（即平滑的次数）；$\mathcal{N}(e_k)$ 表示超边 e_k 中的节点集合；$\boldsymbol{E}_k$ 表示超边 e_k 的特征；$\boldsymbol{X}_j$ 表示节点 v_j 的特征。在每个超边聚合了节点特征后，AHGAE 进一步通过超边权重将超边信息传递到所有节点，并与原始节点特征加权融合，得到融合特征 $\boldsymbol{X}_i^{(t+1)}$，其过程可以表示为

$$\begin{aligned}\boldsymbol{X}_i^{(t+1)}&=(1-\gamma)\boldsymbol{X}_i^{(t)}+\gamma\sum_{e_k\in N(v_i)}\frac{\boldsymbol{H}(i,k)w(k)}{d_v(i)}\boldsymbol{E}_k^{(t)}\\&=(1-\gamma)\boldsymbol{X}_i^{(t)}+\gamma\sum_{v_j\in\mathcal{V}}\sum_{e_k\in\mathcal{E}}\frac{\boldsymbol{H}(i,k)w(k)\boldsymbol{H}(j,k)}{d_v(i)d_e(k)}\boldsymbol{X}_j^{(t)}\end{aligned} \tag{7.2}$$

进一步简化以上公式，可以得到其矩阵形式：

$$\boldsymbol{X}^{(t+1)}=(1-\gamma)\boldsymbol{X}^{(t)}+\gamma\boldsymbol{D}_v^{-1}\boldsymbol{H}\boldsymbol{W}\boldsymbol{D}_e^{-1}\boldsymbol{H}^{\mathrm{T}}\boldsymbol{X}^{(t)} \tag{7.3}$$

其中，$N(v)$ 表示与节点 v 相关联的超边集合；$\gamma\in[0,1]$ 为滤波的权重系数；d_v 表示节点度；d_e 表示超边度；$\boldsymbol{D}_v$ 表示节点度的对角矩阵；$\boldsymbol{D}_e$ 表示超边度的对角矩阵；$\boldsymbol{H}$ 是超图的关联矩阵。

由于 $\boldsymbol{D}_v^{-1}\boldsymbol{HWD}_e^{-1}\boldsymbol{H}^{\mathrm{T}}$ 为非对称阵，其特征值可能出现复数，会导致特征呈不稳定状态，同时堆叠多层滤波器时特征爆炸或消失的风险也会增加。因此，可将该矩阵进行对称归一化表示为 $\boldsymbol{D}_v^{-1/2}\boldsymbol{HWD}_e^{-1}\boldsymbol{H}^{\mathrm{T}}\boldsymbol{D}_v^{-1/2}$。对称归一化后，上式可以重新写为

$$\begin{aligned}\boldsymbol{X}^{(t+1)} &= (1-\gamma)\boldsymbol{X}^{(t)} + \gamma\boldsymbol{D}_v^{-1/2}\boldsymbol{HWD}_e^{-1}\boldsymbol{H}^{\mathrm{T}}\boldsymbol{D}_v^{-1/2}\boldsymbol{X}^{(t)} \\ &= \boldsymbol{X}^{(t)} - \gamma\left(\boldsymbol{I} - \boldsymbol{D}_v^{-1/2}\boldsymbol{HWD}_e^{-1}\boldsymbol{H}^{\mathrm{T}}\boldsymbol{D}_v^{-1/2}\right)\boldsymbol{X}^{(t)} \\ &= \boldsymbol{X}^{(t)} - \gamma\boldsymbol{\varDelta}\boldsymbol{X}^{(t)}\end{aligned} \tag{7.4}$$

通过以上公式可以获得对称的超图拉普拉斯矩阵为

$$\boldsymbol{\varDelta} = \boldsymbol{I} - \boldsymbol{D}_v^{-1/2}\boldsymbol{HWD}_e^{-1}\boldsymbol{H}^{\mathrm{T}}\boldsymbol{D}_v^{-1/2} \tag{7.5}$$

其中，$\boldsymbol{\varDelta}$ 为半正定矩阵。因此，$\boldsymbol{D}_v^{-1/2}\boldsymbol{HWD}_e^{-1}\boldsymbol{H}^{\mathrm{T}}\boldsymbol{D}_v^{-1/2}$ 的特征值不大于 1，从而实现节点和超边特征的稳定性。

总结以上过程，多阶超图拉普拉斯平滑滤波可以表示为

$$\boldsymbol{X}^{(t)} = (\boldsymbol{I} - \gamma\boldsymbol{\varDelta})^t\boldsymbol{X} \tag{7.6}$$

接下来介绍超图拉普拉斯矩阵对不同频域信号的抑制作用。首先，对超图拉普拉斯矩阵 $\boldsymbol{\varDelta}$ 进行特征值分解，即 $\boldsymbol{\varDelta} = \boldsymbol{U\Lambda U}^{-1}$，其中，对角矩阵 $\boldsymbol{\Lambda}$ 的对角元素是 $\boldsymbol{\varDelta}$ 的特征值，其元素用 λ 表示。频率响应函数如下所示：

$$p(\boldsymbol{\Lambda}) = \operatorname{diag}\left(p(\lambda_1), p(\lambda_2), \cdots, p\left(\lambda_{|\mathcal{V}|}\right)\right) \tag{7.7}$$

$$p(\lambda) = 1 - \gamma\lambda, \gamma \in [0,1] \tag{7.8}$$

其中，超图拉普拉斯矩阵的特征值 $\lambda \in [0,1]$ 与 $p(\lambda)$ 负相关，并且 $p(\boldsymbol{\Lambda})$ 是一个半正定矩阵，因此超图拉普拉斯平滑滤波器可以有效抑制高频信号。这里用 $\boldsymbol{G}$ 表示超图拉普拉斯滤波器，其表达可简化为

$$\boldsymbol{G} = \boldsymbol{U}p(\boldsymbol{\Lambda})\boldsymbol{U}^{-1} = \boldsymbol{U}(\boldsymbol{I} - \gamma\boldsymbol{\Lambda})\boldsymbol{U}^{-1} = \boldsymbol{I} - \gamma\boldsymbol{\varDelta} \tag{7.9}$$

可以看出，从超图拉普拉斯平滑滤波器在频域上的表达形式出发，得到的特征矩阵 $\boldsymbol{X}$ 的平滑表达式与式（7.4）相同。

在节点特征的平滑过程中，设置合适的平滑阶数可以让节点感知到合理的邻接特征范围。因此，平滑阶数是一个非常关键的指标。对于 t 阶平滑滤波后的平滑特征矩阵 $\boldsymbol{X}$，AHGAE 使用戴维斯-布尔丁指数（Davies-Bouldin index，DBI）[12]来衡量其聚类质量，DBI 的表达式可以写为

$$c_{\text{score}}^{(t)} = \mathrm{DBI}\left(\boldsymbol{X}^{(t)}\left(\boldsymbol{X}^{(t)}\right)^{\mathrm{T}}\right) \tag{7.10}$$

其中，$\mathrm{DBI}(\cdot)$ 为 DBI 算法，定义为

$$\mathrm{DBI} = \max_{i,j}\frac{\boldsymbol{S}_i + \boldsymbol{S}_j}{\boldsymbol{M}_{i,j}} \tag{7.11}$$

其中，$\boldsymbol{S}_i$ 表示第 i 个簇中的每个样本与其簇中心的平均距离；$\boldsymbol{M}_{i,j}$ 表示簇 i 和簇 j 的类间距离。平滑阶数过高会导致节点特征过平滑，使类间距离 $\boldsymbol{M}_{i,j}$ 急剧减小，$\boldsymbol{M}_{i,j}$ 指数增大。因此，可以通过计算 $c_{\text{score}}^{(t)}$ 的变化量来优化平滑阶数。AHGAE 采用 score 的差分 $\Delta c_{\text{score}}^{(t)} = c_{\text{score}}^{(t)} - c_{\text{score}}^{(t-1)}$ 作为衡量平滑阶数的关键指标，当 $\Delta c_{\text{score}}^{(t)} < 0$ 时，增大平滑阶数仍会提升聚类效果；当 $\Delta c_{\text{score}}^{(t)} > 0$ 时，其平滑系数为 $t-1$ 的特征矩阵 $\boldsymbol{X}$ 所得到的聚类性能接近最

优。因此，将 $t-1$ 作为最优的平滑阶数，并将该平滑阶数得到的特征矩阵作为最优平滑特征矩阵 $\boldsymbol{X}_{\mathrm{sm}}=\boldsymbol{X}^{(t-1)}$。

2. 自适应聚类

AHGAE 方法的第二步是基于关系重构的超图自适应聚类。图 7.2 的自适应聚类部分展示了在获得平滑特征矩阵后，通过关系重构自编码器生成包含结构信息的节点低维嵌入。首先，基于关联矩阵的节点邻接矩阵计算过程如下：

$$\boldsymbol{A}=\varepsilon\left(\boldsymbol{H}\boldsymbol{H}^{\mathrm{T}}\right) \tag{7.12}$$

其中，ε 为二值函数，其表达式如下：

$$\varepsilon(x)=\begin{cases}1 & x>0\\ 0 & x=0\end{cases} \tag{7.13}$$

在得到邻接矩阵后，为了计算重构矩阵，AHGAE 使用全连接层来压缩超图拉普拉斯平滑滤波后的特征矩阵：

$$\boldsymbol{Z}=\operatorname{scale}\left(\boldsymbol{X}_{\mathrm{sm}}\boldsymbol{\Theta}\right) \tag{7.14}$$

$$\operatorname{scale}(\boldsymbol{x})=\frac{\boldsymbol{x}-\min(\boldsymbol{x})}{\max(\boldsymbol{x})-\min(\boldsymbol{x})} \tag{7.15}$$

其中，$\boldsymbol{Z}$ 表示包含结构和特征信息的节点嵌入矩阵；$\boldsymbol{X}_{\mathrm{sm}}$ 为 $t-1$ 阶的特征矩阵 $\boldsymbol{X}^{(t-1)}$；$\boldsymbol{\Theta}$ 是可学习的低维嵌入参数矩阵；$\operatorname{scale}(\cdot)$ 表示节点特征的归一化函数，用于将节点特征范围限制在 0 和 1 之间。节点特征的相似性矩阵可以进一步定义为

$$\boldsymbol{S}=\operatorname{Sigmoid}\left(\boldsymbol{Z}\boldsymbol{Z}^{\mathrm{T}}\right) \tag{7.16}$$

$$\operatorname{Sigmoid}(x)=\frac{1}{1+\mathrm{e}^{-x}} \tag{7.17}$$

其中，$\boldsymbol{S}$ 为重构矩阵，即节点及其邻居的内积解码器，其作用是最小化邻接矩阵 $\boldsymbol{A}$ 与相似性矩阵 $\boldsymbol{S}$ 之间的误差，使节点的低维嵌入能够更好地保留超图的原始结构信息。然而，使用式（7.12）构建邻接矩阵时，具有更大度值的超边重构的普通边数量更多，重构误差计算时该超边的比重更大，从而可能导致聚类结果产生偏差。为了解决这个问题，可为邻接矩阵 $\boldsymbol{A}$ 中的不同元素赋予不同的权值，对于连接密度高的边，其对应的权重更小，即

$$\boldsymbol{W}_{ij}=\begin{cases}\dfrac{|\mathcal{V}|^2-\sum\sum\boldsymbol{A}_{ij}}{\sum\sum\boldsymbol{A}_{ij}} & \boldsymbol{A}_{ij}=1\\ 1 & \boldsymbol{A}_{ij}=0\end{cases} \tag{7.18}$$

综上所述，重构矩阵与邻接矩阵之间的重构损失可通过加权的二元交叉熵函数进行计算：

$$L_{\mathrm{re}}=-\frac{1}{|\mathcal{V}|^2}\sum_{i=1}^{|\mathcal{V}|}\sum_{j=1}^{|\mathcal{V}|}\boldsymbol{W}_{ij}\left[\boldsymbol{A}_{ij}\log\boldsymbol{S}_{ij}+\left(1-\boldsymbol{A}_{ij}\right)\log\left(1-\boldsymbol{S}_{ij}\right)\right] \tag{7.19}$$

关系重构自编码器通过上述重构损失训练节点的低维嵌入网络，使节点在低维嵌入

空间中尽可能保留原始结构信息，从而增强模型的表达能力。此外，基于节点的低维嵌入特征，使用谱聚类方法[13]计算超图的节点自适应聚类结果。AHGAE 通过超图拉普拉斯平滑滤波和关系重构自编码器，能够有效融合节点信息和结构信息，优化节点嵌入，提高表示能力和聚类效果。

7.2　基于惩罚流的超图局部聚类

7.1 节介绍的基于自适应自编码器的超图聚类方法是一种全局聚类模式，本节则介绍另一种方法，即超图局部聚类。超图局部聚类在大规模超图场景下，通过一组已知标签的种子节点找到其周围紧密相连的节点簇。在实际应用中，种子节点可以表示目标聚类的半监督信息，通过结合种子集的知识和网络拓扑结构来完成聚类任务。

现有的超图局部聚类方法中，最典型的是基于最大流的方法[14]，即通过反复求解最小 s-t（source to target）分割问题来最小化聚类目标。虽然常规的基于最大流的方法从理论上有更好的分割保证[14]，但在社区检测等实际应用中存在较多问题。该方法假定所有输入节点有相同的权重，仅考虑 s-t 分割的优化目标，但是实际应用中对于待检测节点是否属于目标聚类的判定可能存在不同程度的置信度。

针对该问题，本节介绍一种基于惩罚流的超图局部聚类方法（penalized flow hypergraph local clustering，PFHLC）[11]，其框架如图 7.3 所示。PFHLC 通过引入随机游走来增强半监督信息，为与种子集关系较近的节点分配更高的置信度，使这些节点更倾向于保留在聚类结果中。

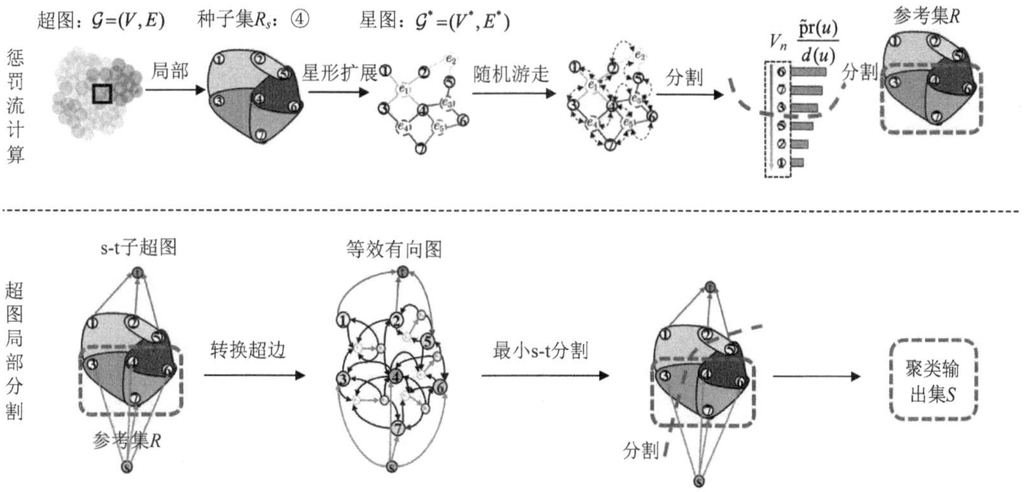

图 7.3　基于惩罚流的超图局部聚类方法框架示意图

1. 局部聚类中的惩罚流计算

在基于最大流的超图局部聚类方法中，传导率是其中最重要的指标，表征了信息流在被切割的两个节点簇之间传递的密度。给定一个超图$\mathcal{G}=(V,E)$，PFHLC 首先使用星形扩展将超图$\mathcal{G}$转换为星图$\mathcal{G}^*=(V^*,E^*)$，其中，$V^*=V\cup E$，$E^*=\{(u,e):\ u\in e,e\in E\}$。接下来，将种子集$R_s$和星图$\mathcal{G}^*$输入个性化网页排名（personalized pagerank，PPR）算法[15]中得到每个节点的 PPR 值，并根据 PPR 值对节点进行排序。基于排序结果依次计算传导率，得到传导率最小的参考集R。

通过 PPR 算法不仅可以获得传导率较低的参考集，还可以在随机游走过程中获得近邻节点的相关概率。在基于最大流的方法中，每个节点的游走概率在计算过程中起着至关重要的作用。下面以 PPR 向量为基础，计算节点的惩罚权重。在$\mathcal{G}^*$中定义$v\in V^*$的惩罚权重$\mathbf{PR}$：

$$\mathbf{PR}(v)=\sigma\tilde{\mathrm{pr}}(v)\mathrm{vol}(R) \tag{7.20}$$

其中，σ表示平衡惩罚值影响程度的超参数；$\tilde{\mathrm{pr}}(v)$表示节点v的 PPR 值。惩罚权重表示每个节点对种子集的重要性，直观来讲，可以认为节点对种子集R_s越重要，它所获得的惩罚权重$\mathbf{PR}$就越高。为了使种子集$R_s\subset R$必须包含在目标聚类中，其惩罚权重$\mathbf{PR}$可以被设置为无穷大。惩罚权重在求解最小 s-t 分割时起到辅助分割的作用，在分割时保护与种子集R_s紧密相连的节点。

在求解最小 s-t 分割的过程中，对每条超边引入δ线性阈值分割函数：

$$\boldsymbol{w}_e(A)=\min\{\delta+\mathbf{PR}(e),|A|,|e\setminus A|\}\ \forall A\subseteq e \tag{7.21}$$

其中，$\mathbf{PR}(e)$是超边e的随机游走惩罚。具体来讲，超边为一组节点的集合，分割超边会生成两个子集，将一个节点从更大子集移动到更小子集时会产生 1 单位的分割成本，直至成本达到$(\delta+\mathbf{PR}(e))$。可以认为$\mathbf{PR}(e)$越大，超边越重要，分割的阈值也会随之增加。分割函数可以通过调整δ值来设置，同时超边上的随机游走结果表示了节点的重要性，每个超边的分割惩罚也会根据不同节点的重要性来自适应调整。

对于超边分割式（7.21），可以将超边转换为有向图，将超边分割等效为图上的 s-t 分割问题，使用以下方式来替换超边$e\in E$：

- 引入两个辅助节点x_e和y_e；
- 添加权重为$(\delta+\mathbf{PR}(e))$的边(x_e,y_e)；
- 对于每个$v\in e$，添加有向边(v,x_e)和(y_e,v)，权重为 1。

为了在最小 s-t 分割过程中充分利用随机游走的信息，这里引入随机游走惩罚传导目标函数，即

$$\mathbf{RPC}_{R,\varepsilon}(S)=\begin{cases}\dfrac{\mathrm{cut}(S)}{\Gamma_{R,\varepsilon}(S)} & \Gamma_{R,\varepsilon}(S)>0\\ \infty & \text{其他}\end{cases} \tag{7.22}$$

其中，S为输出集；$\Gamma_{R,\varepsilon}(S)=\mathrm{vol}(R\cap S)-\varepsilon\mathrm{vol}(\bar{R}\cap S)-\mathbf{PR}(R\cap\bar{S})$为$R$和$S$之间的重叠体积；$\varepsilon$是局部参数，其作用是控制输出集尽可能包含在参考集$R$内。重叠体积中第一项为$S$和$R$之间交集的节点奖励项，第二项为输出集$S$中与$R$不相交的节点惩罚项，第三项为参考集$R$中与$S$不相交的节点惩罚项。重叠体积在优化目标$\mathbf{RPC}_{R,\varepsilon}(S)$中的作用是令输出集$S$与参考集$R$尽可能重叠，尽可能缩小局部聚类的目标范围。

2. 基于惩罚流的超图局部分割

在定义了随机游走惩罚传导目标后，由于最小化目标函数[式(7.22)]的求解为 NP-hard 问题，无法直接求解，因此需要采用建立辅助超图的方法来间接求解。首先将超图$\mathcal{G}$扩展成辅助超图$\mathcal{G}_\alpha$，其中$\alpha \in (0,1)$为迭代参数，步骤如下：

- 引入源节点s和汇聚节点t；
- 对于每个$u \in R$，添加权重为$\alpha\left(d(u)+\mathbf{PR}(u)\right)$的边$(s,u)$；
- 对于每个$v \in \bar{R}$，添加权重为$\varepsilon\alpha d(v)$的边(v,t)。

接下来对$\mathcal{G}_\alpha$进行最小 s-t 分割以得到输出节点集$S \subseteq V$，其分割损失值定义为

$$st-\mathrm{cut}_\alpha(S)=\mathrm{cut}(S)+\alpha\left(\mathrm{vol}\left(\bar{S}\cap R\right)+\mathbf{PR}\left(\bar{S}\cap R\right)\right)+\alpha\varepsilon\mathrm{vol}\left(S\cap\bar{R}\right) \quad (7.23)$$

其中，第一项是原始超图中集合S的分割惩罚项，第二项表示将$\bar{S}\cap R$连接到源节点s的边的惩罚，第三项表示将$S\cap\bar{R}$连接到源节点s的边的惩罚。

可以证明最小化随机游走惩罚传导率$\mathbf{RPC}_{R,\varepsilon}(S)$，能够保证每次迭代中$\mathbf{RPC}(S)<\alpha$，使$\mathrm{cut}(S)<\alpha\Gamma(S)$[11]。将$\alpha$初始化为$\mathbf{RPC}(R)$，迭代求解最小分割损失目标式（7.23），并基于求解的集合S计算随机游走惩罚传导目标值及更新α，即$\alpha \leftarrow \mathbf{RPC}(S)$。迭代执行此求解流程直至$\alpha$值不再减小，此时即可得到最小随机游走传导目标的节点集S_{best}。

本节介绍的 PFHLC 方法使用随机游走来扩展初始种子集，定义了包含随机游走信息的分割目标函数，将节点的随机游走信息作为惩罚流引入基于最大流的局部聚类框架，充分利用目标聚类的半监督信息来保护聚类中的重要节点。超图局部聚类具有强局部性，其运行时间仅取决于局部节点集合的大小，不需要探索整个超图，因此可以在较大规模的超图上高效运行。许多实际任务更关注局部的聚类效果而非全局效果，如电商平台的搜索排序和金融系统的重点风控等。

本章小结

本章主要介绍了超图上的聚类方法。相比于传统聚类方法，超图聚类不仅可以更充分地利用数据背后的高阶关联，还能够考虑更多的信息，如节点的属性信息和超图的结构信息，从而在许多应用中表现出更好的效果。本章介绍了两种超图聚类方法，即基于自适应自编码器的超图聚类和基于惩罚流的超图局部聚类。基于自适应自编码器的超图聚类方法通过自适应超图自编码器学习低维空间中的节点嵌入，同时通过重构解码器将结构信息结合到节点的嵌入过程中，优化节点表达，实现节点属性空间和结构空间的有效融合。基于惩罚流的大规模超图局部聚类方法则专注于超图局部聚类模式，针对基于最大流的局部聚类方法中的节点重要性问题，通过随机游走扩展初始种子集，并引入随机游走信息作为最大流框架中的惩罚流，以优化聚类结果。这两种聚类方法分别关注聚类的全局信息和局部信息，为不同应用场景提供了多种可选方案。

参考文献

[1] ZHU Z, ZHOU Y, DENG X, et al. A graph-oriented model for hierarchical user interest in precision social marketing[J]. Electronic Commerce Research and Applications, 2019, 35: 100845.

[2] YANG T, JIN R, CHI Y, et al. Combining link and content for community detection: A discriminative approach[C]//Proceedings of the 15th ACM SIGKDD International Conference on Knowledge Discovery and Data Mining. Paris: ACM, 2009: 927-936.

[3] YE F, CHEN C, ZHENG Z. Deep autoencoder-like nonnegative matrix factorization for community detection[C]//Proceedings of the 27th ACM International Conference on Information and Knowledge Management. Turin: ACM, 2018: 1393-1402.

[4] FENG S, HEATH E, JEFFERSON B A, et al. Hypergraph models of biological networks to identify genes critical to pathogenic viral response[J]. BMC Bioinformatics, 2021, 22(1): 287.

[5] MILO R, SHEN-ORR S, ITZKOVITZ S, et al. Network motifs: simple building blocks of complex networks[J]. Science, 2002, 298(5594): 824-827.

[6] LÓPEZ E. The distribution of the number of node neighbors in random hypergraphs[J]. Journal of Physics A: Mathematical and Theoretical, 2013, 46(30): 305003.

[7] CHODROW P S, VELDT N, BENSON A R. Generative hypergraph clustering: From blockmodels to modularity[J]. Science Advances, 2021, 7(28): eabh1303.

[8] LI P, MILENKOVIC O. Submodular hypergraphs: p-Laplacians, cheeger inequalities and spectral clustering[C]//Proceedings of the International Conference on Machine Learning. Stockholm: Curran Associates Inc., 2018: 3020-3029.

[9] ZHOU D, HUANG J, SCHÖLKOPF B. Learning with hypergraphs: Clustering, classification, and embedding[C]//Proceedings of the Advances in Neural Information Processing Systems. Vancouver: Curran Associates Inc., 2007: 1601-1608.

[10] HU Y, LI X, WANG Y, et al. Adaptive hypergraph auto-encoder for relational data clustering[J]. IEEE Transactions on Knowledge and Data Engineering, 2021, 35(3): 2231-2242.

[11] ZHONG H, ZHANG Y, YAN C, et al. Penalized flow hypergraph local clustering[J]. IEEE Transactions on Knowledge and Data Engineering, 2023: 1-6.

[12] DAVIES D L, BOULDIN D W. A cluster separation measure[J]. IEEE Transactions on Pattern Analysis and Machine Intelligence, 1979, 1(2): 224-227.

[13] NG A Y, JORDAN M I, WEISS Y. On spectral clustering: Analysis and an algorithm[C]//Advances in Neural Information Processing Systems. Vancouver: Curran Associates Inc., 2001: 849-856.

[14] ANDERSEN R, CHUNG F R K, LANG K J. Local graph partitioning using PageRank vectors[C]//Proceedings of the 47th Annual IEEE Symposium on Foundations of Computer Science. Berkeley: IEEE, 2006: 475-486.

[15] LOFGREN P, BANERJEE S, GOEL A. Personalized PageRank estimation and search: A bidirectional approach[C]//Proceedings of the Ninth ACM International Conference on Web Search and Data Mining. San Francisco: ACM, 2016: 163-172.

第 8 章　超图上的神经网络

深度学习近年来发展迅速，但是传统神经网络在表示学习过程中较少考虑数据的关联结构，而最新的图神经网络等方法[1-2]则采用了图结构进行表示学习。以上两类方法均未能充分挖掘数据之间的高阶关联，制约了内容表示能力。ACM Fellow、不列颠哥伦比亚大学的马戈·塞尔策（Margo Seltzer）教授指出："超图上的表示学习已经是一个重要的机器学习问题了，并成为计算机视觉等领域高影响力应用的基石。"[3] 印度科学研究所（Indian Institute of Science）荣誉教授纳拉辛哈·穆尔蒂（M. Narasimha Murty）也指出："现有的图神经网络方法适合于简单图（节点之间是成对关联），但是实际生活中对象的关联更加复杂，超出成对关联的高阶关联不适合于通过简单图来表示。设计用于超图表示的学习方法非常重要。"[4] 因此，突破仅利用成对关联的局限，建立数据与高阶关联协同的语义计算方法是亟待解决的核心挑战。针对这一需求，超图神经网络作为实现数据及高阶关联协同计算的重要方法，近年来得到了广泛关注。

本章将系统介绍超图上的神经网络方法，包括超图神经网络模型和超图动力系统模型等内容。通常，基于超图的神经网络可以分为两类：基于谱域的方法和基于空域的方法。基于谱域的方法在超图的谱域中定义卷积操作，而基于空域的方法则在空间上邻近的节点组中定义卷积操作。本章将介绍几种典型的基于空域的超图神经网络，包括通用超图神经网络、动态超图神经网络和核超图神经网络等。同时，本章还介绍了时序超图神经网络和异质超图自编码器等方法，以应对时序数据预测和网络链路预测等更为复杂的任务。之后进一步从常微分方程动力系统的角度出发，介绍超图动力系统神经网络。最后从谱域和空域对超图神经网络与图神经网络进行对比分析，以说明超图在构建与计算数据的高阶相关性方面的显著优势。

8.1　超图神经网络

传统图神经网络（graph neural networks，GNN）在处理复杂关系时面临两大核心挑战。首先，它们往往局限于成对关系，而难以处理更复杂的高阶关联关系。其次，它们在学习高阶关联关系方面存在局限性，难以有效捕捉数据的丰富特性。在社交网络、生物信息学、知识图谱等众多领域，高阶关系（如节点集合之间的相互作用）对于理解整体结构和功能至关重要。因此，超图神经网络（HGNN）应运而生，成为一种有效应对高阶关联关系的计算工具。在超图神经网络中，以超图结构建模高阶信息关联，通过超图的谱域和空域卷积实现在高阶关联引导下的数据语义协同计算。由超边卷积模块及节点卷积模块交互计算超边及节点的特征表示，通过双阶段卷积来获得精确的语义特征表示。本节将介绍典型的超图神经网络模型。有别于以往将超图简化为图结构的方法，朴素超图神经网络（vanilla hypergraph neural networks，Vanilla HGNN）设计了一种直接的谱域超图卷积技术，能够保留数据之间的高阶信息，并在处理高阶关联数据时显示出突出优势。在此基础上，通用超图神经网络（general hypergraph neural networks，HGNN$^+$）进一步引入了更为灵活的高阶关联建模方法和通用的空域超图卷积框架，拓展了超图建模的灵活性和超图卷积的通用性。动态超图神经网络（dynamic hypergraph neural networks，DHGNN）将静态场景下的超图结构学习方法引入特征学习过程中，同时实现语义表示的学习和超图结构的优化。时序超图神经网络（temporal hypergraph neural networks，THGNN）则针对动态超图时序场景建立建模和学习方法。核超图神经网络（kernelized hypergraph neural networks，KHGNN）对核超图消息传播模块进行了改进，提升了超图网络的非线性表达能力。超图注意力（hypergraph attention，Hyper-Atten）机制设计了一种面向复杂关联的注意力模型，异质超图变分自编码器（HeteHG-VAE）则采用贝叶斯深度生成策略来学习异质超图的低维嵌入，提高了在异质超图链路预测任务中的准确性。

8.1.1 朴素超图神经网络

随着对超图建模能力的不断探索，越来越多的应用场景开始采用以超图结构为基础的模型。尽管图神经网络的进步使一些早期研究首先将超图简化为图结构，进而应用 GNN 进行处理，但这导致了高阶关联信息的损失，从而限制了模型的性能。随着理论研究的深入，线性和非线性拉普拉斯矩阵在超图计算领域得到了广泛应用，并取得了显著成果[5]。因此，设计一种直接面向超图结构的神经网络模型已成为超图计算研究领域的迫切需求。

朴素超图神经网络（Vanilla HGNN）正是为应对 GNN 在处理高阶关联时所遇到的挑战而设计的。与图神经网络相比，超图神经网络中通过超图结构能够更有效地表达高阶关联。超图结构中的一个超边可以连接任意数量的节点，这种结构特性使 Vanilla HGNN 能够更深刻地捕捉数据中的高阶关联关系。在众多应用场景中，相较于图神经网络，Vanilla HGNN 能够提供更为精确的模型性能。通过引入超图结构，Vanilla HGNN 不仅扩展了图神经网络的适用范围，更提升了其在高阶关联建模上的能力，特别是在处理高阶数据关系的任务中表现出色。本节将介绍谱域超图神经网络模型的计算过程，主要采用基于谱域的超图卷积操作。

考虑一个具有 N 个节点的超图 $\mathcal{G}=(\mathcal{V}, \mathcal{E}, \boldsymbol{\Delta})$，其拉普拉斯矩阵 $\boldsymbol{\Delta}$ 是一个 $N\times N$ 的半正定矩阵。该矩阵能够有效编码超图中节点之间的高阶相互作用，并通过特征分解 $\boldsymbol{\Delta}=\boldsymbol{\Phi}\boldsymbol{\Lambda}\boldsymbol{\Phi}^{\mathrm{T}}$ 来实现对这些关系的表示。其中，特征向量 $\boldsymbol{\Phi}=\mathrm{diag}(\phi_1,\phi_2,\cdots,\phi_N)$ 构成了正交基，对角矩阵 $\boldsymbol{\Lambda}=\mathrm{diag}(\lambda_1,\lambda_2,\cdots,\lambda_N)$ 则包含了特征值。这种特征分解将超图信号转换至频域，从而允许对其进行更为精细的分析操作。在超图中，信号 $\boldsymbol{x}=(x_1,x_2,\cdots,x_N)$ 的傅里叶变换由 $\hat{x}=\boldsymbol{\Phi}^{\mathrm{T}}\boldsymbol{x}$ 定义。这一转换至关重要，将信号从空域迁移至频域，从而为在频域进行信息处理提供了可能。在此框架下，假设特征向量 $\boldsymbol{\Phi}$ 构成了傅里叶基，而特征值 $\boldsymbol{\Lambda}$ 则对应着频率成分。进一步地，信号 $\boldsymbol{x}$ 与滤波器 g 的谱卷积可以表示为

$$g*\boldsymbol{x}=\boldsymbol{\Phi}\left(\left(\boldsymbol{\Phi}^{\mathrm{T}}g\right)\odot\left(\boldsymbol{\Phi}^{\mathrm{T}}\boldsymbol{x}\right)\right)=\boldsymbol{\Phi}g(\boldsymbol{\Lambda})\boldsymbol{\Phi}^{\mathrm{T}}\boldsymbol{x} \tag{8.1}$$

其中，$*$ 和 $\odot$ 分别表示节点信号的卷积和 Hadamard 乘积；$g(\boldsymbol{\Lambda})=\mathrm{diag}\big(g(\lambda_1),g(\lambda_2),\cdots,$

$g(\lambda_N))$表示傅里叶函数的系数。这种谱卷积使得在频域对信号进行过滤成为可能。然而，正向和反向傅里叶变换的计算复杂度可高达$\mathcal{O}(N^2)$，在实际应用中时间成本十分高昂。为克服这一难题，Defferrard 等[6]提出了使用K阶多项式对$g(\boldsymbol{\Lambda})$进行参数化的方法，其中所采用的多项式为截断的切比雪夫展开式。切比雪夫多项式$T_k(\boldsymbol{x})$的递推公式为$T_k(\boldsymbol{x})=2\boldsymbol{x}T_{k-1}(\boldsymbol{x})-T_{k-2}(\boldsymbol{x})$，初始条件为$T_0(\boldsymbol{x})=1$和$T_1(\boldsymbol{x})=\boldsymbol{x}$。通过这种参数化方式，基于信号和滤波器的谱卷积可以得到近似表示，从而显著降低了计算复杂度。$g(\boldsymbol{\Lambda})$的计算可以通过以下方法实现：

$$g*\boldsymbol{x}\approx\sum_{k=0}^{K}\theta_k T_k\left(\tilde{\boldsymbol{\Delta}}\right)\boldsymbol{x} \tag{8.2}$$

其中，$T_k\left(\tilde{\boldsymbol{\Delta}}\right)$表示阶数为$k$并使用缩放的拉普拉斯矩阵$\tilde{\boldsymbol{\Delta}}=\frac{2}{\lambda_{\max}}\boldsymbol{\Delta}-\boldsymbol{I}$切比雪夫多项式。

在式（8.2）中，矩阵幂、加法和乘法被组合在一起，而不是对拉普拉斯矩阵特征向量进行烦琐计算，进一步降低了计算复杂度。由于超图中的拉普拉斯矩阵可以表示节点之间的高阶关系，因此可以进一步将卷积操作的阶数限制为$K=1$。基于 Kipf 等[1]的简化策略，这里令$\lambda_{\max}\approx 2$以适应神经网络的尺度。超图卷积操作可以简化为

$$g*\boldsymbol{x}\approx\theta_0\boldsymbol{x}-\theta_1\boldsymbol{D}_v^{-1/2}\boldsymbol{HWD}_e^{-1}\boldsymbol{H}^{\mathrm{T}}\boldsymbol{D}_v^{-1/2}\boldsymbol{x} \tag{8.3}$$

其中，θ_0和θ_1分别代表了所有节点滤波器的参数。为了规避过拟合的风险，可以采用参数θ，其定义如下：

$$\begin{cases}\theta_1=-\dfrac{1}{2}\theta\\[2mm]\theta_0=\dfrac{1}{2}\theta\boldsymbol{D}_v^{-1/2}\boldsymbol{HD}_e^{-1}\boldsymbol{H}^{\mathrm{T}}\boldsymbol{D}_v^{-1/2}\end{cases} \tag{8.4}$$

因此，整个卷积过程可以简化为以下函数：

$$\begin{aligned}g*\boldsymbol{x}&\approx\frac{1}{2}\theta\boldsymbol{D}_v^{-1/2}\boldsymbol{H}(\boldsymbol{W}+\boldsymbol{I})\boldsymbol{D}_e^{-1}\boldsymbol{H}^{\mathrm{T}}\boldsymbol{D}_v^{-1/2}\boldsymbol{x}\\&\approx\theta\boldsymbol{D}_v^{-1/2}\boldsymbol{HWD}_e^{-1}\boldsymbol{H}^{\mathrm{T}}\boldsymbol{D}_v^{-1/2}\boldsymbol{x}\end{aligned} \tag{8.5}$$

其中，$(\boldsymbol{W}+\boldsymbol{I})$可以被视为超边的权重。在$\boldsymbol{W}$的初始化中，超边可以被赋予等权重，形成一个单位矩阵。上述简化计算方法不仅降低了计算复杂度，还提高了模型的泛化能力。针对第t层的超图信号$\boldsymbol{X}^t$，超边卷积层 HGNNConv 可以表示为

$$\boldsymbol{X}^{t+1}=\sigma\left(\boldsymbol{D}_v^{-1/2}\boldsymbol{HWD}_e^{-1}\boldsymbol{H}^{\mathrm{T}}\boldsymbol{D}_v^{-1/2}\boldsymbol{X}^t\boldsymbol{\Theta}\right) \tag{8.6}$$

其中，参数集合$\boldsymbol{\Theta}$是通过训练过程学习得到的。为了从超图中提取特征，滤波器$\boldsymbol{\Theta}$被应用于每个节点。经过滤波器的卷积作用，可以得到$\boldsymbol{X}^{t+1}$，这一结果可被进一步用于后续的处理步骤。这一卷积层不仅能够高效地在节点之间传递信息，还能够整合来自不同节点的信息，从而捕捉超图中的高阶关联关系。通过这种方法，超图神经网络在保持较低计算复杂度的同时，能够有效地对超图结构中的特征进行编码和学习。

在处理含有N个节点的超图$\mathcal{G}=(\mathcal{V},\mathcal{E},\boldsymbol{\Delta})$时，上述过程首先专注于拉普拉斯矩阵$\boldsymbol{\Delta}$的特性，这是一个至关重要的半正定矩阵。通过特征分解，可以获得正交特征向量和对角矩阵，进而在频域中分析超图信号。信号与滤波器的谱卷积则提供了一种在频域中高

效处理超图信号的方法。

在实际应用场景中，超边卷积层 HGNNConv 通过处理超图信号 $\boldsymbol{X}^t$，有效地实现了信息的传递与整合。通过引入可学习参数 $\boldsymbol{\Theta}$，在保持计算效率的同时，还能够从超图结构中提取出复杂的特征。这种技术不仅增强了模型的泛化能力，还能同时捕捉数据中的高阶关联关系，在多个应用领域中均实现了更深入的数据分析和理解，为处理高阶关联结构数据提供了一个强大且高效的工具。

图 8.1 展示了上述朴素超图神经网络模型的框架。朴素超图神经网络学习框架使用超图来建模数据之间的高阶关联，从而更加灵活、有效地处理实际数据，解决了高阶关联数据的表示与学习的难题。例如，在处理多模态数据时，可以将数据集划分为训练集和测试集，每个集合都由多个带有特征的样本组成，这些样本可以通过超图上的节点来表示。这些节点作为多模态数据集中信息的携带者，蕴含了关键的数据特征。在此基础上，可以根据多模态数据集内的关联关系构建多个超边结构组。

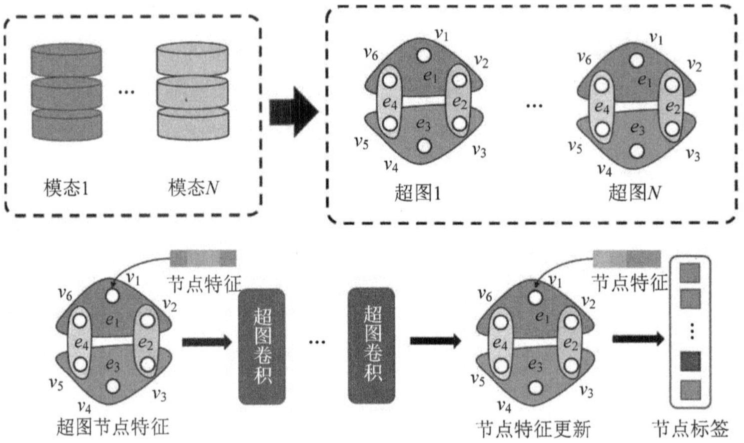

图 8.1（彩色）

图 8.1　Vanilla HGNN 模型框架

通过探究不同模态数据之间的相互作用和高阶关联，可完成超图结构的构建，从而捕捉数据中的深层次高阶结构和模式。在构造超图关联矩阵 $\boldsymbol{H}$ 后，将其与节点特征一同输入朴素超图神经网络中。朴素超图神经网络模型通过输入超图关联矩阵和节点特征，输出节点的特征表示及标签信息，这一过程通过特定的卷积层完成。

朴素超图神经网络模型不仅拥有灵活的建模能力，还展现出了强大的表示学习性能。如图 8.2 所示，该框架包括节点特征聚合、超边特征聚合和节点特征聚合这三个关键步骤，有效利用了超图结构来提取特征。具体来说，首先，初始节点特征 $\boldsymbol{X}^{(1)}$ 经过一个可学习的过滤矩阵 $\boldsymbol{\Theta}^{(1)}$ 处理，提取出 C_2-维特征。接着，根据超边将节点特征聚合，形成超边特征 $\mathbb{R}^{E\times C_2}$，这一步骤通过与 $\boldsymbol{H}^{\mathrm{T}}\in\mathbb{R}^{E\times N}$ 相乘来实现。最后，通过聚合相关超边特征，得到输出节点特征。这一过程通过与矩阵 $\boldsymbol{H}$ 相乘来完成。值得注意的是，在这个方程中，节点的度矩阵 $\boldsymbol{D}_v$ 和超边的度矩阵 $\boldsymbol{D}_e$ 扮演了归一化的角色，这对于保持数据处理的稳定性和效率至关重要。通过这种节点-边-节点的转换，HGNN 层能够高效地挖掘和利用超图中的高阶关联，这也是理解复杂应用场景所蕴藏的关联模式的关键。例如，在社交媒体分析或生物信息学中，不同的数据模态（如文本、图像、基因序列等）之间可能存在复杂且深层的关联。朴素超图神经网络模型通过超图结构及超图上的卷积运算来捕捉并处理这些高阶关联关系，并将其转化为可用于表征的信息。

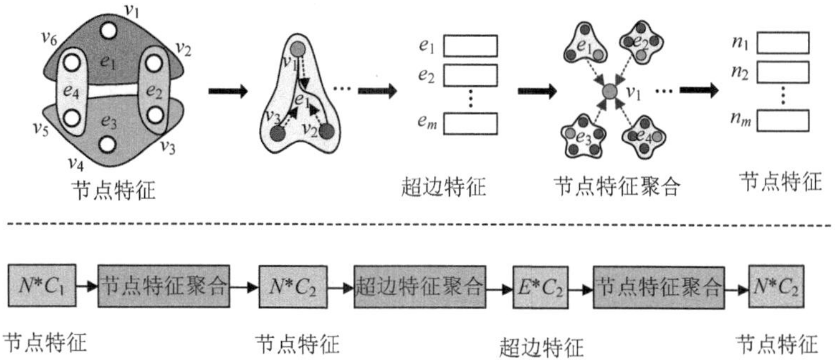

图 8.2　Vanilla HGNN 框架计算过程

此外，朴素超图神经网络模型的处理方式亦显示出高度的灵活性，能够根据不同类型的数据集和应用场景对超边结构、权重等参数进行个性化调整。例如，在处理图像数据时，模型可能需要更加关注像素之间的关联性；而在处理文本数据时，则可能更加强调词汇之间的联系。朴素超图神经网络模型能够通过调整其超边结构和各种参数设置来满足这些多样化的需求。这种灵活性赋予了朴素超图神经网络模型在不同领域和任务中广泛适用的潜力。朴素超图神经网络模型突破了传统模型对数据的量和质的约束，同时也突破了 GNN 模型难以基于高阶关联数据进行表示学习的局限，实现了高阶关联引导下的节点表示学习。在朴素超图神经网络模型中，节点卷积和超边卷积可以分别获得超边的特征表示和节点的特征表示。在获得节点精确表示的同时，也为超边（连接）赋予了语义特征，解决了关联的语义模糊性难题。综上所述，朴素超图神经网络模型通过其超图卷积层，有效地利用了多模态数据集中的高阶关联。这种方法不仅提升了数据处理的效率和准确性，而且也为深入理解和分析各种复杂数据提供了一个新的工具。

8.1.2　通用超图神经网络

8.1.1 节中介绍的基于谱域的朴素超图神经网络模型能够扩展图神经网络的表达和学习能力，但也面临着一定的局限性。首先，朴素超图神经网络模型通过直接连接多个超图的关联矩阵来融合不同超图中的相关性，这种方法在一定程度上削弱了不同超图关联关系的重要性，导致超图之间的区分度不足。因此，需要一种能够更好地区分不同超边组融合重要性的超边建模方法。其次，由于超图谱理论的限制，朴素超图神经网络模型的表达形式相对单一，扩展性仍有待提升。具体来说，其傅里叶基是超图拉普拉斯矩阵的特征向量，而该拉普拉斯矩阵是在无向超图上定义的，并不适用于有向超图。针对上述问题，在朴素超图神经网络模型的基础上介绍一种通用超图神经网络（general hypergraph neural networks，HGNN^{+}[7]）。HGNN^{+} 引入了一种自适应策略，在生成整体超图表示时可以融合不同的超边组，从而更有效地利用多种信息特征之间的互补性。同时，HGNN^{+} 重新定义了超图卷积，即采用基于空域消息传递的离散两阶段超图卷积设计。这种设计可以更灵活地定义每个阶段的卷积和聚合操作，并且能够自然地扩展到有向超图。图 8.3 展示了通用超图神经网络的结构，共分为两个主要步骤：超图建模和超图卷积。在超图建模阶段，利用数据产生高阶相关性，并将这些相关性编码为一个超图结构。与先前任务类似，这里可以利用成对边、k-hop 邻居以及特征空间中的邻居来构造超边组。在这个过程中，所有类型的超边组都被整合在一起，构成一个超图，进而用于模拟数据之间的相关性。超图卷积涉及在给定的超图集合上实施一组超图卷积操作，其中包括基于谱的超图卷积和基于空间的超图卷积，旨在在超图上进行有效的表示学习。通过这一系列的超图卷积操作，可以得到更为精确的多模态数据和高阶相关性表示。

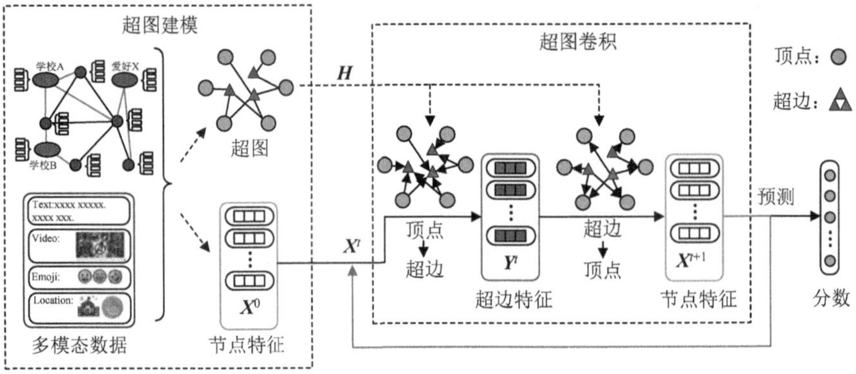

图 8.3（彩色）

图 8.3　通用超图神经网络框架示意图

1. 超图建模

在缺乏预先存在的超图结构时，首先需要从原始数据中构建一个具有适应性的超图，以提取数据之间的关联性。构造一个准确的超图结构对于捕获数据内的高阶关联至关重要。鉴于超图结构通常具有不确定性，因此必须采取多样化的策略来生成超图。从零开始生成超图通常涉及三种不同的场景：涉及图结构的数据、缺乏图结构的数据，以及含有多模态和多类型表示的数据。针对以上场景，可以通过成对边策略、k-hop 策略以及利用特征空间中的邻居进行超边组生成。成对边和 k-hop 策略适用于从具有图结构的数据中生成超边组，而基于特征空间邻居的策略则用于从没有图结构的数据中生成超边组。最终，将这些超边组连接起来，形成一个完整的超图结构。上述策略可用于生成一系列超边组，通过拼接这些超边组来构造最终的超图。假设有 K 个超边组 $\mathcal{E}_1,\mathcal{E}_2,\cdots,\mathcal{E}_K$，它们的关联矩阵分别为 $\boldsymbol{H}_k \in \{0,1\}^{N\times M_k}$。对于超图 $\mathcal{G}$，一种简单的构建关联矩阵的方法是将所有超边组直接连接起来：$\boldsymbol{H}=\boldsymbol{H}_1 \| \boldsymbol{H}_2 \| \cdots \| \boldsymbol{H}_K$，其中 $\cdot\|\cdot$ 表示矩阵拼接操作。在这种等权融合方式中，所有超边的权重矩阵都被赋予相同的值 1，以表示它们的重要性相等。然而，需要注意的是，在不同的应用场景中，可以采用不同的组合策略。由于超边组之间的信息丰富程度可能差异较大，简单的等权融合可能无法充分挖掘多模态混合的高阶关联性。这里可以采用自适应的超边组融合策略 [7]，称为自适应融合。具体而言，每个超边组都与一个可训练的参数相关联，该参数用于自适应地调整多个超边组对最终节点嵌入的影响。这种融合策略的定义如下：

$$\begin{cases} \boldsymbol{W}_k = \text{copy}\left(\text{Sigmoid}\left(\boldsymbol{w}_k\right), M_k\right) \\ \boldsymbol{W} = \text{diag}\left(\boldsymbol{w}_1^1, \boldsymbol{w}_1^2, \cdots, \boldsymbol{w}_1^{M_1}, \cdots, \boldsymbol{w}_K^1, \boldsymbol{w}_K^2, \cdots, \boldsymbol{w}_K^{M_K}\right) \\ \boldsymbol{H} = \boldsymbol{H}_1 \| \boldsymbol{H}_2 \| \cdots \| \boldsymbol{H}_K \end{cases} \tag{8.7}$$

其中，$\boldsymbol{W}_k \in \mathbb{R}$ 是一个可训练的参数矩阵，它被分配给所有属于超边组 k 的超边；$\text{Sigmoid}(\cdot)$ 是一个逐元素的应用标准化函数；$\boldsymbol{w}_k = \left(\boldsymbol{w}_k^1, \boldsymbol{w}_k^2, \cdots, \boldsymbol{w}_k^{M_k}\right) \in \mathbb{R}^{M_k}$ 表示超边组 k 的生成权重向量；$\text{copy}(a,b)$ 函数生成一个长度为 b 的向量，其值是通过将元素 a 复制 b 次来填充的。设 $M = M_1 + M_2 + \cdots + M_K$ 表示所有超边组中超边的总数；$\boldsymbol{W} \in \mathbb{R}^{M \times M}$ 是一个对角矩阵，表示超图的权重矩阵，其中每个元素 W^{ii} 代表相应超边 e_i 的权重。通过拼接多个超边组的关联矩阵（使用 $\cdot \| \cdot$ 操作），可以得到 $\boldsymbol{H} \in \{0,1\}^{N \times M}$，这个矩阵用来表示生成的超图的关联矩阵。多模态数据可以被分析以生成多个超边组。从这些构建的超边组中，可以生成超图关联矩阵 $\boldsymbol{H}$ 和超边权重矩阵 $\boldsymbol{W}$，并将它们输入超图卷积层进行进一步的处理。

2. 通用空域超图卷积

通用超图神经网络模型的核心是通用空域超图卷积操作。超图卷积层引入了一种通过超路径来聚合邻居节点消息的方法，从而在空间上对超图进行卷积操作。考虑一个超图 $\mathcal{G} = \{\mathcal{V}, \mathcal{E}, \boldsymbol{W}\}$ 中的节点 $\alpha \in \mathcal{V}$，目标是整合来自其超边邻居集合 $\mathcal{N}_e(\alpha)$ 的信息。为了提取每个超边 β 在其超边邻居集合 $\mathcal{N}_e(\alpha)$ 中的超边信息，需要从其节点邻居集合 $\mathcal{N}_v(\beta)$ 中汇总信息。这两个步骤构成了从节点特征集 $\boldsymbol{X}^t$ 到 $\boldsymbol{X}^{t+1}$ 的信息传递闭环。在第 t 层的超图卷积可以被定义为

$$\begin{cases} \left.\begin{aligned} m_\beta^t &= \sum_{\alpha \in \mathcal{N}_v(\beta)} M_v^t\left(\boldsymbol{x}_\alpha^t\right) \\ \boldsymbol{y}_\beta^t &= U_e^t\left(w_\beta, m_\beta^t\right) \end{aligned}\right\} \text{Stage1} \\ \left.\begin{aligned} m_\alpha^{t+1} &= \sum_{\beta \in \mathcal{N}_e(\alpha)} M_e^t\left(\boldsymbol{x}_\alpha^t, \boldsymbol{y}_\beta^t\right) \\ \boldsymbol{x}_\alpha^{t+1} &= U_v^t\left(\boldsymbol{x}_\alpha^t, m_\alpha^{t+1}\right) \end{aligned}\right\} \text{Stage2} \end{cases} \tag{8.8}$$

其中，$\boldsymbol{x}_\alpha^t \in \boldsymbol{X}^t$ 表示节点 $\alpha \in \mathcal{V}$ 在第 $t = 1, 2, \cdots, T$ 层的输入特征向量；$\boldsymbol{x}_\alpha^{t+1}$ 代表节点 α 更新后的特征向量；m_β^t 表示超边 $\beta \in \mathcal{E}$ 的信息；w_β 是与超边 β 相关联的权重；m_α^{t+1} 是节点 α 更新后的信息；$\boldsymbol{y}_\beta^t$ 表示超边 β 的超边特征，它是在第 t 层中的超边特征集 cc$\boldsymbol{Y}^t = \left\{\boldsymbol{y}_1^t, \boldsymbol{y}_2^t, \cdots, \boldsymbol{y}_M^t\right\}$ 中的一个元素，其中 $\boldsymbol{y}_i^t \in \mathbb{R}^{C_t}$；$M_v^t(\cdot)$、$U_e^t(\cdot)$、$M_e^t(\cdot)$、$U_v^t(\cdot)$ 分别代表第 t 层的节点信息函数、超边更新函数、超边信息函数和节点更新函数，这些函数可以根据具体应用需求进行定义。

通用超图卷积层旨在利用超图结构中的高阶关联关系来表示学习。与仅包含单一信息传递阶段的图卷积不同，空间超图卷积由四个灵活的操作组成，每个操作都涉及可学习的可微分函数。在超图中，节点与超边之间的邻居关系并不具有自然排序，因此，求和操作被用于聚合来自节点信息函数 $M_v^t(\cdot)$ 和超边信息函数 $M_e^t(\cdot)$ 作用的节点和超边消息。消息更新函数，包括节点信息函数 $M_v^t(\cdot)$、超边更新函数 $U_e^t(\cdot)$、超边信息函数 $M_e^t(\cdot)$ 和节点更新函数 $U_v^t(\cdot)$，其定义如下：

$$\begin{cases} M_v^t\left(\boldsymbol{x}_\alpha^t\right) = \dfrac{\boldsymbol{x}_\alpha^t}{\left|\mathcal{N}_v(\beta)\right|} \\ U_e^t\left(w_\beta, m_\beta^t\right) = w_\beta \cdot m_\beta^t \\ M_e^t\left(\boldsymbol{x}_\alpha^t, \boldsymbol{y}_\beta^t\right) = \dfrac{\boldsymbol{y}_\beta^t}{\left|\mathcal{N}_e(\alpha)\right|} \\ U_v^t\left(\boldsymbol{x}_\alpha^t, m_\alpha^{t+1}\right) = \sigma\left(m_\beta^{t+1} \cdot \boldsymbol{\Theta}^t\right) \end{cases} \tag{8.9}$$

其中，$\boldsymbol{\Theta}^t \in \mathbb{R}^{C^t \times C^{t+1}}$ 表示第 t 层的可训练参数，这些参数在训练阶段被学习；$\sigma(\cdot)$ 代表任意非线性激活函数，如 $\mathrm{ReLU}(\cdot)$ 等。需要注意的是，在式（8.9）中，$\boldsymbol{x}_\alpha^t / \left|\mathcal{N}_v(\beta)\right|$ 和 $\boldsymbol{y}_\beta^t / \left|\mathcal{N}_e(\alpha)\right|$ 分别表示归一化的节点和超边特征，它们的值随着训练过程逐渐收敛，波动也会逐渐减小。

为了加快 HGNNConv$^+$ 在 GPU 和 CPU 设备上的前向传播速度，这里将其重写为矩阵形式。将 $\boldsymbol{X}^t$ 视为第 t 层的输入节点特征集。根据定义，$\boldsymbol{H}^{\mathrm{T}} \in \{0,1\}^{M \times N}$ 可以控制每个节点特征的超边邻域 $\boldsymbol{X}^t$。因此，可以利用它来引导每个节点聚合和生成超边特征集 $\boldsymbol{Y}^t$，该过程可以表示为 $\boldsymbol{Y}^t = \boldsymbol{W}\boldsymbol{D}_e^{-1}\boldsymbol{H}^{\mathrm{T}}\boldsymbol{X}^t$。类似地，使用超边特征集 $\boldsymbol{Y}^t$ 更新节点特征集 $\boldsymbol{X}^{t+1}$ 的过程可以表示为 $\boldsymbol{X}^{t+1} = \sigma\left(\boldsymbol{D}_v^{-1}\boldsymbol{H}\boldsymbol{Y}^t\boldsymbol{\Theta}^t\right)$。这里 HGNNConv$^+$ 的矩阵形式可以表示为

$$\boldsymbol{X}^{t+1} = \sigma\left(\boldsymbol{D}_v^{-1}\boldsymbol{H}\boldsymbol{W}\boldsymbol{D}_e^{-1}\boldsymbol{H}^{\mathrm{T}}\boldsymbol{X}^t\boldsymbol{\Theta}^t\right) \tag{8.10}$$

与 HGNN 类似，经过卷积操作后得到 $\boldsymbol{X}^{t+1}$，可用于进一步表示学习。作为朴素超图神经网络模型[8]的重要扩展，该方法可支持多模态、多类型数据关联模型，使用单个超图模型为每种模态、类型表示学习自适应权重，从而提升表示能力。

8.1.3 动态超图神经网络

在实际应用中，基于数据与知识构造的初始超图结构往往会受到信息不足、数据存在噪声等因素的影响，从而出现对节点之间高阶关联关系刻画不准确的问题。这也意味着很难通过一个固定的超图结构对复杂多变的关联结构进行精确刻画。为应对高阶关联难以精确初始化的挑战，在超图神经网络模型学习超图信息的同时，也需要同步优化超图结构。

动态超图神经网络（DHGNN）[9]是一种用来建模动态演化超图结构的神经网络模型，其中动态超图构建模块和动态超图卷积模块交替堆叠形成完整的模型。动态超图构建模块的核心功能是动态地更新超图结构，从而有效地削弱那些与当前任务无关的初始超图结构信息，这一过程帮助模型更好地挖掘并提取与当前任务紧密相关的特征。动态超图卷积模块包括节点卷积和超边卷积两个阶段。在节点卷积阶段，该模块聚合超边内相关节点的特征；在超边卷积阶段，该模块则专注于聚合节点相邻超边的特征。这两个阶段相互协作，共同在超图结构中捕获并编码复杂的模式和关联关系。图 8.4 展示了动态超图神经网络的结构框架。在该框架中，以两个簇（虚线椭圆形）为例，这里首先生成了两个超边。在该框架的第二部分，节点卷积被用来聚合超边内的节点特征，以生成超边特征。同时，超边卷积操作则用于聚合相邻超边内的节点特征，以形成中心节点的特征。该框架的最后一部分描述了在当前层对所有节点特征嵌入执行上述操作之后，构

建新一层的特征嵌入和新的超图结构的过程。

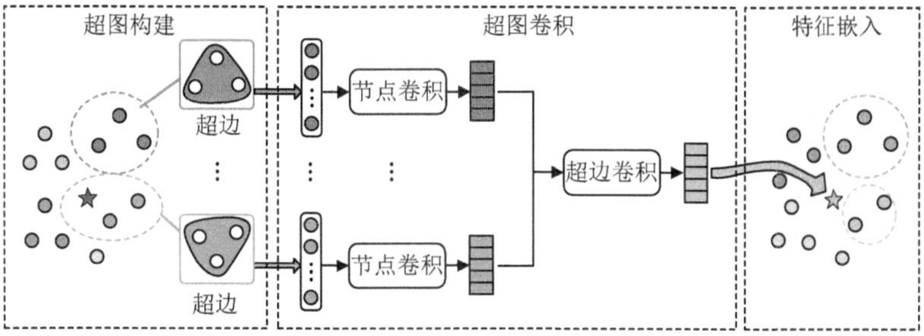

图 8.4　动态超图神经网络架构示意图

1. 动态超图构建

令 $\mathrm{Con}(e)$ 表示超边 e 包含的节点集，$\mathrm{Adj}(v)$ 用于表示所有包含节点 v 的超边集：

$$\mathrm{Con}(e)=\{v_1,v_2,\cdots,v_{k_e}\} \tag{8.11}$$

$$\mathrm{Adj}(v)=\{e_1,e_2,\cdots,e_{k_v}\} \tag{8.12}$$

在超图结构中，k_e 和 k_v 分别代表超边 e 中的节点数量和包含节点 v 的超边数量。节点 v 被定义为超边集 $\mathrm{Adj}(v)$ 的中心节点。为了完成动态超图构建，可以采用传统的 k-最近邻方法和 k-means 聚类方法，以结合局部和全局结构信息。具体来说，k-最近邻方法为每个节点 v 计算了 $k-1$ 个最近邻居，这些邻居节点与节点 v 共同构成了 $\mathrm{Adj}(v)$ 中的一个超边。k-means 聚类方法则基于欧几里得距离，对每一层的整个特征图进行聚类，为每个节点分配最近的 S−1 个簇作为其相邻超边。

在对每一层的特征嵌入进行处理时，通过上述方法利用当前层的特征嵌入来重新初始化超图结构，以完成动态超图的构建。随着模型的加深，超边集会动态调整自身结构以适应特征嵌入的变化。通过这种方法，动态超图神经网络模型能够逐渐优化其超图结构，从而更精准地建模数据之间的高阶关联关系。

2. 动态超图卷积

超图卷积由两个子模块组成，即节点卷积子模块和超边卷积子模块。节点卷积将节点特征聚合到超边上，超边卷积将相邻超边特征聚合到中心节点上。

节点卷积将节点特征聚合到包含这些节点的超边中，一个简单的实现方案就是采用池化方法，如最大池化和平均池化等。在经典的算法中，节点聚合通常涉及使用从图或超图结构中生成的固定、预先计算的变换矩阵。然而，这种方法并不能有效地建模节点特征之间的区分性信息。为了对特征进行排列和加权，需要学习一个变换矩阵 $\boldsymbol{T}$，可以直接从节点特征中提取。通过这个变换矩阵，信息能够在通道间及通道内流动。因此，可以设计一个多层感知机（multilayer perceptron，MLP）来学习变换矩阵 $\boldsymbol{T}$，并通过卷积操作对变换后的特征进行压缩。具体来说，可以令：

$$\boldsymbol{T}=\mathrm{MLP}(\boldsymbol{x}_v) \tag{8.13}$$

$$x_e = \mathrm{conv}\left(\boldsymbol{T} \cdot \mathrm{MLP}\left(\boldsymbol{x}_v\right)\right) \tag{8.14}$$

卷积则遵循空间卷积策略，将超边特征聚合到中心节点特征中。超边卷积采用了注意力机制，通过使用多层感知机为每个超边生成权重分数，而中心节点特征通过计算输入超边特征的加权和来得到。该过程可以表示为

$$\boldsymbol{w} = \mathrm{Softmax}\left(\boldsymbol{x}_e \boldsymbol{W} + \boldsymbol{b}\right) \tag{8.15}$$

和

$$\boldsymbol{x}_v = \sum_{i=0}^{|\mathrm{Adj}(v)|} w^i \boldsymbol{x}_e^i \tag{8.16}$$

其中，$|\mathrm{Adj}(v)|$表示相邻超边集的大小；$\boldsymbol{x}_e$表示相邻超边的特征；$\boldsymbol{x}_v$表示中心节点的特征；$\boldsymbol{W}$和$\boldsymbol{b}$是可学习的参数，用于调整和优化网络的输出。

本节介绍的动态超图神经网络在对复杂关联进行表示学习的过程中，同步优化超图结构，将数据表示学习和超图结构更新集成在一个计算框架内，实现了高阶信息关联在表示学习过程中的演化，进一步提升超图表示学习的能力。在动态超图神经网络模型中，节点表示学习过程、超边特征聚合过程和超图结构演化过程交替进行，基于更新的节点特征和超边特征动态调整超图结构，实现精确的高阶关联捕捉，并在此基础上进一步实现交替优化。

8.1.4 时序超图神经网络

前述超图神经网络模型主要针对静态数据和静态关联场景进行建模，但实际应用中超图的结构可能会随时间演变。例如，在社会网络中，个体间的关联随时间变化，且个体数量也可能发生变化；在引用网络中，随着新论文的发表和引用，网络中的节点和超边数量都会增加。针对静态数据的超图神经网络结构难以有效处理这种时序动态超图的情况。因此，本节将介绍一种面向时序动态超图的神经网络结构，称为时序超图神经网络模型（temporal hypergraph neural networks，THGNN）。

与静态超图相比，动态超图引入了时间信息，能够捕捉超图结构随时间的变化，这种变化包括节点的增加或减少、属性的改变，以及超边的增加或减少、属性的改变等。以网络社群为例，节点的增加或减少对应于用户的注册和注销，超边的增加则表示新社群的形成，而节点的属性改变则反映了用户信息的变化。动态超图的表示方法主要分为连续型和离散型两种。在连续型动态超图表示中，每个超边和节点都关联有一个时间戳，表示其出现的时刻。在离散型动态超图表示中则通过等时间间隔对超图的动态变化过程进行采样，得到一系列超图结构快照。图 8.5 给出了这两种表示方法的示意图。

时序动态超图上的关联预测是一个重要的任务，其目标是在给定动态超图历史演化轨迹的条件下，预测未来是否会出现特定关联。THGNN 方法通过学习超图的历史演化轨迹来更新节点的嵌入，并将其应用于未来关联的预测。图 8.6 展示了 THGNN 的总体流程图，主要包含三个组成部分：多维度特征抽取模块、残差超边注意力模块和关联分数预测模块。多维度特征抽取模块负责提取超边的结构特征和时序特征，并将它们进行有效融合。这种方法能够综合考虑超边的多种属性，从而更准确地捕捉超图的演化信息。残差超边注意力模块通过注意力机制学习序列内的关联，该模块能够自适应地关注序列

中重要的超边，进一步提升关联预测的准确性。关联分数预测模块基于学习得到的嵌入表示，对潜在超边进行预测评分。通过计算预测评分，可以判断未来是否会出现特定的关联。

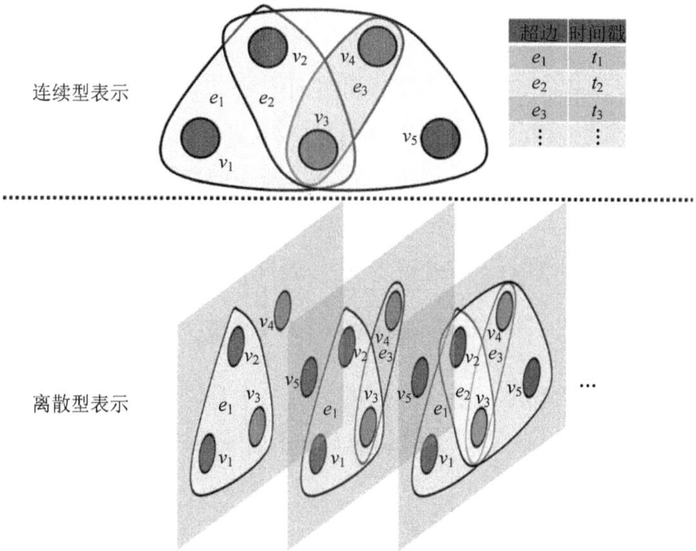

图 8.5　两种时序动态超图的表示方法

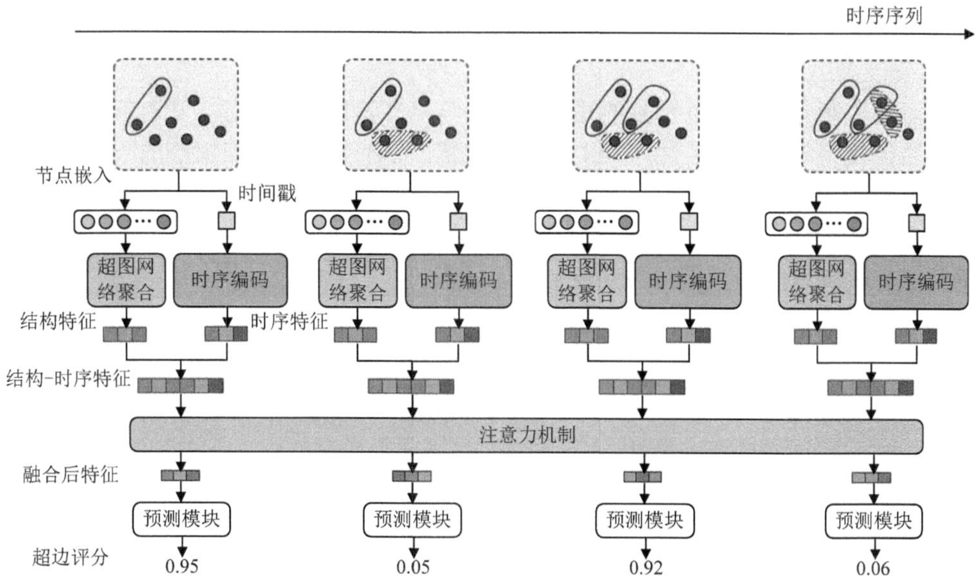

图 8.6　THGNN 总体流程图

1. 多维度特征抽取模块

由于数据中既含有结构中的拓扑信息，又含有超图在演化过程中结构的变化信息，多维度特征抽取模块从结构与时序两个维度入手，提取对应特征，为后续模块提供丰富有效的特征表示。这里令 $\boldsymbol{x}_i$ 表示超图中节点 i 的嵌入，可以通过超图神经网络得到节点的结构特征：

$$u_i = \boldsymbol{D}_v^{-1/2}\boldsymbol{H}\boldsymbol{D}_e^{-1}\boldsymbol{H}^{\mathrm{T}}\boldsymbol{D}_v^{-1/2}\boldsymbol{x}_i\boldsymbol{\Theta} \tag{8.17}$$

这里的 $\boldsymbol{D}_v$、$\boldsymbol{H}$、$\boldsymbol{D}_e$ 分别表示超图的节点度矩阵、关联矩阵和超边度矩阵；$\boldsymbol{\Theta}$ 表示网络的可学习参数。

然后通过超边内的节点聚合，可以得到序列中第 s 个超边的结构特征：

$$\phi_s = \mathrm{MEAN}\left(\left\{\boldsymbol{x}_i^s \mid v_i \in e_j^s\right\}\right) \tag{8.18}$$

这里的 MEAN 表示对集合内的元素取平均。在实践中也可以选择其他的聚合方式，如求和或每个特征维度分别取最大值等，可以根据具体情况来选定合适的方案。

时序特征可以采用余弦编码方式[10]来进行处理：

$$\psi(t) = \sqrt{\frac{1}{d_\psi}}\left[\cos\omega_1 t, \sin\omega_1 t, \cdots, \cos\omega_{d_\psi} t, \sin\omega_{d_\psi} t\right] \tag{8.19}$$

其中，d_ψ 表示时序特征的维度；$\Omega = \left[\omega_1, \omega_2, \cdots, \omega_{d_\psi}\right]$ 为可学习参数，提取不同频率的时序特征。这种编码方式可以让模型学习到超边序列中相对的位置关系，有助于模型对复杂时序关联的捕捉。

最后将超边的结构特征与时序特征相融合，得到超边的多维度特征：

$$\eta_s = \phi_s \parallel \psi(t) \tag{8.20}$$

其中，$\cdot \parallel \cdot$ 表示向量的拼接操作。

2. *残差超边注意力模块*

注意力机制允许每个位置上的输入都能够与所有其他位置的输入进行交互，这种全连接性质使模型能够同时关注序列中的多个位置，而不受固定窗口大小的限制，对于处理长距离依赖关系非常重要。因此，为了充分利用动态超图中所蕴含的超边时序信息，THGNN 进一步使用注意力机制进行特征的融合。首先，基于可学习参数 $\boldsymbol{W}_k$、$\boldsymbol{W}_q$、$\boldsymbol{W}_v$，计算注意力机制里的 $\boldsymbol{K}$、$\boldsymbol{Q}$、$\boldsymbol{V}$ 矩阵：

$$\boldsymbol{K}_s = \boldsymbol{W}_k \eta_s \tag{8.21}$$

$$\boldsymbol{Q}_s = \boldsymbol{W}_q \eta_s \tag{8.22}$$

$$\boldsymbol{V}_s = \boldsymbol{W}_v \eta_s \tag{8.23}$$

通过 $\boldsymbol{Q}$ 可以得到注意力系数：

$$\beta_s = \boldsymbol{K}^{\mathrm{T}}\boldsymbol{Q} \tag{8.24}$$

这里使用 Softmax 对注意力系数做归一化，得到注意力权重：

$$\alpha_s = \mathrm{Softmax}(\beta_s) \tag{8.25}$$

通过注意力权重对 $\boldsymbol{V}$ 矩阵进行加权，并引入残差项，采用全连接网络 $\boldsymbol{W}_s$ 可以得到关联分数：

$$\zeta_s = \sigma\left(\boldsymbol{W}_s\left(\alpha_s \boldsymbol{V}\eta_s + \phi_s\right)\right) \tag{8.26}$$

其中，σ 表示激活函数。

在训练过程中，可以采用二分类交叉熵损失函数：

$$L=\sum_{s} y_s \log \zeta_s+(1-y_s)\log(1-\zeta_s) \tag{8.27}$$

其中，y_s 表示超边 s 的真实标签。

3. 关联分数预测模块

训练阶段中分别提取数据中的结构特征与时序特征并进行融合，通过损失函数的计算与反向传播，初始节点嵌入中已经含有了结构与时序信息。因此，在测试阶段，可以使用节点嵌入对关联分数进行预测。通过 HGNN 等方法从节点嵌入中提取特征 $\boldsymbol{x}_i$，该特征已经含有了结构与时序的信息，这里可以使用内积求和的方法计算测试集中的关联分数：

$$\zeta_j=\frac{1}{|e_j|(|e_j|-1)}\sum_{i\neq k, v_i, v_k\in e_j} \boldsymbol{x}_i^{\mathrm{T}}\boldsymbol{x}_k \tag{8.28}$$

当超边内只含有两个节点时，上述关联分数就退化成了图上的链路预测问题中常用的内积分数。

本节介绍的 THGNN 方法通过训练多维度特征抽取模块和残差超边注意力模块，将时序和结构信息融入节点的嵌入中。在预测阶段，关联分数预测模块可以用于评估未来出现特定关联的概率，从而实现对超图结构的演化更新进行预测。

8.1.5 核超图神经网络

超图神经网络模型的一个关键组件是均值消息聚合函数，这一功能能够将结构信息注入节点嵌入中。例如，在计算机视觉领域，最大值聚合函数（max pooling）已经被证实是一种有效的方法，用于聚合像素邻域中的语义信息。朴素超图神经网络模型等中采用的均值聚合函数只是一种简单的实现方式，虽然在许多应用中展现出了优异的性能，但并不是最优的选择。在通用超图神经网络中介绍了一个节点-超边$(\mathcal{V}\rightarrow\mathcal{E})$和超边-节点$(\mathcal{E}\rightarrow\mathcal{V})$两阶段的空域超图卷积设计的通用范式。然而，现有方法主要集中在简单的基于均值的聚合或手动组合多个聚合以提取超图上的多种信息，缺乏连续的非线性建模能力，以及对不同数据分布的敏感性。因此，本节将介绍一种基于核的超图神经网络方法，即核超图神经网络（kernelized hypergraph neural networks，KHGNN）模型，旨在实现超图表示学习中的更加全面且稳定的特征表示。对于更加全面的特征提取，KHGNN 模型设计了核化聚合策略，能够自适应地提取超图上的消息传递的语义和结构信息。本节从数学上证明了核化聚合既包含均值聚合，也包含最大值聚合。针对稳定的特征表示，可证明核化聚合的梯度（相对于自适应度α）的上界与输入特征的下界相关。因此，KHGNN 模型采用了简单且有效的偏置技巧，通过移动特征的下界来减小梯度的上界，从而显著提高训练和推断阶段的稳定性。在面对不同的特征分布时，核化聚合策略可以自适应地调整均值聚合和最大值聚合之间的聚合策略，以便实现最佳的特征提取效果。

图 8.7 展示了核超图神经网络的整体架构。KHGNN 模型接受节点特征和超图结构作为输入，并用于预测未标记节点的标签。该模型的核心是其核消息传播层，在节点到超边的消息传播过程中采用核化聚合。通过调整超参数α，模型能够自适应地融合两种

不同的邻居信息（包括语义信息和结构信息）。通过堆叠多个 KHMP 层，该 KHGNN 模型能够为下游任务提取更全面的节点表示。

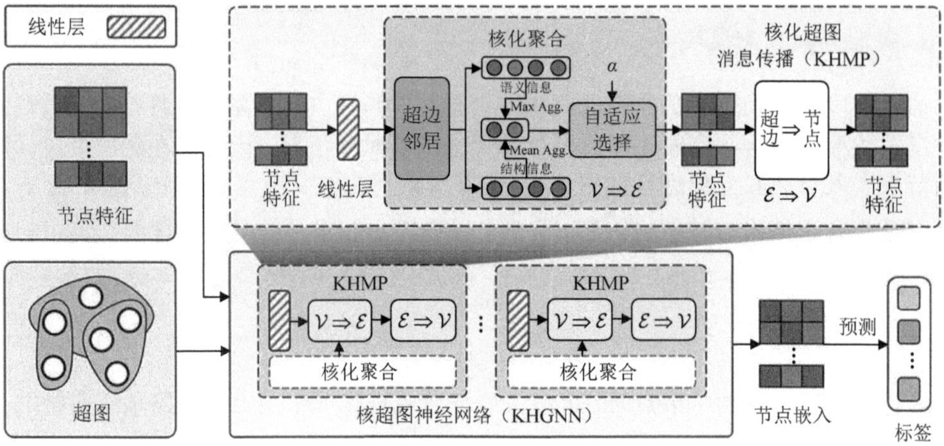

图 8.7　核超图神经网络模型的整体框架

给定超图$\mathcal{G}=\{\mathcal{V},\mathcal{E}\}$和节点特征矩阵$\boldsymbol{X}\in\mathbb{R}^{|\mathcal{V}|\times c}$，遵循通用超图神经网络的模式[7]，通过两阶段策略传播消息。然而，现有的聚合函数，如基于均值的聚合和基于最大值的聚合，只能捕捉邻居的一种特征类型。为了突破聚合的表达瓶颈，受多项式核的启发[11]，可以采用以下核化超图消息传递策略：

$$\begin{cases}\boldsymbol{h}_e^{l+1}=\dfrac{\sum\limits_{v\in\mathcal{N}_v(e)}\left(\boldsymbol{h}_v^l\right)^{\alpha+1}}{\sum\limits_{v\in\mathcal{N}_v(e)}\left(\boldsymbol{h}_v^l\right)^{\alpha}}\\ \boldsymbol{h}_v^{l+1}=\dfrac{1}{\left|\mathcal{N}_e(v)\right|}\sum\limits_{e\in\mathcal{N}_e(v)}\boldsymbol{h}_e^{l+1}\end{cases}\tag{8.29}$$

其中，$\mathcal{N}_v(\cdot)$和$\mathcal{N}_e(\cdot)$是文献[7]中定义的邻居函数；l是层数；$\boldsymbol{h}_e^l$和$\boldsymbol{h}_v^l$分别是超边e和节点v的隐藏嵌入；$\alpha\in\mathbb{R}$是一个可学习的超参数，用于控制非线性聚合的程度。通过调整α，核化聚合方式可以自适应地从邻居节点中捕捉语义（最大聚合）和结构（均值聚合）信息。

接下来对核超图消息传递策略的性质进行分析。首先，可以证明消息传播模块中的核聚合能够实现连续的非线性建模，并涵盖了基于均值和基于最大值的两种聚合方法。其次，可以证明消息传播模块中的核聚合能够保证训练的稳定性。

定理 1　核聚合是连续且非线性的聚合函数，对于任何满足大于 0 的正特征，包含多种聚合能力。

推论 1　当$\alpha=0$时，核聚合模块等价于基于均值的聚合。

推论 2　当$\alpha\to+\infty$时，核聚合模块等价于基于最大值的聚合。

尽管如文献[12]、[13]所述，核聚合在超图消息传递中赋予了全面的表达能力，但这种非线性函数在训练和推断中仍然存在不稳定的计算问题。为了解决核消息传播的不稳定计算问题，这里引入了偏置技巧，以实现在实践中的更稳定的训练和推断。稳定版本的核消息传播可以表达如下：

$$\begin{cases} \boldsymbol{h}_e^{l+1} = \dfrac{\sum\limits_{v \in \mathcal{N}_v(e)} \left(\boldsymbol{h}_v^l - \mu\right)^{\alpha+1}}{\sum\limits_{v \in \mathcal{N}_v(e)} \left(\boldsymbol{h}_v^l - \mu\right)^{\alpha}} + \mu \\ \boldsymbol{h}_v^{l+1} = \dfrac{1}{\left|\mathcal{N}_e(v)\right|} \sum\limits_{e \in \mathcal{N}_e(v)} \boldsymbol{h}_e^{l+1} \end{cases} \tag{8.30}$$

在此框架中，μ 充当偏置技巧的超参数。该超参数需满足 $\mu < \min\left\{\boldsymbol{h}_v^l\right\}$ 的约束，其中 $\min\left\{\boldsymbol{h}_v^l\right\}$ 代表节点特征的最小值。显然，与式（8.29）中的朴素 KHMP 相比，稳定版本仅需要将输入特征平移至正坐标，本节还将阐述偏置技巧是如何显著提升核聚合的稳定性的。在实际应用中，朴素的核聚合函数 $\mathcal{F}(\cdot)$ 常常面临梯度爆炸的问题。图 8.8 生动地展示了函数 $\mathcal{F}(\cdot)$ 的分布情况。在此实验中，随机生成了一个超图，并通过一系列具有不同下界的节点特征进行消息传递。这些节点特征是从均匀分布中抽取的，且上界固定为 4。相对于那些较高“下界”的节点特征，相对较低“下界”的节点特征的曲线更加陡峭，如图 8.8 右侧所示。由于在邻居消息聚合过程中，尖锐值的变化累积很容易导致训练过程中的不稳定性[14]，尝试通过控制节点特征的最小值来消除 KHMP 的不稳定性。结果表明，稳定版的 KHMP 相较于原始的 KHMP 更为平滑，如图 8.8 右侧所示（当特征下界较大时，曲线变得更加平滑）。

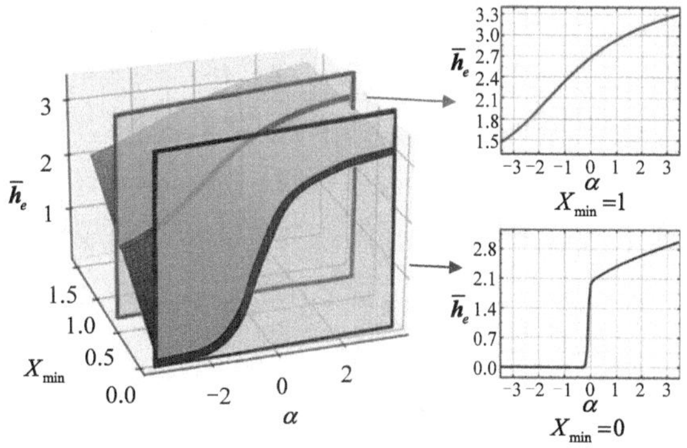

图 8.8　核消息传播函数分布

假定输入的节点特征是非负且有界的，核聚合函数 $\mathcal{F}(\cdot)$ 显然是单调且有界的。$\mathcal{F}(\cdot)$ 的全面特征提取能力由参数 α 决定，这一参数在不同数据集中可能会有不同的取值。如图 8.8 所示，对 α 的自适应学习可能会导致在不同分布的节点特征上出现计算的不稳定性。因此，为了确保在不同分布下核消息传播模块的稳定性，必须保证核聚合的输出在特征空间中对不同的 α 是平滑的。

定理 2　对于有界的节点特征 $\left\{\boldsymbol{h}_v\right\}^e$，使用核消息传播模块计算的超边特征 $\boldsymbol{h}_e$［式（8.30）］，存在 m 和 M 满足

$$\frac{\partial \boldsymbol{h}_e}{\partial \alpha} < \frac{1}{2}(M-m)\ln\frac{M}{m}$$

定理 2 表明核聚合 $\frac{\partial \boldsymbol{h}_e}{\partial \alpha}$ 的偏导数的上界与节点特征的边界相关。基于此，确定聚合函数对 α 平滑变化的充分条件是限制导数的上界。因此，在式（8.30）中，可以利用 μ 来移动输入的下界，以减小核聚合函数偏导数的上界，从而实现更加稳定的计算。

核超图神经网络模型通过核化聚合可以自适应地调整聚合策略，从而能够应对非线性数据关系即数据分布的差异变化，获得更加稳定的表示学习效果。

8.1.6 超图注意力机制

超图神经网络的研究 [8,15] 表明，超图神经网络框架中可以通过引入注意力机制，将超图卷积与超图注意力结合起来。这种方法在超图卷积的基础上，通过应用注意力机制进一步学习超边的动态连接，从而生成更具辨识力的节点嵌入。由于超图卷积和超图注意力均可端到端地训练，能够灵活地插入超图神经网络的多种变体中，因而得到了广泛的应用。超图卷积内嵌了一种固有的注意力机制。在式（8.6）中，节点之间的转移概率是连续的，这意味着对于每个节点，传入和传出信息的相对重要性是可以区分的。然而，这种重要性在超图结构（关联矩阵 $\boldsymbol{H}$）确定后才显现，且其强度不是通过学习得到的。因此，超边注意力机制的引入，旨在学习一个动态的超图关联矩阵，以产生一个动态的转移矩阵，从而更有效地揭示节点之间的深层关系。在超图注意力机制中，介绍了对关联矩阵 $\boldsymbol{H}$ 施加注意力模块的方法。这里，注意力模块不是简单地将每个节点视为超边的直接连接，而是引入了一个概率模型，该模型以非二进制的实值来分配连通性的相对重要性。通过这样的设计，模型能够更精确地刻画节点之间的相互作用。

值得指出的是，超图注意力机制的有效性仅在节点集和超边集共享（或可投影至）同一齐次域时成立。这是因为只有在这样的条件下，节点与超边之间的相似性才能直接进行比较。当节点集和超边集的大小相当时，节点 x_i 与其相关联的超边 x_j 之间的注意力分数 [15] 可以表示为

$$\boldsymbol{H}_{ij} = \frac{\exp\left(\sigma\left(\mathrm{sim}\left(x_i\boldsymbol{P}, x_j\boldsymbol{P}\right)\right)\right)}{\sum_{k\in N_i}\exp\left(\sigma\left(\mathrm{sim}\left(x_i\boldsymbol{P}, x_k\boldsymbol{P}\right)\right)\right)} \tag{8.31}$$

其中，$\sigma(\cdot)$ 是一个非线性激活函数。(l)-th 与 $(l+1)$-th 层之间的权重矩阵表示为 $\boldsymbol{P}\in\mathbb{R}^{F^{(l)}\times F^{(l+1)}}$。$N_i$ 是 x_i 的邻域集合。相似性函数 $\mathrm{sim}(\cdot)$ 用于计算两个节点之间的相似度：

$$\mathrm{sim}\left(x_i, x_j\right) = \boldsymbol{a}^{\mathrm{T}}\left[x_i \,\|\, x_j\right] \tag{8.32}$$

在此框架中，$\cdot\|\cdot$ 用于结合两个向量，权重向量 $\boldsymbol{a}$ 用于输出一个标量的相似度值。通过超图注意力机制，可以得到关联矩阵 $\boldsymbol{H}$，进而利用式（8.6）逐层学习节点的中间嵌入，以获得更具表达力的节点嵌入。超图注意力机制模型的整体架构如图 8.9 所示。

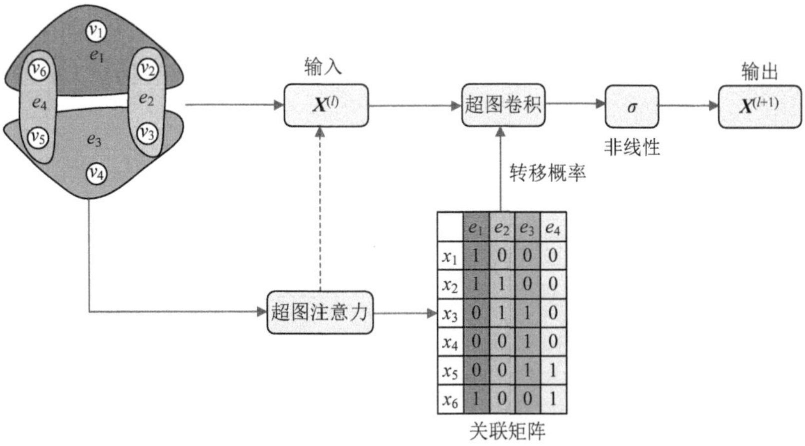

图 8.9　超图注意力机制模型的整体架构

对于给定的超图，超图注意力机制首先根据输入数据或上一层卷积的输出结果，使用式（8.31）计算得到超图注意力生成的关联矩阵 $\boldsymbol{H}$。随后，该矩阵经过超图卷积模块处理，得到本层节点的嵌入，这些嵌入可用于下一层的计算或超图任务的执行。通过结合超图卷积和超图注意力这两个算子，超图神经网络模型可以轻松扩展到更灵活的模型，并适应不同场景下观察到的非成对关系。需要指出的是，在处理异构图时，即节点可能属于不同类型的情况，直接学习关联矩阵 $\boldsymbol{H}$ 上的超图注意模块是不可行的。

8.1.7　超图自编码器

自编码器（autoencoder）的核心理念是利用网络结构学习数据的高效压缩表示，并在此基础上实现数据的重建。这一模型由编码器和解码器两个主要部分组成，其中编码器负责将输入数据压缩成更为紧凑的表示，提炼出输入数据中的关键特征，而解码器则将这个压缩后的表示解码重构，以尽可能地恢复原始数据。自编码器的一个显著优势是其无监督学习的能力，即无须依赖标注数据就能学习数据的有效表示，这使得自编码器在处理无标签数据的应用场景中极具价值。超图自编码器是一种专门针对超图数据设计的自编码器，其目的是从超图数据中学习出节点的低维表示，并在尽可能保留超图结构信息的前提下进行重构。编码器部分负责将超图中的每个节点映射到低维空间，而解码器部分则致力于重构超图的信息。超图自编码器在多个领域展现出了其应用潜力，包括但不限于链路预测、节点聚类和超图生成等任务。本节将介绍一种用于异质超图链路预测任务的模型，即异质超图变分自编码器（HeteHG-VAE）[16]。链路预测是网络分析中的一个基础性问题，它涉及预测网络中两个节点之间是否存在连接。链路预测在多个领域有着广泛的应用，如社交关系探索[17-18]、蛋白质相互作用预测[19-20]和推荐系统[21-22]等。在超图结构上进行链路预测，目标是在已观察到的超图基础上发现缺失的关系或预测新出现的超边。

HeteHG-VAE 的整体架构如图 8.10 所示[16]。HeteHG-VAE 的目标是利用贝叶斯深度生成策略学习异质超图的低维嵌入，这里的超图结构通过关联矩阵 $\boldsymbol{H}$ 表示，其中子超图表示由不同类型的从属节点生成的超图。异质编码器能够分别将节点和超边映射至节点嵌入和超边嵌入，这里超图嵌入是由节点嵌入和超边嵌入组合而成的，能够被超图解码器用于重构关联矩阵。

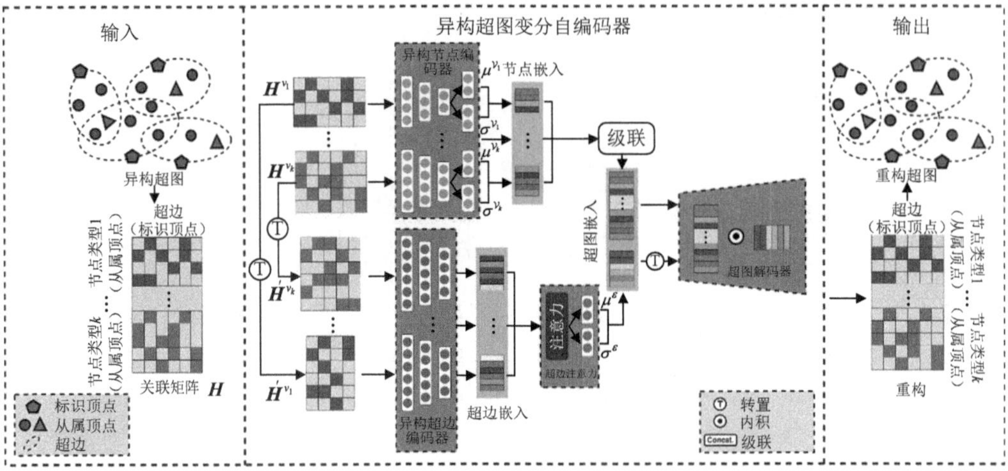

图 8.10　HeteHG-VAE 的整体架构

接下来，本节将首先介绍变分证据下界及其针对特定任务的推导，随后将阐述推理模型，包括异质节点编码器和异质超边编码器，最后将详细介绍生成模型和链路预测方法。假定存在 K 个观测数据，记作 $\{\boldsymbol{x}_k\}_{k=1}^{K}$，$\boldsymbol{Z}_k^V$ 表示潜在的节点嵌入，$\boldsymbol{Z}^E$ 表示潜在的超边嵌入。HeteHG-VAE 假设 $\boldsymbol{Z}_k^V$ 和 $\boldsymbol{Z}^E$ 均遵循高斯先验分布，即 $\boldsymbol{Z}_k^V \sim p_0\left(\boldsymbol{Z}_k^V\right)$ 和 $\boldsymbol{Z}^E \sim p_0\left(\boldsymbol{Z}^E\right)$，同时观测数据 $\boldsymbol{x}_k$ 服从条件分布 $p\left(\boldsymbol{x}_k \mid \boldsymbol{Z}_k^V, \boldsymbol{Z}^E; \lambda_k\right)$，其中 λ_k 为分布的参数。HeteHG-VAE 的目标是通过优化 λ_k 来最大化观测数据的对数似然，具体可写为

$$
\begin{aligned}
&\log p(\boldsymbol{x}_1,\cdots,\boldsymbol{x}_K;\lambda)\\
&=\log\int_{\boldsymbol{Z}_1^V}\cdots\int_{\boldsymbol{Z}_K^V}\int_{\boldsymbol{Z}^E} p\left(\boldsymbol{x}_1,\cdots,\boldsymbol{x}_K,\boldsymbol{Z}_1^V,\cdots,\boldsymbol{Z}_K^V,\boldsymbol{Z}^E;\lambda\right)\mathrm{d}\boldsymbol{Z}_1^V\cdots\mathrm{d}\boldsymbol{Z}_K^V\mathrm{d}\boldsymbol{Z}^E\\
&\geqslant \mathbb{E}_q\left(\log\frac{p\left(\boldsymbol{x}_1,\cdots,\boldsymbol{x}_K,\boldsymbol{Z}_1^V,\cdots,\boldsymbol{Z}_K^V,\boldsymbol{Z}^E;\lambda\right)}{q\left(\boldsymbol{Z}_1^V,\cdots,\boldsymbol{Z}_K^V,\boldsymbol{Z}^E\mid \boldsymbol{x}_1,\cdots,\boldsymbol{x}_K;\theta\right)}\right)\\
&:=\mathcal{L}\left(\boldsymbol{x}_1,\cdots,\boldsymbol{x}_K;\theta,\lambda\right)
\end{aligned}
\tag{8.33}
$$

其中，$q(\cdot)$ 是用于估计真实后验 $p\left(\boldsymbol{Z}_1^V,\cdots,\boldsymbol{Z}_K^V,\boldsymbol{Z}^E\mid \boldsymbol{x}_1,\cdots,\boldsymbol{x}_K\right)$ 的变分后验；θ 是待估计的参数；$\mathcal{L}\left(\boldsymbol{x}_1,\cdots,\boldsymbol{x}_K;\theta,\lambda\right)$ 是对数边际似然的证据下界。基于证据下界，可以引入推理编码器来参数化 q，并使用生成解码器来参数化 p。

HeteHG-VAE 的推理编码器包括两个主要部分，即异质节点编码器和异质超边编码器。异质节点编码器首先将观测数据 $\boldsymbol{x}_k$ 映射到潜在空间 $\tilde{\boldsymbol{Z}}_k^V$，可以表示为

$$
\tilde{\boldsymbol{Z}}_k^V = f^V\left(\boldsymbol{x}_k\boldsymbol{W}_k^V + \boldsymbol{b}_k^V\right) \tag{8.34}
$$

其中，$\boldsymbol{W}_k^V$ 和 $\boldsymbol{b}_k^V$ 是模型中待学习的权重；f^V 是非线性激活函数。然后，两个独立的线性层输出 q 的均值 μ_k^V 和方差 σ_k^V 的潜在表示如下：

$$\mu_k^V = \tilde{\boldsymbol{Z}}_k^V \boldsymbol{W}_k^{V\mu} + \boldsymbol{b}_k^{V\mu} \tag{8.35}$$

$$\sigma_k^V = \tilde{\boldsymbol{Z}}_k^V \boldsymbol{W}_k^{V\sigma} + \boldsymbol{b}_k^{V\sigma} \tag{8.36}$$

其中，$\boldsymbol{W}_k^{V\mu}$、$\boldsymbol{b}_k^{V\mu}$、$\boldsymbol{W}_k^{V\sigma}$ 和 $\boldsymbol{b}_k^{V\sigma}$ 是可学习的参数。节点嵌入从高斯分布 $\mathcal{N}\left(\mu_k^V, \sigma_k^V\right)$ 中采样得到。

异质超边编码器首先将观测数据 $\boldsymbol{x}_k$ 映射到潜在空间 $\tilde{\boldsymbol{Z}}_k^E$，可以表示为

$$\tilde{\boldsymbol{Z}}_k^E = f^E\left(\boldsymbol{x}_k^{\mathrm{T}} \boldsymbol{W}_k^E + \boldsymbol{b}_k^E\right) \tag{8.37}$$

其中，$\boldsymbol{W}_k^E$ 和 $\boldsymbol{b}_k^E$ 是模型中待学习的权重；f^E 是非线性激活函数。然后，通过超边注意力机制学习不同类型节点的重要性，可以表示为

$$\tilde{\alpha}_k = \mathrm{Tanh}\left(\tilde{\boldsymbol{Z}}_k^E \boldsymbol{W}_k^{E\alpha} + \boldsymbol{b}_k^{E\alpha}\right) \boldsymbol{P} \tag{8.38}$$

其中，$\boldsymbol{W}_k^{E\alpha}$、$\boldsymbol{b}_k^{E\alpha}$ 和 $\boldsymbol{P}$ 是可学习的参数。通过对 $\tilde{\alpha}_k$ 进行归一化，可以得到注意力分数 α_k，超边嵌入可以表示为

$$\tilde{\boldsymbol{Z}}^E = \sum_{k=1}^{K} \alpha_k \tilde{\boldsymbol{Z}}_k^E \tag{8.39}$$

同样，这里可以使用两个独立的线性层输出分布 q 的均值 μ^E 和方差 σ^E 的潜在表示：

$$\mu^E = \tilde{\boldsymbol{Z}}^E \boldsymbol{W}^{E\mu} + \boldsymbol{b}^{E\mu} \tag{8.40}$$

$$\sigma^E = \tilde{\boldsymbol{Z}}^E \boldsymbol{W}^{E\sigma} + \boldsymbol{b}^{E\sigma} \tag{8.41}$$

其中，$\boldsymbol{W}^{E\mu}$、$\boldsymbol{b}^{E\mu}$、$\boldsymbol{W}^{E\sigma}$ 和 $\boldsymbol{b}^{E\sigma}$ 是可学习的参数。节点嵌入从高斯分布 $\mathcal{N}\left(\mu^E, \sigma^E\right)$ 中采样得到。

关联矩阵可以从参数为 $\mathcal{H}_k$ 的伯努利分布中采样获得：

$$p\left(\boldsymbol{H}_{ij} \mid \boldsymbol{Z}_{k,i}^V, \boldsymbol{Z}_{k,j}^E; \lambda_k\right) = \mathrm{Ber}\left(\mathcal{H}_{ij}\right) \tag{8.42}$$

其中，$\mathcal{H}_{ij}$ 是节点嵌入和超边嵌入的点积：

$$\mathcal{H}_{ij} = \mathrm{Sigmoid}\left(\boldsymbol{Z}_{k,i}^V \left(\boldsymbol{Z}_j^E\right)^{\mathrm{T}}\right) \tag{8.43}$$

基于节点嵌入和超边嵌入，可以得到节点之间连接的可能性，如下所示：

$$p_{\mathrm{conn}}\left(\boldsymbol{Z}_i^V, \boldsymbol{Z}_j^E\right) = \boldsymbol{Z}_i^V, \boldsymbol{Z}_{j,2}^E \tag{8.44}$$

通过以上过程，异质超图变分自编码器方法[16]能够在保留原始低阶拓扑结构的同时，捕捉数据之间的高阶关联。这种超图上的链路预测方法在多种类型的实验中都展现出了突出的性能，可以进一步应用于其他领域。

8.2　超图动力系统

超图神经网络在处理涉及高阶关联的任务时展现出了显著的优势，然而，当前超图神经网络的设计在演化过程的可控性方面存在不足，这可能会导致其性能达不到最优水平。例如，虽然一至两层的超图神经网络能够获得较好的结果，但层数的增加却可能会导致性能下降。图 8.11 给出了在 Cora-CA 数据集上进行节点分类任务的性能变化曲线。从图中可以看出，朴素超图神经网络模型（Vanilla HGNN）和通用超图神经网络模型

（HGNN$^+$）在层数为 2 时能够取得最佳性能，但随着层数增加，性能快速下降。这使得在实际应用中需要将层数固定为 2，这在一定程度上既不能保证最佳性能，同时也缺乏稳定性。这种系统上的稳定性不足使其仅适用于浅层网络架构，无法有效处理和覆盖全局信息。超图动力系统神经网络提供了一种从动力学角度探索超图语义计算稳定性的可行方案和路径。

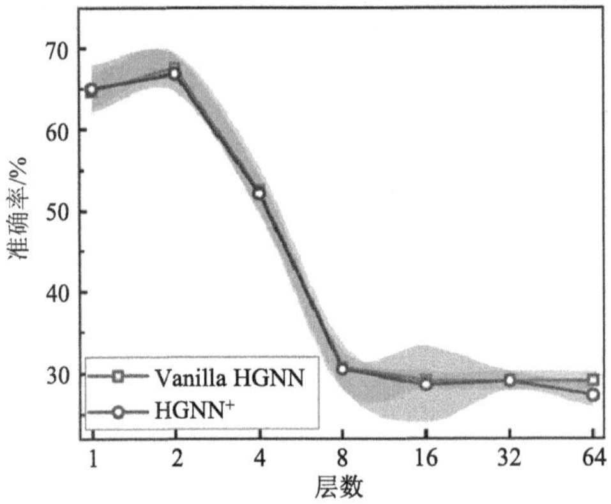

图 8.11　Vanilla HGNN 和 HGNN$^+$ 性能随层数变化曲线

本节从理论角度介绍了基于动力学引导的高阶关联计算方法，即超图动力系统。通过微分方程与动力系统等理论框架，从时间和空间两个角度探究高阶关联与语义计算的协同演变机理，建立具有时空结构多尺度微分动力学演化机制与稳定性的高阶关联表示计算方法，形成超图常微分动力系统神经网络模型及超图偏微分动力系统神经网络模型，实现具备动力学稳定性的超图语义计算。本节给出了一种具体的超图动力系统实现方法，通过将常微分方程（ordinary differential equation，ODE）离散化，并将其拆分为控制步骤和扩散步骤，为稳定的超图神经网络的实现提供了便利。此外，本节详细阐述了 HDS^{ode} 框架下神经网络的具体实现，并讨论了控制步骤和扩散步骤的时间复杂度问题。

超图动力系统可以由以下方程定义：

$$\begin{bmatrix} \dot{\boldsymbol{x}}_v \\ \dot{\boldsymbol{x}}_e \end{bmatrix} = f\left(\begin{bmatrix} \boldsymbol{x}_v(t) \\ \boldsymbol{x}_e(t) \end{bmatrix}\right) \text{及} \begin{bmatrix} \boldsymbol{x}_v(0) \\ \boldsymbol{x}_e(0) \end{bmatrix} = \begin{bmatrix} z_v \\ z_e \end{bmatrix} \tag{8.45}$$

其中，$\boldsymbol{x}_v(t)$ 和 $\boldsymbol{x}_e(t)$ 分别代表 t 时刻的节点表示矩阵和超边表示矩阵；函数 f 代表动力系统中的表示速度；z_v 和 z_e 分别代表节点特征和超边特征的初始条件。由于时间戳 t 是连续的，上述超图动力系统可以在任何时刻产生表示状态。

上述方程中的速度函数 f 可以用不同的方式描述。将速度函数视为控制函数和扩散函数的组合，形成一个基于 ODE 的超图动力系统，如下所示：

$$\begin{bmatrix} \dot{\boldsymbol{x}}_v \\ \dot{\boldsymbol{x}}_e \end{bmatrix} = \begin{bmatrix} g_v(\boldsymbol{x}_v(t)) \\ g_e(\boldsymbol{x}_e(t)) \end{bmatrix} + \boldsymbol{A}\begin{bmatrix} \boldsymbol{x}_v(t) \\ \boldsymbol{x}_e(t) \end{bmatrix} \tag{8.46}$$

其中，等号右侧第一项中的 g_v 和 g_e 是控制函数，分别作用于每个节点表示和超边表示的控制速度；第二项是扩散项，其中 $\boldsymbol{A}$ 表示超图的相关性，在动力系统中代表节点表示和超边表示之间的扩散速度效应：

$$\begin{bmatrix} \boldsymbol{x}_v(T) \\ \boldsymbol{x}_e(T) \end{bmatrix} = \begin{bmatrix} \boldsymbol{x}_v(0) \\ \boldsymbol{x}_e(0) \end{bmatrix} + \int_0^T f\left(\begin{bmatrix} \boldsymbol{x}_v(t) \\ \boldsymbol{x}_e(t) \end{bmatrix}\right)\mathrm{d}t \tag{8.47}$$

依据式（8.47），当节点特征 $\boldsymbol{x}_v(0)$ 和超边特征 $\boldsymbol{x}_e(0)$ 被输入时，该方法能够生成时间 T 内的节点表示 $\boldsymbol{x}_v(T)$ 和超边表示 $\boldsymbol{x}_e(T)$，以供超图学习任务使用。不仅能够获得精确的最终表示，而且通过调整积分的上下限，还能捕捉到从初始表示 $\boldsymbol{x}_v(0)$、$\boldsymbol{x}_e(0)$ 到最终表示 $\boldsymbol{x}_v(T)$、 $\boldsymbol{x}_e(T)$ 的动态变化过程。

1. Lie-Trotter 分解离散化常微分方程

为了精确地捕捉超图动力系统的特征，这里介绍一种与基于常微分方程的超图动力系统相结合的多层神经网络框架，命名为 HDS^{ode}。首先应用 Lie-Trotter 分解方法[23]对式（8.47）进行离散化处理，得到如下表达式：

$$\begin{bmatrix} \boldsymbol{x}_v\left(t+\frac{1}{2}\right) \\ \boldsymbol{x}_e\left(t+\frac{1}{2}\right) \end{bmatrix} = \begin{bmatrix} \boldsymbol{x}_v(t) \\ \boldsymbol{x}_e(t) \end{bmatrix} + \begin{bmatrix} g_v(\boldsymbol{x}_v(t)) \\ g_e(\boldsymbol{x}_e(t)) \end{bmatrix}, \begin{bmatrix} \boldsymbol{x}_v(t+1) \\ \boldsymbol{x}_e(t+1) \end{bmatrix} = \begin{bmatrix} \boldsymbol{x}_v\left(t+\frac{1}{2}\right) \\ \boldsymbol{x}_e\left(t+\frac{1}{2}\right) \end{bmatrix} + \boldsymbol{A}\begin{bmatrix} \boldsymbol{x}_v\left(t+\frac{1}{2}\right) \\ \boldsymbol{x}_e\left(t+\frac{1}{2}\right) \end{bmatrix} \tag{8.48}$$

在这个框架中，时间步长的设定被融入控制函数 g_v、g_e 以及扩散矩阵 $\boldsymbol{A}$ 中。值得指出的是，动力系统中每次迭代所代表的时间间隔被设定为 1，且时间迭代过程被划分为控制步骤和扩散步骤两个阶段。类似于残差网络的设计，控制步骤通过控制函数对节点表示和超边表示进行调整和优化。与此同时，扩散步骤则利用矩阵 $\boldsymbol{A}$ 在节点和超边之间传递表示信息，这个扩散步骤中并不需要额外的参数。根据证明，当扩散矩阵 $\boldsymbol{A}$ 得到适当设计时，表示在扩散步骤中能够稳定收敛至特定的值。

2. HDS^{ode}：基于常微分方程的超图动力系统神经网络实现

接下来详细阐述 HDS^{ode} 框架中控制步骤和扩散步骤的超图动力系统神经网络实现，以及这两个步骤的时间复杂度分析。 HDS^{ode} 框架示意图如图 8.12 所示。

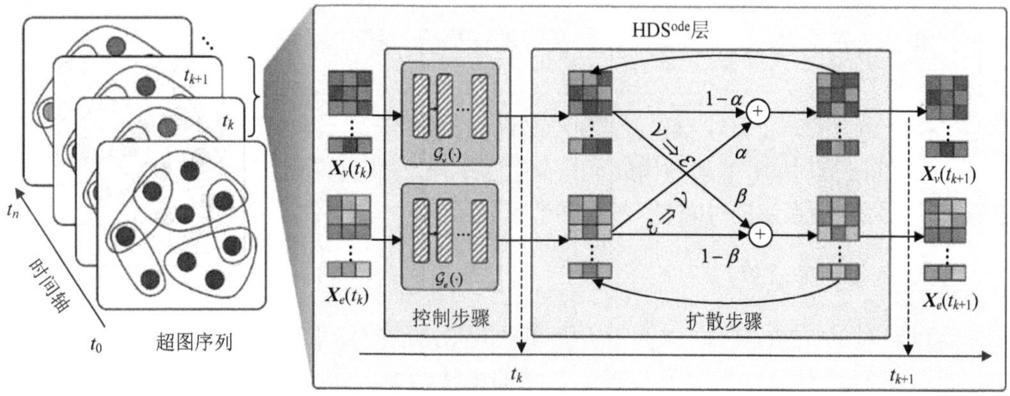

图 8.12　HDS^{ode} 框架示意图

HDS^{ode} 层能够接纳任何与其控制函数具有相同输入输出维度的一般函数。本节选择了两个简洁的一层全连接网络来更新节点表示和超边表示。具体而言，可以用以下公式来表示这一过程：

$$\begin{bmatrix} \boldsymbol{x}_v\left(t+\dfrac{1}{2}\right) \\ \boldsymbol{x}_e\left(t+\dfrac{1}{2}\right) \end{bmatrix} = \begin{bmatrix} \boldsymbol{x}_v(t) \\ \boldsymbol{x}_e(t) \end{bmatrix} + \sigma\left(\begin{bmatrix} \boldsymbol{W}_v \boldsymbol{x}_v(t) + \boldsymbol{b}_v \\ \boldsymbol{W}_e \boldsymbol{x}_e(t) + \boldsymbol{b}_e \end{bmatrix}\right) \tag{8.49}$$

其中，σ 是激活函数；$\boldsymbol{W}_v, \boldsymbol{W}_e \in \mathbb{R}^{c\times c}$ 是节点表示和超边表示的可学习权重矩阵；$\boldsymbol{b}_v, \boldsymbol{b}_e \in \mathbb{R}^c$ 是可学习的偏置项。

在扩散过程中，扩散矩阵 $\boldsymbol{A}$ 的设计对结果至关重要。如果设计不当，节点表示和超边表示可能会发散，变得难以控制。下面介绍一种既具有稳定性又具有可解释性的设计，具体如下：

$$\begin{bmatrix} \boldsymbol{X}_v(t+1) \\ \boldsymbol{X}_e(t+1) \end{bmatrix} = \begin{bmatrix} \boldsymbol{X}_v\left(t+\dfrac{1}{2}\right) \\ \boldsymbol{X}_e\left(t+\dfrac{1}{2}\right) \end{bmatrix} + \boldsymbol{A}\begin{bmatrix} \boldsymbol{X}_v\left(t+\dfrac{1}{2}\right) \\ \boldsymbol{X}_e\left(t+\dfrac{1}{2}\right) \end{bmatrix} \text{ 及 } \boldsymbol{A} = \begin{bmatrix} -\alpha_v \boldsymbol{I} & \alpha_v \boldsymbol{D}_v^{-1}\boldsymbol{H} \\ \alpha_e \boldsymbol{D}_e^{-1}\boldsymbol{H}^{\mathrm{T}} & -\alpha_e \boldsymbol{I} \end{bmatrix} \tag{8.50}$$

其中，α_v 和 α_e 是超参数，分别代表节点和超边的传输概率。

进一步将矩阵乘法项展开，以获得节点表示：

$$\boldsymbol{X}_v(t+1) = (1-\alpha_v)\boldsymbol{X}_v\left(t+\frac{1}{2}\right) + \alpha_v \boldsymbol{D}_v^{-1}\boldsymbol{H}\boldsymbol{X}_e\left(t+\frac{1}{2}\right)$$

其中，第一项表示在扩散过程中，节点表示以 $1-\alpha_v$ 的保持率保持不变；第二项表示与每个节点直接相连的超边表示以 α_v 的比例进行平均聚合，其中 $\boldsymbol{H}\boldsymbol{X}_e\left(t+\dfrac{1}{2}\right)$ 表示节点级别的聚合，$\boldsymbol{D}_v^{-1}$ 表示平均归一化矩阵。

类似地，超边表示可以写为

$$\boldsymbol{X}_e(t+1) = \alpha_e \boldsymbol{D}_e^{-1}\boldsymbol{H}^{\mathrm{T}}\boldsymbol{X}_v\left(t+\frac{1}{2}\right) + (1-\alpha_e)\boldsymbol{X}_e\left(t+\frac{1}{2}\right)$$

其中，第一项表示以 α_e 的比例从节点表示进行聚合，第二项表示以 $1-\alpha_e$ 的比例保留原始表示。

利用上述方式，可以获得任意非负整数时间 t 的节点表示和超边表示。正如图 8.12 左侧所示，时间 t_0 到时间 t_n 的超图构成了一个超图序列，对应着超图动力系统的演化过程。一旦选择了超图动力系统的时间 T，最终的节点表示为 $\boldsymbol{Y}_v = \boldsymbol{X}_v(T)$，超边表示为 $\boldsymbol{Y}_e = \boldsymbol{X}_e(T)$。

3. 时间复杂度分析

这里针对每个 HDS^{ode} 层中控制步骤和扩散步骤的时间复杂度进行分析。在控制步骤中，运行时间受限于权重矩阵和表示之间的乘法运算，因此控制步骤的时间复杂度为 $O\left((|\mathcal{V}|+|\mathcal{E}|)c^2\right)$，其中 c 代表表示的维度。在扩散步骤中，运行时间受限于表示聚合的矩

阵乘法操作，即 $\boldsymbol{H}\boldsymbol{X}_e\left(t+\frac{1}{2}\right)$ 和 $\boldsymbol{H}^{\mathrm{T}}\boldsymbol{X}_v\left(t+\frac{1}{2}\right)$。考虑到关联矩阵 $\boldsymbol{H}$ 是一个稀疏矩阵，故扩散步骤的时间复杂度为 $O\left(\left(\mathrm{tr}\left(\boldsymbol{D}_{\mathrm{v}}\right)+\mathrm{tr}\left(\boldsymbol{D}_{\mathrm{e}}\right)\right)c\right)$。值得注意的是，控制项的时间复杂度与表示的维度的平方成正比，而扩散项则是线性的。因此，在具体实现中，将在大多数时间迭代中对控制函数进行掩码处理，以降低框架的总运行时间，即每隔一定数量的层进行一次控制步骤。

4. HDS^{ode} 的性质

由于常微分方程中的扩散步骤反映了节点表示和超边表示的时间迭代，因此对扩散的稳定性进行分析至关重要。首先分析扩散矩阵 $\boldsymbol{A}$ 的特征值命题，然后对扩散过程进行稳定性分析。

命题 1　假设扩散矩阵的特征分解为 $\boldsymbol{A}=\boldsymbol{U}\boldsymbol{\Lambda}\boldsymbol{U}^{-1}$，其中 $\boldsymbol{\Lambda}=\mathrm{diag}\left(\lambda_i\right)$ 为特征值矩阵，特征值 λ_i 位于复平面的左半部分或为 0。

证明　在 HDS^{ode} 中的扩散矩阵具有如下形式：

$$\boldsymbol{A}=\begin{bmatrix}-\alpha_v\boldsymbol{I} & \alpha_v\boldsymbol{D}_v^{-1}\boldsymbol{H}\\ \alpha_e\boldsymbol{D}_e^{-1}\boldsymbol{H}^{\mathrm{T}} & -\alpha_e\boldsymbol{I}\end{bmatrix} \tag{8.51}$$

接下来考虑除对角线元素外每一行的和。对于任意 $i\in\{1,2,\cdots,|\mathcal{V}|\}$，有

$$d(v)=\sum_{e\in\mathcal{E}}\boldsymbol{H}_{v,e}\Rightarrow\sum_{j\neq i}\left|\boldsymbol{A}_{i,j}\right|=\alpha_v \tag{8.52}$$

同样对于任意 $i\in\{|\mathcal{V}|+1,|\mathcal{V}|+2,\cdots,|\mathcal{V}|+|\mathcal{E}|\}$，有

$$\delta(e)=\sum_{v\in\mathcal{V}}\boldsymbol{H}_{v,e}\Rightarrow\sum_{j\neq i}\left|\boldsymbol{A}_{i,j}\right|=\alpha_e \tag{8.53}$$

根据格什戈林圆盘定理（Gershgorin’s Theorem），矩阵 $\boldsymbol{A}$ 的特征值 λ_i 满足 $\lambda_i\in\mathcal{R}_{\mathcal{V}}\cup\mathcal{R}_{\mathcal{E}}$，这里

$$\mathcal{R}_{\mathcal{V}}=\left\{z\in\mathbb{C}:\left|z-\boldsymbol{A}_{i,i}\right|\leqslant\sum_{j\neq i}\left|\boldsymbol{A}_{i,j}\right|\wedge i\in1,2,\cdots,|\mathcal{V}|\right\}=\left\{z\in\mathbb{C}:\ z+\alpha_{v2}\leqslant\alpha_v\right\} \tag{8.54}$$

$$\mathcal{R}_{\mathcal{E}}=\left\{z\in\mathbb{C}:\left|z-\boldsymbol{A}_{i,i}\right|\leqslant\sum_{j\neq i}\left|\boldsymbol{A}_{i,j}\right|\wedge i\in|\mathcal{V}|+1,\cdots,|\mathcal{V}|+|\mathcal{E}|\right\}=\left\{z\in\mathbb{C}:\ z+\alpha_{e2}\leqslant\alpha_e\right\} \tag{8.55}$$

注意到集合 $\mathcal{R}_{\mathcal{V}}$ 和 $\mathcal{R}_{\mathcal{E}}$ 形式相似，可以进一步合并为

$$\lambda_i\in\mathcal{R}_{\mathcal{V}}\cup\mathcal{R}_{\mathcal{E}}=\left\{z\in\mathbb{C}:\ z+\max\left(\alpha_v,\alpha_e\right)_2\leqslant\max\left(\alpha_v,\alpha_e\right)\right\} \tag{8.56}$$

因此，矩阵 $\boldsymbol{A}$ 的特征值 λ_i 是 0 或分布在复平面的左半平面（即 λ_i 的实部小于 0）。

当系统特征值的实部小于零时，系统表现出稳定性。若特征值伴随有非零的虚部，系统将呈现振荡行为，且随着时间的推移，这种振荡会逐渐减弱。为了深入探究扩散矩阵的特性，需要精确确定 0 特征值的数量。

命题 2　扩散矩阵 $\boldsymbol{A}$ 特征分解后的 0 特征值的重数等于超图的连通分量数目。

证明　从两个方向证明 0 特征值的重数大于或等于超图的连通分量数目，以及 0 特征值的重数小于或等于超图的连通分量数目。

首先证明 0 特征值的重数大于或等于超图的连通分量数目。考虑到超图$\mathcal{G}=(\mathcal{V},\mathcal{E})$包含$k$个连通分量$\mathcal{G}_1=(\mathcal{V}_1,\mathcal{E}_1),\mathcal{G}_2=(\mathcal{V}_2,\mathcal{E}_2),\cdots,\mathcal{G}_k=(\mathcal{V}_k,\mathcal{E}_k)$，可以定义$k$个特征向量$\boldsymbol{u}_1,\boldsymbol{u}_2,\cdots,\boldsymbol{u}_k$：

$$\begin{cases}\boldsymbol{u}_i(v)=\dfrac{1}{\sqrt{|\mathcal{V}_i|+|\mathcal{E}_i|}} & \forall v\in\mathcal{V}_i\\ \boldsymbol{u}_i(e)=\dfrac{1}{\sqrt{|\mathcal{V}_i|+|\mathcal{E}_i|}} & \forall e\in\mathcal{E}_i\end{cases}\tag{8.57}$$

根据矩阵$\boldsymbol{A}$的定义，$\boldsymbol{A}\boldsymbol{u}_i=0$表示$\boldsymbol{u}_i$是对应于 0 特征值的特征向量。根据连通分量$i$中节点和超边的数量，可知：

$$\boldsymbol{u}_i=\sqrt{\sum_{v\in\mathcal{V}}\boldsymbol{u}_i^2(v)+\sum_{e\in\mathcal{E}}\boldsymbol{u}_i^2(e)}=\sqrt{\sum_{v\in\mathcal{V}_i}\frac{1}{|\mathcal{V}_i|+|\mathcal{E}_i|}+\sum_{e\in\mathcal{E}_i}\frac{1}{|\mathcal{V}_i|+|\mathcal{E}_i|}}=1\tag{8.58}$$

由于任意两个连通分量不包含相同的节点或超边，任意两个特征向量在相同元素上不同时包含非零值，即

$$\boldsymbol{u}_i^{\mathrm{T}}\boldsymbol{u}_j=0,\forall i\neq j\tag{8.59}$$

超图中每个连通分量可以对应构造一个 0 特征值的特征向量，所以 0 特征值的重数大于或等于超图的连通分量数目。

接下来证明 0 特征值的重数小于或等于超图的连通分量数目。使用不同的系数乘以矩阵$\boldsymbol{A}$的行，可以得到与$\boldsymbol{A}$具有相同 0 特征值重数的辅助证明矩阵$\boldsymbol{A}'$，如下所示：

$$\boldsymbol{A}'=\begin{bmatrix}\boldsymbol{D}_v & -\boldsymbol{H}\\ -\boldsymbol{H}^{\mathrm{T}} & \boldsymbol{D}_e\end{bmatrix}\tag{8.60}$$

因为满足

$$\xi^{\mathrm{T}}\boldsymbol{A}'\xi=\sum_{i,j}\xi(i)A'_{i,j}\xi(j)=\sum_{v\in e}\left(\xi(v)-\xi(e)\right)^2\geqslant 0\tag{8.61}$$

所以$\boldsymbol{A}'$是一个半正定矩阵。其中，等式成立的条件是，在向量$\boldsymbol{\xi}$中每一个连通分量的对应元素是一个相等常数。可以注意到$\boldsymbol{A}$的特征向量$\boldsymbol{u}_1,\boldsymbol{u}_2,\cdots,\boldsymbol{u}_k$也是$\boldsymbol{A}'$的特征向量。假设矩阵$\boldsymbol{A}'$中 0 特征值的重数大于超图的连通分量数目，则

$$\exists\xi\neq 0,\boldsymbol{\xi}^{\mathrm{T}}\boldsymbol{A}'\xi=0\wedge\xi\perp\boldsymbol{u}_1,\boldsymbol{u}_2,\cdots,\boldsymbol{u}_k\tag{8.62}$$

由于$\boldsymbol{\xi}\neq 0$，存在$\xi(v)\neq 0$或$\xi(e)\neq 0$。假设在$\boldsymbol{\xi}$中第i个连通分量存在对应非零元素，因为特征向量$\boldsymbol{\xi}$代表的每一个连通分量的对应元素是一个相等常数，$\boldsymbol{\xi}$和$\boldsymbol{u}_i$满足$\boldsymbol{\xi}^{\mathrm{T}}\boldsymbol{u}_i\neq 0$，这与假设矛盾，所以 0 特征值的重数小于或等于超图的连通分量数目。

根据以上证明，只存在一种可能性，即矩阵$\boldsymbol{A}$的 0 特征值的重数等于超图的连通分量数目。

这一性质与图论中常见的拉普拉斯矩阵相吻合。当超图中的所有节点均能相互到达时，超图形成了一个唯一的连通分量，此时扩散矩阵$\boldsymbol{A}$仅有一个 0 特征值，其重数为 1。在仅包含扩散项的常微分方程中，可以得到如下结果：

$$\begin{bmatrix}\dot{\boldsymbol{X}}_v\\ \dot{\boldsymbol{X}}_e\end{bmatrix}=\boldsymbol{A}\begin{bmatrix}\boldsymbol{X}_v(t)\\ \boldsymbol{X}_e(t)\end{bmatrix}\text{ 有解为}\begin{bmatrix}\boldsymbol{X}_v\\ \boldsymbol{X}_e\end{bmatrix}=\mathrm{e}^{t\boldsymbol{A}}=\sum_{i=1}^{|\mathcal{V}|+|\mathcal{E}|}\mathrm{e}^{\lambda_i t}\boldsymbol{u}_i\boldsymbol{u}_i^{\mathrm{T}}\tag{8.63}$$

如果$\mathrm{Re}(\lambda_i)<0$，那么有$\lim\limits_{t\to\infty}\mathrm{e}^{\lambda_i t}=0$；而对于$\lambda_i=0$，有$\lim\limits_{t\to\infty}\mathrm{e}^{\lambda_i t}=1$。这表明通过扩散，

表示将稳定于 0 特征值对应的状态。当超图中每个类的节点只连接到该类内的节点时，不同类别的节点将稳定于不同的表示。如果存在不同类别间的超边，则需要控制项将不同类别的节点稳定到不同的表示。

这里将 $\mathrm{HDS}^{\mathrm{ode}}$ 与超图神经网络之间的关系进行了形式化。然后考虑这样一种情况：控制项被掩码处理，传输概率 α_v 和 α_e 均为 1，每两层之间的节点表示具有关系 $\boldsymbol{X}_v(t+2)=\boldsymbol{D}_v^{-1}\boldsymbol{H}\boldsymbol{D}_e^{-1}\boldsymbol{H}^{\mathrm{T}}\boldsymbol{X}_v(t)$，其形式与线性 HGNN^+ 层 [7] 一致，但不涉及学习参数。考虑到 $\mathrm{HDS}^{\mathrm{ode}}$ 中的传输概率易受超图结构修改的影响，而控制项微调了扩散表示，因此 $\mathrm{HDS}^{\mathrm{ode}}$ 较 HGNN^+ 更有可能产生准确的表示。

将上述基于 ODE 的超图动力系统神经网络方法进行部署实现，图 8.13 给出了在 Cora-CA 数据集上进行节点分类任务的性能变化曲线。从图中可以看出，随着层数的增加，超图动力系统的性能逐步上升且趋于稳定，并超过了朴素超图神经网络和通用超图神经网络。结果证明超图动力系统能够有效处理和覆盖全局信息，具备语义计算的稳定性，从而可以获得更好的性能。

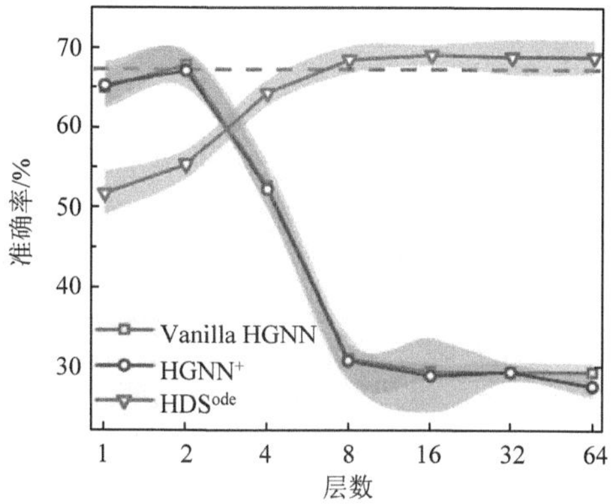

图 8.13　Vanilla HGNN、HGNN^+ 和 $\mathrm{HDS}^{\mathrm{ode}}$ 性能随层数变化曲线

8.3　超图神经网络与图神经网络的关系

本节从谱域和空域两个方面讨论超图神经网络与图神经网络之间的关系。为了更准确地理解这两种网络模型之间的联系和区别，选取了各自领域中最具代表性的模型进行分析，分别是朴素超图神经网络模型（Vanilla HGNN）[8]和图神经网络模型（GNN）[1]。从卷积的视角出发，GNN 是一种为图结构数据设计的经典算法[1-2]。通过这种比较，不仅能够更好地理解超图神经网络和图神经网络各自的特点，还能深入探究它们在处理复杂数据结构时的优势和局限性。

8.3.1　在谱域角度的对比

从数学上来看，GNN 可以视为 Vanilla HGNN 的一个特殊情况。这个观点基于一个基本假设：每个超边仅连接两个节点，且这些连接的权重是相等的。在这种情况下，一个 2-均匀超图就可以被表示为一个普通的图，具有图邻接矩阵 $\boldsymbol{A}$ 和节点度矩阵 $\boldsymbol{D}$，这与 $\mathcal{E}_{\text{pair}}$ 的构造类似。在超图计算框架下，超图关联矩阵 $\boldsymbol{H}$、节点度矩阵 $\boldsymbol{D}_v$、超边度矩阵 $\boldsymbol{D}_e$ 和超边权重矩阵 $\boldsymbol{W}$ 共同定义了超图的结构。当超图退化为普通图时，即每个超边只连接两个节点且所有超边的权重相等时，超图实际上就变成了一个普通图，其结构可由邻接矩阵和节点度矩阵完全描述。这种将超图简化为普通图的方式提供了一种从超图到图的平滑过渡，为理解这两种结构之间的关系提供了便利。在这种情况下，下面的公式可以将超图简化为普通图的形式：

$$\begin{cases} \boldsymbol{H}\boldsymbol{H}^{\mathrm{T}} = \boldsymbol{A} + \boldsymbol{D} \\ \boldsymbol{D}_e^{-1} = \dfrac{1}{2}\boldsymbol{I} \\ \boldsymbol{W} = \boldsymbol{I} \end{cases} \tag{8.64}$$

使用超图卷积进行简化，如下所示：

$$\begin{aligned} \boldsymbol{X}^{t+1} &= \sigma\left(\boldsymbol{D}_v^{-1/2}\boldsymbol{H}\boldsymbol{W}\boldsymbol{D}_e^{-1}\boldsymbol{H}^{\mathrm{T}}\boldsymbol{D}_v^{-1/2}\boldsymbol{X}^t\boldsymbol{\Theta}^t\right) \\ &= \sigma\left(\boldsymbol{D}_v^{-1/2}\boldsymbol{H}\left(\frac{1}{2}\boldsymbol{I}\right)\boldsymbol{H}^{\mathrm{T}}\boldsymbol{D}_v^{-1/2}\boldsymbol{X}^t\boldsymbol{\Theta}^t\right) \\ &= \sigma\left(\frac{1}{2}\left(\boldsymbol{I} + \boldsymbol{D}^{-1/2}\boldsymbol{A}\boldsymbol{D}^{-1/2}\right)\boldsymbol{X}^t\boldsymbol{\Theta}^t\right) \\ &= \sigma\left(\boldsymbol{D}^{-1/2}\hat{\boldsymbol{A}}\boldsymbol{D}^{-1/2}\boldsymbol{X}^t\hat{\boldsymbol{\Theta}}^t\right) \end{aligned} \tag{8.65}$$

其中，$\hat{\boldsymbol{A}} = \boldsymbol{I} + \boldsymbol{D}^{-1/2}\boldsymbol{A}\boldsymbol{D}^{-1/2}$，$\hat{\boldsymbol{\Theta}}^t = \dfrac{1}{2}\boldsymbol{\Theta}^t$，常数 $\dfrac{1}{2}$ 通过可学习的参数 $\boldsymbol{\Theta}$ 所吸收。从建模 2-均匀超图的角度来看，Vanilla HGNN 中的谱超图卷积与 GCN 中的图卷积具有相同的形式，是 GCN 在超图结构上的推广。超图卷积不仅可以模拟和学习超图中的高阶相关性，而且还可以处理简单图。这表明即便是在简单图的应用场景中，Vanilla HGNN 也能发挥其优势，并提供更强的模型性能。

8.3.2 在空域角度的对比

根子树（图 8.14）不仅能够描述图中节点之间的局部连接关系，还能揭示图中的信息传递路径，因此成为比较超图神经网络（HGNN^+）与传统 GNN 的有效工具。在超图的背景下，根子树中的节点可以是普通节点或超边，以满足路径定义，即信息传递路径。为了更直观地进行比较，这里选择与 2-均匀超图对比，即每个超边仅连接两个节点的超图。图 8.14 展示了在 HGNN^+ 和 GNN 中某个指定节点的根子树，这可以理解为图中的消息传递路径和超图中的超路径。在图卷积的过程中，模型会考虑邻居节点的特征，并聚合这些特征来更新中心节点的特征，这样的层级结构设计极大地增强了模型的表达和建模能力。HGNN^+ 的操作分为两个阶段，即节点-超边-节点的转换。如式（8.8）所示，第一阶段是基于节点之间的邻接关系来生成超边特征。随后，聚合邻近超边的特征用以更新节点的特征。与传统图卷积相比，多层超图卷积在信息交互方面具有更多的优势。在 HGNN^+ 中，根节点在子树路径中出现的频率更高，类似于一个额外的潜在自环，这也是其良好性能的原因之一。相较于传统的图卷积，通过节点-超边-节点的转换，超图卷积能够有效地提取超图上的低阶和高阶关系。这种机制显著增强了模型处理复杂数据结构的能力，提供了更丰富的信息和更精细的分析能力，使超图卷积在捕捉复杂的数据结构和关系时表现得更为出色。总的来说，这种方法在处理高维和复杂数据时，展现出了卓越的性能和灵活性。

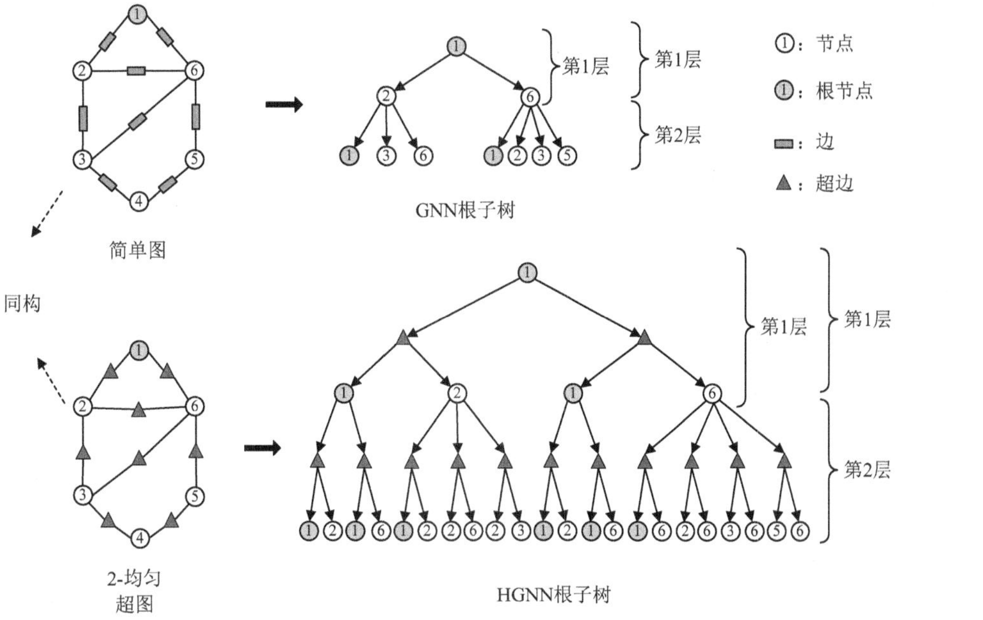

图 8.14　图的根子树与 2-均匀超图的根子树的对比示意图

超图神经网络与图神经网络在谱域和空域方面都有着显著的差异。在谱域方面，图神经网络的核心是基于图的拉普拉斯谱进行卷积操作，该方法依赖于图的特征值和特征向量。在谱域中，图神经网络通过对图拉普拉斯算子进行特征分解，实现信号过滤并捕捉图结构的全局信息。相比之下，超图神经网络在谱域上的处理更为复杂，因为它需要处理超图的结构，其中涉及更高阶的关联性。超图的谱理论与普通图不同，因为超边可以连接多个节点，这导致了更复杂的谱特性。因此，超图神经网络在谱域上进行卷积时，需要考虑节点之间的直接联系以及节点与超边之间的关系，以捕捉更加丰富和复杂的高阶数据结构特性。在空域方面，图神经网络主要关注节点与其邻居之间的直接关系。对于空域中的图神经网络来说，通过聚合邻近节点的特征来更新每个节点的特征，从而捕捉局部的结构信息。然而，超图神经网络在处理空域数据时更为复杂，它不仅需要考虑节点之间的关系，还需要考虑超边内部的节点群体之间的关系。通过节点-超边-节点的转换机制，超图神经网络能够有效整合超边内多个节点的信息，从而提取出更高阶的关联性。这一方法使超图神经网络能够在空域中处理更加复杂和微妙的结构关系，提供更强大的复杂数据处理能力。因此，在面对具有复杂关联的数据时，超图神经网络相较于图神经网络能够展现出更大的优势。

本章小结

本章介绍了超图上的神经网络的相关研究进展。朴素超图神经网络将传统的图网络概念扩展至超图范畴，基于超图特有的灵活性和高效性，在处理复杂关联数据方面显示了显著的优势。进一步，通用超图神经网络扩展了这一框架，设计了更加灵活的建模策略和通用的空域超图卷积范式。在动态场景下，动态超图网络引入了新的学习方法，不仅在特征学习方面取得进步，同时也实现了网络结构的动态优化。针对时序动态超图，时序超图神经网络介绍了一种新的网络结构，以适应这种动态变化的超图结构。核超图神经网络则对核超图的消息传播模块进行了改进，增强了网络的非线性表达能力。超图注意力机制可以用于应对复杂关联数据的注意力建模需求，而异质超图变分自编码器则采用贝叶斯深度生成模型，学习异质超图的低维嵌入，有效提升了异质超图链路预测任务的准确性。以上各类超图神经网络从不同角度提高了数据和高阶关联协同语义的计算能力。针对超图神经网络在层数增加时性能骤降的问题，本章介绍了超图动力系统，即高阶关联微分动力学能量扩散传播方法，来解决超图神经网络的扩散稳定性不足挑战，实现高阶关联全局语义刻画，形成具备系统稳定性的高阶关联表示计算方法，并探讨了超图动力系统与超图神经网络之间的相互关系。本章最后从谱域和空域角度讨论了超图神经网络与图神经网络之间的联系和差异，证明了超图神经网络是图神经网络的一种自然推广，具备更强的表达能力和更灵活的数据建模能力。虽然超图上的神经网络在过去数年取得了飞速进展，但还有许多问题亟待进一步探索，如更高效的超图动力系统和面向可变结构的超图同构神经网络等。

参 考 文 献

[1] KIPF T N, WELLING M. Semi-supervised classification with graph convolutional networks[C]//Proceedings of the International Conference on Learning Representations. Toulon: ICLR, 2017.

[2] GILMER J, SCHOENHOLZ S S, RILEY P F, et al. Neural message passing for quantum chemistry[C]//Proceedings of the International Conference on Machine Learning. Sydney: ACM, 2017: 1263-1272.

[3] BEHROUZ A, HASHEMI F, SADEGHIAN S, et al. CAT-Walk: Inductive hypergraph learning via set walks[J]. Advances in Neural Information Processing Systems, 2024: 36-44.

[4] BANDYOPADHYAY S, DAS K, MURTY M N. Hypergraph attention isomorphism network by learning line graph expansion[C]//Proceedings of the 2020 IEEE International Conference on Big Data (Big Data). Online: IEEE, 2020: 669-678.

[5] ZHOU D, HUANG J, SCHÖLKOPF B. Learning with hypergraphs: Clustering, classification, and embedding[J]. Advances in Neural Information Processing Systems, 2006: 19-28.

[6] DEFFERRARD M, BRESSON X, VANDERGHEYNST P. Convolutional neural networks on graphs with fast localized spectral filtering[J]. Advances in Neural Information Processing Systems, 2016: 29-37.

[7] GAO Y, FENG Y, JI S, et al. HGNN$^+$: General hypergraph neural networks[J]. IEEE Transactions on Pattern Analysis and Machine Intelligence, 2022.

[8] FENG Y, YOU H, ZHANG Z, et al. Hypergraph neural networks[C]//Proceedings of the AAAI Conference on Artificial Intelligence. Honolulu, AAAI Press, 2019: 3558-3565.

[9] JIANG J, WEI Y, FENG Y, et al. Dynamic hypergraph neural networks[C]//Proceedings of the International Joint Conferences on Artificial Intelligence. Macao: IJCAI, 2019: 2635-2641.

[10] XU D, RUAN C, KÖRPEOGLU E, et al. Inductive representation learning on temporal graphs[C]//Proceedings of the 8th International Conference on Learning Representations. Online: ICLR, 2020 .

[11] WEISSE A, WELLEIN G, ALVERMANN A, et al. The kernel polynomial method[J]. Reviews of Modern Physics, 2006, 78(1): 275.

[12] ARYA D, GUPTA D K, RUDINAC S, et al. Adaptive neural message passing for inductive learning on hypergraphs[A]. 2021.

[13] DONG Y, SAWIN W, BENGIO Y. HNHN: Hypergraph networks with hyperedge neurons [A]. 2020.

[14] ZOU F, SHEN L, JIE Z, et al. A sufficient condition for convergences of Adam and RMSProp[C]//Proceedings of the IEEE/CVF Conference on Computer Vision and Pattern Recognition. Long Beach: IEEE, 2019.

[15] BAI S, ZHANG F, TORR P H. Hypergraph convolution and hypergraph attention[J]. Pattern Recognition, 2021, 110: 107637.

[16] FAN H, ZHANG F, WEI Y, et al. Heterogeneous hypergraph variational autoencoder for link prediction[J]. IEEE Transactions on Pattern Analysis and Machine Intelligence, 2021, 44(8): 4125-4138.

[17] LIBEN-NOWELL D, KLEINBERG J. The link prediction problem for social networks[C]//Proceedings of the Twelfth International Conference on Information and Knowledge Management. New York: ACM, 2003: 556-559.

[18] LIAO L, HE X, ZHANG H, et al. Attributed social network embedding[J]. IEEE Transactions on Knowledge and Data Engineering, 2018, 30(12): 2257-2270.

[19] CLAUSET A, MOORE C, NEWMAN M E. Hierarchical structure and the prediction of missing links in networks[J]. Nature, 2008, 453(7191): 98-101.

[20] ZITNIK M, AGRAWAL M, LESKOVEC J. Modeling polypharmacy side effects with graph convolutional networks[J]. Bioinformatics, 2018, 34(13): i457-i466.

[21] FENG W, WANG J. Incorporating heterogeneous information for personalized tag recommendation in social tagging systems[C]//Proceedings of the 18th ACM SIGKDD International Conference on Knowledge Discovery and Data Mining. Beijing: ACM, 2012: 1276-1284.

[22] SHI C, HU B, ZHAO W X, et al. Heterogeneous information network embedding for recommendation[J]. IEEE Transactions on Knowledge and Data Engineering, 2018, 31(2): 357-370.

[23] GEISER J. Decomposition methods for differential equations: Theory and applications[M]. Boca Raton: Chemical Rubber Company Press, 2009.

第 9 章　大规模超图高效计算

在当前的大数据时代，数据的规模和复杂度都在以爆炸式的速度增长。数据规模的扩大使超图计算在处理和分析规模巨大且复杂度高的超图数据时面临严峻挑战。实际应用中，超图的节点数量和超边数量可能达到数十万、数百万甚至更多，使超图计算模型的训练和推理过程变得更加耗时，同时超图结构数据的存储和处理也变得愈发困难，需要设计更加高效的数据结构和算法。

本章主要介绍大规模超图的高效计算方法，探讨大规模超图中几种典型的高效计算解决思路。本章首先介绍一种基于张量的动态超图计算方法，旨在解决传统超图计算过程在优化和计算成本方面受限的问题；其次介绍一种基于因子分解的大规模超图计算方法，旨在解决传统超图模型中关联矩阵计算复杂度高的问题；然后介绍一种层级式超图计算方法，可用于处理包含数百万个节点或超边的大规模超图；最后介绍一种面向超大规模超图的高效超图神经网络模型，旨在解决传统直推式超图神经网络在空间和时间复杂度上的局限问题。

9.1　基于张量的超图高效计算

传统的超图计算方法计算成本很高，特别是当超图结构规模变大并需要实时更新时，计算成本会进一步增加，使传统超图计算方法在实际应用中受到较多限制。关联矩阵 $\boldsymbol{H}\in\mathbb{R}^{N\times E}$ 的空间复杂度为 $\mathcal{O}(NE)$，其中 N 表示节点数量（$|\mathcal{V}|=N$），E 表示超边数量（$|\mathcal{E}|=E$）。在实际应用中，较大的关联矩阵会产生制约。本节介绍一种基于张量的动态超图学习方法（tensor-based dynamic hypergraph learning，t-DHL）[1]，该方法引入了双凸优化模型，为动态超图提供了一种灵活的张量表示。该方法计算成本低，具有在大规模数据上的应用潜力。

t-DHL[1]采用张量表示来更灵活地表征动态超图结构。如图 9.1 所示，与传统超图的关联矩阵不同，张量可以完整地表示超图，并对任意多元关系的超边进行描述。给定一个超图 $\mathcal{G}=(\mathcal{V},\mathcal{E},\boldsymbol{W})$，在二维空间中可以使用 N 阶张量来表示具有 N 个节点的超图。例如，由 3 个节点组成的超图可以用 $2\times2\times2$ 的张量 $\mathcal{T}$ 表示。为简洁起见，可以通过展开形式表示张量 $\mathcal{T}$，即 2^N-1 维向量。令 $\bar{\Psi}_N$ 为 $\Omega=\{1,2,\cdots,N\}$ 的幂集，$\Psi_N=\bar{\Psi}_N-\{\varnothing\}$ 索引张量 $\mathcal{T}$ 中的 2^N-1 个元素，ω 表示 Ψ_N 中的集合，$\mathcal{T}(\omega)$ 表示集合 ω 的连接强度。通过这种方式，$\mathcal{T}$ 记录了所有可能的超边和超边强度。如果 $\mathcal{T}(\omega)\neq0$，则存在一个超边连接集合中的所有节点。令 $\mathcal{T}_0$ 表示初始超图结构，可以通过直接修改相应元素的值来实现超图结构的调整。通过张量表示，在计算过程中超边的数量、顺序和权重都是可变的，这个优化过程更具灵活性，从而可有效突破传统关联矩阵在优化过程中的局限性。

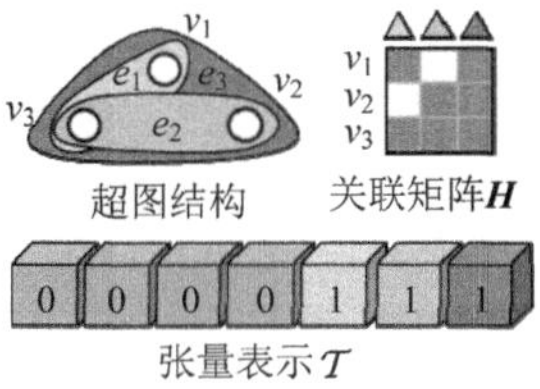

图 9.1　超图结构、超图结构的关联矩阵表示和超图结构的张量表示

该方法首先定义一个势函数来估计张量表示中边的数据分布。由于超图数据中可能同时包括标签信息和节点特征，损失函数也需要同步考虑标签空间和特征空间。这里假设度更高的超边应该比度更低的超边具有更高的势值，因此该势函数可以被定义为

$$\xi(\omega)=\sum_{u,v\in\omega}\frac{\left(\boldsymbol{F}(u)-\boldsymbol{F}(v)_F^2+\alpha\boldsymbol{X}(u)-\boldsymbol{X}(v)_F^2\right)}{(1+\alpha)\delta(\omega)} \tag{9.1}$$

其中，α 为标签信息和特征信息的平衡参数。对于势值更大的超边，在超图学习过程中应该被分配以更小的权重。基于此设定，t-DHL 的目标函数可以被定义为

$$\begin{aligned}&\arg\min_{\boldsymbol{F},0\leqslant\mathcal{T}\leqslant1}\Psi(\boldsymbol{F},\mathcal{T})\\&:=\Omega(\boldsymbol{F},\mathcal{T})+\lambda\mathcal{R}_{\text{emp}}(\boldsymbol{F})+\mu\mathcal{R}_{\text{emp}}(\mathcal{T})\\&:=\sum_{\omega\in\Psi_N}\mathcal{T}(\omega)\xi(\omega)+\lambda\boldsymbol{F}-\boldsymbol{Y}_F^2+\mu\mathcal{T}-\mathcal{T}_{0F}^2\end{aligned} \tag{9.2}$$

其中，$\boldsymbol{F}$ 为节点标签矩阵；$0\leqslant\mathcal{T}\leqslant1$ 表示张量 $\mathcal{T}$ 中的元素范围被限制在 0 与 1 之间；$\Omega(\boldsymbol{F},\mathcal{T})$ 表示张量超图的正则化项；$\mathcal{R}_{\text{emp}}(\boldsymbol{F})$ 表示标签的经验损失项；$\mathcal{R}_{\text{emp}}(\mathcal{T})$ 表示张量的经验损失项；λ 和 μ 分别是对应项的平衡参数。

t-DHL 可以通过两阶段优化迭代求解，即分别优化标签矩阵 $\boldsymbol{F}$ 和张量 $\mathcal{T}$。首先固定张量 $\mathcal{T}$，得到标签矩阵 $\boldsymbol{F}$ 的优化目标：

$$\arg\min_{\boldsymbol{F}}\Psi(\boldsymbol{F}):=\Omega(\boldsymbol{F},\mathcal{T})+\lambda\mathcal{R}_{\text{emp}}(\boldsymbol{F}) \tag{9.3}$$

上述优化过程可直接得到闭式解如下：

$$\boldsymbol{F}=\left(\boldsymbol{I}+\frac{2c}{\lambda}(\boldsymbol{D}_S-\boldsymbol{S})\right)^{-1}\boldsymbol{Y} \tag{9.4}$$

其中，$c=\dfrac{1}{1+\alpha}$；$\boldsymbol{S}_{uv}=\sum\limits_{\omega\in\Psi_{uv}}\dfrac{\mathcal{T}^{\omega}}{\delta(\omega)}$；$\boldsymbol{D}_S$ 为 $\boldsymbol{S}$ 中每行之和的对角阵；$\boldsymbol{S}$ 可以理解为节点之间的相似度矩阵。

在得到标签矩阵 $\boldsymbol{F}$ 的优化结果后，进一步固定 $\boldsymbol{F}$ 的值，优化张量 $\mathcal{T}$，这里的优化目标可以写为

$$\begin{aligned}\arg\min_{0\leqslant\mathcal{T}\leqslant1}\Psi(\mathcal{T})&:=\Omega(\mathcal{T})+\mu\mathcal{R}_{\text{emp}}(\mathcal{T})\\&:=\sum_{\omega\in\Psi_N}\mathcal{T}(\omega)\xi(\omega)+\mu\mathcal{T}-\mathcal{T}_{0F}^2\end{aligned} \tag{9.5}$$

式（9.5）可通过投影梯度法求解。这里的优化目标相对于张量 $\mathcal{T}$ 是凸的，也就是说可通过优化得到其全局最优解。反复迭代上述两步优化过程，即可实现超图学习和超图

结构的高效优化。另外，可以通过采样策略减少超图张量中冗余的 0 值，从而进一步降低计算复杂度，以适用于数千个节点及超边场景的超图计算。

9.2 基于因子分解的超图高效计算

本节介绍一种大规模超图分解神经网络（big-hypergraph factorization neural networks，b-HGFN）[2]，该方法可以支持具有数万个节点规模的超图结构建模和计算。

将高维矩阵分解为低维矩阵的乘积是一种有效的降维方法，已在谱聚类[3]、推荐算法[4]等不同领域得到了广泛应用。超图的关联矩阵 $\boldsymbol{H}$ 也可以利用矩阵分解来获取每个节点和超边的低维嵌入，从而支持更大规模的超图计算。基于这一思想，b-HGFN 采用基于分解的超图降维思路来解决上述问题。b-HGFN 引入了一个因子嵌入组件，该组件将超边和节点之间的关系编码到两个低维语义空间中，如图 9.2 所示。由于语义空间的低维特性，b-HGFN 能够处理更多的节点和超边。

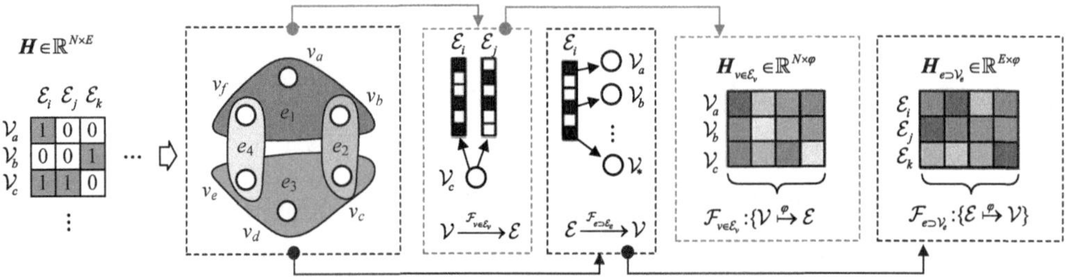

图 9.2　基于因子分解的超图高效计算方法 b-HGFN 流程图

首先，一个标准的超图神经网络层可以表示为

$$\mathrm{HGFConv}(\cdot)=D\left[\sigma\left(\boldsymbol{\Theta}^{(\cdot)}\boldsymbol{X}^{(\cdot)}(\boldsymbol{I}-\boldsymbol{\varDelta})\right)\right] \tag{9.6}$$

其中，σ 代表非线性激活函数；D 代表 Dropout 层；$\boldsymbol{\varDelta}$ 为拉普拉斯矩阵。b-HGFN 对卷积网络的细节进行修改，将卷积操作嵌入隐式低维语义空间中，具体可以表示为

$$\begin{cases}\mathrm{HGFConv}(0)=D\left[\sigma\left(\boldsymbol{\Theta}^{(0)}\boldsymbol{X}^{(0)}\boldsymbol{D}_v^{-1/2}\boldsymbol{H}_{v\in\mathcal{E}_v}\Sigma\right)\right]\\ \mathrm{HGFConv}(1)=D\left[\sigma\left(\boldsymbol{\Theta}^{(1)}\boldsymbol{X}^{(1)}\Sigma\right)\right]\\ \qquad\vdots\\ \mathrm{HGFConv}(L-1)=D\left[\sigma\left(\boldsymbol{\Theta}^{(L-1)}\boldsymbol{X}^{(L-1)}\Sigma\right)\right]\\ \mathrm{HGFConv}(L)=D\left[\sigma\left(\boldsymbol{\Theta}^{(L)}\boldsymbol{X}^{(L)}\Sigma\boldsymbol{H}_{v\in\mathcal{E}_v}^{\mathrm{T}}\boldsymbol{D}_v^{-1/2}\right)\right]\end{cases} \tag{9.7}$$

基于式（9.7）中所表示的 HGFConv 层，超图的高维连接关系可以被嵌入低维语义空间中。这里因子分解的目的是将关联矩阵 $\boldsymbol{H}$ 降维到两个低维语义空间，即分别表示节点所属超边的 $\boldsymbol{H}_{v\in\mathcal{E}_v}\in\mathbb{R}^{N\times\varphi}$ 和超边关联节点的 $\boldsymbol{H}_{e\supset\mathcal{V}_e}\in\mathbb{R}^{E\times\varphi}$，其中 $\mathcal{E}_v$ 和 $\mathcal{V}_e$ 分别表示包含节点 v 的超边集和超边 e 中的节点集，φ是表示语义空间维度的超参数。如图 9.2 所示，这两个语义空间旨在捕捉节点和超边之间的所有连接。该过程的步骤如下：

$$\boldsymbol{H}_{v\in\mathcal{E}_v},\boldsymbol{H}_{e\supset\mathcal{V}_e}\ \|\boldsymbol{H}-\boldsymbol{H}_{v\in\mathcal{E}_v}\boldsymbol{H}_{e\supset\mathcal{V}_e}^{\mathrm{T}}\|_2^2 \tag{9.8}$$

超图降维过程产生的相应损失可以写成

$$\mathcal{L}_\gamma=\|\boldsymbol{H}-\boldsymbol{H}_{v\in\mathcal{E}_v}\boldsymbol{H}_{e\supset\mathcal{V}_e}^{\mathrm{T}}\|_2^2 \tag{9.9}$$

超图拉普拉斯矩阵 $\boldsymbol{\varDelta}$ 是超图计算的另一个重要组成部分，其一般形式为

$$\boldsymbol{\varDelta}=\boldsymbol{I}-\boldsymbol{D}_v^{-1/2}\boldsymbol{HWD}_e^{-1}\boldsymbol{H}^{\mathrm{T}}\boldsymbol{D}_v^{-1/2} \tag{9.10}$$

由于关联矩阵 $\boldsymbol{H}$ 具有两个低维语义空间，因此基于低维超图分解的拉普拉斯算子 $\boldsymbol{\varDelta}_F$ 可以表示为

$$\boldsymbol{\varDelta}_F=\boldsymbol{I}-\boldsymbol{D}_v^{-1/2}\boldsymbol{H}_{v\in\mathcal{E}_v}\underbrace{\boldsymbol{H}_{e\supset\mathcal{V}_e}^{\mathrm{T}}\boldsymbol{WD}_e^{-1}\boldsymbol{H}_{e\supset\mathcal{V}_e}}_{\Sigma\in\mathbb{R}^{\varphi\times\varphi}}\boldsymbol{H}_{v\in\mathcal{E}_v}^{\mathrm{T}}\boldsymbol{D}_v^{-1/2} \tag{9.11}$$

其中，$\boldsymbol{\Sigma}=\boldsymbol{H}_{e\supset\mathcal{V}_e}^{\mathrm{T}}\boldsymbol{WD}_e^{-1}\boldsymbol{H}_{e\supset\mathcal{V}_e}$ 是维度为 φ 的隐层中间项，其维度显著小于节点和超边的总数。

通过上述过程，本节所介绍的大规模超图分解神经网络对大规模超图的高维关联矩阵进行因子分解，有效降低了超图神经网络的存储负载和计算复杂度，可用于包含万级节点和超边的超图结构建模和计算。

9.3　基于层级表示的超图高效计算

基于因子分解的超图高效计算方法可以有效处理万级节点和超边的超图，但当超图扩展到数百万个节点或超边规模时，该方法在计算效率方面仍然存在较大困难。本节介绍一种基于层级表示的大规模超图高效计算方法，如图 9.3 所示，能够处理具有数百万个节点、包含层级标签的超图。

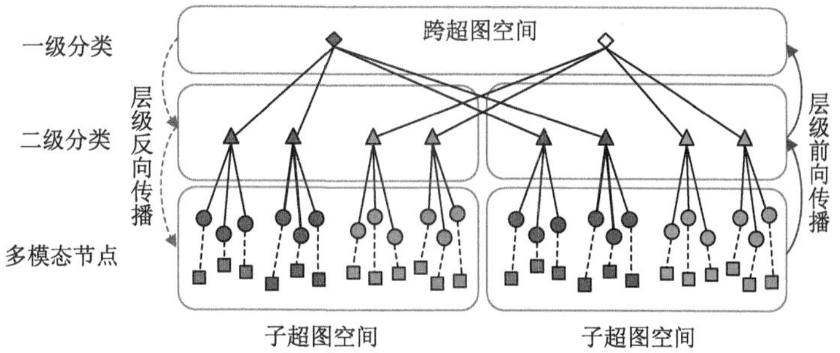

图 9.3　层级式超图高效计算示例

针对百万规模的非结构化数据，将整个数据集转换为单个大型超图来表示样本之间的相关性，或进行基于因子分解的压缩是非常困难的，这需要构建巨大规模的关联矩阵，容易带来高昂的计算和内存代价。如果数据具有层级式标签，则可以采用层级式方法来解决这个问题。本节介绍一种针对具有层级式标签的大规模超图计算方法，该方法将原始数据集 $\boldsymbol{X}\in\mathbb{R}^{N\times d}$ 随机均匀地划分为若干更小的子集，其中 N 表示数据集的规模，d 表示样本的维度。数据集中的每个样本生成一个节点和一个对应的超边。每个子集可以通过 k-近邻等方法构建一个子超图。给定节点的初始特征矩阵 $\boldsymbol{X}$ 以及相应的关联矩阵 $\boldsymbol{H}$，用 $\mathcal{G}_i=\langle\mathcal{V}_i,\mathcal{E}_i\rangle(i=1,2,3,\cdots,m)$ 表示第 i 个超图，其中包含 $|\mathcal{V}_i|$ 个节点和 $|\mathcal{E}_i|$ 个超边。为了减

轻卷积运算中特征过度平滑的问题，可以使用残差连接[5]来生成下一层卷积的节点更新表示，具体计算方式如下：

$$\hat{\boldsymbol{X}}_i = \sigma\left(\boldsymbol{D}_{vi}^{-1/2}\boldsymbol{H}_i\boldsymbol{W}_i\boldsymbol{D}_{ei}^{-1}\boldsymbol{H}_i^{\mathrm{T}}\boldsymbol{D}_{vi}^{-1/2}\boldsymbol{X}_i\boldsymbol{\Theta}_i + \boldsymbol{X}_i\right) \tag{9.12}$$

其中，$\boldsymbol{D}_{vi} \in \mathbb{R}^{|\mathcal{V}_i|\times|\mathcal{V}_i|}$ 和 $\boldsymbol{D}_{ei} \in \mathbb{R}^{|\mathcal{E}_i|\times|\mathcal{E}_i|}$ 分别是节点和超边的度矩阵；$\boldsymbol{W}_i = \operatorname{diag}(w_1, w_2, \cdots, w_i) \in \mathbb{R}^{|\mathcal{E}_i|\times|\mathcal{E}_i|}$ 和 $\boldsymbol{\Theta}_i \in \mathbb{R}^{d\times d}$ 分别表示超边的权重参数和特征转换矩阵。

这里假设每个样本都有两个层级式标签，分别命名为一级标签和二级标签，其中二级标签是一级标签的细粒度类别。首先从训练集中的标签生成节点归属矩阵，表示为 $\boldsymbol{\Gamma}_i \in \mathbb{R}^{|\mathcal{V}_i|\times\mathcal{N}_2}$，其中 $\mathcal{N}_2$ 是二级标签的数量。

在前面的超图计算步骤中已经获得了子集的局部隐层高阶表示，这里可以分别对一级和二级标签分类进行两次聚合操作。首先，局部二级标签的聚合可以表示成如下过程：

$$\boldsymbol{S}_i = \boldsymbol{\Gamma}_i^{\mathrm{T}}\hat{\boldsymbol{X}}_i \tag{9.13}$$

其中，$\boldsymbol{X}_i$ 表示二级标签的聚合局部表示，其维度为 $\mathbb{R}^{\mathcal{N}_2\times d}$。矩阵 $\boldsymbol{S}_i$ 的每一行代表第 i 个子集中每个特定类别的二级标签的隐层特征。其次，合并所有局部高阶节点特征 $\hat{\boldsymbol{X}}_i$ 来生成全局高阶节点特征 $\hat{\boldsymbol{X}} \in \mathbb{R}^{|\mathcal{V}|\times d}$，具体过程可以表示如下：

$$\hat{\boldsymbol{X}} = \left[\hat{\boldsymbol{X}}_1^{\mathrm{T}} \,\|\, \hat{\boldsymbol{X}}_2^{\mathrm{T}} \,\|\cdots\|\, \hat{\boldsymbol{X}}_m^{\mathrm{T}}\right]^{\mathrm{T}} \tag{9.14}$$

其中，$\cdot\|\cdot$ 表示两个矩阵之间的拼接操作。局部聚合的二级特征 $\boldsymbol{S}_i \in \mathbb{R}^{\mathcal{N}_2\times d}$ 可以通过平均池化进一步融合形成全局二级特征 $\boldsymbol{S} \in \mathbb{R}^{\mathcal{N}_2\times d}$，具体表示如下：

$$\boldsymbol{S} = \boldsymbol{S}_1 \oplus \boldsymbol{S}_2 \oplus \cdots \oplus \boldsymbol{S}_m \tag{9.15}$$

其中，$\oplus$ 表示平均池化操作。通过以上聚合操作，可以从局部二级标签计算相应隐层特征的平均值。

主标签的全局高阶表示 $\boldsymbol{P} \in \mathbb{R}^{\mathcal{N}_1\times d}$ 可以从二级标签的全局特征中生成，具体可以写为

$$\boldsymbol{P} = \boldsymbol{\Phi}\boldsymbol{S} \tag{9.16}$$

其中，$\boldsymbol{\Phi} \in \mathbb{R}^{\mathcal{N}_1\times\mathcal{N}_2}$ 表示二级标签与一级标签之间的所属关系。基于超图卷积和全局聚合的结果，可通过更新节点的高阶表示及全局分类的结果来训练分类器。这里节点的增强表示如下：

$$\begin{cases} \tilde{\boldsymbol{X}}_i^{\langle 1\rangle} = \hat{\boldsymbol{X}}_i \,\|\, \dfrac{1}{\mathcal{N}_1}\displaystyle\sum_{j=1}^{\mathcal{N}_1}\boldsymbol{P}_j \\ \tilde{\boldsymbol{X}}_i^{\langle 2\rangle} = \hat{\boldsymbol{X}}_i \,\|\, \dfrac{1}{\mathcal{N}_2}\displaystyle\sum_{j=1}^{\mathcal{N}_2}\boldsymbol{S}_j \end{cases} \tag{9.17}$$

聚合后的特征可用于下游任务中，并结合训练集的层次标签进行联合训练。通过前述介绍的层级式表示，该超图计算方法可支持百万级节点的超图应用场景。需要指出的是，当数据具有更多层级的标签信息时，也可以进一步构建更深层级的超图结构，从而实现以空间换时间的目的。在没有层级式标签的场景下，也可以主动进行潜在标签设计或通过聚类等方式来形成潜在标签，从而构建层级式标签结构，使用本节所介绍的基于层级表示的超图计算方法来解决大规模数据计算问题。

9.4　基于抽样的超图高效计算

虽然基于层级式标签的建模与计算方法能够应对大规模数据，但是对于没有层级式标签的数据却有着一定限制。本节介绍一种适用于大型超图数据集的高效超图神经网络模型（efficient hypergraph neural network，EHGNN）[6]，通过一个子超图抽样模块和一个单卷积简化模块实现加速计算。如图 9.4 所示，子超图抽样模块有两种抽样策略，分别是子超图分层抽样和子超图预抽样，两者共同作用于大规模超图，将大规模超图细分为多个易于计算的子超图，有效控制空间复杂度。同时，该方法通过引入基于“节点-节点”的单卷积简化模块，在无须更新超边特征的情况下，显著提升了计算效率，能够计算具有百万级节点规模的超图。

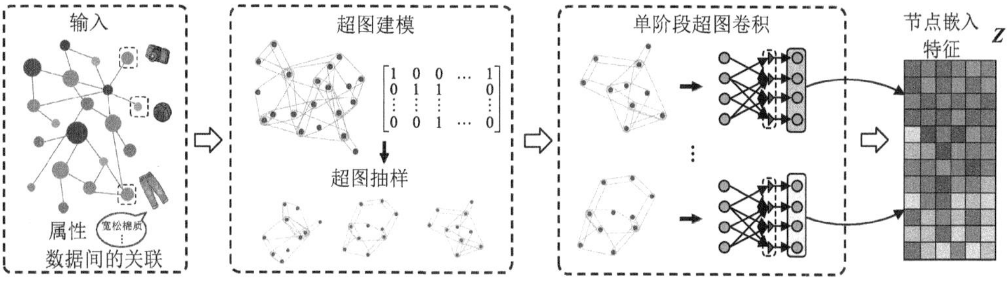

图 9.4　高效超图神经网络框架

子超图抽样模块沿着“化整为零”的思路，将大规模超图结构分解成子超图的集合，通过对全部子超图进行计算来实现全局大规模超图的计算。由于每个子超图的规模远小于原始超图，其计算成本相对更低。子超图抽样模块中包含两种抽样技术，分别是分层抽样和子超图预抽样，可以根据具体应用场景需求灵活选择适当的抽样方法。

这里首先介绍两种抽样方法的前提，即超图邻域抽样。$\mathcal{V}_t=\left\{v_i^t \mid i\in[1,B]\right\}$ 表示第 t 批抽样的节点集合，其中 B 表示批次大小。$\mathcal{N}_v\left(v_i^t\right)$ 表示节点 v^t 的关联超边集合，所有抽样节点的关联超边集合用 $\mathcal{E}_t=\left\{\mathcal{N}_v\left(v_1^t\right)\cup\mathcal{N}_v\left(v_2^t\right)\cup\cdots\cup\mathcal{N}_v\left(v_n^t\right)\right\}$ 表示。接下来，根据设定的批次超参数，对以上超边集合进行随机邻域抽样，抽样结果可以表示为 $\mathcal{E}_t'=\left\{e_i^t \mid i\in[1,W]\right\}$，其中 W 表示邻域抽样规模超参数，并可得到与邻域抽样超边关联的节点集合 $\mathcal{N}_e\left(e_i^b\right)=\{v \mid v\in e_i^t, e_i^t\in\mathcal{E}_j'\}$。随后在该节点集合中进行平均抽样，抽样出预设批次规模大小的子集，结果可以表示为 $\mathcal{V}_b'$。基于以上的超边和节点抽样结果 $\mathcal{E}_t'$ 和 $\mathcal{V}_b'$，可以得到抽样的超图关联矩阵 $\boldsymbol{H}_b$。

图 9.5 展示了两种抽样方法的对比。分层抽样基于层次化扩散的思路，在网络的每一层都对超图进行抽样，对得到的多个子超图执行批量化卷积。具体来说，分层抽样从节点集合 $\mathcal{V}$ 中随机抽样出一个批次规模的节点集 $\mathcal{V}_t$，并通过超边和节点邻域抽样确定当前层的子超图的关联矩阵 $\boldsymbol{H}_b$ 和节点特征 $\boldsymbol{X}_b$，来实现对每层数据卷积计算规模的控制。子超图预抽样则基于核心扩散的思路，以每个目标节点为核心，向外进行多层扩散，形成多级邻域抽样，并根据抽样的节点集合 $\mathcal{V}_s$ 构建子超图，抽样层数等同于超图神经网络

的层数。与分层抽样相比，子超图预抽样中的子超图是离线生成的，即子超图的抽样在计算开始之前就已经预先完成了。因此，当数据规模过大、存储需求高时，可以采用子超图预抽样方法。在模型推理阶段，分层抽样的效率会高于子超图预抽样方法，因为子超图预抽样需要保存训练时的大规模中间参数，而分层抽样不需要这一步骤，因此分层抽样的推理效率更高。

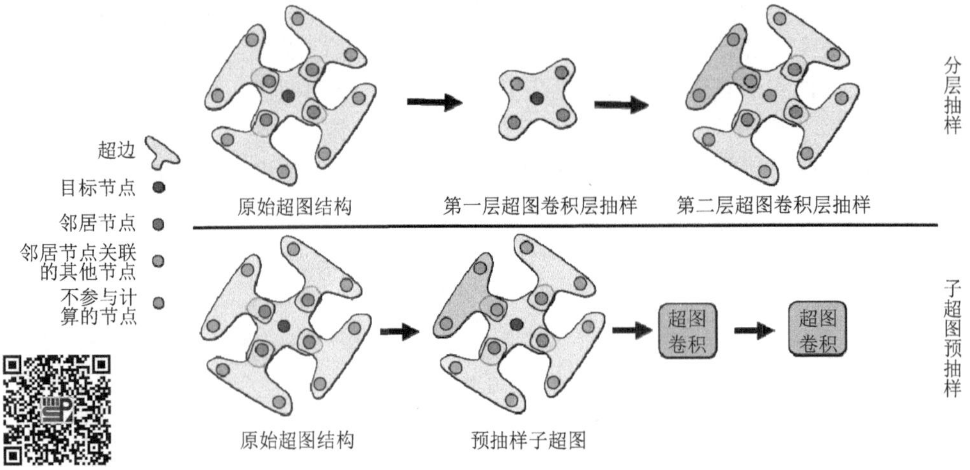

图 9.5（彩色）

图 9.5　分层抽样与子超图预抽样对比[6]

相比于传统超图神经网络的直推式整图计算，上述超图抽样模块对大规模超图的分批操作允许每次计算过程中只考虑该批次的部分节点，在训练过程中允许训练数据不包含测试样本，对训练和推理阶段的数据做出明确区分。因此，当新数据加入时模型无须重新训练网络参数，模型的泛化能力可以得到提升，从而促进了归纳式超图神经网络的发展。

除了以上介绍的基于邻域抽样的降低计算复杂度的方法，EHGNN 针对现有超图卷积网络中“节点-超边-节点”卷积的高复杂度双阶段信息传递机制中的不足，引入了“节点-节点”的单卷积简化模块来加速卷积计算过程，进一步提升超图神经网络的计算效率。

图 9.6 展示了两阶段超图卷积与单阶段卷积的对比示意图。传统超图卷积过程的两阶段超图卷积消息传递模式可以被分为节点卷积和超边卷积两个部分。在节点卷积阶段，特征从节点被聚合到关联的超边，生成超边特征；在超边卷积阶段，前面得到的超边特征再次被聚合到关联的节点上，从而更新节点特征。节点的特征更新在两阶段超图卷积过程中需要额外计算超边特征，继而增大了计算开销。

为降低两阶段超图卷积造成的计算成本，EHGNN 引入了“节点-节点”的单卷积简化模块。在超图$\mathcal{G}=(\mathcal{V},\mathcal{E},\boldsymbol{W})$中，若节点与同一超边关联，即节点$v_i$与节点$v_j$满足$v_i \in e$且 $v_j \in e$，$e \in \mathcal{E}$，则称两者为邻居节点。在执行节点特征聚合时，可以通过计算节点之间的邻接关系，直接将源节点的特征聚合到目标节点上，再将聚合特征输入非线性激活函数中。以上过程将“节点-超边-节点”的两阶段超图卷积过程简化为“节点-节点”的单阶段超图卷积过程，避免了超边的特征计算，可以有效降低计算复杂度。

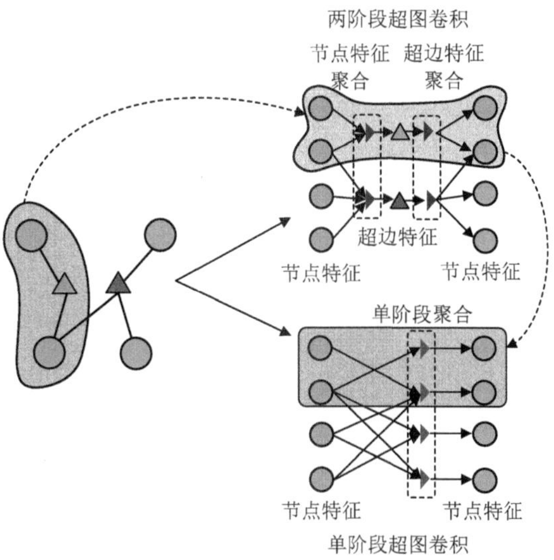

图 9.6　两阶段超图卷积与单阶段超图卷积对比示意图[6]

EHGNN 能够有效应对百万级别节点的超图数据。Amazon-reviews 数据集[7] 包括亚马逊平台上的商品及用户对商品的评论。该数据集以商品为节点，以用户行为建边，将同一用户评论过的所有商品建成一条超边，构成一个包括 2268231 个节点和 4285363 个超边的大规模超图。商品共有 29 个类别，即每个节点属于 29 个类别其中之一。在该数据集上进行了不同方法之间的性能对比，实验过程中训练集、验证集和测试集按 8∶1∶1 的比例划分。

实验中一共选取了 3 个对比方法，分别是最近邻算法（nearest neighbor，NN）[8]、标签传播算法（label propagation algorithm，LPA）[9]和图表示学习方法 DeepWalk[10]。正确率、准确率、召回率和 F1 分数指标被用来度量不同方法在大规模超图节点分类任务上的表现。实验结果及对比如图 9.7 所示。从图中可以观察到，相比于其他对比方法，EHGNN 方法在全部指标上都得到了显著提升。在正确率上，EHGNN 相比于 DeepWalk 实现了约 32 个百分点的提升；在其他指标上，提升幅度也都在 30 个百分点以上。可以看出，EHGNN 在超图数据上有更强的学习能力和表达能力。

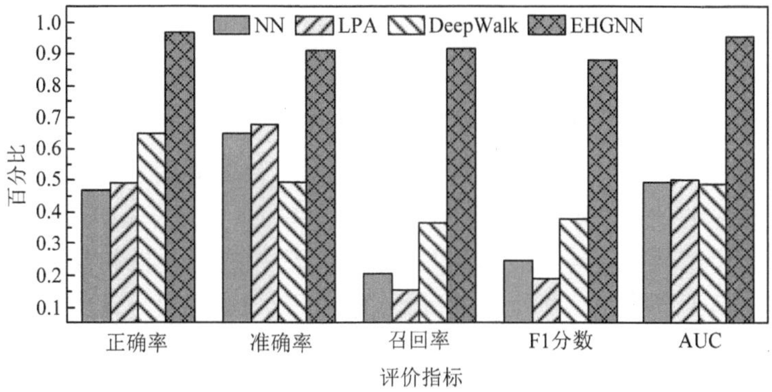

图 9.7　EHGNN 实验结果及对比[6]

同时，为了验证 EHGNN 的计算效率，本节还就不同方法的正确率指标与空间开销进行了对比。图 9.8 展示了正确率与空间开销的对比结果。从图中可以看出，EHGNN 在大规模超图的计算任务上在计算性能和空间开销上均达到了最佳，即分类正确率最高，同时占用内存最小，表明 EHGNN 方法能够支持百万级别节点的超图计算。

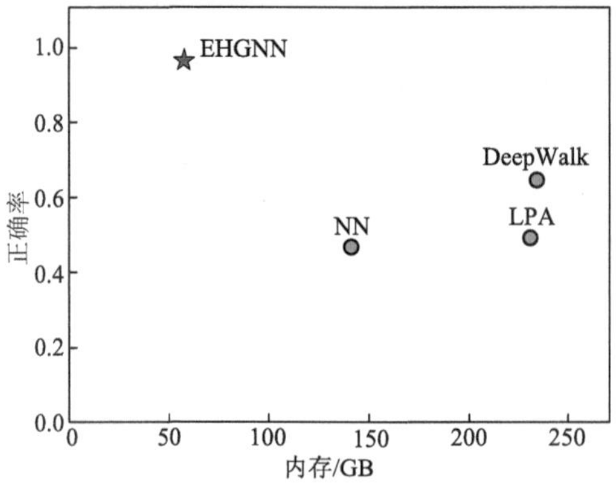

图 9.8 空间开销-正确率实验结果对比[6]

本节所介绍的高效超图神经网络模型 EHGNN 旨在解决现有方法空间占用大及计算复杂度高的困难，通过引入超图抽样模块和单阶段超图卷积的计算加速模块来实现高效计算。超图抽样模块包括分层抽样算法和子超图预抽样算法，这些算法能够将大型超图分解成多个规模小、易于处理的子超图，从而允许对大规模超图数据进行分批处理。在卷积操作过程中，EHGNN 通过引入单阶段超图卷积以减少超边特征的计算成本，优化了传统双阶段过程的计算复杂度，实现了卷积过程的高效计算。在百万级节点规模超图数据上的实验结果证明了 EHGNN 的有效性，说明其能够在百万级节点规模超图上进行高效计算。

本章小结

针对大规模超图数据上的计算需求，本章介绍了四种大规模超图高效计算方法，包括基于张量的超图高效结构优化、基于因子分解的超图降维、基于层级表示的超图高效计算和基于抽样的高效超图神经网络。基于张量的超图学习通过引入双凸优化模型，为超图提供了一种灵活的动态张量表示，实现了低计算成本的超图结构优化，支持计算千级规模节点和超边的超图。基于因子分解的超图降维基于分解策略，将大规模超图分解为节点和超边的低维嵌入，可支持处理万级节点或超边的超图。层级式超图计算可用于分析具有层次标签的超图，将数据集划分为多个子超图，并基于层次标签进行层次聚合，可以支持数百万个节点和超边规模的超图计算。基于抽样的超图神经网络通过对超图进行分层抽样和子超图预抽样，将大规模超图分解成多个小规模子超图，从而实现对大规模超图分批处理，同时引入单阶段卷积来降低计算开销，实现百万级别超图数据的高效计算。支持大规模超图数据的高效计算方法拓展了超图计算的应用范畴，可以更好地应对实际应用中不断增长的数据。虽然本章内容为较大规模的超图计算任务提供了解决方案，但随着超图规模和场景的继续扩大，分布式大规模超图计算可能是另一条值得探索的研究路线。

参 考 文 献

[1] GAO Y, ZHANG Z, LIN H, et al. Hypergraph learning: Methods and practices[J]. IEEE Transactions on Pattern Analysis and Machine Intelligence, 2020, 44(5): 2548-2566.

[2] DI D, ZHANG J, LEI F, et al. Big-hypergraph factorization neural network for survival prediction from whole slide images[J]. IEEE Transactions on Image Processing, 2022, 31: 1149-1160.

[3] FILIPPONE M, CAMASTRA F, MASULLI F, et al. A survey of kernel and spectral methods for clustering[J]. Pattern Recognition, 2008, 41(1): 176-190.

[4] GUO H, TANG R, YE Y, et al. DeepFM: A factorization-machine based neural network for CTR prediction[C]//Proceedings of the 26th International Joint Conference on Artificial Intelligence. Melbourne: AAAI Press, 2017: 1725-1731.

[5] JI S, FENG Y, JI R, et al. Dual channel hypergraph collaborative filtering[C]//Proceedings of the 26th ACM SIGKDD Conference on Knowledge Discovery and Data Mining. Virtual Event: Association for Computing Machinery, 2020: 2020-2029.

[6] JI S, WEI Y, GAO Y, 等. 面向大规模数据的高效超图神经网络[J]. 中国科学：信息科学, 2023.

[7] I J, LI J, MCAULEY J J. Justifying recommendations using distantly-labeled reviews and fine-grained aspects[C]//Proceedings of the 2019 Conference on Empirical Methods in Natural Language Processing. Hong Kong: Association for Computational Linguistics, 2019: 188-197.

[8] MCCULLOCH W S, PITTS W. A logical calculus of the ideas immanent in nervous activity[J]. The Bulletin of Mathematical Biophysics, 1943, 5: 115-133.

[9] RAGHAVAN U N, ALBERT R, KUMARA S. Near linear time algorithm to detect community structures in large-scale networks[J]. Physical Review E, 2007, 76(3): 036106.

[10] PEROZZI B, AL-RFOU R, SKIENA S. Deepwalk: Online learning of social representations[C]//Proceedings of the 20th ACM SIGKDD International Conference on Knowledge Discovery and Data Mining. New York: Association for Computing Machinery, 2014: 701-710.

第 10 章　轻量化超图计算

虽然超图计算在许多领域都展现出了出色的性能，但由于数据间高阶关联的处理需要消耗大量的计算资源，因此超图计算过程的计算复杂度较大，这使得超图计算在面对大规模数据场景时会受到一定限制。另外，许多应用需要考虑边缘计算场景，即在算力受限的设备上进行数据分析。边缘计算通过在算力较低的边缘设备上部署计算任务，利用边缘资源向用户提供服务，可以极大降低数据上传至云中心的需求，有效缓解网络带宽的压力，并在数据安全和隐私保护方面提供更为可靠的解决方案。在边缘计算场景中，受限于边缘设备的算力约束，传统的计算模型难以在边缘设备上进行部署，因此超图计算的模型轻量化至关重要。针对这一需求，本章首先介绍软标签引导的超图蒸馏方法，解释如何将多层感知机与超图神经网络相结合来实现轻量化超图计算的基础模型。接下来，详细介绍基于可信度高阶知识的轻量化计算方法，并进一步提供多维度对比实验和消融实验，讨论这些轻量化方法的计算效率和性能。

10.1　软标签引导的超图蒸馏方法

面向大规模数据和边缘计算场景，研究超图计算方法的轻量化模型是亟待解决的关键技术挑战，也是实现更广泛场景超图计算应用不可逾越的技术难题。本节主要介绍面向计算资源受限场景（图 10.1）下的模型轻量化方法。轻量化超图计算是超图计算的新领域，旨在通过对超图结构进行简化，在保持超图结构推理能力的同时提高推理速度，并减少内存消耗，以便进行大规模数据的分析与处理。

（a）边缘计算硬件　　（b）边缘计算卡片　　（c）边缘计算摄像头

图 10.1　边缘计算设备示意图

多层感知机（multi-layer perceptrons，MLP）是一种小型化、计算高效的神经网络模型，适合于边缘部署。但是与超图神经网络（HGNN）相比，MLPs 在实际应用中的性能相对较差，其传统模型难以达到预期的性能需求。MLPs 的优势在于其不依赖于数据的关联结构，可以在批处理样本之间进行推理，并且适用于处理任何规模的数据。因此，一种理想的轻量化超图计算方法是缩小 MLP 和 HGNN 之间的差距，实现超图无结构依赖的推理和拓扑感知的蒸馏。近年来，针对图神经网络（GNN）出现了一些知识蒸馏方法，如通过使用教师 GNN 的软标签进行知识蒸馏，或者通过使用成对边的可靠节点距离作为额外的监督信号，从而实现由 GNN 到 MLP 的转换[1-2]。需要指出的是，超图的邻域结构相比图结构更为复杂，可以使用分层范式进行定义[3]。然而，现有的 GNN 到 MLP 的方法难以处理超图中的高阶关联，使现有方法难以直接部署应用，需要设计针对超图神经网络的轻量化方法。

为了提升超图计算在实际部署中的推理性能，这里将 MLP 与 HGNN 相结合来实现轻量化超图计算的方法命名为 LightHGNN，该机制旨在将 HGNN 的知识直接蒸馏到 MLP 中。受知识蒸馏（knowledge distillation，KD）[4]和 GNNs-to-MLPs 方法[1-2]的启发，LightHGNN 将 MLP 作为学生网络，HGNN 作为教师网络，并使用交叉熵损失 $\mathcal{L}_{\text{ce}}$ 和 Kullback-Leibler 散度损失的组合目标 $\mathcal{L}_{\text{DH}}$ 来进行知识蒸馏，具体形式如下：

$$\mathcal{L}_{\text{DH}}=\lambda\frac{1}{\left|\mathcal{V}^{L}\right|}\sum_{v\in\mathcal{V}^{L}}\mathcal{L}_{\text{ce}}\left(\hat{\boldsymbol{y}}_{v}^{s},\boldsymbol{y}_{v}\right)+(1-\lambda)\frac{1}{|\mathcal{V}|}\sum_{v\in\mathcal{V}}D_{\text{KL}}\left(\hat{\boldsymbol{y}}_{v}^{s},\hat{\boldsymbol{y}}_{v}^{t}\right) \tag{10.1}$$

在训练流程中，首先对 HGNN 教师网络进行训练。该网络的设计宗旨在于通过掌握数据的深层结构，提供更为精确的预测功能，进而揭示数据之间的高级关联。一旦教师网络训练就绪，LightHGNN 便可以通过式（10.1）提炼其知识，并将这些知识传递给学生网络。尽管学生网络的结构较为简化，但得益于这种知识传递机制，它得以吸收教师网络中的专业知识。在知识蒸馏的环节中，教师网络产生的软标签起到了至关重要的作用。这些软标签为节点分配了一个概率分布，而不仅仅是单一的标签，体现了教师网络对节点分类的信心水平。学生网络通过这种方式能够吸收更为丰富的信息，从而提升其预测性能。此方法不仅提高了学生网络的预测精度，还使其能够掌握数据之间复杂的高阶关系。在知识蒸馏的公式中，系数 λ 用于调节教师网络知识与学生网络目标之间的相对重要性，而 $\boldsymbol{y}_v$ 代表节点 v 的 one-hot 编码标签。向量 $\hat{\boldsymbol{y}}_v^t$ 和 $\hat{\boldsymbol{y}}_v^s$ 分别代表教师 HGNN 和学生 MLP 对节点 v 的 Softmax 归一化预测。这里使用交叉熵损失 $\mathcal{L}_{\text{ce}}$ 来对已标注节点进行监督学习，公式如下：

$$\mathcal{L}_{\text{ce}}=\frac{1}{N}\sum_{i}\mathcal{L}_{\text{ce}}^{i}=-\frac{1}{N}\sum_{i}\sum_{c=1}^{M}\boldsymbol{y}_{ic}\log\left(\boldsymbol{p}_{ic}\right) \tag{10.2}$$

而 D_{KL} 则为 Kullback-Leibler 散度损失，用来计算教师网络与学生网络预测的软标签分布之间的距离：

$$D_{\text{KL}}(p\,\|\,q)=\sum_{i=1}^{N}p\left(\boldsymbol{x}_i\right)\cdot\left(\log p\left(\boldsymbol{x}_i\right)-\log q\left(\boldsymbol{x}_i\right)\right) \tag{10.3}$$

由于该模型的输出是带有交叉熵和软目标监督的 MLP，因此 LightHGNN 不依赖于初始的超图结构，在推理过程中运行速度与 MLP 相仿，并且在进行离线知识蒸馏后，LightHGNN 可以于在线环境中实现更快的推理和更容易的部署。以上介绍的是基于软标签引导的轻量化超图计算方法的总体思想，通过将软目标信息注入学生 MLP 中，降低超图神经网络模型的大小，加快推理速度。

10.2　基于可信高阶知识的轻量化方法

在 LightHGNN 中，虽然将全部的超图神经网络模型蒸馏到 MLP 中能够实现轻量化计算，但由于完全丢失了原始超图结构中的高阶相关性，性能损失较大。为了解决这个问题，本节进一步介绍了一种称为 LightHGNN+[4]的拓扑感知蒸馏方法。LightHGNN+是一种基于可信高阶知识的轻量化方法。如图 10.2 所示，左侧是离线学习阶段，教师 HGNN 使用节点特征和超图结构作为输入，并利用真实标签对标记的节点进行监督。右侧是在线部署阶段，学生 MLP 仅使用节点特征作为输入。整体来说，该方法通过监督学习，使用真实标签、教师 HGNN 输出的软目标以及可靠超边的高阶软目标对学生 MLP 进行训练。

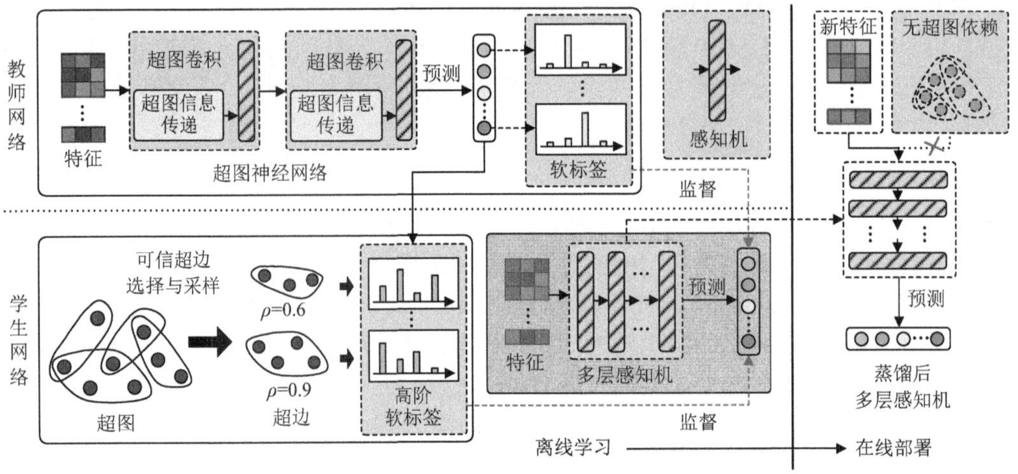

图 10.2　蒸馏超图神经网络（LightHGNN+）的框架

为了更好地处理超图中的高阶相关性并提高推理速度，LightHGNN+采用超边可靠性评估方法来确定哪些超边是可靠的。然后，通过采样可靠超边的概率模型，选择性地使用可靠超边进行推理。此外，LightHGNN+还引入了额外高阶软目标蒸馏的约束，以进一步提高学生 MLP 的性能。最后，LightHGNN+定义了相应的损失函数，将上述方法和优化目标整合在一起。通过以上方法，LightHGNN+能够在保持超图结构推理能力的同时，加快整体推理速度，从而高效地处理大规模数据，并实现保证性能的轻量化超图计算。以下分别从可靠超边评估、采样概率建模和高阶软目标约束等角度进行具体介绍。

1. 可靠超边评估

超边作为超图上节点的连接方式，能够表示节点之间的高阶关联。然而，在超图结构中，部分超边能够传递重要的结构信息，而另外一部分超边可能并不能提供可靠或足够的消息。因此，LightHGNN+提供了一种基于熵的可靠超边评估模型，以量化超边与模型的相关性，如图 10.3 所示。给定已训练的教师 HGNNs $f_\theta:(\boldsymbol{X},\boldsymbol{H})\to\boldsymbol{Y}$，该方法在输入特征上添加小噪声 ϵ，并测量超边熵的改变程度，从而计算超边的可靠性，具体方法如下：

$$\delta_e = \mathop{\mathbb{E}}_{\epsilon\sim\mathcal{N}(\mu,\Sigma)}\left\|\frac{1}{|e|}\sum_{v\in e}\mathcal{H}(\hat{y}'_v)-\frac{1}{|e|}\sum_{v\in e}\mathcal{H}(\hat{y}_v)\right\|_2 \tag{10.4}$$

其中，$\boldsymbol{Y}'=f_\theta(\epsilon\boldsymbol{X},\boldsymbol{H})$ 且有 $\boldsymbol{Y}=f_\theta(\boldsymbol{X},\boldsymbol{H})$。$\mathcal{H}(\boldsymbol{p})=-\sum_i p_i\log(p_i)$ 是信息熵。给定一个

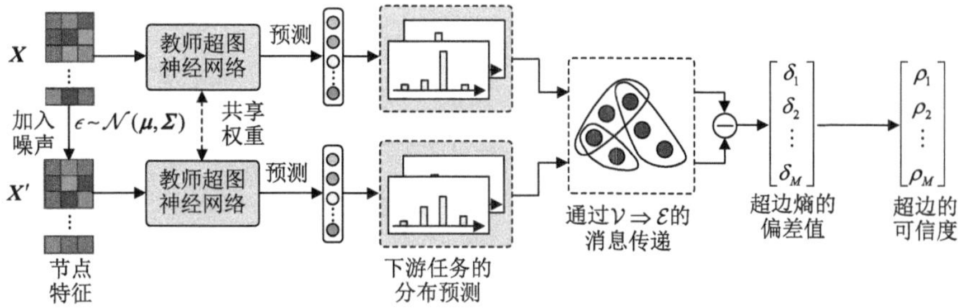

图 10.3　可靠超边选择示例图

超边，该方法通过计算其连接节点预测分布的平均熵来进行可信度评估。具体地，当引入服从分布 $\epsilon\sim\mathcal{N}(\boldsymbol{\mu},\boldsymbol{\Sigma})$ 的噪声之后，该方法通过计算超边熵的方差 δ_e 来评估该超边的可信赖度分数 ρ_e。方差 δ_e 的值越大，意味着该超边对于任务中的噪声扰动越敏感。接下来，将 δ_e 与所有超边熵方差中的最大值 $\delta_{\max}$ 进行归一化，并采用 $\rho_e=1-\dfrac{\delta_e}{\delta_{\max}}$ 来计算超边的可信度得分。这里 ρ_e 能够衡量教师 HGNN 中连接超边 e 的节点对噪声扰动的鲁棒性，并能反映超边相对于下游任务的可靠程度。因此，在知识蒸馏过程中，LightHGNN$^+$ 能够更加关注那些具有更高可靠得分、包含可靠高阶信息的超边结构。

2. 采样概率建模和高阶软目标约束

为了充分利用高可靠的超边，LightHGNN$^+$引入了超边选择的采样概率建模，并利用高阶软目标约束进行高阶拓扑感知的蒸馏，其实现流程如图 10.4 所示，这里使用伯努利（Bernoulli）分布来建模超边的采样概率：

$$p(s_i\mid\rho_{e_i})\sim\text{Bernoulli}\left(\rho_{e_i}\right),e_i\in\mathcal{E} \tag{10.5}$$

其中，s_i 是超边 $e_i\in\mathcal{E}$ 的采样概率。给定超图 $\mathcal{G}=\{\mathcal{V},\mathcal{E}\}$ 后，可靠超边集合 $\mathcal{E}'$ 是通过独立的伯努利分布和每个超边的参数 ρ_e 绘制的子集。如图 10.4 所示，每个超边可能包含来自超图中不同类别的节点，并具有独特的高阶相关性属性，直接从节点的软目标进行知识蒸馏可能会丢失关键的高阶相关性信息。因此，LightHGNN$^+$采用一种通过节点软目标和可靠超边来构建高阶软目标的方法，将可靠的高阶信息注入蒸馏得到的多层感知机中。给定软目标集合 $\{\boldsymbol{y}_v^t\mid v\in\mathcal{V}\}$ 和可靠超边集合 $\mathcal{E}'$ 后，可以通过从节点传递消息到超边的方式计算高阶软目标，具体方法如下：

$$\boldsymbol{z}_e^s=\frac{1}{|e|}\sum_{v\in\mathcal{N}_v(e)}\hat{\boldsymbol{y}}_v^s \quad 和 \quad \boldsymbol{y}_e^t=\frac{1}{|e|}\sum_{v\in\mathcal{N}_v(e)}\hat{\boldsymbol{y}}_v^t,\ e\in\mathcal{E}' \tag{10.6}$$

其中，$\mathcal{N}_v(e)$ 表示与超边 e 相连的节点集合；$\boldsymbol{y}_e^t$ 和 $\boldsymbol{z}_e^s$ 分别表示高阶软目标和预测的高阶分布。然后，可以使用知识蒸馏实现额外的高阶软目标约束，具体方法如下：

$$\mathcal{L}_{\text{hc}}=\frac{1}{|\mathcal{E}'|}\sum_{e\in\mathcal{E}'}e_i\sim p(s_i\mid\rho_{e_i})D_{\text{KL}}\left(\alpha\left(\boldsymbol{z}_e^s/\tau\right),\alpha\left(\boldsymbol{y}_e^t/\tau\right)\right) \tag{10.7}$$

其中，$\alpha(\cdot)$ 是 Softmax 函数，用于归一化；τ 是蒸馏温度系数。$\mathcal{L}_{\text{hc}}$ 的目的是减小学生 MLP 预测的高阶分布与教师 HGNN 的高阶软目标之间的差异。通过最小化 $\mathcal{L}_{\text{hc}}$，蒸馏的

MLP 可以保留更可靠的高阶信息，从而实现更好的性能。

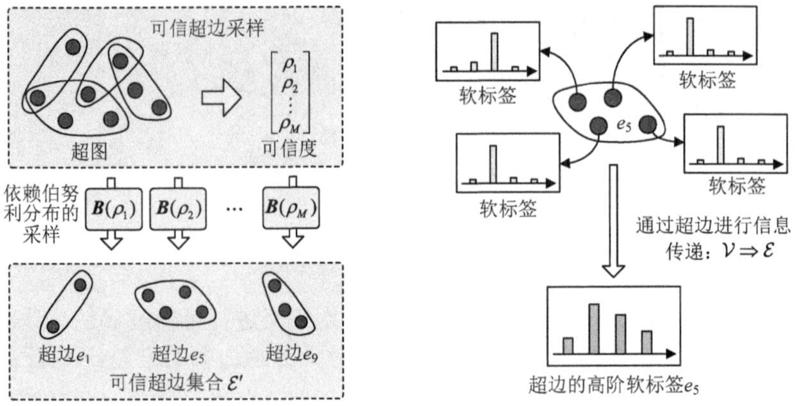

（a）概率采样模型

（b）高阶软目标的建立

图 10.4 采样概率建模和高阶软目标的实现流程

最终，LightHGNN$^+$的总损失函数可以定义如下：

$$\mathcal{L}_{\mathrm{DH}^+} = \lambda \frac{1}{\left|\mathcal{V}^L\right|} \sum_{v \in \mathcal{V}^L} \mathcal{L}_{\mathrm{ce}}\left(\hat{\boldsymbol{y}}_v^s, \boldsymbol{y}_v\right) + (1-\lambda)\left(\frac{1}{|\mathcal{V}|} \sum_{v \in \mathcal{V}} D_{\mathrm{KL}}\left(\hat{\boldsymbol{y}}_v^s, \hat{\boldsymbol{y}}_v^t\right) + \mathcal{L}_{\mathrm{hc}}\right) \tag{10.8}$$

其中，超参数λ扮演着至关重要的角色，它平衡了对实际标签$\boldsymbol{y}_v$的关注，以及教师 HGNN 提供的软目标$\hat{\boldsymbol{y}}_v^t$和高阶软目标$\boldsymbol{y}_e^t$的信息。

该总损失函数综合了交叉熵损失、软标签损失和高阶软目标损失，确保了学生网络学习到的特征和结构的一致性。由于来自 HGNN 的软标签相比真实标签包含更多信息[5]，当软标签的权重减小时，方法性能会下降。同时，参数τ的值如果设置得过大或过小，都会对知识蒸馏的效果产生不利影响。在实际应用中，$\tau = 0.5$通常能带来优异的性能，因此在所有数据集的实验中均采用此值，以确保比较的公平性。

本小节进一步探讨了相关 GNNs-to-MLPs 方法之间的关系[1-2]。GLNN（graph-less neural networks）[1]使用教师GNN 的软标签来监督学生 MLPs。与 GLNN 相比，LightHGNN 是一种从 GNN 到 HGNN 的简单扩展。LightHGNN$^+$进一步采用了高阶软标签，以帮助学生 MLP 从教师 HGNN 中学习更多的高阶结构信息。至于知识启发可靠蒸馏[2]，其学生 MLP 只能被那些可靠节点（图结构中的知识点）的软标签监督，这仍然失去了结构信息，并且不能在超图中利用。相比之下，LightHGNN$^+$能够量化高阶相关性的可靠性，并通过可靠超边的显式监督，将可靠的高阶信息注入学生 MLP 中。LightHGNN$^+$能够充分利用节点特征和高阶结构信息，从而实现更好的性能和更快的推理速度。

3. 轻量化超图计算方法计算效率和性能测试

为了验证轻量化超图计算方法的计算效率和性能，下面从多个方面介绍实验结果和分析。以下实验主要使用了三个典型的图数据集，包括 Cora[6]、Pubmed[7]和 Citeseer[8]，以及八个超图数据集，包括 News20[9]、CA-Cora、CC-Cora、CC-Citeseer[10]、DBLP-Paper、DBLP-Term、DBLP-Conf[11]和 IMDB-AW[12]。具体的数据集信息可参考表 10.1。Cora、

Pubmed 和 Citeseer 这三个数据集均属于论文引用网络，其中每个节点代表一篇科研论文，其标签则是论文的主题。每篇论文都拥有一个稀疏的词袋特征向量，并通过边表示论文之间的引用关系。在超图数据集中，CA-Cora、CC-Cora 和 CC-Citeseer 同样是以出版物为基础的数据集。其中节点通过超边连接，是由作者共同撰写（CA）或出版物共同引用（CC）而形成的。节点的标签同样是发表物的主题。在 DBLP-Paper、DBLP-Term 和 DBLP-Conf 这三个超图中，作者是节点。这些超图通过在同一会议上共同使用相同术语发表文章的合作者构建。节点的标签代表作者的研究领域。至于 IMDB-AW 数据集，其中的节点代表电影，标签则是电影的类别。该数据集包含两种超边：共同演员和共同编剧的关系。每位演员或编剧参与的电影都通过超边连接起来。这里比较了三种类型的方法：图神经网络系列（GNN，包括 GCN[13]和 GAT[14]）、超图神经网络系列（HGNN，包括 HGNN[15]，HGNN$^+$[3]和 HNHN[16]），以及 GNNs-to-MLPs 系列（包括 GLNN[1]和 KRD[2]）。

表 10.1　数据集信息统计

数据集	类型	节点数	边数/超边数	特征维度	$\bar{d}_v$	$\bar{d}_e$	类别数
Cora	图	2708	7440	1433	4.8	2	7
Pubmed	图	19717	54944	500	5.5	2	3
Citeseer	图	3327	6590	3703	3.7	2	6
News20	超图	16342	100	100	4.0	327.7	4
CA-Cora	超图	2708	970	1433	1.7	3.6	7
CC-Cora	超图	2708	1483	1433	2.1	2.1	7
CC-Citeseer	超图	3312	1004	3703	1.5	1.8	6
DBLP-Paper	超图	4057	5701	334	2.3	1.6	4
DBLP-Term	超图	4057	6089	334	28.6	19.1	4
DBLP-Conf	超图	4057	20	334	4.8	982.2	4
IMDB-AW	超图	4278	5257	3066	3.5	2.9	3

实验设置主要采用了转导实验配置对图和超图数据集进行划分。在这种方法中，顶点集 $\mathcal{V}$ 被细分为两个部分：标记节点集 $\mathcal{V}^L$ 和未标记节点集 $\mathcal{V}^U$。未标记节点集主要用于测试和最终的性能评估。此外，标记节点集进一步被分为训练集 $\mathcal{V}_{tr}^L$ 和验证集 $\mathcal{V}_{va}^L$。在训练阶段，会构建一个包含来自 $\mathcal{V}_{tr}^L$、$\mathcal{V}_{va}^L$ 和 $\mathcal{V}_{te}^L$ 节点的大型超图 $\mathcal{G}$，以便进行消息传递。然而，实际上只有来自训练集 $\mathcal{V}_{tr}^L$ 的顶点标签被用来指导模型的训练，而验证集 $\mathcal{V}_{va}^L$ 则用于挑选“最佳模型”。最终，在未标记节点集 $\mathcal{V}^U$ 上评估并报告“最佳模型”的性能。值得注意的是，在这种评估设置中，测试集 $\mathcal{V}^U$ 中的节点在训练阶段是可见的。来自验证集 $\mathcal{V}_{va}^L$ 和测试集 $\mathcal{V}_{te}^L$ 的节点标签在训练阶段是已知的。

与 MLP 和 HGNN 的对比首先在八个超图数据集上进行标准转导学习的实验测试，主要比较了 LightHGNN 系列方法、MLP 和 HGNN 的性能。实验结果如图 10.5 所示，相对于 MLP，LightHGNN 方法展现出了显著的性能提升，平均提高了约 16.3 个百分点。与此同时，LightHGNN 相较于 HGNN 略微下降了约 0.29 个百分点。LightHGNN 采用了与 MLP 相同的架构，没有考虑超图的依赖关系。实验结果证明了将教师 HGNN 的知识蒸馏到学生 MLP 中是有效的。LightHGNN⁺的改进归因于拓扑感知蒸馏的设计，它能够提取出可靠的超边，并将可靠的拓扑知识注入学生 MLP 中，因此能够比没有进行拓扑蒸馏的 LightHGNN 获得更好的性能，实验结果也显示出了 LightHGNN⁺的有效性。值得注意的是，LightHGNN⁺在八个超图数据集中获得了七次最佳或次佳的性能，并且与教师 HGNN 的性能非常接近。这说明 LightHGNN⁺能够很好地保持原有高阶结构的信息，使蒸馏获得的 MLPs 可以保持其性能。

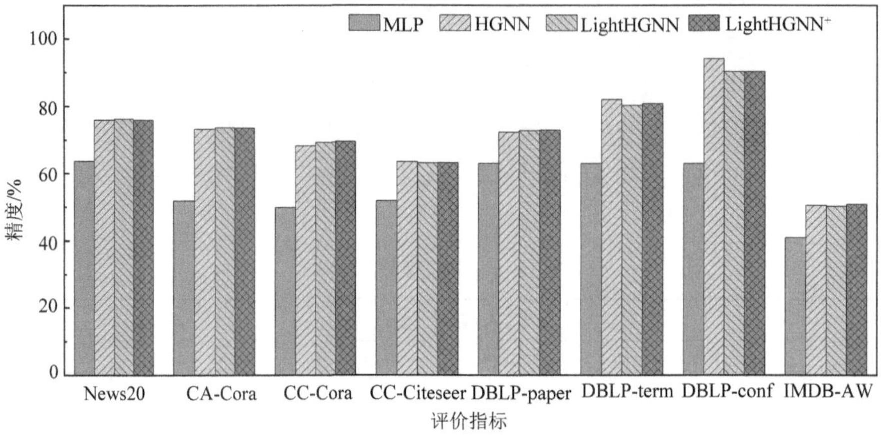

图 10.5　转导设置下各数据集在 MLP、HGNN 及 LightHGNNs 下的实验结果

（1）速度提升对比试验。在部署环境中，模型的计算效率对于实际应用至关重要。下面介绍三组实验，分别评估内存占用、运行时间和推理速度。

首先，在 IMDB-AW 数据集上比较准确率和内存占用情况。如图 10.6（a）所示，横轴表示方法的内存占用，纵轴表示任务的准确率。从该图可以观察到，MLP 具有更快的运行速度和更低的内存占用，但准确率相对较低。相比之下，HGNN 表现更好，但运行速度较慢且内存消耗较大，而 LightHGNN 系列方法在内存、运行时间和准确率方面均具有较大优势。具体来说，以 IMDB-AW 数据集上的节点分类为例，MLP 的准确率为 40.8%，HGNN 为 49.1%，LightHGNN 为 50.3%，而 LightHGNN⁺则达到了 51.5%。在内存占用上，MLP、LightHGNN、LightHGNN⁺占用内存 16M，而 HGNN 占用内存 104M。实验结果表明，LightHGNN 系列方法在接近甚至超过 HGNN 精度的情况下，能够减少 6 倍的内存占用。

接下来，比较在 IMDB-AW 数据集上的运行时间。如图 10.6（b）所示，横轴表示运行时间，纵轴表示准确率。可以观察到，MLP 的运行时间较短（0.3s），但准确率较低（40.8%）；HGNN 的运行时间较长（0.5s），但准确率较高（49.1%）。而 LightHGNN⁺以较短的运行时间（0.35s）和较少的内存占用（16M）实现了最高的分类精度（51.5%），因此该方法在运行时间、内存占用和准确率方面都具有优势，位于图中左上角。

此外，还研究了在不同规模的超图上，Light HGNN⁺相对于 HGNN 的推理速度。如图 10.6（c）所示，横轴使用对数刻度表示超图中节点的数量，纵轴表示不同模型的推理时间。可以明显看出，在超图规模以对数刻度缩放时，HGNN 和 HGNN⁺的推理时间呈指数级增长，而 LightHGNN$^+$仍能实现快速推理。对于拥有 1 万节点的超图，LightHGNN$^+$的速度提升了 10 倍；对于拥有 2 万节点的超图，提升了约 35 倍；对于拥有 5.5 万节点的超图，速度可以提高至 100 倍。

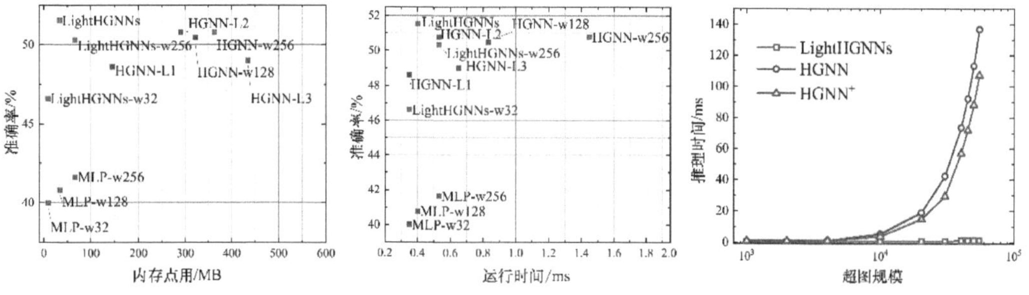

（a）精度与内存占用的对比　（b）精度与运行时间的对比　（c）运行时间与超图规模的对比

图 10.6　超图神经网络、MLP 和 LightHGNN 性能和效率比较

注：（a）和（b）在 IMDB-AW 超图数据集上运行；（c）提供了一系列合成超图数据集的推断时间比较。

从三项对比实验中可以看出，LightHGNN 系列方法成功地填补了 MLP 和 HGNN 之间的性能差距，同时在内存、运行时间和准确率方面取得了显著优势，具备轻量化部署的能力。

图 10.6（彩色）

（2）与其他图蒸馏方法的对比。根据图 10.7 的结果，在纯超图数据集（图 10.5）上与其他方法相比，LightHGNN$^+$在平均排名上取得了显著优势，超过了 MLP、GNN、HGNN 和 GNN-to-MLP 方法。在超图数据集中，LightHGNN 与 HGNN 表现相当，而在图数据集中则表现更出色。以 CA-Cora 数据集为例，LightHGNN 实现了 73.5%的精度，相比于经典的 GCN（72.7%）、HGNN（72.9%）、KRD（71.5%）均取得了显著提升。LightHGNN 系列方法的性能优势主要来自拓扑感知的蒸馏方法，该方法能够自适应地选择与任务相关的低阶和高阶结构，并将其作为额外的监督，明确建模这些潜在的高阶结构可以提高模型的性能，在缺乏高阶相关性的图数据集上表现更加明显。

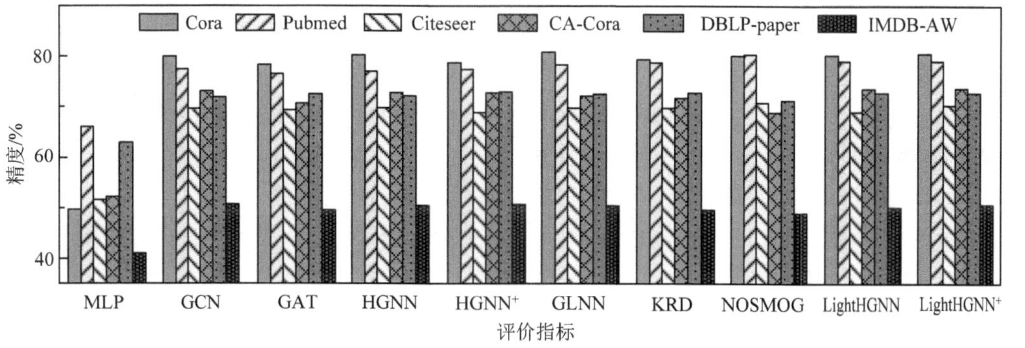

图 10.7　与各蒸馏方法、图方法、超图方法的对比

（3）节点特征的噪声影响。首先，通过在节点特征 $\boldsymbol{X}$ 上添加高斯噪声来研究该模型的鲁棒性：$\tilde{\boldsymbol{X}}=(1-\alpha)\boldsymbol{X}+\alpha\epsilon$，其中 $\epsilon\sim\mathcal{N}(0,0.01)$。模型使用原始特征 $\boldsymbol{X}$ 进行训练，

并使用噪声特征 $\tilde{X}$ 进行评估。如图 10.8(a)所示，LightHGNN 系列方法在 MLP 和 HGNN 之间取得了中等性能。当噪声比例较小时，Light HGNN 系列方法仍优于 HGNN。随着噪声比例的增加，Light HGNN 系列方法的性能逐渐接近 MLP。这是因为 HGNN 有额外的超图结构作为输入，而 MLP 和 Light HGNN 系列方法仅依赖于节点特征进行预测。随着噪声比例的增加，输入信息将被噪声淹没，导致性能下降（分类性能从 72%降低到 35%）。

（4）转导设置下的训练集划分。接下来，针对在转导设置下不同训练样本的数量进行分析，其结果如图 10.8（b）所示，这里每个类别的训练样本数量范围从 5 到 500 不等。实验结果表明，LightHGNN 系列方法在与 HGNN 的比较中表现出具有竞争力性能，并且相比于 MLP 有显著优势。在训练样本极其有限时，HGNN 系列方法性能优势明显。例如，当每个类别只有 5 个训练样本时，HGNN 和 MLP 之间的差距约为 12%。然而，当训练样本比较充足时，这个性能优势不再特别明显。例如，当每个类别有 500 个训练样本时，HGNN 和 MLP 之间的差距仅为 4%。这表明在信息有限的情况下，高阶相关性信息可以更好地辅助模型，提升性能。

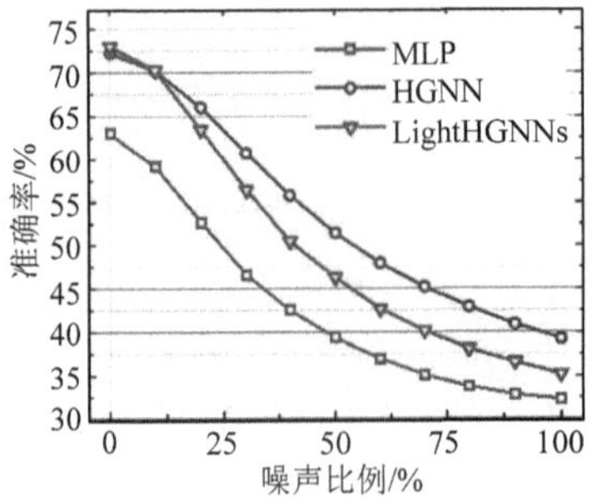

（a）特征噪声设置

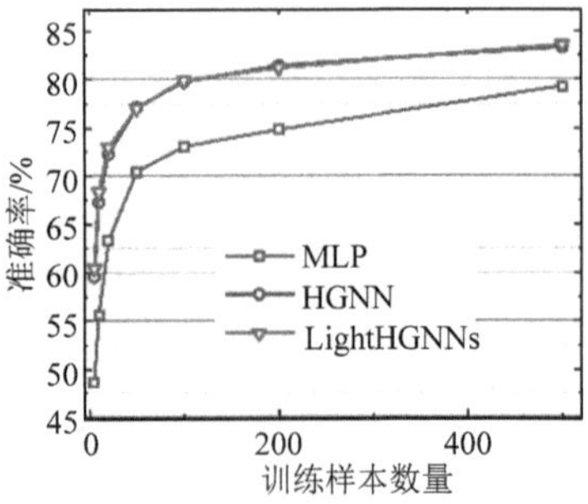

（b）训练集划分设置

图 10.8　消融实验结果

本章小结

本章针对超图在实际大规模应用及边缘计算中的需求，介绍了轻量化超图计算方法并给出了实验分析。经典的 GLNN 方法采用 GNN 作为教师网络来指导 MLP 学生网络，在此过程中 GNN 的软标签用于监督 MLP 的学习；而 KRD 则侧重于用可靠节点的软标签来训练 MLP，但这种方法没有利用图结构中的信息。相比之下，本章介绍的 LightHGNN 扩展了 GLNN 和 KRD，使学习过程能够处理超图结构。通过高阶软标签引入高阶关联的可靠性度量，允许 MLP 学生网络不仅学习节点特征，还能学习结构信息。实验结果表明，LightHGNN 可以同时实现较快的推理速度、较低的内存占用以及与 HGNN 相近的预测精度，从而支撑超图计算模型在边缘端的轻量化部署。

轻量化超图计算使超图计算方法能够采用轻量化模型实现更佳的任务性能，同时支撑高效计算，进一步拓展超图计算的应用领域和部署方式，使面向边缘设备的超图计算成为可能。除了本章所介绍的方法之外，轻量化超图计算仍有更多的方向等待探索。例如，未来可以将剪枝、量化、低秩分解等在其他领域广泛使用的技术引入超图计算领域。同时，设计轻量高效的卷积神经网络架构，既能有效保证模型精度，又能大大减少参数，也是轻量化超图计算的一个发展方向。此外，如何平衡超图计算的轻量化与高阶信息的损失也是未来可探索的方向。

参考文献

[1] ZHANG S, LIU Y, SUN Y, et al. Graph-less neural networks: Teaching old MLPs new tricks via distillation[A]. 2021.

[2] WU L, LIN H, HUANG Y, et al. Quantifying the knowledge in GNNs for reliable distillation into MLPs[C]//Proceedings of the 40th International Conference on Machine Learning. Hawaii: ACM, 2023.

[3] GAO Y, FENG Y, JI S, et al. HGNN$^+$: General hypergraph neural networks[J]. IEEE Transactions on Pattern Analysis and Machine Intelligence, 2022, 45(3): 3181-3199.

[4] FENG Y, LUO Y, YING S, et al. LightHGNN: Distilling hypergraph neural networks into MLPs for 100x faster inference[C]//The Twelfth International Conference on Learning Representations, 2024.

[5] HINTON G, VINYALS O, DEAN J. Distilling the knowledge in a neural network[A]. 2015.

[6] SEN P, NAMATA G, BILGIC M, et al. Collective classification in network data[J]. AI Magazine, 2008, 29(3): 93.

[7] MCCALLUM A K, NIGAM K, RENNIE J, et al. Automating the construction of internet portals with machine learning[J]. Information Retrieval, 2000, 3(2): 127-163.

[8] GILES C L, BOLLACKER K D, LAWRENCE S. Citeseer: An automatic citation indexing system[C]//Proceedings of the Third ACM Conference on Digital Libraries. Pittsburgh: ACM, 1998: 89-98.

[9] ASUNCION A, NEWMAN D. UCI machine learning repository[M]. Irvine: University of California, 2007.

[10] YADATI N, NIMISHAKAVI M, YADAV P, et al. HyperGCN: A new method for training graph convolutional networks on hypergraphs[J]. Advances in Neural Information Processing Systems, 2019: 32.

[11] SUN Y, HAN J, YAN X, et al. PathSim: Meta path-based top-k similarity search in heterogeneous information networks[J]. Proceedings of the VLDB Endowment, 2011, 4(11): 992-1003.

[12] FU X, ZHANG J, MENG Z, et al. MAGNN: Metapath aggregated graph neural network for heterogeneous graph embedding[C]//Proceedings of The Web Conference 2020. Taipei: ACM, 2020: 2331-2341.

[13] KIPF T N, WELLING M. Semi-supervised classification with graph convolutional networks[C]//International Conference on Learning Representations, 2017.

[14] VELIČKOVIĆ P, CUCURULL G, CASANOVA A, et al. Graph attention networks[A]. 2017.

[15] FENG Y, YOU H, ZHANG Z, et al. Hypergraph neural networks[C]//Proceedings of the AAAI Conference on Artificial Intelligence. Hawaii: AAAI, 2019: 3558-3565.

[16] DONG Y, SAWIN W, BENGIO Y. Hnhn: Hypergraph networks with hyperedge neurons [A]. 2020.

第 11 章　超图大模型

在现实场景中，文本数据与超图数据之间存在着紧密的联系，如论文引用网络和电子商务网络等。大语言模型凭借其强大的文本编码、解码和涌现能力，在自然语言处理（natural language processing，NLP）领域取得了重大进展。这些能力在超图计算研究领域中具有巨大的应用潜力。大语言模型的涌现能力通常出现在具有大量参数的骨干架构中，而超图神经网络的参数明显少于大语言模型。因此，基于超图神经网络的超图大模型需要进一步设计，以增强现有架构的涌现能力。由于超图数据通常包含丰富的文本信息，可以考虑将大语言模型引入超图计算领域，并将超图计算的下游任务整合到大语言模型中。本章从基于超图神经网络的超图大模型、基于大语言模型以及基于超图神经网络与大语言模型对齐这三个角度出发，探究了在超图计算研究领域中大模型实现的形式。

11.1　基于超图神经网络的超图大模型

大语言模型通过其高效的模型架构和训练范式，在自然语言处理任务中取得了显著的性能表现。在自然语言处理领域，模型训练的核心在于使模型深入接触大量未标注的文本数据，并通过自监督学习方法掌握语言的普遍语义知识。这种训练方式能够帮助模型建立对语言的基本理解能力，并将其应用于下游任务中。类似地，超图中也存在大量未标记的节点，或者由于标记成本过高而未完全标记的节点和超图。因此，本章从自然语言处理领域的模型框架和训练范式中汲取灵感，设计了一种基于超图神经网络的模型，并将其应用于超图的下游任务，如节点分类、链路预测和超图分类。在基于超图神经网络的超图大模型中，目标是使超图模型能够通过训练理解超图的结构和语义信息，并得到有意义的节点或超图嵌入表示。目前，已有部分研究在超图模型训练方面取得了有效成果[1-3]，其训练方法可以分为基于属性的自监督训练方法和基于结构的自监督训练方法两种类型。

11.1.1　基于属性的超图自监督任务

基于属性的自监督训练方法旨在通过重建给定超图的特定部分，来学习超图结构中节点属性丰富的含义。具体来讲，首先对超图的特征矩阵进行掩码处理，随后 HGNN 根据邻居节点未被掩码的已知属性来对节点特征进行恢复。由于同一超边内的节点嵌入在潜在空间中较为接近，基于这一先验知识，该任务能够通过生成节点表示来学习局部表示，从而使超图神经网络能够理解超图的一般结构和属性语义。

给定一个超图 $\mathcal{G}=(\mathcal{V},\mathcal{E},\boldsymbol{X},\boldsymbol{H})$，其中 $\mathcal{V}$ 是节点集，$N=|\mathcal{V}|$ 是节点数，$M=|\mathcal{E}|$ 是超边数，$\boldsymbol{H}\in\{0,1\}^{N\times M}$ 是超图的关联矩阵，$\boldsymbol{H}_{ij}=1$ 表示节点 v_i 和超边 e_j 相连，$\boldsymbol{X}\in\mathbb{R}^{N\times d}$ 是

原始的节点特征矩阵。对于属性重建任务，首先对节点集进行随机采样得到一个节点子集 $\bar{\mathcal{V}} \subset \mathcal{V}$，并利用掩码标记[MASK]来掩码该子集中每个节点 $v_i \in \bar{\mathcal{V}}$ 的特征，用 $\boldsymbol{x}_{[M]} \in \mathbb{R}^d$ 来表示节点 v_i 被掩码后的节点特征。因此，掩码后的特征矩阵 $\bar{\boldsymbol{X}}$ 中 v_i 的节点特征 $\bar{\boldsymbol{x}}_i$ 可以定义为

$$\tilde{x}_i = \begin{cases} \tilde{x}_{[M]} & v_i \in \bar{\mathcal{V}} \\ x_i & v_i \notin \bar{\mathcal{V}} \end{cases} \tag{11.1}$$

属性重建的目标是在输入关联矩阵 $\boldsymbol{H}$ 和经掩码处理的特征矩阵 $\bar{\boldsymbol{X}}$ 的条件下，恢复被掩码的节点特征。在 HGNN 模型中，节点的特征与其邻居的特征紧密相关。因此，在实施掩码操作时，采用均匀分布的随机抽样方法来选择掩码节点，这样做有助于避免引入偏见，增强任务的鲁棒性。具体来说，这意味着节点的邻居不会全部被掩码，也不会全部保持可见。此外，与图属性重建任务 GraphMAE[4]类似，在大多数场景中，为了减少超图属性中的冗余信息，通常需要较大的掩码比例（如 0.5），以便提取超图的全局语义信息。

在属性重建任务中，重建网络的组件包括编码器（encoder）$f_{\mathrm{E}}(\cdot)$ 和解码器（decoder）$f_{\mathrm{D}}(\cdot)$。其中，编码器的作用是将超图的输入特征映射到隐藏空间得到隐表示，解码器的作用是在特定标准的监督下将隐表示重建为输入的特征矩阵。属性重建任务可以用以下公式来描述：

$$\boldsymbol{Z} = f_{\mathrm{E}}\left(\bar{\boldsymbol{X}}, \boldsymbol{H}\right), \boldsymbol{X}' = f_{\mathrm{D}}\left(\boldsymbol{Z}, \boldsymbol{H}\right) \tag{11.2}$$

其中，$\boldsymbol{Z}$ 为编码器生成的隐表示；$\boldsymbol{X}'$ 为解码器重建得到的节点特征。

下面对编码器和解码器进行详细介绍。

1. 编码器

在一般的超图网络中，（如论文引用网络），节点的特征通常表现为高维但稀疏的向量，这意味着每个维度所携带的语义信息并不充分。为了在尽可能紧凑的低维空间中压缩这些原始的语义信息，可以采用编码器将输入特征映射到一个潜在的隐藏空间。为了获得更加丰富和有意义的潜在特征表示，可以采用超图神经网络来执行这一编码任务。超图神经网络通过节点到超边、超边到节点的两阶段信息传递机制，有效聚合了邻居节点中的语义信息，从而生成更为丰富的特征表示。此外，还可以考虑使用其他超图神经网络，如 HyperGCN[5]和 HNHN[6]作为编码器。经过掩码处理的节点特征矩阵 $\bar{\boldsymbol{X}}$ 经过编码器 $f_{\mathrm{D}}(\cdot)$ 编码后，得到其隐表示 $\boldsymbol{Z}$，即

$$\boldsymbol{Z} = f_{\mathrm{E}}\left(\bar{\boldsymbol{X}}, \boldsymbol{H}\right) \tag{11.3}$$

2. 解码器

解码器 $f_{\mathrm{D}}(\cdot)$ 负责将隐表示 $\boldsymbol{Z}$ 映射回原始特征空间 $\boldsymbol{X}$，其设计应当与 $\boldsymbol{X}$ 的语义复杂度相匹配。在自然语言处理中，原始特征通常是含有丰富语义的独热编码的缺失词，此时，一个相对简单的 MLP 解码器便能胜任。然而，在超图场景中，节点特征的语义信息较为匮乏且维度较高，使用简单的 MLP 解码器可能无法充分表现，甚至可能导致重

建的特征与原始特征相差无几。为此，在超图自监督学习中，可以采用具有更强表达能力的超图神经网络作为解码器。超图神经网络解码器通过利用一组邻接节点的信息和一组邻接超边的信息传递，能够重建节点的原始输入特征，这有助于编码器学习到更准确的特征表示。经过解码器 $f_{\mathrm{D}}(\cdot)$ 处理后，隐表示 $\boldsymbol{Z}$ 可以重构为节点特征 $\boldsymbol{X}'$，即

$$\boldsymbol{X}' = f_{\mathrm{D}}(\boldsymbol{Z}, \boldsymbol{H}) \tag{11.4}$$

需要注意的是，解码器仅在自监督训练阶段使用以执行节点特征重建任务。因此，解码器架构的选择可以独立于编码器。

3. 重建标准

在得到重建的节点特征后，需要按照特征重建的标准对编码器和解码器的参数进行迭代更新。参照已有的图特征重建任务，超图特征重建可以应用均方误差（mean square error，MSE）作为其准则，定义如下：

$$\mathcal{L}_{\mathrm{MSE}} = \frac{1}{|\tilde{\mathcal{V}}|}\sum_{v_i \in \tilde{\mathcal{V}}} (\boldsymbol{x}_i - \boldsymbol{x}_i')^2 \tag{11.5}$$

其中，$\tilde{\mathcal{V}}$ 是进行特征掩码之后的节点集。由于重建任务不需要对未掩码的节点进行重建，因此只需要计算掩码节点集的重建损失。

在属性重建过程中，MSE 因其对灵敏度的敏感性而存在局限性，尤其是对于高维小值特征矩阵而言，MSE 并不是一个理想的重建准则。因此，这里采用一种改进的余弦误差标准，以增强重建准则的有效性。这一改进通过引入一个幂指数，即超参数 $\gamma \geqslant 1$，对样本的余弦误差进行缩放，从而减少简单样本在训练过程中的影响。具体而言，对于预测置信度高的样本，其余弦误差接近 1，在幂指数的作用下衰减得更快；而对于预测置信度低的样本，衰减则相对较慢。实质上，幂指数可以被视为一种自适应权重机制，每个样本的权重根据其重建过程中产生的余弦误差动态调整。基于此，这里定义了缩放余弦误差（scaled cosine error，SCE），具体如下：

$$\mathcal{L}_{\mathrm{SCE}} = \frac{1}{|\tilde{\mathcal{V}}|}\sum_{v_i \in \tilde{\mathcal{V}}} \left(1 - \frac{\boldsymbol{x}_i^{\mathrm{T}}\boldsymbol{x}_i'}{\|\boldsymbol{x}_i\| \cdot \|\boldsymbol{x}_i'\|}\right)^{\gamma}, \gamma \geqslant 1 \tag{11.6}$$

11.1.2 基于结构的超图自监督任务

超图自监督学习的目标在于挖掘超图结构中所蕴含的高阶关联信息，通常通过对比学习策略来实现。具体来说，首先对原始超图进行增强，产生两个结构相似的增强超图，进而通过最大化这两个增强超图之间的互信息来学习相似结构之间的不变性信息。在图学习领域，对比学习近年来已经取得了显著效果。类似地，也可以从超图的结构入手，通过对比超边之间的差异来学习超图结构的不变性信息。采用对比学习来学习超图的高阶结构信息主要涉及四个关键部分：超图增强策略、编码器、投影头和对比损失函数。

1. 超图增强策略

给定一个超图 $\mathcal{G} = (\mathcal{V}, \mathcal{E}, \boldsymbol{X}, \boldsymbol{H})$，其中 $\mathcal{V}$ 是节点集，$\mathcal{E}$ 是超边集。在这里，对每一个

超边采取替换节点的增强策略，其先验支撑是假设超边交换节点后其高阶结构信息并没有发生改变，即对于节点扰动具有一定的鲁棒性。使用一个超参数 p_e 来控制超边替换的强度大小，对于每一个超边 $e_j \in \mathcal{E}$，随机采样超边内的 $p_e|e_j|$ 个节点，并将采样的节点集合命名为 $\mathcal{V}_{\text{exchange}}^j$。同时，在节点集 $\mathcal{V}$ 中采样相同数量的节点，将其集合命名为 $\mathcal{V}_{\text{sample}}^j$，此后将这两个节点集进行交换，得到增强后的超边 $e_j' = \left(e_j \cup \mathcal{V}_{\text{sample}}^j\right) \setminus \mathcal{V}_{\text{exchange}}^j$。经过超边的结构扰动，可以得到增强后的两个超图 $\mathcal{G}_1' = (\mathcal{V}, \mathcal{E}_1', \boldsymbol{X}, \boldsymbol{H}_1')$ 和 $\mathcal{G}_2' = (\mathcal{V}, \mathcal{E}_2', \boldsymbol{X}, \boldsymbol{H}_2')$。

2. 编码器

编码器 f 的作用是获取超边的增强表示，可以使用任意适合超图的网络层，为了能够获得更富有表达能力的隐表示，采用两阶段信息传播的 HGNN 作为编码器。事实上，这里的编码器和 11.1.1 节重建任务中使用的编码器具有相同的作用。经过编码器之后，获得超边的增强表示可以表示为 $\boldsymbol{Z}_1 = f(\boldsymbol{X}, \boldsymbol{H}_1')$ 和 $\boldsymbol{Z}_2 = f(\boldsymbol{X}, \boldsymbol{H}_2')$。

3. 投影头

为了更好地计算两个超边表示的对比损失，使用一种线性变换 $h(\cdot)$ 将获得的增强表示映射到另一个潜在空间。在图和超图的对比学习领域，一般使用多层感知机作为投影头来生成超边的隐表示。

4. 对比损失函数

对比损失函数的作用是最大化两个超图之间相似超边的一致性，主要通过拉近结构相似超边的距离，推远结构不相似超边的距离来实现。在这里，使用常用的归一化温度尺度交叉熵损失[7]（normalized temperature-scaled cross entropy，NT-Xent）作为损失函数。在两个超图中，将 $e_{1,i} \in \mathcal{E}_1'$ 和 $e_{2,i} \in \mathcal{E}_2'$ 作为一个正样本对，来拉近它们之间的距离，而 $\mathcal{E}_2'$ 的其余超边作为负样本对，来推远它们的距离。使用余弦相似度 $\text{sim}\left(z_{1,i}, z_{2,j}\right) = z_{1,i}^{\mathrm{T}} z_{2,j} / z_{1,i} z_{2,j}$ 作为两个超边隐表示之间的距离，该距离本质上是欧几里得距离。在此基础上，超图 $\mathcal{G}_1'$ 中第 i 个超边的 NT-Xent 可以定义为

$$\ell_{(1,i)} = -\log \frac{\exp\left(\text{sim}\left(z_{1,i}, z_{2,i}\right) / \tau\right)}{\sum_{i=1, i\neq j}^{M} \exp\left(\text{sim}\left(z_{1,i}, z_{2,j}\right) / \tau\right)} \tag{11.7}$$

其中，τ 是一个可调节的温度系数，$M = |\mathcal{E}_1'| = |\mathcal{E}_2'|$ 是超边的数量。同样，可以定义超图 $\mathcal{G}_2'$ 中第 i 个超边的 NT-Xent 为 $\ell_{(2,i)}$。于是，对比学习的总损失函数（$\mathcal{L}_{\text{SSL}}$）可以表示为

$$\mathcal{L}_{\text{SSL}} = \frac{1}{2M} \sum_{i=1}^{M} \left(\ell_{(1,i)} + \ell_{(2,i)}\right) \tag{11.8}$$

值得注意的是，在式（11.7）的对比损失函数定义中，只是简单地将两个增强超图里对应的一对超边作为正对，这在一定程度上忽略了超边节点数对两个超边的影响。假如交换的节点数较少，两条对应超边之间的结构就会比较相似，但是随着交换节点数的增加，即随着参数 p_e 的增大，两条对应超边的结构会产生较大的差异。因此，简单地将两个增强超图的对应超边看成正对是存在一定风险的，即损失函数可能会拉近本不相似

的两个超边，从而学习到错误的结构信息。此外，这种做法的一个局限在于没有考虑到不同超边的差异，对所有对应超边均以相同的力度拉近。然而，对于相同的替换比例，超边节点数多的结构变化较小，超边节点数少的结构变化较大。因此，这里引入超边的拓扑结构相似度γ_j，作为两个对应超边$e_{1,j}$和$e_{2,j}$结构相似关系更为细粒度的考量。确定两个超图的拓扑结构是否同构仍然是一个有待深入研究的问题。在之前的研究中[8]提出了一种超图 Weisfeiler-Lehman 测试算法，该同构测试算法能够较为有效地确定大多数情况下超图同构的情况。这里选择使用超图 Weisfeiler-Lehman 测试算法来描述两个超边的拓扑结构相似度。

具体来说，对于两个预定义好节点标签的超图，在每次迭代中，首先由节点标签向超边标签进行聚合得到超边的标签，然后对超边标签进行压缩和重映射，再将超边标签向节点标签进行聚合得到节点标签集合，最后对节点标签进行压缩和重映射得到迭代后的节点标签。将迭代后超边$e_{1,j}$包含节点的节点标签集表示为$A_{1,j}$，超边$e_{2,j}$包含节点的节点标签集表示为$A_{2,j}$，通过采用 Jaccard 系数[9]来计算超边$e_{1,j}$和超边$e_{2,j}$的结构相似度，具体如下：

$$\gamma_j = \frac{\left|A_{1,j} \cap A_{2,j}\right|}{\left|A_{1,j} \cup A_{2,j}\right|} \tag{11.9}$$

根据上式定义的拓扑结构相似度，将式(11.7)的对比损失函数更新为式(11.10)，在两个对应超边之间引入结构相似度后，可以更细粒度地衡量超边之间的相似关系。

$$\ell_{(1,i)} = -\log \frac{\gamma_i \cdot \exp\left(\mathrm{sim}\left(z_{1,i}, z_{2,i}\right)/\tau\right)}{\sum_{i=1, i \neq j}^{M} \exp\left(\mathrm{sim}\left(z_{1,i}, z_{2,j}\right)/\tau\right)} \tag{11.10}$$

此外，近年来 Wasserstein 距离在度量两个分布之间的差异上取得了不错的效果，因此，另一个思路是使用 Wasserstein 距离作为相似度来度量两个超边之间的差异大小。具体来说，针对两个超边$e_{1,j}$和$e_{2,j}$，首先通过编码器得到超边的特征表示$f\left(e_{1,j}\right)$和$f\left(e_{2,j}\right)$，然后计算两个超边中任意两个节点之间的欧几里得距离矩阵$\boldsymbol{M}$，作为两个超边分布传输的代价矩阵。根据 Wasserstein 距离的定义，可以将两个超边之间的相似度写为

$$\gamma_{w,j} = \min_{\boldsymbol{P} \in \Gamma\left(e_{1,j}, e_{2,j}\right)} \langle \boldsymbol{P}, \boldsymbol{M} \rangle \tag{11.11}$$

其中，$\boldsymbol{M}$是分别来自两个超边内任意节点之间的欧几里得距离矩阵，即代价矩阵；Γ是从超边$e_{1,j}$到超边$e_{2,j}$所有传输方案的集合；$\boldsymbol{P} \in \Gamma$是一个传输矩阵。使用 Wasserstein 距离定义的相似度替换式（11.10）中的拓扑相似度γ_j，即可得到损失函数。

此外，也有一些通过其他方式定义的超图自监督学习方法取得了不错的效果。PhyGCN[3]使用一种超边预测方法来学习结构信息，通过负采样超边后，判断节点是否属于该超边来进行自监督学习。类似地，HyperBoy[10]将超边分为一个查询子集和一个缺失节点，根据查询子集来正确填充缺失节点进行自监督学习，也学习到了超图的高阶结构信息。

11.1.3 超图预训练与超图大模型

超图预训练是超图自监督学习的一种典型应用。在超图预训练中，模型首先在大规

模数据集上进行自监督学习，学习到具有丰富语义信息的节点特征。这个过程通常不会涉及特定的任务目标，而是通过设计自监督任务来为模型提供学习信号，正如 11.1.1 节和 11.1.2 节给出的基于属性以及结构的自监督任务一样。在超图预训练完成之后，可以通过预训练的模型来获取有效的节点表示，用于完成下游任务，如节点分类、链路预测和超图分类等。然而，通常情况下，预训练任务的目标与下游任务的目标不同，这导致预训练模型存在可迁移性较弱的问题。参考大语言模型在自然语言领域取得的进展，在超图大模型中，可以通过微调对模型的参数进行调整，从而更好地适应下游任务。此外，近年来，“预训练、提示和预测”范式引起了广泛的关注，通过使用提示，将下游任务的格式与预训练任务的格式对齐，使预训练模型能够处理下游任务。

1. 微调

在微调阶段，假设模型已经通过超图自监督任务完成了预训练，此时模型的表示为 $f_{\text{BASE}}(\cdot)$。然而，由于下游任务的目标与自监督任务的目标不同，需要在预训练模型的基础上添加一个特定的网络层 $h(\cdot)$，以便于进行下游任务的预测。在这个过程中，可以根据具体的下游任务对基础模型 $f_{\text{BASE}}(\cdot)$ 进行微调。需要注意的是，$h(\cdot)$ 是一个专门为特定任务设计的网络层。例如，在处理节点分类任务时，可以将 $h(\cdot)$ 设置为一个全连接层。假设任务是一个拥有 C 个类别的节点分类任务，给定一个训练集节点 $v_i \in S_{\text{train}}$ 的输入特征 $\boldsymbol{x}_i \in \mathbb{R}^d$，以及其对应的节点类别 $\boldsymbol{y}_i \in C$，可以根据节点分类任务的目标来确定交叉熵损失，定义如下：

$$\mathcal{L} = \frac{1}{|S_{\text{train}}|} \sum_{v_i \in S_{\text{train}}} \left(\boldsymbol{y}_i \cdot \log h\left(f_{\text{BASE}}(\boldsymbol{x}_i)\right) + (1-\boldsymbol{y}_i) \cdot \log\left(1 - h\left(f_{\text{BASE}}(\boldsymbol{x}_i)\right)\right) \right) \tag{11.12}$$

2. 提示调优

由于微调需要提供较多带有标签的样本来对基础模型进行微调，且微调的参数量较大，于是在自然语言处理领域率先提出了一种提示调优的方法，其本质是将下游任务重塑为预训练任务。具体来说，其做法是将预训练任务和下游任务都映射到掩码语言建模（mask language modeling，MLM）任务中，实现预训练和下游任务的统一。在具有抽象结构的超图中，使用提示调优的关键是如何设计合适的提示函数使不同的下游任务与预训练任务对齐。下面以超边预测的预训练任务为例，对提示调优进行介绍。

假设针对下游任务 t 的提示调优向量为 $\boldsymbol{p}_t$，如果将提示调优操作视为 ReadOut，则进行提示之后的特定于任务的超边表示 $\boldsymbol{e}_{t,x}$ 如下：

$$\boldsymbol{e}_{t,x} = \text{ReadOut}\left(\{\boldsymbol{p}_t \odot \boldsymbol{h}_v : v \in \mathcal{E}_x\}\right) \tag{11.13}$$

其中，$\mathcal{E}_x$ 是特定于任务经过提示后采样的一个超边，可以使用 k-hop 生成；$\boldsymbol{h}_v$ 为超边内的节点表示；$\odot$ 是按元素乘法，该操作相当于使用提示向量 $\boldsymbol{p}_t$ 对节点表示进行加权，同样也可以采取其他融合策略。

在此基础上，将下游任务 t 映射到预训练的超边预测任务上，其提示调优损失 $\mathcal{L}_{\text{prompt}}$ 可以被定义为

$$\mathcal{L}_{\text{prompt}}(\boldsymbol{p}_t) = -\sum_{x_i \in S_{\text{train}}} \ln \frac{\exp\left(\text{sim}\left(\boldsymbol{e}_{t,x_i}, \tilde{\boldsymbol{e}}_{t,y_i}\right)/\tau\right)}{\sum_{c \in Y} \exp\left(\text{sim}\left(\boldsymbol{e}_{t,x_i}, \tilde{\boldsymbol{e}}_{t,c}\right)/\tau\right)} \tag{11.14}$$

其中，$c \in Y$表示下游任务的类别；$\tilde{\boldsymbol{e}}_{t,c}$表示类别$c$的数据经过 ReadOut 操作形成的超边表示。事实上，提示调优将基础模型$f_{\text{BASE}}(\cdot)$的参数进行冻结，而只对提示向量$\boldsymbol{p}_t$的参数进行更新，因此显著减少了下游任务需要更新的参数，提高了任务学习的效率，近年来受到了广泛的关注。

11.2 基于大语言模型的超图计算

随着大语言模型（large language model，LLM）的不断发展，LLM 与图学习相关的研究也在持续深入，这预示着基于大语言模型的超图计算将成为一个新兴的研究领域。超图计算任务能够通过自然语言进行描述，因此，采用 LLM 作为骨干网络的超图计算模型，能够有效地整合节点、超边、超图等多个层次的任务。近期研究[11-12]已经证明了 LLM 在超图推理任务上的巨大潜力。然而，LLM 在最初的设计中主要是针对输入序列的处理，通过自注意力机制生成潜在的表示，这意味着它们在理解超图的结构信息方面面临着巨大的挑战。因此，基于大语言模型的超图计算往往需要将原始的超图结构转换成 LLM 能够理解的自然语言序列数据。下面将详细介绍两种转换方法：超图结构化表示和超图文本化表示。

11.2.1 超图结构化表示

超图结构化的思想是将超图数据转化为与文本等统一的标记（token），使其与自然语言保持一致，从而能够与其他模式的数据共同理解。一种思路是对超图结构信息采用类似基于 Transformer 的标准化输入格式进行标记。这种方法不仅需要将超图数据节点表示为标记，还需要对超图的结构信息进行编码。该类方法旨在将超图节点和结构表示为主干模型的输入的唯一标记，因此主干网络为可训练的 Transformer 或开源大语言模型，如 GPT-3、LLaMA[13]。具体思路为，使用广义位置嵌入技术，将超图的结构信息和指令文本信息编码成向量表示，使 LLM 具备超图结构处理能力。如果模型不需要额外图结构编码模块，就可以将超图数据与文本数据统一处理。此类方法虽然实现了 LLM 在超图计算领域的应用，但未将 LLM 作为超图计算基础模型，也不涉及预训练和微调范式。

另一种思路是采用预训练和微调框架，引入 LLM 进一步增强模型的文本处理能力。在该思路框架中，模型首先在大规模文本数据上进行预训练，然后通过微调或自适应学习的方式来适应特定任务。超图中的固有节点特征向量（如 BoW、OGB）、超边集合等作为特有的标记引入语言模型的词汇表中，从而扩充其词汇表，模型通过特定微调数据来处理超图信息。具体框架如图 11.1 所示，该框架首先通过预训练获得预训练词汇的标记，随后在提示调优阶段，将超图$\mathcal{G}$用 TITLE、ABSTRACT 和 NEIGHBOR 等部分表示节点的特征和结构信息，并以此作为扩充词汇输入模型中微调参数。这种思路引入语言模型和扩展词汇表，利用语言的可迁移性处理超图数据，对多种跨模式的超图基础模型框架的发展具有借鉴意义。

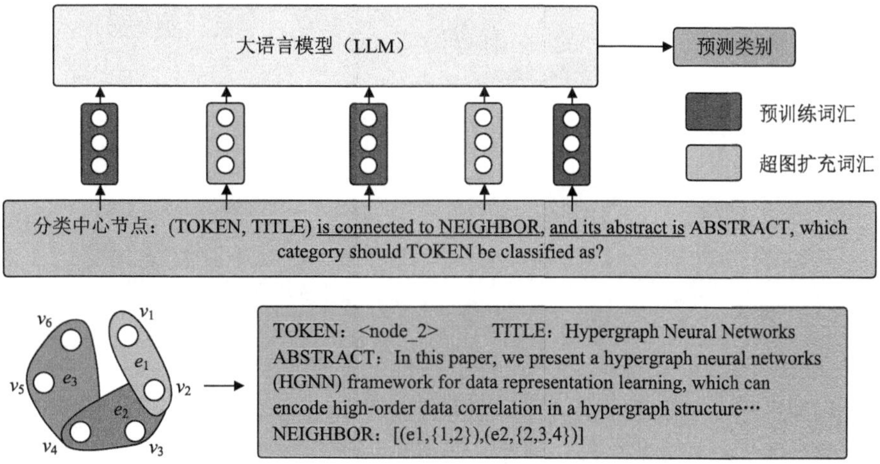

图 11.1　基于预训练的超图结构化框架图

11.2.2　超图文本化表示

为了将图数据与自然语言对齐，超图文本化表示旨在采用自然语言来描述图信息，以使机器学习模型能够更好地理解和处理图结构数据。这种方法主要依赖于自然语言提示，并以大语言模型作为其骨干网络结构。本节将介绍一种基于此思路的超图文本化方法。该方法尝试用自然语言描述超图结构，并对各种超图任务进行评估。下面首先给出一个简单的例子。例如，向大语言模型提出一个基本范例，用于解决寻找简单路径的问题，详细信息如下：*Q: Given the undirected hypergraph with the specified nodes and hyperedges, nodes:[0,1,2,3,4,5,6], hyperedges:[{1,2,3}, {0,1,2},{1,5,6}], find a single path from node 0 to 6 connected by hyperedges in the given hypergraph, list the answer after "Ans:" in the format of [0-*e_1*-1]*. 由此可以得到对应的答案为：*A:Here's the path:[0-*e_2*-1-*e_3*-6]*。然而，这种提示方法缺乏推理的过程信息，因此在处理复杂超图问题时具有一定的局限性。

除了上述超图文本化的方法外，还可以利用树结构作为中介，实现超图结构数据向一维顺序语言的转化。具体来说，可以引入“超图语法树”方法来描述超图数据，这使得在基于文本的上下文中进行图推理成为可能。该方法的另一个显著优势是其允许模型使用超图语法树引入 HGNNs 等方法的归纳偏置。通过遍历超图语法树，可以得到以自然语言表达的超图结构表示，从而使大型语言模型能够将超图推理视为文本生成任务。这类方法可以将超图信息编码为文本序列 $\mathcal{T}_{\text{in}}^{(1)}$ 和 $\mathcal{T}_{\text{in}}^{(2)}$，并生成文本推理和预测 $\mathcal{T}_{\text{out}}^{(1)}$ 和 $\mathcal{T}_{\text{out}}^{(2)}$。基于语法树的超图文本化思路如图 11.2 所示，对于节点分类任务，可以具体表示为：对于一个超图 $\mathcal{G}$，首先生成超图语法树，其中包含节点属性（如特征和标签）和关系（如节点的邻居超边、邻居超边包含的节点等）。然后遍历超图语法树，得到顺序文本，即令 LLM 在文本空间进行超图推理的超图提示。

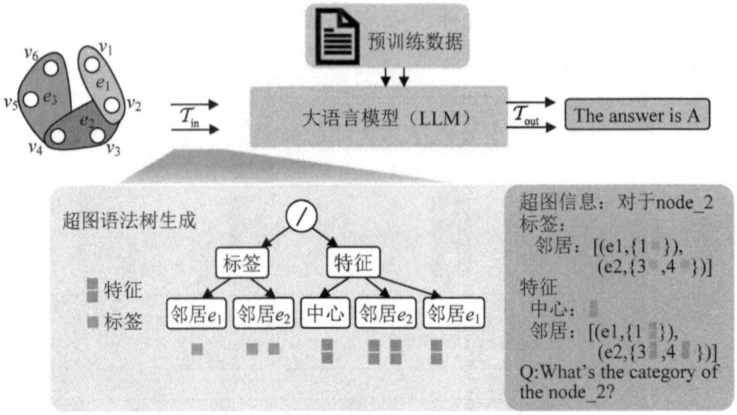

图 11.2（彩色）

图 11.2　基于语法树的超图文本化框架图

上述两种思路仅使用了手动提示。在推理过程中，LLM 会生成供提示处理程序的中间输出，以形成 LLM 的新输入。因此，还可以将手动制作的提示和语言模型生成的提示结合，分别作为手动提示和自动提示来使用。具体来说，手动提示方法利用超边列表、邻接列表等描述性语言来表示超图结构。自动提示方法采用提取超图摘要、超图探索和超图补全等技术，使 LLM 理解超图，促进基于超图的推理和学习。例如，对于超图$\mathcal{G}$，将最初的手动提示输入 LLM，LLM 在推理过程中生成的新的文本“*node 2 has two hyperedge neighbors, where each of them are about hypergraph learning.*”或“*The whole hypergraph contains 6 nodes and 3 hyperedges, and the average degree of hyperedge is2.67.*”可以作为全新的提示输入 LLM，辅助得到最终推理结果。

11.3　超图神经网络与大语言模型

超图神经网络模型虽然擅长处理图结构数据，但缺乏直接解析和生成自然语言的能力，因此难以根据用户的自然语言指令进行直接预测。此外，基于 LLM 的超图计算模型虽然能够理解自然语言，但也存在一些局限性，如 LLM 在处理精确计算和多跳高阶关联信息方面仍存在不足。这些局限性凸显了进一步探索超图神经网络与大语言模型结合的必要性。为了克服这些限制，应该将 LLM 和 HGNN 结合起来，充分利用 LLM 在语言理解以及 HGNN 在结构分析方面的优势，形成一个更为全面、更加强大的模型。为了同时利用图和文本的信息，本节介绍一个将 LLM 与 HGNN 框架集成的思路。该思路将 HGNN+LLM 的方法分为三类：基于增强大语言模型的超图推理、大语言模型增强超图神经网络、超图神经网络对齐大语言模型。这些方法旨在通过深度融合自然语言和图结构信息，提升模型的性能和应用范围。

11.3.1　超图神经网络增强大语言模型

LLM 可以作为执行超图计算相关任务的骨干网络。具体来说，可以将节点和超边相关的超图信息序列化为一个序列 $\boldsymbol{H}_{\mathcal{G}}$，该序列可以与文本 $\boldsymbol{d}_v$ 一同输入 LLM。据此，可以定义如下的计算范式：

$$\begin{cases}\boldsymbol{H}_{\mathcal{G}} = f_{\mathrm{HGNN}}(\mathcal{G}) \\ \boldsymbol{h}_v = \mathrm{LLM}([\boldsymbol{H}_{\mathcal{G}}, \boldsymbol{d}_v])\end{cases} \tag{11.15}$$

其中，$f_{\mathrm{HGNN}}(\cdot)$表示超图神经网络将超图编码的过程。在超图结构化和超图文本化方法中，仅采用了超图固有结构或 LLM 中间编码表示作为提示。与之相比，超图神经网络在提取结构信息方面具有显著优势[11]，能够有效增强 LLM 的推理性能。将超图神经网络与 LLM 结合的挑战在于如何有效弥合超图模态与文本模态之间的表示鸿沟。

另一种策略是基于知识蒸馏的方法。尽管近期的研究表明 LLM 在理解文本属性超图（text attribute hyperGraph，TAHG）方面取得了进步，并展示了其潜在的应用价值[14]，但 LLM 对计算和存储的高要求以及模型推理过程中的长延迟限制了其在生产环境中的部署和应用。同时，尽管传统的超图神经网络架构具有更为轻量级且擅长捕捉超图的结构特征，但它们在理解和表达 TAHG 中复杂语义方面的能力在实际应用中存在局限性。为了克服这些限制，可以采用知识蒸馏的策略来进行优化，其中 LLM 作为教师模型，HGNN 作为学生模型，通过知识蒸馏实现 HGNN 对 LLM 模型的学习和性能增强。基于 LLM 的超图知识蒸馏（hypergraph knowledge distillation，HGKD）框架可以定义为五元组：$<\mathcal{M}_T, \mathcal{M}_S, \mathcal{S}, \mathcal{F}, \mathcal{A}>$。在这个框架中，教师模型$\mathcal{M}_T$是一个基于 Transformer 的 LLM，它在 TAG 上针对生成图进行了微调以执行推理任务；$\mathcal{M}_S$代表用于判别任务的学生 HGNN；$\mathcal{F}$表示通过提取算法$\mathcal{A}$从$\mathcal{M}_T$转移到$\mathcal{M}_S$的知识蒸馏方案$\mathcal{S}$。蒸馏过程可以定义如下：

$$\begin{cases}\mathcal{F} = \{\mathcal{F}_T, \mathcal{F}_S\} = \{\mathcal{A}_T(\mathcal{M}_T, \mathcal{G}), \mathcal{A}_S(\mathcal{M}_S, \mathcal{G})\} \\ \mathcal{L}_d = \mathrm{loss}(\mathcal{F}_S, \mathcal{F}_T) \\ \mathcal{M}^{\mathrm{new}} = \mathcal{S}(\mathcal{M}_s, \mathcal{L}_d)\end{cases} \tag{11.16}$$

其中，$\mathcal{A}_T$和$\mathcal{A}_S$分别是$\mathcal{M}_T$和$\mathcal{M}_S$的知识提取算法；$\mathcal{L}_d(\cdot)$表示散度函数（如 Kullback-Leibler 散度）；$\mathcal{M}_S^{\mathrm{new}}$是实际需要的蒸馏学生 HGNN 模型。

这种蒸馏模型将节点分类视为纯文本生成任务，对预训练的 LLM 进行微调，通过文本属性和邻域结构的自然语言处理生成节点标签，达到预期的分类性能。

11.3.2　大语言模型增强超图神经网络

在使用超图神经网络分析超图数据时，常用的基准数据集如 Cora[15]和 Citeseer[16]往往采用相对简单的方法对原始特征进行编码，如 Bag-of-Words、Skip-Gram[17]等。这种处理方式可能无法充分捕捉超图的语义信息，从而影响 HGNN 的性能表现。鉴于大语言模型（LLM）在零样本生成方面的强大能力，一种策略是利用 LLM 来提升初始节点特征的质量，从而捕捉超图中更高级别的语义信息，如图 11.3 所示。此外，可以通过伪标签、知识实体等多种手段，引导 LLM 生成富含语义信息的初始节点特征，具体包括：

$$\boldsymbol{x}_i = f_{\mathrm{LLM}}(\boldsymbol{t}_i, \boldsymbol{p}) \tag{11.17}$$

其中，$\boldsymbol{t}_i$是初始的文本属性；$\boldsymbol{p}$是用来对初始特征进行增强的文本提示；$\boldsymbol{x}_i \in \boldsymbol{X}$是经过 LLM 增强得到的节点特征表示。将经过 LLM 增强得到的特征送入 HGNN 卷积层可以

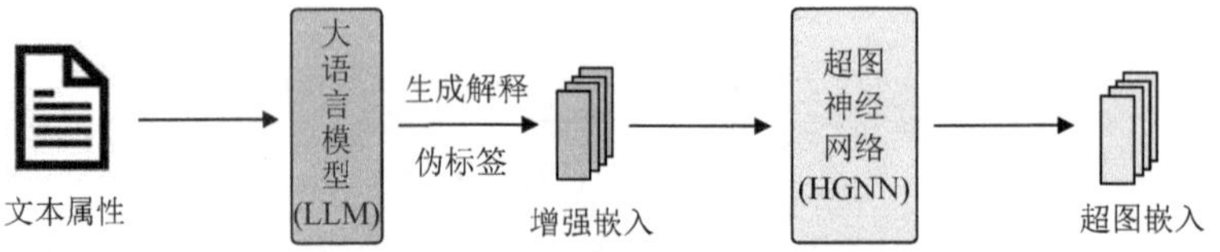

图 11.3 LLM 增强超图神经网络结构

得到输出的节点特征矩阵为 $\boldsymbol{Z}$，其过程如下：

$$\boldsymbol{Z} = f_{\text{HGNN}}(\boldsymbol{X}, \boldsymbol{H}) \tag{11.18}$$

通过 LLM 增强的节点特征表示富含更深入的语义信息，能有效提升模型在下游任务上的性能表现。此外，得益于 LLM 作为一个即插即用的模块，其在初始特征增强方面的应用展现了极高的灵活性。然而，值得注意的是，在处理大规模超图时运用 LLM 会产生显著的开销。例如，当需要对拥有 N 个节点的超图进行特征增强时，必须调用 N 次 LLM 的接口来生成文本解释，这在处理大规模超图时将带来庞大的计算成本。

11.3.3 超图神经网络对齐大语言模型

将 HGNN 网络层获取的超图表示与 LLM 模型提取的文本表示在潜在空间中进行对齐，是将超图模态信息与文本模态信息有效融合的关键手段。这种对齐策略确保了 HGNN 和 LLM 两个模块在各自编码过程中实现均衡的重要性，进而生成更具表达能力的嵌入表示，以支持其他下游任务的预测。双塔模型结构[18]是一种常见的对齐架构，如图 11.4 所示，其中 HGNN 和 LLM 分别对超图模态和文本模态进行独立编码。在对齐阶段，两种模态仅进行一次交互。在双塔模型中，通常采用对比学习方法来促进两种模态间的互信息最大化，从而实现有效的对齐。因此，将超图神经网络与大语言模型进行对齐的过程主要包括以下两个步骤：

（1）分别使用 HGNN 和 LLM 对超图模态和文本模态进行编码，得到超图表示 $\boldsymbol{x}_i$ 和文本表示 $\boldsymbol{t}_i$。

（2）使用对比学习常用的损失函数 InfoNCE[19]来实现对齐。具体来说，定义超图表示 $\boldsymbol{x}_i$ 和文本表示 $\boldsymbol{t}_i$ 之间的对比损失 $\ell(\boldsymbol{x}_i, \boldsymbol{t}_i)$ 为

$$\ell(\boldsymbol{x}_i, \boldsymbol{t}_i) = -\log \frac{\exp(\text{sim}(\boldsymbol{x}_i, \boldsymbol{t}_i)/\tau)}{\sum_{k=1}^{|\mathcal{V}|} \exp(\text{sim}(\boldsymbol{x}_i, \boldsymbol{t}_k)/\tau)} \tag{11.19}$$

其中，sim 是余弦相似度；$|\mathcal{V}|$ 是节点的数量；τ 是可调节的温度系数。由此可以得到 HGNN 和 LLM 对齐的总损失为

$$\mathcal{L}_{\text{InfoNCE}} = \frac{1}{2|\mathcal{V}|} \sum_{i=1}^{|\mathcal{V}|} \left(\ell(\boldsymbol{x}_i, \boldsymbol{t}_i) + \ell(\boldsymbol{t}_i, \boldsymbol{x}_i)\right) \tag{11.20}$$

通过反向传播机制更新两个编码器的参数，模型能够同步学习数据的超图表示和文本表示，从而输出更具表达力的特征表示，并进一步提升模型在下游任务中的预测准确性。

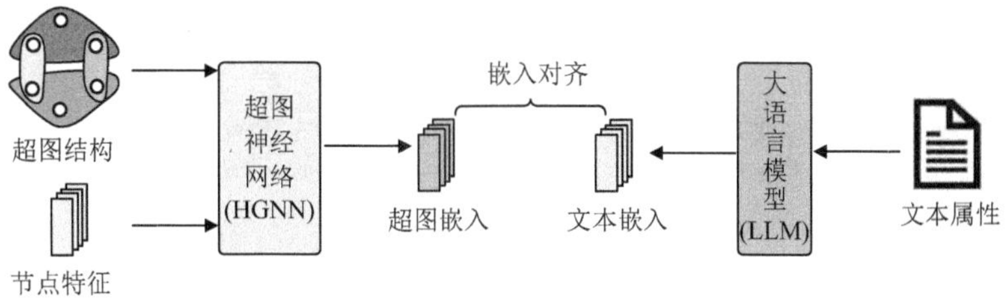

图 11.4 HGNN 对齐 LLM 的双塔结构

本章小结

本章主要围绕基于超图神经网络的超图大模型、基于大语言模型的超图计算和超图神经网络与大语言模型结合三个相关方向进行讨论和展望。首先，从属性和结构两个角度介绍了超图自监督的方法，其任务主要是对掩码后的属性进行重建，以及对超边结构进行对比学习。同时，本章还阐述了微调和提示调优这两种将预训练模型应用于下游任务的模式，这些模式作为超图自监督任务的应用，为超图与大模型的结合提供了可能性。接下来，本章介绍了超图结构化和超图文本化这两种基于大语言模型的超图推理任务处理方式。它们的核心思想在于将超图结构转换为统一的标记或文本，以便于大语言模型处理。最后，本章对超图神经网络与大语言模型相结合的方法进行了展望。例如，大语言模型可以引导超图神经网络学习深度语义特征，以增强大语言模型在挖掘高阶复杂结构方面的能力；大语言模型还可以生成丰富的信息特征，以增强超图神经网络的表达能力；此外，可以将神经网络和大语言模型在隐藏空间对齐，确保两种表示方法的性能相当，从而获得更完备的信息表征。这些方向可以整合大语言模型和超图神经网络的优势，进一步指导后续的研究。总的来说，当前超图计算与大语言模型的研究尚处于起步阶段。超图作为复杂关系的结构载体，加上大语言模型在挖掘和推理方面的出色能力，将为解决更多现实场景中的复杂问题提供可能性。

参 考 文 献

[1] DU B, YUAN C, BARTON R, et al. Hypergraph pre-training with graph neural networks [A]. 2021: arXiv preprint arXiv: 2105.

[2] ABUBAKER A, MAEHARA T, NIMISHAKAVI M, et al. Self-supervised pretraining for heterogeneous hypergraph neural networks[A]. 2023: arXiv-2311.

[3] DENG Y, ZHANG R, XU P, et al. PhyGCN: Pre-trained hypergraph convolutional neural networks with self-supervised learning[J]. bioRxiv, 2023.

[4] HOU Z, LIU X, CEN Y, et al. GraphMAE: Self-supervised masked graph autoencoders [C]//Proceedings of the ACM SIGKDD Conference on Knowledge Discovery and Data Mining. Washington DC: ACM, 2022: 594-604.

[5] YADATI N, NIMISHAKAVI M, YADAV P, et al. HyperGCN: A new method for training graph convolutional networks on hypergraphs[C]//Proceedings of the Advances in Neural Information Processing Systems, 2019: 32.

[6] DONG Y, SAWIN W, BENGIO Y. HNHN: Hypergraph networks with hyperedge neurons [C]//Proceedings of the International Conference on Machine Learning. Vancouver: MIT Press, 2020.

[7] SOHN K. Improved deep metric learning with multi-class n-pair loss objective[C]//Proceedings of the Advances in Neural Information Processing Systems. Barcelona: MIT Press, 2016: 29.

[8] FENG Y, HAN J, YING S, et al. Hypergraph isomorphism computation[J]. IEEE Trans-actions on Pattern Analysis and Machine Intelligence, 2024.

[9] JACCARD P. The distribution of the flora in the alpine zone[J]. New Phytologist, 1912, 11(2): 37-50.

[10] KIM S, KANG S, BU F, et al. HyperBoy: Generative self-supervised representation learning on hypergraphs[C]//Proceedings of the Twelfth International Conference on Learning Representations, 2023.

[11] RAMAN N, SHAH S. Synthetic text generation using hypergraph representations[A]. 2023.

[12] WU X, LI Y L, SUN J, et al. Symbol-LLM: Leverage language models for symbolic system in visual human activity reasoning[J]. Advances in Neural Information Processing Systems, 2024: 36-44.

[13] TOUVRON H, LAVRIL T, IZACARD G, et al. LLaMA: Open and efficient foundation language models[J]. 2023:arXiv preprint arXiv:2302.13971.

[14] BAZAGA A, LIÒ P, MICKLEM G. HyperBERT: Mixing hypergraph-aware layers with language models for node classification on text-attributed hypergraphs[A]. 2024.

[15] YANG Z, COHEN W, SALAKHUDINOV R. Revisiting semi-supervised learning with graph embeddings[C]//International Conference on Machine Learning. New York: PMLR, 2016: 40-48.

[16] GILES C L, BOLLACKER K D, LAWRENCE S. Citeseer: An automatic citation indexing system[C]//Proceedings of the Third ACM conference on Digital libraries. Pittsburgh: ACM, 1998: 89-98.

[17] MIKOLOV T, SUTSKEVER I, CHEN K, et al. Distributed representations of words and phrases and their compositionality[J]. Advances in Neural Information Processing systems, 2013: 26-34.

[18] ZHOU Y, CHU H, LI Q, et al. Dual-tower model with semantic perception and timespan-coupled hypergraph for next basket recommendation[J]. Available at SSRN, 4657127.

[19] OORD A V D, LI Y, VINYALS O. Representation learning with contrastive predictive coding[J]. 2018: arXiv preprint arXiv:1807. 03748.

第 12 章　医学超图计算

随着医学成像技术的不断发展和医学数据采集手段的进步，临床诊疗产生了大量的多源异构医学数据。这些不同类型的医学数据蕴含了与患者和疾病相关的关键特征，也推动了医学人工智能技术，特别是医学图像处理等相关领域的发展。如何通过算法建模医学数据内部和数据之间的复杂关联，以获得对疾病和患者更全面、更准确和更多样的特征表示是智慧医疗领域的研究热点，也是医学图像分析领域中的关键技术，对临床后续的辅助诊断、预后评估等任务至关重要。相比于其他领域的数据，医学数据更加珍贵。在许多场景下，只有少量数据能够被采集或允许使用。这使得医学领域的数据分析更加面临数据紧缺的困扰。同时，医学诊疗的许多机理还在不断探索之中，数据内在的复杂关系是进行医学研究的重要内容之一。

12.1　医学超图计算框架

针对医学领域所面临的挑战，超图计算为建模医学数据中的复杂高阶关联提供了一种可行的解决方案。图 12.1 展示了超图计算在医学领域中的多种应用角度。

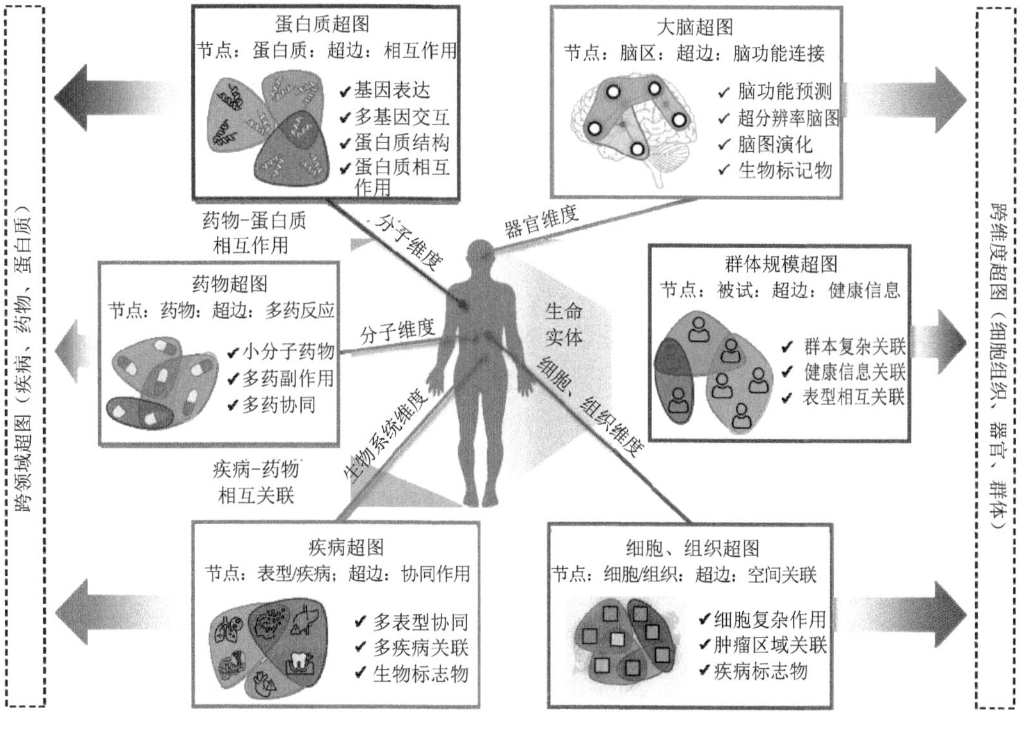

图 12.1　医学超图计算框架

（1）分子维度超图。超图计算可以将蛋白质和基因作为节点，蛋白质之间的复杂交互作为超边，建立高阶关联视角下的蛋白质互相作用网络，这对于探索蛋白质多对多的复杂关系以及研究疾病机理和生物过程具有重要意义。此外，在药物挖掘中，超图计算可以通过超边建模药物之间的复杂交互，实现多药协同、多药副作用以及小分子药物等任务。

（2）细胞、组织维度超图。超图计算可以在细胞、组织维度建模数十亿像素级别的病理图内部的高阶关联，从而更好地支持肿瘤良恶性诊断、存活预测和检索等任务。

（3）器官维度超图。超图计算可以将人体器官的不同区域作为节点，区域之间的复杂交互作为超边。例如，在脑网络建模等任务中，将不同的脑区作为节点，脑区之间的结构连接和功能连接作为超边，研究功能脑网络和结构脑网络的高阶关联分析，实现对脑疾病诊断、脑认知计算和脑发育等任务的分析。

（4）生物系统维度超图。超图计算可以在生物系统维度实现疾病诊断，通过建模多类型、多维度和多视图的数据（如疾病表型、人口统计学数据、影像学和基因组学等）之间的高阶关联，研究多表型协同、多疾病关联、生物标志物挖掘等关乎个体和群体健康的临床任务。

（5）群体维度超图。上述超图均为个体超图，研究内容为个体内部的复杂高阶关联。此外，超图计算可以将单个个体作为节点，个体之间的复杂关联作为超边，实现群体复杂交互、社群健康信息检测、疾病表型相互关联等任务，对于流行病的诊疗决策以及群体健康的准确检测具有重要意义。

（6）跨领域超图。除上述不同领域的超图计算方法，超图计算还可以实现跨领域的高阶关联分析。通过将药物、蛋白质和疾病作为节点，药物和蛋白质之间的相互作用、药物和疾病之间的相互关联作为超边，可以建立跨领域超图，从而实现高阶关联视角下的药物靶标发掘、疾病特异药物的研制等任务。

（7）跨维度超图。超图计算还可以实现“个体-群体”跨维度的高阶关联分析。详细内容可以参考第 4 章。在此范式下，个体维度的高阶关联（如单个被试的高阶脑功能网络）和群体维度的高阶关联（如个体之间功能脑网络的高阶关联）被集成到一个计算范式中，实现跨维度的医学任务分析。

本节将重点介绍超图计算在医学场景中的五种典型应用，包括计算机辅助诊断（computer-aided diagnosis，CAD）、脑影像分割、脑网络建模、存活预测和医学图像检索。在计算机辅助诊断方面，介绍了基于计算机断层扫描（computed tomography，CT）的新型冠状病毒肺炎（coronavirus disease 2019，COVID-19）辅助诊断 [1]，基于多类型核磁共振成像（magnetic resonance imaging，MRI）数据的轻度认知障碍（mild cognitive impairment，MCI）辅助诊断 [2]；在脑影像分割方面，介绍了基于分层超图学习的脑结构分割 [3]；在脑网络建模方面，介绍了基于动态超图学习的 MCI 诊断 [4]；在存活预测方面，介绍了基于单空间超图的存活预测 [5]、基于多空间超图的存活预测 [6] 以及基于跨维度超图的存活预测；在医学图像检索方面，介绍了基于超图的病理图检索 [7]。本节旨在通过这些医学领域超图计算的典型工作，系统介绍如何将超图计算应用在医学任务中，助力医学应用发展。

12.2　疾病辅助诊断

计算机辅助诊断的核心目标是为临床医生提供可参考的诊断结果，提高工作效率。随着人工智能技术的不断发展，计算机辅助诊断在多种疾病诊断任务中均取得了显著进展。然而，在临床应用中，计算机辅助诊断仍面临数据量不足、标注困难、数据噪声较多等诸多挑战。以基于影像的疾病辅助诊断为例，通常包括三个主要步骤：①图像预处理，包括增强图像信息、滤除背景、截取感兴趣区域等；②提取感兴趣区域的特征，如统计特征、形态特征、纹理特征、深度特征等；③建立诊断模型实现疾病预测。传统的辅助诊断方法对患者采集的医学图像（如全切片病理图）和医学数据内在蕴含的高阶关联进行建模和学习关注较少，同时患者之间的关联信息也很容易被忽略。在有效数据充足且标注准确的情况下，传统方法尚可以满足临床需求。然而，当有效数据量不足时，通常性能会受到较大限制。

超图计算为有效医学数据不足和关联复杂的疾病辅助诊断任务提供了新的解决思路，通过超图建模数据内在蕴含的复杂高阶关联，实现观测数据和高阶关联协同计算，从而突破医学数据不足的限制。例如，通过超图建模多个脑区之间的高阶功能连接可以更好地挖掘与脑疾病相关的生物标志物，建模病理图内部不同区域之间的拓扑和语义关联可以有效分析高阶关联视角下的肿瘤微环境。本节将介绍超图计算在疾病辅助诊断中的两个典型应用：基于 CT 图像的 COVID-19 辅助诊断①和基于多类 MRI 数据的 MCI 辅助诊断[2]。

12.2.1　基于 CT 图像的 COVID-19 辅助诊断

自 2019 年底开始，COVID-19 已成为全球范围内最严重的公共卫生问题之一。它由一种传染性极强的病毒引起，可诱发多器官衰竭和严重呼吸窘迫。除了 COVID-19，还有大量的其他肺炎类型，如社区获得性肺炎（community acquired pneumonia，CAP）等。因此，正确鉴别 COVID-19 与其他肺炎类型非常重要，这有助于及时准确地制定肺炎治疗方案。已有研究[8]通过分析非增强胸部 CT 的敏感性，证明识别 CT 中弥散性或局部磨砂玻璃影是一种可靠且高效的方法。具体而言，CT 中的双侧和周围磨砂玻璃影以及实变性肺部浑浊是 COVID-19 症状的典型特征，病情的严重程度随着症状发作时间的增长而加剧，表现为更大范围的肺部受累和更多线性浑浊，也就是所谓的“铺路石”模式和“反向光晕”征象②。然而，这些影像特征在 COVID-19 和社区获得性肺炎之间相似，给其鉴别诊断带来了困难。

为提高 COVID-19 诊断的准确率和效率，已有大量工作基于机器学习和深度学习方

① 在 COVID-19 感染的患者中，“铺路石”模式表现为肺部的线性和网格状间质增厚，这些线性阴影穿插在磨砂玻璃样的浑浊影中。这种模式在 CT 图像上的外观类似于不规则铺设的石板路，因此得名。

② 在医学影像学中，尤其是在描述 COVID-19 的胸部 CT 扫描时，“反向光晕”指的是一种特定的影像表现，表现为中心部位的正常肺组织被周围的环形浑浊或实变所包围，形成了一个类似环礁的外观。在 COVID-19 的情境中，这种“反向光晕”征象通常与病毒性肺炎有关，尤其是在疾病的中期阶段。

法展开研究[9]。然而，大多数研究的样本数量有限，且仅在单一中心数据上进行模型评估，无法评估其在未知中心数据上的泛化性。COVID-19 的精确诊断面临如下挑战：①由于数据是在紧急情况下进行采集的，采集设备及参数设置差异易导致数据噪声较大；②COVID-19 属于未知流行疾病，因此疑难病例多；③COVID-19 与其他肺炎在早期放射学表现相似，鉴别难度大。如何应对这些挑战是 COVID-19 辅助诊断方法成功应用的关键。本节介绍一种基于不确定性的超图学习框架，称为不确定性节点加权超图学习（uncertainty vertex-weighted hypergraph learning，UVHL）[1]，通过使用不同类型的 CT 图像特征来区分 COVID-19 和 CAP。这一框架的核心任务是探索不同 COVID-19 患者和 CAP 患者之间的潜在关系，并据此对未知病例进行预测。该方法采用节点加权超图结构来表达不同病例之间的数据相关性，其中不确定性分数测量模块用于生成两个指标，包括噪声数据的偶然不确定性和模型的认知不确定性。之后，UVHL 通过纳入观测数据的不确定性值来减轻来自低质量数据的干扰，并通过在隐表示空间中的分类模块自适应地分配注意力分数，实现对新病例的准确预测。

1. *方法描述*

本节介绍的方法的整体流程如图 12.2 所示，共包含三个模块：多类型特征提取模块、不确定性评分模块和节点不确定性超图建模与学习模块，接下来分别进行详细介绍。

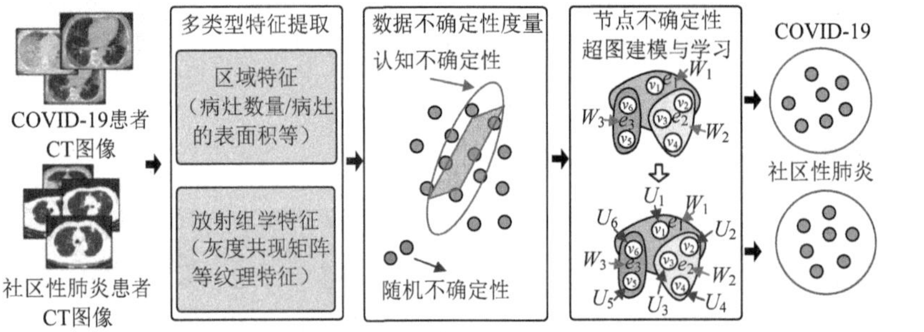

图 12.2（彩色）

图 12.2　不确定性节点加权超图学习方法示意图

（1）多类型特征提取。首先，本节介绍的方法在预处理阶段使用 VB-Net[10] 从患者的 CT 影像中提取区域特征和放射组学特征。这里选用的区域特征包括感染病灶的数量和病灶的表面积等，而放射组学特征则包括灰度共现矩阵等纹理特征。将这两种特征与患者的年龄和性别信息相结合，即可得到 CT 图像的特征表示。

（2）不确定性评分模块。如前所述，由于紧急情况下数据可能不稳定且嘈杂，数据质量受到影响。为克服这一挑战，识别学习过程中不同样本数据的可靠性至关重要。该方法通过对所有样本特征进行不确定性度量为其生成不确定性分数，主要分为偶然不确定性（aleatoric uncertainty）和认知不确定性（epistemic uncertainty）两类。前者是由于数据存在噪声而产生的，后者则是由于模型的预测不够准确，导致样本处于决策边界而产生的。

偶然不确定性的目标是使得估计分布 $P_\Theta(\boldsymbol{x}_i)$ 和真实分布 $P_D(\boldsymbol{x}_i)$ 的 Kullback-Leibler

散度最小化，估计参数表示如下：

$$\hat{\boldsymbol{\Theta}} = \underset{\Theta}{\operatorname{argmin}} \frac{1}{N} D_{\mathrm{KL}}\left(P_D\left(\boldsymbol{x}_i\right) \| P_\Theta\left(\boldsymbol{x}_i\right)\right) \tag{12.1}$$

因此，单个患者的损失函数可以表示为

$$L(\boldsymbol{\Theta}) = \frac{1}{N}\sum_{i}^{N}\left(\frac{1}{2}\exp\left(-\alpha_\Theta\left(\boldsymbol{x}_i\right)\right)\mathbb{CE}\left(\boldsymbol{y}_i, f_\Theta\left(\boldsymbol{x}_i\right)\right) + \frac{1}{2}\alpha_\Theta\left(\boldsymbol{x}_i\right)\right) \tag{12.2}$$

其中，$\alpha_\Theta\left(\boldsymbol{x}_i\right)$表示估计方差的对数；$\boldsymbol{y}_i$表示真实标签；$\mathbb{CE}(\cdot)$表示交叉熵；$f_\Theta(\cdot)$表示 Softmax 函数。因此，偶然不确定性的定义为$\boldsymbol{A}_\Theta\left(\boldsymbol{x}_i\right) = \exp\left(\alpha_\Theta\left(\boldsymbol{x}_i\right)\right)$。

认知不确定性指的是模型无法进行准确的预测。为了计算这一度量，本节介绍的方法使用了随机失活变分推理（dropout variation inference）方法，其定义如下：

$$E\left(f_{\hat{\Theta}}\left(\boldsymbol{x}_i\right)\right) \approx \frac{1}{K}\sum_{k=1}^{K} f_{\hat{\Theta}\left(\omega^k\right)}\left(\boldsymbol{x}_i\right)^{\mathrm{T}} f_{\hat{\Theta}\left(\omega^k\right)}\left(\boldsymbol{x}_i\right) - E\left(f_{\hat{\Theta}\left(\omega^k\right)}\left(\boldsymbol{x}_i\right)\right)^{\mathrm{T}} E\left(f_{\hat{\Theta}\left(\omega^k\right)}\left(\boldsymbol{x}_i\right)\right) \tag{12.3}$$

其中，ω表示随机变量的集合；k表示带有随机失活（dropout）的第k次试验。

因此，不确定性可以表示为$\mathcal{U}_{\hat{\Theta}}\left(\boldsymbol{x}_i\right) = \boldsymbol{A}_{\hat{\Theta}}\left(\boldsymbol{x}_i\right) + \boldsymbol{E}\left(f_{\hat{\Theta}}\left(\boldsymbol{x}_i\right)\right)$。经归一化操作后，最终的不确定性可以表示为

$$\boldsymbol{U}_i = \sigma\left(\lambda \frac{\mathcal{U}_{\hat{\Theta}}\left(\boldsymbol{x}_i\right) - \mu_e}{s_e}\right) \tag{12.4}$$

其中，μ_e和s_e分别表示$\mathcal{U}$的均值和标准差；σ表示输出值在 0～1 之间的 Sigmoid 函数。

（3）超图建模。在得到被试的不确定性表示之后，将进行超图建模来建立被试之间的高阶相关性，从而提高预测的准确率。如图 12.3 所示，本节将每个样本都视为超图中的一个节点，用区域特征和放射组学特征来构建超图。在特征空间中，分别以每个节点为中心，使用k-最近邻（k-Nearest Neighbors，k-NN）算法找到与它最近的k个节点，将它和这些节点用一个超边连接。

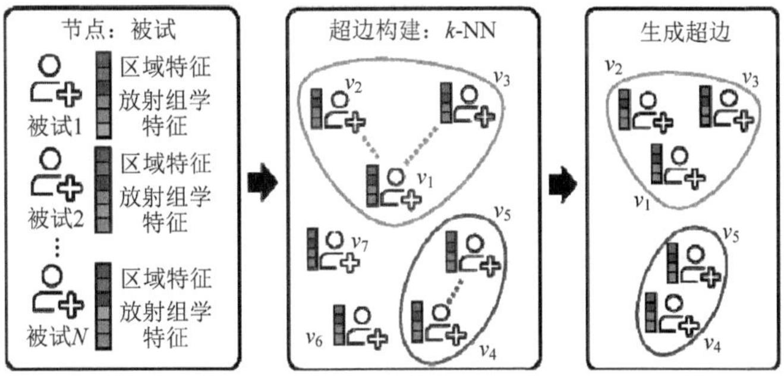

图 12.3　基于 CT 图像的 COVID-19 辅助诊断任务中的超图结构建模

与传统的超图相比，不确定性超图不仅需要考虑节点之间的邻接关系，还需要考虑节点的不确定性大小。不确定性超图$\mathcal{G} = \{\mathcal{V}, \mathcal{E}, \boldsymbol{W}, \boldsymbol{U}\}$的关联矩阵可以表示为

$$\boldsymbol{H}\left(v_j, e_i\right) = \begin{cases} \boldsymbol{U}_j & v_j \in e_i \\ 0 & \text{其他} \end{cases} \tag{12.5}$$

该超图结构量化了样本的不确定性，其优化目标可以表示为

$$\begin{cases}\mathcal{Q}_U(\boldsymbol{F})=\arg\min\limits_{\boldsymbol{F}}\left\{\Omega(\boldsymbol{F})+\lambda\mathcal{R}_{\text{emp}}(\boldsymbol{F})\right\}\\ \Omega(\boldsymbol{F},\mathcal{V},\boldsymbol{U},\mathcal{E},\boldsymbol{W})=\text{tr}\left(\boldsymbol{F}^{\text{T}}\left(\boldsymbol{U}^{\text{T}}-\boldsymbol{U}^{\text{T}}\boldsymbol{\Theta}_U\boldsymbol{U}\right)\boldsymbol{F}\right)\\ \mathcal{R}_{\text{emp}}(\boldsymbol{F},\boldsymbol{U})=\sum\limits_{k=1}^{K}\|\boldsymbol{F}(:,k)-\boldsymbol{Y}(:,k)\|^2\end{cases} \tag{12.6}$$

其中，$\Omega(\cdot)$ 表示正则函数；$\boldsymbol{F}(:,k)$ 表示 $\boldsymbol{F}$ 的第 k 列；$\mathcal{R}_{\text{emp}}(\cdot)$ 表示经验损失；$\boldsymbol{\Theta}_U=\boldsymbol{D}_v^{-1/2}\boldsymbol{HWD}_e^{-1}\boldsymbol{H}^{\text{T}}\boldsymbol{D}_v^{-1/2}$。

经验损失还可以写为

$$\mathcal{R}_{\text{emp}}(\boldsymbol{F},\boldsymbol{U})=\text{tr}\left(\boldsymbol{F}^{\text{T}}\boldsymbol{U}^{\text{T}}\boldsymbol{UF}+\boldsymbol{Y}^{\text{T}}\boldsymbol{U}^{\text{T}}\boldsymbol{UY}-2\boldsymbol{F}^{\text{T}}\boldsymbol{U}^{\text{T}}\boldsymbol{UY}\right) \tag{12.7}$$

其中，$\boldsymbol{F}\in\mathbb{R}^{n\times K}$ 为输出矩阵；K 代表类别数。$\boldsymbol{F}$ 可以表示为

$$\boldsymbol{F}=\lambda\left(\boldsymbol{U}^{\text{T}}-\boldsymbol{U}^{\text{T}}\boldsymbol{\Theta}_U\boldsymbol{U}+\lambda\boldsymbol{U}^{\text{T}}\boldsymbol{U}\right)^{-1}\boldsymbol{U}^{\text{T}}\boldsymbol{UY} \tag{12.8}$$

根据生成的标签矩阵 $\boldsymbol{F}\in\mathbb{R}^{n\times K}$（这里 K 设置为 2），新的样本可以被进一步分类为 COVID-19 或 CAP。

2. 实验结果与分析

（1）数据描述。本节介绍的方法在多中心数据集上得到了验证。该数据集采集自六家医院（包括上海交通大学附属瑞金医院、华中科技大学同济医院、吉林大学中日联谊医院、浙江大学第一附属医院、复旦大学上海公共卫生临床中心和四川大学华西医院），共包含 3330 张 CT 影像数据，其中 2148 张来自 COVID-19 患者，1182 张来自 CAP 患者。所有 COVID-19 病例均由 RT-PCR 确认，COVID-19 患者的 CT 影像采集于 2020 年 1 月 9 日至 2 月 14 日；CAP 患者的 CT 影像采集于 2018 年 7 月 30 日至 2020 年 2 月 22 日。使用的 CT 扫描仪包括联影、通用电气、东芝、西门子和日立的多款型号设备，扫描参数包括 120kV 电压和 0.625～2mm 的重建厚度。所有影像在分析前已去标识化，并且该研究已获得伦理审查委员会批准。在预处理阶段，利用深度学习网络 VB-Net 对 CT 影像进行精确分割，提取了包括肺部结构和感染病变在内的区域特征。每位患者的区域特征为 96 维，如直方图分布和病变灰度值；放射组学特征为 93 维，包括一阶强度统计和纹理特征。综合考虑年龄和性别信息，为每位患者构建了 191 维的综合特征向量。

（2）对比方法。本节介绍的方法与下列方法分别进行了性能对比。

- 支持向量机（support vector machine，SVM）[11]：一种非线性分类器，通过选择训练数据中的一部分作为支持向量来确定不同类别的边界；
- 多层感知器（multilayer perceptron，MLP）[12]：一种前馈人工神经网络，可用于执行二元分类，使用交叉熵作为损失函数；
- 归纳式超图学习（inductive hypergraph learning，iHL）[13]：该方法使用训练集中的特征进行超图建模，在测试集中进行评估；
- 转导式超图学习（transductive hypergraph learning，tHL）[14]：该方法使用训练数据和测试数据的特征进行超图构建，属于常用的半监督学习方法。

（3）评价指标。本节所有实验采用的评估指标包括平均准确率（average accuracy，

ACC）、敏感性（sensitivity，SEN）、特异性（specificity，SPEC）、平衡精度（balanced accuracy，BAC）、阳性预测值（positive predictive value，PPV）和阴性预测值（negative predictive value，NPV）。

（4）对比实验结果分析。实验结果如图 12.4 所示，由图可知，UVHL 方法在所有指标中均取得了最优的性能。其中，与 SVM 和 MLP 相比，UVHL 在准确率方面分别提高了 6.79%和 6.03%，表明基于超图的方法可以有效地实现肺炎辅助诊断任务。与其他基于超图的方法相比（如 iHL[13] 和 tHL[14]），UVHL 在准确率方面分别取得了 5.47%和 3.82%的提升，表明在 UVHL 中所采用的不确定节点加权超图学习方法可以有效提升现有超图学习方法的分类性能。除了更高的敏感性外，UVHL 方法在特异性值上也高于其他方法，表明其不仅能精确鉴别 COVID-19 患者，还能有效排除 CAP 患者，在临床实践中可以帮助医生有效降低漏诊率和误诊率。

（5）少量标签样本下的实验分析。由于大规模标记的 COVID-19 数据成本高昂，且在紧急情况下不易采集，因此这些方法在极少量标记数据下的表现是一个重要问题。本节进一步研究了在少量标记数据下不同算法的性能对比，这里将 COVID-19 和 CAP 的标记数据分别设置从 10 到 100。在这些实验中，每个类别选取 100 个样本作为验证数据。训练数据选择过程重复 10 次，计算平均预测准确率以进行比较。实验结果如图 12.5 所示。在给定非常少量标记数据的所有设置中，SVM 表现较差，而基于超图的系列方法表现最佳。此外，还可以观察到 UVHL 在仅有少量标记数据时也能实现非常稳定的预测准确性，这证明了本节介绍的方法在少量标记样本数据情况下的有效性。

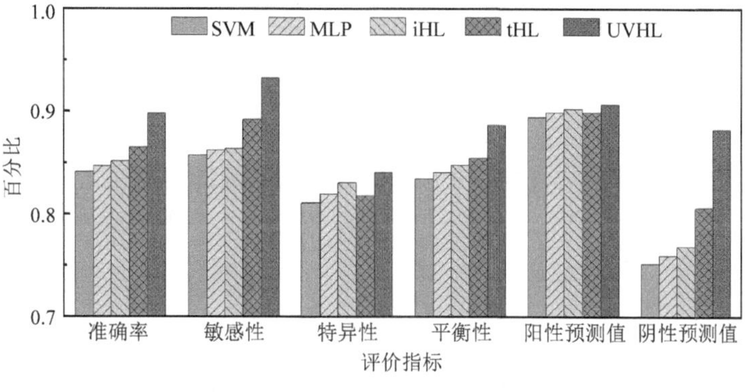

图 12.4　对比算法在肺炎数据集上的预测准确率

图 12.5（彩色）

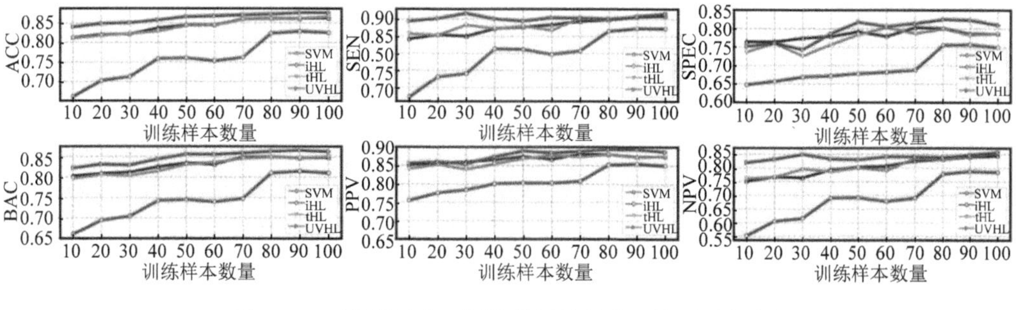

图 12.5　对比算法在不同数量训练样本下的预测准确率

12.2.2 基于多类 MRI 数据的 MCI 辅助诊断

阿尔茨海默病（Alzheimer's disease，AD）是 65 岁以上老年人群中最常见的痴呆类型。当前，世界上 AD 患者的数量已达到 2660 万，并且根据预测，这个数字在未来 20 年内还会再翻一番，即平均 85 个人中就有一位 AD 患者。因此，在 AD 的早期阶段进行诊断至关重要，即轻度认知障碍（mild cognitive impairment，MCI）阶段。近年来，这一领域吸引了广泛的研究兴趣。早期研究发现，在临床表现为 AD 之前，大脑的结构和功能可能已经开始发生变化，这些变化可作为识别 MCI 的潜在生物标志物。近期研究显示，融合多种模态的数据，如 MRI、正电子发射断层扫描（positron emission tomography，PET）和脑脊液（cerebrospinal fluid，CSF），可显著提高 AD 和 MCI 诊断的准确性。此外，也有研究提出基于多模态数据的半监督学习方法用于 AD 和 MCI 的诊断。然而，大多数现有研究都是分别针对每种模态进行分析，忽略了不同模态之间至关重要的互信息，如何将这些模态的信息进行有效整合仍是一项挑战。另外，多种 MRI 序列，如 T1 加权成像（T1-weighted image，T1）、弥散张量成像（diffusion tensor imaging，DTI）和静息态功能性 MRI（resting state functional MRI，RS-fMRI）在临床常规扫描中被用来捕捉大脑结构和功能的不同方面。例如，T1 提供大脑组织类型信息，DTI 测量神经系统组织的宏观轴突组织，而 RS-fMRI 则展示了在无特定任务状态下大脑区域之间的交互作用。此外，动脉自旋标记（arterial spin labeling，ASL）灌注成像作为一种较新的技术无须注射任何造影剂即可测量脑灌注。在 MCI 和 AD 患者中，后扣带回皮层的基础灌注明显减少。

本节介绍一种中心化超图学习方法（centralized hypergraph learning，CHL）[2]，旨在利用多类 MRI 数据更准确地建模个体之间的关系，从而提升 MCI 的诊断性能。该方法的核心思想是通过半监督方式整合多种成像数据的信息，估计不同个体之间的相似度，从而判断两个个体是否属于同一类别。接着，通过构建超图结构来表示个体之间的复杂高阶关联。在构建过程中，每次选取一个个体作为质心，并通过超边将其与特征空间中的 k 个最近个体连接起来。

1. *方法描述*

图 12.6 描述了该方法的整体流程，主要包括中心化超图建模和多模态中心化超图学习两个阶段。

（1）中心化超图建模。本研究采用了 MCI 患者和正常对照组的多模态核磁数据作为观测数据。对于每种数据模态，分别构建超图 $\mathcal{G}_i=\{\mathcal{V}_i,\mathcal{E}_i,\boldsymbol{W}_i\}$，$i$ 表示不同模态。如图 12.7 所示，在超图构建过程中，将个体视为节点，再分别以每个节点为中心，使用星拓展方法建立超边。具体而言，给定中心节点及其与其他节点在特征空间中距离，选择特征距离小于 $\varphi\bar{d}$ 的节点作为一个超边，其中 φ 为超参数，$\bar{d}$ 代表中心节点至特征空间其他点的平均距离。星拓展方法通过对超图结构的有效利用，能够对多模态数据中的复杂关系进行分析和学习。以星拓展方式构建的超图的邻接矩阵 $\boldsymbol{H}_i$ 可以表示为

$$\boldsymbol{H}_i(v,e)=\begin{cases}\exp\left(-\dfrac{d_i(v,v_c)}{0.1\overline{d}_i}\right) & v\in e\\ 0 & \text{其他}\end{cases} \tag{12.9}$$

其中，$d_i(v,v_c)$ 表示 v 到中心节点 v_c 之间的距离；$\overline{d}_i$ 表示第 i 模态特征空间中节点之间的平均距离。需要注意的是，超边权重 $\boldsymbol{W}_i$ 的初始值均设置为 1。

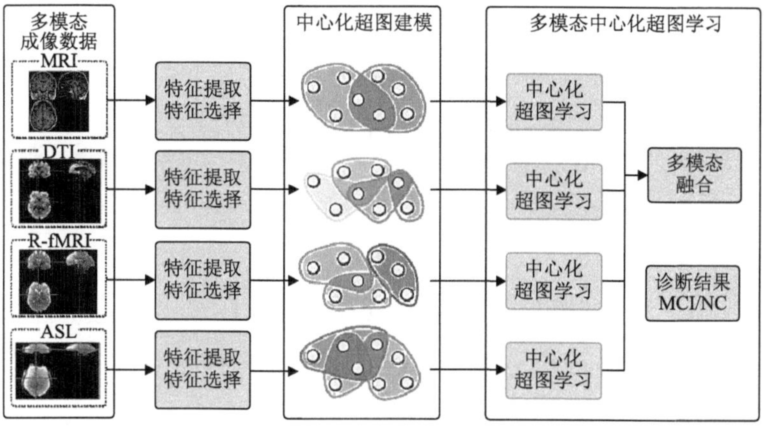

图 12.6　基于多类型 MRI 数据的 MCI 辅助诊断方法示意图

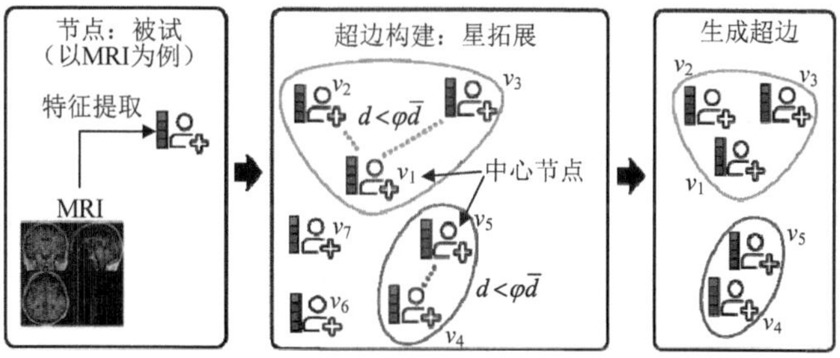

图 12.7　本节介绍方法的超图建模示意图

（2）多模态中心化超图学习。MCI 辅助诊断的过程可视为利用多模态数据进行的中心化超图学习的二分类任务。如图 12.6 所示，本节介绍的方法分别从四种模态的数据中构建了四个超图。在每一步中，选取一个超图作为中心超图，其他超图则作为补充输入，以更新中心超图。这里令 $\boldsymbol{H}_j$ 为中心超图，则节点之间关联性的学习可以通过优化以下问题实现：

$$\begin{cases}\underset{\boldsymbol{F}_j,\boldsymbol{W}_i}{\arg\min}\left\{\Omega_j^c(\boldsymbol{F}_j)+\lambda\mathcal{R}_{\text{emp}}(\boldsymbol{F}_j)+\mu\sum_i\sum_{e\in\mathcal{E}_i}\boldsymbol{W}_i(e)^2\right\}\\ \text{s.t.}\boldsymbol{H}_i\text{diag}(\boldsymbol{W}_i)=\text{diag}(\boldsymbol{D}_i^v),\text{diag}(\boldsymbol{W}_i)\geqslant 0\end{cases} \tag{12.10}$$

其中，$\Omega_j^c(\boldsymbol{F}_j)$ 为正则化项，用于平滑节点之间的关联性；$\mathcal{R}_{\text{emp}}$ 代表经验误差；$\sum_i\sum_{e\in\mathcal{E}_i}\boldsymbol{W}_i(e)^2$ 为 ℓ_2-范数正则化项；$\boldsymbol{D}_i^v$ 为度数矩阵。通过为中心超图和其他超图分别指定不同的权重 α_1、α_2，上述正则化项可以表达为

$$\Omega_j^c\left(\boldsymbol{F}_j\right)=\alpha_1\Omega_j\left(\boldsymbol{F}_j\right)+\sum_{i\neq j}\Omega_j\left(\boldsymbol{F}_i\right) \tag{12.11}$$

其中，$\Omega_j\left(\boldsymbol{F}_j\right)=\boldsymbol{F}_j^{\mathrm{T}}\left(\boldsymbol{I}-\boldsymbol{\Theta}_i\right)\boldsymbol{F}_j$，且$\boldsymbol{\Theta}_i=\boldsymbol{D}_v^{-1/2}\boldsymbol{H}\boldsymbol{W}\boldsymbol{D}_e^{-1}\boldsymbol{H}^{\mathrm{T}}\boldsymbol{D}_v^{-1/2}$。因此，正则化项可重写为$\Omega_j^c\left(\boldsymbol{F}_j\right)=\boldsymbol{F}_j^{\mathrm{T}}\left(\boldsymbol{\Delta}_j^c\right)\boldsymbol{F}_j$，其中$\boldsymbol{\Delta}_j^c=\boldsymbol{I}-\left(\alpha_1\boldsymbol{\Theta}_j+\alpha_2\sum_{i\neq j}\boldsymbol{\Theta}_i\right)$。

优化问题（12.10）的求解可以分为两个步骤。首先，对于给定的边权值矩阵$\boldsymbol{W}_i$，优化相关矩阵$\boldsymbol{F}_j$：

$$\arg\min_{\boldsymbol{F}_j}\left\{\Omega_j^c\left(\boldsymbol{F}_j\right)+\lambda\mathcal{R}_{\mathrm{emp}}\left(\boldsymbol{F}_j\right)\right\} \tag{12.12}$$

该优化问题的闭式解为$\boldsymbol{F}_j=\dfrac{\lambda}{1+\lambda}\left(\boldsymbol{I}-\dfrac{1}{1+\lambda}\left(\alpha_1\boldsymbol{\Theta}_j+\alpha_2\sum_{i\neq j}\boldsymbol{\Theta}_i\right)\right)^{-1}\boldsymbol{Y}$。随后，对于给定的相关矩阵$\boldsymbol{F}_j$，优化边权值矩阵$\boldsymbol{W}_i$：

$$\begin{cases}\arg\min\limits_{\boldsymbol{W}_i}\left\{\Omega_j^c\left(\boldsymbol{F}_j\right)+\mu\sum\limits_i\sum\limits_{e\in\mathcal{E}_i}\boldsymbol{W}_i(e)^2\right\}\\ \text{s.t.}\boldsymbol{H}_i\operatorname{diag}\left(\boldsymbol{W}_i\right)=\operatorname{diag}\left(\boldsymbol{D}_i^v\right),\operatorname{diag}\left(\boldsymbol{W}_i\right)\geqslant 0\end{cases} \tag{12.13}$$

上述优化问题可以通过二次规划解决。

为了更好地从多种模态核磁数据中聚合信息，可以为每一个中心化超图指定权重，以最小化超图拉普拉斯矩阵，这样上述过程可以表示为

$$\begin{cases}\arg\min\limits_{\rho_i}\left\{\sum\rho_i\Omega_i^c\left(\boldsymbol{F}_i\right)+\eta\sum\rho_i^2\right\}\\ \text{s.t.}\sum\rho_i=1\end{cases} \tag{12.14}$$

其中，ρ_i表示第i个中心化超图的权重；η表示超图拉普拉斯矩阵ℓ_2-范数正则化的惩罚因子。最终的相关矩阵$\boldsymbol{F}=\sum\rho_i\boldsymbol{F}_i$由中心化超图的权重决定，与之匹配的值可以用于分类样本。

2. 实验结果和分析

（1）数据描述。本节介绍的方法在日内瓦大学医院采集的 MRI 数据集上进行了验证，该数据集共包括 104 例被试，其中包括 41 位 MCI 患者和 63 位正常对照。每一位被试采集的 MRI 数据包括 T1 加权 MRI、扩散加权成像（diffusion weighted imaging，DWI）、RS-fMRI 和 ASL 四种模态。预处理阶段预先定义了 90 个感兴趣区域（region-of-interest，ROI），对每个 ROI 提取一维或若干维的特征，再将其进行组合，作为该模态数据的特征表示。

（2）对比方法。本节介绍的方法与下列方法分别进行了性能对比。

- 多模态多任务学习（multimodal multitask learning，M3T）方法[15]：该方法利用多种成像数据进行 MCI 分类，通过综合多种模态的信息来提高分类的准确性；
- 流形正则化多任务特征学习（manifold regularized multitask feature learning，M2TFS）方法[16]：另一种基于半监督的 MCI 分类方法，通过引入流形正则化来优化特征学习，从而提高对 MCI 的识别效果。

此外，本节介绍的方法还与中心化超图学习的简化版本做了对比。

- 中心化图学习（centralized simple graph learning，CSL）：与本节介绍的方法不同，该方法只使用简单图而非超图，旨在通过构建简单的图结构来学习和分析数据之间的关系；
- 多超图学习（multi-hypergraph learning，MHL）：不采用中心化学习的多超图学习方法，通过构建多个超图来捕捉数据之间复杂的高阶关系，但不涉及中心化的优化过程。

（3）评估指标。本节所有实验采用的评估指标包括平均准确率（average accuracy，ACC）、敏感性（sensitivity，SEN）、特异性（specificity，SPEC）、阳性预测值（positive predictive value，PPV）和阴性预测值（negative predictive value，NPV）。

（4）对比实验结果分析。如图 12.8 所示，本节介绍的 CHL 方法在所有评估指标上均取得了最佳性能。CHL 通过结合四种模态的图像数据，在分类准确率上相比 M3T 提升了 8.65%，与 M2TFS 相比提升了 7.61%。性能提升可归因于以下几个方面：首先，CHL 采用半监督学习模式，相较于之前提及的方法，使用了更多无标注样本，有效降低过拟合风险；其次，与传统图结构相比，超图结构在建模样本之间的相关性方面更为有效，如实验结果所示，CHL 在分类准确率上相较于 CSL 提升了 5.10%；最后，CHL 在中心化学习过程中，利用其他超图辅助中心超图更新参数，有助于深入挖掘样本之间的潜在关联性。

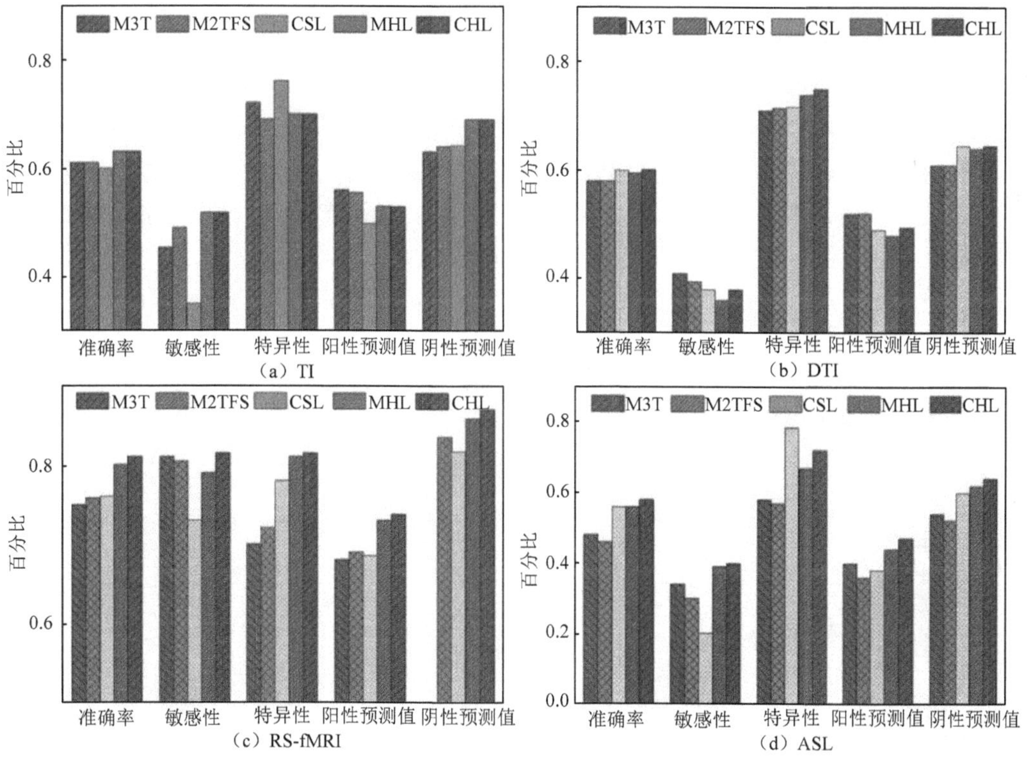

图 12.8　不同类型成像数据的 MCI 诊断结果

12.3 脑网络建模

自闭症谱系障碍（autism spectrum disorder，ASD）是一种日益普遍的异质性神经发育疾病，其特征在于社会交流的缺失以及行为和兴趣上的限制性、重复性和刻板模式。对 ASD 的早期诊断和治疗可以有效帮助患者在专业指导下学习新技能，具有重要的社会价值。目前，ASD 的诊断主要依赖于经验丰富的医生和专业人员的综合评估。越来越多的证据表明，ASD 与大脑在解剖结构和功能组织上的异常有关。功能性磁共振成像（functional magnetic resonance imaging，fMRI）已被广泛用于研究 ASD 的非典型脑连接性，有效提高了其诊断的性能。既往研究主要关注静态功能脑网络连接，忽略了对脑功能连接动态属性的应用。为了解决这个问题，可通过将大脑描述为在整个静息状态扫描过程中的时变动态功能网络（dynamic functional connection，dFC）[17]来更准确地捕捉大脑功能连接的时间动态变化。

近年来，图模型已经被成功应用于 ASD 诊断任务中。在这些研究中，每位受试者的脑网络被建模为一个图结构，其中所有图具有相同的结构框架，但各自的节点（不同脑区）信号各不相同[18]。然而，这类基于图的模型主要考虑了受试者之间的成对关系，忽视了两名以上受试者之间的高阶关系。此外，这些方法多数基于静态图结构，可能无法准确地刻画大脑网络随时间的动态变化，从而影响诊断性能。

本节主要介绍一种用于 ASD 诊断的多模态动态超图学习方法[19]。该方法结合了 sFC 和 dFC 的信息，以建模受试者之间的复杂相关性。这项研究在一个包括 91 位 ASD 儿童和 76 位健康儿童的数据集进行实验验证，涵盖了静态功能连接和动态功能连接的数据。实验将每位参与者的完整时间序列数据细分成多个子序列，以便在子序列层面上分析其动态特性。接着，采用 Lasso 算法为每个子序列提取出两类特征，分别对应于静态和动态模式。

1. *方法描述*

如图 12.9 所示，本节介绍的方法分为三个阶段，即预处理特征的选择、超图构建和利用动态超图学习进行识别。

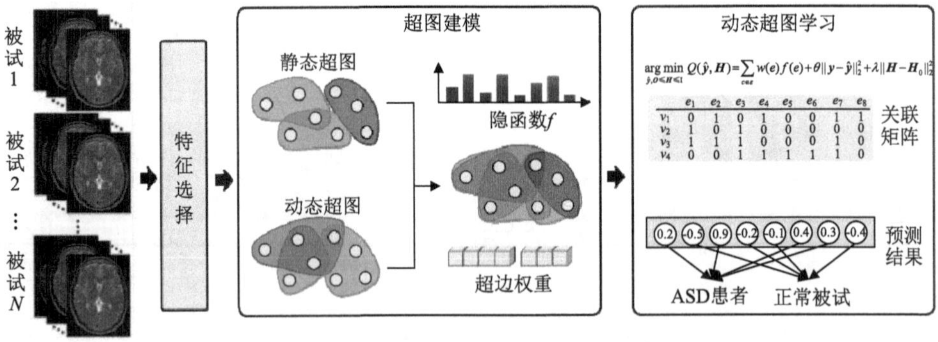

图 12.9　基于动态超图学习的脑网络建模方法示意图

（1）特征选择。在进行超图构建之前，需要对数据进行预处理提取其图像特征。令 $\overline{z}_i^j$ 表示来自被试 i 中子序列 j 的 dFC 特征向量。将 ASD 患者和健康对照组分别设置为训练集和测试集，并采用 Lasso 算法对每个个体进行特征选择。给定训练集 $\mathcal{P}$，回归模型可表示为

$$\underset{\beta_0,\beta}{\arg\min}\left(\frac{1}{2\tau'|\mathcal{P}|}\sum_{i\in\mathcal{P}}\sum_{j=1}^{\tau'}\left(y_i-\beta_0-\beta^{\mathrm{T}}\overline{z}_i^j\right)^2+\mu|\beta|_1\right) \tag{12.15}$$

其中，$\tau'=\tau/n$ 是子序列的长度；y_i 代表受试者的标签；β 是回归系数；μ 代表权衡超参数。在此过程中，系数为零的特征将被舍弃，剩余的特征表示为 z_i^j。

对于静态模态，同样通过 Lasso 从被试 i 的 sFC 中提取特征。具体而言，被试 i 的 sFC 特征向量表示为 $\overline{\boldsymbol{x}}_i$。Lasso 模型用于在训练集 $\mathcal{P}$ 上选择 sFC 特征，可以表示为

$$\underset{\gamma_0,\gamma}{\arg\min}\left(\frac{1}{2|\mathcal{P}|}\sum_{i\in\mathcal{P}}\left(y_i-\gamma_0-\gamma^{\mathrm{T}}\overline{\boldsymbol{x}}_i\right)^2+\eta|\gamma|_1\right) \tag{12.16}$$

其中，y_i 代表受试者的标签；γ 是回归系数；η 代表权衡超参数。在 sFC 选择算子中，非零系数的特征选择与 dFC 类似，用 $\boldsymbol{x}_i$ 表示。

（2）超图建模。如图 12.10 所示，dFC 子超图 $\mathcal{G}_1=(\mathcal{V},\mathcal{E}_1)$ 和 sFC 子超图 $\mathcal{G}_2=(\mathcal{V},\mathcal{E}_2)$ 的每个节点代表一个受试者的子序列。将这些子序列结合，构建超图 $\mathcal{G}=(\mathcal{V},\mathcal{E})$，即 $\mathcal{E}=\mathcal{E}_1\cup\mathcal{E}_2$。

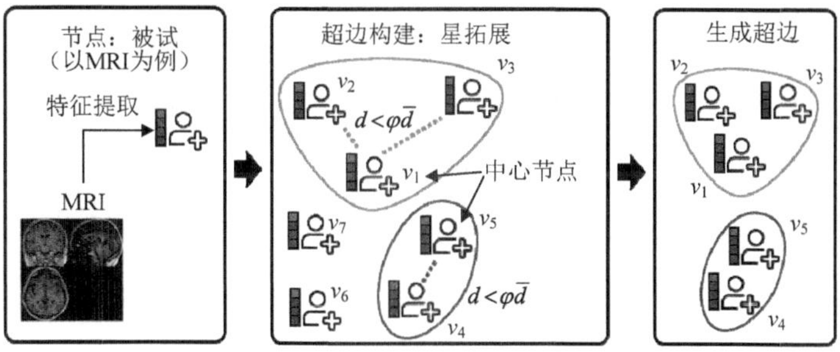

图 12.10　ASD 辅助诊断任务中的超图结构建模

由于 sFC 特征是个体级别的，sFC 子序列的特征继承了受试者的静态模态，即 $\boldsymbol{x}_i^j=\boldsymbol{x}_i$。每个子超图中的每个节点都被视为中心节点，并使用 k-NN 算法连接 k 个邻居（$k=2n,3n,\cdots,k_{\max}n$）以创建 $k_{\max}$ 个超边。生成两个子超图后，超图作为两个子超图的并集，其关联矩阵表示为

$$\boldsymbol{H}(v,e)=\begin{cases}1 & v\in e\\0 & \text{其他}\end{cases} \tag{12.17}$$

（3）多模态动态超图学习。令 y_v 表示节点 v 的标签，对于有标签数据，当子序列属于 ASD 时，则 $y_v=1$；否则 $y_v=-1$。对于无标签数据，$y_v=0$。为了预测这些标签，需要在超图结构上进行学习以优化标签矩阵和超图结构。首先定义超边 e 的势函数为

$$f(e)=\sum_{u,v\in\mathcal{V}}\frac{\boldsymbol{H}(u,e)\boldsymbol{H}(v,e)g(u,v)}{(a+\alpha_1+\alpha_2)\delta(e)} \tag{12.18}$$

其中，

$$g(u,v)=\left\|\frac{\hat{y}_u}{\sqrt{d(u)}}-\frac{\hat{y}_v}{\sqrt{d(v)}}\right\|_2^2+\alpha_1\left\|\frac{x_u}{\sqrt{d(u)}}-\frac{\boldsymbol{x}_v}{\sqrt{d(v)}}\right\|_2^2+\alpha_2\left\|\frac{\boldsymbol{Z}_u}{\sqrt{d(u)}}-\frac{\boldsymbol{Z}_v}{\sqrt{d(v)}}\right\|_2^2 \tag{12.19}$$

其中，$\delta(e)$代表超边e的度数；$\hat{y}_u$、$\hat{y}_v$分别代表$\boldsymbol{u}$、v的待学习标签；α_1、α_2是平衡目标函数各项权重的超参数。动态超图学习目标函数可以表示为

$$L(\hat{\boldsymbol{y}},H)=\sum_{e\in\mathcal{E}}\omega(e)f(e)+\theta\|y-\hat{\boldsymbol{y}}\|_2^2+\lambda\|\boldsymbol{H}-\boldsymbol{H}_0\|_2^2 \tag{12.20}$$

其中，$\omega(e)$代表超边的权重；$\boldsymbol{H}_0$代表初始超图；θ和λ分别是权衡超参数。目标函数分为三项，其中第一项是基于超图的损失函数，后面两项是$\hat{\boldsymbol{y}}$和$\boldsymbol{H}$的经验损失。式（12.20）的优化可以分为两个阶段。首先，固定$\boldsymbol{H}$，优化待学习标签$\hat{\boldsymbol{y}}$。该问题的闭式解如下：

$$\hat{\boldsymbol{y}}=\left(\boldsymbol{I}+\frac{1}{\theta(1+\alpha_1+\alpha_2)\boldsymbol{\Delta}}\right)^{-1}y \tag{12.21}$$

其中，$\boldsymbol{\Delta}=\boldsymbol{I}-\boldsymbol{D}_v^{-1/2}\boldsymbol{HWD}_e^{-1}\boldsymbol{H}^{\mathrm{T}}\boldsymbol{D}_v^{-1/2}$，$\boldsymbol{I}$、$\boldsymbol{D}_v$、$\boldsymbol{D}_e$分别代表单位矩阵、节点度对角矩阵和超边度对角矩阵。接下来，固定$\hat{\boldsymbol{y}}$，优化$\boldsymbol{H}$，如下所示：

$$L(H)=\mathrm{tr}\left(\left(\boldsymbol{I}-\boldsymbol{D}_v^{-1/2}\boldsymbol{HWD}_e^{-1}\boldsymbol{H}^{\mathrm{T}}\boldsymbol{D}_v^{-1/2}\right)\boldsymbol{K}\right)+\lambda\|\boldsymbol{H}-\boldsymbol{H}_0\|_2^2 \tag{12.22}$$

其中，$\boldsymbol{K}=(\hat{\boldsymbol{y}}\hat{\boldsymbol{y}}^{\mathrm{T}}+\alpha_1\boldsymbol{xx}^{\mathrm{T}}+\alpha_2\boldsymbol{ZZ}^{\mathrm{T}})/(1+\alpha_1+\alpha_2)$，该优化问题使用投影梯度法进行求解，通过迭代过程完成：

$$\begin{cases}\boldsymbol{H}_{k+1}=\boldsymbol{P}\left[\boldsymbol{H}_k-h_k\nabla\mathcal{L}(\boldsymbol{H}_k)\right]\\ \nabla\mathcal{L}(\boldsymbol{H})=2\lambda(\boldsymbol{H}-\boldsymbol{H}_0)+\boldsymbol{J}\left(\boldsymbol{I}\otimes\boldsymbol{H}^{\mathrm{T}}\boldsymbol{D}_v^{-1/2}\boldsymbol{KD}_v^{-1/2}\boldsymbol{H}\right)\boldsymbol{WD}_e^{-2}\\ \qquad+\boldsymbol{D}_e^{-3/2}\boldsymbol{HWD}_e^{-1}\boldsymbol{H}^{\mathrm{T}}\boldsymbol{D}_v^{-1/2}\boldsymbol{KJW}-2\boldsymbol{D}_v^{-1/2}\boldsymbol{KD}_v^{-1/2}\boldsymbol{HWD}_e^{-1}\end{cases} \tag{12.23}$$

其中，$\boldsymbol{J}=11^{\mathrm{T}}$；$h_k$代表第$k$次迭代的优化步长；$\boldsymbol{P}$表示在集合$\{\boldsymbol{H}|0\leqslant\boldsymbol{H}\leqslant1\}$上的投影。当迭代过程收敛时，对其子序列的标签进行聚合，预测的结果是聚合后得分最高的类别。

2. 实验结果和分析

（1）数据描述。本节介绍的方法在深圳儿童医院收集的 ASD 数据集上进行了分析验证。该数据集涵盖了 233 名年龄介于 2～8 岁的儿童，包括 121 名 ASD 诊断患儿和 112 名健康参与者。所有参与者的数据均在睡眠状态下，通过西门子 Skyra 3.0T MRI 扫描仪采集。高分辨率结构性 T1 加权成像的参数设定为重复时间$(\mathrm{TR})=2300\mathrm{ms}$，回波时间$(\mathrm{TE})=2.26\mathrm{ms}$，视野(FOV)=256mm×256mm，采集矩阵=256×256，翻转角度$=8°$，共获得 176 层切片，每层切片厚度为1mm。功能性磁共振成像（fMRI）的扫描参数包括TR=2000ms，TE=30ms，FOV=230mm×230mm，采集矩阵=64×64，翻转角度$=90°$，共 35 层切片，切片厚度为 3.6mm，间隔 0.72mm。由于左撇子、MRI 扫描失败、过度头动、空间标准化质量不佳、有精神疾病家族史、存在当前癫痫诊断、地中海贫血、囊肿或脑白质疏松等因素，共 66 名儿童（包括 30 名 ASD 患儿和 36 名健康儿童）被排除。因

此，最终有 91 名 ASD 患儿和 76 名健康参与者的数据被纳入分析。本研究采用 SPM12 和 Gretna 工具对 fMRI 数据进行预处理，包括以下步骤：首先执行时序校正，以消除因扫描切片时间差异造成的影响；随后进行刚性变换以校正头部运动；将每个受试者的功能性图像配准到标准 MNI 空间；采用 6mmFWHM 的高斯核进行空间平滑处理；执行时间序列的去趋势处理，并通过带通滤波（0.01～0.1Hz 排除非特定频段的信号，同时回归掉白质和脑脊液信号及头动引起的干扰；最后，应用 0.5 的帧间位移阈值来清洗数据。利用 Gretna 和滑动窗口算法，本节介绍的方法为每位受试者计算了基于 AAL 模板 116 个脑区的整体静态功能连接（static functional connectivity，sFC）和动态功能连接（dynamic functional connectivity，dFC）矩阵。滑动窗口的大小设定为 50，步长为 2，最终生成每位参与者的 116×116sFC 矩阵和 116×116×96 的 dFC 序列。

（2）对比方法。本节介绍的方法分别与下列方法进行了性能对比。

- Lasso：使用 dFC 和 sFC 信息分别训练式（12.15）和式（12.16）中的 Lasso 模型后，通过如下公式直接计算获得分类结果：

$$\hat{y}_i^{\mathrm{dFC}} = \mathrm{Sgn}\left(\sum_j \beta \bar{\boldsymbol{z}}_i^j\right), \hat{y}_i^{\mathrm{sFC}} = \mathrm{Sgn}\left(\gamma \bar{\boldsymbol{x}}_i\right) \tag{12.24}$$

- 随机森林（random forest，RF）：实验首先使用 Lasso 模型选择 sFC/dFC 特征，然后使用随机森林模型作为分类器。随机森林模型中通过对训练集进行 10 折交叉验证来选择超参数。
- 图卷积网络[18]：实验在使用 Lasso 模型完成特征选择阶段后，将 sFC/dFC 特征输入双层图卷积网络，并输出分类结果。

（3）评估指标。本节所有实验采用的评估指标包括平均准确率、敏感性、特异性、平衡精度、阳性预测值和阴性预测值。

（4）单模态与多模态的实验结果分析。实验结果如图 12.11 所示，本节介绍的 DHL 方法在大多数情况下的性能均优于 Lasso、RF 和 GCN，表明了 DHL 方法的先进性。特别是在利用 sFC 特征时，与 Lasso 相比，DHL 在准确率、敏感性、特异性、平衡精度、阳性预测值和阴性预测值上的性能提升分别为 6.75%、9.15%、3.37%、6.49%、4.18%和 10.48%。

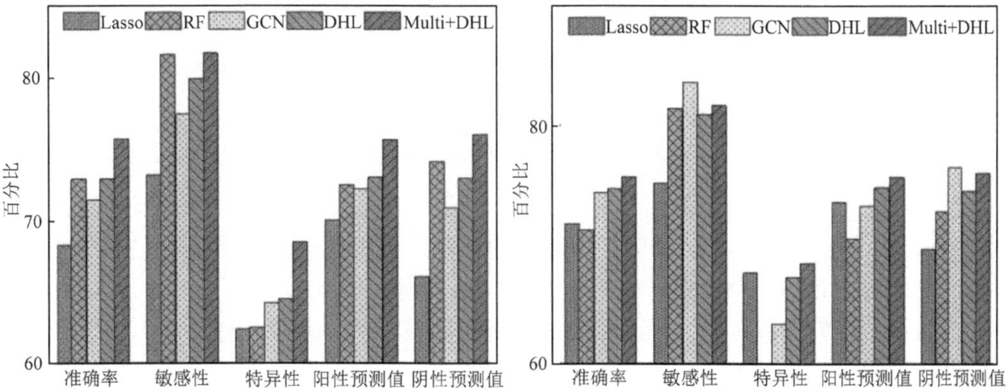

（a）使用sFC模态的对比实验结果　（b）使用dFC模态的对比实验结果

图 12.11　基于脑功能网络的 ASD 诊断实验结果

值得注意的是，尽管该研究中的数据并不存在严重的类别不平衡问题，但 RF 方法在敏感性和特异性上的结果仍相对不均衡。相较于 RF，当使用 dFC 特征时，DHL 在准确率上实现了 4.87%的提升。此外，DHL 的错误率分别比使用 sFC 和 dFC 模态的 GCN 低 5.01%和 1.17%，这表明针对高阶关联的挖掘能够取得相对于成对关联的重要性。此外，在 dFC+GCN 与 dFC+DHL 的对比中，dFC+GCN 在特异性上低于 dFC+DHL 6.24%，而在敏感性上高出 3.29%，说明 GCN 对于不平衡数据更为敏感。本节介绍的多模态动态超图学习方法（Multi+DHL）在所有评估指标上始终达到最高或第二高的性能，表明利用多模态 FC 可以更可靠地识别 ASD 样本，基于多模态 FC 的方法明显优于仅使用 sFC 或 dFC 的方法。例如，与 sFC+DHL 和 dFC+DHL 相比，Multi+DHL 在 ACC 上的改进分别为 3.79%和 1.29%。图 12.11 还表明基于 dFC 的方法在大多数情况下优于基于 sFC 的方法。仅使用 Lasso 时，dFC 在 ACC 上相比 sFC 提升了 5.1%。对于 DHL 来说，dFC 的分类准确率比 sFC 高 2.47%。

在本研究中，通过分析 Lasso 回归中学习到的回归系数 β，图 12.12 中展示了与平均值和方差值相关的重要动态功能连接。这些结果揭示了最具辨别力的脑区连接，包括左右尾状核之间、左右额上回之间、右后扣带回与颞中回之间的连接。这表明这些脑连接可能是 ASD 的潜在有用生物标志物。这些发现与以往在 ASD 患者中观察到的类似异常功能连接模式的研究结果一致。

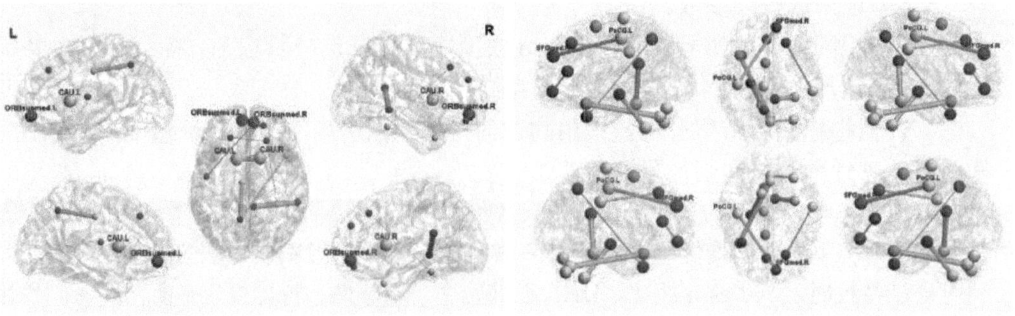

（a）时间平均值对 ASD 诊断的重要关联　　（b）时间方差对 ASD 诊断的重要关联

图 12.12　与平均值和方差值相关的重要动态功能连接

12.4　脑影像分割

医学图像分割是一项基础性的重要任务。以脑影像分割为例，准确分割磁共振成像（magnetic resonance imaging，MRI）中的解剖大脑结构在多种应用中都非常重要，如早期大脑发育研究和神经退行性疾病的成像生物标志物研究等。这些应用旨在通过对细微且复杂结构差异的定量测量，揭示可靠的成像生物标志物。其中，海马体作为学习和记忆中的关键解剖大脑结构，在长期记忆中扮演重要角色。因此，准确提取婴儿海马体在早期大脑发育和婴儿自闭症等神经发育障碍研究中变得极为重要。然而，对这些小但重要的大脑解剖结构进行准确和自动分割是一项具有挑战性的任务。首先，不同个体间解剖大脑结构的外观和形态往往存在很大差异[20]，特别是小型结构。此外，即使是同一受试者，大脑结构也会因大脑的发育或退化而发生显著变化。另外，低信噪比（signal-to-noise ratio，SNR）会导致选定的 MR 图像区域中产生较差的图像对比度，尤其是在脑干、皮质下和基底神经节区域周围。例如，由于铁的沉积，在常规的 1.5-T/3.0-TT1 加权 MR 图像中，基底节和脑干区域的白质和灰质之间的对比度较低[21]。

为了解决第一个挑战，多图集分割（multi-atlas segmentation，MAS）方法[22-23]通过假设目标受试者图像中的任何解剖结构部分都可以在多个配准的图集图像中找到相似实例，提供了一种有效的解决方案来适应个体间的解剖学变异。作为 MAS 方法的关键组成部分，标签融合方法的研究在近年来受到了较多关注。这些标签融合方法的主要假设是如果两个体素的局部外观相似，它们应该具有相同的标签值[23]。这一假设使 MAS 方法在应对第二个挑战时能力有限，因为不可靠的局部相似性不能作为强有力的指导来融合图集标签。在目前的基于图块（patch）的方法中，标签融合可以在单点估计[22]或多点估计[24]中进行。对于单点估计，每个体素的标签将分别被预测。对于多点估计，每个块中体素的标签是联合预测的，并且这些重叠的标签块被聚合在一起进行最终标签估计。与当前 MAS 方法中使用的上述两种标签融合方法不同，图割（graph-cut）方法[25]可以改善空间一致性，并为一组相似体素产生一致的标记结果，从而减少错误标记的风险，但是对于结构中更复杂的高阶关系则关注较少。

本节介绍了一种分层超图块标注方法（hierarchical hypergraph patch labeling，HHPL）[3]，通过引入超图计算以适应个体之间较大的解剖变异，最终实现解剖脑结构的分割。

1. *方法描述*

HHPL 通过构造超图来表征上下文特征之间的高阶关联，并将超图学习转化为分层模型，同时使用动态标签传播策略来增强从医学影像中可靠识别的标签，从而帮助预测标签。图 12.13 比较了传统 MAS 方法中的简单成对关系与超图中的复杂群组关系之间

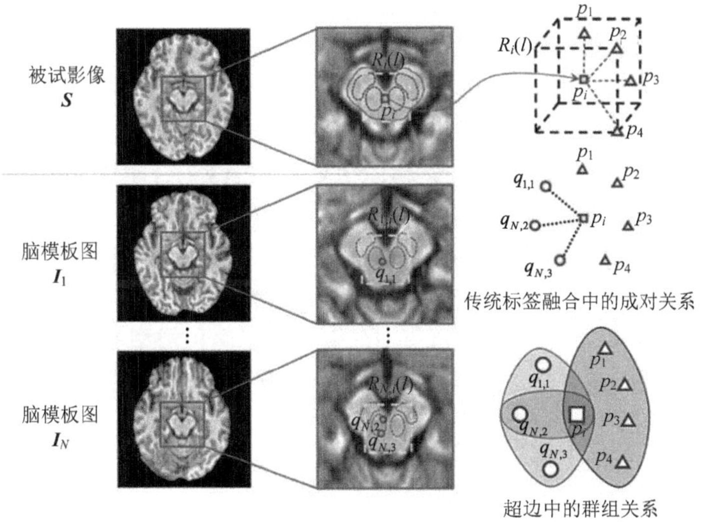

图 12.13（彩色）

图 12.13　传统 MAS 方法中简单成对关系与超图中复杂群组关系的比较

的区别，其中 p_i 是研究对象的体素，$R_i(l)$ 被定义为以 p_i 为中心、边长为 l 的三维立方体。HHPL 使用目标对象图像在体素 p_i 处和相应的局部邻域 $R_{n,i}(l)$ 内提取配准的图集图像，并利用标签概率图中的高级上下文特征来计算目标个体图像体素与图集图像体素之间的相似性，从而构建超边。

（1）超图建模。HHPL 方法中构建超图的方式分为两种：高阶自相似关系和个体-图集的多通道关系。

- 高阶自相似关系：每个目标被试影像体素 p_i 用于获得目标对象图像域内的一组空间上接近且在解剖学上相似的体素。具体而言，通过计算以被试影像体素 p_i 为中心的块与其在立方边长 $R_i(l)$ 内的空间邻域中所有相似块之间的逐片相似性，可以基于一组逐片相似性构建超边。在本工作中，$R_i(l)$ 被定义为一个以体素 p_i 为中心，边长为 l 的三维立方体图像子体积（见图 12.13 右上角）。以图 12.13 右下角描绘的紫色三角形为例，四个被试体素 $(p_1, p_2, \cdots, p_4)$ 被放置在以体素 p_i 为中心的超边内。同样，整个目标被试影像可以被划分为体素组，每组体素构成一个超边，通过连接多个体素编码高阶自相似关系。
- 个体-图集的多通道关系：由于传统方法仅使用预定义的相似性度量，因此在衡量目标被试体素与图集体素之间的复杂关系时能力有限，而超图可以通过超边整合来自多个通道的各种图像信息。具体而言，可以建立两个被试至图集关系的通道：（a）从目标被试影像和配准图集影像中提取位于体素 p_i 及其对应局部邻域 $R_{n,i}(l)$ 的影像块，通过包含目标被试影像体素和具有相似强度模式的图集影像体素来建立一个超边。例如，一个以体素 p_i 为中心的超边，见图 12.13 右下角的蓝色轮廓，包含两个图集影像体素 $(q_{1,1}$ 和 $q_{N,2})$，因为它们具有与 p_i 相似的逐片外观；（b）不仅从强度影像中提取影像块，还可以利用来自标签概率图的高级上下文特征来计算目标被试影像体素和图集影像体素之间的相似性。因此，可以通过包含目标被试影像体素和具有相似上下文特征的图集影像体素来建立超边。例如，在体素 p_i 处，可以根据上下文特征建立一个超边，如图 12.13 右下角的绿色轮廓所示，其中 p_i、$q_{N,2}$ 和 $q_{N,3}$ 具有相似的上下文特征。通过这种方式，超边整合了两个通道的影像信息，从不同视角建模目标被试体素与图集体素之间的复杂关系。与传统 MAS 方法中使用的传统成对信息流（见图 12.13 中右）不同，超图（见图 12.13 右下角）包含更丰富的信息来执行标签融合。

在这项研究中，超图的节点集 $\mathcal{V}$ 由两个子节点集 $\mathcal{V}_P$ 和 $\mathcal{V}_Q$ 构成。其中，子节点集 $\mathcal{V}_P$ 包括所有被试体素 P，子节点集 $\mathcal{V}_Q$ 包括所有图集体素 Q，$\mathcal{E}$ 代表先前构建的超边集合。值得注意的是，对于 $\mathcal{V}_P$ 中的每个节点 p_i，分别构建了两种类型的超边，以反映自相似关系和个体-图集关系，最后超边所承载的多种信息被整合进一个关联矩阵 $\boldsymbol{H}_{|\mathcal{V}|\times|\mathcal{E}|}$ 中。关联矩阵 $\boldsymbol{H}$ 中的每个元素值 $h(v,e)$ 代表节点 $v \in V$ 与超边 $e \in E$ 中参考节点 p_i 之间的关联程度。利用图像特征，可以通过如下方法定义 $h(v,e)$：

$$h(v,e)=\begin{cases}\exp\left(-\dfrac{\Omega(\kappa(v))-\Omega(p_i)_2^2}{\sigma^2}\right) & v\in e\\ 0 & 其他\end{cases} \tag{12.25}$$

其中，Ω 是一个操作符，用于获取给定中心点的强度影像块。为了便于表述，使用 k 表示从节点集 $\mathcal{V}$ 中某一特定节点 v 的索引映射到一组特定的影像坐标，σ 则是一个衰减参数，用以调节衰减的强度。另外，由于对超边没有预先的信息，设定每个超边的权重 $w(e)=1$（对 $\forall e\in\mathcal{E}$ 均适用）。因此，$\boldsymbol{W}$ 最终为一个单位矩阵。每个节点 v 的度数定义为 $d(v)=\sum_{e\in\mathcal{E}}w(e)h(v,e)$，超边的度数则定义为 $\delta(e)=\sum_{v\in\mathcal{V}}h(v,e)$。这里分别用 $\boldsymbol{D}_v$ 和 $\boldsymbol{D}_e$ 来表示节点度数和边度数的对角矩阵。

（2）超图学习。在构建超图之后，可以进行标签融合步骤，将来自图集节点 $\mathcal{V}_Q$ 的解剖标签传播到被试节点 $\mathcal{V}_P$。在 HHPL 方法中，图集节点 $v_j\in\mathcal{V}_Q$ 的标签由 y_j 表示，其可以为“−1”（代表背景）或“1”（代表前景，即基础解剖结构），同时让 y_i 表示目标被试节点 $v_i\in\mathcal{V}_P$ 的标签。由于目标被试影像的解剖标签尚待确定，可以将每个标签 y_i 初始化为“0”。综上，所有节点标签可以表示为一个列标签向量：

$$\boldsymbol{Y}=\left[\left[y_i\right]_{i=1}^{|P|},\left[y_j\right]_{j=1}^{|Q|}\right]^{\mathrm{T}} \tag{12.26}$$

不论数据是来自目标被试影像还是图集影像，标签融合过程的目的都是联合优化所有节点的相关性值 $\boldsymbol{F}=\left[\left[f_i\right]_{i=1}^{|P|},\left[f_j\right]_{j=1}^{|Q|}\right]^{\mathrm{T}}$。每个相关性值 f_i 代表了其对应的目标被试节点 v_i 属于背景（<0）或前景（>0）。因此，标签融合过程可以被视为一个半监督超图学习问题，利用目标个体图像和图集图像中的标记和未标记节点在流形上传播标签。具体而言，目标被试节点上的标签受到已知标签的图集节点以及正在标记的被试节点的影响。标签传播过程遵循两个原则：①如果节点分组在同一超边中，则它们具有相同的解剖标签；②对于已知标签的节点，在标签传播前后，它们的标签差异应最小化。因此，超图学习的目标函数可以定义如下：

$$\arg\min_{\boldsymbol{F}}\left\{\|\boldsymbol{Y}-\boldsymbol{F}\|_2^2+\lambda\cdot\Phi\left(\boldsymbol{F},\boldsymbol{H},\boldsymbol{W},\boldsymbol{D}_e,\boldsymbol{D}_v\right)\right\} \tag{12.27}$$

其中，第一项最小化控制初始化标签向量 $\boldsymbol{Y}$ 和预测向量 $\boldsymbol{F}$ 之间的差值；第二项是超图上的平衡项，可以定义为

$$\Phi\left(\boldsymbol{F},\boldsymbol{H},\boldsymbol{W},\boldsymbol{D}_e,\boldsymbol{D}_v\right)=\frac{1}{2}\sum_{e\in\mathcal{E}}\sum_{v,v'\subseteq e}\frac{w(e)h(v,e)h(v',e)}{\delta(e)}\left(\frac{f(v)}{\sqrt{d(v)}}-\frac{f(v')}{\sqrt{d(v')}}\right)^2 \tag{12.28}$$

通过对目标函数 $\hat{\boldsymbol{F}}$ 求导来确定最优的 $\boldsymbol{F}$：

$$\hat{\boldsymbol{F}}=\left(\boldsymbol{I}+\lambda\left(\boldsymbol{I}-\boldsymbol{\Theta}\right)\right)^{-1}\boldsymbol{Y} \tag{12.29}$$

得到优化的 $\hat{\boldsymbol{F}}$ 后，就可以很容易地从相关值的符号计算目标中得到个体图像上的解剖标签：

$$\begin{cases}前景, & f_i>0\\ 背景, & f_i<0\end{cases}\quad i=1,2,\cdots,|P| \tag{12.30}$$

2. 实验结果和分析

（1）数据描述。本节介绍的方法在帕金森病症标记物（Parkinson's progression markers initiative，PPMI）数据集、阿尔茨海默病神经影像学计划（Alzheimer's disease neuroimaging initiative，ADNI）数据集以及在北卡罗来纳大学教堂山分校采集的数据集上进行了实验。北卡罗来纳大学教堂山分校采集的数据集包含 10 名婴儿受试者的 MRI 数据。在第一组数据中，来自 PPMI 数据集的 11 名帕金森病患者的 MRI 被选取，其中黑质（substantia nigra，SN）和红核（red nucleus，RN）区域由两名神经放射学专家进行手动标记。具体而言，一名神经放射学家首先进行标记，随后由另一名专家进行复核和修正。每位受试者均有体素大小为 $1\text{mm}\times1\text{mm}\times1\text{mm}$ 的 T1 加权图像。在第二组数据中，选取了来自北卡罗来纳大学教堂山分校的 10 名婴儿受试者的 MRI，并人工标注了受试者图像的海马区。每个受试者均有 2 周大和 1 岁时的 T1 加权图像，采用西门子头部专用 3-T 磁共振扫描仪采集，共计 144 张矢状切片，重建体素大小为 $1\text{mm}\times1\text{mm}\times1\text{mm}$ 。在第三组数据中，从 ADNI 数据集中随机选取了 66 名受试者，包括 23 名正常对照组（normal control，NC）受试者、22 名轻度认知障碍（mild cognitive impairment，MCI）受试者和 21 名阿尔茨海默病（AD）受试者。

（2）对比方法。本节介绍的方法分别与下列方法进行了性能对比。

- 基于非局部均值块的标签融合方法（nonlocal mean patch-based label fusion method，NLM）[26]：该方法通过聚合图集图像邻域内的多个块候选者，根据非局部均值计算目标图像的共识分割；
- 基于稀疏块的标签融合方法（sparse patch-based label fusion，SPBL）[27]：该方法通过寻找块字典中的稀疏线性组合来计算标签融合权重，进而确定目标图像的标签；
- 联合标签融合方法（joint label fusion，JLF）[28]：该方法通过最小化图集图像与目标图像之间的分割误差期望值来计算融合权重。

（3）评价指标。本节所有实验采用的评估指标包括两种：①通过 Dice Ratio（DR）计算手动分割区域 A 和自动分割区域 B 之间的体积重叠，公式为 $\text{Dice}(A,B)=2\times(A\cap B)/(A+B)$；②平均对称表面距离（average symmetric surface distance，ASSD），单位为毫米，数值为 0 表示完美分割。

（4）在 PPMI 数据集上分割深层灰质结构（SN 和 RN）的结果。图 12.14 的前两组结果展示了四种方法在人工分割区域与自动分割区域之间 DR 的平均值。与性能第二好的 JLF 方法相比，HHPL 方法在分割 SN 和 RN 的 DR 方面分别总体提高了 1.7%和 1.2%。基于非参数 Wilcoxon 符号秩检验的结果表明，HHPL 方法在 DR 方面相较于所有其他对比方法均有显著改善（$p\text{-value}<0.05$）。图 12.15 进一步展示了四种方法的 ASSD 及手动和自动分割区域之间的重叠轮廓。3D 渲染显示了手动分割区域表面与自动分割区域表面之间的 ASSD（顶行）；自动分割的区域显示为红色轮廓，手动分割的区域显示为黄色轮廓（底行）。根据图 12.15 顶行所示的彩色图，HHPL 方法自动分割的区域更接近于手动分割的区域。

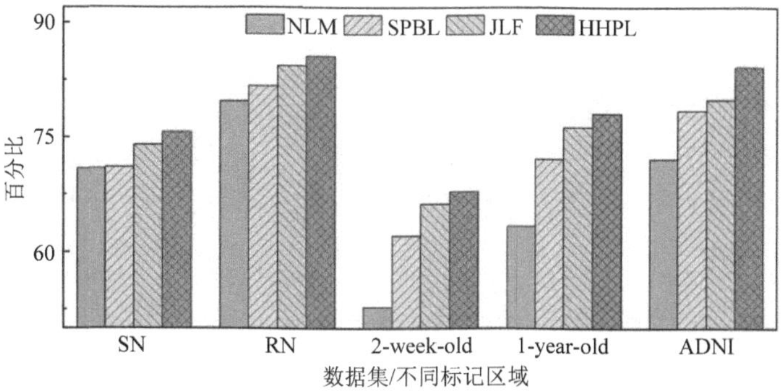

图 12.14　四种方法对数据集或不同标记区域（SN、RN、2 周、1 岁、ADNI）的平均 DR 结果对比

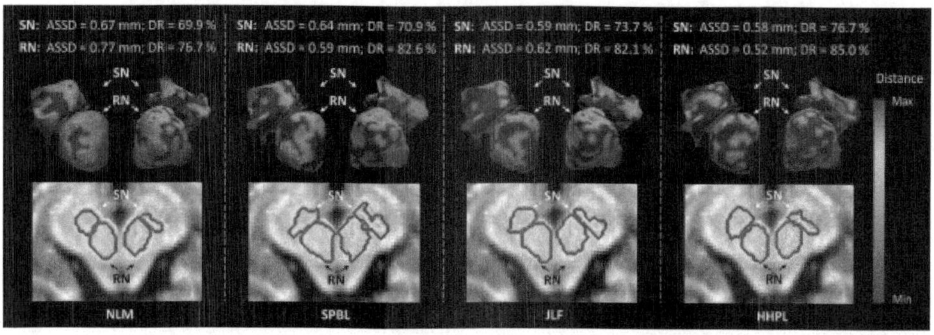

图 12.15　四种方法对典型个体自动分割区域的直观比较

（5）在婴儿数据集上海马的分割结果。图 12.14 的第三组和第四组结果展示了在分割婴儿海马区时，手动分割与自动分割之间的 DR 的平均值。相较于 JLF，HHPL 方法在分割 2 周大和 1 岁婴儿图像的海马时，DR 值分别提高了 1.6%和 1.8%。此外，通过 Wilcoxon 符号秩检验，证实 HHPL 方法相较于 NLM 和 SPBL 在 DR 方面取得了显著提升（p-value < 0.05）。图 12.16 进一步展示了根据四种方法比较的手动和自动分割区域之间的 ASSD。顶行的 3D 渲染图展示了手动分割区域表面与自动分割区域表面之间的 ASSD；底行中，自动分割的区域显示为红色轮廓，手动分割的区域显示为黄色轮廓。从图 12.16 顶行的彩色图可见，HHPL 方法自动分割的区域更加接近于手动分割区域。

（6）在 ADNI 数据集上海马的分割结果。图 12.14 的最后一组结果展示了在 ADNI 数据集上四种方法分割海马的人工分割与自动分割之间的 DR 平均值和标准偏差。与 JLF 方法相比，HHPL 方法在分割海马的 DR 方面总体提高了 1.3%。另外，通过 T 检验发现，HHPL 方法在 DR 方面相较于所有其他方法均取得了统计学上显著的改进（p-value < 0.05）。图 12.17 展示了四种方法比较的手动和自动分割区域之间的 ASSD。从图 12.17 最上面一行的彩色图可以看出，HHPL 方法自动分割的区域更接近于手动分割的区域。

本节主要介绍了基于超图计算进行脑影像分割的应用案例。超图计算方法能够综合考虑影像数据中的像素、块等之间的高阶关系，进而能够更好地预测其标签（分割信息），获得更好的分割性能。需要指出的是，这样一个计算过程通常计算复杂度较高，上述方法需要进行大量的矩阵运算，对于大规模影像数据的分析存在一定限制。

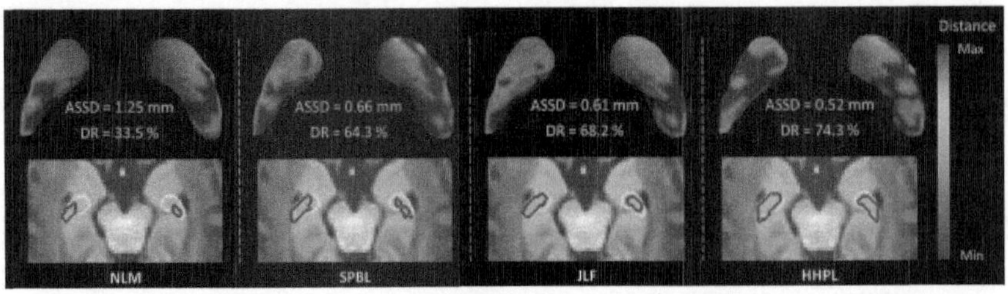

（a）2 周

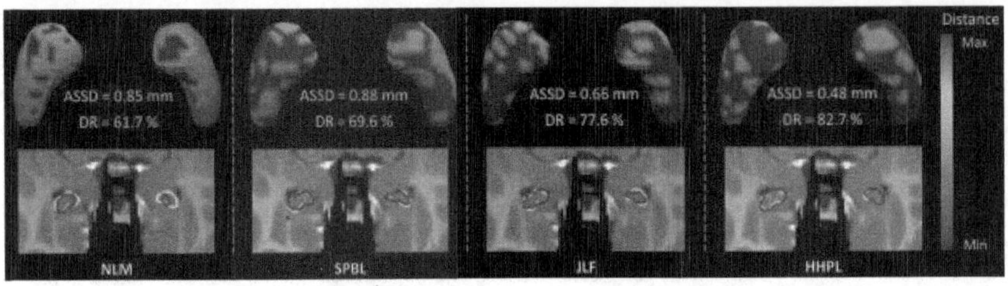

（b）1 岁

图 12.16　四种方法对典型婴儿受试者自动分割海马的视觉比较

图 12.15（彩色）

图 12.16（彩色）

图 12.17（彩色）

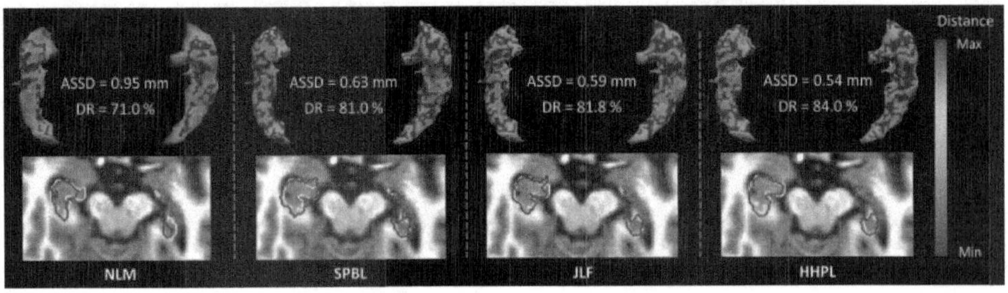

图 12.17　四种方法对典型婴儿个体自动分割海马的视觉比较

12.5　存 活 预 测

存活预测涉及对患者的生存时间进行精确建模，对于患者的临床治疗意义重大。这里的“生存时间”可以定义为从对患者开始随访至出现特定事件（如癌症复发或死亡）的时间跨度。在医学研究和临床实践中，存活预测具有极高的重要性，不仅有助于医生更精确地评估患者的病情和治疗效果，还可以为患者提供更为个性化的治疗方案，从而提高治疗的成功率和患者的生活质量。近年来，基于全切片病理图像（whole slide images，WSIs）的存活预测方法引起了广泛关注。如图 12.18 所示，通过分析患者的组织病理学图像来预测其生存时间或生存风险，为病理学家提供了一种新的病情评估工具。组织病理学图像与常规自然图像相比，包含更为复杂的细胞和组织结构信息，其图像尺寸也更大，像素级别通常达到千兆级。如何从这些高维度、大规模图像中提取出有效的特征表示，并将其应用于生存时间的回归预测分析，成为这一领域的主要挑战。

近年来涌现出许多存活预测方法。例如，WSISA 方法[29]通过在包含多种细胞和组

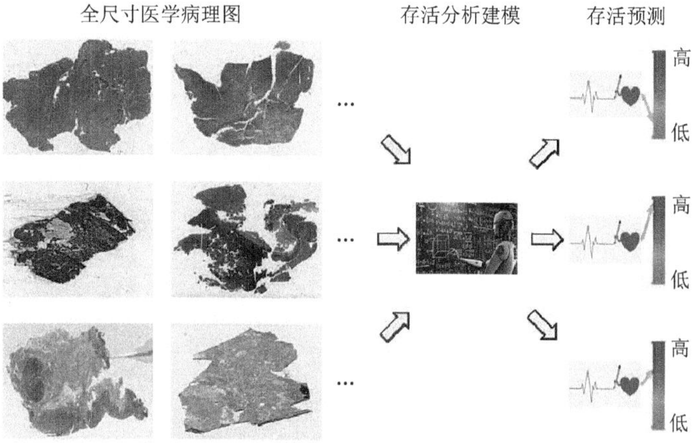

图 12.18（彩色）

图 12.18 基于病理图的存活预测示意图

织类型的病理学图像中进行随机采样，来克服由于图像规模过大带来的计算难题。在这一过程中，通常会采用预训练的卷积神经网络来提取图像块（patch）的特征，并结合 Lasso-Cox 回归模型[30]来计算其生存风险。此外，为了更精确地表征患者特征，图卷积神经网络[31]在近期也被用来构建图像块之间的复杂关系，从而进一步优化患者的特征表示。需要指出的是，仅依赖随机采样的图像块替代原始组织病理学图像细节，可能会导致图像块之间缺乏足够的相互信息，限制了表征学习能力。为了解决这一问题，更深入地挖掘图像块内部的关联显得尤为重要。图建模方法利用成对关联建模，以弥补细胞之间结构信息的缺失，但是仅将复杂的高阶关联关系简化为成对关系，可能会丢失预测个体生存所需的更复杂的细胞和组织之间相关性数据，从而影响建模的准确性。

将超图计算应用于基于病理学图像的存活任务是一种可行的解决方案。在处理组织病理学图像时，通过建模其内部的超图结构，能够更有效地捕捉细胞和组织之间的复杂相互作用，为存活预测提供了一种更为准确和全面的模型，这对于提高存活预测的准确性和可靠性具有重要意义。接下来将分别介绍三种基于组织病理学图像的存活预测任务中运用超图计算的方法，包括基于单空间超图计算的存活预测[5]、基于多空间超图计算的存活预测[6]和基于跨维度超图计算的存活预测。

12.5.1 基于单空间超图计算的存活预测

本节介绍一种基于单空间超图计算的存活预测方法 RankSurv[5]。为了更好地分析每个 WSI，RankSurv 采用了基于特征空间的超图计算方法。该方法通过建模 WSI 中不同图像块之间的高阶相关性，利用超图计算方法获取单个 WSI 数据的特征表示，以提高生存风险预测性能。同时，RankSurv 还使用成对生存数据进行基于排名的预测过程，以进一步提高模型性能。如图 12.19 所示，基于单空间超图计算的存活预测任务包含三个阶段：即数据预处理、超图建模和存活排序预测。

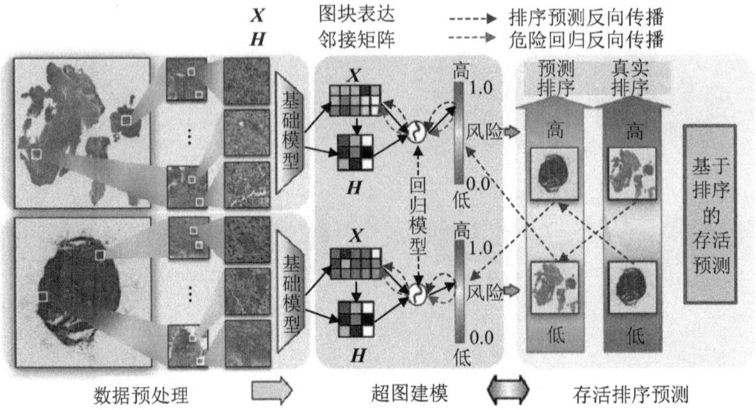

图 12.19（彩色）

图 12.19 基于排序的超图计算存活预测方法示意图

（1）数据预处理。在预处理阶段，从每个组织病理学图像中随机采样 N 个图像块，每个图像块的大小与典型的自然图像相同，如 224px×224px。这些图像块作为原始 WSI 的内在元素。需要注意的是，直接从原始图像中随机采样图像块可能会采集到噪声区域，如侵蚀和空白。因此，在随机采样之前，首先应用 OTSU 方法[32]筛选具有丰富信息的细胞组织区域。接下来，分别提取图像块级视觉特征 $\boldsymbol{X}^{(0)} \in \mathbb{R}^{N\times F}$，其中 F 代表每个图像块特征的维度。从预训练模型中提取的原始特征包含了适合于复杂组织模式的图像特征，并能反映图像块中存在的细胞和组织信息。

（2）超图建模。在数据预处理阶段提取图像块层面的特征信息后，RankSurv 使用超图计算来生成整张组织病理学图像的特征表示，以便进行生存风险预测。在具有类似形态的细胞和组织应具有相似功能的前提下，采用基于距离的超图结构生成方法来构建图像块超图。在超图建模过程中，每个图像块被视为一个节点，接下来将每个节点作为中心节点，使用 k-NN 方法为每个中心节点建立超边。该方法根据节点特征之间的欧几里德距离，将与中心节点之间的欧几里得距离最近的 k 个节点相连以组成一个超边。最后，合并所有超边以建立完整的超图结构。在这种建模方法下，该超图中总共包括 N 条节点和 N 条超边，得到超图关联矩阵 $\boldsymbol{H}$ 以反映组织病理学图像的结构信息。这里 N 是采样的图像块个数。该超图利用超边结构实现分层分组模式，为每个中心节点创建一个通道，用于从 k 最近的图像块中进行信息传递和整合。图像块节点之间的信息融合可以通过超图卷积层完成：

$$\boldsymbol{X}^{(l+1)} = \sigma\left(\boldsymbol{D}_v^{-1/2}\boldsymbol{H}\boldsymbol{W}\boldsymbol{D}_e^{-1}\boldsymbol{H}^{\mathrm{T}}\boldsymbol{D}_v^{-1/2}\boldsymbol{X}^{(l)}\boldsymbol{\Theta}^{(l)}\right) \tag{12.31}$$

其中，$\boldsymbol{X}^{(l)} \in \mathbb{R}^{N\times C_l}$ 是第 l 层卷积的输入特征，共计有 N 个节点，每个节点特征为 C_l 维度；$\boldsymbol{X}^{(l+1)}$ 为第 l 层卷积的输出特征；σ 表示非线性激活函数；$\boldsymbol{\Theta}^{(l)}$ 表示第 l 层的可学习参数。最后一层的输出 $\boldsymbol{X}^{(l+1)}$ 为经过 L 层超图卷积后的特征，用于预测生存风险分数，其中 N 个超边表达了 N 个可能的因果变量模式。在 $\boldsymbol{X}^{(l+1)}$ 经池化被压缩成 $\boldsymbol{X} \in \mathbb{R}^{1\times C_{l+1}}$ 后，使用全连接神经网络进行回归来预测生存风险分数，这里患者的实际生存时间 T 可以用来监督回归的反向传播过程。

（3）存活排序预测。除了每个患者的具体生存时间外，还可以通过排序信息来推断相似患者的情况，这里排序数据能够准确描绘患者的高风险和低风险的顺序。在基于单空间超图计算的存活预测方法中，生存排序预测是在最后一个阶段引入的。该模型是在单一病理图像上训练的，因此难以区分相似实例的相对风险，而无法区分两个相似实例的相对风险是患者风险对比不准确的最常见原因。因此，成对的组织病理学图像（即成对的患者）特征表示的对比应该被考虑在内。为了修正模型参数，提高模型预测排序的准确性，这里采用贝叶斯一致性重新调整方法（Bayesian concordance readjust，BCR）以进一步微调生存排序预测。

一致性指数[33]（concordance index，C-Index）被广泛用于衡量逻辑回归中二元结果的拟合优度，其定义如下：

$$C_{\text{index}}=\frac{1}{\mathcal{M}}\sum_{i:\delta_i=1}\sum_{j:T_i,<T_j}1\left[\left(T_i,\boldsymbol{X}_i\right),\left(T_j,\boldsymbol{X}_j\right)\right] \tag{12.32}$$

其中，$\mathcal{M}$为可比较对数；1表示指示函数；δ_i表示是否发生死亡事件；T_i和T_j是实际观察到的个体风险得分；$\boldsymbol{X}_i$和$\boldsymbol{X}_j$是预测风险得分。根据贝叶斯优化准则，使一致性指标具有可学习性和可监督性，公式如下：

$$P\left(\Theta|\widehat{\boldsymbol{X}_{\text{in}}}\right)=\frac{P(\Theta)P\left(\widehat{\boldsymbol{X}_{\text{in}}}|\ \Theta\right)}{P\left(\widehat{\boldsymbol{X}_{\text{in}}}\right)}\propto P(\Theta)P\left(\widehat{\boldsymbol{X}_{\text{in}}}|\ \theta\right):=1\left(\widehat{\boldsymbol{X}_{\text{in}}}\right) \tag{12.33}$$

其中，Θ表示模型的参数；$\widehat{\boldsymbol{X}_{\text{in}}}$表示输入数据$\boldsymbol{X}_{\text{in}}$的潜在空间表示。由于每个WSI的预测和排名是独立的，因此可以将模型的目标函数重写为

$$C_{\text{index}}\left(\boldsymbol{X}_{\text{in}}\right)=1\left(\boldsymbol{X}_{\text{in}}\right)\odot1\left(\widehat{\boldsymbol{X}_{\text{in}}}\right) \tag{12.34}$$

上述似然函数$P\left(\widehat{\boldsymbol{X}_{\text{in}}}|\ \Theta\right)$可由以下公式计算：

$$P\left(\widehat{\boldsymbol{X}_{\text{in}}}|\ \Theta\right):=\sum_{i,j\in\boldsymbol{X}_{\text{in}}}F(i,j) \tag{12.35}$$

其中，目标函数F由以下公式定义：

$$F(i,j)=\delta\left(\hat{\boldsymbol{X}}_{ij}(\Theta)\right) \tag{12.36}$$

$$\delta(x):=\frac{1}{1+\mathrm{e}^{-x}} \tag{12.37}$$

其中，$\hat{\boldsymbol{X}}_{ij}(\Theta)$可以满足任何反对称操作$\hat{\boldsymbol{X}}_{ij}(\Theta)=-\hat{\boldsymbol{X}}_{ji}(\Theta)$。在本模型中，$\hat{\boldsymbol{X}}_{ij}(\Theta):=\boldsymbol{W}\cdot\left(\boldsymbol{X}_i(\Theta)-\boldsymbol{X}_j(\Theta)\right)^{\mathrm{T}}$，$\boldsymbol{W}$是一个线性权重向量，$\boldsymbol{X}_i(\Theta)\in\mathbb{R}^{1\times C_n}$是从最后一层得到的压缩输出。另一个组成部分是一般先验密度$P(\Theta)$，遵循具有零均值和方差-协方差矩阵$\sum_{\Theta}$的正态分布。

综上所述，BCR损失函数可以表示为

$$L=-\log\left(\delta\left(\boldsymbol{W}\cdot\left(\boldsymbol{X}_i-\boldsymbol{X}_j\right)^{\mathrm{T}}\right)\right) \tag{12.38}$$

其中，$\boldsymbol{X}_i$和$\boldsymbol{X}_j$分别代表患者i和j的特征表示；$\boldsymbol{W}$代表回归的学习参数；σ代表Sigmoid激活函数。通过BCR损失函数可以增大相似实例特征表示之间的距离，从而使模型更好地区分相似实例之间的相对风险，以提高模型比较患者风险的能力。

12.5.2 基于多空间超图计算的存活预测

1. 多超图建模方法

挖掘数据中的高阶关联对于准确生成组织病理学图像的特征表示至关重要。值得注意的是，12.5.1 节介绍的基于单空间超图计算的存活预测方法在构建超图时仅在特征空间中使用了 k-NN 生成法，仍不能全面地进行刻画。图像块与其在整张图像的邻域图像块之间的拓扑关系（即上下文环境）对于图像特征的提取尤为重要。从单一角度挖掘高阶关联会遗漏其他类型的高阶关系。本节进一步介绍一种基于多超图的存活预测方法（hypergraph survival net，HGSurvNet）[6]，通过在特征空间和拓扑空间分别建立超图，利用不同空间的超边来全面建模图像块之间的高阶关联，并使用改进的超图最大掩码卷积网络有效实现组织病理学图像的高阶全局表示。

多超图建模的目的是挖掘整张病理图像中图像块之间的拓扑关联和潜在特征空间中的高阶关联关系。由于图像空间的拓扑连接是必要的，传统的随机采样方法不再适用。HGSurvNet 采用了基于图像块在原始图像中的位置来进行采样的方法。首先，利用 OSTU 算法 [32] 过滤噪声区域以生成感兴趣区域，再在感兴趣区域采用从边缘到中心的策略进行采样，如图 12.20 所示。除了感兴趣区域的边界 $\mathbb{B}^1$ 和中心 $\mathbb{C}$，还根据 3/4、1/2 和 1/4 的不同距离半径选择图像块，即从边界到中心的 $\mathbb{B}^{3/4}$、$\mathbb{B}^{1/2}$ 和 $\mathbb{B}^{1/4}$，如图 12.20 所示。在同一感兴趣区域内，与边界等距离的图像块以及所有区域的中心图像块被认为在图像空间中是相关的。

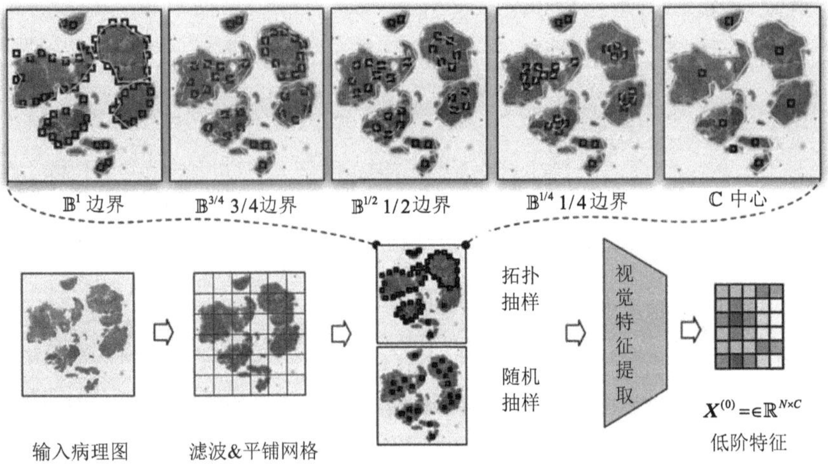

图 12.20（彩色）

图 12.20 图块采样和浅层特征提取示意图

面向整张病理图的多超图 $\mathcal{G}=(\mathcal{V},\mathcal{E})$ 通过拼接两个子超图构建，即从潜在特征空间生成的表型子超图 $\mathcal{G}_{\text{phe}}=(\mathcal{V},\mathcal{E}_{\text{phe}})$ 和从图像空间生成的拓扑子超图 $\mathcal{G}_{\text{top}}=(\mathcal{V},\mathcal{E}_{\text{top}})$，如图 12.21 所示。根据提取的图像块的视觉特征之间的欧几里得距离，与前面所介绍的方法相同，用 k-NN 算法建立表型子超图 $\boldsymbol{H}_{\text{phe}}$ 的邻接矩阵。在拓扑子超图 $\boldsymbol{H}_{\text{top}}$ 的邻接矩阵

中，每个节点都与它在拓扑空间中的邻居相联系，即所有感兴趣区域的中心、$\mathbb{B}^{1/4}$、$\mathbb{B}^{1/2}$ 和 $\mathbb{B}^{3/4}$，以及每个感兴趣区域的边界 $\mathbb{B}^{1}$。通过这种建模方式，可以更完整地挖掘病理图像块之间的复杂高阶关联。

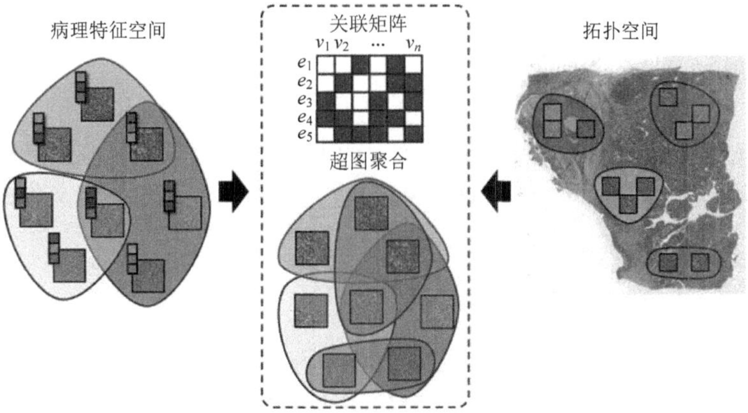

图 12.21（彩色）

图 12.21　构建包含表型子超图和拓扑子超图的多超图方法

与 RankSurv 采用标准的超图神经网络不同，HGSurvNet 中采用了超图最大掩码卷积，增加了超边特征的掩码，用以解决训练数据缺乏带来的过拟合问题。这里每一层的卷积过程包括四个步骤：超边特征聚合、最大掩码操作、节点特征聚合和节点特征再加权。在第一步中，每个超边的特征 $\mathcal{F}_e^{(l)}$ 是由与它直接相连的节点聚合生成的，可以写成 $\boldsymbol{H}$ 和 $\boldsymbol{x}^{(l)}$ 的乘积。超边特征 $\mathcal{F}_e^{(l+1)}$ 是通过对超边特征中的主导特征进行最大掩码操作而产生的。在最后两步中，输出的节点特征 $\tilde{\mathcal{F}}_v^{(l+1)}$ 是通过将矩阵 $\boldsymbol{H}^{\mathrm{T}}$ 与超边特征 $F_e^{(l+1)}$ 相乘后，再使用学习参数 $\Theta^{(l)}$ 对相乘结果重新加权后得到的。因此，HGSurvNet 中超图神经网络中的每一层可以表述为

$$\begin{cases} \boldsymbol{L} = \boldsymbol{I} - \boldsymbol{D}_v^{-1/2} \boldsymbol{H} \boldsymbol{W} \boldsymbol{D}_e^{-1} \boldsymbol{H}^{\mathrm{T}} \boldsymbol{D}_v^{-1/2} \\ \boldsymbol{x}^{(l+1)} = \sigma\left[\left(\left(\boldsymbol{I} - \boldsymbol{L}\right)\boldsymbol{x}^{(l)} + \boldsymbol{H}^{-1}\left(\boldsymbol{I} - \boldsymbol{L}\right)\boldsymbol{x}^{(\lambda)}\right)\Theta^{(l)}\right] \\ \mathcal{F}_e^{(l+1)} = \boldsymbol{H}^{-1}\left(\boldsymbol{I} - \boldsymbol{L}\right)\boldsymbol{x}^{(l)} + \boldsymbol{x}^{(\lambda)} \end{cases} \tag{12.39}$$

其中，$\boldsymbol{L}$ 是拉普拉斯矩阵；$\boldsymbol{x}^{(\lambda)}$ 表示一个偏移矩阵，用于将最大的 λ 个超边特征维度掩码；$\boldsymbol{H}^{-1}\left(\boldsymbol{I} - \boldsymbol{L}\right)\boldsymbol{x}^{(\lambda)}$ 确保计算梯度和调整节点特征时，忽略最大的 λ 个超边特征维度的影响。

经过以上超图卷积，可以得到最后一层超图卷积输出的节点特征矩阵 $\boldsymbol{x}^{(L+1)} \in \mathbb{R}^{V\times C}$ 和超边特征矩阵 $\mathcal{F}_e^{(L+1)} \in \mathbb{R}^{E\times C}$（$V$ 表示图像块个数，E 表示超边个数，C 表示通道数）。分别将节点特征矩阵 $\boldsymbol{x}^{(L+1)}$ 和超边特征矩阵 $\mathcal{F}_e^{(L+1)}$ 与可学习的权重向量 $\boldsymbol{x}_v \in \mathbb{R}^{V\times 1}$ 和 $\boldsymbol{x}_e \in \mathbb{R}^{E\times 1}$ 相乘，得到全局节点特征 $\boldsymbol{f}_{\mathrm{node}} \in \mathbb{R}^{1\times C}$ 和全局超边特征 $\boldsymbol{f}_{\mathrm{edge}} \in \mathbb{R}^{1\times C}$，最后使用特征融合模块（平均融合、最大融合或随机融合）将全局节点特征和全局超边特征融合为表征整个 WSI 的全局特征，将全局特征输入至全连接层用以预测患者的生存风险。本节结合使用三种损失函数用于训练模型，第一个损失函数是均方误差（mean aquare error，MSE）损失函数，其定义如下：

$$\mathcal{L}_{\mathrm{MSE}}=\frac{1}{P}\sum_{0}^{P}(h-\hat{h})^{2} \tag{12.40}$$

其中，h和$\hat{h}$表示预测的患者生存风险和真实的患者生存风险；P表示每个训练批次的患者个数。第二个损失函数是负对数 Cox 部分似然损失函数，其定义如下：

$$\mathcal{L}_{\mathrm{NLL}}=\sum_{i=1}^{P}\delta_{i}\left(-s_{i}^{p}+\log\sum_{j\in\{j:s_{j}^{g}\leqslant s_{i}^{g}\}}\exp\left(s_{j}^{p}\right)\right) \tag{12.41}$$

其中，s_i^p和s_i^g分别表示预测结果和真实值；P是从患者数量中得出的可比较对的数量；δ_i表示样本是否被删失。第三个损失函数是 BCR 损失函数，定义如式（12.38）所示。

2. 实验结果和分析

（1）数据集。RankSurv 和 HGSurvNet 在三个数据集上进行了评估，包括两个肺癌数据集（LUSC[34] 和 NLST[35]）和一个来自通用癌症患者数据集 TCGA 的脑癌数据集（GBM）[34]。一方面，遵循早期方法[29,31]的实验设置，即从对应的三个数据集中随机选取相同尺度的 WSI 进行训练和评估，在这种模式下使用的数据集称为“子集”数据集。另一方面，在这三个数据集的完整数据上进行训练和评估，在这种模式下使用的数据集称为“完整”数据集。

（2）评价指标。这里采用一致性指数（C-Index）和 KM 曲线作为评价指标。C-Index 通常用于衡量模型根据个体风险评分正确提供可靠的生存时间排名的能力，可由以下公式计算得到：

$$c=\frac{1}{\mathcal{M}}\sum_{i:\delta_{i}=1}\sum_{j:t_{i}<t_{j}}1\left[\left(t_{i},x_{i}\right),\left(t_{j},x_{j}\right)\right] \tag{12.42}$$

其中，$\mathcal{M}$为可比较对数；1表示指示函数；δ_i表示是否发生死亡事件；t_i和t_j是实际观察到的个体风险得分；x_i和x_j是预测风险得分。一致性指数取值范围为 0～1，一致性指数越大，预测性能越好，反之越差。0 表示最坏的情况，1 表示最好的情况，0.5 表示随机排序的值。

KM 曲线是报告连续跟踪时间内存活患者比例的一种工具，可以直观看到二元分类的结果，即低、高风险组的两条曲线之间的差距越明显，表明分类越准确。KM 估计曲线可由下式得到

$$\hat{S}(t)=\prod_{i:t_{i}\leqslant t}\left(1-\frac{d_{i}}{n_{i}}\right) \tag{12.43}$$

其中，t_i表示至少一个事件（死亡）发生的时间；d_i是在i时间点发生死亡的人数；n_i是截至i时间点已知幸存的个人。

（3）对比算法。本节所介绍的算法分别与以下存活预测方法进行比较。

- DeepConvSurv[36]：该方法是基于 CNN 的存活预测模型，直接从 WSI 中采样图像块作为训练 CNN 的输入。
- WSISA[29]：该方法是另一种基于 CNN 的预测模型，使用多阶段策略来独立训

练几个 DeepConvSurv 模型。

- DeepMISL [37]：它考虑来自一个患者的多张全切片病理图，并对局部和全局表示进行预测。
- DeepGraphSurv [31]：该模型采用谱域 GCN 建模拓扑关系，其回归模型采用 Cox 回归模型 [38]。
- Patch-GCN [39]：该方法使用上下文感知、空间分辨的基于图像块的图卷积网络，通过分层聚合实例级组织学特征，对肿瘤微环境中的局部和全局级拓扑结构进行建模，其特征提取器使用预训练的 ResNet-50[40]，最后采用基于交叉熵的 Cox 比例损失函数 [41] 作为损失函数。

（4）RankSurv 对比实验结果。各方法比较结果汇总如图 12.22 所示，其中“Sub”表示子集数据集，“Who”表示完整数据集。从图 12.22 所示的定量结果可以看到，基于单空间超图计算的存活预测方法（即 RankSurv）的性能优于基于 CNN 和基于图卷积的方法，这表明超图建模复杂关联关系的能力在这项任务中能够起到重要作用。此外，为了捕捉高风险组和低风险组之间的总体预后差异，分别绘制了高风险组和低风险组患者的 KM 曲线进行对比，结果如图 12.23 所示。从图中 p 值和两组之间生存曲线的显著差异可以看出，RankSurv 方法可以有效地区分高风险患者和低风险患者，为医生后续医疗方案的制定提供参考，这也同样表明 RankSurv 方法的有效性。

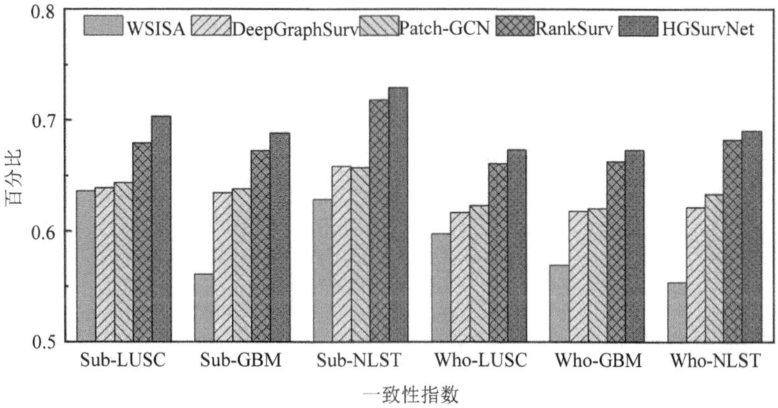

图 12.22　LUSC、GBM 和 NLST 数据集上不同方法预测精度比较

（5）HGSurvNet 对比实验结果。根据一致性指数评估的定量结果，如图 12.22 所示，HGSurvNet 在各数据集上取得了最优的表现，这说明 HGSurvNet 学习到的基于全局组织之间高阶病理相互作用和高阶拓扑模式的特征可以有效提高存活预测的性能。

图 12.23 展示了 HGSurvNet 与其他两种方法在 LUSC、GBM 和 NLST 完整数据集的训练集和验证集上进行二元风险分类（即区分高风险组和低风险组）能力的 KM 估计曲线比较。尽管在所有训练集上 HGSurvNet 与 DeepGraphSurv 和 RankSurv 的性能差异并不显著，但在所有的验证集上，HGSurvNet 在区分低风险组和高风险组方面的表现最为显著。这表明 HGSurvNet 在对高、低风险患者进行分类方面更为有效。

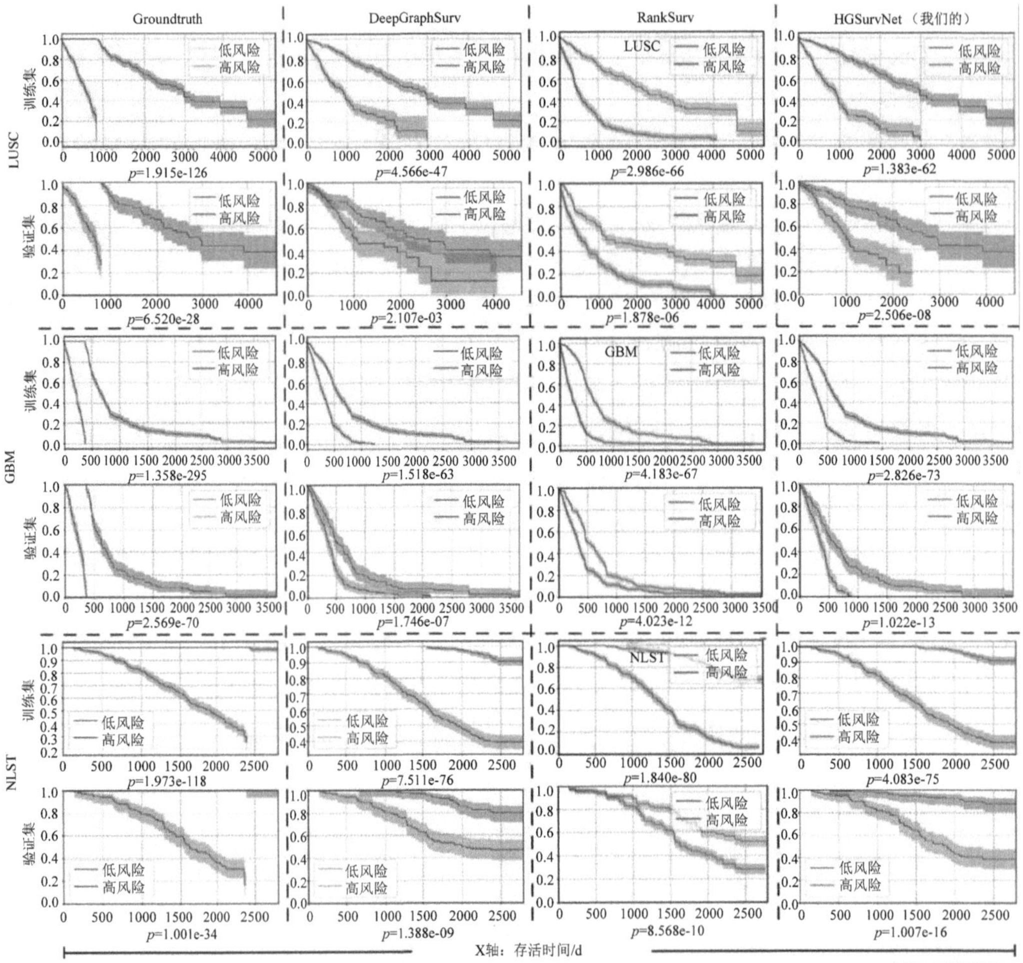

图 12.23　实验结果示意图

图 12.23（彩色）

12.5.3　基于跨维度超图计算的存活预测

前面介绍的两种方法都仅关注单个 WSI 中的图像块之间的高阶关联，而忽略了不同 WSI（患者）之间的关联关系。但病情相似的患者之间往往具有相近的生存风险，这使得要更精确地进行患者的生存风险预测就要求模型能够对不同维度的复杂高阶关联进行建模和学习。如图 12.24 所示，群体关联指的是不同患者之间存在的复杂联系，而内部关联指的是每个患者的 WSI 影像数据中元素（图像块）之间的复杂关联。该任务的关键挑战在于如何建模不同维度的高阶复杂关联并实现有效融合，以准确预测生存时间。近年来也有一些工作在统一框架中整合了群体关联和内部关联，以学习局部和全局信息，比如 GiG 方法[42]。GiG 方法是一个图中图（graph-in-graph）神经网络，通过抽样子图作为节点，并将这些子图的每一对连接起来生成全局图。GiG 及其变体已经证明了其在学习子图级别和全局图级别信息方面的有效性。这些方法同样也受限于成对关联建模的限制，难以应对病理图内部和患者之间的高阶关联建模需求。

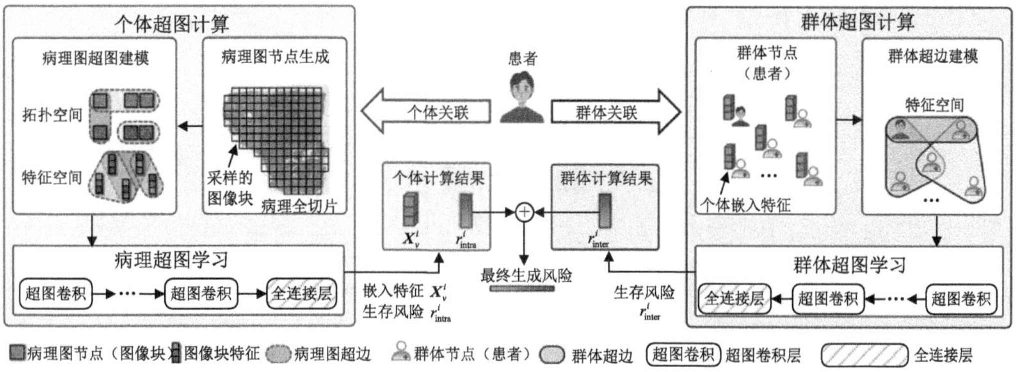

图 12.24 基于跨维度超图计算的存活预测方法框架图

本节将介绍一种面向病理图的跨维度超图计算框架（inter-intra hypergraph computation，I²HGC）用于存活预测任务。在该框架中，通过个体超图学习每个患者 WSI 内与特定任务相关的关联关系，通过群体超图学习人群规模的复杂交互。在个体超图计算模块中，WSI 上采样的图像块被视为内部节点，并考虑拓扑连接和语义特征距离来生成内部超边。然后，每个通过个体超图学习到相应嵌入的患者被视为群体节点，并通过 *k*-NN 生成群体超边。最后，融合个体风险和群体风险作为最终生存风险进行存活预测。该方法能够充分利用当前患者自身病理图数据及与其他患者之间的联系，从而提升存活预测性能。

1. *方法描述*

I²HGC 框架如图 12.24 所示，主要包括两个部分：个体超图计算，用于建模每个患者 WSI 内部的高阶关联关系；群体超图计算，用于建模不同患者之间的高阶关联关系，最后通过加和个体风险和群体风险来计算最终的生存风险。

（1）个体超图计算。对于个体 WSI，首先实施随机采样图像块过程，以得到 N 个图像块。这里每个图像块被视为内部节点，并输入预训练的 ResNet 模型 [40] 来产生病理学语义特征 $\boldsymbol{X} \in \mathbb{R}^{N \times C}$，其中 C 表示特征维度。为了从千兆像素的 WSI 中提取更多与任务相关的病理信息，I²HGC 使用拓扑连接和语义病理特征来生成多空间超边，如图 12.25 所示。与 HGSurvNet [6] 不同，I²HGC 最初不会拼接不同空间生成的超边。相反，它在特征空间和拓扑空间内分别单独地进行超图学习，以得到更加丰富的高阶关联信息。图中，$\boldsymbol{H}_{\mathrm{t}}$ 是通过拓扑连接生成的关联矩阵，$\boldsymbol{H}_{\mathrm{f}}$ 是通过语义病理特征生成的关联矩阵，两种类型都使用图像块作为节点。实验结果表明，这种方法产生的内部嵌入相比直接拼接超边会更加有效。

这两种超图结构都将图像块作为节点，并通过将每个节点与其“邻居”相关联来生成两种类型的超边。在语义病理特征空间中，节点的邻居由内部节点（图像块）之间的欧几里得距离确定，如下所示：

$$d\left(v_i, v_j\right) = \left(\sum_{c=1}^{C}\left(\mathcal{F}_{v_i}[c] - \mathcal{F}_{v_j}[c]\right)^2\right)^{1/2} \qquad (12.44)$$

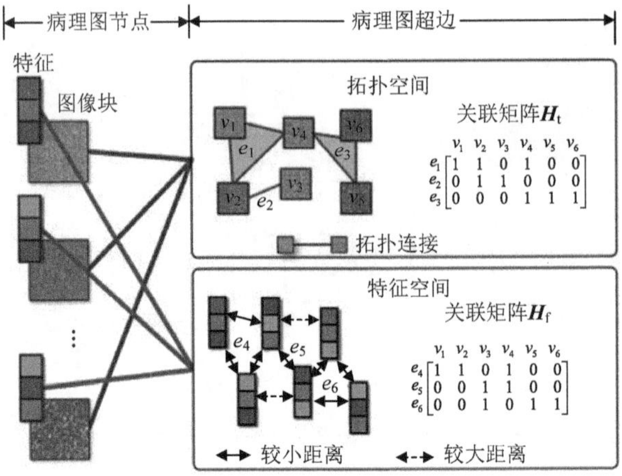

图 12.25　内部超边生成

其中，v_i和v_j分别表示第i个节点和第j个节点；$\mathcal{F}_{v_i} \in \mathbb{R}^{1\times C}$和$\mathcal{F}_{v_j}$分别表示节点$v_i$和$v_j$的语义病理特征。对于每个节点，可以根据式（12.45）和式（12.46）将欧几里得距离缩放到[0,1]：

$$d(v_i)_{\max} = \max_{j=1}^{N}\left(d(v_i,v_j)\right) \tag{12.45}$$

$$d_{\text{norm}}(v_i,v_j) = d(v_i,v_j)/d(v_i)_{\max} \tag{12.46}$$

其中，$d(v_i)_{\max}$表示从节点v_i到其他节点的最大欧几里得距离。之后，可以根据式（12.47）计算出节点v_i的邻居子集：

$$\text{neigh}_{\text{th}}(v_i) = \left\{v_j \mid d_{\text{norm}}(v_i,v_j) < \text{th}\right\} \tag{12.47}$$

其中，$\text{neigh}_{\text{th}}(v_i)$表示节点$v_i$的邻居子集；$\text{th} \in [0,1]$表示需要设置的参数。

当节点距离v_i足够远时，v_i的邻居可能只有它本身。为了避免这个问题，每个节点也会根据欧几里得距离与其K个最近邻居连接，公式如下：

$$\text{neigh}_{\text{ne}}(v_i) = \left\{v_j \mid d(v_i,v_j) < \text{sort}\left(d(v_i,v_j)\right)[K]\right\} \tag{12.48}$$

其中，$\text{sort}(\cdot)$指距离的排序算法，且$|\text{neigh}_{\text{ne}}(v_i)| = K$。因此，可以基于$\text{neigh}_{\text{th}}(v_i)$和$\text{neigh}_{\text{ne}}(v_i)$生成节点$v_i$的两个超边。相应的关联矩阵$\boldsymbol{H}_{\text{f}} \in \mathbb{R}^{V\times E}$也可以通过节点$V := |\mathcal{V}|$与超边$E := |\mathcal{E}|$之间的关系获得，其中$\boldsymbol{H}_{\text{f}}$中的元素定义为

$$\boldsymbol{H}_{\text{f}} = \begin{cases} 1 & v \in e \\ 0 & \text{其他} \end{cases} \tag{12.49}$$

关联矩阵$\boldsymbol{H}_{\text{t}}$旨在描述图像块之间的拓扑连接，该矩阵通过 WSI 内图像块的中心坐标信息来创建。例如，给定图像块i的中心坐标(x_i, y_i)，$\boldsymbol{H}_{\text{t}}$的元素将由这些坐标之间的距离确定，可以表示为

$$g(v_i,v_j) = \sqrt{(x_i - x_j)^2 + (y_i - y_j)^2} \tag{12.50}$$

其中，(x_i, y_i)和(x_j, y_j)分别代表第i个图像块的坐标和第j个图像块的坐标。通过计算图像块中心的坐标距离，依照此前计算$\boldsymbol{H}_{\text{f}}$的方法可以获得节点$i$在拓扑空间内的邻居，从而生成相应的关联矩阵$\boldsymbol{H}_{\text{t}}$。$\boldsymbol{H}_{\text{t}}$揭示了图像块之间的空间分布和拓扑联系，对于个体

超图的表示学习至关重要。个体超图学习的详细过程如图 12.26 所示。

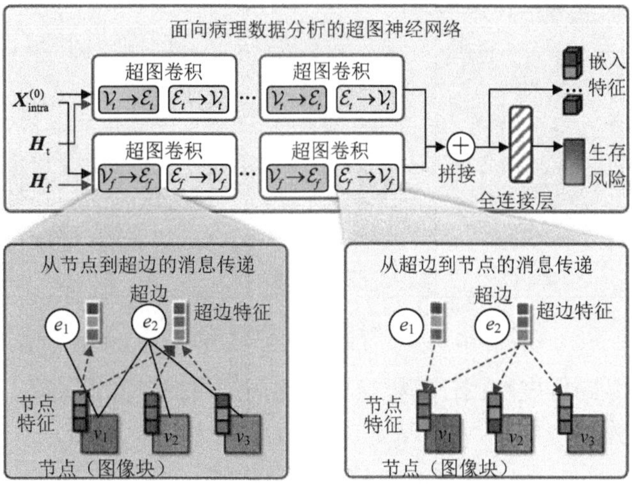

图 12.26 个体超图神经网络模块示意图

在图 12.26 中，$\boldsymbol{X}_{\text{intra}}$ 表示语义病理特征，$\boldsymbol{H}_{\text{t}}$ 和 $\boldsymbol{H}_{\text{f}}$ 分别表示拓扑和语义特征超图的关联矩阵。给定训练集 $\left\{\boldsymbol{X}_{\text{intra}}^{(0)},\boldsymbol{H}_{\text{f}}\right\}$ 和 $\left\{\boldsymbol{X}_{\text{intra}}^{(0)},\boldsymbol{H}_{\text{t}}\right\}$，个体超图神经网络通过两个通道的超图卷积层进行超图学习，分别是语义特征通道和拓扑通道。每层的超图卷积操作包括如下四个阶段。

① 节点特征重新加权：第 l 层的输入节点特征 $\boldsymbol{x}^{(l)}$，通过乘以可学习参数 $\boldsymbol{\Theta}^{l}$ 进行重新加权。

② 从 $\mathcal{V}$ 到 $\mathcal{E}$ 的消息传递：再将 $\boldsymbol{H}^{\text{T}} \in \mathbb{R}^{E\times V}$ 和 $\boldsymbol{F}_v \in \mathbb{R}^{V\times C}$ 相乘，令重新加权节点特征 $\boldsymbol{F}_v$ 聚合为超边特征 $\boldsymbol{F}_e \in \mathbb{R}^{E\times C}$。

③ 超边特征掩码：为了避免过分依赖某些超边的主导特征，对每个通道维度中最大的 λ 个超边特征进行随机掩码。然后，可以得到掩码后的超边特征 $\boldsymbol{F}_e' \in \mathbb{R}^{E\times C}$。

④ 从 $\mathcal{E}$ 到 $\mathcal{V}$ 的消息传递：最后，通过 $\boldsymbol{H} \in \mathbb{R}^{V\times E}$ 和 $\boldsymbol{F}_e' \in \mathbb{R}^{E\times C}$ 相乘，引入非线性激活函数 $\delta(\cdot)$，获得输出节点特征 $\boldsymbol{x}^{(l+1)} \in \mathbb{R}^{V\times C}$。

这四个步骤可以表述为

$$\boldsymbol{x}^{(l+1)} = \delta\left(\boldsymbol{H}\left(\text{Mask}\left(\boldsymbol{H}^{\text{T}}\boldsymbol{x}^{(l)}\boldsymbol{\Theta}^{(l)}\right)\right)\right) \tag{12.51}$$

其中，$\text{Mask}(\cdot)$ 表示超边特征掩码操作。

经过若干超图卷积层后，可以获得拓扑和语义通道中学习的节点特征 $\boldsymbol{x}^{(n)} \in \mathbb{R}^{N\times C}$。然后，对两个通道的 $\boldsymbol{x}^{(n)}$ 的 N 维度应用全局池化操作。最后，通过将池化结果连接在一起，生成每个 WSI 的内部嵌入 $\boldsymbol{x}_{\text{inter}} \in \mathbb{R}^{1\times 2C}$，并在池化层后添加一个全连接层，用于预测生存风险 $\text{Risk}_{\text{intra}} \in \mathbb{R}^{1\times 1}$。

（2）群体超图计算。如图 12.27 所示，群体超图计算将患者视为节点，以建模不同患者之间的复杂高阶关联，并使用通过个体超图学习到的内部嵌入 $\boldsymbol{x}_{\text{inter}} \in \mathbb{R}^{M\times 2C}$ 作为相应患者的初始特征，其中 M 是患者数量。创建群体超图时，使用与个体超图内应用的相同距离测量方法[式（12.47）]来创建群体超边，相应的关联矩阵表示为 $\boldsymbol{H}_{\text{inter}}$。群体超图计算中，以$\{\boldsymbol{x}_{\text{inter}},\boldsymbol{H}_{\text{inter}}\}$作为输入，经群体超图卷积层后得到更精确的高阶特征表示，再应用一个全连接层来预测群体风险。

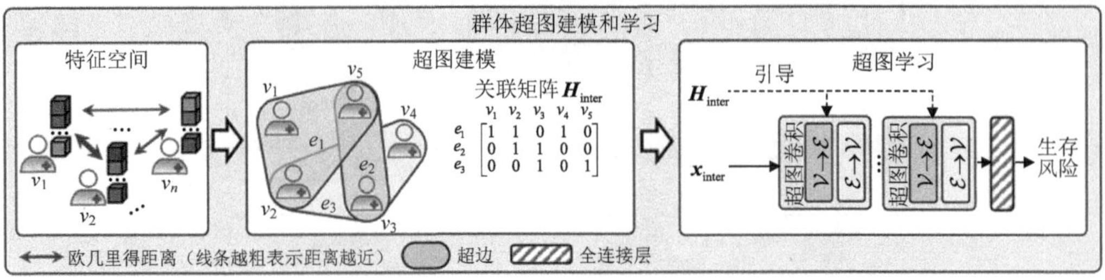

图 12.27　群体超图建模和学习

为了充分利用从跨维度超图计算框架中学习到的内部和群体关联，I²HGC 融合了个体风险和群体风险来作为最终的生存风险$\text{Risk}_{\text{final}}$：

$$\text{Risk}_{\text{final}} = \text{Risk}_{\text{intra}} + \text{Risk}_{\text{inter}} \tag{12.52}$$

其中，$\text{Risk}_{\text{intra}}$和$\text{Risk}_{\text{inter}}$分别是通过个体超图和群体超图预测的生存风险。

I²HGC 的损失函数采用负对数 Cox 部分似然损失函数，可以定义如下：

$$\mathcal{L}_{\text{NLL}} = \sum_{i=1}^{P}\delta_i\left(-s_i^p + \log \sum_{j\in\left\{j:s_j^g\leqslant s_i^g\right\}} \exp\left(s_j^p\right)\right) \tag{12.53}$$

其中，s_i^p和s_i^g分别表示预测结果和真实值；P是从患者数量中得出的可比较对的数量；δ_i表示样本是否被删失。

2. 实验结果和分析

（1）数据描述。实验数据来自癌症基因组图谱计划（the cancer genome atlas，TCGA）[34]的四个公共癌症数据集，即肺鳞状细胞癌（LUSC）、肾细胞癌（KIRC）、肺腺癌（LUAD）和子宫内膜癌（UCEC），以及两个收集自贵州省人民医院和贵州医科大学附属医院的透明细胞肾细胞癌（ccRCC）数据集，分别标记为 SY 和 GY。在 TCGA 数据集中，每位患者至少有一张全幅切片图像（WSI），而在两个私有 ccRCC 数据集中，每位患者仅有一张 WSI。

（2）对比方法。本节介绍的方法与下列方法分别进行了性能对比。

- DeepGraphSurv [31]：该模型采用谱域 GCN 考虑拓扑关系，其回归模型采用 Cox 回归模型 [38]。
- HGSurvNet [6]：上节介绍的基于多空间超图计算的存活预测方法。
- TEA-Graph [43]：该方法使用图注意力网络（GAT）与位置嵌入，通过聚合具有不同注意力得分的图像块邻域来提取图像块周围的上下文特征。
- GiGCN[44]：该方法使用图中图框架，通过图神经网络学习内部和外部信息。

（3）评价指标。本小节使用一致性指数 [33] 作为评价标准。一致性指数通常用于衡量模型根据个体风险评分正确提供可靠的生存时间排名的能力，其可由式（12.42）计算得到。

（4）实验设置。在个体超图计算中，WSI 上采样的图像块被视为内部节点。首先，为每个 WSI 过滤掉不必要的白色背景。接下来以 20 倍目标放大倍率在每个 WSI 上随机采样 2000 个图像块，每个图像块大小固定为 256×256 像素。每个图像块的病理语义特征也是通过 ResNet-34 进行提取的，特征维度为 $\boldsymbol{x}_i \in \mathbb{R}^{1\times 512}$ 。个体和群体超图学习模块的超图卷积层数均设置为 3。

对于训练，使用动量为 0.9 和权重衰减为 5×10^{-4} 的随机梯度下降作为优化器，批量大小为 16。训练周期设置为 1000，初始学习率设置为 0.01，然后在 50 个周期后降低到 10^{-3} ，训练过程在 NVIDIA GeForce RTX 3090 GPU 上实现。

图 12.28 给出了所有对比方法在四个公共 TCGA 数据集和两个私有 ccRCC 数据集上的实验结果。从实验结果中观察可知，I^2HGC 方法的性能优于其他所有比较方法，包括基于图的方法、最新的图中图方法和 HGSurvNet。与 HGSurvNet 相比，I^2HGC 在四个数据集上分别提升了 2.94%、10.70%、7.75%、4.40%、11.27%和 12.2%。现有的基于超图的存活预测方法只能处理个体内部或个体之间的高阶关联关系中的一种，无法在统一计算框架内整合两者。I^2HGC 通过整合个体和群体超图计算框架弥补了这一差距，使其能够建模和学习更全面的存活预测信息，从而使模型更优。GiG 方法可以同时学习个体内部和个体之间的成对关系。实验结果表明，I^2HGC 的一致性指数远超 GiG，HGSurvNet 也比 GiG 表现更好，这表明高阶关联的建模和学习能够比图结构更适用于存活预测任务。I^2HGC 能够首先学习有效的个体内部嵌入表示，在改进群体超图的结构建模方面起到了重要作用。

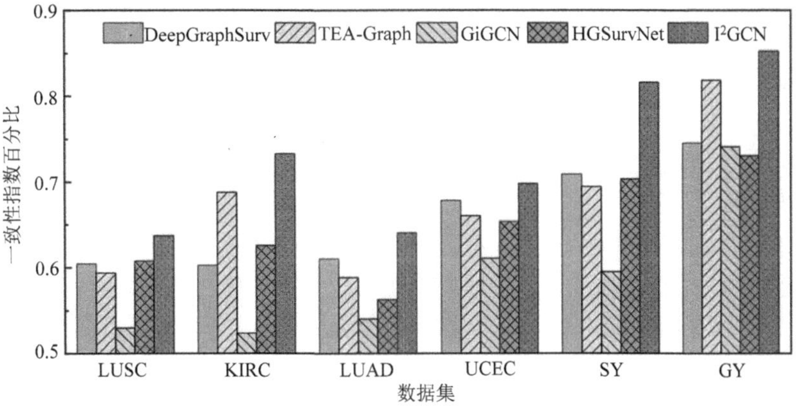

图 12.28 不同方法在 LUSC、KIRC、LUAD、UCEC、SY 和 GY 数据集上的一致性指数

为了进一步评估 I^2HGC 方法是否能反映每位患者的生存风险，这里使用 CoxPH 模型对预测的风险得分和临床病理特征（包括性别、年龄、TNM 分期、T、N 和 M）进行多变量分析。TNM 分期系统是描述癌症进展程度的标准化方法，在肿瘤诊断和预后评估中广泛使用。在该系统中，“T”表示原发肿瘤的大小和侵入深度，“N”表示附近（区域性）淋巴结中是否存在癌细胞，“M”表示是否存在远处转移。需要注意的是，并非所有数据集都有完整的临床病理特征，这部分实验在三个 TCGA 数据集（LUSC、LUAD 和 KIRC）上进行。实验结果如图 12.29 所示，以平行坐标图展示，不同颜色代表不同特征，曲线与数据集轴交叉的点表示该变量在相应数据集中的系数，红线代表所提出的

I^2HGC 的系数。从实验结果中观察可知，I^2HGC 获得的对数危险比高于所有临床病理特征，这同样表明了 I^2HGC 在预测患者特定生存概率方面具有更优的性能。

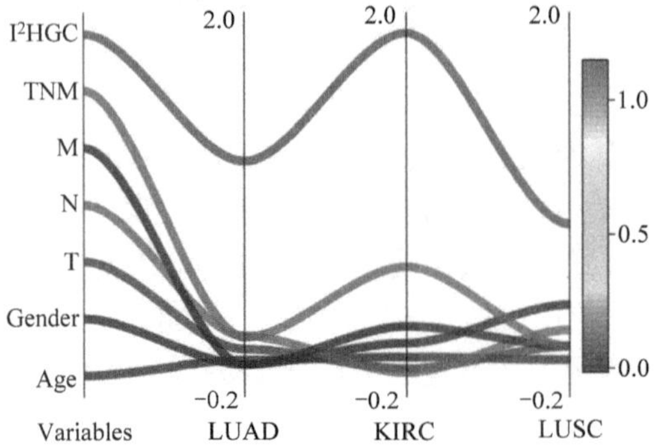

图 12.29（彩色）

图 12.29　临床病理特征和 I^2HGC 预测生存风险分数的多变量分析

12.6　医学图像检索

医学图像检索能够为临床诊断提供重要的影像学支持，能够高效获取相似病例信息及诊疗信息。在实际应用中，医生和研究人员经常需要从海量的医学图像数据库中检索出具有特定特征或类似病理特征的图像，以便于比对分析和诊疗决策。然而，由于医学图像的多样性、复杂性和高维度特性，从庞大的医学图像库中快速且准确地检索到相关图像是一项极具挑战性的任务。近年来，随着人工智能技术，特别是深度学习技术的快速发展，医学图像检索领域也迎来了革命性的变革。深度学习，尤其是卷积神经网络在特征提取和图像识别方面取得了显著成果，能够有效处理医学图像中的复杂模式，并提取出关键的视觉特征，从而极大地提升了医学图像检索的准确性和效率。此外，GNNs 也为医学图像检索提供了新的解决方案。在医学图像检索中，GNNs 可以有效地建模图像间的相似性和差异性，特别是当涉及复杂的病理结构和组织间的相互关系时。通过将医学图像作为图的节点，并利用 GNNs 来学习节点间的复杂关系，医学图像检索的性能得到了进一步的提升。

然而，尽管深度学习技术在医学图像检索中取得了显著进展，仍然面临着一些挑战。例如，深度学习模型通常需要大量的标注数据来进行训练，而在医学领域，高质量的标注数据往往难以获得。此外，深度学习模型的可解释性也是一个重要的研究课题，特别是在医学领域，模型的决策过程需要更加透明和可解释。因此，未来的研究需要继续探索更高效的学习算法，以及改善模型的可解释性，以便更好地应用于医学图像检索领域。同时，医学数据之间的关系对于精确检索也是非常重要的。基于图结构的检索方法虽然考虑了数据之间的关联，但是仍对医学图像之间的复杂高阶关联有所缺失，在实际应用中仍需要考虑这些重要的高阶关联关系。针对医学图像检索的需求，本节主要介绍一种基于超图计算的病理图检索方法。

组织病理学全切片图像在癌症诊断，特别是在基于病例的诊断中，起着至关重要的作用。因此，搜索与查询具有相似内容的 WSI 图像具有重要意义。虽然全切片级检索在临床应用中更加直观和实用，但大多数方法都是为图像块级检索而设计的。近年来，一些无监督的全切片级方法大多直接集成图像块特征来生成全切片级的特征表示，而无法感知全切片级信息，从而严重限制了 WSI 检索的性能。为解决这一问题，本节介绍一种高阶关联引导的自监督哈希编码检索方法（high-order correlation-guided self-supervised Hashing-encoding retrieval，HSHR）[7]。该方法首先以自监督的方式训练了一个基于注意力的哈希编码器来生成全切片级的病理图特征表示，从而能够创建更具代表性的聚类中心的全切片级哈希码，并为每个哈希码分配权重，再利用这些优化后的加权的哈希码建立基于相似度的超图，其中超图引导检索模块在多对流形中探索高阶关联以进行 WSI 检索，该方法的框架如图 12.30 所示。HSHR 方法主要包括两个模块，即基于自监督学习的哈希编码模块和超图引导的检索建模模块。

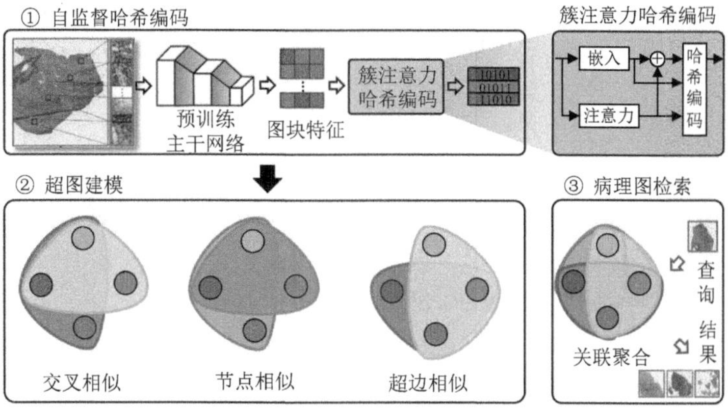

图 12.30（彩色）

图 12.30 高阶关联引导的自监督哈希编码检索方法框架图

1. 基于自监督学习的哈希编码模块

在第一阶段中，首先应用 OTSU [32] 算法剔除病理图像中的空白、侵蚀等区域，然后采用密集采样方法得到感兴趣区域的所有图像块。如此，一个 WSI 可以由 $P^i=\left\{p_1^i,p_2^i,\cdots,p_{N_i}^i\right\}$ 表示，其中，i 为全切片的编号，p_j^i 表示第 i 个全切片中的第 j 个图像块。为了获得图像块特征，HSHR 采用 SimCLR [45] 建立自监督学习框架。训练数据则是当前数据集中采样得到的所有图像块，共采集了 10 万个图像块，每个图像块大小调整为 224×224 像素。这里采用 ResNet18 [46] 作为模型主干，而训练时的超参数，除了批处理大小由于硬件限制设置为 128，其他超参数设置与默认一致。WSI 中图像块的特征可以表述如下：

$$E^i=f\left(P^i\right)=f\left(p_1^i\right),f\left(p_2^i\right),\cdots,f\left(p_{N_i}^i\right)=\left\{e_1^i,e_2^i,\cdots,e_{N_i}^i\right\} \tag{12.54}$$

其中，f 为预训练的主干模型提取特征的过程；e_j^i 表示第 i 个全切片中第 j 个图像块的特征嵌入。在得到全切片中的所有图像块特征后，对这些图像块特征采用 k-mean 聚类方法 [47]，得到 n 个聚类中心，HSHR 将 n 设置为 20。这一步可由以下公式表示：

$$C^i=\operatorname{clus}\left(E^i\right)=\operatorname{clus}\left(\left\{e_1^i,e_2^i,\cdots,e_{N_i}^i\right\}\right)=\left\{c_1^i,c_2^i,\cdots,c_{N_i}^i\right\} \tag{12.55}$$

除了采用图像块级的自监督学习，HSHR 还采用全切片级的自监督学习进行簇注意力哈希编码器的训练。簇注意力哈希编码器如图 12.30 所示，其输入是一组来自同一全切片的聚类中心的特征，输出则是一组嵌入特征及其对应的注意力分数，用以表征该全切片。在自监督训练期间，HSHR 对特征嵌入进行池化操作以生成表示 WSI 的向量；在微调过程中不进行池化操作，簇注意力哈希编码器的输出即为每个聚类中心的一组哈希编码及其对应的注意力分数。在自监督学习过程中，聚类中心特征组 C^i 的生成过程如下：

$$E^i = f_e\left(C^i\right) \tag{12.56}$$

$$a^i = \text{norm}\left(f_a\left(C^i\right)\right) \tag{12.57}$$

$$s^i = \tanh\left(\text{pooling}\left(E^i \otimes a^i\right)\right) \tag{12.58}$$

其中，f_e、f_a 是用于生成特征嵌入和注意力分数的可学习的 MLPs，大写表示一组向量，小写表示单个向量。对特征嵌入 E^i 的池化操作相当于对注意力分数 a^i 的加权平均操作。$\tanh(\cdot)$ 操作可以将特征从 $[-\infty,+\infty]$ 映射到 $[-1,+1]$。

2. 超图引导的检索建模

通过以上步骤得到每个 WSI 的一组哈希编码和对应注意力分数后，接下来进入超图引导的检索环节，主要包括三个过程：超图构建、多对流形探索和多相关融合。

（1）超图构建。在 HSHR 的超图引导检索方法中，每张 WSI 由固定数量的聚类中心的哈希向量 $H^i=\left\{h_1^i,h_2^i,\cdots,h_n^i\right\}$ 表示。该方法将每张 WSI 表示为一个节点，并为每个节点生成一个对应的超边，超边 e_a 到节点 v_b 的连接由全切片 a 和全切片 b 的聚类中心之间的相似度决定。具体来说，对于每个聚类中心与其他聚类中心之间的哈希距离都通过汉明距离进行排序，计算方法如下：

$$\text{search}\left(h_j^i\right)=\left[r_1\left(h_j^i\right),r_2\left(h_j^i\right),\cdots,r_K\left(h_j^i\right)\right] \tag{12.59}$$

其中，K 是最相似中心的最大数量，称为接近阈值。在整个数据集中，$r_p\left(h_j^i\right)$ 是第 i 张全切片的第 j 个中心的第 p 个相似中心。排序时，不排除被查询的聚类中心，这意味着 $r_1\left(h_j^i\right)=h_j^i$。这里采用负的 $\log-K$ 来度量相似度：

$$s\left(h,r_p\left(h\right)\right)=1-\log_K\left(p\right) \tag{12.60}$$

其中，如果 p 是最小数 1，则得到最大结果 1；如果 p 恰好接近阈值 K（即最大值），将给出最小输出 0。在此基础上，超边 e_a 和节点 v_b 的连接强度，即中心到中心的相似度之和定义为

$$\begin{aligned} r\left(v_b,e_a\right) &= \sum_{j=1}^{K}\sum_{p=1}^{K}1\left[r_p\left(h_j^a\right)\in H^b\right]s\left(h_j^a,r_p\left(h_j^a\right)w_j^a\right) \\ &= \sum_{j=1}^{K}\sum_{p=1}^{K}1\left[r_p\left(h_j^a\right)\in H^b\right]\left(1-\log_K\left(\text{p}\right)\right)w_j^a \end{aligned} \tag{12.61}$$

其中，H^b 为全切片 b 的哈希代码集。通过公式的定义可知，$r\left(v_b,e_a\right)$ 与 $r\left(v_a,e_b\right)$ 之间是不对称关系，即 $r\left(v_b,e_a\right)\neq r\left(v_a,e_b\right)$。所以，连续关联矩阵 $\boldsymbol{H}$ 也是不对称的。通过这些超边就可以建立完全连续超图。需要指出的是，这里不同的接近阈值 K 会影响感受野范围，从而产生不同的 $\boldsymbol{H}$。

综上，超图结构的连续关联矩阵 $\boldsymbol{H}$ 可以写为

$$\boldsymbol{H}(v,e)=\begin{cases}r(v,e) & v\in e\\ 0 & 其他\end{cases} \tag{12.62}$$

其中，$r(v,e)$ 可以是任意正的连续实数，表示节点 v 与超边 e 之间的连接。

（2）多对流形探索。虽然连续超图已经是表示相似关系的有效模型，但在复杂的检索任务中，仍然需要高阶关系和成对关系，通过利用多种关系的挖掘，特别是其中的高阶关系，可以获得 WSI 之间的潜在相关性，从而构建信息丰富关联。在此，HSHR 方法利用超图结构来计算三种不同视图下的相似性，以构建 WSI 之间的多种关系。

第一种视图是交叉相似，即类似的全切片必须在相应的超边和节点之间具有更强的连接。如图 12.31（a）所示，v_1、e_2 和 v_2、e_1 的连接表示全切片 1 和全切片 2 之间的相似性，超边-节点关系和节点-超边关系都是有效的。将代表两种关系的相似度组合起来，就可以得到交叉视图相似度，其计算公式为

$$\boldsymbol{S}_c=\hat{\boldsymbol{H}}+\hat{\boldsymbol{H}}^{\mathrm{T}} \tag{12.63}$$

需要说明的是，上述视图是低阶的，两个全切片只有在具有节点-超边连接时才关联，这严重限制了超图结构的感受野范围。

第二种视图是节点相似，这是一种高阶相似性，假设相似的全切片具有类似的节点，这些节点可以由相同的超边连接。如图 12.31（b）所示，尽管全切片 1 和全切片 2 之间没有直接的节点-超边连接，v_1 和 v_2 由 e_3、e_4 连接，两者之间也包含相似度信息。在关联矩阵 $\hat{\boldsymbol{H}}$ 中，两个节点 v_i、v_j 之间的相似性度量被表示为 $v_i\cdot v_j$，或 $\hat{\boldsymbol{H}}[i:]\cdot\hat{\boldsymbol{H}}[j:]$。在整个超图上，可以进行如下计算：

$$\boldsymbol{S}_v=\hat{\boldsymbol{H}}\hat{\boldsymbol{H}}^{\mathrm{T}} \tag{12.64}$$

第三种视图是超边相似，这同样是一种高阶相似性。类似地，相似的全切片具有相似的超边并引用相同的节点。如图 12.31（c）所示，e_1、e_2 同时连接 v_3 和 v_4，说明超边 e_1 和超边 e_2 及其对应的全切片具有内在的相似性。在关联矩阵 $\hat{\boldsymbol{H}}$ 中，两个超边之间的相似性度量可以表示为 $e_i\cdot e_j$，或 $\hat{\boldsymbol{H}}[:i]\cdot\hat{\boldsymbol{H}}[:j]$。整个超图中的超边相似度可以计算如下：

$$\boldsymbol{S}_e=\hat{\boldsymbol{H}}^{\mathrm{T}}\hat{\boldsymbol{H}} \tag{12.65}$$

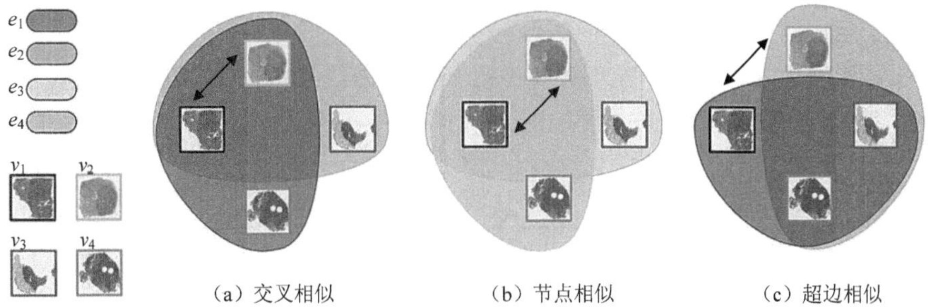

（a）交叉相似　　（b）节点相似　　（c）超边相似

图 12.31（彩色）

图 12.31　三种视图下的相似性说明

（3）多相关融合。HSHR 建立了三种不同的高阶超图流形，分别建立了多维度信息，接下来要将它们融合起来。通过引入两个参数 α、β 来调整每种超图流形在融合时的比

例，以揭示其中最关键的因素。三种超图流形结合后得到的相似矩阵可以表示为

$$\boldsymbol{S}=\boldsymbol{S}_c+\alpha\boldsymbol{S}_c+\beta\boldsymbol{S}_v \tag{12.66}$$

对于不同的数据集，其所对应的参数K、α和β可以不同，可以根据特定任务来确定。后续实验也表明，为三个视图选择相同的权重，即$\boldsymbol{S}=\boldsymbol{S}_e+\boldsymbol{S}_v+\boldsymbol{S}_c$。

最后，可以直接从相似度矩阵$\boldsymbol{S}$中推断出检索结果。对于第i张全切片，前k个相似的结果为

$$\text{ret}_i[1:k]=\text{rankedIdx}(\boldsymbol{S}[i,:])[2:k+1] \tag{12.67}$$

其中，$\text{rankedIdx}(\cdot)$对其进行排序，并给出降序索引。

3. 实验结果和分析

（1）数据集。为评估本节所介绍方法的性能，实验采用了TCGA[34]的数据集，其中收集了10个解剖部位和30种原发性癌症亚型的24420份诊断切片。在TCGA中，同一患者的两张或多张WSI通常属于同一亚型，这些全切片具有相似的表示和内容。因此，一张查询全切片及其最相似的全切片可能来自同一患者，也可能是相同的亚型，从而提高了检索性能。基于此，后续实验对比中，将手动去除与查询全切片来自同一患者的全切片。

（2）评价指标。本节所有实验采用的评估指标如下。

平均多数投票（mean majority vote，mMV）：mMV@k表示从返回的前k个检索全切片的标签中获得多数投票，以决定输出标签。如果输出标签与查询的标签相同，则此查询的检索结果是正确的，否则是错误的。mMV@k被公认适用于医疗领域[48]，其可表述如下：

$$\text{mMV@}k=\frac{1}{N}\sum_{i=1}^{N}1\left[L_i=\text{MV}\left(\text{ret}_i[1:k]\right)\right] \tag{12.68}$$

其中，N为全切片总数；L_i为第i张查询全切片的真值标签；$\text{MV}(\cdot)$为多数投票的结果标签；$\text{ret}_i[1:k]$为第i张查询全切片返回的前k张相似全切片。

- 平均精度均值（mean average precision，mAP）：mAP@k描述了正确输出在所有返回的前k检索全切片中的相对排名位置。如果所有正确的输出都在错误输出的前面，那么对于这个查询全切片，不管前k张全切片中有多少是正确的，mAP@k都可以报告为100%。因此mAP@k提供了一种不同的视角来衡量检索性能，这是一种更为宽松的度量。可表述如下：

$$\text{mAP@}k=\frac{1}{N}\sum_{i=1}^{N}\left(\frac{1}{\epsilon+\sum_{j=1}^{k}1\left[L_i=\text{ret}_i[j]\right]}\sum_{j=1}^{k}\left(1\left[L_i=\text{ret}_i[j]\right]\frac{\sum_{l=1}^{j}1\left[L_i=\text{ret}_i[l]\right]}{j}\right)\right) \tag{12.69}$$

其中，$\text{ret}_i[j]$是第i张查询全切片返回的第j张相似幻灯片；ϵ是一个无限小的数，当返回的全切片没有与查询全切片相同的标签时，可以避免0作为分母。

（3）对比方法。本节介绍的方法分别与下列方法进行了性能对比。

- Yottixel[48]：该方法在低放大倍数下进行颜色聚类，在高放大倍数下提取“马赛克”特征，最后利用“束状条形码”进行搜索，这是该领域的开创性工作之一。
- FISH[49]：该方法用 VQ-VAE 将图像块特征编码为 vEB 树，为每个查询带来了接近 $O(1)$ 的时间复杂度，支持在非常大的数据库中进行快速搜索。

（4）实验结果分析。为了评估 HSHR 方法的性能，本实验首先以自监督的方式用所有可用的病理切片训练 HSHR 哈希编码器，以避免提供任何标签信息。然后将 TCGA 数据集划分为 10 个子数据集，每个子数据集代表一个解剖部位，并针对每个子数据集进行了单独的实验，具体结果如图 12.32 所示。从实验结果中观察可知，除了大脑子数据集外，HSHR 在其余数据集上均可以达到最高的平均 mMV@5 和 mAP@5。具体来说，对于 mMV@5 这一指标，在造血、黑色素细胞、肺、前列腺/睾丸等数据集上，HSHR 在所有亚型的检索中都优于 Yottixel 和 FISH。在脑、胃肠道、妇科、泌尿、内分泌、肝脏等数据集上，HSHR 的平均得分也要高于对比方法。只有在大脑子数据集上，HSHR 在 mAP@5 这一指标上略逊于 Yottixel。这可能是因为大脑是一个相对简单的二分类任务，在数据充分的前提下不同方法都容易获得较好的结果。另外，在造血、黑色素细胞、前列腺/睾丸和内分泌等解剖部位中，HSHR 将平均错误率分别降低了 61.1%、26.8%、96.6% 和 36.0%，取得了显著提升。

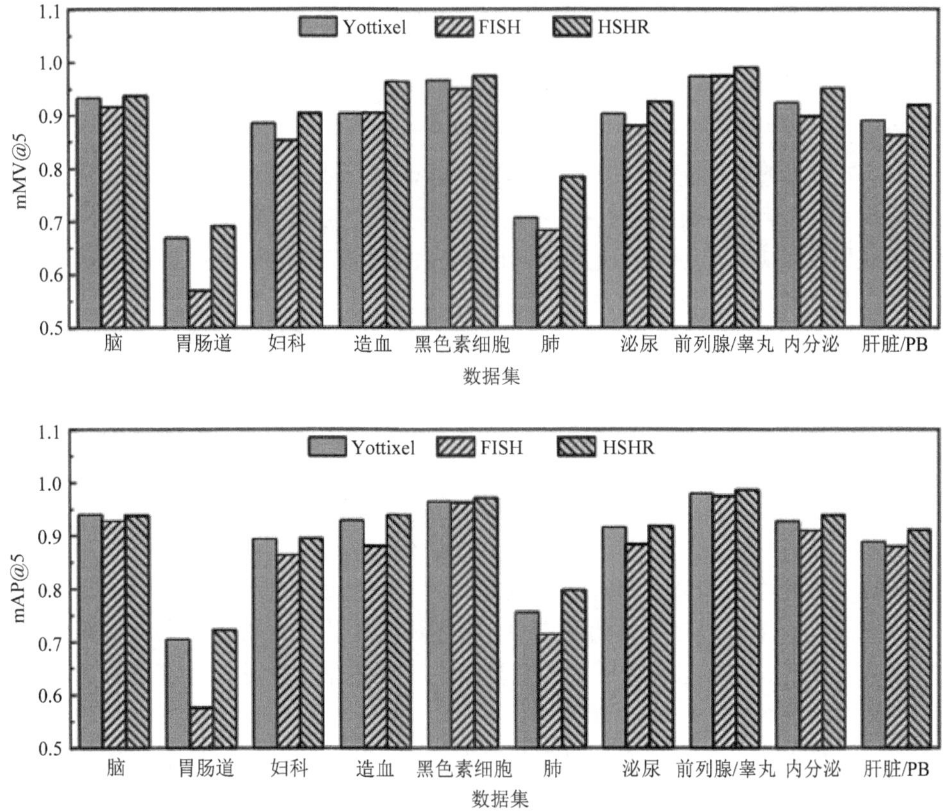

图 12.32　主要亚型检索实验结果

此外，在那些亚型病理切片数量不均衡的子数据集上，HSHR 同样取得了更加均衡的结果。例如，在造血方面包含两部分切片，即 DLBC（101 片）和 THYM（316 片），DLBC 相比 THYM 所占比例较小。以 mMV@5 为评价指标，Yottixel 和 FISH 在 DLBC 与 THYM 上的结果分别为 0.6832 与 0.9743 和 0.79 与 0.9419，HSHR 则达到 0.8911 与 0.9873，均高于对比方法。尽管这些方法都是无监督的（因此不会从训练中引入灾难性的归纳偏差），但它们仍然存在轻微的偏差。偏差是不可避免的，不同的方法会带来不同的偏差。设计一种在所有亚型中都表现更好的方法是不可能的。因此，评估每个数据集的总体平均分是可比较和公平的。HSHR 方法仅在少数亚型中表现稍差，但总的来说本方法的稳定性更好，在几乎所有解剖部位都能达到最佳的平均性能。综上所述，HSHR 明显优于 Yottixel 和 FISH 等对比方法。

本节介绍了一种基于超图引导的病理图检索方法，利用超图对于高阶复杂关联关系的建模能力，结合三种超图流形，挖掘病理图之间的关系，从而帮助实现病理图之间更加精确的检索。需要强调的是，除了病理图检索任务外，其他医学数据检索任务也可以通过建模其中的复杂高阶关联来更充分地挖掘数据的关系，提高检索性能。

本章小结

本章深入探讨了超图计算在医学中的应用，特别介绍了其在计算机辅助诊断、脑影像分割、脑网络建模、存活预测和医学图像检索等五个方面的应用案例。在计算机辅助诊断方面，分别给出了面向 COVID-19 辅助诊断和基于多类型 MRI 数据进行的 MCI 辅助诊断的方法。在脑影像分割方面，基于分层超图学习的方法能够精确识别不同脑部结构。该方法可以处理脑部结构的复杂性和变异性，精确地分割出脑部的不同区域，对于研究脑部疾病、评估脑部损伤和进行神经科学研究具有极大的价值。在脑网络建模方面，利用动态超图学习方法能够更好地理解 MCI 等疾病的脑部网络变化。在存活预测方面，分别介绍了基于单空间超图计算的存活预测方法、基于多空间超图计算的存活预测方法和基于跨维度超图计算的存活预测方法，实验分析中发现超图计算在存活预测任务中能够取得显著效果，这对于癌症等严重疾病的治疗规划和患者护理至关重要。最后，在医学图像检索方面，介绍了高阶关联引导的自监督哈希编码检索方法，该方法可以从庞大的医学数据库中快速检索出相关图像。上述应用仅是超图计算在医学应用中的一些初步尝试。从这些尝试中可以发现，在不同维度、不同视角下，医学数据都存在高阶关联关系，对这些高阶关联关系的建模和使用能够有效提高医学任务的性能。

超图计算技术在医学领域的应用展现了其对于高维度数据关联分析的独特价值。尤其是在临床辅助诊断和诊疗方案的制定中，超图的高阶关联分析为医疗决策提供了新的维度和视角。然而，尽管当前的研究已经取得了一定成果，但超图计算在医学领域的深入应用仍面临诸多挑战。

首先，目前对于不同疾病的处理往往是孤立的，缺乏一个统一的框架来综合分析不同疾病之间的相互关系。此外，不同模态的医学数据（如 MRI、CT、病理图像等）虽然各自含有丰富的诊断信息，但目前这些数据的综合利用和协同分析还不够成熟，限制了其潜在价值的发挥。同时，跨中心和跨地域的医学数据的融合和分析也是一个重要且迫切需要解决的问题，这对于构建更加全面和准确的医学决策模型尤为关键。

参 考 文 献

[1] DI D, SHI F, YAN F, et al. Hypergraph learning for identification of COVID-19 with CT imaging[J]. Medical Image Analysis, 2021, 68: 101910.

[2] GAO Y, WEE C Y, KIM M, et al. MCI identification by joint learning on multiple MRI data[C]//Proceedings of the International Conference on Medical Image Computing and Computer-Assisted Intervention. Munich: MICCAI Society, 2015: 78-85.

[3] DONG P, GUO Y, GAO Y, et al. Multi-atlas segmentation of anatomical brain structures using hierarchical hypergraph learning[J]. IEEE Transactions on Neural Networks and Learning Systems, 2019, 31(8): 3061-3072.

[4] ZHANG Z, LIU J, LI B, et al. Diagnosis of childhood autism using multi-modal functional connectivity via dynamic hypergraph learning[C]//Proceedings of the CAAI International Conference on Artificial Intelligence. Hangzhou: CAAI, 2021: 123-135.

[5] DI D, LI S, ZHANG J, et al. Ranking-based survival prediction on histopathological whole slide images[C]//Proceedings of the International Conference on Medical Image Computing and Computer-Assisted Intervention. Lima: MICCAI Society, 2020: 428-438.

[6] DI D, ZOU C, FENG Y, et al. Generating hypergraph-based high-order representations of whole-slide histopathological images for survival prediction[J]. IEEE Transactions on Pattern Analysis and Machine Intelligence, 2022, 45(5): 5800-5815.

[7] LI S, ZHAO Y, ZHANG J, et al. High-order correlation-guided slide-level histology retrieval with self-supervised hashing[J]. IEEE Transactions on Pattern Analysis and Machine Intelligence, 2023, 45(9): 11008-11023.

[8] FANG Y, ZHANG H, XIE J, et al. Sensitivity of chest CT for COVID-19: Comparison to RT-PCR[J]. Radiology, 2020, 296(2): E115-E117.

[9] ZHANG J, XIE Y, PANG G, et al. Viral pneumonia screening on chest X-rays using confidence-aware anomaly detection[J]. IEEE Transactions on Medical Imaging, 2020, 40(3): 879-890.

[10] SHAN F, GAO Y, WANG J, et al. Abnormal lung quantification in chest CT images of COVID-19 patients with deep learning and its application to severity prediction[J]. Medical Physics, 2021, 48(4):1633-1645.

[11] CORTES C, VAPNIK V. Support-vector networks[J]. Machine Learning, 1995, 20: 273-297.

[12] ORHAN U, HEKIM M, OZER M. EEG signals classification using the k-means clustering and a multilayer perceptron neural network model[J]. Expert Systems with Applications, 2011, 38(10): 13475-13481.

[13] ZHANG Z, LIN H, ZHAO X, et al. Inductive multi-hypergraph learning and its application on view-based 3D object classification[J]. IEEE Transactions on Image Processing, 2018, 27(12): 5957-5968.

[14] ZHOU D, HUANG J, SCHÖLKOPF B. Learning with hypergraphs: Clustering, classification, and embedding[J]. Advances in Neural Information Processing Systems, Vancouver: MIT Press, 2006: 19.

[15] ZHANG D, SHEN D, INITIATIVE A D N, et al. Multi-modal multi-task learning for joint prediction of multiple regression and classification variables in Alzheimer's disease[J]. NeuroImage, 2012, 59(2): 895-907.

[16] JIE B, ZHANG D, CHENG B, et al. Manifold regularized multi-task feature selection for multi-modality classification in Alzheimer's disease[C]//Proceedings of the International Conference on Medical Image Computing and Computer-Assisted Intervention. Nagoya: MICCAI Society, 2013: 275-283.

[17] WATANABE T, REES G. Brain network dynamics in high-functioning individuals with autism[J]. Nature Communications, 2017, 8: 16048.

[18] KIPF T N, WELLING M. Semi-supervised classification with graph convolutional networks[C]//Proceedings of the International Conference on Learning Representations, 2017.

[19] ZHANG Z, LIU J, LI B, et al. Diagnosis of childhood autism using multi-modal functional connectivity via dynamic hypergraph learning[C]//Proceedings of the International Conference on Artificial Intelligence, 2021: 123-135.

[20] SHI F, YAP P T, WU G, et al. Infant brain atlases from neonates to 1- and 2-year-olds[J]. PLoS ONE, 2011, 6(4): e18746.

[21] AQUINO D, BIZZI A, GRISOLI M, et al. Age-related iron deposition in the basal ganglia: Quantitative analysis in healthy subjects[J]. Radiology, 2009, 252(1): 165-172.

[22] COUPÉ P, MANJÓN J V, FONOV V, et al. Patch-based segmentation using expert priors: Application to hippocampus and ventricle segmentation[J]. NeuroImage, 2011, 54 (2): 940-954.

[23] IGLESIAS J E, SABUNCU M R. Multi-atlas segmentation of biomedical images: A survey[J]. Medical Image Analysis, 2015, 24(1): 205-219.

[24] ROUSSEAU F, HABAS P A, STUDHOLME C. A supervised patch-based approach for human brain labeling[J]. IEEE Transactions on Medical Imaging, 2011, 30(10): 1852-1862.

[25] SHI J, MALIK J. Normalized cuts and image segmentation[J]. IEEE Transactions on Pattern Analysis and Machine Intelligence, 2000, 22(8): 888-905.

[26] JIA M, GONG M G, JIAO L C, 2015. Hyperspectral image classification using discontinuity adaptive class-relative nonlocal means and energy fusion strategy[J]. ISPRS Journal of Photogrammetry and Remote Sensing, 106(8): 16-27.

[27] ZHANG D, GUO Q, WU G, et al. Sparse patch-based label fusion for multi-atlas segmentation[J]. Multimodal Brain Image Analysis, 2012: 94-102.

[28] WANG H, SUH J W, DAS S R, et al. Multi-atlas segmentation with joint label fusion[J]. IEEE Transactions on Pattern Analysis and Machine Intelligence, 2013, 35(3): 611-623.

[29] ZHU X, YAO J, ZHU F, et al. WSISA: Making survival prediction from whole slide histopathological images[C]//Proceedings of the IEEE/CVF Conference on Computer Vision and Pattern Recognition. Honolulu: IEEE, 2017: 7234-7242.

[30] TIBSHIRANI R. The LASSO method for variable selection in the Cox model[J]. Statistics in Medicine, 1997, 16(4): 385-395.

[31] LI R, YAO J, ZHU X, et al. Graph CNN for survival analysis on whole slide pathological images[C]//Proceedings of the International Conference on Medical Image Computing and Computer-Assisted Intervention. Granada: MICCAI Society, 2018: 174-182.

[32] OTSU N. A threshold selection method from gray-level histograms[J]. IEEE Transactions on Systems, Man, and Cybernetics, 1979, 9(1): 62-66.

[33] HEAGERTY P J, ZHENG Y. Survival model predictive accuracy and ROC curves[J]. Biometrics, 2005, 61(1): 92-105.

[34] KANDOTH C, MCLELLAN M D, VANDIN F, et al. Mutational landscape and significance across 12 major cancer types[J]. Nature, 2013, 502(7471): 333-339.

[35] KRAMER B S, BERG C D, ABERLE D R, et al. Lung cancer screening with low-dose helical CT: Results from the National Lung Screening Trial (NLST)[J]. Journal of Medical Screening, 2011, 18(3): 109-111.

[36] ZHU X, YAO J, HUANG J. Deep convolutional neural network for survival analysis with pathological images[C]//Proceedings of the IEEE International Conference on Bioinformatics and Biomedicine. Shenzhen: IEEE, 2016: 544-547.

[37] YAO J, ZHU X, HUANG J. Deep multi-instance learning for survival prediction from whole slide images[C]//Proceedings of the International Conference on Medical Image Computing and Computer-Assisted Intervention. Shenzhen: MICCAI Society, 2019: 496-504.

[38] COX D R. Regression models and life-tables[J]. Journal of the Royal Statistical Society: Series B (Methodological), 1972, 34(2): 187-202.

[39] CHEN R J, LU M Y, SHABAN M, et al. Whole slide images are 2d point clouds: Context aware survival prediction using patch-based graph convolutional networks[C]//Proceedings of the International Conference on Medical Image Computing and Computer-Assisted Intervention. Strasbourg: MICCAI Society, 2021: 339-349.

[40] HE K, ZHANG X, REN S, et al. Deep residual learning for image recognition[C]//Proceedings of the IEEE/CVF Conference on Computer Vision and Pattern Recognition. Las Vegas: IEEE, 2016: 770-778.

[41] ZADEH S G, SCHMID M. Bias in cross-entropy-based training of deep survival networks[J]. IEEE Transactions on Pattern Analysis and Machine Intelligence, 2020, 43(9): 3126-3137.

[42] WANG J, SONG S, CHEN L, et al. Graph in graph neural network[C]//Proceedings of the International Conference on Learning Representations, 2023.

[43] LEE Y, PARK J H, OH S, et al. Derivation of prognostic contextual histopathological features from whole-slide images of tumours via graph deep learning[J]. Nature Biomedical Engineering, 2022: 1-15.

[44] JIA S, JIANG S, ZHANG S, et al. Graph-in-graph convolutional network for hyperspectral image classification[J]. IEEE Transactions on Neural Networks and Learning Systems, 2022, 35(1): 1157-1171.

[45] CHEN T, KORNBLITH S, NOROUZI M, et al. A simple framework for contrastive learning of visual representations[C]// Proceedings of the International Conference on Machine Learning, 2020: 1597-1607.

[46] AHMAD A, DEY L. A k-means clustering algorithm for mixed numeric and categorical data[J]. Data & Knowledge Engineering, 2007, 63(2): 503-527.

[47] KALRA S, TIZHOOSH H R, SHAH S, et al. Pan-cancer diagnostic consensus through searching archival histopathology images using artificial intelligence[J]. npj Digital Medicine, 2020, 3(31): 1-15.

[48] KALRA S, TIZHOOSH H R, CHOI C, et al. Yottixel-an image search engine for large archives of histopathology whole slide images[J]. Medical Image Analysis, 2020, 65: 101757.

[49] CHEN C, LU M Y, WILLIAMSON D F, et al. Fast and scalable search of whole-slide images via self-supervised deep learning[J]. Nature Biomedical Engineering, 2021, 6(12): 1420-1434.

第 13 章　视觉超图计算

计算机视觉是通过信息处理技术使计算机能够像人类一样“看”和“理解”世界，这一过程涉及几个关键问题：如何从视觉数据中获取信息，如何对视觉数据进行学习和分析，以及如何理解视觉数据中的信息。在过去几十年里，人工智能和机器学习技术的飞速发展，极大地推动了计算机视觉领域各个方面的研究。1998 年，LeNet[1] 的提出为视觉数据分类奠定了基础，该模型中应用的很多经典的卷积神经网络（convolutional neural network，CNN）技术（如卷积层、池化层、全连接层和激活函数）目前仍是许多先进视觉数据分类模型的基础模块。2012 年，AlexNet[2] 的提出进一步改进了 LeNet 模型，并引入了随机失活（Dropout）和批正则化（BatchNorm）等技术来解决深度学习模型面临的过拟合和梯度饱和问题。上述两项研究奠定了未来十年卷积神经网络模型设计的基础理念并有效提升了计算机视觉领域众多应用任务的性能。2015 年，ResNet[3] 模型首次提出了残差连接模块，解决了梯度消失问题，进而突破了深度神经网络层数限制，极大地提升了模型对于视觉数据的学习能力，并推动了计算机视觉领域各个方面的发展。但是，CNN 处理序列数据的能力较弱，无法对图像序列中的空间和时间信息进行有效建模。为了解决这一问题，Transformer 应运而生，并首先在自然语言处理领域取得突破。2020 年，ViT[4] 首次将 Transformer 应用于视觉数据分类任务，在计算资源减少四倍的情况下，其性能超过了最先进的 CNN 方法。随后，生成式预训练 Transformer（generative pretrained transformer，GPT）[5] 的发展对于图像生成、图像-文本交互、跨模态学习等任务提出了新的解决范式。

本章首先介绍视觉超图计算框架，之后分别对超图计算在计算机视觉中的典型应用展开介绍。

13.1　视觉超图计算框架

计算机视觉方法在数据质量高、数据量充足的情况下可以有效建立观测数据到目标之间的语义计算模型，但是当数据不足时，其性能通常受到严重限制。在这样的背景下，超图计算作为一种新兴计算范式，也在计算机视觉领域展现出了巨大的潜力。通过构建和分析视觉内容中的高阶关联，超图计算不仅能够揭示图像、视频和其他视觉媒介中的多层次、多维度关联，还为视觉内容的深入解析和处理提供了全新的视角和工具。这种技术在理解视觉数据的内在结构和关联性方面具有重要意义，能够提升计算机视觉任务的能力，拓展应用边界，并为实际部署提供新的动力，加速计算机视觉领域的前沿发展。例如，超图计算在复杂场景下的对象识别、场景理解、多模态数据融合等方面的应用，展现了其在视觉语义理解方面的重要作用。图 13.1 展示了超图计算在视觉领域中的多种应用角度。

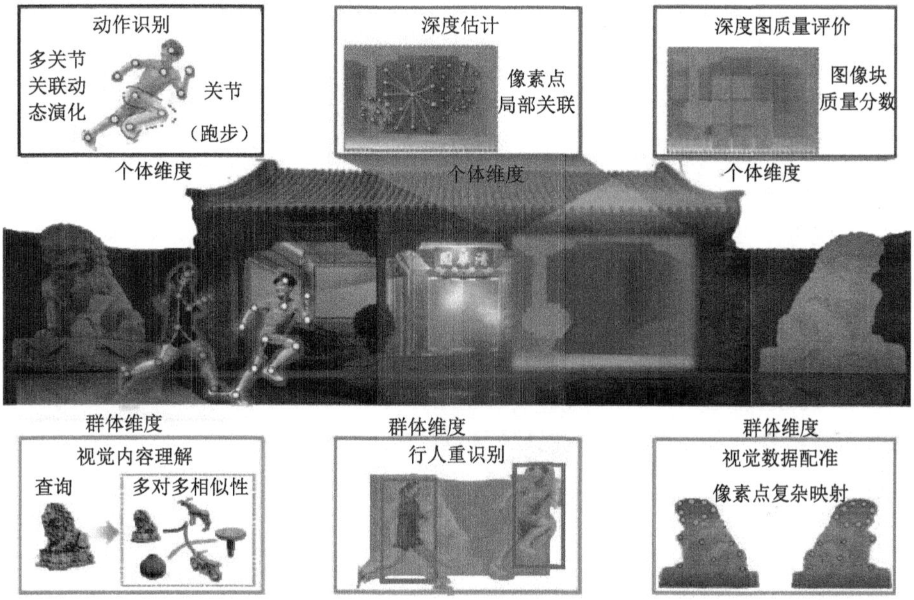

图 13.1　视觉超图计算示意图

- **视觉内容理解**：视觉内容理解需要处理多类型、多尺度的视觉信息。超图计算通过分析视觉内容中的对象及它们之间的关系来构建视觉内容的高阶关联。这些关联关系不仅能够捕获图像中的基本元素（如形状和颜色），还能够反映这些元素之间的空间和语义关系。例如，在 3D 对象检索中，可以通过超边连接不同视角观察到的同一物体的各个部分，这样在复杂背景或不同视角下也能够识别出同一物体。这对于复杂场景下的图像分类、对象检索和识别能够提供重要的信息支撑。
- **视觉数据配准**：视觉数据配准需要对其同一模态或多模态数据下的视觉数据，找到正确的映射方法。超图计算通过连接图像或点云中的相似或相同特征点，构建视觉信息的超图结构，实现不同图像或点云之间的精确对齐。这些超边通过识别和比对关键特征点（如角点、边缘）来校正图像中的变形和位移，在处理多视角图像融合、时间序列图像分析及跨模态配准等方面具有重要价值。
- **深度图质量评价与深度估计**：超图计算在深度图质量评价中可以通过构建超边来评估深度图的完整性和准确性。这些超边可以识别图像中深度信息的不连续性（如边缘模糊或深度跳变），从而评估和改进深度图的质量，提升深度估计性能。在虚拟现实、增强现实和 3D 建模等应用中，深度图的质量直接影响到最终效果的真实感和准确度。
- **行人重识别**：行人重识别需要考虑不同视角、不同尺度下的观测数据之间的关联。超图计算可以构建起多视角、多尺度下的数据高阶关联，从而提升行人重识别性能。
- **动作识别**：动作识别需要考虑动作个体的运动模式及不同个体之间动作的相关性。超图计算通过分析视频序列中时间上的动态变化来识别特定的动作或行为模式，可用于建模不同时间帧中的关键姿势或动作，从而使模型能够识别出运动的模式和连贯性。超图计算还可以建模多个个体之间动作的关联，从而通过分析其相关性进行动作识别。

本章将重点介绍超图计算在计算机视觉场景中的六种典型应用，包括视觉内容理解、视觉配准、深度图质量评价、单目深度估计、行人重识别和动作识别。在视觉内容理解方面，主要介绍了超图计算在多模态检索[6]、3D 对象检索[7-8]和3D对象识别[9]上的应用；在视觉配准方面，分别介绍了点云[10]和 RGB-D 配准方法；在深度图质量评价方面，介绍了基于超图建模图像块高阶关联一致性的评价方法；在单目深度估计方面，介绍了基于“评估-融合”的单目深度估计框架；在行人重识别方面，介绍了基于RGB-D 数据的行人重识别[11]方法；在动作识别方面，介绍了基于事件相机的动作识别方法。本章旨在通过这些计算机视觉领域超图计算的典型工作，系统介绍如何将超图计算应用于计算机视觉任务中，助力视觉应用发展。

13.2 视觉内容理解

视觉内容理解是计算机视觉的基础任务，旨在使计算机系统能够像人类一样解读和理解视觉信息，包括从图像和视频中提取意义，识别对象、场景、行为和情感，以及理解图像和文字之间的联系。随着人工智能技术的发展，视觉内容理解正在多个领域发挥重要作用，如自动驾驶、医学图像分析、智能监控和数字媒体管理。超图计算已经在视觉内容理解的多项任务中成功应用，几个典型场景如下：

（1）多模态检索。在多模态检索任务中，超图计算可以通过超图结构建模图像及文本等多模态信息，构建目标对象之间的高阶关联，提升对象关系的挖掘能力。通过超图上的语义计算或标签传播提高检索精度。这种跨模态的关系建模能力使超图成为连接视觉、文本等多模态数据的强大工具，有效提升了检索系统性能。

（2）3D 对象检索。3D 视觉对象通常会采用视图、点云、体素等多种模态数据进行表示。在 3D 对象检索任务中，超图计算可以通过超图结构建模 3D 对象之间的多模态高阶相关性来提高检索性能。特别是在开集检索场景下，超图计算能够更充分挖掘数据背后的关联，提升面向未知类别数据的检索能力。

（3）3D 对象识别。与 3D 对象检索类似，在 3D 对象识别任务中，超图计算也可以通过 3D 对象之间的高阶相关性提高识别的准确性。

接下来，将分别介绍超图计算在上述三个任务中的具体应用。

13.2.1 多模态检索

多模态检索任务旨在通过文本、图像等多模态信息实现相关内容的检索。在数字化时代的背景下，基于图像和文本的多模态检索技术显得尤为重要，而如何融合多模态信息、构建更加完整的数据关联关系是多模态检索任务面临的关键挑战。图 13.2 展示了一些带有文本标签的社交图像示例。值得注意的是，互联网上用户生成的文本标签常常夹杂着大量噪声，过多的噪声使挖掘文本标签和图像之间的真实关系变得困难，并且文本标签和图像分开使用的方式也容易导致图像检索效果不佳。例如，在 Flickr 平台上，用户提供的文本标签中大约只有一半真正与图像内容相关[12]。如何更好地将不同模态、不同类型的数据融合起来是需要解决的关键难题。以 Flickr 为例，基于时间和兴趣度的排序方法均未充分融入图像的视觉内容和文本标签信息，导致搜索结果在相关性方面有所欠缺。因此，如何结合基于内容的检索与标签信息，以改进多媒体检索的效果是所关注的问题。虽然已有许多社交图搜索方法被提出以提高其搜索的相关性[13-14]，但上述方法通常单独或依次处理视觉内容和文本标签信息，其中一部分研究专注于仅利用视觉信息来计算图像的相关性得分[15]，也有研究先利用文本标签信息生成初始得分，随后再借助图像的视觉内容进行调整[16]。过往研究表明，尽管许多文本标签带有噪声，但也存在与图像视觉内容紧密相关且信息丰富的内容。因此，综合考虑视觉内容和文本标签信息，对于提升图文检索的效率和准确性而言具有重要意义。

图 13.2　部分带有关联文本标签的社交图像示例

针对这一任务，本节介绍一种基于超图计算的视觉-文本联合检索方法[6]，同时利用图像的视觉信息和文本标签信息来建模图像之间的高阶关联，并提升检索性能。图 13.3 给出了该方法的整体框架示意。在这个方法中，每张社交媒体图像都通过标签生成的文本词袋特征和视觉内容生成的视觉词袋特征来表示。为了更好地进行社交媒体图像的相关性分析，这里引入超图结构来建模图像之间的相关性。在超图结构中，将要分析的社交图像作为节点，每个视觉词或文本标签作为一个超边。这里也针对不同超边的重要性来优化视觉词和文本标签的权重，以进一步增强信息量大的视觉词和文本标签的效果。在优化学习过程中，首先基于文本标签确定一组伪相关样本，然后通过迭代更新图像的相关性得分和超边的权重来计算图像之间的相关性，最终利用这些图像之间的相关性实现检索任务。

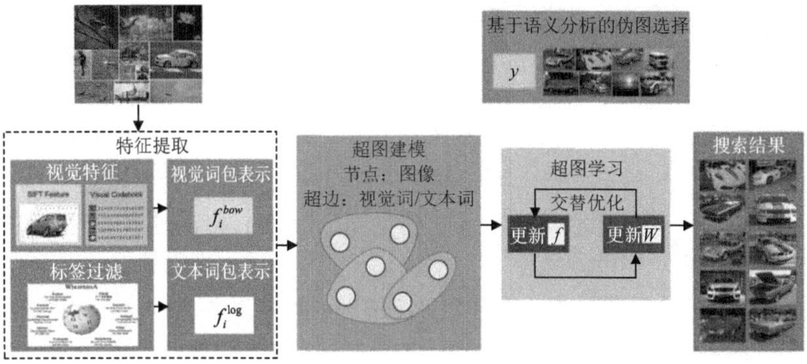

图 13.3　基于超图计算的视觉-文本联合检索方法框架

1. 方法描述

本节介绍的方法主要包括两个关键步骤：基于多模态信息的超图结构建模和基于超图结构的图像相关性计算。

（1）基于多模态信息的超图结构建模。给定图片集合 $\mathbb{X}=\{x_1,x_2,\cdots,x_n\}$，这里每一张图片被视为超图 $\mathcal{G}=(\mathcal{V},\mathcal{E},\boldsymbol{W})$ 中的一个节点。设 n 表示集合 $\mathbb{X}$ 中图片的总数，则生成的超图共包括 n 个节点。为了构建超图中的超边，分别基于视觉内容和标签信息构建两类超边。针对每张图片的视觉内容，采用视觉词袋表示法（bag-of-visual-words）[17]进行图像描述。为了生成视觉词袋表示，首先为每张图片抽样选取一组密集均匀分布的点，并提取这些点上的 SIFT 特征[18]。随后，使用这些数据点训练一个视觉词典，这里令 n_c 表示视觉词典的大小。词典中每个提取的 SIFT 特征通过 k-NN 方法被编码为一个视觉编码。每张图片 x_i 由一个 $n_c\times 1$ 的特征向量 $\boldsymbol{f}_i^{\text{bow}}$ 表示，其中 $\boldsymbol{f}_i^{\text{bow}}(k,1)=1$ 表示 x_i 至少包含一个属于第 k 类视觉编码的数据点。

针对图片的文本标签，可以采用基于文本–词汇的表示方法。在超图构建过程中，每张图片 x_i 的关联文本标签首先进行排序。这些文本标签的初始相关性得分首先基于概率密度估计得出，然后在文本标签相似性图上进行随机游走以优化这些得分，仅保留前 n_l 个最高分的标签以供进一步处理，其中 n_i 是图片 x_i 中的标签数。这个过程是为了保留前 n_l 个标签用于后续处理。当标签的顺序低于前 n_l 时，则被认为与图像的相关性较小。如果图片的标签数少于 n_l，则保留图片中的所有标签。这里令 n^* 为数据库中剩余标签的总数，只采用 $\min(n_t,n^*)$ 个具有最高词频–逆文档频率（term frequency-inverse document frequency，TF-IDF）值的标签用于后续的超图构建，其中 n_t 是预期用于超图构建的文本标签数。TF-IDF 是一种数值统计量，用于反映一个词/标签对文档/图片的重要性。接下来使用这 n_t 个文本标签为每张图片生成基于文本–词汇的表示。每张图片 x_i 由一个 $n_t\times 1$ 的特征向量 $\boldsymbol{f}_i^{\text{tag}}$ 表示，其中 $\boldsymbol{f}_i^{\text{tag}}(k,1)=1$ 表示 x_i 包含第 k 个选定标签。

经过上述步骤，每张图片生成了两个特征向量：基于视觉内容的特征 $\boldsymbol{f}_i^{\text{bow}}$ 和基于文本标签信息的特征 $\boldsymbol{f}_i^{\text{tag}}$。对于基于视觉内容的超边，每个视觉词生成一个超边，通过这些超边连接包含相同视觉词的图片，即 $\boldsymbol{f}_i^{\text{bow}}(k,1)=1$。因此，共有 n_c 个基于视觉内容的超边。类似地，每个文本标签用来生成一个超边，共有 n_t 个基于文本标签的超边。综合视觉内容和标签，构建的超图结构共包含 n_c+n_t 个超边。图 13.4 展示了上述两类超边生成的示意图。

在构建的超图中，$\boldsymbol{D}_v$ 和 $\boldsymbol{D}_e$ 分别表示节点度数和超边度数的对角矩阵，$\boldsymbol{H}$ 是超图的关联矩阵，所有超边的权重都初始化为 $\boldsymbol{W}_i=1/n_e$。

图 13.5 展示了使用视觉信息和文本信息分别建立两张图片之间连接的一个示例。如果两张图片之间具有大量相同的标签或视觉词汇，它们会通过更多的超边进行连接，两张图片在超图上的连接也越紧密。

（2）基于超图结构的图像相关性计算。在超图结构建立的基础上，接下来要计算图像（节点）之间的相关性。这里用 $\boldsymbol{f}$ 表示相关性评分向量，$\boldsymbol{y}$ 表示真实相关性，$\boldsymbol{W}=\{\boldsymbol{w}_i,i=1,2,\cdots,n_e\}$ 为超边的权重向量，超图计算可以表述为

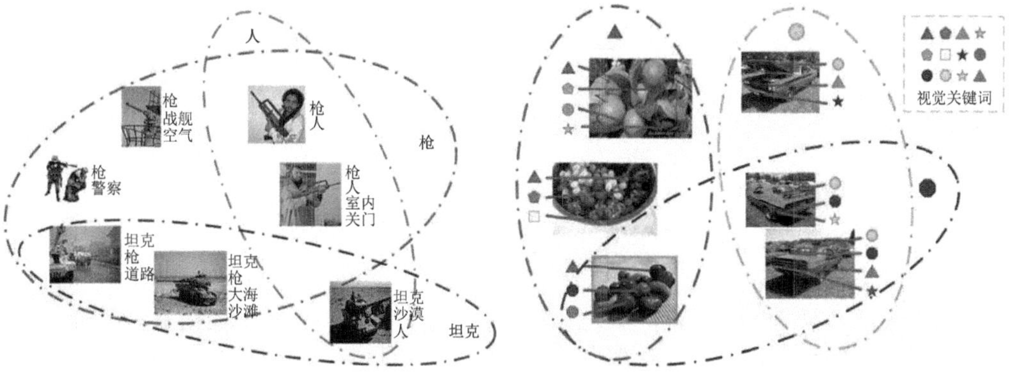

（a）基于视觉内容的超边生成示意图　　（b）基于文本标签的超边生成示意图

图 13.4　超边生成示意图

图 13.4（彩色）

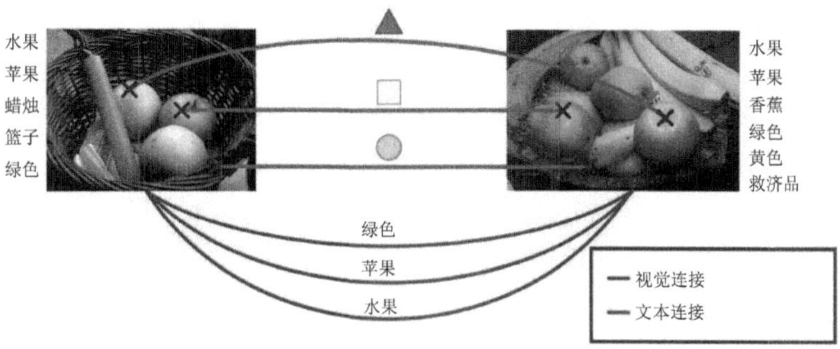

图 13.5（彩色）

图 13.5　基于文本信息和视觉信息建立两张图像之间连接的示意图

$$
\begin{cases}
\arg\min\limits_{\boldsymbol{f},\boldsymbol{w}} \Phi(\boldsymbol{f}) = \arg\min\limits_{\boldsymbol{f}} \left\{ \boldsymbol{f}^{\mathrm{T}} \Delta \boldsymbol{f} + \lambda \| \boldsymbol{f} - \boldsymbol{y} \|^2 + \mu \sum\limits_{i=1}^{n_e} \boldsymbol{w}(i)^2 \right\} \\
\text{s.t.} \sum\limits_{i=1}^{n_e} \boldsymbol{w}(i) = 1
\end{cases}
\tag{13.1}
$$

其中，λ和μ是加权参数。式（13.1）中的第一项是对超图结构平滑的正则化项，第二项是相关性评分向量与真实值之间的经验损失，最后一项则代表超边权重的ℓ_2-范数，用于学习不同超边的更好组合。上述优化任务可以通过交替优化来求解。首先，固定$\boldsymbol{W}$并优化$\boldsymbol{f}$：

$$
\arg\min_{\boldsymbol{f}} \Phi(\boldsymbol{f}) = \arg\min_{\boldsymbol{f}} \left\{ \boldsymbol{f}^{\mathrm{T}} \Delta \boldsymbol{f} + \lambda \| \boldsymbol{f} - \boldsymbol{y} \|^2 \right\} \tag{13.2}
$$

从中可以得到

$$
\boldsymbol{f} = \frac{1}{1-\xi} (\boldsymbol{I} - \xi \boldsymbol{\Theta})^{-1} y \tag{13.3}
$$

其中，$\xi = \dfrac{1}{1+\lambda}$；$\boldsymbol{\Theta} = \boldsymbol{I} - \boldsymbol{\Delta}$。

然后，固定$\boldsymbol{f}$并优化$\boldsymbol{W}$：

$$\begin{cases} \arg\min\limits_{w}\Phi(\boldsymbol{f}) = \arg\min\limits_{f}\left\{\boldsymbol{f}^{\mathrm{T}}\Delta\boldsymbol{f} + \mu\sum_{i=1}^{n_e}\boldsymbol{w}_i^2\right\} \\ \text{s.t.}\sum_{i=1}^{n_e}\boldsymbol{w}_i = 1, \mu > 0 \end{cases} \tag{13.4}$$

此处应用拉格朗日乘数法，可以得到

$$\boldsymbol{w}(i) = \frac{1}{n_e} - \frac{\boldsymbol{f}^{\mathrm{T}}\boldsymbol{\Gamma}\boldsymbol{D}_e^{-1}\boldsymbol{\Gamma}^{\mathrm{T}}\boldsymbol{f}}{2n_e\mu} + \frac{\boldsymbol{f}^{\mathrm{T}}\boldsymbol{\Gamma}_i\boldsymbol{D}_e^{-1}(i,i)\boldsymbol{\Gamma}_i^{\mathrm{T}}\boldsymbol{f}}{2\mu} \tag{13.5}$$

其中，$\boldsymbol{\Gamma} = \boldsymbol{D}_v^{-1/2}\boldsymbol{H}$，$\boldsymbol{\Gamma}_i$ 代表 $\boldsymbol{\Gamma}$ 的第 i 列。图像 x_i 与查询标签 t_{q} 之间的语义相关性由下式估计：

$$s(\boldsymbol{x}_i, t_{\mathrm{q}}) = \frac{1}{n_i}\sum_t s_{\mathrm{tag}}(t_{\mathrm{q}}, t) \tag{13.6}$$

这表示 t_{q} 与 $\boldsymbol{x}_i$ 的所有对应标签之间的平均相似性，s_{tag} 可以计算为

$$s_{\mathrm{tag}}(t_1, t_2) = \mathrm{e}^{-\mathrm{FD}(t_1, t_2)} \tag{13.7}$$

其中，$\mathrm{FD}(t_1, t_2)$ 代表 Flickr 距离。在 Flickr 距离的计算中，首先从 Flickr 获取每个标签的一组图片，然后构建一个基于视觉的语言模型来生成该标签的视觉特征，之后通过使用 Jensen-Shannon 散度来计算两个视觉语言模型之间的差异得到 Flickr 距离。根据每张图像与查询标签之间的这些相似性，可以获得多模态图像检索结果。

2. 实验结果和分析

（1）数据描述。本节所介绍方法在 Flickr 数据集上进行了实验验证。该数据集是基于一系列热门标签进行采集的，包括 airshow、apple、flame、hairstyle、palace、spider、wildlife 等。数据集中的信息包括每个查询标签的前 2000 个搜索结果及相关信息（如标签、上传时间、用户标识），总共包含 104000 张图片和 83999 个文本标签。此外，为进一步验证模型的有效性，还将 NUS-WIDE 数据集与 Flickr 数据集进行合并，合并后的数据集总共包含 370000 多张图片。

（2）对比算法。本节介绍的方法分别与下列方法进行了性能对比。

- 基于图的半监督学习（graph-based semi-supervised learning，记为 Graph）[19]：该方法中两个社交图像之间的距离是基于视觉词袋和文本词袋表示来计算的。
- 序列社交图像相关性学习（sequential social image relevance learning，记为 Seq）[20]：该方法中初始相关性得分是基于标签进行估计，然后通过基于图像视觉内容的图方法进行优化的。
- 标签排名（tag ranking，记为 TagRanking）[6]：该方法中标签的初始相关性得分是估计的，并且在标签图上进行随机游走过程以优化每幅图像中标签的相关性得分。
- 基于超图的相关性学习（hypergraph-based relevance learning，记为 HGL）：该方法中使用超图来建模社交图像之间的关系，该方法中超边权重均相等。
- 评估指标：本节实验采用归一化折损累计增益（normalized discounted cumulative

gain，NDCG）作为检索的评估指标，表示为

$$\text{NDCG} = \frac{\text{DCG}}{\text{IDCG}} \tag{13.8}$$

其中，DCG 是在每一个累计增益的结果上除以一个折损值，用来让排名越靠前的结果越能影响最终的结果，表示为$\sum_{i=1}^{p}\frac{2^{\text{rel}_{i-1}}}{\log_2(i+1)}$，$\text{rel}_i$ 代表 i 这个位置上的相关度。IDCG（ideal DCG）表示理想状态下的 DCG 值，表示为$\sum_{i=1}^{|\text{REL}|}\frac{2^{\text{rel}_{i-1}}}{\log_2(i+1)}$，$|\text{REL}|$ 表示将结果按照相关性从大到小的顺序排序后取前 p 个结果组成的集合。

（3）对比实验结果分析。图 13.6 展示了多个对比方法在不同查询对象上的 NDCG@20 结果比较。从图中结果可以看出，基于超图计算的方法比图、序列、标签排名等方法表现更好，证明了超图计算在多模态图像检索中的有效性。图 13.7 展示了不同方法对示例查询“apple”的前 10 个查询结果。从图中可以看出，本节介绍的方法可以查询到检索目标不同含义的相关结果，进一步证明了其有效性。为了直观展示超边权重学习的作用，图 13.8 展示了“car”和“weapon”的查询图像，其中图 13.8（a）显示了两个示例图像的密集采样关键点，而图 13.8（b）中展示了具有最高权重的 100 个视觉单词的关键点。从图中观察可知，超图上的超边权重优化能够增强给定查询中更具描述性的视觉词。图 13.9 显示了经过超图学习过程后权重最高的 10 个标签，这些标签均与查询图像密切相关。

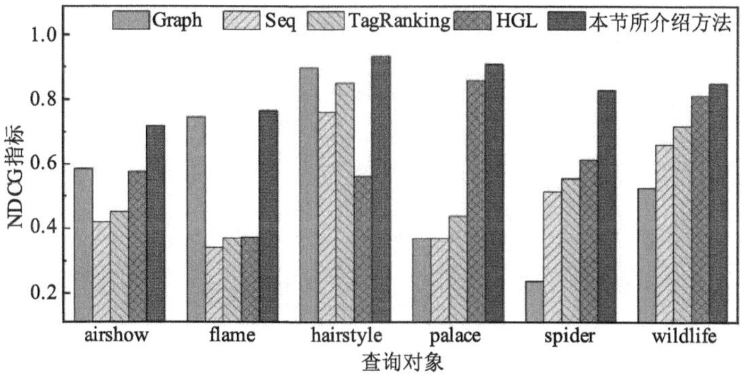

图 13.6　多模态图像-文本检索的实验结果

（a）Graph

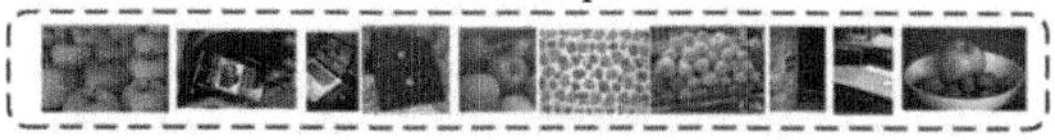

（b）Seq

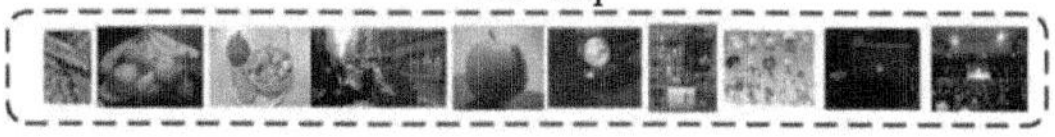

（c）TagRanking

图 13.7　不同方法查询“apple”的结果

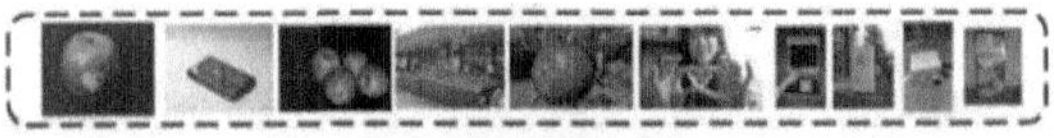

（d）HGL

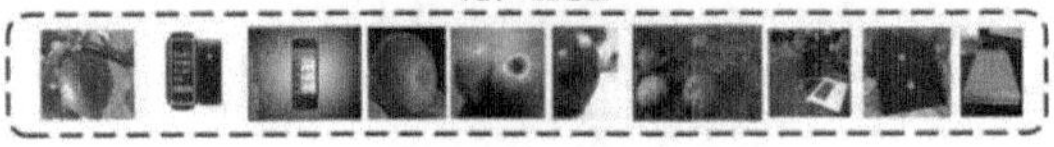

（e）本节所介绍方法

图 13.7（续）

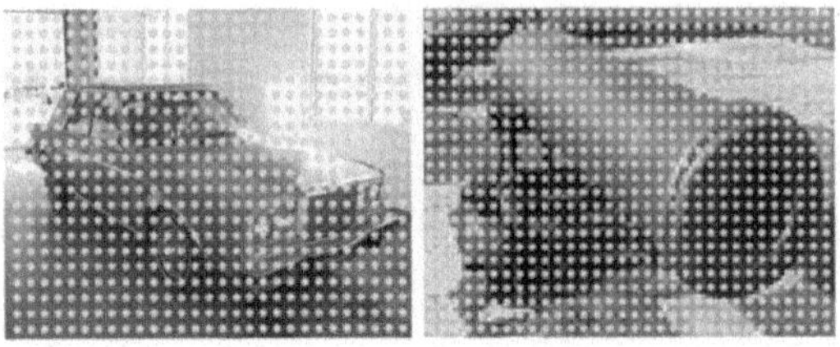

（a）两个示例图像上的密集采样点

（b）超图计算过程后前 100 个视觉词的权重示意图

图 13.8　“car”和“weapon”的图像对比

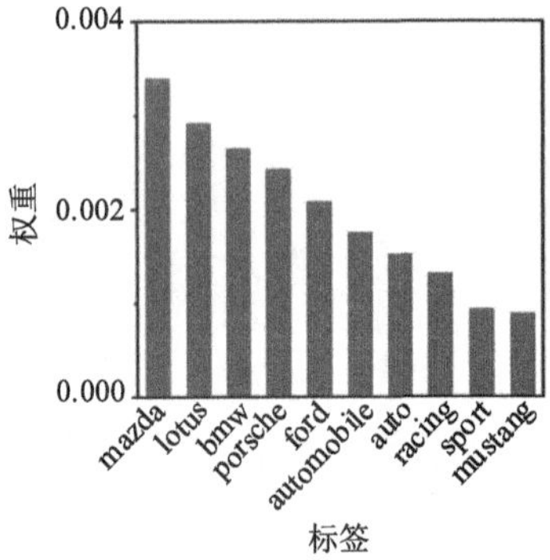

（a）car

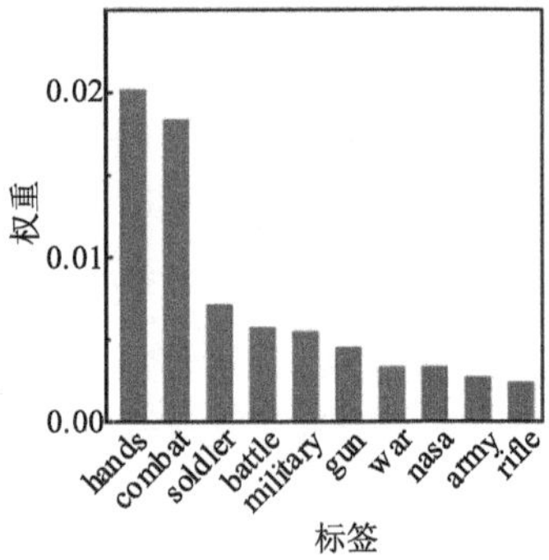

（b）weapon

图 13.9　在超图学习过程后权重最高的 10 个标签

13.2.2　3D 对象检索

传统的视觉信息获取设备主要用于获取二维信息，如摄像机、照相机等。因此，早期的计算机视觉研究主要基于二维图像或视频。虽然针对二维图像的研究已经有了很长时间的发展，但是针对立体对象空间信息的描述来讲，二维图像仍有许多局限。三维视觉技术在过去几十年里一直备受研究人员的广泛关注。早在 1839 年，英国科学家查理·惠斯顿爵士就根据“人类两只眼睛的成像是不同的”原理发明了立体眼镜。1965 年，剑桥大学的 Charles Lang 研究团队开始了三维立体建模计算机辅助设计的研究。2009 年，首部为大众所知的立体电影《阿凡达》（Avatar）开启了 3D 影片的新高潮。随着三维视觉技术的快速发展，3D 视觉对象数据也在呈几何级数般迅猛增长。在机械设计、医学成像及虚拟现实等领域，如何高效地从已有的模型数据中进行所需对象的检索已经成为研究热点。这些广泛的应用对 3D 对象的准确理解提出了更高要求，促使研究者们探索多种 3D 数据表达形式，如多视角图片、点云、网格及体素等。这些多样化的表达方式在捕获 3D 对象的几何和拓扑特征方面各具优势，为深入理解 3D 对象的结构和性质提供了坚实的基础。3D 对象检索（3D object retrieval，3DOR）的核心目标在于从大规模的目标集合中高效准确地检索出与给定查询对象相似的 3D 对象。3D 对象检索领域的核心挑战包括高效的特征提取、准确的相似性度量，以及针对大数据集的快速检索算法设计等。特征提取旨在从原始 3D 数据中抽取有助于对象识别和分类的信息，相似性度量则关注如何定义和计算不同 3D 对象之间的相似度，这对于检索结果的准确性至关重要。此外，鉴于实际应用中庞大的 3D 数据量，还需要探索如何在大规模数据集上保持高效率和高准确率的检索算法。

3D 对象检索的早期研究主要关注在传统的闭集检索范式下，并且已有许多基于超图计算的 3D 对象检索方法。随着 3D 数据的迅速增长，许多类别未知的数据检索任务则归属于开集检索范式下。闭集检索通常在固定和有限的数据集上进行，而开集检索则面向持续更新和扩展的数据集，如在网络上不断增长的 3D 模型库中进行 3D 对象检索等。开集检索在实际应用中更为常见，但也更具挑战性，不仅要处理未知或少见的数据类型，还要适应数据集的动态变化。图 13.10 展示了传统闭集检索与开集检索任务的对比。

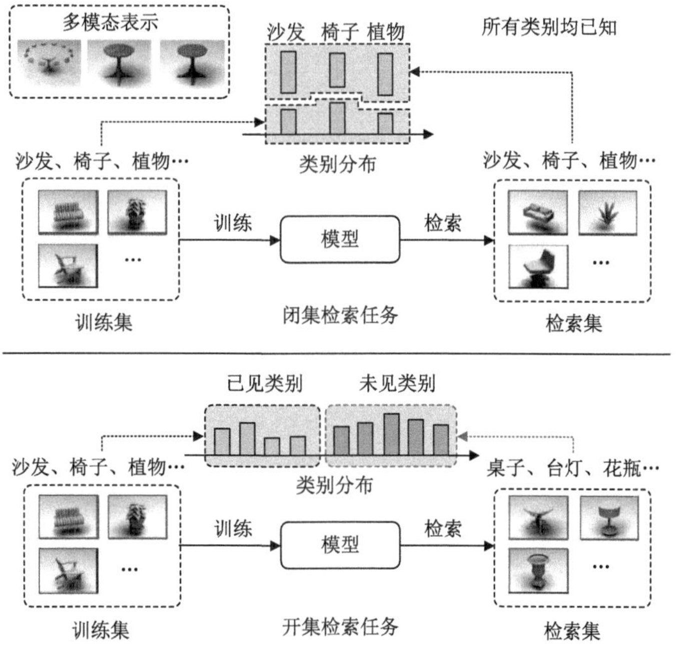

图 13.10 传统闭集检索与开集检索任务的对比

为应对这些挑战，近年来涌现出许多新方法，如利用深度学习技术进行特征学习，采用基于图的方法来处理复杂的 3D 结构信息，以及在缺乏大量标注数据的情况下利用自监督学习提高模型性能等。此外，高效的大规模 3D 数据检索和存储策略也是当前研究的重点之一。超图计算作为一种新兴的研究方向，为 3D 对象检索提供了新的视角。在 3D 对象检索中，超图可以用来表示对象之间的多维高阶关联关系，如形状相似性、功能属性等。超图的这些特性可以更精准地建模 3D 对象之间的复杂关系，提高检索的准确度和效率。本节将介绍两项基于超图计算的 3D 对象检索工作，分别是传统的 3D 对象检索[7]和开集场景下的 3D 对象检索[8]。

1. 基于超图计算的传统 3D 对象检索

随着深度学习的发展，在 3D 对象检索任务中引入了深度学习技术来进行特征学习，已经在多种检索与识别实验中显示出了巨大进步，如多视图卷积神经网络（multi-view convolutional neural network，MVCNN）[21]、群体视图卷积神经网络（group-view convolutional neural network，GVCNN）[22]、视觉神经网络（visual neural network，VNN）[23]等。3D 对象检索旨在特定的对象空间中识别与目标对象相关的 3D 对象，因此如何将对象空间中的信息进行有效利用是提高识别精度的关键。

这里首先介绍一种基于多尺度超图神经网络（multi-scale hypergraph neural network，MHGNN）的 3D 对象检索与识别方法[7]。如图 13.11 所示，MHGNN 在 3D 对象检索和识别中的应用主要分为两部分：①为 3D 对象构建超图（顶部）；②提取 3D 对象特征以进行检索和识别（底部）。接下来首先介绍如何构建 3D 对象超图，然后介绍多尺度超图神经网络的计算过程。

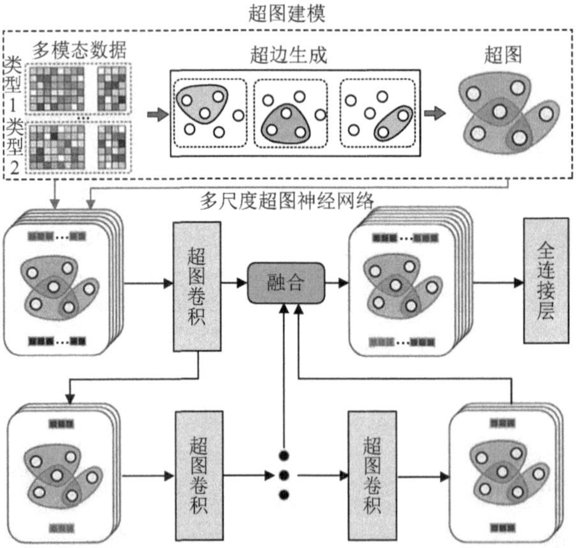

图 13.11　基于多尺度超图神经网络的 3D 对象检索与识别方法示意图

（1）3D 对象超图结构建模。如图 13.12 所示，定义一个超图 $\mathcal{G}=(\mathcal{V},\mathcal{E},\boldsymbol{W})$，其中 $\mathcal{V}$ 表示节点集，$\mathcal{E}$ 表示超边集，$\boldsymbol{W}$ 表示用于为每个超边分配权重的对角矩阵。每个超边的

权重初始化为 1。超图$\mathcal{G}$可以通过关联矩阵 $\boldsymbol{H}\in\mathbb{R}^{|\mathcal{V}|\times|\mathcal{E}|}$来具体表达。

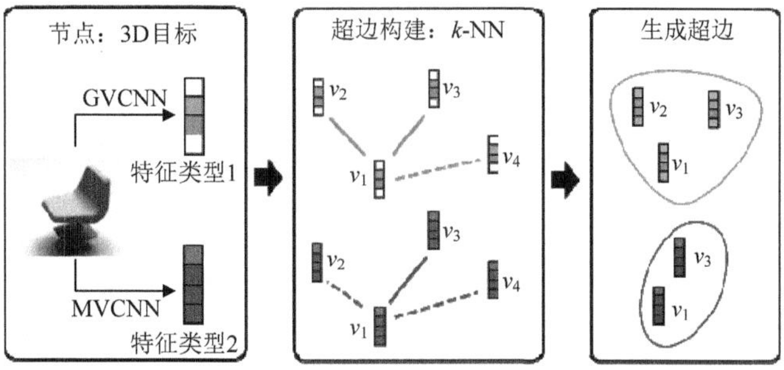

图 13.12　超图建模示意图

MHGNN 使用 3D 形状特征从不同的特征提取器构建超图，图中的多模态数据代表来自不同特征提取器的 3D 形状特征，如 GVCNN [22] 和 MVCNN [21]。对于每一种类型的特征，根据两个 3D 对象之间的欧几里得距离构建超图。对于表示 3D 对象的每一个节点，都生成一个连接该节点及其 K 个最近邻节点的超边，所有这些超边构成了完整超图。使用 K 表示一个超边（其中以节点 j 为中心）上的节点，关联矩阵 $\boldsymbol{H}$ 可以由以下公式计算：

$$\boldsymbol{H}_{kj}=\begin{cases}\exp\left(-\dfrac{D_{kj}^2}{\varDelta^2}\right) & k\in\mathbb{K}\\ 0 & \text{其他}\end{cases}\tag{13.9}$$

其中，D_{kj} 表示节点 k 与节点 j 之间的欧几里得距离；$\varDelta$ 表示所有 3D 对象节点 j 的平均距离。对于多模态特征，可以通过公式 $\boldsymbol{H}=\mathrm{CONCAT}\left[\boldsymbol{H}_1,\boldsymbol{H}_2,\cdots,\boldsymbol{H}_m\right]$ 构建超图的关联矩阵，其中 $\boldsymbol{H}_1$ 和 $\boldsymbol{H}_m$ 分别表示由特征类型 1 和类型 m 构建的关联矩阵。节点 $v\in\mathcal{V}$ 的度可以由以下公式计算得出：

$$d(v)=\sum_{e\in\mathcal{E}}\boldsymbol{W}(e)\boldsymbol{H}(v,e)\tag{13.10}$$

其中，$\boldsymbol{W}$ 和 $\boldsymbol{H}$ 分别是超图的权重矩阵和关联矩阵，所以 $\boldsymbol{W}(e)$ 是超边 e 的权重，并且初始化 $\boldsymbol{W}(e)$ 为 1。$\boldsymbol{H}(v,e)$ 表示超边 e 包含节点 v，并且超边 $e\in\mathcal{E}$ 的度可以由以下公式计算得出：

$$\delta(e)=\sum_{v\in\mathcal{V}}\boldsymbol{H}(v,e)\tag{13.11}$$

对角矩阵 $\boldsymbol{D}_{\mathrm{E}}=\mathrm{diag}\left(\delta(e_1),\delta(e_2),\cdots,\delta\left(e_{|\mathcal{E}|}\right)\right)$ 表示超边的度，对角矩阵 $\boldsymbol{D}_{\mathcal{V}}=\mathrm{diag}\left(d(v_1),d(v_2),\cdots,d\left(v_{|\mathcal{V}|}\right)\right)$ 表示节点的度。通过以上过程，用来建模 3D 对象之间高阶关联的超图结构就被建立起来了。

（2）多尺度超图神经网络。给定一个超图，其节点数据之间的高阶相关性优化可以表示为

$$\arg\min_f\left\{\Omega(f)+\mathcal{R}_{\mathrm{emp}}(f)\right\}\tag{13.12}$$

其中，$\mathcal{R}_{\mathrm{emp}}(f)$ 是经验损失；$\Omega(f)$ 代表超图结构上的正则化约束，可以表示为

$$\Omega(\boldsymbol{f})=\boldsymbol{f}^{\mathrm{T}}(\boldsymbol{I}-\boldsymbol{\Theta})=\boldsymbol{f}^{\mathrm{T}}\boldsymbol{\Delta} \tag{13.13}$$

其中，$\boldsymbol{\Theta}=\boldsymbol{D}_v^{-1/2}\boldsymbol{H}\boldsymbol{W}\boldsymbol{D}_e^{-1}\boldsymbol{H}^{\mathrm{T}}\boldsymbol{D}_v^{-1/2}$；$\boldsymbol{\Delta}=\boldsymbol{I}-\boldsymbol{\Theta}$，$\boldsymbol{\Theta}$ 表示一个半正定超图拉普拉斯矩阵。

对于有 n 个节点的超图 $\mathcal{G}$，拉普拉斯矩阵 $\boldsymbol{\Delta}$ 的特征分解表示为

$$\boldsymbol{\Delta}=\boldsymbol{\Phi}\Lambda\boldsymbol{\Phi}^{\mathrm{T}}=\begin{bmatrix}\phi_1 & \cdots & \phi_n\end{bmatrix}\begin{bmatrix}\lambda_1 & & \\ & \ddots & \\ & & \lambda_n\end{bmatrix}\begin{bmatrix}\phi_1 \\ \vdots \\ \phi_n\end{bmatrix} \tag{13.14}$$

其中，$\boldsymbol{\Phi}=[\phi_1,\phi_2,\cdots,\phi_n]$ 且 $\Lambda=\mathrm{diag}(\lambda_1,\lambda_2,\cdots,\lambda_n)$ 是正交特征向量和特征值。给定超图中的信号 $\boldsymbol{x}$，其傅里叶变换可以表示为 $\mathcal{F}(\boldsymbol{x})=\boldsymbol{\Phi}^{\mathrm{T}}\boldsymbol{x}$，使用超图拉普拉斯矩阵的特征向量将超图信号投影到正交空间，因此超图卷积可以表示为

$$\boldsymbol{x}*\boldsymbol{g}=\boldsymbol{\Phi}\left(\left(\boldsymbol{\Phi}^{\mathrm{T}}\boldsymbol{x}\right)\odot\left(\boldsymbol{\Phi}^{\mathrm{T}}\boldsymbol{g}\right)\right)=\boldsymbol{\Phi}\boldsymbol{g}\Lambda\boldsymbol{\Phi}^{\mathrm{T}}\boldsymbol{x} \tag{13.15}$$

其中，$\odot$ 是逐元素乘积；$g\Lambda=\mathrm{diag}(\theta)$，$\boldsymbol{\theta}=[\theta_1,\theta_2,\cdots,\theta_n]$ 是需要学习的参数。式（13.15）可以进一步通过截断切比雪夫多项式进行优化以提高其计算效率，表示如下：

$$\boldsymbol{x}*\boldsymbol{g}\approx\boldsymbol{\theta}\boldsymbol{D}_v^{-1/2}\boldsymbol{H}\boldsymbol{W}\boldsymbol{D}_e^{-1}\boldsymbol{H}^{\mathrm{T}}\boldsymbol{D}_v^{-1/2}\boldsymbol{x} \tag{13.16}$$

其中，$\boldsymbol{W}$ 是超边的初始权重。因此，对于有 n 个节点的超图，超图卷积可以表示为

$$\boldsymbol{Y}=\boldsymbol{D}_v^{-1/2}\boldsymbol{H}\boldsymbol{W}\boldsymbol{D}_e^{-1}\boldsymbol{H}^{\mathrm{T}}\boldsymbol{D}_v^{-1/2}\boldsymbol{X}\boldsymbol{\Theta} \tag{13.17}$$

其中，$\boldsymbol{X}\in\mathbb{R}^{n\times C}$ 表示有 n 个节点且节点信号的特征维度是 C；$\boldsymbol{Y}\in\mathbb{R}^{n\times C'}$ 表示输出节点信号；$\boldsymbol{\Theta}\in\mathbb{R}^{C\times C'}$ 表示卷积核。

在朴素超图神经网络模型中，仅最后一层提取的特征信息被用于生成预测结果，忽略了不同尺度节点特征内在蕴含的多类型信息。本节介绍的方法提出使用超图卷积来进行节点的聚合和特征提取，表示如下：

$$\boldsymbol{X}^{(l+1)}=\sigma\left(\boldsymbol{D}_v^{-1/2}\boldsymbol{H}\boldsymbol{W}\boldsymbol{D}_e^{-1}\boldsymbol{H}^{\mathrm{T}}\boldsymbol{D}_v^{-1/2}\boldsymbol{X}^{(l)}\boldsymbol{\Theta}^{(l)}\right) \tag{13.18}$$

其中，$\boldsymbol{X}^{(l)}$ 表示超图卷积层的输入信号；$\boldsymbol{\Theta}^{(l)}$ 表示该超图卷积层可学习的参数；σ 为激活函数；$\boldsymbol{X}^{(l+1)}\in\mathbb{R}^{N\times C'}$ 为超图卷积层的输出特征。这里每一层都使用相同的输出维度 C'。

如图 13.11 所示，为了获得更丰富的节点特征信息，可通过下式融合多尺度特征：

$$\boldsymbol{X}_{\mathrm{F}}=\mathrm{sum}\left[\boldsymbol{X}^{(1)},\boldsymbol{X}^{(2)},\cdots,\boldsymbol{X}^{(l+1)}\right] \tag{13.19}$$

其中，$\boldsymbol{X}_{\mathrm{F}}$ 表示融合后的特征；$\boldsymbol{X}^{(1)}$ 和 $\boldsymbol{X}^{(l+1)}$ 分别代表第 1 层和第$(l+1)$层的输出特征。接着，通过全连接层将融合特征作为输入，其输出特征用于 3D 对象检索，可以表示为

$$\boldsymbol{X}_{\mathrm{Retrieval}}=\sigma\left(\boldsymbol{X}_{\mathrm{F}}\boldsymbol{W}+\boldsymbol{b}\right) \tag{13.20}$$

其中，$\boldsymbol{W}$ 是权重矩阵；$\boldsymbol{b}$ 是偏差项；σ 为激活函数。

式（13.20）中的特征 $\boldsymbol{X}_{\mathrm{Retrieval}}$ 既可以作为嵌入特征输入模型的输出层，以生成最终的预测结果，同时还可以直接用于 3D 对象检索任务。通过计算欧几里得距离，并根据待查询对象与数据集中 3D 对象之间的距离进行排序，得到检索结果。

（3）数据描述。为评估本节所介绍方法的性能，实验数据来自 ModelNet40 数据集[24]。ModelNet40 数据集包含 40 个类别，共计 12311 个 3D 对象，并根据通用的数据分割方法进行训练与测试，其中训练集包含 9843 个 3D 对象，测试集包含 2468 个 3D 对象。

实验中采用了 MVCNN 和 GVCNN 两种方法进行特征提取，输入数据为从 30° 间隔捕获的 12 个视角的视图。

（4）对比算法。本节介绍的方法分别与下列方法进行了性能对比。

- 球谐函数方法（spherical harmonics，SPH）[25]：这种传统的非学习方法通过使用球谐函数来捕捉和描述三维形状的旋转不变特征，用于有效地处理三维对象的识别和分类任务。
- 基于体素的方法（3D shapeNets）[24]：该方法利用体积形状的概率模型，直接从原始的三维形状数据中学习强大的、特征丰富的表示，从而实现高效的物体识别和形状补全任务。
- MVCNN[21]：该方法通过从多个角度捕获对象的视图，并将这些视图集成到一个统一的框架中来提取特征，从而实现对三维对象的有效识别和分类。
- GVCNN[22]：该方法通过对多个视图进行分组和层次化处理，以加强重要视图的特征表示。
- GPU 加速和二次反向文件方法（GPU acceleration and inverted file(twice)，GIFT）[26]：该方法利用 GPU 并行计算能力和改进的二次反向文件索引机制来显著提高图像检索速度和效率。
- 邻居中心增强网络（neighbor center enhanced network，NCENet）[27]：该方法通过强调每个点的邻居中心性和增强局部结构特征的方式，提高三维数据处理的性能。
- 基于三元组中心损失（triplet-center loss，TCL）的多视图 3D 检索方法[28]：该方法利用三元组中心损失函数来优化特征空间，使同一类别的三维对象视图更加紧密聚集，而不同类别的对象视图则相互远离。
- 正则集成扩散（regularized ensemble diffusion，RED）方法[29]：该方法是一种结合多个相似性度量并通过正则化扩散过程增强数据点间相互作用的技术。
- 点视图网络（point-view network，PVNet）[30]：该方法从点云数据直接学习三维对象的多视角表示，通过结合点云的局部结构信息和全局视图特征，有效提升三维形状识别和分类的准确性。
- 点视图关联神经网络（point-view relation neural network，PVRNet）[31]：该方法通过学习点云的局部特征和不同视图之间的关联性，有效提升了三维对象的识别和分类性能。

（5）评估指标。本节实验采用平均精度均值（mean average precision，mAP）作为检索的评估指标。mAP 是多个查询的平均精度（average precision，AP）的平均值。对于单个查询，AP 是其检索结果的精度-召回曲线下的面积。mAP 是一种广泛用于评估信息检索、目标检测和其他相关任务性能的指标，可以衡量系统在所有查询上的平均检索效果。

（6）对比实验结果分析。不同方法的对比实验结果如图 13.13 所示。从图 13.13 中观察可知，MHGNN 在 ModelNet40 数据集上的性能超过了体素检索方法 3D ShapeNets，mAP 性能提升了 48.1%。与 MVCNN[21]、GIFT[26]、GVCNN[22]、TCL[28]等多视图检索方法相比，MHGNN 分别取得了 17%、15.0%、11.6%、9.3%的性能提升，实现了最佳性能。

MHGNN 比多模态方法 RED、PVNet 和 PVRNet 分别提升了 11.0%、7.8%和 6.8%，证明了超图在建模多模态高阶关联方面的有效性。此外，通过对 MHGNN 的计算时间和模型复杂度进行进一步分析发现，在训练过程中，MHGNN 每轮迭代平均耗时 0.034 秒，测试阶段的特征提取过程平均耗时仅需 0.016 秒。此外，MHGNN 模型的总参数数量为 0.82M，显示出其较低的模型复杂度和计算时间，具有应用于实际任务的可行性。

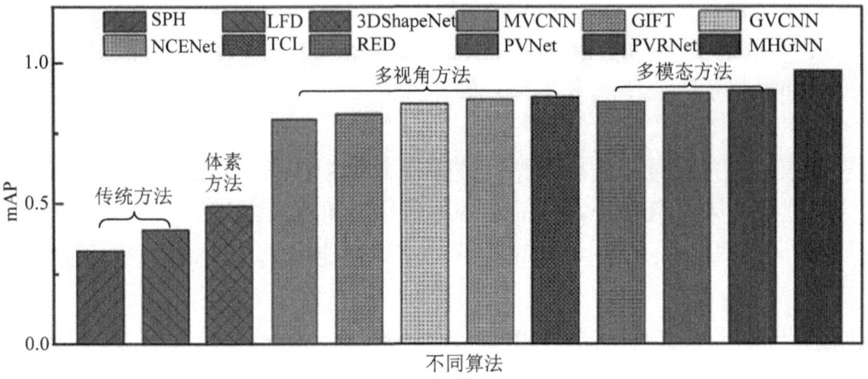

图 13.13（彩色）

图 13.13　不同方法在 ModelNet40 数据集上的结果

2. 基于超图计算的开集场景 3D 对象检索

在计算机视觉和模式识别领域，闭集检索任务与开集检索构成了两种截然不同的计算范式。闭集检索任务操作在一个严格定义的、有界的类别集合中，其中所有待分析的实体均在训练阶段给出了明确的数据标记。因此，在这种场景下，模型的操作空间被限定在这一有限的、预定义的类别集内。与闭集检索任务不同，开放集下的 3D 对象检索（open-set 3DOR，OS-3DOR）呈现出更高的复杂性。在这种开放集场景中，模型在实际部署时可能会遇到训练阶段未曾接触过的对象，这要求模型不仅能够识别出其训练集中的类别，还能对在训练期间未曾见过的新类别进行有效处理和分析。

为了解决这些问题，本节继续介绍一种基于超图计算的面向开集场景 3D 对象检索的多模态表示（hypergraph-based multi-modal representation，HGM^2R）框架[32]。如图 13.14 所示，HGM^2R 由多模态 3D 对象嵌入（multi-modal 3D object embedding，MM3DOE）和结构感知与不变知识学习（structure-aware and invariant knowledge learning，SAIKL）两个部分组成。MM3DOE 模块利用多个自编码器学习不同模态的潜在编码，而 SAIKL 模块则采用超图结构和卷积来建模 3D 对象间的隐式高阶关联，并引入记忆库以整合不变知识。

（1）开集检索介绍。在传统的闭集 3D 对象检索中，检索方法是使用训练集 $\mathcal{D}_{tra}=\{(o_i,y_i)\}_{i=1}^{L}$ 设计的，然后用于在测试集 $\mathcal{D}_{tes}=\{(o_i,y_i)\}_{i=1}^{N}$ 中搜索查询的相似对象。在典型的设置中，使用训练集来训练 3D 对象表示和距离度量，其中 L 和 N 分别表示训练集和测试集中的样本数量。注意到在某些情况下没有训练集，测试集中的所有数据都用于检索。$O_i=\{m_k\}_{k=1}^{M}$ 表示一个 3D 对象，它可以用 M 种模态表示，如多视图、点云、体素等。$y_i \in Y = \left\{c_j\right\}_{j=1}^{Y}$ 表示与 3D 对象 o_i 相关联的类别。Y是类别的总数。在闭集假设下，$\mathcal{D}_{\text{tra}}$ 和 $\mathcal{D}_{\text{tes}}$ 共享相同的类别空间，并来自同一分布 $\mathcal{D}$，这意味着在检索阶段测试集中的所有对象类别在训练阶段已被见过。闭集检索任务的目标是最小化以下期望风险：

$$
\begin{aligned}
f^* = \underset{f \in \boldsymbol{H}}{\operatorname{argmin}}\, \mathbb{E}_{(D_i, D_j) \sim (\mathcal{D}_{\text{tes}}, \mathcal{D}_{\text{tes}})} & \left[\mathbb{I}\left(y_i = y_j\right)\left(1 - \mathrm{e}^{-\mathbb{D}\left(f(o_i), f(o_j)\right)}\right) \right. \\
& \left. + \mathbb{I}\left(y_i \neq y_j\right) \mathrm{e}^{-\mathbb{D}\left(f(o_i), f(o_j)\right)} \right]
\end{aligned}
\tag{13.21}
$$

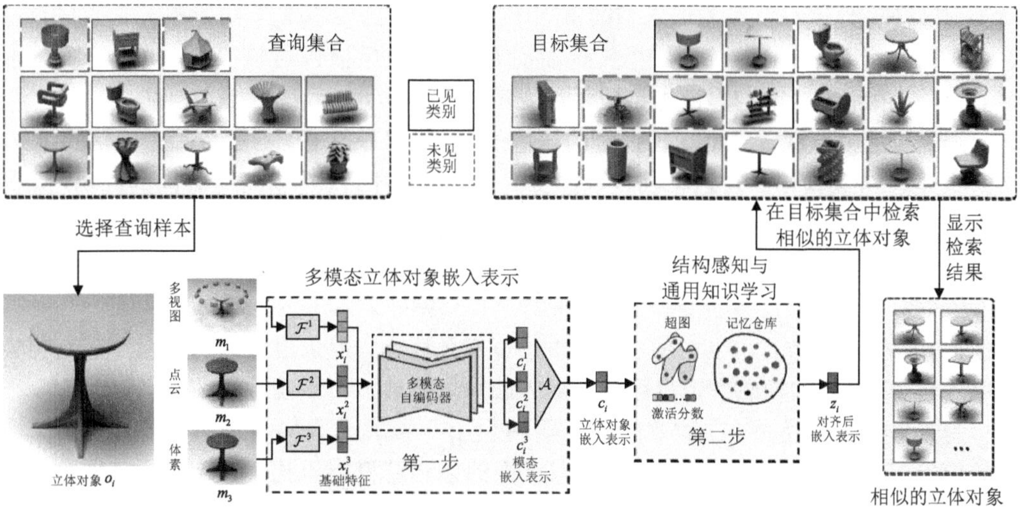

图 13.14 HGM²R 框架示意图[8]

图 13.14（彩色）

图 13.14 中，在查询集和目标集中，被红色框包围的 3D 对象表示其类别在训练阶段未见过，而被黑色框包围的 3D 对象表示其类别在训练阶段已见过。$\mathcal{F}^k$ 是模态 m_i 的基本特征表示方法，其中 m_i 可以是多视图、点云、体素等。

（2）基于超图的多模态。3D 对象表示 HGM²R 由多模态 3D 对象嵌入模块和结构感知与不变知识学习模块组成。给定一个与多种模态表示（多视图、点云、体素等）相关联的 3D 对象，采用典型的特征表示方法提取每种模态的基本特征。然后，引入 MM3DOE 模块，从基本的多模态语义特征中生成统一的 3D 对象嵌入。接下来，在 SAIKL 阶段，结合超图卷积和记忆库提炼出从已见类别中的高阶关联和不变知识，以生成对齐的嵌入。这里将最终嵌入与记忆库对齐，试图预测开放集类别，从而将闭集训练转变为开放集训练。最后，对齐的嵌入可以在检索任务和其他下游任务中使用。

为了克服不同多模态表示的 3D 对象之间固有的语义差距，并从多模态表示中提炼出统一的 3D 对象嵌入，我们设计了一个多模态 3D 对象嵌入 MM3DOE 模块。具体来说，MM3DOE 利用自编码器将基本特征编码到每种模态的潜在代码空间中。然后，同源损失将不同模态的代码拉近，以确保来自同一对象的模态比其他对象的模态更接近。此外，MM3DOE 模块引入了模态内和模态间的重构损失，以减少压缩过程中的信息损失。

给定 N 个 3D 对象 $\{o_i\}_{i=1}^{N}$ 和 M 个特定模态的特征提取器 $\{\mathcal{F}^k\}_{k=1}^{M}$，可以生成基本特征矩阵 $\{\boldsymbol{X}^k\}_{k=1}^{M}$，其中 $\boldsymbol{X}^k=\boldsymbol{F}^k\left(\{o_i\}_{i=1}^{N}\right)$ 且 $\boldsymbol{X}^k\in\mathbb{R}^{N\times d_0}$。自编码器总是将来自模态 $\boldsymbol{m}_k$ 的输入特征压缩到潜在空间 $\boldsymbol{m}_o$ 中，即 3D 对象嵌入空间，以获得更好的表示，其定义如下：

$$\begin{cases}\Psi^k := m_k \to m_o \\ \Phi^k := m_o \to m_k\end{cases} \tag{13.22}$$

其中，$\Psi^k(\cdot)$ 是模态 $\boldsymbol{m}_k$ 的编码器，将模态 $\boldsymbol{m}_k$ 的特征空间映射到 3D 对象嵌入空间 $\boldsymbol{m}_o$；$\Phi^k(\cdot)$ 是解码器，将 3D 对象嵌入空间 $\boldsymbol{m}_o$ 中的特征映射到模态 $\boldsymbol{m}_k$。给定模态 $\boldsymbol{m}_k$ 的 3D 对象 o_i 的基本特征 $\boldsymbol{x}_i^k\in\mathbb{R}^{d_0}$，从模态 $\boldsymbol{m}_k$ 估计的 3D 对象嵌入可以表示为 $\boldsymbol{c}_i^k=\Psi^k\left(\boldsymbol{x}_i^k\right)$，$\boldsymbol{c}_i^k\in\mathbb{R}^{d_c}$，并且从 $\boldsymbol{c}_i^k$ 重构的模态特征可以表示为 $\hat{\boldsymbol{x}}_i^k=\Phi^k\left(\boldsymbol{c}_i^k\right)$，$\hat{\boldsymbol{x}}_i^k\in\mathbb{R}^{d_0}$。

为了压缩模态嵌入并利用跨模态的协作信息，分别开发了同源损失 $\mathcal{L}_{\text{homo}}$ 和双重构建损失 $\mathcal{L}_{\text{br}}$。同源损失旨在拉近不同模态产生的估计 3D 对象嵌入 $\{c_i^k\}_{k=1}^{M}$ 之间的距离，定义如下：

$$\mathcal{L}_{\text{homo}}=\frac{2}{M(M-1)}\sum_{k=1}^{M}\sum_{l=k+1}^{M}\left\|\boldsymbol{c}_i^k-\boldsymbol{c}_i^l\right\|_2 \tag{13.23}$$

其中，$\|\cdot\|$ 是 ℓ_2-范数；$\boldsymbol{c}_i^k$ 和 $\boldsymbol{c}_i^l$ 都是估计的 3D 对象嵌入，但来自不同的模态。$\mathcal{L}_{\text{homo}}$ 可以约束同一 3D 对象的模态表示尽可能靠近彼此，以构建一个紧凑的潜在空间。

为了提升不同模态 3D 对象的编码器 $\{\Psi^k(\cdot)\}_{k=1}^{M}$ 和解码器 $\{\Phi^k(\cdot)\}_{k=1}^{M}$ 的泛化能力，进一步提出了双重构建损失。$\mathcal{L}_{\text{br}}$ 由单模态重构约束和跨模态重构约束组成，其计算公式如下：

$$\mathcal{L}_{\text{br}}=\frac{1}{M}\sum_{k=1,l\neq k}^{M}\left(\tau\left\|\boldsymbol{x}_i^k-\hat{\boldsymbol{x}}_i^k\right\|_2+(1-\tau)\left\|\boldsymbol{x}_i^k-\left(\Phi^k\circ\Psi^l\right)\left(\boldsymbol{x}_i^l\right)\right\|_2\right) \tag{13.24}$$

其中，$\boldsymbol{x}_i^k$ 和 $\hat{\boldsymbol{x}}_i^k$ 分别是对象 o_i 的模态 $\boldsymbol{m}_k$ 的基本特征和重构特征。$f\circ g$ 表示函数 $f(\cdot)$ 和函数 $g(\cdot)$ 的“函数组合”。在式（13.24）中，前项是为单模态重构设计的，而后项是为跨模态重构设计的，由 $l\neq k$ 约束。τ 是用来平衡自编码器重构能力和泛化能力的超参数。

（3）联合优化。通过结合式（13.23）和式（13.24），多模态 3D 对象嵌入的总体损失函数为

$$\mathcal{L}_{\text{ae}}=\lambda\mathcal{L}_{\text{home}}+(1-\lambda)\mathcal{L}_{\text{br}} \tag{13.25}$$

其中，λ 是用来权衡同源损失和双重构建损失之间的超参数。

尽管来自未见类别的对象没有标签，但其中的潜在信息也可以增加 3D 对象嵌入的泛化能力。为了构建已见类别和未见类别 3D 对象之间的关联，这里采用了超图结构。与简单图中的边相比，超图中的无度超边可以自然地模拟节点之间的高阶关联。

一个超图可以表示为 $\mathcal{G}=\{\mathcal{V},\mathcal{E},\boldsymbol{W}\}$，其中 $\mathcal{V}$ 和 $\mathcal{E}$ 分别是节点集和超边集。$\boldsymbol{W}\in\mathbb{R}^{|\mathcal{E}|\times|\mathcal{E}|}$ 是一个对角矩阵，其中 $\boldsymbol{W}_{i,i}$ 表示第 i 个超边的权重。这里每个具有多模态表示的 3D 对象被视为一个节点。通过 MM3DOE 模块，生成统一的 3D 对象嵌入矩阵 $\boldsymbol{C}\in\mathbb{R}^{N\times d_c}$，它被视为与每个节点相关的特征。接下来通过 k-NN 算法构建超边，以模拟 3D 对象之间的协作高阶信息。具体来说，对于每个节点，可以构建一个超边来连接它的 $K-1$ 个邻近节

点。这样，可以构建 N 个超边。为了方便计算，超图可以通过关联矩阵 $\boldsymbol{H} \in \{0,1\}^{|\mathcal{V}|\times|\mathcal{E}|}$ 表示，其中第 i 个超边是 $\boldsymbol{H}$ 的第 i 列，如果超边 e 包含节点 v，则 $\boldsymbol{H}(v,e)=1$。为了从超图结构中学习结构感知嵌入 $\boldsymbol{C} \in \mathbb{R}^{N\times d_c}$，采用了如下超图卷积：

$$\tilde{\boldsymbol{C}} = \sigma\left(\boldsymbol{D}_v^{-1/2}\boldsymbol{H}\boldsymbol{W}\boldsymbol{D}_e^{-1}\boldsymbol{H}^{\mathrm{T}}\boldsymbol{D}_v^{-1/2}\boldsymbol{C}\boldsymbol{\Theta}\right) \tag{13.26}$$

其中，$\boldsymbol{D}_v$ 和 $\boldsymbol{D}_e$ 分别是节点和超边的对角度矩阵；$\boldsymbol{\Theta} \in \mathbb{R}^{d_c\times d_c}$ 是超图卷积层的可训练参数。通过对包含所有 3D 对象的超图进行超图卷积，生成的结构感知嵌入 C 可以学习来自已见和未见类别的潜在协作信息。

除了通过超图结构建立已见类别和未见类别 3D 对象之间的关联外，还要进一步从已见类别的 3D 对象中提炼出一些典型表示，这些表示既适用于已见类别，也适用于未见类别。为了学习不变信息，可以利用记忆库在训练阶段存储大量的典型表示。记忆库 $\mathcal{M}$ 是包含 L 个不变记忆针点 $\boldsymbol{a}_j$ 的结构，每个锚点可以存储一个 3D 对象的典型表示：

$$\mathcal{M}=\left\{\boldsymbol{a}_j \in \mathbb{R}^{d_c} \mid j=1,2,\cdots,L\right\} \tag{13.27}$$

给定 3D 对象 o_i 的结构感知嵌入 $\tilde{\boldsymbol{c}}_i$，这里首先计算记忆库中每个记忆针点 $\boldsymbol{a}_j$ 的激活分数 $s_{i,j}$。激活分数表示原始 3D 对象嵌入与记忆库中不同典型表示的相似度，可以计算如下：

$$s_{i,j} = \mathcal{D}_{\mathrm{m}}\left(\tilde{\boldsymbol{c}}_i, a_j\right) \tag{13.28}$$

其中，$\mathcal{D}_{\mathrm{m}}(\cdot,\cdot)$ 是距离度量函数。这里使用 Softmax 函数对 L 个激活分数 $s_{i,j}$ 进行归一化，并利用归一化后的激活分数 $s'_{i,j}$ 和记忆库中的所有记忆针点 $\left\{\boldsymbol{a}_j\right\}_{j=1}^{L}$ 重建对象嵌入，可以表示如下：

$$\begin{cases} s'_{i,j} = \dfrac{e^{s_{i,j}}}{\sum\limits_{j=1}^{L} e^{s_{i,j}}} \\ \boldsymbol{z}_i = \sum\limits_{j=1}^{L} s'_{i,j} a_j \end{cases} \tag{13.29}$$

其中，$\boldsymbol{z}_i \in \mathbb{R}^{d_c}$ 是 3D 对象 o_i 的对齐嵌入。与原始 3D 对象嵌入相比，将嵌入与典型记忆针点对齐可以缓解过拟合问题，并为开放集设置学习不变知识。为了训练超图卷积和可学习的记忆针点，这里采用了两个损失函数，即记忆重构损失函数 $\mathcal{L}_{\mathrm{mr}}$ 和常见的交叉熵损失函数 $\mathcal{L}_{\mathrm{ce}}$。记忆重构不仅可以保持原始 3D 对象嵌入和对齐嵌入之间的相似性，还可以更新相关记忆锚点，以提炼出面向泛化 3D 对象表示的不变和典型知识，表示如下：

$$\mathcal{L}_{\mathrm{mr}} = \left\|\tilde{\boldsymbol{c}}_i - \boldsymbol{z}_i\right\|_2 \tag{13.30}$$

为了指导已见类别上 3D 对象嵌入的学习，采用了常见的交叉熵损失函数，定义如下：

$$\mathcal{L}_{\mathrm{ce}} = -\sum_{k=1}^{Y}\left(y_{i,k}\log\left(p_{i,k}\right) + y_{i,k}\log\left(\tilde{p}_{i,k}\right)\right) \tag{13.31}$$

其中，$p_{i,k}=\dfrac{e^{z_{i,k}}}{\sum_{m=1}^{Y}e^{z_{i,m}}}$ 和 $\tilde{p}_{i,k}=\dfrac{e^{\tilde{c}_{i,k}}}{\sum_{m=1}^{Y}e^{\varepsilon_{i,m}}}$ 分别是给定 3D 对象 o_i 在第 k 个已见类别的对齐嵌入 z_i 和结构感知嵌入 $\tilde{c}_i$ 的预测概率得分；$y_{i,k}$ 是 3D 对象 o_i 的独热编码真实标签的第 k 个值；Y 是已见类别的数量。

（4）数据描述。为评估本节所介绍方法的性能，本节实验部分涉及四个多模态开放集 3D 对象检索数据集，包括 OS-ESB-core、OS-NTU-core、OS-MN40-core 和 OS-ABO-core。这些数据集是基于公共数据集 ESB、NTU、ModelNet40 和 ABO 创建的。每个数据集都包含训练用的已知类别和用于检索的未知类别，每个 3D 对象提取了三种模态数据，包括多视角、体素和点云。例如，OS-MN40-core 数据集包含 8 个已知类别和 32 个未知类别，共 12310 个对象。

（5）评价指标。本节实验部分采用平均精度均值（mean average precision，mAP）和查准率-召回率曲线（precision-recall，PR）作为评估指标。mAP 是多个查询的平均精度的平均值。PR 曲线是基于模型对不同阈值下的预测结果进行排序，并计算查准率和召回率之间的关系而得到的基本曲线。

（6）对比算法。本节所介绍的方法与如下方法进行比较。

- 多模态联合神经网络（multi-modal joint network，MMJM）方法[33]：MMJM 是一种多模态联合网络，它采用加权融合来结合多模态特征进行学习。
- 三元组及中心损失（triplet and center loss，TCL）方法[28]：TCL 是一种典型的基于度量学习的方法，它结合了三元损失和中心损失来学习具有区分性的三维对象嵌入。
- 多模态堆栈自动编码器（multi-modal stacked auto-encoders，MMSAE）[34]：MMSAE 是一种基于自动编码器的跨模态检索方法，它使用重构损失函数来训练自动编码器，将不同模态的嵌入投影到相同的潜在空间中。
- 多通道权重共享自动编码器（multi-channel weight-sharing auto-encoder，MCWSA）[35]：MCWSA 是一种多通道权重共享自动编码器方法，它利用多头注意力机制融合模态，用于多模态数据表示学习。

（7）对比实验结果分析。如图 13.15 和图 13.16 的结果所示，HGM^{2}R 方法在全部四个数据集上都取得了最佳的性能。具体来讲，在 OS-ESB-core 数据集上，HGM^{2}R 方法比 TCL 方法提高了 4.7%性能，比 MMJM 方法提高了 5.4%性能，比 MMSAE 方法提高了 3.6%性能，比 MCWSA 方法提高了 4.4%性能；在 OS-MN40-core 数据集上，HGM^{2}R 方法比 TCL 方法提高了 25.1%性能，比 MMJM 方法提高了 26.2%性能，比 MMSAE 方法提高了 18.8%性能，比 MCWSA 方法提高了 24.0%性能。从图中观察可知，HGM^{2}R 方法在 OS-MN40-core 数据集和 OS-ABO-core 数据集上的性能提升比 OS-ESB-core 和 OS-NTU 上的性能提升更显著。随着每个类别平均对象数量的增加，相应的性能也显著增加。与 OS-ESB-core 和 OS-NTU-core 数据集相比，OS-MN40-core 和 OS-ABO-core 数据集每个类别有十倍以上的样本可供模型训练，本节所介绍的 SAIKL 模块可以更好地聚合来自相似 3D 对象的更多高阶相关性，并在记忆库中存储更多不变的知识。此外，可观察到在传统的 3DOR 方法中，TCL 的性能优于 MMJM，表明与直接模态串联相比，度量学习更适合学习判别性嵌入。相比之下，MMJM 简单地采用加权串联来融合不同模态，忽略了模态间语义鸿沟，无法利用跨模态的协作信息。对于基于自动编码器的方法，MCWSA 的表现比 MMSAE 差，这表明多头注意力不能产生面对未见类别对象时的更通用的表示。

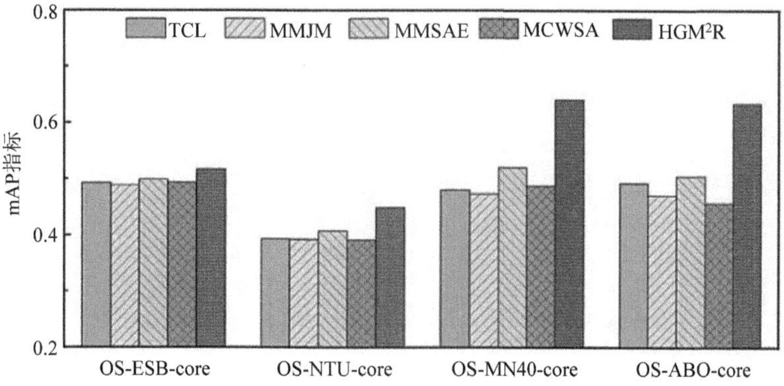

图 13.15 在不同数据集上 OS-3DOR 任务的实验结果对比

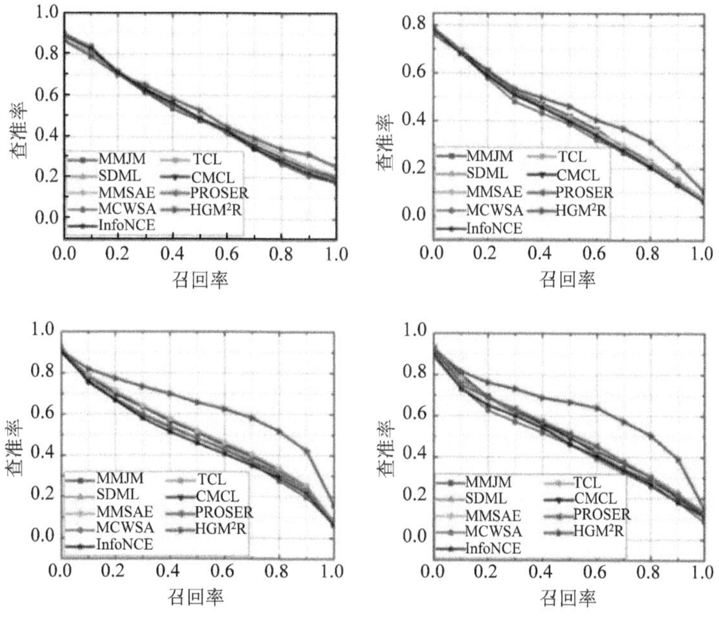

图 13.16（彩色）

图 13.16 在不同数据集上 OS-3DOR 任务的查准率-召回率曲线对比

（8）可视化分析。为了直观对比不同方法提取的区分性特征嵌入，图 13.17 展示了 HGM^2R 在 OS-MN40-core 数据集的一些检索示例。在 OS-MN40-core 数据集中，检索集包括查询集和目标集，查询的 3D 对象从查询集中选择，检索目标则是来自目标集的 3D 对象，查询集和目标集中的 3D 对象类别在训练阶段都是未见过的。在开集 3DOR 任务中，由于存在一些未见类别，限制了提取特征的泛化能力，导致检索性能下降。

如图 13.17 所示，无论是得分较高还是较低的结果，都表明本节所介绍的 HGM^2R 方法能够提取出 3D 对象的语义特征而非类别特征。这些检索示例表明该方法能够突破闭集陷阱，在开集 3DOR 任务中从对象语义表征的角度检索出相似的 3D 对象。

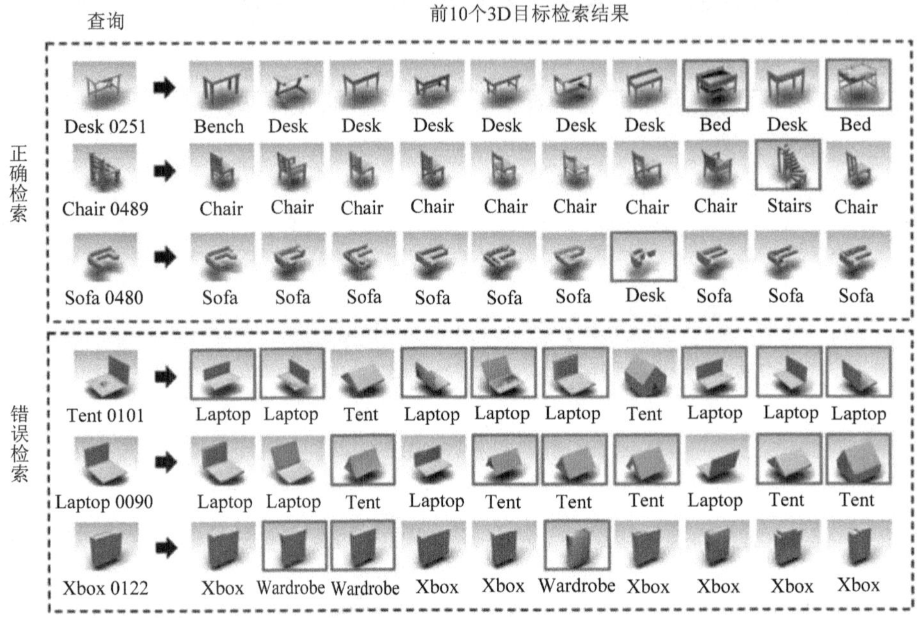

图 13.17　OS-MN40-core 数据集上 OS-3DOR 示例的可视化

13.2.3　3D 对象识别

与 3D 对象检索不同，3D 对象识别旨在从三维数据中识别和分类特定的对象。这一过程通常涉及从 3D 对象数据中提取关键特征，并将这些特征与已知类别进行比较，以确定所观察对象的类别或属性。目前主流的 3D 对象识别方法大多基于深度学习技术，利用神经网络模型从大量数据中学习 3D 对象的特征表示。基于视图的 3D 对象识别方法通过分析从不同角度捕捉的 3D 对象的二维图像来提取特征 [21]，其优势在于能够利用成熟的二维图像处理技术来进行图像特征表示，但缺点在于可能无法全面捕获 3D 对象的空间特征。基于体素的方法 [24] 则通过将 3D 对象离散化成体素网格并分析这些网格来提取特征，其挑战在于体素化过程可能会导致信息损失，并且计算量较大。基于网格的方法 [36] 直接从 3D 网格数据中提取特征，能够更好地保持对象的几何信息，但处理复杂网格结构的算法通常也更为复杂。在处理对象间关系和整体数据集结构方面，3D 对象识别和 3D 对象检索一样面临不足。

本节介绍一种归纳式多超图学习（inductive multi-hypergraph learning，iMHL）方法 [9]，旨在精确表征并分类基于视图的 3D 对象。如图 13.18 所示，该方法通过将 3D 对象的关联关系通过多超图结构进行建模，综合多模态和多特征数据，以监督学习方式实现数据到标签的高效映射，从而完成 3D 对象识别任务。在该算法框架中，每个 3D 对象均以超图结构中的节点形式表示，而超边则根据特征空间内对象之间的距离动态生成。此过程通过超图上的语义计算来优化映射矩阵。在测试阶段，应用已训练的映射矩阵于新数据，以生成准确的预测标签，从而完成分类任务。

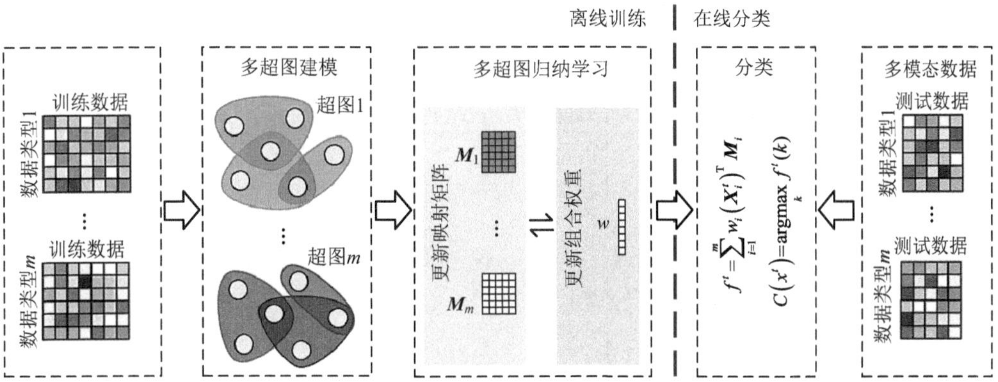

图 13.18　归纳多超图学习算法的框架示意图

1. 3D 对象的多超图结构建模

如图 13.18 所示，iMHL 方法首先建模超图结构来挖掘数据之间的高阶相关性，超图中每个节点代表一个对象，并与其相应的标签信息关联。归纳式学习的核心是学习一个映射矩阵 $\boldsymbol{M}$。在给定多模态数据的情况下，iMHL 为每一个模态构建一个超图，通过在多超图上进行归纳学习，同时优化映射矩阵 $\boldsymbol{M}_i$ 和多超图的最优组合权重。

给定 n 个训练样本 $\boldsymbol{X}=\left[x_1,x_2,\cdots,x_i,\cdots,x_n\right]\in\mathbb{R}^{d\times n}$ 及其对应的标签和一种表示方式，如一种特征，首先构建一个超图 $\mathcal{G}=(\mathcal{V},\mathcal{E},\boldsymbol{W})$ 以表示这些对象之间的高阶关联，其中 $\mathcal{V}$ 是节点集，$\mathcal{E}$ 是超边集，$\boldsymbol{W}$ 的对角线条目对应于超边权重。在 $\mathcal{V}$ 中，每个节点代表 $\boldsymbol{X}$ 中的一个对象，总共有 n 个节点。在 $\mathcal{E}$ 中，基于对象之间的距离生成超边。通常，超边可以使用 k-NN、ϵ-球距离或稀疏表示方法生成。这里采用传统的 k-NN 方法进行超边构建。每次选择一个节点作为中心点，相应的超边 e 连接它及其 k 个最近邻节点。由于选择最佳 k 值是比较困难的，这里使用多个 k 值为每个中心节点生成多个超边，后续实验中 k 选择为 $[4,6,8,10]$。在生成超边后，可以使用关联矩阵来表示不同节点之间的关系。超图 $\mathcal{G}=(\mathcal{V},\mathcal{E},\boldsymbol{W})$ 的关联矩阵 $\boldsymbol{H}$ 表示如下：

$$\boldsymbol{H}(v,e)=\begin{cases}1 & v\in e\\ 0 & \text{其他}\end{cases} \tag{13.32}$$

这里，分别计算节点 $v\in\mathcal{V}$ 的节点度和超边 $e\in\mathcal{E}$ 的超边度，生成两个对角矩阵 $\boldsymbol{D}_v$ 和 $\boldsymbol{D}_e$，每个对角线元素分别对应于节点度和超边度。所有超边都以相等的权重初始化为 $1/n_e$，其中 n_e 是超边的数量。

2. 多超图归纳式学习

（1）归纳式超图学习。传统的转导式超图学习基于如下假设：通过超图结构更强连接的两个节点应该有更高的概率具有相似的标签，并且标签可以通过超图结构传播。因

此，标签矩阵 $\boldsymbol{F}$ 的目标函数可以写为

$$\arg\min_{\boldsymbol{F}}\left\{\Omega(\boldsymbol{F})+\lambda\mathcal{R}_{\text{emp}}(\boldsymbol{F})\right\} \tag{13.33}$$

其中，第一项是控制节点之间连接的正则化项，第二项是经验损失，λ是权重参数。

正则化项$\Omega(\boldsymbol{F})$可以定义为

$$\begin{aligned}\Omega(\boldsymbol{F})&=\frac{1}{2}\sum_{k=1}^{c}\sum_{e\in\mathcal{E}}\sum_{u,v\in\mathcal{V}}\frac{\boldsymbol{W}(e)\boldsymbol{H}(u,e)\boldsymbol{H}(v,e)}{\delta(e)}\left(\frac{\boldsymbol{F}(u,k)}{\sqrt{d(u)}}-\frac{\boldsymbol{F}(v,k)}{\sqrt{d(v)}}\right)^2\\&=\operatorname{tr}\left(\boldsymbol{F\Delta F}^{\mathrm{T}}\right)\end{aligned} \tag{13.34}$$

其中，$\boldsymbol{F}(:,k)$是$\boldsymbol{F}$的第k列；令$\boldsymbol{\Delta}=\boldsymbol{I}-\boldsymbol{\Theta}$，$\boldsymbol{\Theta}=(\boldsymbol{D}_v)^{-1/2}\boldsymbol{HW}(\boldsymbol{D}_e)^{-1}\boldsymbol{H}^{\mathrm{T}}(\boldsymbol{D}_v)^{-1/2}$，则$\boldsymbol{\Delta}$可以看作是矩阵形式的归一化超图拉普拉斯算子，$\Omega(\boldsymbol{F})$是$\boldsymbol{F}$的二次形式。

经验损失项可以定义为

$$\mathcal{R}_{\text{emp}}(\boldsymbol{F})=\sum_{k=1}^{c}\|F(:,k)-Y(:,k)\|^2 \tag{13.35}$$

与传统的转导式超图学习对标记和未标记数据进行标签传播不同，归纳式学习的目标是学习一个映射矩阵来区分不同类别。学习映射矩阵$\boldsymbol{M}$的代价函数Ψ由三部分组成：超图拉普拉斯正则化项$\Omega(\boldsymbol{M})$，经验损失$\mathcal{R}_{\text{emp}}(\boldsymbol{M})$，以及映射矩阵的正则化项$\Phi(\boldsymbol{M})$：

$$\Psi=\left\{\Omega(\boldsymbol{M})+\lambda\mathcal{R}_{\text{emp}}(\boldsymbol{M})+\mu\Phi(\boldsymbol{M})\right\} \tag{13.36}$$

$\boldsymbol{M}$的超图拉普拉斯正则化项也是基于强连接节点应具有相似标签的假设。超图拉普拉斯正则化项可以写为式（13.37），它是$\boldsymbol{M}$的二次形式：

$$\begin{aligned}\Omega(\boldsymbol{M})&=\frac{1}{2}\sum_{k=1}^{c}\sum_{e\in\mathcal{E}}\sum_{u,v\in\mathcal{V}}\frac{\boldsymbol{W}(e)\boldsymbol{H}(u,e)\boldsymbol{H}(v,e)}{\delta(e)}\vartheta\\&=\operatorname{tr}\left(\boldsymbol{M}^{\mathrm{T}}\boldsymbol{X\Delta X}^{\mathrm{T}}\boldsymbol{M}\right)\end{aligned} \tag{13.37}$$

其中，$\vartheta=\left(\frac{\left(\boldsymbol{X}^{\mathrm{T}}\boldsymbol{M}\right)(u,k)}{\sqrt{d(u)}}-\frac{\left(\boldsymbol{X}^{\mathrm{T}}\boldsymbol{M}\right)(v,k)}{\sqrt{d(v)}}\right)^2$。

$\boldsymbol{M}$上的经验损失项可以定义为

$$\mathcal{R}_{\text{emp}}(\boldsymbol{M})=\left\|\boldsymbol{X}^{\mathrm{T}}\boldsymbol{M}-\boldsymbol{Y}\right\|^2 \tag{13.38}$$

$\Phi(\boldsymbol{M})$是一个$\ell_{2,1}$-范数正则化项，用于避免$\boldsymbol{M}$过拟合并产生行稀疏性以选择更多信息性特征，可以定义为

$$\Phi\boldsymbol{M}=\|\boldsymbol{M}\|_{2,1} \tag{13.39}$$

综上，归纳式超图学习任务可以写为

$$\arg\min_{\boldsymbol{M}}\left\{\operatorname{tr}\left(\boldsymbol{M}^{\mathrm{T}}\boldsymbol{X\Delta X}^{\mathrm{T}}\boldsymbol{M}\right)+\lambda\boldsymbol{X}^{\mathrm{T}}\boldsymbol{M}-\boldsymbol{Y}^2+\mu\|\boldsymbol{M}\|_{2,1}\right\} \tag{13.40}$$

这里$\ell_{2,1}$-范数正则化器是凸的且非平滑的。因此，可以将式（13.40）放松为以下优化问题：

$$\arg\min_{\boldsymbol{M},\boldsymbol{U}}\left\{\operatorname{tr}\left(\boldsymbol{M}^{\mathrm{T}}\boldsymbol{X\Delta X}^{\mathrm{T}}\boldsymbol{M}\right)+\lambda\boldsymbol{X}^{\mathrm{T}}\boldsymbol{M}-\boldsymbol{Y}^2+\mu\operatorname{tr}\left(\boldsymbol{M}^{\mathrm{T}}\boldsymbol{UM}\right)\right\} \tag{13.41}$$

其中，$\boldsymbol{U}$是一个对角矩阵，其第i个对角元素定义为

$$U_{i,i}=\frac{1}{2\|\boldsymbol{M}(\boldsymbol{i},:)\|_2^2},i=1,2,\cdots,d \tag{13.42}$$

这里将 $\boldsymbol{U}$ 初始化为单位矩阵，并采用迭代加权最小二乘法来优化上述问题。首先，固定 $\boldsymbol{U}$ 并直接对 $\boldsymbol{M}$ 进行求导，其闭式解可以写为

$$\boldsymbol{M}=\lambda\left(\boldsymbol{X\Delta X}^{\mathrm{T}}+\lambda\boldsymbol{XX}^{\mathrm{T}}+\mu\boldsymbol{U}\right)^{-1} \tag{13.43}$$

接下来，固定 $\boldsymbol{M}$，来更新 $\boldsymbol{U}$。重复此过程直到 $\boldsymbol{U}$ 和 $\boldsymbol{M}$ 稳定。

给定一个测试样本 $\boldsymbol{x}_t$，可以通过以下方式预测 $\boldsymbol{x}_t$ 的类别：

$$C(\boldsymbol{x}_t)=\arg\max_k \boldsymbol{x}_t^{\mathrm{T}}\boldsymbol{M} \tag{13.44}$$

（2）归纳式多超图学习。假设 3D 数据一共有 m 种模态，可以相应地构建 m 个超图，分别表示为 $\mathcal{G}_1=(\mathcal{V}_1,\mathcal{E}_1,\boldsymbol{W}_1),\mathcal{G}_2=(\mathcal{V}_2,\mathcal{E}_2,\boldsymbol{W}_2),\cdots,\mathcal{G}_m=(\mathcal{V}_m,\mathcal{E}_m,\boldsymbol{W}_m)$。对于每种模态，旨在学习一个单独的映射矩阵 $\boldsymbol{M}_i$，所有模态的所有投影标签矩阵的整体组合可用于预测测试数据的类别。在使用多模态数据时，不同模态的最佳组合也很重要。因此，可以进一步引入组合权重 $\boldsymbol{\omega}=[\omega_1,\omega_2,\cdots,\omega_m]$ 作为学习任务的另一个目标，其中 ω_i 是第 i 种模态的组合权重，其中 $\sum_{i=1}^{m}\omega_i=1(\omega_i\geqslant 0)$。

在多超图上学习所有映射矩阵 $\boldsymbol{M}_i$ 的优化目标函数 Ψ 由两部分组成，即每个超图的学习成本的组合以及组合权重 $\boldsymbol{\omega}$ 的正则化项：

$$\Psi=\sum_{i=1}^{m}\omega_i\left\{\Omega(\boldsymbol{M}_i)+\lambda\mathcal{R}_{\mathrm{emp}}(\boldsymbol{M}_i)+\mu\Phi(\boldsymbol{M}_i)\right\}+\eta\Gamma(\boldsymbol{\omega}) \tag{13.45}$$

这里 $\Gamma(\boldsymbol{\omega})$ 为模态权重的 ℓ_2-范数：

$$\Gamma(\boldsymbol{\omega})=\|\boldsymbol{\omega}\|^2 \tag{13.46}$$

在多超图上的归纳学习任务可以写为

$$\begin{cases}\arg\min\limits_{\boldsymbol{M}_i,\boldsymbol{\omega}\geqslant 0}\left\{\sum_{i=1}^{m}\omega_i\left\{\Omega(\boldsymbol{M}_i)+\lambda\mathcal{R}_{\mathrm{emp}}(\boldsymbol{M}_i)+\mu\Phi(\boldsymbol{M}_i)\right\}+\eta\Gamma(\boldsymbol{\omega})\right\}\\ \text{s.t.}\sum_{i=1}^{m}\omega_i=1\end{cases} \tag{13.47}$$

式（13.47）可以分解为 m+1 个独立的子问题，分别与每个 $\boldsymbol{M}_i$ 和 $\boldsymbol{\omega}$ 相关。因此，为了求解该优化问题，首先单独优化每个 $\boldsymbol{M}_i$，然后优化组合权重 $\boldsymbol{\omega}$ 以融合所有模态。每个模态下的优化任务类似如下：

$$\arg\min_{\boldsymbol{M}_i}\left\{\Omega(\boldsymbol{M}_i)+\lambda\mathcal{R}_{\mathrm{emp}}(\boldsymbol{M}_i)+\mu\Phi(\boldsymbol{M}_i)\right\} \tag{13.48}$$

该问题可以通过之前提到的迭代算法来求解。

接下来，优化不同模态的融合权重 $\boldsymbol{\omega}$，该优化任务可以重写为

$$\arg\min_{\boldsymbol{\omega}\geqslant 0}\left\{\sum_{i=1}^{m}\omega_i\left\{\Omega(\boldsymbol{M}_i)+\lambda\mathcal{R}_{\mathrm{emp}}(\boldsymbol{M}_i)+\mu\Phi(\boldsymbol{M}_i)\right\}+\eta\|\boldsymbol{\omega}\|^2\right\} \tag{13.49}$$

这里令 $Y_i=\Omega(\boldsymbol{M}_i)+\lambda R_{\mathrm{emp}}(\boldsymbol{M}_i)+\mu\Phi(\boldsymbol{M}_i)$，则该优化任务可以重写为

$$\begin{cases} \arg\min\limits_{\omega \geqslant 0}\left\{\sum_{i=1}^{m}\omega_i \mathrm{Y}_i + \eta \|\boldsymbol{\omega}\|^2\right\} \\ \text{s.t.}\sum_{i=1}^{m}\omega_i = 1 \end{cases} \tag{13.50}$$

上述优化问题可以通过拉格朗日方法求解，则原优化问题可变为

$$\arg\min_{\omega,\zeta}\left\{\sum_{i=1}^{m}\omega_i \mathrm{Y}_i + \eta \|\boldsymbol{\omega}\|^2\right\} + \zeta\left(\sum_{i=1}^{m}\omega_i - 1\right) \tag{13.51}$$

求解以上优化问题，可以得到

$$\zeta = \frac{-\sum_{i=1}^{m}\mathrm{Y}_i - 2\eta}{m} \tag{13.52}$$

和

$$\omega_i = \frac{1}{m} + \frac{\sum_{i=1}^{m}\mathrm{Y}_i}{2m\eta} - \frac{\mathrm{Y}_i}{2\eta} \tag{13.53}$$

根据获得的 $\boldsymbol{M}_i$ 和 $\boldsymbol{\omega}$ ，可以得到 3D 对象的语义映射标签矩阵：

$$\boldsymbol{f}_t = \sum_{i=1}^{m}\omega_i \boldsymbol{x}_t^{\mathrm{T}} \boldsymbol{M}_i \tag{13.54}$$

通过计算 $C(\boldsymbol{x}_t) = \underset{k}{\operatorname{argmax}}\, \boldsymbol{f}_t(k)$ 可以实现对 $\boldsymbol{x}_t$ 的类别预测。

3. 实验结果和分析

（1）数据描述。为评估本节所介绍方法的性能，实验数据采用 ModelNet40 数据集[24]和 NTU3D 数据集[37]。ModelNet40 数据集与 13.2.2 节所介绍的相同，NTU3D 数据集包含来自 63 个类别的 2012 个 3D 对象。在 NTU3D 数据集中，每个类别的 50%数据用于训练，另外 50%数据用于测试。本实验使用两种基于多视图的 3D 对象特征提取方法为每个 3D 对象生成特征表示，包括 MVCNN[21] 和 GVCNN[38]。使用上述这些特征可以生成包含两个超图的多超图结构，并在多超图上进行归纳学习，生成的映射矩阵和组合权重用于预测测试样本的类别。本节所介绍方法中的三个主要参数 λ、μ 和 η 分别被设置为 10、0.01 和 1000。

（2）对比算法。本节所介绍的方法分别与下列方法进行了性能对比。

- MVCNN[21]：一种基于视图的 3D 对象识别方法，它首先提取每个视图的深度特征，然后通过视图池化生成对象描述符。
- GVCNN[38]：另一种基于视图的 3D 对象识别方法，它考虑了多视图的组信息以生成对象描述符。
- MVCNN+SVM：一种使用 SVM 分类器对 MVCNN 特征进行 3D 对象分类的方法。
- GVCNN+SVM：一种使用 SVM 分类器对 GVCNN 特征进行 3D 对象分类的方法。
- 转导式多超图学习（transductive multi-hypergraph learning，tMHL）[39]：tMHL 利用多个对象特征生成多个超图，这些超图的生成方式也与所提出的方法相同。对

多超图进行转导式学习以同时学习标签矩阵和最优多超图组合权重。

- 单超图归纳学习（inductive hypergraph learning，iHL）：在 iHL 中，将所有可用特征合并为一个特征，并进行归纳超图学习进行分类。

（3）评估指标。本节实验采用分类准确率作为 3D 对象识别的评估指标。

（4）对比实验结果分析。图 13.19 中展示了多个对比方法在两个数据集上的分类准确率结果比较。从图中结果可以观察到，与两种多视图深度学习方法（即 MVCNN 和 GVCNN）及其与 SVM 相结合的方法相比，超图计算相关方法在两个数据集上都可以达到最佳性能。本节介绍的归纳多超图学习（iMHL）方法在 NTU 数据集上与 MVCNN 和 GVCNN 相比，分类准确率提高了 20.52%和 21.41%。在 ModelNet40 数据集上，与 MVCNN 和 GVCNN 相比，分类错误率的降低比例分别为 71.31%和 58.84%。

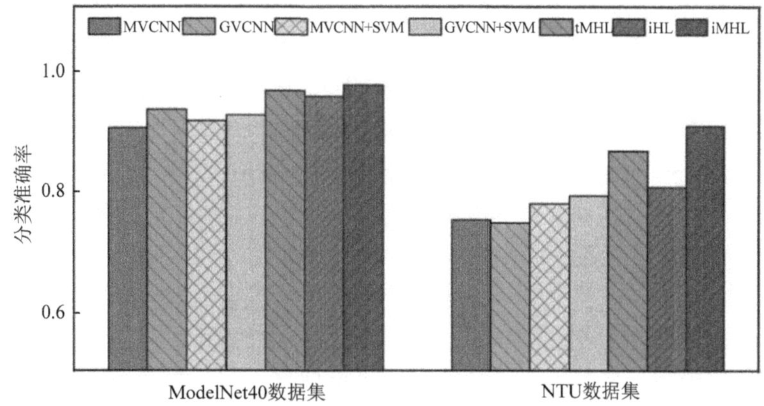

图 13.19 3D 对象识别任务中不同方法在两个数据集上的准确率实验结果比较

这里基于超图计算的 3D 对象识别方法的性能优势主要来自以下两个原因。首先，超图结构能够表达 3D 对象之间的高阶相关性，从而获得数据分布的最优建模。与基于成对低阶关联的方法不同，超图结构在学习 3D 对象之间潜在高阶关联上能够显示出其优越性，可以学习从原始特征空间到目标分类标签的最优映射。其次，基于多超图结构建模的方法可以通过多个超图结构整合多模态数据，可以更容易地扩展以处理更多的 3D 对象特征或表示。从这些结果中还有几点重要发现。首先，与 tMHL 相比，iMHL 方法在两个数据集上都可以实现更高的分类准确率。这些结果说明归纳式学习方法在这些实验中优于转导式学习方法。半监督方法可能会受到未标记数据噪声和有限的标记样本的影响，同时在计算成本方面归纳式学习方法比转导式学习方法要高效得多。对于归纳学习，训练数据仅在学习过程中用于映射矩阵，尽管训练阶段可能需要大量的计算成本，但实际应用主要关注在线测试效率。综合考虑分类准确率和运行时间，归纳式超图学习方法更适合实际应用。

13.3 视觉数据配准

视觉数据配准在计算机视觉、图像处理和相关交叉学科领域中都是非常基础的数据处理任务，主要目的在于实现不同视角、不同时间点采集的图像/点云数据的精确对齐与融合，或定位出其差异。在技术层面，视觉数据配准的核心任务包括特征提取与匹配、变换模型的建立与优化，以及图像融合与重建。以点云数据为例，配准过程首先需提取出点云中的关键特征点，这些特征点应具有较高的区分度，以便在不同数据之间进行匹配。随后，通过建立和优化几何变换模型（如刚性或非刚性变换模型）来实现不同数据集之间的空间对齐。最终，利用图像重采样或其他图像融合技术，完成数据的整合。

当前，视觉配准领域的主流方法涵盖了基于特征的配准方法和基于密集匹配的配准方法。前者侧重于从图像中提取显著的特征点，并通过特征匹配来引导图像对齐；而后者则利用整个图像的像素信息，通过优化全局或局部的像素强度差异来实现配准。近年来，深度学习的兴起为视觉配准带来了新的发展方向，尤其在特征提取和匹配算法的优化方面展现出显著的潜力。在视觉数据配准任务中，如何确定正确的相关特征点是一个非常重要的内容，这些特征点之间的关联关系也在该任务中发挥关键作用。在视觉数据配准中，超图计算能够应用于处理单一图像内部的像素点关系及不同图像之间相互关系的建模与分析，对于在多视角或多时刻采集的图像/点云数据中建立复杂的空间和时间关联十分重要，能够为精确图像/点云对齐提供有力支持。本节将介绍两种基于超图计算的视觉配准工作，分别是面向点云数据的配准和面向 RGB-D 数据的配准。

13.3.1 点云数据配准

点云数据配准致力于将两个或多个 3D 点云数据在空间中精确对齐。每个点云数据由大量的三维点组成，其中每个点包含空间坐标信息。这一技术在物体姿态估计、机器人定位、自动驾驶以及三维重建等多个领域都有着广泛应用。在深度学习技术推动下，基于特征的全局点云配准方法近年来备受关注，主要包含两个关键阶段，即特征提取和鲁棒变换估计。特征提取阶段的目标是从点云中识别出具有代表性的特征点，而鲁棒变换估计阶段则旨在建立这些特征点之间的稳定对应关系，并计算出精确的空间变换。由于点云数据之间可能存在的局部重叠和当前三维描述符的局限性，配准过程面临着异常值的挑战，这些异常值可能由数据噪声、遮挡或非对应点的错误匹配引起，对变换估计过程的鲁棒性构成了严重障碍。在变换估计方法中，传统方法[如随机抽样一致性算法（random sample consensus，RANSAC）[40]]在一些基础任务中能够处理异常值问题，但在处理大量数据或异常值比例高的场景中效率和准确性都有限。基于深度学习的方法通过神经网络分析点云数据的对应关系和几何信息，如深度全局配准（deep global registration，DGR）[41]和深度霍夫投票全局配准（deep hough voting for robust global registration，DHVR）[42]等方法。这些方法通过深度学习框架增强对复杂数据特征的学习能力，提高配准的准确性和效率。在处理受严重异常值污染的对应关系时，这些方法仍面临挑战，如内点的几何一致性减弱使深度学习算法难以有效识别内点。此外，全局导向的采样方法往往忽视了复杂或非规则点云数据中至关重要的局部探索步骤。

针对以上问题，本节介绍一种基于超图计算的点云数据配准方法 Hunter[10]。该方法采用了一种鲁棒的变换估计方法，为具有严重异常值的点云配准开发了一种全局到局部的探索方案。该方法包含超图一致性推理（hypergraph-based consistency reasoning，HCR）

模块与基于偏好的局部探索（preference-based local exploration，PLE）模块，其中 HCR 模块通过利用超图来学习对应关系的高阶一致性，能够产生更明显的内点（Inliers）簇，并显著增加采样全内点最小子集的概率。PLE 模块则采用多初始化搜索策略进行局部探索，有助于在参数空间中获得可靠的局部最优解。

1. 方法描述

给定源点云 $\boldsymbol{X} \in \mathbb{R}^{N_x \times 3}$ 和目标点云 $\boldsymbol{Y} \in \mathbb{R}^{N_y \times 3}$，通过手工或基于深度学习的方法来提取其特征描述符。在描述符空间中进行最近邻搜索，建立点对应关系 $\boldsymbol{C} = \{(\boldsymbol{X}_i, \boldsymbol{y}_i)\}_N \in \mathbb{R}^{N \times 6}$，这一过程中可能会包含大量的错误匹配，即错误的对应关系。本节所介绍的方法首要在于排除这些错误匹配，恢复两点云之间的刚性变换 $T = (\boldsymbol{R}, \boldsymbol{T})$。

如图 13.20 所示，Hunter 框架包括三个主要阶段：高阶一致性引导的全局探索、偏好驱动的局部探索和基于距离与角度的假设选择。全局探索阶段的目标是在高阶一致性的指导下产生有潜力的初始假设，该一致性通过 HCR 模块学习而来。局部探索阶段致力于根据最大概率的前 k 个初始假设偏好，搜索最佳对齐方式，通过 PLE 模块来实现。最终，假设选择步骤的目标是从多个局部最优的假设中挑选出最可靠的变换，从而完成点云数据配准任务。

图 13.20（彩色）

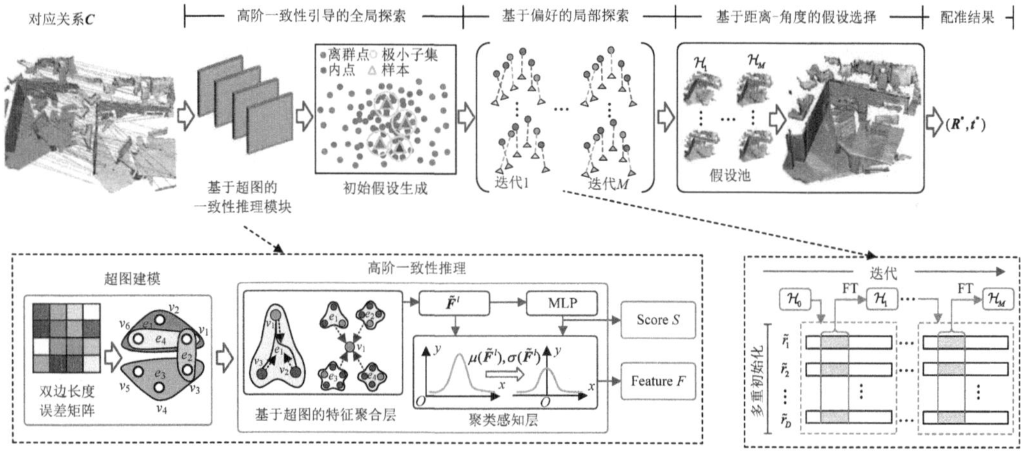

图 13.20　基于超图计算的点云数据配准方法 Hunter 示意图

全局探索过程的目标是以指导性方法生成潜在的初始假设。为指导最小子集采样，传统研究大多采用内点的空间一致性原则，但这种方法仅限于考虑两个对应关系之间的一致性。虽然此方法理论上有效，但受异常值和噪声的干扰，仅依赖成对一致性在生成有效假设方面存在局限性和不确定性 [43]。实际上，内点可以构成一个完全连通图，意味着任意两个正确对应关系均遵守空间一致性规则，这种特性被定义为高阶一致性。本节介绍的高阶一致性引导的全局探索模块共包含两个单元：超图建模单元和高阶一致性推理单元。超图建模单元负责计算空间一致性，并以超边形式采样符合一致性的子集。在构建的超图基础上，高阶一致性推理单元进行迭代运算（如执行两次），推断对应项的高阶一致性，并输出这些对应项的高维嵌入及内点置信度。在高阶一致性的引导下，通过

k-NN 方法生成潜在的初始假设。

（1）空间一致性。对应关系$(\boldsymbol{X}_i, \boldsymbol{y}_i)$的坐标符合以下生成模型[44]：

$$\boldsymbol{y}_i = \boldsymbol{R}\boldsymbol{X}_i + \boldsymbol{t} + \boldsymbol{\epsilon}_i + \boldsymbol{o}_i \tag{13.55}$$

其中，$\boldsymbol{R}$、$\boldsymbol{t}$、$\boldsymbol{\epsilon}_i$ 分别是旋转矩阵、平移向量和数据噪声。如果对应关系是内点，则 $\boldsymbol{o}_i$ 等于0；否则是任意向量。

给定任意两个对应关系$\boldsymbol{C}_i = (\boldsymbol{X}_i, \boldsymbol{y}_i)$和$\boldsymbol{C}_j = (\boldsymbol{X}_j, \boldsymbol{y}_j)$，定义两个对应关系的双边长度误差（bilateral length error，BLE）为

$$d_{ij} = \left| \|\boldsymbol{X}_i - \boldsymbol{X}_j\|_2 - \|\boldsymbol{y}_i - \boldsymbol{y}_j\|_2 \right| \tag{13.56}$$

式（13.56）满足$d_{ij} \leqslant \|\boldsymbol{\epsilon}_i - \boldsymbol{\epsilon}_j + \boldsymbol{o}_i - \boldsymbol{o}_{j2}\|$。如果$\boldsymbol{C}_i$和$\boldsymbol{C}_j$都属于内点集，则$\boldsymbol{o}_i = 0$且$\boldsymbol{o}_j = 0$，因此$d_{ij} \leqslant \|\boldsymbol{\epsilon}_i - \boldsymbol{\epsilon}_j\|_2$小于阈值$\theta$；否则，BLE d_{ij}是任意数。因此，正确的对应关系应该遵循长度一致性并具有小的误差，如图 13.21（b）所示。节点n_1、n_4和n_6表示正确的对应关系，以绿色标记。它们中的任意两个具有强空间一致性，以浅绿色标记。内点和离群值有时可能具有强成对一致性，以红色标记。此外，如图 13.21（c）所示，内点和外点可能偶尔具有强一致性，如节点(n_1, n_2)和节点(n_3, n_6)。然而，如图 13.21（d）所示，只有内点形成一个强连接的集群并满足高阶一致性，而外点无法与所有其他内点保持高阶一致性。因此，Hunter 框架尝试学习高阶一致性以减少模糊性，并为内点识别提供更清晰的线索。

图 13.21（彩色）

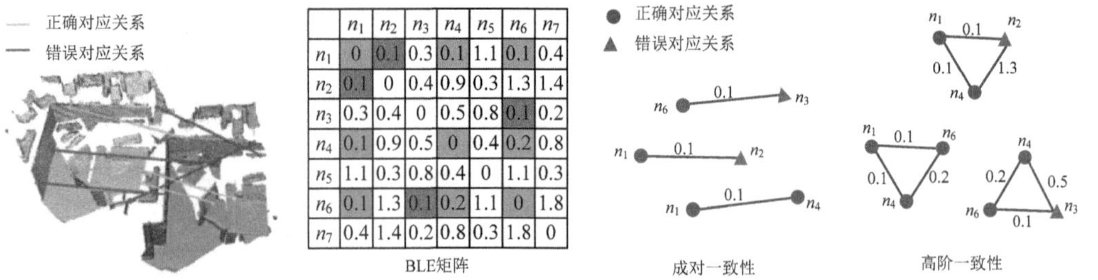

	n_1	n_2	n_3	n_4	n_5	n_6	n_7
n_1	0	0.1	0.3	0.1	1.1	0.1	0.4
n_2	0.1	0	0.4	0.9	0.3	1.3	1.4
n_3	0.3	0.4	0	0.5	0.8	0.1	0.2
n_4	0.1	0.9	0.5	0	0.4	0.2	0.8
n_5	1.1	0.3	0.8	0.4	0	1.1	0.3
n_6	0.1	1.3	0.1	0.2	1.1	0	1.8
n_7	0.4	1.4	0.2	0.8	0.3	1.8	0

（a）对应关系示例[10]　（b）对应关系的 BLE 矩阵　（c）三个成对一致性的示例　（d）三个高阶一致性的示例

图 13.21　空间一致性

（2）点云关系的超图结构建模。给定一个超图$\mathcal{G} = (\mathcal{V}, \mathcal{E}, \boldsymbol{W})$，其中包括节点$\mathcal{V}$、超边$\mathcal{E}$和超边权重$\boldsymbol{W}$。其中，超图中的节点代表点对应关系，超边由符合一致性的子集采样而来。Hunter 框架利用长度一致性生成超边。给定对应关系集$\boldsymbol{C} = \{(\boldsymbol{X}_i, \boldsymbol{y}_i)\}_N$，首先计算 BLE 矩阵。对于每个对应关系$\boldsymbol{C}_i$，具有与$\boldsymbol{C}_i$更强空间一致性的对应关系被视为其近邻样本，其集合表示为$P(\boldsymbol{C}_i) = \{\boldsymbol{C}_j \mid d_{ij} < \theta\}$。然后，从其近邻样本集合中随机采样$k$个数据点生成一个超边$\mathcal{E}(\boldsymbol{C}_i)$。通过为每个对应关系生成一个超边，最终得到一个超图，包含$\mathcal{V} = \boldsymbol{C}$和$\mathcal{E} = \{\mathcal{E}(\boldsymbol{C}_i) \mid i = 1, 2, \cdots, N\}$。超图的结构由关联矩阵表示，如图 13.20 所示。

（3）高阶一致性推理模块。高阶一致性推理模块旨在学习高阶一致性，包括基于超图的特征聚合（hypergraph-basedfeature aggregation，HFA）层和聚类感知（clustering-aware，CA）层。HFA 层通过超边聚合对应关系的全局上下文，而 CA 层则旨在通过使

用加权归一化技术[45]在特征空间中进一步拒绝异常值。

给定对应关系 $\boldsymbol{C}=\{(\boldsymbol{X}_i,\boldsymbol{y}_i)\}_N$，将两个点云中相应点的坐标作为网络的输入，使 Hunter 方法能够适用于不同的特征描述符。给定节点 i 在第 l 层的中间表示 $\boldsymbol{F}_i^l\in\mathbb{R}^{D^l}$，通过超图的超边来聚合上下文关系消息。这里 HFA 层可以定义为

$$\tilde{\boldsymbol{F}}_i^l=\sum_{j=1}^{N}\alpha_{ij}\boldsymbol{F}_j^l\boldsymbol{W}^l \tag{13.57}$$

其中，$\boldsymbol{W}^l\in\mathbb{R}^{D^l\times D^{l+1}}$ 是一个映射矩阵。α_{ij} 是由以下公式计算的相关系数：

$$\alpha_{ij}=\frac{1}{\sqrt{\boldsymbol{D}(v_i)\boldsymbol{D}(v_j)}}\sum_{k=1}^{|\mathcal{E}|}\frac{\boldsymbol{H}(v_i,e_k)\boldsymbol{H}(v_j,e_k)}{\boldsymbol{D}(e_k)} \tag{13.58}$$

通过超边从节点聚合消息，两个节点的相关系数权重与连接它们的超边数量成正比。由于空间一致性的约束，内点可能通过更多超边连接。因此，此层有助于在特征空间中进行内点聚类。此外，引入了一个聚类感知层来解决异常值的干扰，使用多层感知器来估计对应关系的内点置信度 $\boldsymbol{S}^l$：

$$\boldsymbol{S}^l=\mathrm{Sigmoid}\left(\mathrm{MLP}\left(\tilde{\boldsymbol{F}}^l\right)\right) \tag{13.59}$$

在此基础上，将特征归一化为

$$\bar{\boldsymbol{F}}_i^l=\frac{\left(\tilde{\boldsymbol{F}}_i^l-\mu\left(\tilde{\boldsymbol{F}}^l\right)\right)}{\sigma\left(\tilde{\boldsymbol{F}}^l\right)} \tag{13.60}$$

其中，$\mu\left(\tilde{\boldsymbol{F}}^l\right)=\sum_{i=1}^{N}\boldsymbol{S}_i^l\tilde{\boldsymbol{F}}_i^l\Big/\sum_i\boldsymbol{S}_i^l$ 和 $\sigma\left(\tilde{\boldsymbol{F}}^l\right)$ 分别是特征嵌入的加权均值和标准差。最后，通过 $\boldsymbol{F}^{l+1}=\mathrm{ReLU}\left(\bar{\boldsymbol{F}}^l\right)$ 更新特征。该方法利用了迭代策略，充分利用了估计的置信度来规范化特征空间，使模型能够区分内点和异常值。这里采用了一个联合损失函数，包括两个独立的损失函数，即聚类损失和分类损失。Hunter 框架使用特征嵌入 $\boldsymbol{F}$ 和对应关系的内点分数 $\boldsymbol{S}$ 进行引导采样。在内点分数 $\boldsymbol{S}$ 的指导下，使用非极大值抑制[18]选择可靠且分布均匀的数据点作为样本 $\boldsymbol{C}^*$：

$$\boldsymbol{C}^*=\mathrm{NMS}(\boldsymbol{S}) \tag{13.61}$$

为了促进内点的嵌入在特征空间中形成一个紧凑的聚类，这里使用特征空间的 k-NN 搜索来围绕每个样本 $\boldsymbol{C}_i^*$ 采样子集：

$$S\left(\boldsymbol{C}_i^*\right)=k\text{-NN}(\boldsymbol{F}_i,\boldsymbol{F},k) \tag{13.62}$$

其中，k 是子集的大小。随后，这些子集 $S\left(\boldsymbol{C}^*\right)$ 被用于生成候选假设 $\mathcal{H}_c$。特征空间的 k-NN 搜索有可能采样在 3D 空间中分散的数据点，有助于抑制噪声的影响，并实现鲁棒的变换估计。

在获得候选假设后，通过使用假设选择标准执行假设过滤。具体而言，找到前 k 个最有前景的假设作为初始假设 $\mathcal{H}_0=\{\mathcal{H}_{0,1},\mathcal{H}_{0,2},\cdots,\mathcal{H}_{0,D}\}$。与传统的 RANSAC 算法需要约 50000 次迭代相比，该方法只采样约 200 个候选假设，并保留其中的 30%作为初始值。因此，由于高阶一致性的引导，Hunter 框架中的全局引导采样策略更加高效。

最后，Hunter 框架在基于偏好的局部探索模块的引导下进一步提高候选假设集的质量，在含有较多噪声的初始假设集中高效地搜索最优假设。不同于传统的假设选择标准只考虑距离差异，这里还使用一个距离-角度假设选择模块来准确、鲁棒地获得最终配准变换矩阵。为了监督整个 Hunter 框架，这里使用聚类损失和分类损失的加权和来优化整个网络。聚类损失旨在监督数据点之间的高阶关联，最小化内点之间的特征距离，并最大化内点和外点之间的特征距离。具体而言，聚类损失被表述为

$$\mathcal{L}_{\text{cluster}} = \frac{1}{|\mathcal{P}|}\sum_{(i,j)\in\mathcal{P}}\left\|\boldsymbol{F}_i - \boldsymbol{F}_j\right\|_2 - \frac{1}{|\mathcal{N}|}\sum_{i,j\in\mathcal{N}}\left\|\boldsymbol{F}_i - \boldsymbol{F}_j\right\|_2 \tag{13.63}$$

其中，$\boldsymbol{F}_i$ 是对应 $\boldsymbol{C}_i$ 的特征嵌入；$\mathcal{P}=\left\{(i,j)\mid i,j\in\boldsymbol{I}^*\right\}$ 是内点对集合；$\mathcal{N}=\left\{(i,j)\mid i\notin\boldsymbol{I}^* \text{ or } j\notin\boldsymbol{I}^*\right\}$ 是负对集合。

此外，使用二元交叉熵损失来惩罚错误的对应点对：

$$\mathcal{L}_{\text{class}} = -\frac{1}{N}\sum_{i=1}^{N}\left(\boldsymbol{S}_i^*\log\boldsymbol{S}_i + \left(1-\boldsymbol{S}_i^*\right)\log\left(1-\boldsymbol{S}_i\right)\right) \tag{13.64}$$

其中，$\boldsymbol{S}_i$ 是 $\boldsymbol{C}_i$ 的预测内点得分；$\boldsymbol{S}_i^*$ 是真实标签，如果 $i\in\boldsymbol{I}^*$ 则为 1，否则为 0。

整体损失则是聚类损失和分类损失的加权和：

$$L = \alpha\mathcal{L}_{\text{cluster}} + \beta\mathcal{L}_{\text{class}} \tag{13.65}$$

其中，系数 α 和 β 是平衡两种损失的超参数。

2. 实验结果和分析

（1）数据描述。为了评估本节所介绍方法的性能，实验数据来自 Stanford 3D Scanning Repository [18] 数据集、3DMatch [46] 数据集、KITTI Odometry [47] 数据集及 LoKITTI 数据集 [47]。

（2）对比算法。本节所介绍方法分别与下列方法进行了性能对比。

- 二阶空间兼容性点云配准（second order spatial compatibility for point cloud registration，SC2-PCR）方法 [48]：该方法利用二阶空间兼容性度量进行全局兼容性计算，采用两阶段策略有效地扩展可靠的种子点，最终通过加权 SVD 算法生成鲁棒的点云刚性变换。
- 深度霍夫投票配准（deep Hough voting registration，DHVR）方法 [42]：该方法首先从点云对中提取深度几何特征以计算假设对应关系，然后在 6D Hough 空间中构建对应关系三元组以进行投票。随后，通过全卷积细化模块进行优化，并最终通过在 Hough 空间中找到一致性的对应关系来预测最终的变换参数。
- 深度全局配准（deep global registration，DGR）方法 [41]：该方法用于实现真实世界 3D 扫描的成对配准。该方法基于三个模块：一个用于对应关系置信度预测的六维卷积网络，一个用于封闭形式姿态估计的可微分加权 Procrustes 算法，以及用于姿态细化的鲁棒梯度优化的 SE(3)优化器。
- 截断最小二乘估计与半有限松弛（truncated least squares estimation and semidefinite relaxation，TEASER++）方法 [49]：TEASER 是一种快速且可验证的算法，用于在存在大量异常对应关系的情况下进行 3D 点集的配准。

- 随机抽样一致（random sample consensus，RANSAC）方法[40]：该方法是一种经典的模型拟合算法，用于拟合模型到实验数据。同时 RANSAC 能够解释和处理包含大量严重错误的数据，因此非常适用于自动图像分析等应用。
- 图割随机抽样一致（graph-cut random sample consensus，GCRANSAC）方法[50]：该方法是一种由 RANSAC 发展而来的新型鲁棒估计方法，通过在本地优化步骤中运行图割算法来分离内点和外点。
- 谱方法（spectral method，SM）[51]：该方法是一种用于在两组特征之间找到一致对应关系的高效谱方法。
- 融合局部几何特征（fuse local geometric features，FGR）方法[52]：该方法与 TEASER++都是基于优化的全局配准方法，由于使用了鲁棒的目标函数，它们对离群点具有强大的鲁棒性。

（3）评估指标。本节实验中评估指标主要包括配准召回（registration recall，RR）、旋转误差（rotation error，RE）和平移误差（translation error，TE）。RR 指的是成功对齐的配对中，其旋转误差和平移误差均在某些阈值以下的比率。TE 和 RE 的定义如下：

$$\begin{cases} \mathrm{TE}\left(\boldsymbol{t}_{\mathrm{est}}\right)=\left\|\boldsymbol{t}_{\mathrm{est}}-\boldsymbol{t}_{\mathrm{gt}}\right\|_2 \\ \mathrm{RE}\left(\boldsymbol{R}_{\mathrm{est}}\right)=\arccos\left(\dfrac{\mathrm{tr}\left(\boldsymbol{R}_{\mathrm{est}}^{-1}\boldsymbol{R}_{\mathrm{gt}}\right)-1}{2}\right) \end{cases} \tag{13.66}$$

其中，$\boldsymbol{t}_{\mathrm{est}}$ 和 $\boldsymbol{t}_{\mathrm{gt}}$ 是估计和地面真实的平移向量；$\boldsymbol{R}_{\mathrm{est}}$ 和 $\boldsymbol{R}_{\mathrm{gt}}$ 是估计和地面真实的旋转矩阵；$\mathrm{tr}(\cdot)$ 是方阵的迹。RR 的定义如下：

$$\mathrm{RR}=\frac{1}{M}\sum_{m=1}^{M}\mathbb{I}\left(\mathrm{RE}_m<\tau_r\right)\cdot\mathbb{I}\left(\mathrm{RT}_m<\tau_t\right) \tag{13.67}$$

其中，M 是片段配对的数量；$\mathbb{I}(\cdot)$ 是指示函数；τ_r、τ_t 分别是旋转误差和平移误差的阈值。在 3DMatch 中使用的是 $\tau_r=15°$、$\tau_t=30\mathrm{cm}$，在 KITTI 中使用的是 $\tau_r=5°$、$\tau_t=60\mathrm{cm}$。

（4）对比实验结果分析。本节介绍的工作还在室内数据集 3DMatch 上进行了评估。为了证明 Hunter 方法可以适应不同的描述符，分别使用了基于学习的 FCGF 描述符和手工制作的 FPFH 描述符进行了实验。图 13.22 展示了多个算法基于不同描述符在不同

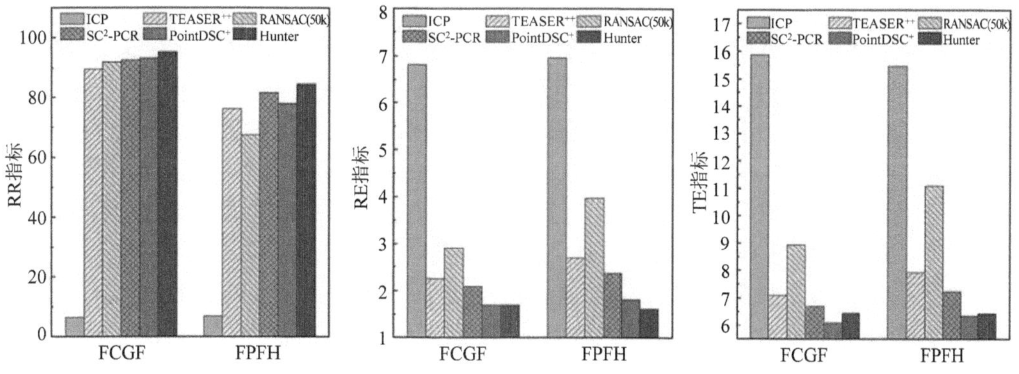

（a）RR 指标　（b）RE 指标　（c）TE 指标

图 13.22　3DMatch Benchmark 上的定量配准结果

指标上的结果。图（a）展示的是 RR 指标，该指标越高代表模型匹配点云越准确；图（b）展示的是 RE 指标，该指标越低代表模型对于旋转的估计越准确；图（c）展示的是 TE 指标，该指标越低代表模型对于平移的估计越准确。

（5）基于 FCGF 描述符。该方法的 RR 指标比最先进的 PointDSC*方法高 2.10%，这是因为 Hunter 方法的 PLE 模块可以进一步搜索更好的假设并减少对初始假设的依赖。在 RE 指标上，Hunter 方法与先进的 PointDSC*方法持平。PointDSC*方法实现了最低的平移误差，在 TE 指标上比 Hunter 方法低 0.35cm，这可能是因为它使用所有点来建立对应关系，更高的点分辨率使其不太受噪声影响。传统的配准方法 ICP 在三个指标上的结果均为最差，这是因为它对初始变换非常敏感，导致无法对齐片段。

（6）基于 FPFH 描述符。由于 FPFH 是一种手工制作的描述符，辨别性较低，因此所有算法都受到性能下降的影响，但 Hunter 方法在 RR 指标方面比第二名的 SC^2-PCR 高 2.89%。在 RE 指标上，Hunter 方法的效果最优，比第二名的 PointDSC*低 0.2 度。在 TE 指标上，Hunter 方法位于第二名，比 PointDSC*方法高 0.08cm。Hunter 方法利用了通过 FCGF 描述符建立的对应关系训练的模型，在多个指标上表现较佳，这表明本节所介绍的方法在对内点比例较低的对应关系上具有出色的泛化能力。

综上所述，在模拟、室内和室外数据集上的实验结果表明，Hunter 可以显著优于已有最先进的方法，包括基于学习的方法和传统方法。此外，实验结果还表明，在具有严重异常值的条件下，Hunter 可以获得更稳定的性能。

13.3.2 RGB-D 数据配准

随着微软 Kinect 和英特尔 RealSense 等测距传感器的普及，许多应用开始关注 RGB-D 数据的配准，主要分为基于颜色的点云配准方法和基于视觉特征的配准方法。基于颜色的点云配准方法[53]主要利用 RGB 通道辅助估计对应点，但由于颜色信息的辨识度低且对光照、遮挡和运动模糊敏感，这些方法在处理低重叠和重复模式的点云时效果不佳。与此相对，基于视觉特征的配准方法[54-55]通过提取高维视觉描述符以获取更可靠的对应点，这些方法在无监督环境下表现更优，但过分依赖视觉特征，忽略了几何特征。因此，目前 RGB-D 配准方法在处理低重叠、重复模式、光照变化和无结构挑战时仍然存在局限。这主要是因为两种模态的互补特性未得到充分利用，同时缺乏处理低重叠问题的重叠感知机制，以及对应关系的上下文语义信息被忽略。本节针对基于 RGB-D 数据配准问题介绍一种基于超图计算的配准方法——HiFusion，该方法挖掘了三维点云与二维图像的互补性，在 RGB-D 数据质量下降的情况下依然能够实现高精度和鲁棒性的数据配准性能。HiFusion 的核心思想在于通过超图建立两种模态特征以及两个 RGB-D 图像之间的复杂关联。在该超图中，节点由两个点云的关键点构成，通过基于特征的 *k*-NN 搜索来建立潜在对应关系的超边，这一过程同时针对视觉和几何特征进行，从而在两个点云之间建立起多模态的连接。随后，通过超图卷积层来推理出稳定且有区分度的信息。这种信息传播机制有助于进行适应性强、灵活的特征融合，进而产生具有鉴别力的描述符。在点匹配方面，HiFusion 引入了由自注意力层和交叉注意力层构成的 Transformer 模块，该模块能够聚合对应关系的上下文信息，并利用最优匹配层来估计更加可靠的对应关系。此外，特征融合和点匹配过程均采用了由粗到细（coarse-to-fine）的策略。在粗阶段，该方法先过滤掉非重叠区域，生成初步的变换；而在细阶段，则专注于在高重叠视图对中寻找更精确的对应关系。得益于高效的融合策略和鲁棒的粗到细配准框架，HiFusion 能够生成更加准确的对应关系。

1. *方法描述*

给定图像对 $\boldsymbol{I}_X \in \mathbb{R}^{W\times H\times 4}$ 和 $\boldsymbol{I}_Y \in \mathbb{R}^{W\times H\times 4}$，通过已知的相机内参矩阵和深度图像，可生成源点云 $\boldsymbol{P}_X \in \mathbb{R}^{N_X\times 3}$ 和目标点云 $\boldsymbol{P}_Y \in \mathbb{R}^{N_Y\times 3}$。据此，可获得源视图和目标视图的点与像素对应集 $\boldsymbol{C}_X = \left\{\boldsymbol{P}_{X_i}, \boldsymbol{I}_{X_{u,v}}\right\}_{i=1}^{N_X}$ 和 $\boldsymbol{C}_Y = \left\{\boldsymbol{P}_{Y_i}, \boldsymbol{I}_{Y_{u,v}}\right\}_{i=1}^{N_Y}$。HiFusion 基于几何与视觉信息，恢复两点云之间的可靠对应关系 $\boldsymbol{C}_{X,Y} = \left\{\left(\boldsymbol{P}_{X_i}, \boldsymbol{P}_{Y_i}\right)\right\}$，并计算能将源点云与目标点云对齐的刚性变换 $\boldsymbol{T} = \{\boldsymbol{R}, \boldsymbol{t}\}$。这里的变换求解如下：

$$\min_{\boldsymbol{R},\boldsymbol{t}} \sum_i w_i \left\| \boldsymbol{R}\boldsymbol{P}_{X_i} - \boldsymbol{t} - \boldsymbol{P}_{Y_i} \right\|^2 \tag{13.68}$$

其中，$\boldsymbol{R} \in SO(3)$、$\boldsymbol{t} \in \mathbb{R}^3$ 分别为刚性旋转矩阵和平移向量；w_i 为对应点对 $\left(\boldsymbol{P}_{X_i}, \boldsymbol{P}_{Y_i}\right)$ 的权重。

如图 13.23 所示，HiFusion 按照从粗到细的框架，在粗配准阶段预测共视区域，并得出初步配准结果，并在精配准阶段于重叠区域生成更准确的对应关系。该方法的核心是基于超图的自适应特征融合（hypegraph-based adaptive feature fusion，HAFF）模块，用于层次化融合多模态数据并发挥其互补信息的作用。给定源 RGB-D 视图和目标 RGB-D 视图，首先提取它们的密集视觉和几何描述符。HiFusion 使用基于核点卷积（kernel point convolution，KPConv）的全卷积网络 KP-FCNN 作为 3D 骨干网络。该网络以源点云 $\boldsymbol{P}_X$

图 13.23（彩色）

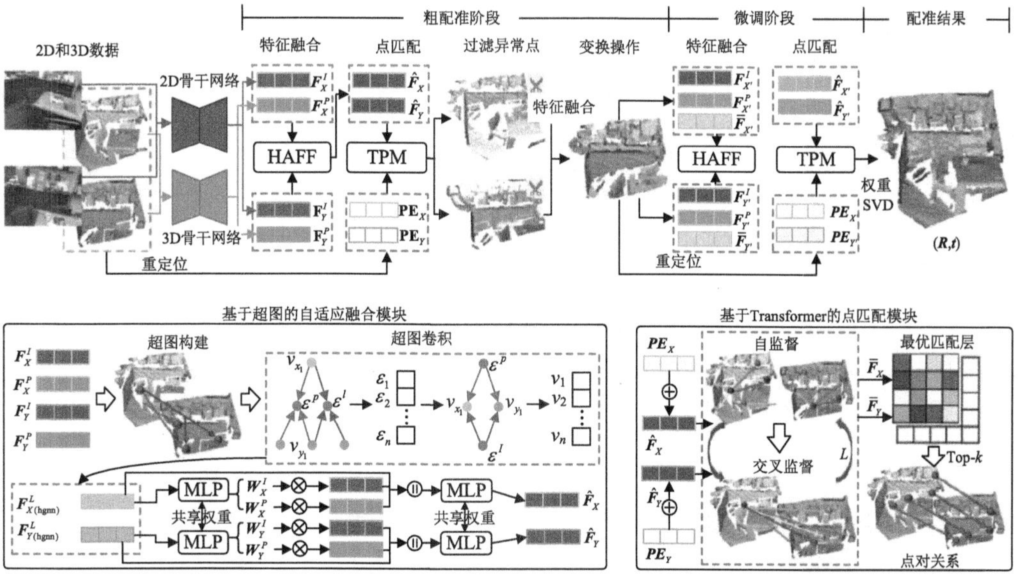

图 13.23 基于超图计算的 RGB-D 数据配准 HiFusion 方法框架

和目标点云 $\boldsymbol{P}_Y$ 作为输入，输出的是点特征嵌入 $\boldsymbol{F}_X^P \in \mathbb{R}^{N_X \times D}$ 和 $\boldsymbol{F}_Y^P \in \mathbb{R}^{N_Y \times D}$ 。这些特征描述了点云的几何结构信息。此外，HiFusion 基于 U-Net 建立 2D 骨干网络，其输入为源 RGB 图像和目标 RGB 图像，输出为像素级特征 $\boldsymbol{F}_X^I \in \mathbb{R}^{W \times H \times D}$ 和 $\boldsymbol{F}_Y^I \in \mathbb{R}^{W \times H \times D}$ 。根据点与像素之间的对应关系，可以获得与每个点对应的 2D 特征。

为提高后续点匹配任务的效率，仅从每个点云中采样 N_S 个点作为关键点。这里使用随机采样得到了两个带有视觉和几何描述符的降采样点云。为简化表示，仍将它们表示为 $\boldsymbol{P}_X$、$\boldsymbol{P}_Y$、$\boldsymbol{F}_X^I$，$\boldsymbol{F}_Y^I$、$\boldsymbol{F}_X^P$ 和 $\boldsymbol{F}_Y^P$ 。

针对多模态特征融合挑战，HiFusion 采用 HAFF 策略以优化特征匹配的准确性。该方法超越了传统的融合技术，如特征拼接或逐元素求和等。通过深入分析不同模态数据在各类场景下的独特价值，实现更为灵活和高效的特征整合。HAFF 模块通过构建超图来映射点云之间的多模态联系，并通过超图卷积层对信息进行聚合，最终通过多层感知器确定各模态数据的权重，以产生具有高辨识力的描述符。

（1）超图结构建模。基于提取的视觉特征 $\boldsymbol{F}^I$ 和几何特征 $\boldsymbol{F}^P$ ，HAFF 模块首先利用超图在两个点云的点之间建立多模态连接。这里超图可以定义为 $\mathcal{G}=(\mathcal{V},\mathcal{E},\boldsymbol{W})$ ，其中 $\mathcal{V}$、$\mathcal{E}$、$\boldsymbol{W}$ 分别代表节点、超边和超边权重。这里，将源点云和目标点云中的点视为超图的节点，即 $\mathcal{V}=\boldsymbol{P}_X \cup \boldsymbol{P}_Y$ 。此外，为每个点建立多模态超边，以连接其在视觉和几何特征空间中的相似描述符。具体来说，如图 13.24 所示，对于点 $\boldsymbol{P}_{X_i}$ ，在另一个点云中搜索前 k 个最近邻：

$$\begin{cases} \mathcal{E}_{X_i}^I = \underset{j_1,j_2,\cdots,j_k}{\operatorname{argmin}}\left(\left\|\boldsymbol{F}_{X_i}^I - \boldsymbol{F}_{Y_j}^I\right\|_2\right) \\ \mathcal{E}_{X_i}^P = \underset{j_1,j_2,\cdots,j_k}{\operatorname{argmin}}\left(\left\|\boldsymbol{F}_{X_i}^P - \boldsymbol{F}_{Y_j}^P\right\|_2\right) \end{cases} \tag{13.69}$$

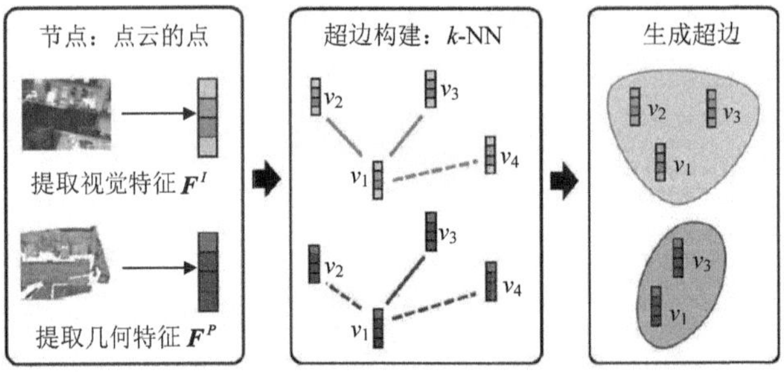

图 13.24　超图建模示意

基于以上过程，每个点通过视觉超边和几何超边与其潜在对应点相连。对源点云和目标点云中的每个点执行相同操作，然后可以获得视觉超边集合和几何超边集合 $\mathcal{E}^I=\left\{\mathcal{E}_{X_{N_1}}^I,\mathcal{E}_{X_{N_2}}^I,\cdots,\mathcal{E}_{X_{N_S}}^I\right\}\cup\left\{\mathcal{E}_{Y_{N_1}}^I,\mathcal{E}_{Y_{N_2}}^I,\cdots,\mathcal{E}_{Y_{N_S}}^I\right\}$ ，$\mathcal{E}^P=\left\{\mathcal{E}_{Y_{N_1}}^P,\mathcal{E}_{Y_{N_2}}^P,\cdots,\mathcal{E}_{X_{N_S}}^P\right\}\cup\left\{\mathcal{E}_{Y_{N_1}}^P,\mathcal{E}_{Y_{N_2}}^P,\cdots,\mathcal{E}_{Y_{N_S}}^P\right\}$ 。超图的结构可以用关联矩阵 $\boldsymbol{H}^{|\mathcal{V}|\times|\mathcal{E}|}$ 来表示。如果节点 $\mathcal{V}_v$ 被超边 $\mathcal{E}_e$ 连接，则 $\boldsymbol{H}_{v,e}$ 等于 1，否则为 0。构建的超图结构连接了潜在对应点，从而为确定不同模态特征的区别性提供了额外的上下文线索，有助于生成具有辨别力的描述符。

（2）自适应多模态特征融合。在构建超图之后即可计算视觉描述符和几何描述符的权重，并将它们融合以生成具有区分性的描述符。首先，将视觉描述符和几何描述符连接为点的初始表示 $F_{\text{hgnn}}^{0}\in\mathbb{R}^{2N_S\times 2D}$，然后引入两个超图卷积层来聚合信息：

$$F_{\text{hgnn}}^{l+1}=\sigma\left(D_v^{-1/2}HWD_e^{-1}H^{\mathrm{T}}D_v^{-1/2}F_{\text{hgnn}}^{l}\Theta\right) \quad (13.70)$$

其中，F_{hgnn}^{l} 是第 l 层的中间表示；Θ 是可学习的投影；σ 是非线性函数，如 ReLU。此外，D_v 和 D_e 是对角矩阵，分别表示节点和超边的度。此处，所有超边均等同处理，即 $W=I$。经过 L 次迭代后，不同模态特征的判别信息已被集成到嵌入 F_{hgnn}^{L} 中，通过多层感知器模块估计不同模态特征的权重：

$$\begin{cases}W^{I}=\mathrm{Sigmoid}\left(\mathrm{MLP}_{\text{img}}\left(F_{\text{hgnn}}^{L}\right)\right) & W^{I}\in\mathbb{R}^{2N_S\times D}\\ W^{P}=\mathrm{Sigmoid}\left(\mathrm{MLP}_{\text{point}}\left(F_{\text{hgnn}}^{L}\right)\right) & W^{P}\in\mathbb{R}^{2N_S\times D}\end{cases} \quad (13.71)$$

为了获得更灵活的特征融合，该方法进一步估计了视觉和几何描述符的逐通道权重，而不是逐模态权重。最后，通过以下方式生成融合特征：

$$\hat{F}=\mathrm{MLP}_{\text{fusion}}\left[W^{I}\otimes F^{I}W^{P}\otimes F^{P}F_{\text{hgnn}}^{L}\right] \quad (13.72)$$

其中，$\otimes$ 是逐元素乘法；$\hat{F}$ 是融合特征。在此，进一步利用了嵌入上下文信息的特征 F_{hgnn}^{L}，以产生更具区分性的描述符。因此，可以恢复源点云 $\hat{F}_X=\hat{F}_{1:N_S}$ 和目标点云 $\hat{F}_Y=\hat{F}_{N_S+1:2N_S}$ 的融合描述符。

（3）细粒度特征融合。考虑到不同模态特征在粗略和细致阶段的作用不同，利用 HAFF 模块在精配准阶段来融合多模态特征。大部分操作与粗配准阶段类似，但还将粗配准过程由 Transformer 生成的粗特征 $\bar{F}_{X'}^{P}$ 和 $\bar{F}_{Y'}^{P}$ 添加到 HAFF 模块中。因此，一共建立了三种类型的超边，并通过融合视觉描述符、几何描述符和粗特征来生成输出特征 $\hat{F}_{X'}$ 和 $\hat{F}_{Y'}$。与基于局部信息实现特征融合并且只能凭经验判断不同模态信息价值的 GAVE [54] 不同，HiFusion 方法实现了两个点云之间信息通信的机制，从而更好地判断不同模态信息的作用，可以充分利用多模态信息的互补性，促进判别特征的生成。

（4）点匹配。考虑到 Transformer 模型在长距离依赖建模方面的显著能力，HiFusion 利用基于自注意力和交叉注意力层的 Transformer 模块来聚合点的上下文信息。然后，使用最优匹配层来估计精确的对应关系。给定源点云 $\bar{F}^{m}X$ 和目标点云 $\bar{F}^{m}Y$ 的判别性描述符，这里希望通过一个最优匹配层找到最可靠的对应关系。首先，通过以下公式计算代价矩阵 $C\in\mathbb{R}^{N_X\times N_Y}$：

$$C_{ij}=-\frac{\left(\bar{F}_{X_i}^{m}\right)^{\mathrm{T}}\bar{F}_{Y_j}^{m}}{\sqrt{D_m}} \quad (13.73)$$

其中，D_m 是特征维度。为了处理无匹配点的情况，通过添加一个包含可学习参数 λ 的列和行，将代价矩阵 C 扩展为 $\bar{C}$。然后，为了获取分配概率矩阵 $\bar{M}$，可以优化以下目标：

$$\begin{cases}\min\limits_{\bar{M}}\sum\limits_{i,j}\bar{C}_{ij}\bar{M}_{ij}\\ \sum\limits_{i=1}^{N_S}\bar{M}_{ij}=1\end{cases}\quad (j=1,2,\cdots,N_S) \quad (13.74)$$

该问题可以通过 Sinkhorn 算法来解决，获得点匹配分数矩阵 $M=\bar{M}_{1:N_S,1:N_S}$ 和异常值置信度分数$\boldsymbol{S}_X=\bar{\boldsymbol{M}}_{N_S+1,1:N_S}$，$\boldsymbol{S}_Y=\bar{\boldsymbol{M}}_{1:N_S,N_S+1}$。然后，通过相互检查得到点匹配：

$$\boldsymbol{C}=\left\{\left(i^*,j^*\right) \mid j^*=\arg\max_j \boldsymbol{M}_{i^*j}, i^*=\arg\max_i \boldsymbol{M}_{ij^*}\right\} \tag{13.75}$$

（5）RANSAC-Free 配准。以往的方法通常采用假设验证的方式进行鲁棒配准。然而，这些方法不仅由于需要大量迭代而效率低下，而且由于在低重叠视图中难以使用无监督选择标准选取最佳配准参数，在处理低重叠视图时面临困难。由于本节所介绍方法的由粗到细的配准框架能充分利用互补的视觉和几何信息，生成具有辨别力的描述符，因此可以简单地从$\mathcal{C}$中选择前 k 个可靠对应关系$\mathcal{C}^*$，并使用加权奇异值分解（singular value decomposition，SVD）来求解配准问题：

$$\left(\boldsymbol{R}^*,\boldsymbol{t}^*\right)=\underset{\boldsymbol{R},\boldsymbol{t}}{\operatorname{argmin}} \sum_{\left(i^*,j^*\right)\in\mathcal{C}^*} \boldsymbol{M}_{i^*,j^*}\left\|\boldsymbol{R}\boldsymbol{P}_{X_{i^*}}+\boldsymbol{t}-\boldsymbol{P}_{Y_{j^*}}\right\|^2 \tag{13.76}$$

得益于超图自适应融合策略，HiFusion 和传统的特征融合相比能够更准确地刻画不同模态数据之间的联系，从而在面对复杂多变的实际环境时，具有较好的鲁棒性。

2. 实验结果和分析

（1）数据描述。为评估本节所介绍方法的性能，实验数据来自 ScanNet 数据集和 3DMatch 数据集。ScanNet 是一个大规模的 RGB-D 视频数据集，包含有标注的相机内参参数和 3D 相机姿态的 1513 个场景。按照官方数据划分方法，可被划分为训练集、验集证和测试集，分别包含 1045、156 和 312 个场景。3DMatch 包含 101 个场景，划分为训练、验证和测试集的 71、11 和 19 个序列。需要指出的是，基于几何的方法在 3DMatch 数据集上的评估没有包含 RGB-D 信息，因此遵循之前基于视觉的工作 [54,56] 在 3DMatch 数据集上测试 RGB-D 信息。这里每相隔 20 帧对点云进行采样，在 ScanNet 上分别生成了 79.7k、12.6k 和 26k 对点云对，在 3DMatch 上分别生成了 6.1k、1.5k 和 1.5k 对点云对用于实验。

（2）对比算法。本节所介绍方法分别与下列方法进行了性能对比。

- 对应点自增强（bootstrap your own correspondences，BYOC）[57]：该方法通过提出一种自监督学习方法，从 RGB-D 视频中学习视觉和几何特征，无须依赖真实姿态或对应关系的标注。
- 可微渲染无监督配准（unsupervised point cloud registration via differentiable rendering，UR&R）方法 [56]：该方法提出了一种端到端无监督学习方法，用于从原始 RGB-D 视频中学习点云配准，其核心思想是利用可微分的对齐和渲染技术，以确保帧之间的光度和几何一致性。
- 几何感知视觉特征提取器（geometry-aware visual feature extractor，GAVE）方法[54]：该方法通过引入几何感知视觉特征提取器，采用多尺度局部线性变换，有效地融合 RGB-D 数据中的几何和视觉信息，以提高点云配准中点对应估计的准确性。
- 多尺度双向融合网络（multi-scale bidirectional fusion network，PointMBF）[55]：该方法通过实现 RGB 图像与深度图像生成的点云之间的多尺度双向融合，有效利用 RGB-D 数据中的互补信息，以提高无监督点云配准的准确性。

（3）评估指标。本节实验中评估指标主要包括不同度量阈值下的平均误差作为评估指标，三种度量分别为：①旋转（rotation）角度为 5°、10° 和 45°；②平移（translation）距离为 5cm、10cm 和 25cm；③倒角（chamfer）误差为 1mm、5mm 和 10mm。

（4）对比实验结果分析。图 13.25 和图 13.26 分别展示了在 3DMatch 数据集和 ScanNet 数据集上的实验结果。在 3DMatch 数据集上，本节所介绍的方法比 BYOC 在三种度量下的误差分别降低了 5.7%、12%、5.5%，比 UR&R 分别降低了 2.1%、4.5%、5.5%；同样，在 ScanNet 数据集上，本节所介绍的方法比 BYOC 在三种度量下的误差分别降低了 2.6%、5.6%、2.6%，比 UR&R 分别降低了 1.4%、2.8%、2%，表明了其稳健性和有效性。BYOC[57]和 UR&R[56]仅利用单一模态信息建立对应关系，忽略了视觉和几何信息的互补作用。本节所介绍的方法使用超图计算建模视觉和几何信息的高阶关联，有效降低了配准的误差。其次，与 GAVE 相比，当模型在 ScanNet 上训练时，HiFusion 在旋转、平移和倒角误差的平均误差分别比 GAVE 低 1.3%、2.4%和 1.6%。当模型在 3DMatch 上训练时，所提方法的平均误差比 GAVE 低 1.3%、2.4%和 1.3%。尽管 GAVE 提出了一个局部线性变换模块来逐步融合这些多模态信息，但它受到场景中重复模式的限制，因为它们的局部融合策略无法有效捕获相似结构的细微差异。相比之下，HiFusion

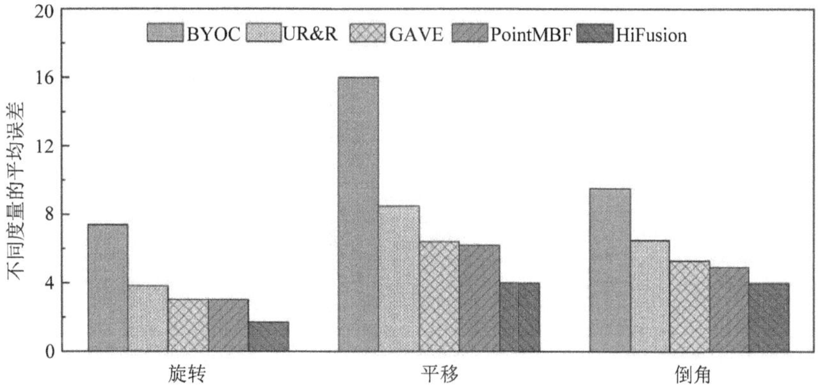

图 13.25　不同方法在 3DMatch 数据集上的实验结果

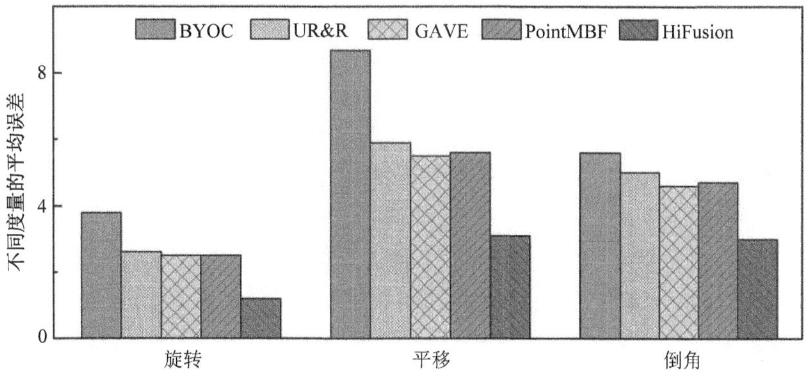

图 13.26　不同方法在 ScanNet 数据集上的实验结果

的融合策略和点匹配模块都能学习全局信息，因此能更有效地区分相似模式，并产生更具辨别力的描述符。与 PointMBF 相比，无论是在 3DMatch 数据集还是 ScanNet 数据集上，所提出方法的实验结果都超过了 PointMBF。这是因为 PointMBF 只考虑了两模态信息之间的关系，而没有考虑两帧数据之间的关系。本节所介绍的方法通过建模不同数据帧之间的高阶关联，利用超图卷积来推理出有区分度的信息，为配准提供了更丰富的可鉴别信息。

（5）基于 FCGF 描述符。该方法的 RR 指标比先进的 PointDSC*方法高 2.10%，这是因为 Hunter 方法的 PLE 模块可以进一步搜索更好的假设并减少对初始假设的依赖。在 RE 指标上，Hunter 方法与 PointDSC*方法持平。PointDSC*方法实现了最低的平移误差，在 TR 指标上比 Hunter 方法低 0.35cm，这可能是因为它使用所有点来建立对应关系，更高的点分辨率使其不太受噪声影响。传统的配准方法 ICP 在三个指标上的结果均为最差，这是因为它对初始变换非常敏感，导致无法准确对齐片段。

（6）基于 FPFH 描述符。由于 FPFH 是一种手工制作的描述符，辨别性较低，因此所有算法都受到性能下降的影响，但 Hunter 方法在 RR 指标方面比第二名的 SC^2-PCR 高 2.89%。在 RE 指标上，Hunter 方法的效果最优，比第二名的 PointDSC*低 0.2°。在 TR 指标上，Hunter 方法位于第二名，比 PointDSC*方法高 0.08cm。Hunter 方法利用通过 FCGF 描述符建立的对应关系训练的模型，在多个指标上表现较佳，这表明本节所介绍的方法在对内点比例较低的对应关系上具有出色的泛化能力。

综上所述，在模拟、室内和室外数据集上的实验结果表明，Hunter 显著优于已有最先进的方法，包括基于学习的方法和传统方法。此外，实验结果还表明，在具有严重异常值的条件下，Hunter 可以获得更稳定的性能。

13.4 深度图质量评价

在计算机视觉研究中，深度图已经被广泛应用于自动驾驶系统[58]、三维重建[59]和自由视角视频生成[60]等领域。这些应用的核心在于利用深度信息精确理解和重构三维空间环境，从而实现对环境的高效识别与处理。深度图不仅是对传统的 RGB 图像的补充，在解决复杂的多维空间识别和处理问题上也显现出独特的优势，如语义场景解析[61]和显著性目标检测[62]等。因此，深度图的质量对于这些应用的可靠性十分关键。在实际应用中，深度图可能由于多种原因出现失真，如通过深度传感设备获取的深度图可能受到设备噪声的影响[63]，而通过立体匹配技术合成的深度图像可能因遮挡或纹理缺失产生错误[64]。因此，对深度图进行质量评估变得尤为重要。

人类视觉系统（human visual system，HVS）能够轻松判断深度图的质量，但主观评价既耗时又因人而异。因此，自动的客观深度质量评估（depth quality assessment，DQA）方法得到了较多关注。传统的深度图客观质量评估方法从使用参数深度数据的角度可以分为全参考（full-reference，FR）、少参考（reduced-reference，RR）和无参考（no-reference，NR）[65-66]三大类型。然而，现实场景中参考图像常不可用，导致 FR 方法和 RR 方法很多时候难以使用，而 NR 方法相对更加困难。针对这一问题，本节介绍一种基于超图计算的以 RGB 图像为参考的深度质量评估方法，称为 Hypergraph-DQA。不同于传统使用无误差深度图作为参考的方法，该方法仅利用 RGB 图像的颜色和纹理信息实现深度图的质量评估。

1. 方法描述

如图 13.27 所示，Hypergraph-DQA 方法将 DQA 任务分为三个步骤：基于图像块的特征提取、图像块高阶关联结构建模和深度质量预测。由于深度图中的失真通常不均匀（如存在空洞等），因此通常将待评估的深度图和其参考 RGB 图像切分为多个图像块，以关注其局部特征。因为深度图和 RGB 图像是两种不同的模态，可以采用双流模型分别提取基于图像块的特征。图像块之间存在内部的高阶关联，包含大量互补信息且有助于捕捉局部失真模式，Hypergraph-DQA 方法使用超图结构来建模图像块之间的高阶关联，其中采用了超图生成模块，通过端到端的方式模拟超图生成过程，解决了传统超图建模过程不可微分的问题。

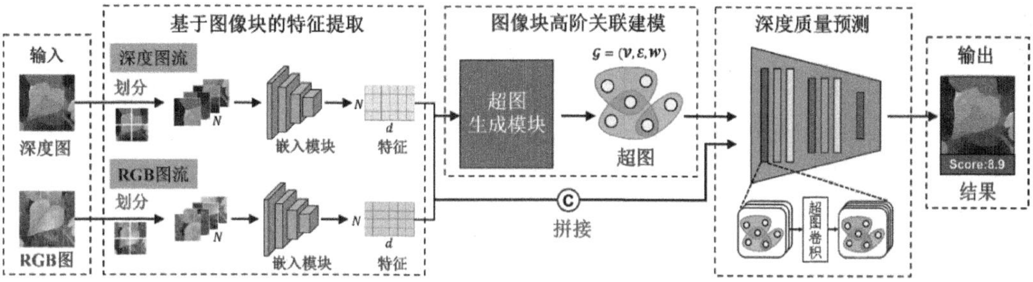

图 13.27　Hypergraph-DQA 方法示意图

（1）基于图像块的特征提取。Hypergraph-DQA 通过两个独立的神经网络分别输入失真深度图和参考 RGB 图像，即深度图流和 RGB 图像流。双流模型[67]已经在视频等多种应用中被证明是处理多源数据的有效策略。给定输入的失真深度图 X_{dm} 和相应的参考 RGB 图像 X_{rgb}，首先将它们切分成不重叠的图像块。这里令 $X_{\mathrm{dm}}=\left\{x_{\mathrm{dm}_1},x_{\mathrm{dm}_2},\cdots,x_{\mathrm{dm}_N}\right\}$ 和 $X_{\mathrm{rgb}}=\left\{x_{\mathrm{rgb}_1},x_{\mathrm{rgb}_2},\cdots,x_{\mathrm{rgb}_N}\right\}$ 表示图像块集合，其中 $N\in\mathbb{N}^+$ 是图像块的数量。深度图和 RGB 图像以相同的方式切分，以实现区域间的一一对应。采用图像块进行处理而不是整个图像数据，首先是因为实际深度图中的失真通常是局部且不均匀的，基于图像块的处理方案可以有效处理不均匀的变化失真[68]。其次，与仅从深度图或 RGB 图像中提取一个特征向量相比，多个图像块的特征能够提供更全面和详细的信息，有助于进行更准确的评估。另外，深度图的局部质量分数更有助于下游任务，如局部深度误差校正[69]等。

深度图流和 RGB 图像流的输入通道分别为 1 和 3，输入图像块的尺寸设置为 32×32，嵌入模块的输出是一个维度为 512 的一维向量。该特征提取过程可以定义如下：对于每个 RGB 图像块 $x_{\mathrm{rgb}_i}\,(i\in N)$ 或深度图像块 $x_{\mathrm{dm}_i}\,(i\in N)$，设 $F_{E_{\mathrm{rgb}}}$ 和 $F_{E_{\mathrm{dm}}}$ 为相应的嵌入模块，则特征提取过程可表达为

$$\boldsymbol{f}_{t_i}=F_{E_t}\left(x_{t_i};\Theta_{E_t}\right) \tag{13.77}$$

其中，$t \in \{\mathrm{rgb}, \mathrm{dm}\}$ 对应于数据类型；$\boldsymbol{f}_{t_i} \in \mathbb{R}^d$ 是一个 d 维特征向量，此处 $d = 512$；Θ_{E_t} 为对应于 F_{E_t} 的权重参数，可以以端到端的方式学习。

（2）图像块高阶关联结构建模。早期深度图质量评价工作[68]中已经考虑了图像块之间的关联，但仅利用图像块的局部邻域关联，提供的信息有限。在评估图像时，研究者不仅关注局部区域，还倾向于聚合具有相似失真模式的不同区域，以进行一致性评估[70]。此外，还需要进一步考虑深度区域内部的关联以及深度区域与 RGB 区域之间的外部关联，邻域或简单图均无法有效建模此类关联信息。这里采用超图结构建模图像块之间的高阶关联。给定一个超图 $\mathcal{G} = (\mathcal{V}, \mathcal{E}, \boldsymbol{W})$，其中 $\mathcal{V}$ 是节点集合，$\mathcal{E}$ 是超边集合，对角矩阵 $\boldsymbol{W}$ 对应超边权重。超图的关联矩阵 $\boldsymbol{H}$ 定义如下：

$$\boldsymbol{H}(v,e) = \begin{cases} 1 & v \in e \\ 0 & \text{其他} \end{cases} \tag{13.78}$$

其中，$v \in \mathcal{V}$ 是一个节点；$e \in \mathcal{E}$ 是一个超边。对于 $\mathcal{V}$ 中的节点 v，其度数由 $d(v) = \sum_{e \in \mathcal{E}} \boldsymbol{W}(e)\boldsymbol{H}(v,e)$ 定义。对于 $\mathcal{E}$ 中的超边 e，其度数由 $\delta(e) = \sum_{v \in \mathcal{V}} \boldsymbol{H}(v,e)$ 定义。此外，$\boldsymbol{D}_e$ 和 $\boldsymbol{D}_v$ 分别表示边度数和节点度数的对角矩阵。

传统的超图构建方法大多基于节点之间的距离生成超边，效率较低且不可微。为了解决这一问题，Hypergraph-DQA 方法提出了一个超图生成模块，该模块生成的超图结构接近于 k-NN 方法生成的超图，如图 13.28 所示。

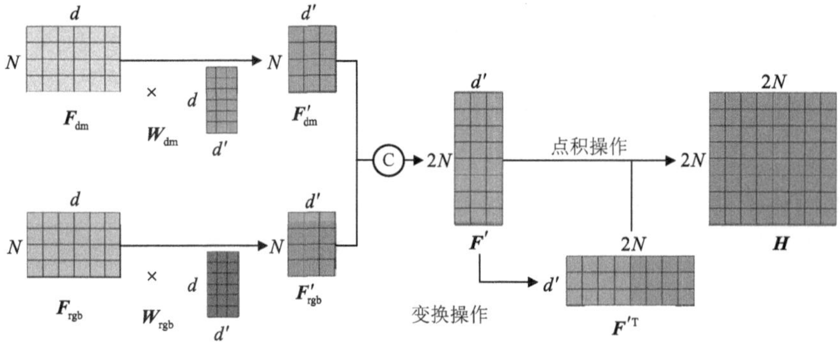

图 13.28 超图结构生成模块框架示意图

令 $\boldsymbol{F}_{\mathrm{dm}} \in \mathbb{R}^{N \times d}$ 表示深度图像块特征，$\boldsymbol{F}_{\mathrm{rgb}} \in \mathbb{R}^{N \times d}$ 表示 RGB 图像块特征，可以分别利用一个线性层将它们嵌入相同的空间：

$$\boldsymbol{F}_t' = \boldsymbol{F}_t \times \boldsymbol{W}_t + b_t \tag{13.79}$$

其中，$t \in \{c, d\}$ 对应数据类型；$\boldsymbol{F}_t' \in \mathbb{R}^{N \times d'}$ 是映射后的特征；$\boldsymbol{W}_t$ 和 b_t 是线性层的参数。然后将两个特征矩阵连接起来得到 $\boldsymbol{F}' = \{\boldsymbol{F}_{\mathrm{dm}}', \boldsymbol{F}_{\mathrm{rgb}}'\}$，$\boldsymbol{F}' \in \mathbb{R}^{2N \times d'}$。最后，计算 $\boldsymbol{F}'$ 和其转置 $\boldsymbol{F}'^{\mathrm{T}}$ 之间的点积，并使用 Sigmoid 函数将结果矩阵的值限制在 $[0,1]$ 范围内：

$$\hat{\boldsymbol{H}} = \sigma\left(\boldsymbol{F}' \times \boldsymbol{F}'^{\mathrm{T}}\right) \tag{13.80}$$

其中，σ 是 Sigmoid 函数；$\hat{\boldsymbol{H}} \in \mathbb{R}^{2N \times 2N}$ 近似表示超图关联矩阵，使得超图中的超边和节点数量与深度图和 RGB 图像中图像块的总数相同。

这里建立的超图结构包含深度图像块之间的内部相似性以及深度图像块和 RGB 图像块之间的外部关联。$\hat{\boldsymbol{H}}$ 的对角线取值大于或等于 0.5，因为向量与其转置的内积必须不小于 0。这个取值方式既符合每个图像块应与自身有强相关性的常识，也确保超边和节点的度数不会太小，即不小于 0.5，这在后续超图卷积过程中计算度数矩阵的逆时非常重要。

（3）深度质量预测。在得到超图结构之后，采用超图卷积来计算图像块的质量分数。给定生成的超图 $\mathcal{G}=(\mathcal{V},\mathcal{E},\boldsymbol{W})$ 和近似的入射矩阵 $\hat{\boldsymbol{H}}$，首先生成相关矩阵 $\boldsymbol{L}$[38]：

$$\boldsymbol{L}=\boldsymbol{D}_v^{-1/2}\hat{\boldsymbol{H}}\boldsymbol{W}\boldsymbol{D}_e^{-1}\hat{\boldsymbol{H}}^{\mathrm{T}}\boldsymbol{D}_v^{-1/2} \tag{13.81}$$

之后，将相关矩阵 $\boldsymbol{L}\in\mathbb{R}^{2N\times 2N}$ 和特征集 $\boldsymbol{F}=\left\{\boldsymbol{F}_{\mathrm{dm}},\boldsymbol{F}_{\mathrm{rgb}}\right\}\in\mathbb{R}^{2N\times d}$ 输入超图卷积层，以推导出失真深度图的质量分数。超图卷积的逐层传播规则如下：

$$\boldsymbol{X}^{(t+1)}=\alpha\left(\boldsymbol{L}\boldsymbol{X}^{(t)}\boldsymbol{\Theta}_Q^{(t)}\right)\circ\boldsymbol{M}^{(t)} \tag{13.82}$$

其中，$\boldsymbol{M}^{(t)}$ 是第 t 层随机失活层的掩码向量，$\boldsymbol{M}^{(t)}\sim\mathrm{Bernoulli}(p)$，$p$ 表示失活率；$\boldsymbol{\Theta}_Q^{(t)}$ 表示第 t 层的可学习参数；α 是 ReLU 激活函数；$\boldsymbol{X}^{(t+1)}$ 是第 t 层的输出。$\boldsymbol{X}^{(0)}=\boldsymbol{F}$，最后一个超图卷积层的输出为 $\boldsymbol{Q}=\boldsymbol{X}^{(3)}$，$\boldsymbol{Q}\in\mathbb{R}^{2N\times 1}$。$\boldsymbol{Q}$ 对应于局部分数，其中深度图像块对应的局部分数代表该深度区域的质量，而 RGB 图像块对应的局部分数代表与该 RGB 区域相关的深度区域的质量。超图卷积促进了相关 RGB-D 区域之间的信息共享，从而实现了更准确的质量评估。最后，通过平均 $\boldsymbol{Q}$ 计算失真深度图的总分数 q：

$$q=\frac{\sum\boldsymbol{Q}}{2N} \tag{13.83}$$

2. 深度质量评估数据集

这里首先介绍深度质量评估数据集（$\mathrm{THU}^{\mathrm{DepthQA}}$）。深度图通常由深度传感器或立体匹配两种方法生成。如图 13.29 所示，考虑到这两种方法引入的失真不同，$\mathrm{THU}^{\mathrm{DepthQA}}$ 数据集分为两个子数据集，分别为 $\mathrm{THU}_{\mathrm{real}}^{\mathrm{DepthQA}}$ 和 $\mathrm{THU}_{\mathrm{syn}}^{\mathrm{DepthQA}}$。对于 $\mathrm{THU}_{\mathrm{real}}^{\mathrm{DepthQA}}$ 子数据集，使用 Microsoft Azure Kinect DK 作为深度传感器来收集参考深度图和 RGB 图像，并人工添加 10 种不同类型的失真以生成失真深度图，其中每种失真有 5 个不同级别。对于 $\mathrm{THU}_{\mathrm{syn}}^{\mathrm{DepthQA}}$ 子数据集，从广泛使用的公共 Middlebury 数据集中选择参考深度图和 RGB 图像，并选择由 50 种不同立体匹配算法生成的深度图作为失真深度图。最终，每个子数据集包含 500 张失真深度图，以及 10 张参考深度图和 RGB 图像。目前，许多其他 IQA 数据集均收集人类的平均意见分数（mean opinion scores，MOS）作为质量分数。尽管深度图通常不直接展示给人类，但由于 HVS 是高度发达的系统，可以轻易判断深度质量，因此同样收集 MOS 作为质量分数。在整个数据集中，共收集了超过 6 万条人类判断，并基于瑞士竞赛原则生成了可靠的主观质量分数。

$\mathrm{THU}_{\mathrm{real}}^{\mathrm{DepthQA}}$ 子数据集在 $\mathrm{THU}_{\mathrm{real}}^{\mathrm{DepthQA}}$ 子数据集中，主要考虑深度传感器引入的失真。这里使用 Microsoft KinectDK 来收集 RGB 彩色图像和深度图。KinectDK 比传统的 Kinect 或 KinectV2 传感器更强大，其 RGB 摄像头可以捕获 3840×2160 像素的彩色图像，其基于幅度调制连续波飞行时间原理的深度摄像头可以捕获 1024×1024 像素的深度图。数据

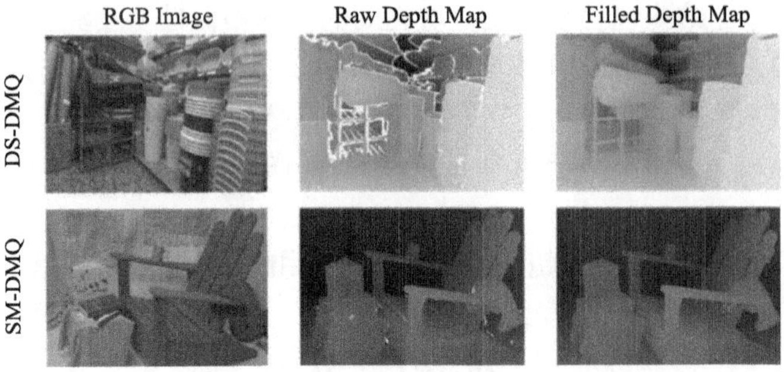

图 13.29 THU^{DepthQA} 的两个子数据集中的原始 RGB 图像、原始深度图和填充的深度图示例

采集过程对每个场景进行了三次连续拍摄，旨在减少场景因素或拍摄因素引入的噪声。之后，利用摄像机外参将深度图和 RGB 图像对齐。该数据集中保持了原始 RGB 图像和深度图的宽高比以满足更多的任务需求。针对投影遮挡或低反射物体（如玻璃）导致的深度孔洞，按照 NYU-Depth V2 数据集[71]的方法，使用着色法[72]填充。

最后，考虑到室内/室外和简单/复杂因素，以及孔洞填充的结果，选择了 10 个最具代表性的场景作为参考数据，并将 RGB 图像和深度图以 PNG 格式保存，如图 13.30 所示。

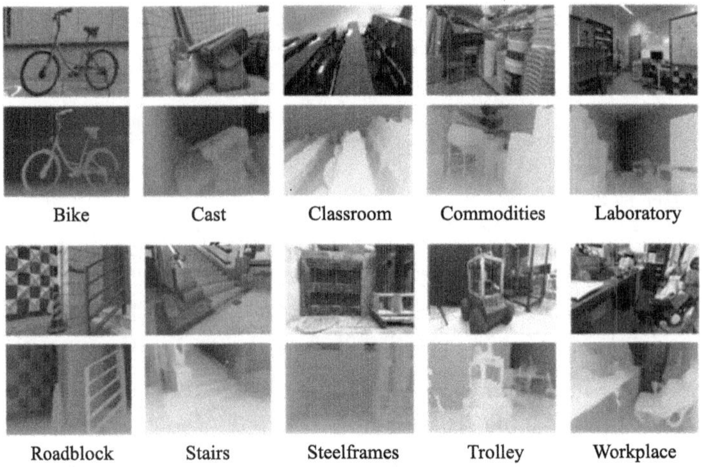

图 13.30 $\text{THU}_{\text{real}}^{\text{DepthQA}}$ 子数据集中 10 个场景的参考 RGB 图像和深度图

$\text{THU}_{\text{syn}}^{\text{DepthQA}}$ 子数据集在 $\text{THU}_{\text{syn}}^{\text{DepthQA}}$ 子数据集中，主要关注由立体匹配算法引起的失真。这里选择了公共立体匹配数据集 Middlebury 2014[73] 作为基础数据，提供了具有亚像素精度真实值的高分辨率立体数据，以及数百种立体匹配方法的结果。训练集中的 10 个场景被选作为参考数据。由于 Middlebury 2014 数据集中的原始数据是视差图的形式，首先使用提供的参数将像素中的浮点视差值 d 转换为毫米中的深度值 Z：

$$Z = \frac{b \times f}{d + d_f} \tag{13.84}$$

其中，b 是摄像机基线（以毫米为单位）；f 是焦距（以像素为单位）；d_f 是主点差异。考虑到这 10 个场景的纵横比不同，固定它们的宽度为 960，并按比例缩放高度，其中 RGB 图像和深度图分别使用双线性插值和最近邻插值进行缩放。针对参考深度图上的深度孔洞，也使用着色法[72]进行填充。10 个场景的参考 RGB 图像和深度图如图 13.31 所示。

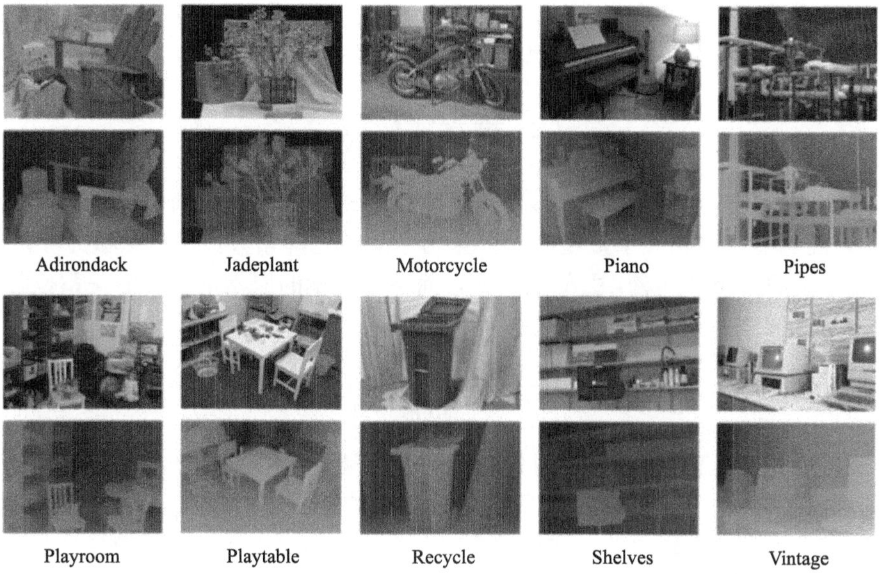

图 13.31　$\text{THU}_{\text{syn}}^{\text{DepthQA}}$ 子数据集中 10 个场景的参考 RGB 图像和深度图

3. 实验结果和分析

（1）数据描述。为评估本节所介绍方法的性能，一共设计了三个主要实验来探索 DQA 方法的有效性，包括一个基础实验和两个泛化实验，即近似失真泛化实验和跨子数据集泛化实验。这三项任务的难度逐一增加。在基础实验和失真泛化实验中，$\text{THU}_{\text{real}}^{\text{DepthQA}}$ 和 $\text{THU}_{\text{syn}}^{\text{DepthQA}}$ 子数据集分别单独进行训练和测试，在跨子数据集泛化实验中，$\text{THU}_{\text{syn}}^{\text{DepthQA}}$ 子数据集用于训练，$\text{THU}_{\text{real}}^{\text{DepthQA}}$ 用于测试。

（2）对比算法。本节所介绍的方法分别与下列方法进行了性能对比。

- 均方误差（mean square error，MSE）方法：一种全参考 DQA 方法，通过计算预测像素值与实际像素值之间差异的平方的平均值来评估质量。
- 基于深度图像质量测量的全参考图像质量评估（deep image quality measure for FR IQA，DIQaM-FR）方法[74]：一种全参考 DQA 方法，通过简单平均池化局部块质量来推导全局图像质量。
- 基于加权平均深度图像质量测量的全参考图像质量评估（weighted average deep image quality measure for FR IQA，WaDIQaM-FR）方法[74]：WaDIQaM 方法的全参考 DQA 版本。
- 基于加权平均深度图像质量测量的无参考图像质量评估（weighted average deep image quality measure for NR IQA，WaDIQaM-NR）方法[74]。
- HyperIQA[75]：一种全参考 DQA 方法，通过自适应超图网络架构实现对图像质量的自动估计。

（3）评估指标。本节实验中评估指标主要包括皮尔逊线性相关系数、斯皮尔曼等级相关系数、肯德尔等级相关系数和均方根误差。

① 皮尔逊线性相关系数通常用符号 r 表示，是用来衡量两个变量之间线性相关程度的统计量。它的取值范围为-1～1，计算公式如下：

$$r=\frac{\sum\left(X_i-\bar{X}\right)\left(Y_i-\bar{Y}\right)}{\sqrt{\sum\left(X_i-\bar{X}\right)^2\cdot\sum\left(Y_i-\bar{Y}\right)^2}} \tag{13.85}$$

其中，X_i 和 Y_i 分别表示两个变量的第 i 个观测值；$\bar{X}$ 和 $\bar{Y}$ 分别表示两个变量的均值。

② 斯皮尔曼等级相关系数是用来衡量两个变量之间相关性的非参数方法，它衡量的是变量之间的等级（排名）之间的关系，而不是变量的原始值之间的关系。通常用符号 ρ 表示，计算公式如下：

$$\rho=1-\frac{6\sum d^2}{n\left(n^2-1\right)} \tag{13.86}$$

其中，n 是样本的数量；d 是每一对样本在两个变量中等级的差异（即等级差）。

③ 肯德尔等级相关系数是一种衡量两个变量之间等级关系的非参数方法。它衡量的是两个变量之间排列顺序的一致性程度，而不是它们的实际值之间的线性关系。肯德尔等级相关系数通常用符号 τ 表示，计算公式如下：

$$\tau=\frac{\text{对符号一致的等级对数}-\text{对符号不一致的等级对数}}{\text{总的等级对数}} \tag{13.87}$$

其中，符号一致的等级对数是指两个变量中的等级排名在两个变量之间都一致的对数数量；符号不一致的等级对数则是两个变量中的等级排名在两个变量之间不一致的对数数量。

④ 均方根误差（root mean square error，RMSE）是一种常用的衡量预测模型或估计值与观测值之间差异的指标。它表示预测值与真实观测值之间的平均偏差的大小。RMSE 的计算公式如下：

$$\text{RMSE}=\sqrt{\frac{1}{n}\sum_{i=1}^{n}\left(y_i-\hat{y}_i\right)^2} \tag{13.88}$$

其中，n 表示样本数量；y_i 表示第 i 个观测值；$\hat{y}_i$ 表示对应的预测值。

（4）对比实验结果分析。图 13.32 和图 13.33 分别给出了不同方法在 $\text{THU}_{\text{real}}^{\text{DepthA}}$ 子数据集和 $\text{THU}_{\text{syn}}^{\text{DepthQA}}$ 子数据集上的结果。从实验结果中观察可知，Hypergraph-DQA 方法在所有四个标准上均在两个子数据集中表现最佳。此外，Hypergraph-DQA 方法甚至在 $\text{THU}_{\text{real}}^{\text{DepthQA}}$ 子数据集上超越了 FR 方法，并在 $\text{THU}_{\text{syn}}^{\text{DepthQA}}$ 子数据集上取得了类似的表现。在 $\text{THU}_{\text{real}}^{\text{DepthQA}}$ 子数据集上，Hypergraph-DQA 比 DIQaMFR [74] 方法在 PLCC、SRCC、KRCC 和 RMSE 上性能分别提高了 9.45%、5.78%、9.75%和 3.04%。对于 $\text{THU}_{\text{syn}}^{\text{DepthQA}}$ 子数据集，Hypergraph-DQA 在这四个指标上与 HyperIQA [76] 方法相比性能分别提高了 6.54%、2.93%、34.9%和 3.45%。

FR 方法通常通过直接比较失真深度图与标准深度图来计算质量分数。对于 MSE 方法，将孔洞区域的深度值设为 0 进行计算会导致孔洞错误的不准确测量，且 MSE 也无

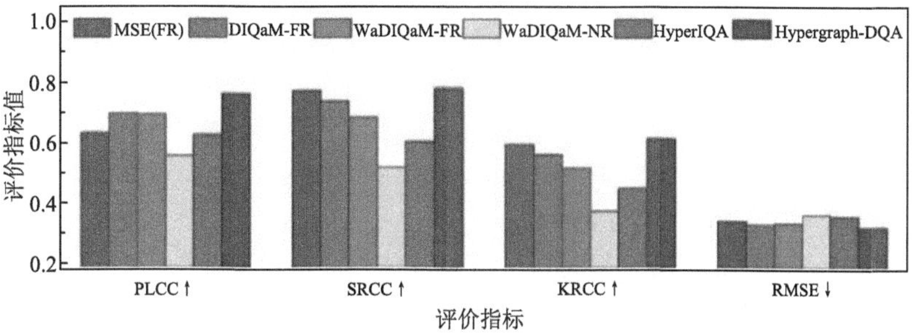

图 13.32（彩色）

图 13.32　$\text{THU}_{\text{real}}^{\text{DepthQA}}$ 子数据集的实验结果

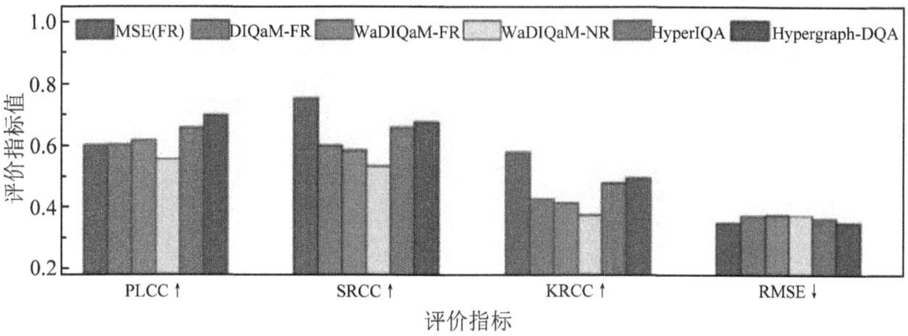

图 13.33（彩色）

图 13.33　$\text{THU}_{\text{syn}}^{\text{DepthQA}}$ 子数据集的实验结果

法处理多种失真类型。此外，实际应用中通常无法获得标准参考深度图。此外，基于学习的方法，如 DIQaMFR[74]在 $\text{THU}_{\text{real}}^{\text{DepthQA}}$ 子数据集上表现更好，HyperIQA[76]在 $\text{THU}_{\text{syn}}^{\text{DepthQA}}$ 子数据集上获得更好的结果。在 $\text{THU}_{\text{real}}^{\text{DepthQA}}$ 子数据集中，只有 10 种失真类型，失真模式相对单一，因此更易于质量评估，而在 $\text{THU}_{\text{syn}}^{\text{DepthQA}}$ 子数据集中，有 50 种不同的失真类型，因此相对直接的简单模型难以挖掘该子数据集中的复杂失真模式。Hypergraph-DQA 方法取得相对更好的性能的主要原因如下。首先，双流模型提取的 RGB-D 特征既简单又高效。其次，将数据切分成图像块并构建超图来建模 RGB-D 区域之间的高阶关联，能够更好地从视觉信息内部的高阶关联中挖掘相应的失真模式，并有助于全面分析失真深度图像上的错误。

Hypergraph-DQA 方法从 RGB-D 图像对中随机选择了四对，并将它们随机裁剪成 224×224 像素大小的图像块。接着，将每个 RGB 块和深度块分割成 49 个不重叠的图像块，并基于这些图像块构建超图，进而计算每个图像块的分数。这里将深度图像块分数及其对应的 RGB 图像块分数取平均作为局部质量分数。通过热力图来可视化局部分数和超图的关联矩阵。在局部分数的热力图中，颜色越浅表示分数越低，质量越差。在超图的热力图中，每一列代表一个超边，前 49 列是深度图像块，后 49 列是 RGB 图像块，每一行代表一个节点，上方 49 个是深度图像块，下方 49 个是 RGB 图像块，颜色越浅表示节点在超边中的出现概率越低。如图 13.34 所示，Hypergraph-DQA 方法得到的局部分数与深度图中的失真区域相匹配更好。例如，在第一行的 Adirondack 场景中，椅子臂上的失真能够被准确地捕捉到。

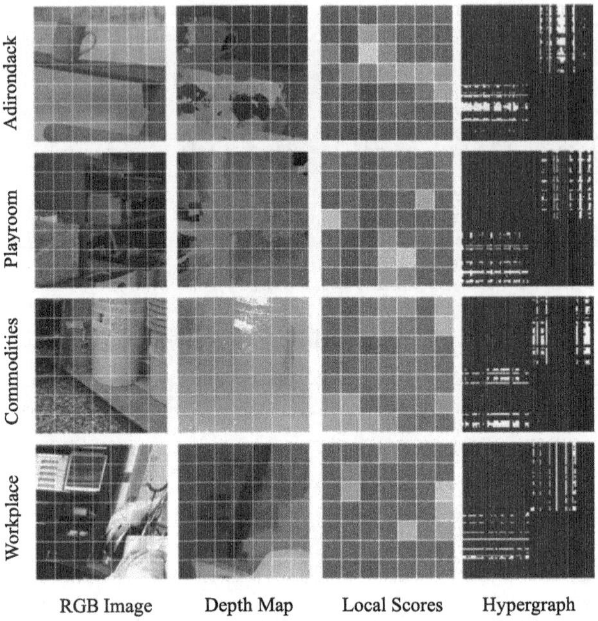

图 13.34（彩色）

图 13.34　将每个 RGB 和深度块被切分成 49 个不重叠的图像块

13.5　单目深度估计

传统深度图的获取方法是使用激光雷达获取深度数据，但是由于高精度激光雷达（如 64 线及以上）成本昂贵，因此通过对场景 RGB 图像进行深度估计获取稠密深度数据在许多应用中受到的关注较多。单目深度估计通过单张 2D 图像进行 3D 信息预测，是一个典型的欠定问题，难度很大。近年来，虽然有许多单目深度估计方法[77]被提出，但是在不同的应用场景中都存在各自的局限，难以适应通用场景，而如何选取更合适的单目深度估计方法也是一个很难判定的问题。

针对以上挑战，本节介绍一种基于超图计算的“评估-融合”单目深度估计方法 HyperDE，通过选取一组基于不同单目深度估计基生成器的原始深度图，将其均匀分块后与对应参考彩色图像同时输入双流特征提取网络，利用超图生成模块建模各深度图像块特征和 RGB 图像块特征之间的高阶关联关系，并通过超图卷积神经网络对各原始深度图块进行深度质量评估。最后根据质量分数去除不同基生成器产生的深度图像中存在的错误区域，将各原始深度图以质量分数图为权重融合后生成更加精确的完整深度图，从而实现单目深度估计。

1. 方法描述

HyperDE 方法共包含两个阶段：第一阶段的目的是生成原始深度图组，这一过程通过使用不同编码器结构的基深度图生成器来完成，目的是实现对深度的“粗估计”；第二阶段是基于“评估-融合”的单目深度估计计算框架，旨在实现对深度的“精估计”。算法框架图如图 13.35 所示。这里单目深度估计任务可以被形式化地定义为

$$\hat{d} = f\left(r;\theta_f\right) \tag{13.89}$$

其中，$f(\cdot)$表示深度图像生成器（映射函数）；r表示彩色图像；$\hat{d}$表示深度图像；θ_f为可学习参数。传统方法中采用单一深度图像生成器，而 HyperDE 方法中在原始深度图组生成阶段则同时训练K个深度图像基生成器$\left\{f(\cdot)\right\}_1^K$，独立生成$K$张不同的原始深度图像$\left\{\hat{d}_i\right\}_1^K$。在“评估-融合”框架计算阶段，利用基于超图计算的深度图质量评估模块$hg(\cdot)$融合生成修正后的深度图像$\hat{d}$：

$$\hat{d} = hg\left(\hat{d}_1,\hat{d}_2,\cdots,\hat{d}_K;\theta_{hg}\right) \tag{13.90}$$

其中，θ_{hg}表示质量评估模块中的可学习参数。

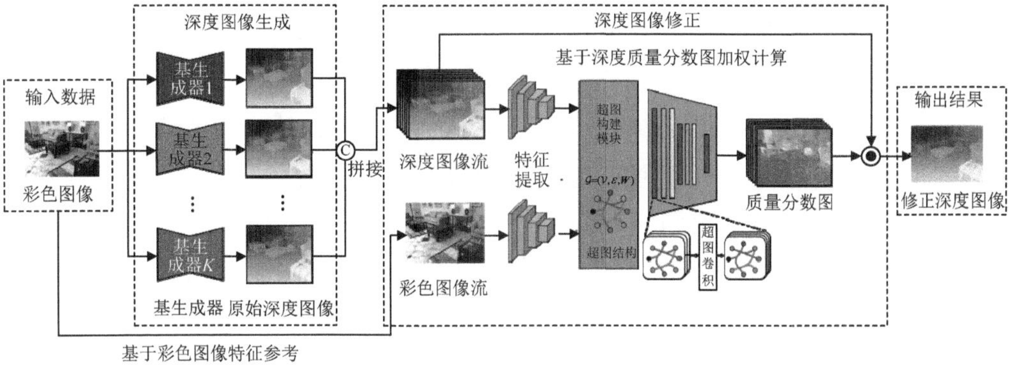

图 13.35　基于超图计算的单目深度估计方法框架流程图

（1）粗估计与精估计。第一阶段是原始深度图组生成模块，通过构造六个基于不同编码器结构、相同解码器结构的基生成器，其中包括三种基于卷积神经网络的编码器和 3 种基于 Transformer 的编码器。同时，每个基生成器的解码器均使用 BTS[78] 解码器，以简化模型的复杂度。由于多模型系统过于复杂，在初始深度图生成阶段各基生成器单独训练，彼此之间不存在参数共享与信息流动。需要指出的是，这里并不受基生成器网络结构选择的限制，也可以选用其他基生成器。这里采用的基于 Transformer 的编码器有助于建立长相关性，捕捉表示全局特征的复杂空间变换。基于卷积神经网络的编码器可以通过卷积操作收集彩色图像的局部细节特征，两者信息可以实现有效互补，同时能够增加不同深度图像基生成器之间的非对称性，从而有利于之后的质量评估与深度修正。

第二阶段是基于“评估-融合”的单目深度估计。以第一阶段生成的原始深度图组和参考彩色图像作为输入，通过上节所介绍的深度图质量评价模型进行深度图分块质量评价。在对两种模态的图像流进行等大小分割后通过双流结构的特征提取网络实现基于图像块的特征提取，之后以超图结构建模图像块间的复杂高阶关联，捕捉原始深度图中因为编码器结构造成的局部非对称失真模式。最后将图像块特征拼接以后与构建的超图结构一起输入超图卷积神经网络，通过超图计算后输出图像质量分数图。

（2）超图结构建模。本节介绍了超图结构在建模深度图像块间及其与相应彩色图像块的跨模态复杂关联中的应用。深度估计任务需要考虑内部区域之间的关联及其与参考彩色图区域的关系，传统模型在并行处理这两类关系方面存在局限。HyperDE 方法引入

超图结构以同步建模不同模态之间的关系，准确评估深度图各部分质量，从而提高深度预测的精度。定义超图为$\mathcal{G}=(\mathcal{V},\mathcal{E},\boldsymbol{W})$，其中$\mathcal{V}$为节点集，$\mathcal{E}$为超边集，$\boldsymbol{W}$表示超边权重，为简化计算，将超边权重设为单位矩阵，即假设所有超边权重均等。超图通常通过$|\mathcal{V}|\times|\mathcal{E}|$的关联矩阵$\boldsymbol{H}$表达：

$$\boldsymbol{H}(v,e)=\begin{cases}1 & v\in e\\ 0 & \text{其他}\end{cases} \tag{13.91}$$

其中，$v\in\mathcal{V}$表示节点；$e\in\mathcal{E}$表示超边。对于一个节点$v\in\mathcal{V}$，与它连接的超边权重之和称为节点度数，定义如下：

$$d(v)=\sum_{e\in\mathcal{E}}\boldsymbol{W}(e)\boldsymbol{H}(v,e) \tag{13.92}$$

对于一个超边$e\in\mathcal{E}$，包含的节点个数称为超边度数，定义如下：

$$\delta(e)=\sum_{v\in\mathcal{V}}\boldsymbol{H}(v,e) \tag{13.93}$$

超图的节点度数和超边度数分别用一个对角矩阵表示，命名为$\boldsymbol{D}_v$和$\boldsymbol{D}_e$。

质量分数预测的核心在于利用超图卷积实现在图像区域之间进行高阶信息传递，以确保对于原始深度图非失真相似区域的质量评估一致，这样比单纯依据真值加权得到的融合网络具有更强的泛化性。HyperDE 方法在原始深度图组生成阶段使用了缩放尺度不变（scaled scale-invariant，SSI）损失[78]。假定d和$\hat{d}$分别表示真实的深度图像和生成的深度图像，SSI 定义如下：

$$\mathcal{L}_{\mathrm{SSI}}=\alpha\sqrt{\frac{1}{|T|}\sum_j\left(g^j\right)^2-\frac{\eta}{|T|^2}\left(\sum_j g^j\right)^2} \tag{13.94}$$

其中，$g^j=\log d^j-\log\hat{d}^j$；$T$表示具有有效真值的像素集合；$\alpha$和$\eta$是两个超参数。

HyperDE 方法提出了一种新的损失函数，以提高质量分数图的精度。给定$\left\{\hat{d}_i\right\}^K$是基生成器生成的$K$张原始深度图像，$\{\hat{m}_i\}^K$表示在经过标准化处理拼接后生成的质量分数图，$d$是真实的深度图像。首先计算质量分数图真值：

$$\{m_i\}^K=\frac{\mathrm{e}^{-\left|\hat{d}_i^j-d^j\right|}}{\sum_{k=1}^{K}\mathrm{e}^{-\left|\hat{d}_k^j-d^j\right|}} \tag{13.95}$$

在对其分数进行标准化后，再计算生成的质量分数图与其真值之间的平均绝对值误差，并称其为质量分数图（quality score map，QSM）损失：

$$\mathcal{L}_{\mathrm{QSM}}=\frac{\sum_{i=1}^{K}\sum_j\left|\hat{m}_j-\hat{m}_i\right|}{K\times|T|} \tag{13.96}$$

其中，T表示具有有效真值的像素集合；j为像素索引。该方法使用平均绝对值误差的主要原因是减小离群点对于结果的干扰。最后，在融合修正阶段，通过对模型预测结果进行修正，进一步提升了深度图融合的精确性和准确性。质量分数图损失函数对于训练融合后深度图融合效果提升明显，在后续实验部分对此有进一步的讨论。

2. 实验结果和分析

（1）数据描述。为评估 HyperDE 方法的性能，实验数据采用了两个常用公开数据集，包括面向室内场景的 NYU-Depth-V2 数据集 [79] 和面向室外场景的 KITTI 数据集 [80]。NYU-Depth-V2 数据集的采集设备是 Kinect，深度范围为 0～10m，训练集包含 24231 张图像，测试集包含 654 张图像，图像分辨率为 640×480 像素，场景类型是在室内。KITTI 数据集的采集设备是 LiDAR，深度范围为 0～80m，训练集包含 23488 张图像，测试集包含 697 张图像，图像分辨率为 1241×376 像素，场景类型是在室外。

（2）对比算法。HyperDE 方法分别与下列方法进行了性能对比。

- 多尺度深度网络（multi-scale deep network，记为 MSDN）方法 [81]：该方法基于多尺度深度网络模型对单张图像进行粗略的全局预测和局部细化，从而实现单目深度估计任务。
- 拉普拉斯金字塔神经网络（Laplacian pyramid neural network，LPNN）方法 [82]：该方法利用拉普拉斯金字塔网络表示来重建复杂场景的高质量深度信息。
- 基于自适应分层的深度估计（depth estimation using adaptive bins，Adabins）方法 [83]：该方法提出了一种基于 Transformer 的架构模块，将深度范围划分为多个区域，其中心值根据每个图像自适应估计，最终深度值被估计为区域中心的线性组合。
- 神经窗口全连接条件随机场（neural window fully-connected conditional random fields，NewCRFs）方法 [84]：该方法采用 CRF 优化的路径将输入分成不同窗口，并在每个窗口内执行 FC-CRF 优化。

（3）评估指标。评估指标主要包括以下 6 种：绝对相对误差（absolute relative error，Abs Rel）、平方相对误差（square relative error，Sq Rel）、均方根误差（root mean square error，RMSE）、均方根对数误差（root mean square logarithmic error，RMSE log）、平均 $\log_{10}$ 误差（$\log_{10}$）和阈值准确性（$\delta < t$）。上述评估指标的计算公式分别如下。

- Abs Rel：$\frac{1}{N}\sum_{i=1}^{N}\left|d_i-\hat{d}_i\right|/d_i$；
- Sq Rel：$\frac{1}{N}\sum_{i=1}^{N}\left(d_i-\hat{d}_i\right)^2/d_i$；
- RMSE：$\sqrt{\frac{1}{N}\sum_{i=1}^{N}\left(d_i-\hat{d}_i\right)^2}$；
- RMSE log：$\sqrt{\frac{1}{N}\sum_{i=1}^{N}\left(\log d_i-\log\hat{d}_i\right)^2}$；
- $\delta<t$：满足条件 $\max\left(d_i/\hat{d}_i,\hat{d}_i/d_i\right)=\delta<t$ 的像素百分比。

其中，N 是真实深度图像中有效像素的数量；i 是有效像素索引；d 是真实深度图像；$\hat{d}$ 是预测深度；t 是阈值准确性中阈值，通常设置为 1.25、1.25^2 和 1.25^3。

（4）对比实验结果分析。如图 13.36 所示，在 NYU-Depth-V2 室内数据集上，基于超图计算的单目深度估计 HyperDE 方法通过融合不同基深度图在所有指标上均取得了最优的结果。对比方法中 BTS[78] 和 NewCRFs [84] 分别为基于卷积神经网络结构和 Transformer 结构效果最好的方法，与其相比，基于超图计算的单目深度估计方法在关键指标 RMSE 上分别提升了 22.0%和 5.41%。由于 NYU-Depth- 2[79] 数据集是室内环境基于 Kinect 设备采集的深度数据，拥有完全稠密深度真值，在这一指标上性能也达到 92.4%，相比当前最好的方法 NewCRFs[84] 提升了 2.7%，相当于测试集上平均每张图像上有效提升了 4768 个像素点的深度估计值。

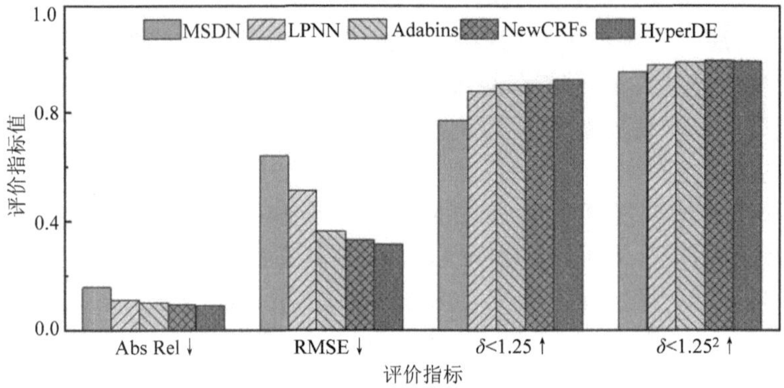

图 13.36　NYU-Depth-V2 数据集（0～10m）单目深度估计对比实验

如图 13.37 所示，在 KITTI 室外数据集上，可以看到 HyperDE 方法在所有指标上均取得了最优的结果。在 RMSE 指标上，与 BTS[78] 和 NewCRFs [84] 方法相比，分别提升了 23.8%和 7.24%。实验验证了基于超图计算的“评估-融合”架构能有效融合不同基生成器的结果，生成更加高质量的深度图。

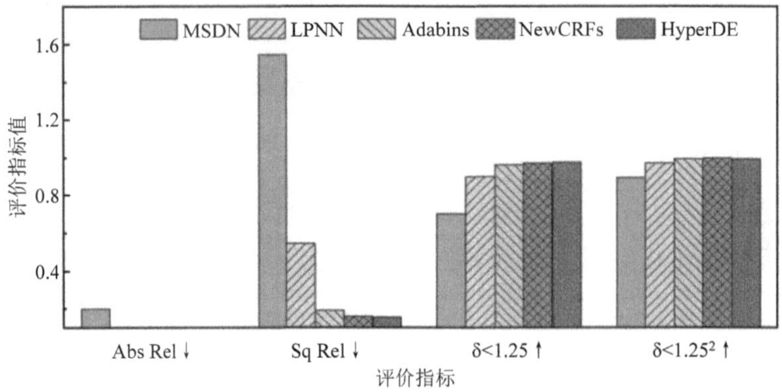

图 13.37　KITTI 数据集（0～80m）单目深度估计对比实验

通过对 NYU-Depth-V2 和 KITTI 数据集进行可视化对比实验，将 HyperDE 与当前最先进的单目深度估计方法 BTS、Adabins 和 NewCRFs 进行了对比。结果显示，HyperDE 生成的深度图像在细节和边界上更为精细清晰。例如，在图 13.38 中，HyperDE 能够清晰呈现床头栏杆的形状，而其他方法则显示模糊。在图 13.39 中，HyperDE 在室外复杂场景下的深度预测精度也得到提升，无论是近处还是远处的物体，都展现出更好的效果。

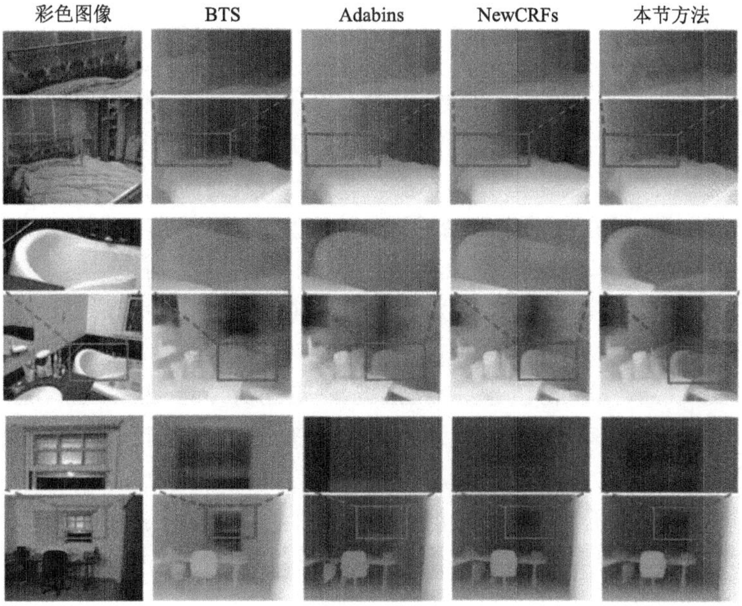

图 13.38（彩色）

图 13.39（彩色）

图 13.38　NYU-Depth-V2 数据集（0～10m）可视化定性分析

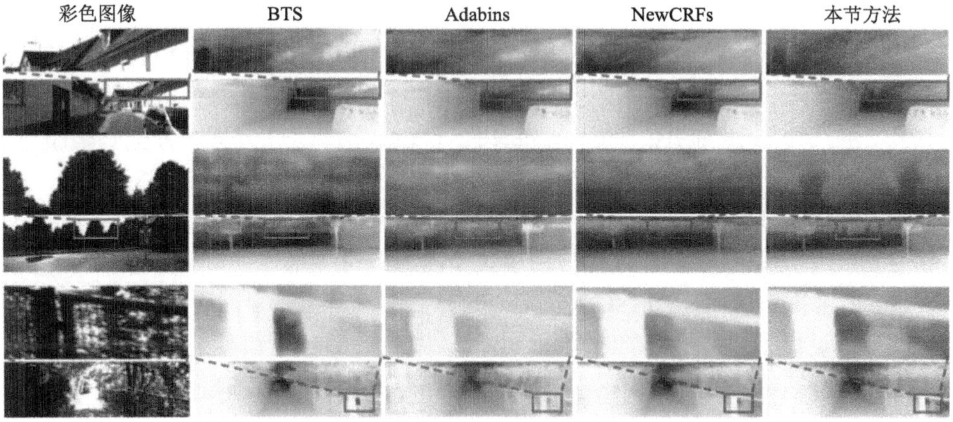

图 13.39　KITTI 数据集（0～80m）可视化定性分析

13.6　行人重识别

行人重识别（person re-identification）也称行人再识别，是利用计算机视觉技术从图像或者视频序列中判断是否存在特定人员，即给定一个待查询的监控行人图像，在同设备或跨设备下检索出该行人的相关图像。行人重识别可弥补固定摄像头的视觉局限，广泛应用于视频监控及安保等领域。由于不同摄像设备之间差异通常较大，行人个体也兼具刚性和柔性特性，同时外观也受到穿着、尺度、遮挡、姿态和视角等多种因素影响，行人重识别已经成为计算机视觉领域中广泛关注且极具挑战性的课题。基于骨骼信息的行人重识别近些年研究较多，但如何更充分地利用骨骼结构中的关联信息仍需要进一步探索。本节介绍一种基于超图计算的行人重识别方法，该方法提出了一种基于骨架的动态超图框架，即骨骼时间动态超图神经网络（skeletal temporal dynamic hypergraph neural network，ST-DHGNN），该框架通过对骨架信息的时间序列进行建模，从而考虑了各种身体部位之间的高阶关联以取得更好的行人重识别性能。在 ST-DHGNN 方法中，由于给定的人体骨骼位置，可以精确地确定每一帧中应该注意到的信息最丰富的区域。其次，与传统的图结构相比，ST-DHGNN 中的多超图框架扩展了潜在节点的数量，使超图能够以更好的方式学习身体部位之间的高阶的、时空的、多粒度的相关性。同时，ST-DHGNN 中提出的动态超图传播允许自适应调整超图结构来弥补最开始建立的超图结构上的不足。这里 ST-DHGNN 允许在没有物理连接的身体部位之间构建隐式关联，这使得该方法不局限于固定的身体结构，从而增强节点关系的自由度。例如，一个人的左手可以通过超边连接到不同帧中的左手、右手、左臂或右臂，而这样的连接是可学习的。因此，对于错位的挑战，不管图像上前景区域的位置和大小情况如何，ST-DHGNN 都可以从多帧和多个角度识别具有相同语义的身体部位。此外，ST-DHGNN 方法也能够避免采样被其他不相关对象遮挡的区域，从而减少图像噪声对模型学习的影响。

1. *方法描述*

如图 13.40 所示，ST-DHGNN 将采样的图像序列进行批处理，并将其馈送到具有共享参数的 ResNet50 主干网络中，以提取相应的特征图，然后在并行操作的两个分支中进行操作，包括关节中心超图（joint-centered hypergraph，JCH）分支和骨中心超图（bone-centered hypergraph，BCH）分支。ST-DHGNN 根据关节和骨中心的位置从特征图中裁剪多形状和多尺度的补丁，并将每个补丁视为一个图形顶点。JCH 分支中的每个补丁都具有与相应关节所属的身体部位（即头部、躯干、腿部）相同的类别，而 BCH 分支中的补丁则没有类别。对于 JCH 分支，该方法设计了两种尺度的时空超图，即关节中心部分超图和关节中

图 13.40（彩色）

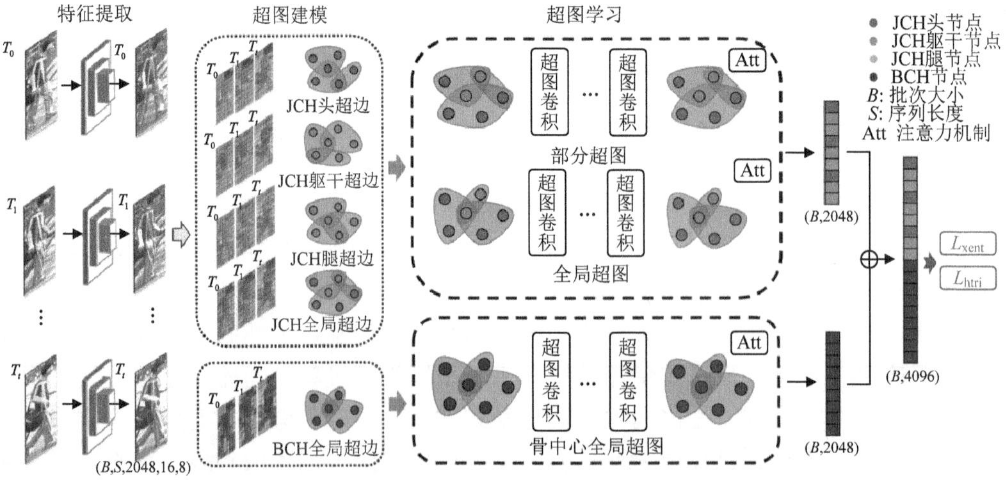

图 13.40　基于超图计算的行人重识别 ST-DHGNN 方法流程图

心全局超图。对于 BCH 分支，只构建了一个全局超图，即骨中心全局超图。部分超图由三组部分超边生成，包括头部超边、躯干超边和腿部超边，旨在对特定身体部位的内部相关性进行建模。全局超图由所有裁剪的补丁构成，其职责是捕获跨多个身体部位的依赖关系。基于多粒度 k-NN 的动态超图传播模块迭代地更新顶点特征，同时伴随着重新规划模块和超边消除模块以优化每一轮的超图拓扑结构。最后，该方法利用注意模块和特征聚合方案形成视频序列的强大表示。

（1）超图建模。这里将人体关节分类为“身体部位”（即头部、躯干、腿），同时将所有 T 帧的图像块的特征图以每个人体关节或骨骼（两个相邻关节的中心）为中心切分为一系列多尺度的图像块。如图 13.41（a）和（b）所示，在 JCH 和 BCH 分支中提取身体部位的多粒度特征。关节中包含 JCH 分支的局部特征，而骨骼的长度和形状等属性有可能在 BCH 分支中提供一些互补的模式。由于每个质心对应于前景区域的不同形状和比例，如头部是正方形的，腿是垂直的，因此可以利用包含各种形状和尺度的多粒度分区策略来丰富身体特征。

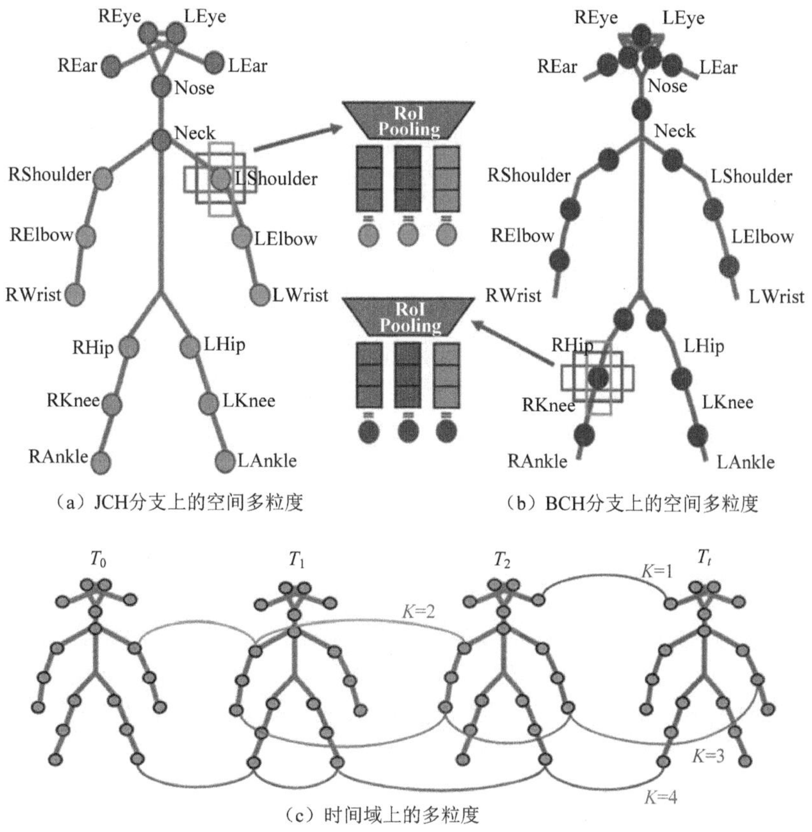

图 13.41　ST-DHGNN 用于建模空间和时间域中身体部位的多粒度特征和相关性结构

对于 JCH 分支，每个图像块的类别被定义为关节所属的身体部位（即头部、躯干、腿），如图 13.41（a）中的三种颜色所示。然后使用 ROI 池化提取每个图像块 c 个通道的一维嵌入，记为 $x_{v_i} \in \mathbb{R}^c$，其中 $i \in \{1,2,\cdots,N\}$，v_i 表示进一步进行超图构造中的第 i 个图像块或对应的图节点。该方法分别构建了头部、躯干和腿的特征集，并且每个特征集都包含特定身体类别的嵌入，表示为$\{x_{v_i}\}_{i=1,2,\cdots,p}^{\text{head}}$，$\{x_{v_i}\}_{i=1,2,\cdots,q}^{\text{trunk}}$和$\{x_{v_i}\}_{i=1,2,\cdots,s}^{\text{leg}}$，其中，$p$、$q$和$s$分别表示所有采样帧中每个粒度的人体头部、躯干和腿的图像块数量。

如图 13.40 所示，ST-DHGNN 分别基于三个节点集$\mathcal{V}_{\text{head}}=\{v_i\}_{i=1,2,\cdots,p}^{\text{head}}$，$\mathcal{V}_{\text{trunk}}=\{v_i\}_{i=1,2,\cdots,q}^{\text{trunk}}$，$\mathcal{V}_{\text{leg}}=\{v_i\}_{i=1,2,\cdots,s}^{\text{leg}}$和一个全局节点集$\mathcal{V}_{\text{JCH}}$为 JCH 分支构建了两个尺度的超图（即联合中心部分超图和联合中心全局超图），其中，$\mathcal{V}_{\text{JCH}}$包含序列中的所有节点，即$\mathcal{V}_{\text{JCH}}=\cup(\mathcal{V}_{\text{head}},\mathcal{V}_{\text{trunk}},\mathcal{V}_{\text{leg}})$。每个图节点表示一帧中空间区域的嵌入特征，而每个超边连接空间和时间尺度上不同粒度的一系列节点。对于每个节点，如图 13.41（c）所示，该方法构造了不同粒度的多个超边。对于粒度$k\in\{k_1,k_2,\cdots,k_m\}$，捕获最相似嵌入的$k$个节点并使用超边连接在一起。

对于以联合为中心的全局超图（joint-centered global hypergraph，JCGH），ST-DHGNN 也构建了一个联合中心部分超图（joint-centered partial hypergraph，JCPH）$\mathcal{G}_{\text{JCPH}}=(\mathcal{V}_{\text{JCH}},\mathcal{E}_{\text{JCPH}})$，其超边集可以表示为

$$\mathcal{E}_{\text{JCPH}}=\{v_i,\forall v_j\in\mathcal{N}_{k'}(v_i)|\ v_i,v_j\in\mathcal{V}_{\text{JCH}}\} \tag{13.97}$$

其中，$\mathcal{N}_{k'}(v_i)$是$k\in\{k_1,k_2,\cdots,k_m\}$用于全局超图构造的最近邻集。值得注意的是，节点之间的连接在部分超图和全局超图中都是跨帧建模的。不同之处在于 JCGH 允许连接所有身体类别的节点，而 JCPH 仅连接同一身体部位的节点以嵌入部分尺度上的信息。关于 BCH 分支，ST-DHGNN 不区分每个骨骼的图像块类别，因为骨骼可以连接两个属于不同身体类别的关节。如图 13.41（b）所示，骨中心的位置由其两个相邻关节的几何中心决定。与 JCH 分支不同，BCH 分支中基于骨骼的超图将骨骼作为节点将超边作为依赖关系建模，并且只包含一个全局尺度的超图结构，因为节点不再属于某个特定身体类别。在特征图进行多粒度裁剪后，通过ROI池化得到基于骨骼的节点集，即$\mathcal{V}_{\text{BCH}}=\{v_i\}_{i=1,2,\cdots,n}$，其中，$n$为 BCH 分支中所有帧的图像块数。以骨为中心的全局超图（bone-centered global hypergraph，BCGH）$\mathcal{G}_{\text{BCGH}}=(\mathcal{V}_{\text{BCH}},\mathcal{E}_{\text{BCGH}})$通过下面的方式建模：

$$\mathcal{E}_{\text{BCGH}}=\{v_i,\forall v_j\in\mathcal{N}_{k'}(v_i)|\ v_i,v_j\in\mathcal{V}_{\text{BCH}}\} \tag{13.98}$$

至此，共构建了三个超图$\mathcal{G}_{\text{JCPH}}$、$\mathcal{G}_{\text{JCGH}}$和$\mathcal{G}_{\text{BCGH}}$。

（2）动态超图传播。在超图建模之后，ST-DHGNN 引入了动态超图卷积网络来迭代地传播每个节点的特征，包括节点-超边-节点的超图传播和超图拓扑细化。如图 13.40 所示，三个超图中的上下文信息并行传播。连接三个部分超边集（即$\mathcal{E}_{\text{head}}$、$\mathcal{E}_{\text{trunk}}$、$\mathcal{E}_{\text{leg}}$）生成 JCPH 的关联矩阵$\boldsymbol{H}_{\text{JCPH}}$，而全局超图的关联矩阵$\boldsymbol{H}_{\text{JCGH}}$和$\boldsymbol{H}_{\text{BCGH}}$则分别由$\mathcal{E}_{\text{JCGH}}$和$\mathcal{E}_{\text{BCGH}}$直接生成。基于拉普拉斯的超图信息传播[38]可以表述为

$$\boldsymbol{V}^{(l+1)}=\sigma\left(\boldsymbol{D}_v^{-1/2}\boldsymbol{H}\boldsymbol{W}_e\boldsymbol{D}_e^{-1}\boldsymbol{H}^{\mathrm{T}}\boldsymbol{D}_v^{-1/2}\boldsymbol{V}^{(l)}\boldsymbol{\Theta}^{(l)}\right) \tag{13.99}$$

其中，$\boldsymbol{V}^{(l)}\in\mathbb{R}^{N\times C}$是$l$层的节点特征，$\boldsymbol{V}^{(0)}=\boldsymbol{V}$；$\sigma$表示非线性激活函数。此外，$\boldsymbol{D}_v$和$\boldsymbol{D}_e$分别表示节点度和超边度的对角矩阵，可以从$\boldsymbol{H}$计算。训练过程中的可训练参数包括$\boldsymbol{\Theta}$和$\boldsymbol{W}_e$，其中，$\boldsymbol{\Theta}$可以看作用于提取特征的滤波器，$\boldsymbol{W}_e=\operatorname{diag}(w_1,w_2,\cdots,w_n)$代表每个超

边的权重。由于 ST-DHGNN 中超边的构造是基于多粒度、时空性和多跳的，因此将注意力分配给这些大量超边可以使关系强度可学习，从而更好地实现特征传播。

值得注意的是，最初基于 k-NN 构建的超图存在一些可能会损害节点特征的节点连接，因此，针对上面的问题，该方法在节点-超边-节点的超图传播之后引入了超图拓扑优化，包括重新规划模块和超边消除模块。重新规划模块用于在更新节点特征后调整节点-超边的连通性，即重新选择在特征空间中其特征最接近每个节点的特征的一些超边用于构建新的连接。具体来说，对于每个超边 $e_j \in E$，首先将基于节点的超边特征 E_{e_j} 定义为

$$E_{e_j} = \frac{1}{N}\sum_{i=1}^{M} E_{v_i}, v_i \in \mathcal{N}_v\left(e_j\right) \tag{13.100}$$

其中，$\mathcal{N}_v\left(e_j\right)$ 为超边 e_j 中包含的所有 N 个节点的集合；E_{v_i} 是 v_i 的嵌入。对于每个节点 $v_i \in \mathcal{V}$，假设其度数为 $d_i = \sum_{e=1}^{M} H_{ie}$，搜索与其特征最近的 d_i 个超边以形成超边集 $\mathcal{N}_{d_i}\left(v_i\right)$。然后，$v_i$ 被合并到 $\mathcal{N}_{d_i}\left(v_i\right)$ 中的每个超边中，以替换原始关联。

超图拓扑优化根据所包含的节点特征的方差来修剪质量较差和冗余的超边。需要指出的是，超边里节点特征的方差过大说明超边质量存在问题。具体来说，对于每个超边 $e_j \in E$，首先计算并按顺序排列所涉及的节点特征的方差 $\mathrm{Var}\left(e_j\right)$，通过超边消除模块得到的超边集 E' 表示为

$$E' = \left\{R\left[\mathrm{Var}\left(e_j\right)\right] < k_{\mathrm{pr}} \cdot M\right\} \tag{13.101}$$

其中，$R[\cdot]$ 表示增量排序后的序号；k_{pr} 表示保留超边的百分比值；M 是 E 中包含的超边数。

如图 13.42 所示，假设超边的颜色表示节点 $v_i^{(l)}$ 和超边之间的相似度，在重新规划阶段，节点 $v_i^{(l)}$ 更改为连接到 e_1、e_2 和 e_3，同时解除与 e_4 的连通性。这个阶段可以优化初始构造超边采用的固定的 k。在超边消除模块中，如果超边 e_2 的方差非常大，其秩超过 $k_{\mathrm{pr}} \cdot M$，e_2 则会被剪除，不参与接下来的传播迭代过程。事实上，与普通静态超图传播相比，该方法提出的动态超图传播机制具有更强的学习能力，这要归功于它拥有动态的特征、权重和拓扑结构。在这种情况下，前面的节点-超边-节点超图传播模块基于现有拓扑结构更新节点特征，后面的超图拓扑细化模块基于聚合的节点特征进一步优化超图的拓扑结构。

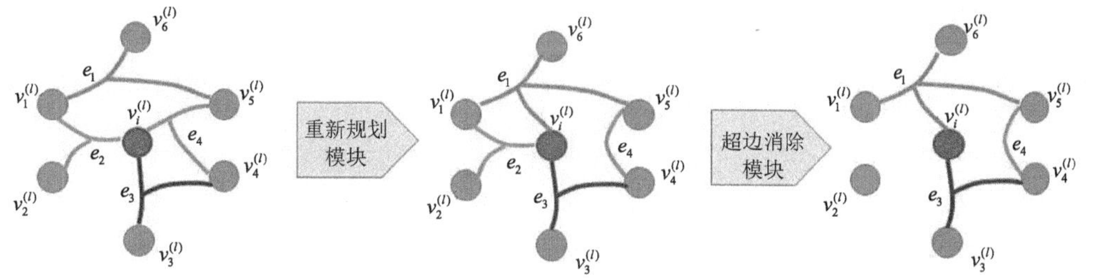

图 13.42　ST-DHGNN 的超图拓扑结构优化过程

（3）特征注意力融合。在获得更新后的节点特征 $V_i^{(l)}$ 后，需要将各种节点特征聚合到整个超图表示中，并融合两个分支的信息。虽然该方法只采样了重要区域，但空间和时间范围内的不同节点应该具有不同的重要性。为此，该方法对所有三个超图执行一种简单而有效的时空注意力机制[85]，其定义为

$$\boldsymbol{f}=\sum_{i=1}^{N}\frac{\left\|\boldsymbol{V}_i^{(l)}\right\|_1}{\sum_j\left\|\boldsymbol{V}_j^{(l)}\right\|_1}\boldsymbol{V}_i^{(l)} \tag{13.102}$$

其中，$\boldsymbol{f}$ 是每个超图的最终特征向量，分别表示为 $\boldsymbol{f}_{\mathrm{JCPH}}$、$\boldsymbol{f}_{\mathrm{JCGH}}$ 和 $\boldsymbol{f}_{\mathrm{BCGH}}$。整个视频序列的表示 $\boldsymbol{f}_g$ 是将 $\boldsymbol{f}_{\mathrm{JCPH}}$、$\boldsymbol{f}_{\mathrm{JCGH}}$ 和 $\boldsymbol{f}_{\mathrm{BCGH}}$ 首先拼接起来，并最终通过一个批量归一化层得到。

（4）损失函数。为了优化整个框架，该方法采用交叉熵损失和硬三元组损失来共同监督训练。交叉熵损失是通过将权重为 $\boldsymbol{W}$、偏置为 $\boldsymbol{b}$ 的可训练线性层添加到最终表示 $\boldsymbol{f}_g$ 后来计算的，其数学表示如下：

$$\mathcal{L}_{\mathrm{xent}}=-\sum_{i=1}^{N}\log\frac{\exp\left(\boldsymbol{W}_{y_i}\boldsymbol{f}_g^i+\boldsymbol{b}_{y_i}\right)}{\sum_{k=1}^{K}\exp\left(\boldsymbol{W}_k\boldsymbol{f}_g^i+\boldsymbol{b}_k\right)} \tag{13.103}$$

其中，y_i 是特征 $\boldsymbol{f}_g^i$ 的真实标签；K 表示类别数目；N 是小批量大小。由于三元组由 $\boldsymbol{f}_g^{\mathrm{anc}}$、$\boldsymbol{f}_g^{\mathrm{pos}}$ 和 $\boldsymbol{f}_g^{\mathrm{neg}}$ 三种类型的特征表示组成，因此硬三元组损失表述为

$$\mathcal{L}_{\mathrm{htri}}=-\sum_{\mathrm{anc}=1}^{N}\left[m+\max_{\mathrm{pos}=1,2,\cdots,N}\left\|\boldsymbol{f}_g^{\mathrm{anc}}-\boldsymbol{f}_g^{\mathrm{pos}}\right\|_2-\min_{\mathrm{neg}=1,2,\cdots,N}\left\|\boldsymbol{f}_g^{\mathrm{anc}}-\boldsymbol{f}_g^{\mathrm{neg}}\right\|_2\right]_+ \tag{13.104}$$

其中，m 是硬三元组损失中的边距；$[\cdot]_+$ 表示取最大值操作。整体损失函数是交叉熵损失和硬三元组损失的组合，定义为

$$L=\mathcal{L}_{\mathrm{xent}}+\alpha\mathcal{L}_{\mathrm{htri}} \tag{13.105}$$

其中，α 是一个权重超参数。经过迭代优化后，该方法可以实现在错位和遮挡情况下建模感兴趣区域之间的复杂相关性，同时对视频人物的各个身体部位之间的复杂相关性进行建模，能够在时空范围内探索和传播高阶、多粒度的上下文信息，进而获得用于行人重识别的视频序列的强大表示。

2. 实验结果和分析

（1）数据描述。为评估本节所介绍方法的性能，实验数据采用了 iLIDS-VID[86]数据集、PRID-2011[87]数据集和 MARS[88]数据集。iLIDS-VID[86]数据集包含在机场到达厅的两个不相交的摄像头视图中观察到的 300 个行人，共计 600 个图像序列。每个图像序列来自两个相机视图，长度从 23 帧到 192 帧不等，平均为 73 帧。iLIDS-VID 数据集在人穿着相似度、光照和视点变化、背景杂乱和随机遮挡等方面具有挑战性。PRID-2011[87]数据集由室外环境中两个静态监控摄像头记录的多人轨迹中提取的图像组成。来自两个摄像头视图的视频分别包含 385 和 749 人，同时位于两个视图中的人有 200 个。图像序列的可变长度范围为 5～675 帧，平均帧长为 100。MARS[88]数据集包括 1261 名行人和大约 20000 个轨迹，该数据集由六个摄像头捕获，其中每个人包含来自至少两个摄像头视图的视频序列，平均有 13.2 个序列。

（2）对比算法。本节所介绍的方法与下列方法进行了性能对比。

- 时空联合循环神经网络（joint spatial and temporal recurrent neural networks，JSTRNN）[89]：该方法以统一的方式同时处理空间和时间信息，通过时间注意力模型自动挑选出给定视频中更有相关性的帧，并通过空间循环模型整合周围的每个信息。
- 累积运动上下文网络（accumulative motion context network，AMOC）[90]：该方法利用远程运动上下文在具有挑战性的条件下识别行人，使用双流卷积架构从相邻帧的集合中联合学习外观表示和运动上下文，并通过循环聚合从运动上下文中积累线索，从而允许相邻帧之间有效的信息流并捕获人物的动态要点。
- 属性驱动的特征分解和时间聚合网络（attribute-driven feature disentangling and temporal aggregation，ADFD）[91]：该方法是一种用于特征解耦和帧重新加权的属性驱动方法，将单帧的特征分解为子特征组，每个子特征对应于特定的语义属性。子特征通过属性识别的置信度重新加权，然后在时间维度上聚合作为最终表示。
- 基于姿势结构关系与动作约束网络的超图视频行人重识别方法（hypergraph video pedestrian re-identification method based on posture structure relationships and action constraint，PA-HVP）[92]：该方法是一种基于姿势结构关系和动作约束的超图视频行人重识别方法，旨在充分利用行人行走姿势来获得更具辨别力的特征。

（3）评估指标。本节实验中评估指标主要包括 Rank-1、Rank-5 和 Rank-20，分别表示模型对于每个查询样本的前 1 个、前 5 个和前 20 个最相似图像中包含真实标签的准确率。

- Rank-1 准确率：在识别任务中，系统正确地将查询样本归类到与其最相似样本的概率，即第一个返回的结果就是正确结果。
- Rank-5 准确率：系统返回的最相似的前 5 个样本中包含正确样本的概率。
- Rank-20 准确率：系统返回的最相似的前 20 个样本中包含正确样本的概率。

（4）对比实验结果分析。图 13.43～图 13.45 分别给出了不同方法在三个数据集上的实验结果。本节介绍的方法在 iLIDS-VID 上，ST-DHGNN 取得了 92.0%的 Rank-1、98.7%的 Rank-5 和 100%的 Rank-20 准确率，与其他方法相比取得了更好的性能。与 JSTRNN [89] 对比，ST-DHGNN 在三个数据集（iLIDS-VID、PRID-2011、MARS）上的 Rank-1 中的性能分别提高了 36.8%、17.5%和 21.9%。与 AMOC [90] 相比，ST-DHGNN 在三个数据集（iLIDS-VID、PRID-2011、MARS）上的 Rank-1 中的性能分别提高了 23.3%、13.2%和 24.2%，证明了其有效性。即使与使用外部属性标签的 ADFD [91] 相比，ST-DHGNN 在 Rank-1 中的性能也提高了 5.7%。在 PRID-2011 数据集上，ST-DHGNN 取得了 96.9% Rank-1、99.6% Rank-5 和 100% Rank-20 准确率。在 MARS 数据集上，ST-DHGNN 方法也获得了具有竞争力的结果，其中，92.5%的 Rank-1 和 86.5%的 mAP 同样达到了最高性能。和最新的基于图的方法 PA-HVP [92] 进行比较，PA-HVP 和 ST-DHGNN 都采用姿态估计来获取前景区域，但是 PA-HVP 仍然通过自然骨架关联构建图结构，并且仅包含一个基于人体关键点的一个分支，不能覆盖人体的前景区域，丢失了其中的高阶信息。与之相比，ST-DHGNN 不仅构建了以关节为中心的超图结构，还构建了以骨骼为中心的

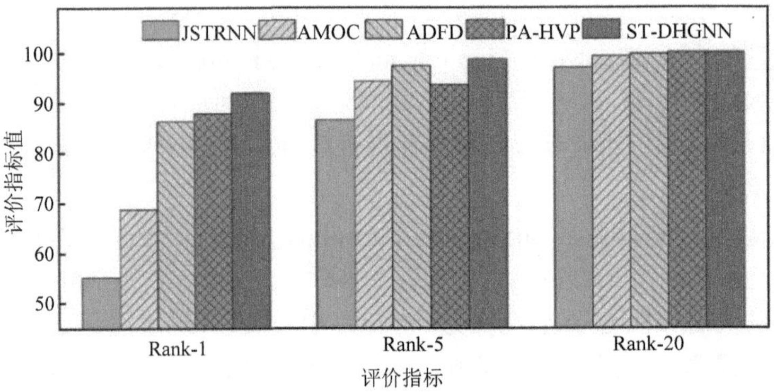

图 13.43　行人重识别方法在 iLIDS-VID 数据集上的比较

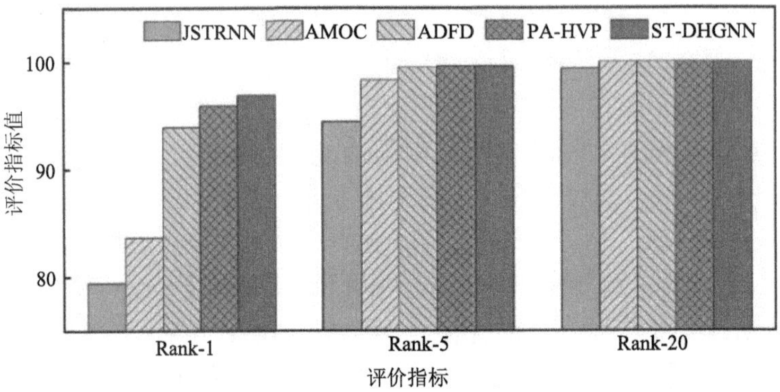

图 13.44　行人重识别方法在 PRID-2011 数据集上的比较

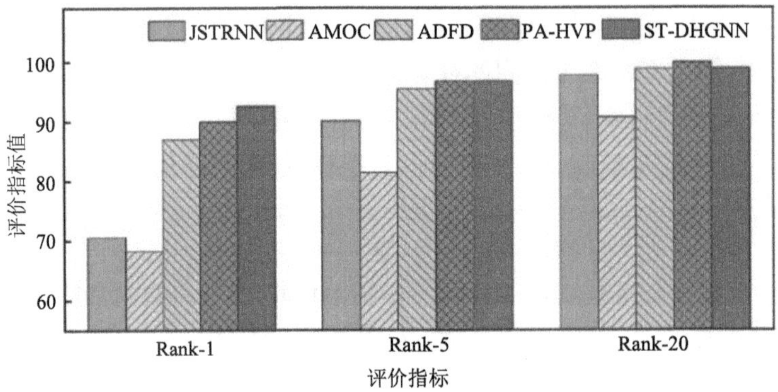

图 13.45　行人重识别方法在 MARS 数据集上的比较

超图结构，并在 JCH 分支中构建了部分超图和全局超图两种尺度的超图，这些新引入的以骨骼为中心的超图分支能够补充更多与人体躯干和肢体相关的信息。在特征融合方面，ST-DHGNN 所提出的动态超图传播能够在顶点特征更新的同时动态地调整超图拓扑结构，以获得更鲁棒的表示。同时，多粒度结构进一步提高了方法的性能。因此，与 PA-HVP 相比，ST-DHGNN 在 iLIDS-VID、PRID-2011 和 MARS 三个数据集上分别取得了 4.1%、1.0%和 2.6%的 Rank-1 性能改进。

从实验结果观察可知，ST-DHGNN 在 iLIDS-VID 数据集上的性能改进相比 PRID-2011 数据集更加显著。这是因为 iLIDS-VID 中存在大量具有相似光照和背景的场景，比如机场到达厅的铝扶手以非常高的频率出现在各个不同场景中。在检索行人时，如果不消除这些背景噪声和干扰物很容易误判两个人是相似的，从而影响行人重识别的性能。ST-DHGNN 方法可以过滤掉不相关的背景和噪声，并根据人体骨骼位置具有区分性的身体部位，分层超图结构和动态超图传播同时也能够提高模型性能。

13.7 动作识别

人类的动作能够传达出个体的意图、情感和行为等，准确识别和理解人体动作是计算机视觉领域一项重要且具有挑战性的任务。动作识别（action recognition）[93]旨在从图像或视频中自动识别人体的运动模式和行为，在监控、人机交互和机器人技术等领域应用广泛。单视角动作识别方法[94]因观察动作的视角而受到一定限制，随着多相机系统和虚拟现实技术的快速发展，基于多视角的动作捕捉和分析任务需求日益增加。多视角动作识别方法[95]则通过整合来自不同视角的信息捕捉互补信息，从而实现更准确的识别结果。近年来出现了受生物启发的事件相机，例如动态视觉传感器（dynamic vision sensor，DVS）[96]等，与传统基于帧的相机不同，事件相机通过异步检测每个像素的亮度变化来运作，近年来越来越多的研究采用事件相机数据研究动作识别[97]。本节介绍一种基于超图计算的多视角事件数据动作识别方法（hypergraph-based action recognition framework via multi-view event，HyperMV），研究不同视点和时间特征之间的高阶关联，并利用这些关联来促进特征融合。如图 13.46 所示，所提出的方法探索了视角和时间特征之间的高阶关联，并利用这些关联来促进特征融合。具体而言，HyperMV 首先将离散事件数据处理成类似帧的中间表示，然后将其馈送到视角特征提取模块中。为了提取与视角相关的特征，HyperMV 对每个视角都使用了共享的卷积网络。在接下来的阶段，HyperMV 将每个视角下的每个时间段视为一个顶点，并通过采用基于规则和 *k*-NN 策略构建超边集，该方法还建立了一个多视角超图神经网络，以捕获视角和时间特征之间的显式和隐式关系。该方法还采用了顶点注意力超图传播以实现更好的特征融合。在最后阶段，HyperMV 为每个顶点分配权重以生成最终嵌入，随后用于动作分类。

1. 方法描述

如图 13.46 所示，基于超图计算的多视角事件数据动作识别 HyperMV 方法首先将离散的事件数据处理成类似帧的中间表示，然后输入视图特征提取模块中。每个视角下的每个时间段都被视为一个节点，通过基于规则和 *k*-NN 策略构建超边结构，建模不同节点之间的高阶关联，并通过多视角超图神经网络来捕获视点和时间特征之间的显式和隐式关系。HyperMV 采用了节点注意力超图传播来更好地融合特征。在动作识别过程中，每个节点被赋予一个权重用于动作分类。

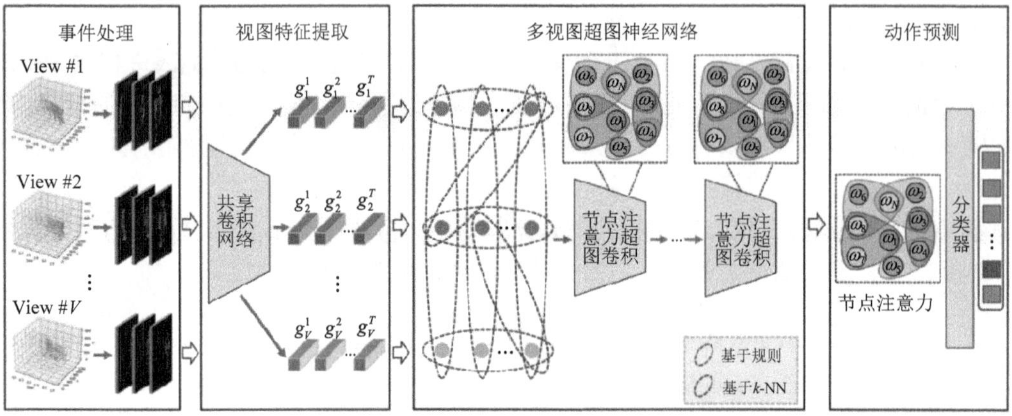

图 13.46　基于事件相机的动作识别示意图

图 13.46（彩色）

（1）事件处理。事件数据处理中有两种主要策略：一种是利用脉冲神经网络（spiking neural networks，SNNs）将事件数据作为脉冲处理 [98]；另一种是将事件数据利用具有高级学习表示能力的卷积神经网络提取得到中间表示 [99]。这里首先将原始事件数据转换为广泛使用的事件帧。对于给定的视图 v，事件流 E_v 被分解为按时间顺序的 T 个事件包，表示为 $E_v=\left\{E_v^t\right\}_{t=1}^T$。每个事件包 E_v^t 表示在 $t-1$ 到 t 时间间隔内收集的事件集合，表示为

$$E_v^t=\left\{\left(x_k,y_k,t_k,p_k\right)\right\}_{k=1}^N \tag{13.106}$$

其中，N 是 $t-1$ 到 t 时间间隔内的事件总数。随后该方法从事件包 E_v^t 中通过总和在两个极性的每个像素位置的每个事件触发事件得到事件帧 I_v^t，即

$$I_v^t(x,y)=\sum_{e\in E_v^t}p_k\cdot\delta\left(x-x_k,y-y_k\right) \tag{13.107}$$

其中，$\delta(\cdot)$ 表示狄拉克 δ 函数，当 $x=x_k$ 和 $y=y_k$ 时等于 1，否则为 0。对于每个视图，原始事件数据可以被转换为类似帧的中间表示 $I_v=\left\{I_v^1,I_v^2,\cdots,I_v^T\right\}$，其维度为 (X,Y,T)。事件帧简单而有效，同时包含了空间和时间信息，对动作识别任务十分重要。

（2）视图特征提取。视图特征提取模块从不同视角获得全面的特征集。该模块将事件的中间表示作为输入，表示为 $I=\left(I_1,I_2,\cdots,I_V\right)$，其中，每个 I_v 对应于视点 v 的中间表示。随后 I 通过共享卷积网络处理，包括一系列作为主干的卷积层和一个全局池化层。共享卷积主干旨在降低每个视点表示的空间分辨率，从而有效地集中关键的视点相关信息。这里的输出可以表示为 $C=\left(C_1,C_2,\cdots,C_V\right)$，其中，$C_v=\left\{C_v^t\right\}_{t=1}^T$ 包含来自视点 v 的特征图。对于每个视点 v 和时刻 t，针对卷积特征图 C_v^t 应用全局池化层，以获得一维嵌入，可以表示为 g_v^t。因此，对于给定的视点 v 和时刻 t，一维嵌入可以用以下公式来表示：

$$g_v^t=\mathrm{Pool}\left(\mathrm{Convs}\left(I_v^t\right)\right) \tag{13.108}$$

其中，$\mathrm{Convs}(\cdot)$ 表示应用于中间表示 I_v^t 的共享卷积主干网络；$\mathrm{Pool}(\cdot)$ 表示全局池化层。特征 g_v^t 包含每个视点在时刻 t 的视点相关特征，为后续阶段的聚合提供了嵌入表示。

（3）多视角超图结构构建。考虑到多视角基于事件的动作识别中信息不足和语义不对齐所带来的挑战，融合来自不同视角和不同时间段的特征策略对性能有重大影响。在

多视角场景中，存在着同一视角内不同时刻的序列关联，以及不同视角在同一时刻的相关性。HyperMV 采用多视角超图结构来融合跨视角和时间段的特征，使用基于规则的超边建立显式连接，并使用基于 k-NN 的超边建立隐式连接。具体而言，将视角 v 和时刻 t 下的一维特征 g_v^t 表示为超图上的节点(v,t)。在具有 V 个视角和 T 个时间窗口的多视角场景中，所建立的超图共有 $V\times T$ 个节点。根据基于规则的策略，共建立两种类型的超边，即时间一致的超边 $\mathcal{E}_{\text{rule}}^{(t)}$ 连接同一视角不同时刻的节点，视角一致的超边 $\mathcal{E}_{\text{rule}}^{(v)}$ 连接不同视角在相同时刻的节点，可表示为

$$\begin{cases}\mathcal{E}_{\text{rule}}^{(t)}=\{(v,t),\forall(v',t')\mid v=v',t\neq t'\}\\ \mathcal{E}_{\text{rule}}^{(v)}=\{(v,t),\forall(v',t')\mid t=t',v\neq v'\}\end{cases} \tag{13.109}$$

基于规则的超边可以写作 $\mathcal{E}_{\text{rule}}=\mathcal{E}_{\text{rule}}^{(t)}\cup\mathcal{E}_{\text{rule}}^{(v)}$。进一步，为每个节点$(v,t)$找到具有高相似性的 k 个节点，并建立超边连接这些相似节点。这里基于 k-NN 建立的超边集 $\mathcal{E}_{\text{knn}}$ 可以表示为

$$\mathcal{E}_{\text{knn}}=\{(v,t),\forall(v',t)\in\mathcal{N}_k(v,t)\} \tag{13.110}$$

其中，$\mathcal{N}_k(v,t)$ 表示与节点(v,t)具有最高相似性的 k 个节点。随后，将这两种类型的超边集合并，以获得全局超边集 $\mathcal{E}=\mathcal{E}_{\text{rule}}\cup\mathcal{E}_{\text{knn}}$。

（4）节点注意力超图传播。在构建多视角超图之后，根据超边的连接性迭代更新节点的特征。虽然超图神经网络的基础工作[38]提供了通过超图卷积层传播特征的公式，但它只考虑了与超边相关的权重，忽略了分配给节点的权重。需要指出的是，不同视角和时刻的节点应具有多样化的信息量，特别是在处理事件数据时。针对这一问题，HyperMV 采用了节点注意力超图传播，数学上可以表示为

$$\boldsymbol{X}^{(l+1)}=\sigma\left(\boldsymbol{D}_v^{-1/2}\boldsymbol{H}\boldsymbol{W}_e\boldsymbol{D}_e^{-1}\boldsymbol{H}^{\mathrm{T}}\boldsymbol{W}_v\boldsymbol{D}_v^{-1/2}\boldsymbol{X}^{(l)}\boldsymbol{\Theta}^{(l)}\right) \tag{13.111}$$

其中，$\boldsymbol{X}^{(l)}$ 对应于第 l^{th} 层的节点特征；对角矩阵 $\boldsymbol{D}_v$ 和 $\boldsymbol{D}_e$ 分别为节点的度和超边的度；$\sigma(\cdot)$ 为非线性激活函数，这里可训练参数包括 $\boldsymbol{W}_e$、$\boldsymbol{W}_v$ 和 $\boldsymbol{\Theta}^{(l)}$，分别表示超边权重矩阵、节点权重矩阵和用于第 l^{th} 层特征提取的权重矩阵。

节点特征 $\boldsymbol{X}^{(0)}$ 通过第一个全连接层传递，并应用权重 $\boldsymbol{\Theta}^{(0)}$ 提取相关特征。随后，这些提取的特征通过 $\boldsymbol{W}_v$ 加权以生成每个超边的特征，表示为节点特征矩阵 $\boldsymbol{X}^{(0)}$ 和关联矩阵转置 $\boldsymbol{H}^{\mathrm{T}}$ 的乘积。随后，超边特征通过 $\boldsymbol{W}_e$ 加权以产生下一层的更新节点特征 $\boldsymbol{X}^{(1)}$，封装在超边权重 $\boldsymbol{W}_e$ 和关联矩阵 $\boldsymbol{H}$ 的乘积中。在传播过程中，节点和超边特征之间存在动态相互作用，增强了捕获复杂高阶关系的能力。最终，在完成 L 轮超图卷积后，可以获得最终的节点特征 $\boldsymbol{X}^{(L)}$。

（5）动作预测。HyperMV 为每个节点分配不同的权重，以实现更优的全局表示。假设在超图卷积层之后获得的节点特征表示为 $\boldsymbol{X}^{(L)}=\{\boldsymbol{x}_1,\boldsymbol{x}_2,\cdots,\boldsymbol{x}_N\}$，其中，$N=V\times T$，节点加权操作计算每个节点的注意力权重 ω_i。这里每个节点的特征按其对应的注意力权重进行加权和融合，从而得到全局特征表示 $\boldsymbol{x}_g$，表示为

$$\boldsymbol{x}_g=\sum_{i=1}^{N}\omega_i\boldsymbol{x}_i \tag{13.112}$$

其中，

$$\omega_i = \frac{\|\boldsymbol{x}_i\|_1}{\sum_{j=1}^{N}\|\boldsymbol{x}_j\|_1} \tag{13.113}$$

最终，得到的全局特征表示 $\boldsymbol{x}_g$ 被输入全连接层中，用于动作识别。

2. 实验结果和分析

（1）数据描述。为评估本节所介绍方法的性能，实验数据来自 DHP19[100] 数据集和 $\mathrm{THU}^{\mathrm{MV\text{-}EACT}}-50$ 数据集。DHP19 数据集是首个人体姿势数据集，使用 DVS 事件相机收集，其使用 4 个相机在不同视角记录，数据文件记录了 17 个被试者的事件流和 3D 位置，每个被试者执行 33 个动作，共计 2228 个录像序列。$\mathrm{THU}^{\mathrm{MV\text{-}EACT}}-50$ 数据集包括从 6 个不同视角观察的 50 种不同动作，涵盖 4 个正面和 2 个背面视角，共计 31500 个录像序列。实验共进行了两种设置：①跨个体设置，其中所有视角同时输入，使用来自不同个体的不重叠的训练和测试集来评估性能；②跨视角设置，根据视角编号将训练和测试集划分，以评估对未见视角的泛化能力。对于跨个体实验，将训练和测试集以 8∶2 的比例划分。具体来说，DHP19 数据集被划分为 12 个个体用于训练和 5 个个体用于测试，而 $\mathrm{THU}^{\mathrm{MV\text{-}EACT}}-50$ 数据集有 85 个个体用于训练和 20 个个体用于测试。关于跨视角实验，对于 $\mathrm{THU}^{\mathrm{MV\text{-}EACT}}-50$ 数据集，4 个视角（3 个正面视角和 1 个背面视角）用于训练，而 2 个视角（1 个正面视角和 1 个背面视角）用于测试。至于 DHP19 数据集，3 个视角用于训练，1 个视角用于测试。值得注意的是，训练和测试集都包含所有个体，确保全面覆盖。

（2）对比算法。本节所介绍方法与下列方法进行了性能对比。

- 单视角基线（single-view baseline，SVB）[101]：该方法是本节所介绍方法的单视角基线，首先将原始事件数据转换为类似帧的表示，该基线模型一次只输入一个视角。
- 多视角基线（multi-view baseline，MVB）：该方法是本节所介绍方法的多视角基线，在该方法中原始事件数据被转换为类似帧的表示，采用视角特征提取模块输入多个视角，并将从每个视角获得的特征串联起来进行动作分类。值得注意的是，MVB 中没有应用超图神经网络和顶点注意机制。
- HyperMV-GNN：该方法是在多视角基线模型上构建的一个基于 GNN 的方法。HyperMV-GNN 基于规则和距离构建多尺度图，融合不同视角和不同尺度信息，即连接同一视角内相邻时间序列的特征，连接同一时间不同视角的特征，并使用图卷积操作和节点注意力机制来融合特征。

（3）评估指标。本节实验中评估指标主要包括 Top-1、Top-3 和 Top-5 准确率，这些指标反映了模型对于给定输入预测正确标签的能力。

- Top-1 准确率：该指标仅在模型预测的最可能的类别（即概率最高的类别）与真实标签完全匹配时，才视为正确预测。换句话说，它衡量的是模型预测正确的比例。
- Top-3 准确率：此指标放宽了模型正确预测的条件。如果真实类别位于模型预测的概率最高的三个类别之内，则认为此次预测是正确的。它考虑了模型在给出多个可能选项时的预测能力，为模型预测提供了更大的灵活性。

- Top-5 准确率：与 Top-3 类似，但进一步放宽条件至模型预测的概率最高的五个类别。该指标评估了模型在较宽范围内识别正确类别的能力，适用于类别众多且分类难度较高的任务中。

（4）对比实验结果分析。图 13.47 展示了不同方法在 DHP19 和 THU $^{MV\text{-}EACT}$–50 数据集上的识别准确率。其中，跨个体设置下的实验表明，和单视角基线模型相比，多视角基线模型在 DHP19 数据集和 THU $^{MV\text{-}EACT}$–50 数据集上的 Top-1 准确率分别提高了 3.04%和 2.71%。尽管单视角基线在训练期间使用了所有视角，但是由于其单个视角提供的信息仍然是不足的，因此其性能仍然是有限的。此外，基于 GNN 和 HGNN 的方法与多视角基线模型相比，由于能更好地融合了来自不同视角和时间序列的特征，因此准确率更高。具体来说，HyperMV-GNN 在两个数据集上分别提高了 Top-1 准确率 3.57%和 2.74%。同时，HyperMV 分别提高了 12.5%和 2.99%的 Top-1 准确率。

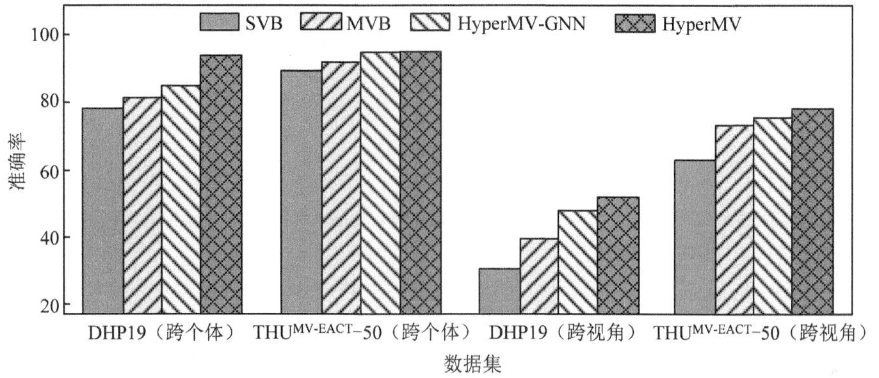

图 13.47　基于多视角事件数据动作识别的实验结果对比

在跨视角设置下的实验表明，和单视角中的结果对比，所有的基线模型和方法都遇到显著的精度下降。单视角基线模型在 DHP19 数据集和 THU $^{MV\text{-}EACT}$–50 数据集上的 Top-1 准确率分别下降了 47.96%和 26.2%。多视角基线模型由于其能够探索不同视角之间的特征关联，和单视角基线模型相比，在两个数据集上分别相对提高了 Top-1 准确率 8.8%和 10.29%。基于 GNN 和基于 HGNN 的网络展现了更强的跨视角泛化能力。具体来说，相对于多视角基线模型，HyperMV-GNN 在两个数据集上进一步分别提高了 Top-1 准确率 8.37%和 2.06%。同时，相对于多视角基线模型，HyperMV 也分别提高了 12.5%和 2.99%的 Top-1 准确率。所有的模型在 DHP19 数据集上的性能提升更为明显，这主要归功于和 THU$^{MV\text{-}EACT}$ – 50 数据集相比，DHP19 数据集仅包含四个视角。这个条件使所提出的基于 GNN 和基于 HGNN 的方法在增强跨视角的模型泛化方面更为有效，特别是在处理复杂的关联建模的时候。

本章小结

本章深入探讨了超图计算在计算机视觉中的应用，特别介绍了在视觉内容理解、视觉数据配准、深度图质量评价、单目深度估计、行人重识别和动作识别等六个方面的应用案例。在视觉内容理解方面，分别给出了基于图像和文本的多模态数据检索、3D 对象检索与识别方法。在视觉数据配准方面，介绍了点云数据及 RGB-D 数据配准方法。在深度图质量评价方面，利用超图结构建模图像块之间的高阶关联，实现对深度图分块区域的质量评价，并以此为基础，进一步进行单目深度估计，通过超图计算融合多种深度估计方法结果，实现更加精准的单目深度估计。在行人重识别和动作识别方面，分别建模个体之间的高阶关联，实现行人及动作的精确识别。当前，超图计算也已经应用到表情识别、视觉目标检测等场景，在此不再一一具体介绍。从这些尝试中可以发现，计算机视觉数据存在着多层次高阶关联关系，对这些高阶关联关系的建模和使用能够更好地理解视觉内容语义，提升计算机视觉任务性能。

随着信息处理计算的不断发展，超图计算有望在计算机视觉领域中扮演更加重要的角色，其能力在处理更加复杂和细粒度的视觉数据方面显得尤为重要，有助于提高系统的准确性和效率。超图计算不仅能够深入挖掘图像和视频中的隐含信息，还可能在增强现实、虚拟现实等前沿领域中找到新的应用场景，为计算机视觉领域的未来发展探索新的道路。

参 考 文 献

[1] LECUN Y, BOTTOU L, BENGIO Y, et al. Gradient-based learning applied to document recognition[J]. Proceedings of the IEEE, 1998, 86(11): 2278-2324.

[2] KRIZHEVSKY A, SUTSKEVER I, HINTON G E. ImageNet classification with deep convolutional neural networks[J]. Advances in Neural Information Processing Systems, 2012, 25.

[3] HE K, ZHANG X, REN S, et al. Deep residual learning for image recognition[C]//Proceedings of the IEEE Conference on Computer Vision and Pattern Recognition. Las Vegas: IEEE, 2016: 770-778.

[4] DOSOVITSKIY A, BEYER L, KOLESNIKOV A, et al. An image is worth 16×16 words: Transformers for image recognition at scale[C]//International Conference on Learning Representations, 2020.

[5] RADFORD A, NARASIMHAN K, SALIMANS T, et al. Improving language understanding by generative pre-training[Z]. 2018.

[6] GAO Y, WANG M, ZHA Z J, et al. Visual-textual joint relevance learning for tag-based social image search[J]. IEEE Transactions on Image Processing, 2012, 22(1): 363-376.

[7] BAI J, GONG B, ZHAO Y, et al. Multi-scale representation learning on hypergraph for 3D shape retrieval and recognition[J]. IEEE Transactions on Image Processing, 2021, 30: 5327-5338.

[8] FENG Y, JI S, LIU Y S, et al. Hypergraph-based multi-modal representation for open-set 3D object retrieval[J]. IEEE Transactions on Pattern Analysis and Machine Intelligence, 2024, 45(4): 2206-2223.

[9] ZHANG Z, LIN H, ZHAO X, et al. Inductive multi-hypergraph learning and its application on view-based 3D object classification[J]. IEEE Transactions on Image Processing, 2018, 27(12): 5957-5968.

[10] YAO R, DU S, CUI W, et al. Hunter: Exploring high-order consistency for point cloud registration with severe outliers[J]. IEEE Transactions on Pattern Analysis and Machine Intelligence, 2023, 45(12): 14760-14776.

[11] LU J, WAN H, LI P, et al. Exploring high-order spatio-temporal correlations from skeleton for person re-identification[J]. IEEE Transactions on Image Processing, 2023, 32: 949-963.

[12] SIGURBJÖRNSSON B, VAN ZWOL R. Flickr tag recommendation based on collective knowledge[C]//Proceedings of the International Conference on World Wide Web. Beijing: ACM, 2008: 327-336.

[13] CHEN L, XU D, TSANG I W, et al. Tag-based web photo retrieval improved by batch mode re-tagging[C]//Proceedings of the

IEEE Computer Society Conference on Computer Vision and Pattern Recognition. San Francisco: IEEE, 2010: 3440-3446.

[14] YANG K, WANG M, HUA X S, et al. Social image search with diverse relevance ranking[C]//Proceedings of the International Multimedia Modeling Conference. Heidelberg: Springer, 2010: 174-184.

[15] LI X, SNOEK C G, WORRING M. Learning tag relevance by neighbor voting for social image retrieval[C]//Proceedings of the ACM International Conference on Multimedia Information Retrieval. Vancouver: ACM, 2008: 180-187.

[16] LIU D, HUA X S, YANG L, et al. Tag ranking[C]//Proceedings of the International Conference on World Wide Web. Madrid: ACM, 2009: 351-360.

[17] JIANG Y G, NGO C W. Bag-of-visual-words expansion using visual relatedness for video indexing[C]//Proceedings of the Annual International ACM SIGIR Conference on Research and Development in Information Retrieval. Singapore: ACM, 2008: 769-770.

[18] LOWE D G. Distinctive image features from scale-invariant keypoints[J]. International Journal of Computer Vision, 2004, 60: 91-110.

[19] ZHOU D, BOUSQUET O, LAL T, et al. Learning with local and global consistency[J]. Advances in Neural Information Processing Systems, Vancouver: MIT Press, 2003, 16: 321-328.

[20] LIU D, HUA X S, WANG M, et al. Boost search relevance for tag-based social image retrieval[C]//Proceedings of the IEEE International Conference on Multimedia and Expo. New York: IEEE, 2009: 1636-1639.

[21] SU H, MAJI S, KALOGERAKIS E, et al. Multi-view convolutional neural networks for 3D shape recognition[C]//Proceedings of the IEEE International Conference on Computer Vision. Santiago: IEEE, 2015: 945-953.

[22] FENG Y, ZHANG Z, ZHAO X, et al. GVCNN: Group-view convolutional neural networks for 3D shape recognition[C]// Proceedings of the IEEE Conference on Computer Vision and Pattern Recognition. Salt Lake City: IEEE, 2018: 264-272.

[23] HE X, HUANG T, BAI S, et al. View N-gram network for 3D object retrieval[C]//Proceedings of the IEEE/CVF International Conference on Computer Vision. Long Beach: IEEE, 2019: 7515-7524.

[24] WU Z, SONG S, KHOSLA A, et al. 3D ShapeNets: A deep representation for volumetric shapes[C]//Proceedings of the IEEE Conference on Computer Vision and Pattern Recognition. Santiago: IEEE, 2015: 1912-1920.

[25] KAZHDAN M, FUNKHOUSER T, RUSINKIEWICZ S. Rotation invariant spherical harmonic representation of 3D shape descriptors[C]//Proceedings of the 2003 Eurographics/ACM SIGGRAPH Symposium on Geometry Processing. Aachen: ACM, 2003: 156-164.

[26] BAI S, BAI X, ZHOU Z, et al. Gift: A real-time and scalable 3D shape search engine[C]//Proceedings of the IEEE Conference on Computer Vision and Pattern Recognition. Las Vegas: IEEE, 2016: 5023-5032.

[27] XU C, LI Z, QIU Q, et al. Enhancing 2D representation via adjacent views for 3D shape retrieval[C]//Proceedings of The IEEE/CVF International Conference on Computer Vision. Long Beach: IEEE, 2019: 3732-3740.

[28] HE X, ZHOU Y, ZHOU Z, et al. Triplet-center loss for multi-view 3D object retrieval[C]//Proceedings of the IEEE Conference on Computer Vision and Pattern Recognition. Salt Lake City: IEEE, 2018: 1945-1954.

[29] BAI S, ZHOU Z, WANG J, et al. Ensemble diffusion for retrieval[C]//Proceedings of the IEEE International Conference on Computer Vision. Venice: IEEE, 2017: 774-783.

[30] YOU H, FENG Y, JI R, et al. PVNet: A joint convolutional network of point cloud and multi-view for 3D shape recognition[C]// Proceedings of the ACM International Conference on Multimedia. New York: ACM, 2018: 1310-1318.

[31] YOU H, FENG Y, ZHAO X, et al. PVRNET: Point-view relation neural network for 3D shape recognition[C]//Proceedings of the AAAI Conference on Artificial Intelligence. Honolulu: AAAI, 2019: 9119-9126.

[32] FENG Y, HAN J, YING S, et al. Hypergraph isomorphism computation[J]. IEEE Transactions on Pattern Analysis and Machine Intelligence, 2024, 46(5): 3880-3896.

[33] NIE W, LIANG Q, LIU A A, et al. MMJN: Multi-modal joint networks for 3D shape recognition[C]//Proceedings of the ACM International Conference on Multimedia. Nice: ACM, 2019: 908-916.

[34] WU Y, WANG S, HUANG Q. Multi-modal semantic autoencoder for cross-modal retrieval [J]. Neurocomputing, 2019, 331: 165-175.

[35] ZHENG J, ZHANG S, WANG Z, et al. Multi-channel weight-sharing autoencoder based on cascade multi-head attention for multimodal emotion recognition[J]. IEEE Transactions on Multimedia, 2022, 25: 2213-2225.
[36] HANOCKA R, HERTZ A, FISH N, et al. MeshCNN: A network with an edge[J]. ACM Transactions on Graphics (ToG), 2019, 38(4): 1-12.
[37] CHEN D Y, TIAN X P, SHEN Y T, et al. On visual similarity based 3D model retrieval[J]. Computer Graphics Forum, 2003, 22(3): 223-232.
[38] FENG Y, YOU H, ZHANG Z, et al. Hypergraph neural networks[C]//Proceedings of the AAAI Conference on Artificial Intelligence. Honolulu: AAAI, 2019: 3558-3565.
[39] GAO Y, WANG M, TAO D, et al. 3-D object retrieval and recognition with hypergraph analysis[J]. IEEE Transactions on Image Processing, 2012, 21(9): 4290-4303.
[40] FISCHLER M A, BOLLES R C. Random sample consensus: A paradigm for model fitting with applications to image analysis and automated cartography[J]. Communications of the ACM, 1981, 24(6): 381-395.
[41] CHOY C, DONG W, KOLTUN V. Deep global registration[C]//Proceedings of the IEEE/CVF Conference on Computer Vision and Pattern Recognition. Seattle: IEEE, 2020: 2514-2523.
[42] LEE J, KIM S, CHO M, et al. Deep hough voting for robust global registration[C]//Proceedings of the IEEE/CVF International Conference on Computer Vision. Virtual: IEEE, 2021: 15994-16003.
[43] BAI X, LUO Z, ZHOU L, et al. PointDSC: Robust point cloud registration using deep spatial consistency[C]//Proceedings of the IEEE/CVF Conference on Computer Vision and Pattern Recognition. Virtual: IEEE, 2021: 15859-15869.
[44] YANG H, CARLONE L. A polynomial-time solution for robust registration with extreme outlier rates[C]//Proceedings of the Robotics: Science and Systems. Freiburg im Breisgau: MIT Press, 2019.
[45] SUN W, JIANG W, TRULLS E, et al. ACNE: Attentive context normalization for robust permutation-equivariant learning[C]// Proceedings of the IEEE/CVF Conference on Computer Vision and Pattern Recognition. Seattle: IEEE, 2020: 11286-11295.
[46] ZENG A, SONG S, NIESSNER M, et al. 3DMatch: Learning local geometric descriptors from RGB-D reconstructions[C]// Proceedings of the IEEE Conference on Computer Vision and Pattern Recognition. Honolulu: IEEE, 2017: 1802-1811.
[47] GEIGER A, LENZ P, URTASUN R. Are we ready for autonomous driving? The KITTI vision benchmark suite[C]//Proceedings of the IEEE Conference on Computer Vision and Pattern Recognition. Providence: IEEE, 2012: 3354-3361.
[48] CHEN Z, SUN K, YANG F, et al. SC2-PCR: A second order spatial compatibility for efficient and robust point cloud registration[C]//Proceedings of the IEEE/CVF Conference on Computer Vision and Pattern Recognition. New Orleans: IEEE, 2022: 13221-13231.
[49] YANG H, SHI J, CARLONE L. TEASER: Fast and certifiable point cloud registration[J]. IEEE Transactions on Robotics, 2020, 37(2): 314-333.
[50] BARATH D, MATAS J. Graph-cut RANSAC[C]//Proceedings of the IEEE Conference on Computer Vision and Pattern Recognition. Salt Lake City: IEEE, 2018: 6733-6741.
[51] LEORDEANU M, HEBERT M. A spectral technique for correspondence problems using pairwise constraints[C]//Proceedings of the IEEE International Conference on Computer Vision. San Diego: IEEE, 2005: 1482-1489.
[52] ZHOU Q Y, PARK J, KOLTUN V. Fast global registration[C]//Proceedings of the European Conference on Computer Vision. Amsterdam: Springer, 2016: 766-782.
[53] DANELLJAN M, MENEGHETTI G, KHAN F S, et al. A probabilistic framework for color-based point set registration[C]// Proceedings of the IEEE Conference on Computer Vision and Pattern Recognition. Las Vegas: IEEE, 2016: 1818-1826.
[54] WANG Z, HUO X, CHEN Z, et al. Improving RGB-D point cloud registration by learning multi-scale local linear transformation[C]//Proceedings of the European Conference on Computer Vision. Tel Aviv: Springer, 2022: 175-191.
[55] YUAN M, FU K, LI Z, et al. PointMBF: A multi-scale bidirectional fusion network for unsupervised RGB-D point cloud registration[C]//Proceedings of the IEEE/CVF International Conference on Computer Vision. Vancouver: IEEE, 2023: 17694-17705.
[56] EL BANANI M, GAO L, JOHNSON J. Unsupervised R&R: Unsupervised point cloud registration via differentiable

rendering[C]//Proceedings of the IEEE/CVF Conference on Computer Vision and Pattern Recognition. Nashville: IEEE, 2021: 7129-7139.

[57] EL BANANI M, JOHNSON J. Bootstrap your own correspondences[C]//Proceedings of the IEEE/CVF International Conference on Computer Vision. Montreal: IEEE, 2021: 6433-6442.

[58] CUI Y, CHEN R, CHU W, et al. Deep learning for image and point cloud fusion in autonomous driving: A review[J]. IEEE Transactions on Intelligent Transportation Systems, 2021, 23(2): 722-739.

[59] LABBÉ M, MICHAUD F. RTAB-Map as an open-source lidar and visual simultaneous localization and mapping library for large-scale and long-term online operation[J]. Journal of Field Robotics, 2019, 36(2): 416-446.

[60] XIAN W, HUANG J B, KOPF J, et al. Space-time neural irradiance fields for free-viewpoint video[C]//Proceedings of the IEEE/CVF Conference on Computer Vision and Pattern Recognition. Nashville: IEEE, 2021: 9421-9431.

[61] CAI Y, CHEN X, ZHANG C, et al. Semantic scene completion via integrating instances and scene in-the-loop[C]//Proceedings of the IEEE/CVF Conference on Computer Vision and Pattern Recognition. Nashville: IEEE, 2021: 324-333.

[62] WANG W, LAI Q, FU H, et al. Salient object detection in the deep learning era: An in-depth survey[J]. IEEE Transactions on Pattern Analysis and Machine Intelligence, 2021, 44(6): 3239-3259.

[63] ZHANG Z. Microsoft Kinect sensor and its effect[J]. IEEE Multimedia, 2012, 19(2): 4-10.

[64] LI J, WANG P, XIONG P, et al. Practical stereo matching via cascaded recurrent network with adaptive correlation[C]//Proceedings of the IEEE/CVF Conference on Computer Vision and Pattern Recognition. New Orleans: IEEE, 2022: 16263-16272.

[65] MA J, WU J, LI L, et al. Blind image quality assessment with active inference[J]. IEEE Transactions on Image Processing, 2021, 30: 3650-3663.

[66] SI J, HUANG B, YANG H, et al. A no-reference stereoscopic image quality assessment network based on binocular interaction and fusion mechanisms[J]. IEEE Transactions on Image Processing, 2022, 31: 3066-3080.

[67] SIMONYAN K, ZISSERMAN A. Two-stream convolutional networks for action recognition in videos[J]. Advances in Neural Information Processing Systems, Montréal: MIT Press, 2014: 27.

[68] YAN Q, GONG D, ZHANG Y. Two-stream convolutional networks for blind image quality assessment[J]. IEEE Transactions on Image Processing, 2018, 28(5): 2200-2211.

[69] XIANG S, YU L, CHEN C W. No-reference depth assessment based on edge misalignment errors for T+D images[J]. IEEE Transactions on Image Processing, 2015, 25(3): 1479-1494.

[70] XU J, ZHOU W, CHEN Z. Blind omnidirectional image quality assessment with viewport oriented graph convolutional networks[J]. IEEE Transactions on Circuits and Systems for Video Technology, 2020, 31(5): 1724-1737.

[71] SILBERMAN N, HOIEM D, KOHLI P, et al. Indoor segmentation and support inference from RGBD images[C]// Proceedings of the European Conference on Computer Vision. Providence Springer, 2012: 746-760.

[72] LEVIN A, LISCHINSKI D, WEISS Y. Colorization using optimization[C]// Proceedings of the ACM Special Interest Group on Computer Graphics and Interactive Techniques Conference. New York: ACM, 2004: 689-694.

[73] SCHARSTEIN D, HIRSCHMÜLLER H, KITAJIMA Y, et al. High-resolution stereo datasets with subpixel-accurate ground truth[C]// Proceedings of the German Conference on Pattern Recognition. Münster: Springer. 2014: 31-42.

[74] BOSSE S, MANIRY D, MÜLLER K R, et al. Deep neural networks for no-reference and full-reference image quality assessment[J]. IEEE Transactions on Image Processing, 2017, 27(1): 206-219.

[75] GOLESTANEH S A, DADSETAN S, KITANI K M. No-reference image quality assessment via transformers, relative ranking, and self-consistency[C]//Proceedings of the IEEE/CVF Winter Conference on Applications of Computer Vision. Waikoloa: IEEE, 2022: 1220-1230.

[76] SU S, YAN Q, ZHU Y, et al. Blindly assess image quality in the wild guided by a self-adaptive hyper network[C]//Proceedings of the IEEE/CVF Conference on Computer Vision and Pattern Recognition. Seattle: IEEE, 2020: 3667-3676.

[77] YANG G, TANG H, DING M, et al. Transformer-based attention networks for continuous pixel-wise prediction[C]//Proceedings of the IEEE/CVF International Conference on Computer Vision. Montreal: IEEE, 2021: 16249-16259.

[78] LEE J H, HAN M, KO D W, et al. From big to small: Multi-scale local planar guidance for monocular depth estimation[Z]. arXiv preprint arXiv:1907.10326, 2019.

[79] SILBERMAN N, FERGUS R. Indoor scene segmentation using a structured light sensor[C]//Workshops of the IEEE International Conference on Computer Vision. Barcelona: IEEE, 2011: 601-608.

[80] GEIGER A, LENZ P, URTASUN R. Are we ready for autonomous driving? the KITTI vision benchmark suite[C]//Proceedings of the IEEE Conference on Computer Vision and Pattern Recognition. Providence: IEEE, 2012: 3354-3361.

[81] EIGEN D, PUHRSCH C, FERGUS R. Depth map prediction from a single image using a multi-scale deep network[C]// Advances in Neural Information Processing Systems. Montréal: MIT Press, 2014: 2366-2374.

[82] CHEN X, CHEN X, ZHANG Y, et al. Laplacian pyramid neural network for dense continuous-value regression for complex scenes[J]. IEEE Transactions on Neural Networks and Learning Systems, 2021, 32(11): 5034-5046.

[83] BHAT S F, ALHASHIM I, WONKA P. Adabins: Depth estimation using adaptive bins [C]//Proceedings of the IEEE Conference on Computer Vision and Pattern Recognition. Nashville: IEEE, 2021: 4009-4018.

[84] YUAN W, GU X, DAI Z, et al. Neural window fully-connected CRFs for monocular depth estimation[C]//Proceedings of the IEEE/CVF Conference on Computer Vision and Pattern Recognition. New Orleans: IEEE, 2022: 3906-3915.

[85] FU Y, WANG X, WEI Y, et al. STA: Spatial-temporal attention for large-scale video-based person re-identification[C]// Proceedings of the AAAI Conference on Artificial Intelligence. Honolulu: AAAI, 2019: 8287-8294.

[86] WANG T, GONG S, ZHU X, et al. Person re-identification by video ranking[C]//Proceedings of the European Conference on Computer Vision. Zurich: Springer, 2014: 688-703.

[87] HIRZER M, BELEZNAI C, ROTH P M, et al. Person re-identification by descriptive and discriminative classification[C]// Proceedings of the Scandinavian Conference on Image Analysis. Ystad: ACM, 2011: 91-102.

[88] ZHENG L, BIE Z, SUN Y, et al. MARS: A video benchmark for large-scale person reidentification[C]//Proceedings of the European Conference on Computer Vision. Amsterdam: Springer, 2016: 868-884.

[89] ZHOU Z, HUANG Y, WANG W, et al. See the forest for the trees: Joint spatial and temporal recurrent neural networks for video-based person re-identification[C]//Proceedings of the IEEE Conference on Computer Vision and Pattern Recognition. Honolulu: IEEE, 2017: 6776-6785.

[90] LIU H, JIE Z, KARLEKAR J, et al. Video-based person re-identification with accumulative motion context[J]. IEEE Transactions on Circuits and Systems for Video Technology, 2018, 28(10): 2788-2802.

[91] ZHAO Y, SHEN X, JIN Z, et al. Attribute-driven feature disentangling and temporal aggregation for video person re-identification[C]//Proceedings of the IEEE Conference on Computer Vision and Pattern Recognition. Long Beach: IEEE, 2019: 4913-4922.

[92] HU X, WEI D, WANG Z, et al. Hypergraph video pedestrian re-identification based on posture structure relationship and action constraints[J]. Pattern Recognition, 2021, 111: 107688 .

[93] KOSCH T, KAROLUS J, ZAGERMANN J, et al. A survey on measuring cognitive workload in human-computer interaction[J]. ACM Computing Surveys, 2023.

[94] DUAN H, ZHAO Y, CHEN K, et al. Revisiting skeleton-based action recognition[C]//Proceedings of the IEEE/CVF Conference on Computer Vision and Pattern Recognition. New Orleans: IEEE, 2022: 2969-2978.

[95] WANG D, OUYANG W, LI W, et al. Dividing and aggregating network for multi-VIEW action recognition[C]//Proceedings of the European Conference on Computer Vision. Salt Lake City: IEEE, 2018: 451-467.

[96] DELBRUCK T. Neuromorophic vision sensing and processing[C]//Proceedings of the European Solid-State Device Research Conference. Lausanne: IEEE, 2016: 7-14.

[97] LIU Q, XING D, TANG H, et al. Event-based action recognition using motion information and spiking neural networks[C]// Proceedings of the International Joint Conference on Artificial Intelligence: Montreal: IJCAI, 2021: 1743-1749.

[98] LI S, FENG Y, LI Y, et al. Event stream super-resolution via spatiotemporal constraint learning[C]//Proceedings of the IEEE International Conference on Computer Vision. Virtual: IEEE, 2021: 4480-4489.

[99] ALMATRAFI M, BALDWIN R, AIZAWA K, et al. Distance surface for event-based optical flow[J]. IEEE Transactions on

Pattern Analysis and Machine Intelligence, 2020, 42(7): 1547-1556.

[100] CALABRESS E, TAVERNI G, AWAI EASTHOPE C, et al. DHP19: Dynamic vision sensor 3D human pose dataset[C]// Proceedings of the IEEE/CVF Conference on Computer Vision and Pattern Recognition. Long Beach: IEEE, 2019.

[101] GAO Y, LU J, LI S, et al. Action recognition and benchmark using event cameras[J]. IEEE Transactions on Pattern Analysis and Machine Intelligence, 2023, 45(12): 14081-14097.

第 14 章　社交媒体超图计算

本章围绕社交媒体中的超图计算展开深入探讨，旨在阐明其在推荐系统、情感分析和社交事件检测等方面的应用。随着社交媒体平台的普及和数据量的激增，如何有效地处理和分析这些数据成为了一个迫切需要解决的问题。本章首先介绍社交媒体数据中的特点，包括其多模态性、实时性和用户生成内容的丰富性等，以及这些特点对数据分析带来的挑战。紧接着，本章详细介绍超图计算在处理社交媒体数据时的优势，特别是在建模复杂关系和挖掘深层语义信息方面的能力。

在推荐系统方面，本章讨论超图计算如何建模商品和用户之间的相似性，并利用超图神经网络提升推荐质量，其中重点讲述协同过滤方法和针对冷启动问题的属性推断方法。在情感分析方面，本章讲述超图计算在精确预测社交媒体用户情感方面的应用，强调通过建模多模态数据关联来精确描述用户对不同主题的观点和情感态度的重要性。在社交事件检测方面，本章展示超图计算如何有效追踪和识别社交媒体上的热点事件，通过建模推文间的高阶相关性，实现对事件的实时和增量式检测。最后，本章系统总结超图计算在社交媒体分析中的应用，并展望其在推动社交媒体应用发展方面的潜力和未来的研究方向，从而为读者提供社交媒体数据分析的新视角。

14.1　社交媒体超图计算框架

信息技术的迅猛发展催生了社交媒体数据的爆发性增长，这些社交媒体平台不仅创造了新的内容生成和接收方式，而且用户生成的内容也日益丰富。社交媒体是用来创作、分享及交流的网络平台和虚拟社区。与传统的媒体相比，社交媒体用户拥有更多的编辑和选择权利，可自主形成不同类型的社群。社交媒体数据有不同的类型，如文本、图片、音乐、视频等，而广泛采用的社交媒体传播方式包括新浪微博、抖音、哔哩哔哩、微信、小红书、知乎等。用户可自主在互联网上进行购物、观影、新闻传播、互动和分享等日常活动，社交媒体上也产生了海量数据，为推荐系统、情感分析、事件检测等各种应用提供了支持。

与其他媒体数据分析不同，社交媒体分析领域的特有核心挑战在于社交媒体上的复杂关联，这种复杂关联不仅来源于多模态数据（如图像、视频、文本等）之间内在的语义联系，还来自于社交媒体用户等实体之间的关联，如用户关注、发布内容转发等关系。针对社交媒体的分析必须解决如何有效地建模数据中复杂关系的问题，并利用多模态数据中的互补信息以深入理解社交媒体数据背后的内涵。超图计算由于其在处理复杂高阶数据关联方面的优势，已经被应用在社交媒体分析的不同场景中，如图 14.1 所示。本章旨在探讨超图计算在社交媒体分析中的应用，包括推荐系统、情感分析以及社交事件检测等。在推荐系统方面，本章将介绍基于超图计算的协同过滤方法 [1] 和属性推断方法。

协同过滤方法假设有着相似行为的消费者可能具有相似的偏好，因此该方法使用超图对商品之间以及用户之间的相似性进行建模，并使用跳跃超图卷积实现双通道超图协同过滤，从而提升推荐系统的性能。属性推断方法针对推荐系统中冷启动的问题，通过用户与商品的属性及它们内在的关联关系缓解历史信息不足的挑战，为协同过滤提供有效的辅助信息。接下来，本章将介绍通过超图建模多模态数据关联以实现精确情感预测[2]和社交事件检测[3]。情感预测旨在分析社交媒体用户表达的立场与观点等主观信息，超图通过建模数据深层模式与关系来实现此目的。双层多模态超图方法能有效建模推文之间的关联信息，进而预测情感。在社交事件检测中，超图用于追踪形式多样且杂乱的推文中的热点事件，基于超图的方法通过建模推文之间的高阶相关性，并采用二分图分割实现实时和增量式的事件检测。本章系统阐述如何将超图计算应用于社交媒体分析，从而推动社交媒体应用的发展。

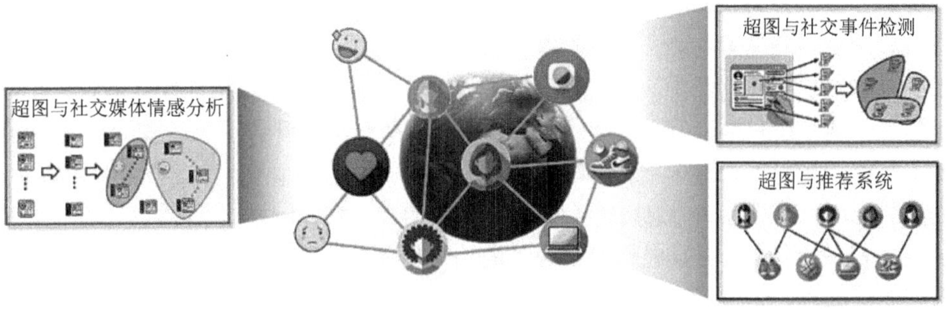

图 14.1　社交媒体超图计算示意图

14.2　推 荐 系 统

网络购物、新闻浏览、音乐赏析等已经成为常见的网络应用。随着信息的指数级增长，从海量的网络数据中筛选出所需信息变得越来越困难。例如，一个用户可能在浏览电影网站时，面临成千上万部电影的选择，却难以找到自己真正想看的那一部。这种现象被称为“信息过载”。在社交媒体领域也是如此。在浏览新浪微博、知乎、小红书、哔哩哔哩等社交媒体网站或应用时，如何针对用户兴趣进行特定内容的推送已经成为研究重点，在广告推送等场景具有重要应用价值，MIT 发布的 2021 年十大突破性技术就包括推荐算法。推荐系统是解决信息过载问题的有力工具，能够帮助用户发现有用的信息，同时也能帮助服务提供商提升盈利能力。推荐系统已经被广泛应用于各种在线平台，从通用的电子商务、社交媒体和内容分享平台，到专业的电影、新闻和音乐网站等垂直服务。

推荐系统是社交媒体上的一个典型应用[4-6]。在网络信息中，用户常常会面临信息过载问题。推荐系统通过分析用户的历史交互、个人资料、物品属性、上下文数据等，更精确地捕捉用户的偏好，预测用户对某项产品或活动的关注程度，从而给出可靠推荐。例如，在电影推荐系统中，考虑用户的 ID、年龄、性别、收入和婚姻状况等个人信息，再综合参考电影的ID、名称、类型、导演、上映时间和演员等属性信息以及用户观看过和评论过的电影等相关数据，来推断用户可能喜欢的电影并给出排序。情感分析[7-9]是社交媒体上另一个关注较多的任务。通过分析用户在社交媒体上发布的数据，可以深入了解用户对不同主题的观点和情感态度，如对预测股市波动和特定事件的公众反应方面已经展现出巨大潜力。值得注意的是，用户的情感状态会影响行为，比如情绪丰富的用户更倾向于转发和分享内容。社交媒体数据的多模态属性和内在信息的复杂性，以及数据之间的相互关联（如时间、地点和用户偏好）及用户之间的交互，都为社交媒体上的情感分析带来了挑战。社交事件是社交媒体上的一个典型主题。社交媒体平台上事件的发生和演化[10]对理解社交媒体、了解社交事件过程及影响社交事件发展都非常重要。通过对用户发布的内容进行深入挖掘和整理，可以有效地检测、识别和追踪热点事件，其主要挑战包括社交媒体内容的多样性（如文本、图片、视频、表情等）和社交媒体的实时性。推荐系统的核心功能是通过分析用户的个人属性信息和历史互动数据来理解用户行为，并预测用户可能对哪些物品感兴趣，从而实现精准的内容推送。在这个过程中，用户侧信息、物品侧信息以及交互数据都扮演着极其重要的角色。用户侧信息包括性别、年龄、个性等，这些通常反映了用户的偏好。例如，男性用户可能更倾向于阅读军事和政治新闻，而女性用户可能更偏爱时尚和娱乐新闻。物品侧信息，如类别、文本描述、图像等，可以用来描述物品的特征。这些特征信息可能会揭示潜在的用户群体。例如，老年人可能更倾向于购买健康补品，而年轻人可能更倾向于购买电子产品等。同时，历史互动数据也包含了用户的潜在偏好信息，这一信息是基于“行为相似的用户可能会对相似的物品有相似的偏好”这一假设。图 14.2 展示了一个基于相似模式的推荐系统示例。如图所示，两个具有相似属性的用户之间会有较大概率购买类似商品，并可以从相关数据中推断特定用户可能喜好的产品，并定向进行物品推荐。这种应用显著提升了广告效益，改善了用户使用体验。

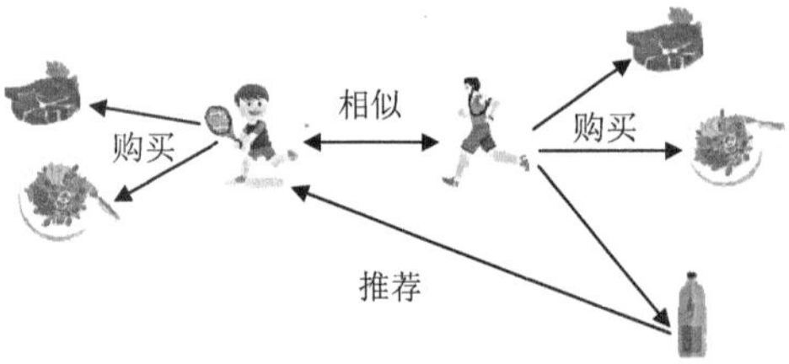

图 14.2　一个基于相似模式的推荐系统示例

从这些例子中可以看出，推荐系统实际上是基于复杂的多模态数据，从不同角度挖掘用户之间的相似性。如何对用户和物品之间的复杂关联关系进行建模和分析，成为了一个关键问题。超图计算在近些年被应用于推荐系统，能够自然地整合用户侧信息、物品侧信息以及交互数据。在超图结构建模中，具有相似偏好或特征的用户/物品可以从不同的视角通过超边进行连接。本节以协同过滤和属性推断为例，介绍超图计算在推荐系统中的应用。

14.2.1　协同过滤

协同过滤是推荐系统中一种重要且流行的技术。协同过滤的基本假设是，具有相似行为的消费者（如经常阅读同类新闻的用户）很可能对物品（如游戏、电影和商品）有相似的偏好。一般来讲，协同过滤首先分析历史互动数据来识别相似的用户和物品，接下来利用这些信息为用户推荐他们可能感兴趣的物品。由于用户和物品之间可以通过网络关联来描述其拓扑联系，基于图的协同过滤方法 [11-12] 近年来关注较多。尽管基于图结构的协同过滤方法能够建模数据之间的关联关系，但针对用户-物品中的高阶关联的建模和使用仍然非常不充分。例如，协同过滤方法旨在找到一组行为相似的用户，但这些用户之间的关联可能是超越成对关系的群体级别关联关系，难以通过图结构有效表达，从而制约了协同过滤的性能。本节介绍一种双通道超图协同过滤（dual channel hypergraph collaborative filtering，DHCF）方法 [11]，该方法首先针对用户和物品分别建立超图结构，刻画其中的高阶关联关系，并通过跳跃超图卷积实现双通道超图协同过滤，提升推荐性能。

1. *用户及物品的超图结构建模*

在 DHCF 方法中，首先通过两个超图结构分别建模用户与物品的高阶关联交互。给定一个由用户和物品构成的网络，其间存在多种类型的复杂高阶关联关系，这些关联关系可以通过一些自定义的关联规则获取。例如，将购买了相同商品的用户通过超边连接起来，建立面向相同商品的用户群组关系。如图 14.3 所示，用户 A 、用户 D 和用户 E 都喜欢编程，而用户 B、用户 C 和用户 E 都喜欢打篮球，因此可以将他们分别用特定的超边进行连接。除了在数据中明显存在的交互之外，这些规则还可以被视为描述原始数据的高阶视角。针对协同过滤任务，可以分别建立用户超图和物品超图，以表达用户和物品之间的高阶关联关系。

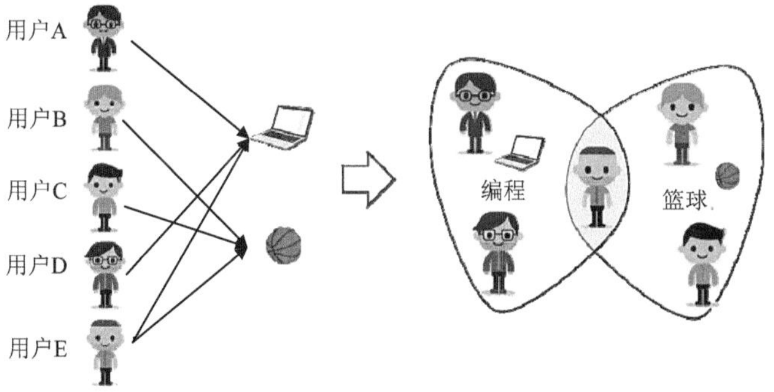

图 14.3　一个用户-物品网络的超图建模示例

（1）用户超图结构建模。在用户超图中，每个节点代表一个用户，这里的主要目标是建立用户之间的关联关系。为了建立用户超图结构，首先定义物品的 k 阶邻居。在用户-物品网络中，如果存在一条由一系列相邻节点构成且用户数少于 k 的路径，连接了物品 item_a 和 item_b，那么可以说 item_a (item_b)是 item_b (item_a)的 k 阶可达邻居。接下来定义物品的 k 阶邻居用户。如果 user_a 和 item_a 之间有直接路径，并且 item_a 和 item_b 是 k 阶邻居，那么 user_a 就是 item_b 的 k 阶邻居。这里用 $B_u^k(i)$ 表示物品 i 的 k 阶用户集合。接下来采用物品的 k 阶邻居用户集合来构建超边结构。基于以上定义，可以按照如下形式构建相应的超边组：

$$\mathcal{E}_{B_u^k}=\left\{B_u^k(i)\mid i\in I\right\} \tag{14.1}$$

这里物品的k阶可达矩阵表示为$\boldsymbol{A}_i^k\in\{0,1\}^{M\times M}$，可以写成如下形式：

$$\boldsymbol{A}_i^k=\mathrm{Min}\left(1,\mathrm{pow}\left(\boldsymbol{H}^{\mathrm{T}}\cdot\boldsymbol{H},k\right)\right) \tag{14.2}$$

其中，函数$\mathrm{pow}(\boldsymbol{M},k)$表示矩阵$\boldsymbol{M}$的$k$次幂。用户和物品网络的关联矩阵用$\boldsymbol{H}\in\{0,1\}^{N\times M}$表示，其中$N$和$M$分别表示用户和物品的数量。超边组的关联矩阵可以写成如下形式：

$$\boldsymbol{H}_{B_u^k}=\boldsymbol{H}\cdot\boldsymbol{A}_i^{k-1} \tag{14.3}$$

超图$\mathcal{G}_u$可以通过融合多个超边组来表达用户之间的高阶关联关系，这些超边组是通过k阶可达规则构建的。因此，$\boldsymbol{H}_u$可以写为

$$\boldsymbol{H}_u=f\left(\mathcal{E}_{B_u^{k_1}},\mathcal{E}_{B_u^{k_2}},\cdots,\mathcal{E}_{B_u^{k_a}}\right)=\underbrace{\boldsymbol{H}_{B_u^{k_1}}\parallel\boldsymbol{H}_{B_u^{k_2}}\parallel\cdots\parallel\boldsymbol{H}_{B_u^{k_a}}}_{a} \tag{14.4}$$

其中，$\cdot\parallel\cdot$是连接操作，是超边组融合函数$f(\cdot)$的一个示例。

（2）物品超图结构建模。与用户超图结构类似，这里进一步建立物品超图结构，其中每个节点代表一个物品。用户的k阶可达矩阵$\boldsymbol{A}_u^k\in\{0,1\}^{N\times N}$的定义如下：

$$\boldsymbol{A}_u^k=\mathrm{Min}\left(1,\mathrm{pow}\left(\boldsymbol{H}\cdot\boldsymbol{H}^{\mathrm{T}},k\right)\right) \tag{14.5}$$

而关联矩阵$\boldsymbol{H}_{B_i^k}\in\{0,1\}^{M\times N}$可以表示为

$$\boldsymbol{H}_{B_i^k}=\boldsymbol{H}^{\mathrm{T}}\cdot\boldsymbol{A}_u^{k-1} \tag{14.6}$$

假设共存在b个超边组，则物品超图的关联矩阵$\boldsymbol{H}_i$可以近似表示为

$$\boldsymbol{H}_i=f\left(\mathcal{E}_{B_i^{k_1}},\mathcal{E}_{B_i^{k_2}},\cdots,\mathcal{E}_{B_i^{k_b}}\right)=\underbrace{\boldsymbol{H}_{B_i^{k_1}}\parallel\boldsymbol{H}_{B_i^{k_2}}\parallel\cdots\parallel\boldsymbol{H}_{B_i^{k_b}}}_{b} \tag{14.7}$$

这样，通过所建立的超图结构就表达了用户和物品之间的高阶关联关系。图14.4给出了定义的用户高阶关联的一个示例[1]。接下来分别构建两个嵌入查找表$\left(\boldsymbol{E}_u=\left[\boldsymbol{e}_{u_1},\boldsymbol{e}_{u_2},\cdots,\boldsymbol{e}_{u_N}\right]\text{和}\boldsymbol{E}_i=\left[\boldsymbol{e}_{i_1},\boldsymbol{e}_{i_2},\ldots,\boldsymbol{e}_{i_M}\right]\right)$用于描述用户和物品，并且结合超图结构，为后续计算做好准备。

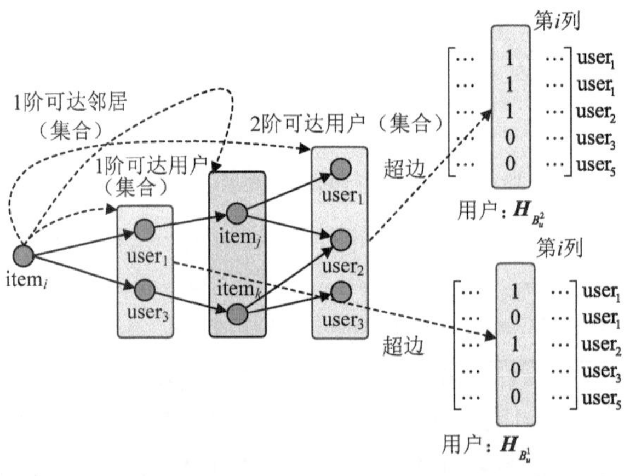

图14.4　用户高阶关联的超图结构建模

2. 双通道超图上的高阶信息传递

在建立好用户超图和物品超图后，邻近的信息可以通过高阶信息传递技术进行聚合，该过程可以表示为

$$\begin{cases} \boldsymbol{M}_u = \text{HyConv}\left(\boldsymbol{E}_u, \boldsymbol{H}_u\right) \\ \boldsymbol{M}_i = \text{HyConv}\left(\boldsymbol{E}_i, \boldsymbol{H}_i\right) \end{cases} \tag{14.8}$$

其中，$\text{HyConv}(\cdot,\cdot)$ 可以是任何超图卷积操作，如 HGNN[13] 中介绍的超图卷积操作。通过来自高阶邻居的信息传递，节点之间的复杂关联已分别被编码为用户（$\boldsymbol{M}_u'$）和物品（$\boldsymbol{M}_i'$）的聚合信息。需要注意的是，这里提到的高阶邻居不是用户-物品网络中直接交互的固定概念，而是一个抽象的描述，可以将潜在的行为/属性空间中的相似用户/物品联系起来。

DHCF 中采用跳跃超图卷积（jump hypergraph convolution，JHyConv）作为高阶信息传递的一个示例，如图 14.5 所示。JHyConv 操作通过将节点当前表示与其邻域表示进行聚合来更新节点表示，计算过程可以表示成如下形式：

$$\boldsymbol{X}^{(l+1)} = \sigma\left(\boldsymbol{D}_v^{-1/2}\boldsymbol{H}\boldsymbol{D}_e^{-1}\boldsymbol{H}^{\mathrm{T}}\boldsymbol{D}_v^{-1/2}\boldsymbol{X}^{(l)}\boldsymbol{\Theta}^{(l)} + \boldsymbol{X}^{(l)}\right) \tag{14.9}$$

其中，$\boldsymbol{X}^{(l)}$、$\boldsymbol{X}^{(l+1)}$ 分别代表第 l 层神经网络的输入表示以及输出表示。接下来使用 $\boldsymbol{M}_u$ 和 $\boldsymbol{M}_i$ 来共同更新 $\boldsymbol{E}_u$ 和 $\boldsymbol{E}_i$。与传统的超图卷积相比，跳跃超图卷积可以使模型同时考虑到当前表示和聚合的高阶表示。在上述计算的基础上进行联合信息更新，其目标是提取对用户和商品有鉴别能力的信息，计算过程如下：

$$\begin{cases} \boldsymbol{E}_u' = \text{JMU}\left(\boldsymbol{M}_u, \boldsymbol{M}_i\right) \\ \boldsymbol{E}_i' = \text{JMU}\left(\boldsymbol{M}_i, \boldsymbol{M}_u\right) \end{cases} \tag{14.10}$$

其中，$\boldsymbol{E}_u'$ 和 $\boldsymbol{E}_i'$ 为更新后的用户和物品嵌入特征表示；$\text{JMU}(\cdot,\cdot)$ 可以是任何可学习的前馈神经网络，在这里采用了共享的全连接层作为一种实现方式。

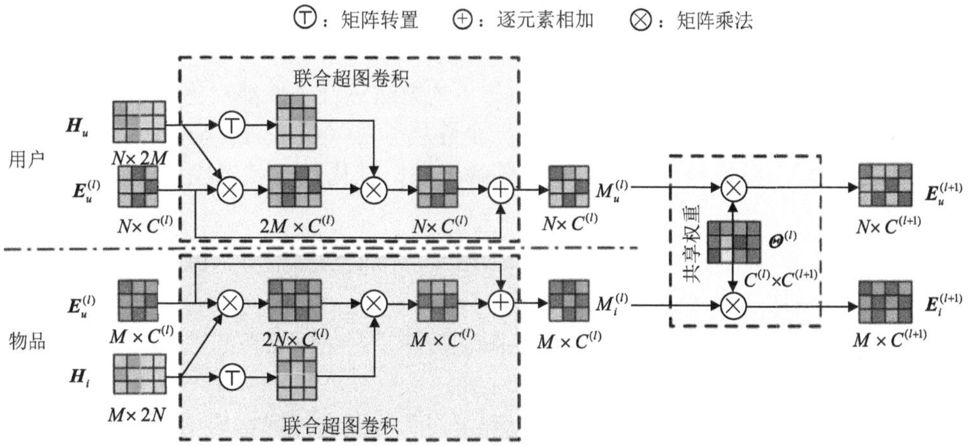

图 14.5　DHCF 框架示意图

给定 HyConv 和 JMU，DHCF 计算过程可以形式化定义如下：

$$\begin{cases} f(\cdots) = \cdot \| \cdot \\ \text{HyConv}(\cdot,\cdot) = \text{JHyConv}(\cdot,\cdot) \\ \text{JMU}(\cdot,\cdot) = \text{MLP}_1(\cdot) \end{cases} \tag{14.11}$$

其中，$\text{MLP}_1(\cdot)$ 是一个全连接层；$\cdot \| \cdot$ 是连接操作。超图上的嵌入传播可以写成以下形式：

$$\begin{cases} \boldsymbol{H}_u = \boldsymbol{H} \| \left(\boldsymbol{H}\left(\boldsymbol{H}^{\mathrm{T}}\boldsymbol{H}\right)\right) \\ \boldsymbol{H}_i = \boldsymbol{H}^{\mathrm{T}} \| \left(\boldsymbol{H}^{\mathrm{T}}\left(\boldsymbol{H}^{\mathrm{T}}\right)\right) \\ \boldsymbol{M}_u^{(l)} = \boldsymbol{D}_{u_v}^{-1/2}\boldsymbol{H}_u\boldsymbol{D}_{u_e}^{-1}\boldsymbol{H}_u^{\mathrm{T}}\boldsymbol{D}_{u_v}^{-1/2}\boldsymbol{E}_u^{(l)} + \boldsymbol{E}_u^{(l)} \\ \boldsymbol{M}_i^{(l)} = \boldsymbol{D}_{i_v}^{-1/2}\boldsymbol{H}_i\boldsymbol{D}_{i_e}^{-1}\boldsymbol{H}_i^{\mathrm{T}}\boldsymbol{D}_{i_v}^{-1/2}\boldsymbol{E}_i^{(l)} + \boldsymbol{E}_i^{(l)} \\ \boldsymbol{E}_u^{(l+1)} = \sigma\left(\boldsymbol{M}_u^{(l)}\boldsymbol{\Theta}^{(l)}\right) \\ \boldsymbol{E}_i^{(l+1)} = \sigma\left(\boldsymbol{M}_i^{(l)}\boldsymbol{\Theta}^{(l)}\right) \end{cases} \tag{14.12}$$

其中，$\boldsymbol{D}_{u_v}$、$\boldsymbol{D}_{u_e}$ 和 $\boldsymbol{D}_{i_v}$、$\boldsymbol{D}_{i_e}$ 分别是用户超图 $\boldsymbol{H}_u$ 和物品超图 $\boldsymbol{H}_i$ 的节点度数矩阵和超边度数矩阵；$\boldsymbol{E}_u^{(l)}$ 和 $\boldsymbol{E}_i^{(l)}$ 是第 l 层的输入；$\boldsymbol{E}_u^{(l+1)}$ 和 $\boldsymbol{E}_i^{(l+1)}$ 是第 l 层的输出。

DHCF 框架通过两个超图结构分别建模用户之间与物品之间的高阶关联关系，有助于模型在超越成对关系的群体级别关联关系中找到具有一组相似行为的用户，基于协同过滤方法对这一类用户可能感兴趣的物品进行更加全面准确的预测，提升推荐系统的性能。

3. 实验结果和分析

（1）数据描述。为评估本节所介绍方法的性能，实验数据来自于 MovieLens-100K 和 CiteUlike-A 两个数据集。在 MovieLens-100K 和 CiteUlike-A 数据集中，原始的显式反馈被转化为隐式反馈数据，其中每个条目被标记为 0 或 1，分别表示物品是否被评级或引用。MovieLens 数据集[14]中采用了 MovieLens-100K 隐式反馈版本，包括 Movielens 网站上 943 个用户的 1682 部电影。CiteUlike 数据集[15]中使用了 CiteUlike-A 数据，包括 3277 个用户以及 16807 篇文章。

（2）对比算法。本节所介绍方法分别与下列方法进行了性能对比。

- BPR-MF[16]：该方法是使用贝叶斯个性化排名（Bayesian personalized ranking，BPR）作为损失函数的经典矩阵分解方法，优化正项和对应采样负项之间成对排序。
- GC-MC[17]：该方法采用图自编码器框架，在编码器中引入图卷积层，通过消息传递生成用户和物品嵌入。
- PinSage[18]：该方法通过随机游走图卷积神经网络学习节点嵌入，并将其应用于用户和物品交互图以进行比较。
- NGCF[11]：该方法将协作信号编码到用户和物品交互图结构中，采用多个图卷积层并执行嵌入传播来探索高阶连通性。

（3）评估指标。本节实验采用四个广泛使用的指标对模型进行评估，包括 precision@k、recall@k、ndcg@k 和 hit@k，以综合比较不同方法在执行前 k 个推荐和排名任务时的性能，其中 k 被设置为 20。其中，precision 表示精确率，代表预测结果为正例的样本中实际为正样本的比例；recall 表示召回率，代表预测结果为正样本中实际正样本数量占全部样本中正样本的比例；NDCG 表示归一化折损累计增益，用于评估推荐系统中的排序结果；HIT 表示命中率，反映的是在推荐序列中是否包含用户真正点击的物品。

（4）对比实验结果分析。图 14.6 中给出了不同方法在两个数据集上的协同过滤性能比较。观察实验结果可知，DHCF 在各个数据集中整体性能表现更为出色。BPR-MF 不依赖图结构中流动的信息，而图结构可能会受到噪声数据的干扰。GC-MC 在所有数据集上的性能均相对较差，这可能是因为 GC-MC 只使用了一层 GCN，这意味着只能从单跳邻居处获取信息。当训练数据规模较小时，GC-MC 无法为学习过程提供足够的先验信息。同时，GC-MC 丢弃了当前节点的信息，导致对聚合邻居信息中的噪声鲁棒性较差。与 BPR-MF、GC-MC 和 NGCF 相比，PinSage 的相对性能更好，其中引入了高阶连接，并在消息传递和更新过程中保留了当前节点和聚合邻居的信息，使其能够取得比较稳定的结果。DHCF 在 MovieLens-100K 和 CiteUlike-A 数据集上的 recall@20 指标分别比最强的基线高出 6.1%和 28.4%。DHCF 的效果提升主要来自于可扩展 DHCF 框架内用户和物品的混合高阶关联关系的建模，这也证明了双通道超图方法在高阶关联建模上的有效性。

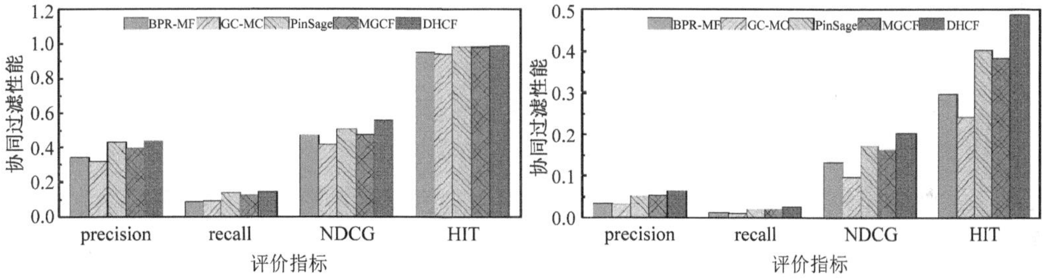

（a）MovieLens-100K 数据集　　（b）CiteUlike-A 数据集

图 14.6　MovieLens-100K 和 CiteUlike-A 数据集上不同方法的协同过滤实验结果

14.2.2　属性推断

推荐系统面临的一个普遍难题是冷启动问题，即在缺乏用户与系统交互数据的情况下，如何为用户推荐可能感兴趣的内容。使用用户和物品的属性信息是解决这个问题的一个有效途径。用户属性信息通常包括性别、年龄、职业等，而物品属性信息可能涉及电影或音乐的类型，或在电商网站上商品的分类等。根据协同过滤原则，具有相似属性的用户会倾向于选择相似的物品。因此，这些属性信息可以用来确定用户或物品之间的相似度，进而建立它们之间的关联关系。在缺乏用户历史行为数据的情况下，加入属性信息可以缓解冷启动问题，为协同过滤提供有效的辅助信息。

属性信息在实际应用中一个主要的问题是不充分性。出于隐私考虑，许多用户可能不愿意或无法提供完整或真实的个人信息，这使得面向属性信息的推断变得尤为重要。属性推断与推荐任务两者相辅相成。一方面，准确和丰富的属性信息能有效增强协同过滤的推荐效果；另一方面，对用户行为的准确分析又能反过来促进更有效的属性推断。这种双向增强机制能够提升推荐系统的整体性能和用户满意度。如何充分利用数据背后的关联关系来实现有效的属性推断，成为了一个需要解决的技术问题。

本节将介绍一种基于超图计算的属性推断-推荐任务协同的多任务学习方法（multi-channel hypergraph collaborative filtering with attribute，MHCFA）。MHCFA 方法首先利用多通道超图协同过滤进行表示学习，同时执行推荐和属性推断两个任务，并通过属性更新来进一步优化超图结构，其流程图如图 14.7 所示。

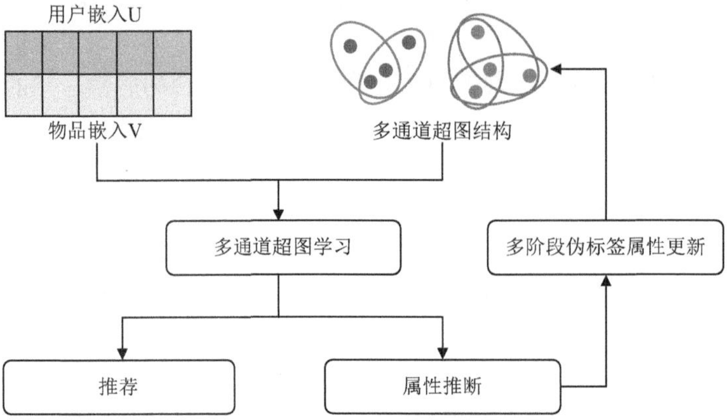

图 14.7　用于推荐和属性推断的多通道超图神经网络流程图

1. 多通道超图结构建模

为了建立用户和物品之间的高阶交互和属性模型，首先构建两个超图结构，分别称之为交互超图 $\boldsymbol{H}_I$ 和属性超图 $\boldsymbol{H}_A$。交互超图的结构是由用户和物品之间的交互生成的，其隐式交互矩阵可以表示为 $\boldsymbol{R}\in\mathbb{R}^{n_u\times n_v}$，其中 n_u 和 n_v 分别表示用户和物品的数量。引入 14.2.1 节所介绍的 k 阶可达规则，通过连接用户和物品的 1 阶可达用户和物品来生成超边。交互超图的关联矩阵可以表示为

$$\boldsymbol{H}_I^u(i,j)=\begin{cases}1 & \text{用户}i\text{和用户 }j\text{ 有交互}\\ 0 & \text{其他}\end{cases} \tag{14.13a}$$

$$\boldsymbol{H}_I^v(i,j)=\begin{cases}1 & \text{物品}i\text{和物品 }j\text{ 有交互}\\ 0 & \text{其他}\end{cases} \tag{14.13b}$$

显然，$\boldsymbol{H}_I^u=\boldsymbol{R}$ 且 $\boldsymbol{H}_I^v=\boldsymbol{R}^{\mathrm{T}}$。

属性超图的结构是通过用户和物品的属性信息生成的。这里用户和物品的二元属性矩阵分别用 $\boldsymbol{X}\in\mathbb{R}^{n_u\times n_p}$ 和 $\boldsymbol{Y}\in\mathbb{R}^{n_v\times n_q}$ 来表示，其中 n_p 和 n_q 表示用户和物品属性的数量。在属性超图建立过程中，通过每个属性来代表超边，将具有相同属性的节点通过一个超边连接起来。属性超图的关联矩阵可以表示为

$$\boldsymbol{H}_A^u(i,j)=\begin{cases}1 & \text{用户}i\text{包含属性 }j\\ 0 & \text{其他}\end{cases} \tag{14.14a}$$

$$\boldsymbol{H}_A^v(i,j)=\begin{cases}1 & \text{物品}i\text{包含属性 }j\\ 0 & \text{其他}\end{cases} \tag{14.14b}$$

这里 $\boldsymbol{H}_A^u=\boldsymbol{X}$ 且 $\boldsymbol{H}_A^v=\boldsymbol{Y}$。

通过上述用户超图和属性超图的建模，可以建立不同维度下的数据复杂高阶关联，为后续超图上的语义计算做好准备。接下来分别执行多通道超图卷积，可以表示为

$$\boldsymbol{X}^{(k+1)}=\sigma\left(\boldsymbol{D}_v^{-1/2}\boldsymbol{H}\boldsymbol{D}_e^{-1}\boldsymbol{H}^{\mathrm{T}}\boldsymbol{D}_v^{-1/2}\boldsymbol{X}^{(k)}\right) \tag{14.15}$$

其中，$\boldsymbol{X}^{(k)}$ 表示第 k 层卷积后的节点嵌入，下面用 $\boldsymbol{U}_c^{(k)}$ 和 $\boldsymbol{V}_c^{(k)}$ 来替代，其分别表示用户和物品在通道 $c\in A,I$ 上的嵌入。为了避免过度平滑问题，通过以下公式对 K 层传播得到的结果进行平均：

$$\boldsymbol{U}_c^*=\frac{1}{K+1}\sum_{l=0}^{K}\boldsymbol{U}_c^{(k)},\boldsymbol{V}_c^*=\frac{1}{K+1}\sum_{l=0}^{K}\boldsymbol{V}_c^{(k)} \tag{14.16}$$

为了汇聚来自不同通道的信息，这里采用了一个通道注意机制来生成全面的用户和物品嵌入特征：

$$\boldsymbol{\alpha}_u^c=f_a\left(\boldsymbol{U}_c^*\right)=\frac{\exp\left(\boldsymbol{a}_u^{\mathrm{T}}\cdot\boldsymbol{W}_a^{c,u}\boldsymbol{U}_c^*\right)}{\sum_c\exp\left(\boldsymbol{a}_u^{\mathrm{T}}\cdot\boldsymbol{W}_a^{c,u}\boldsymbol{U}_c^*\right)} \tag{14.17}$$

$$\boldsymbol{\alpha}_v^c=f_a\left(\boldsymbol{V}_c^*\right)=\frac{\exp\left(\boldsymbol{a}_v^{\mathrm{T}}\cdot\boldsymbol{W}_a^{c,v}\boldsymbol{V}_c^*\right)}{\sum_c\exp\left(\boldsymbol{a}_v^{\mathrm{T}}\cdot\boldsymbol{W}_a^{c,v}\boldsymbol{V}_c^*\right)} \tag{14.18}$$

其中，$\boldsymbol{W}_a\in\mathbb{R}^{d\times d}$ 是可训练的参数；d 表示嵌入维度。综上，完整的表示可以定义如下：

$$\boldsymbol{U}^*=\sum_c\alpha_u^c\boldsymbol{U}_c^*,\boldsymbol{V}^*=\sum_c\alpha_v^c\boldsymbol{V}_c^* \tag{14.19}$$

其中，$c\in\{A_u,I_u,A_v,I_v\}$。接下来，使用图卷积来进一步应用用户和物品之间的交互数据：

$$\begin{pmatrix}\boldsymbol{U}^{*(j+1)}\\ \boldsymbol{V}^{*(j+1)}\end{pmatrix}=\boldsymbol{D}^{-1/2}\begin{pmatrix}0 & \boldsymbol{R}\\ \boldsymbol{R}^{\mathrm{T}} & 0\end{pmatrix}\boldsymbol{D}^{-1/2}\begin{pmatrix}\boldsymbol{U}^{*(j)}\\ \boldsymbol{V}^{*(j)}\end{pmatrix} \tag{14.20}$$

$$\hat{\boldsymbol{U}}=\frac{1}{J+1}\sum_{l=0}^{J}\boldsymbol{U}^{*(j)},\hat{\boldsymbol{V}}=\frac{1}{J+1}\sum_{l=0}^{J}\boldsymbol{V}^{*(j)} \tag{14.21}$$

其中，J 是图卷积层的数量。这一步骤对用户嵌入特征和物品嵌入特征进行了融合，使得融合后数据能够更加全面、准确地反映用户、物品嵌入之间的关系，有助于模型性能的提升。

2. 推荐和属性推断协同计算

基于多通道超图协同过滤的表示学习同时执行推荐和属性推断任务。首先，基于矩阵分解的思想，可以将用户和物品之间的交互预测为

$$\hat{\boldsymbol{R}}=\hat{\boldsymbol{U}}\hat{\boldsymbol{V}}^{\mathrm{T}} \tag{14.22}$$

接下来考虑属性和节点之间的关系。受到矩阵分解的启发，将属性矩阵视为两个低

秩矩阵的乘积：

$$\hat{\boldsymbol{X}} = \hat{\boldsymbol{U}}\boldsymbol{P}^{\mathrm{T}}, \hat{\boldsymbol{Y}} = \hat{\boldsymbol{V}}\boldsymbol{Q}^{\mathrm{T}} \tag{14.23}$$

其中，$\boldsymbol{P} \in \mathbb{R}^{n_p \times d}$ 和 $\boldsymbol{Q} \in \mathbb{R}^{n_q \times d}$ 分别是用户和物品的属性表示。

为了优化式（14.22）中的用户、物品之间的交互，模型采用贝叶斯个性化排序的成对损失。该损失函数可以促使正样本分数高于负样本，并可以用于优化个性化推荐任务：

$$\mathcal{L}_r = \sum_{j \in I(i), k \notin I(i)} -\log\sigma\left(\hat{\boldsymbol{r}}_{i,j} - \hat{\boldsymbol{r}}_{i,k}\right) + \lambda\Phi_{r2}^{2} \tag{14.24}$$

其中，Φ_r 表示模型参数，$\hat{\boldsymbol{r}}_{i,j} = \boldsymbol{u}_i^{\mathrm{T}}\boldsymbol{v}_j$ 表示用户 user_i 对物品 item_j 感兴趣的概率。Sigmoid 函数用符号 $\sigma(\cdot)$ 表示。这里属性推断任务可以被视为属性类别分类问题，采用交叉熵（cross-entropy，CE）损失来优化属性推断任务：

$$\begin{cases} \mathcal{L}_i^u = -\dfrac{1}{n_u}\displaystyle\sum_i\sum_{j=1}^{n_p}\boldsymbol{x}_{i,j}\log\left(\hat{\boldsymbol{x}}_{i,j}\right) \\ \mathcal{L}_i^v = -\dfrac{1}{n_v}\displaystyle\sum_i\sum_{j=1}^{n_q}\boldsymbol{x}_{i,j}\log\left(\hat{\boldsymbol{x}}_{i,j}\right) \\ \mathcal{L}_i = \mathcal{L}_i^u + \mathcal{L}_i^v \end{cases} \tag{14.25}$$

其中，$\hat{\boldsymbol{x}}_{i,j} = \boldsymbol{u}_i^{\mathrm{T}}\boldsymbol{p}_j$ 是用户 i 在用户属性 j 上的推断得分，而 $\hat{\boldsymbol{y}}_{i,j} = v_i^{\mathrm{T}}\boldsymbol{q}_j$ 是物品 i 在物品属性 j 上的推断得分。

将两个任务的损失相加获得总的损失，可以写为

$$L = \mathcal{L}_r + \gamma \cdot \mathcal{L}_i \tag{14.26}$$

其中，γ 是用于平衡两种不同损失的超参数。

总而言之，针对推荐系统中的冷启动问题，MHCFA 通过引入属性推断任务来解决历史数据不足的挑战。具体而言，MHCFA 方法首先使用多通道超图结构对用户和物品之间的高阶交互与属性进行建模，利用多通道超图协同过滤进行表示学习，同时执行推荐和属性推断两个任务，并通过属性更新来进一步优化超图结构。

3. 实验结果和分析

（1）数据描述。为评估本节所介绍方法的性能，实验数据来自于 MovieLens 数据集[14]。MovieLens 数据集是一个经典的真实世界数据集，包含用户和物品的属性。实验中选择了 MovieLens-100K 和 1M 版本进行实验。MovieLens-100K 数据集包含 943 个用户、1682 部电影和 100000 个评分，其密度为 6.30%。数据集中用户评价电影视为积极反馈，数据集提供了用户的年龄、性别、职业和邮政编码等属性。这些属性被划分为 7、2、21 和 19 类，其中邮政编码是根据其第一位数字或字母来划分的，这四种属性都是单标签属性。在数据处理过程中，使用独热编码对属性进行编码。此外，电影的类型是物品属性，包含 19 个类别。这是一个多标签属性，因为每部电影都可能属于多个类型，因此采用二进制代码对它们进行编码。MovieLens-1M 数据集包含 6040 个用户、3952 部电影和 1000209 个评分，其密度为 4.19%。这个数据集提供了用户的性别、年龄、职业和邮政编码等属性，分别划分为 2、7、21 和 10 类。电影的类型是物品属性，包含 18 个类别。这个数据集的数据预处理与 MovieLens-100K 相同。

（2）对比算法。本节所介绍方法分别与下列方法进行了性能对比。

- NGCF[11]：该方法将用户和物品交互的二分图结构集成到嵌入过程中，从而实现用户和物品中高阶连接的表达建模二分图，并以显式方式有效地将协作信号注入嵌入过程中。
- LightGCN[19]：该方法是基于图的协同过滤方法，基于 NGCF 模型，但去掉了非线性激活函数和特征变换。
- GraphRec[20]：该方法利用非线性潜在特征构造的属性感知矩阵分解方法，可以表示用户或物品属性。
- AGCN[21]：该方法是基于 GCN 框架的属性推理推荐模型，通过自适应迭代更新缺失的属性值，来更好地利用属性信息辅助推荐任务。
- DHCF[1]：14.2.1 节所介绍的基于超图计算的协同过滤方法。

（3）评估指标。与 14.2.1 节类似，本节实验也采用 precision@k、recall@k、ndcg@k 和 hit@k 四个评估指标，以综合比较不同方法在执行前 k 个推荐和排名任务时的性能，其中 k 被设置为 10。

（4）对比实验结果分析。图 14.8 中展示了多个对比方法在两个数据集上的推荐任务结果比较。从实验结果中观察到，可见 MHCFA 方法相对于其他方法取得了显著的性能提升。MHCFA 方法利用超图结构提取属性信息，并采用多通道超图卷积将用户和物品之间的高阶相关性集成到表示中，使该方法在初始属性信息可能大多缺失的情况下，通过捕捉少量相似用户和物品之间的紧密联系，也能显著提高性能。GraphRec[20] 是一种矩阵分解方法，利用用户和物品属性来帮助处理稀疏数据集。由于提供给模型的属性信息不完整，导致 GraphRec 训练过程不稳定，使其性能相对较弱，说明即使对于基于属性感知的方法，用户行为数据仍是影响推荐效果的关键因素。与 DHCF 相比，两个方法都使用超图结构来建模用户和物品的高阶关联关系，但是在 MHCFA 中进一步将属性推断引入，从而能够更全面地表征数据背后蕴藏的高阶关联，实验结果也表明 MHCFA 方法能够取得比 DHCF 方法更好的性能。

NGCF、LightGCN 与 MHCFA 比较的结果如图 14.8 所示，可以推断属性信息和超图卷积网络的引入提升了推荐性能。然而，到底是哪种机制起作用仍有待探索。

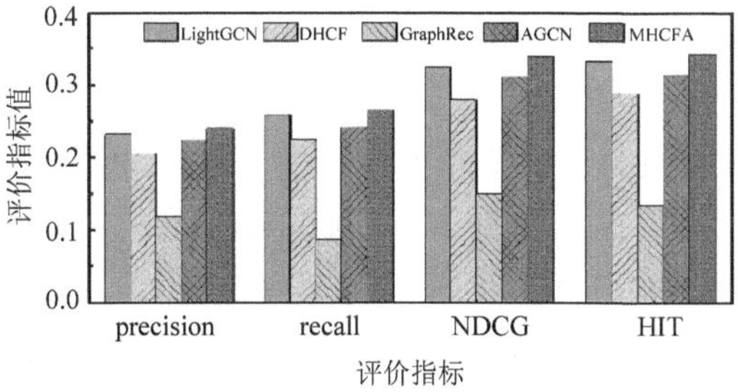

（a）MovieLens-100K 数据集

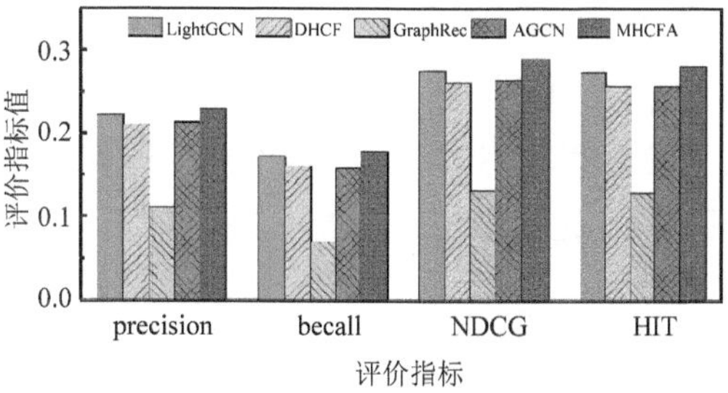

（b）MovieLens-1M 数据集

图 14.8　MovieLens-100K 和 MovieLens-1M 数据集上不同方法的推荐任务实验结果

虽然本节聚焦于推荐系统中协同过滤和属性推断两个实例，但超图计算在推荐系统中的应用潜力远不止于此。协同过滤往往仅利用历史交互数据，而超图的构建则基于用户和物品在行为空间中的相似性。在属性推断场景中，用户和物品的属性信息被进一步利用以解决冷启动问题，超图的构建此时基于行为和属性两方面的信息。除了行为和属性数据之外，还可以整合时间、地点、天气等上下文数据。超图同样可用于建模这些数据之间的复杂关联。此外，用户和物品之间可能存在的多种交互形式，如查看、点击、购买等，是一个值得探索的领域。如何有效应用超图来建模这种多元交互仍有待深入研究。

14.3 社交媒体情感分析

社交媒体情感分析的目标是自动挖掘和分析社交媒体上表达的立场、观点、看法、情绪和喜恶等用户主观信息。如图 14.9 所示，社交媒体内容通过不同模态的信息来传递情感。随着微信、微博、论坛等社交媒体应用的快速发展，情感分析在社会治理、商业决策等方面具有重要应用价值。通过社交网络上的情感分析能够有助于发现面对特定事件的民众意见倾向，反映客观环境下的社会舆情状态，也能够发现面对特定产品的用户观点和兴趣爱好，有助于生产方改进产品、促进推广，提高商业价值。

图 14.9 社交媒体中的多媒体用户信息

近年来，这一领域受到了广泛的关注。You 等[22]提出了一种用于情感分析的视觉-文本联合模型，利用卷积神经网络和分布式段落向量进行特征提取。You 等[23]进一步提出了一种多模态深度学习框架，以结构化的方式整合了文本和视觉信息，用于视觉-文本联合情感分析。在 Chen 等[24]的工作中，提出了一种多模态超图（multi-modal hypergraph learning，MHG）学习方案，以基于推文-推文相似性的多模态情感相关性进行建模，用于捕捉推文之间的高阶关联。

社交媒体中信息的海量性以及这些信息之间的复杂关联构成了社交媒体情感分析的难题。超图结构可以表征数据中的深层模式和关系，如社群的形成、影响力的传播和趋势的演变。本节介绍使用超图计算来进行社交媒体情感分析的方法，即双层多模态超图计算方法（bi-layer multimodal hypergraph，Bi-MHG）[2]，其框架图如图 14.10 所示。该方法首先通过超图结构建模基于多模态社交媒体数据内容的关联关系，这里推文之间的高阶关联能够被充分地建立起来，接下来通过双层多模态超图学习来实现推文的情感预测。

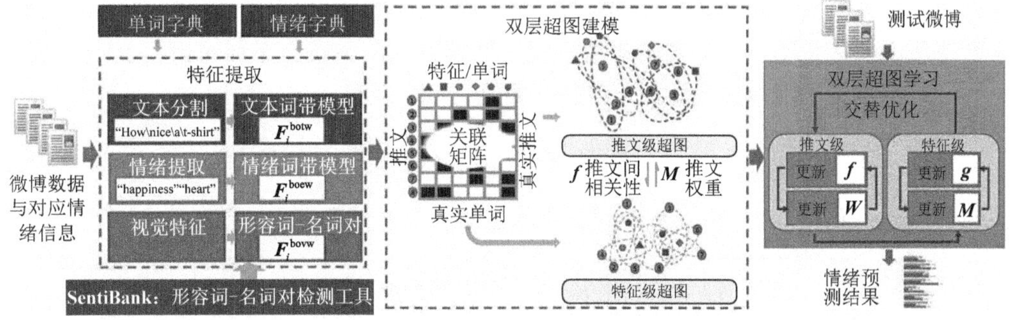

图 14.10　Bi-MHG 方法示意图

1. 推文的多模态超图结构建模

社交媒体上的数据呈现多模态特性。以新浪微博为例，微博推文中包括文本、图像、视频和表情符号等多种类型数据。针对微博推文的情感分析需要综合考虑这些文本、图像等多模态信息。针对这一问题，Bi-MHG 在处理文本数据时采用词袋特征信息[25]，记作 $F_i^{\text{botw}}=\left\{w_i^t,\cdots,w_{m_t}^t\right\}$。在处理图像数据时，Bi-MHG 从第 i 张图像中提取视觉模态的词袋特征表示[26]，记作 $F_i^{\text{bovw}}=\left\{w_i^v,\cdots,w_{m_v}^v\right\}$。针对表情符号数据，Bi-MHG 专门定义了一个表情符号字典，用于构建表情符号模态的词袋特征，可以表示为 $F_i^{\text{boew}}=\left\{w_i^e,\cdots,w_{m_e}^e\right\}$。这里针对每个元素 w_k^t、w_k^v、w_k^e 分别赋予了相应的情感分数 s_k^t、s_k^v、s_k^e。给定一条推文 x_i 后，就可以通过这三种特征 F_i^{botw}、F_i^{bovw}、F_i^{boew} 来全面表示。需要指出的是，并不是所有的推文都会覆盖完整的模态类型，针对具体推文的已有模态数据进行特征提取即可。在这些特征的基础上，Bi-MHG 构建推文之间的多模态超图结构来反映其内在的高阶关联。

传统的多模态超图学习（MHG）[2] 中构建超图关联矩阵的关键步骤是计算每条推文与不同模态中的“中心”推文之间的相关性。每条推文都被当作一个节点来处理，超边连接每个模态中的节点与其最近的 k 个邻居节点。在这种方法中，任何一个节点都有可能成为中心点。Bi-MHG 中的超图结构建模与传统的多模态超图建模方法不同，强调的是节点与超边之间的相互关系，这些关系不仅体现在样本之间，同时也涵盖了样本与其特征之间的复杂关联关系。该方法不是简单地将样本之间的关系进行映射，而是深入挖掘样本及样本特征之间的互动和联系。Bi-MHG 方法构造了两个超图，分别是推文级别的超图 $\mathcal{G}_1=(\mathcal{V}_1,\mathcal{E}_1,\boldsymbol{W})$ 和特征级别的超图 $\mathcal{G}_2=(\mathcal{V}_2,\mathcal{E}_2,\boldsymbol{M})$，其中推文级超图的每个节点代表了一个单词/特征，当多个单词出现在同一个推文中时，构建一个超边将这些单词连接起来。特征级超图中每个节点代表一条推文，当多个推文都用到了相同的单词/特征时，则建立一个超边将这些节点连接起来。如图 14.11 所示，单词 1、单词 2 和单词 3 都出现在同一条推文中，则构建一个超边连接这三个节点；推文 1、推文 4 和推文 5 都包含了相似的单词/特征，则构建一个超边连接这三个节点。通过上述方式可构建双层超图来刻画多模态媒体数据蕴藏的复杂高阶关联关系。

在 Bi-MHG 方法中，推文的情感标签向量和多模态情感单词的情感标签向量分别在这两个层级中用 $\boldsymbol{y}$ 和 $\boldsymbol{t}$ 表示。这里，$\boldsymbol{f}$ 和 $\boldsymbol{g}$ 作为初始向量，分别代表推文和多模态特征或单词的相关性分数，M 则表示情感标签 $\boldsymbol{y}$ 的置信度评估，与推文级别的超图中 $\boldsymbol{f}$ 相对应。这两个层级的紧密结合使特征的多模态相关性得以传递到推文级别的超图中，进而帮助准确地预测推文的情感倾向。这里超图关联矩阵可以写成

$$\boldsymbol{H}_*(v_i,e_j)=\begin{cases}1 & v_i\in e_j\\ 0 & \text{其他}\end{cases} \tag{14.27}$$

其中，* 表示 1 或 2，分别表示不同层级的超图，下文同理。

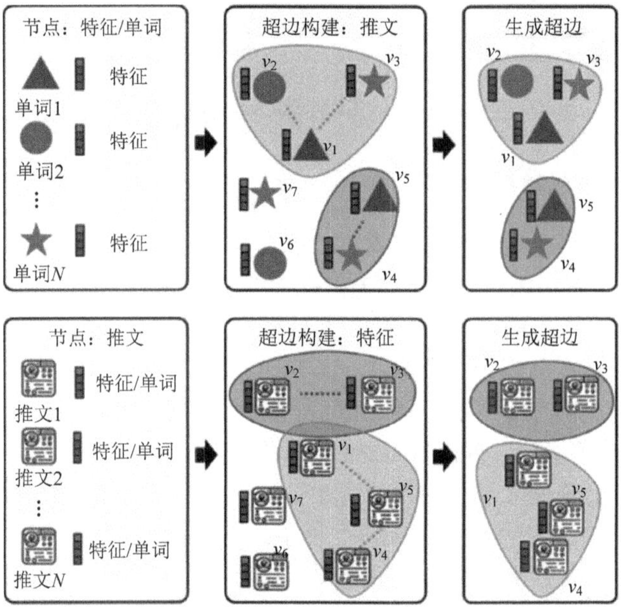

图 14.11　多模态社交媒体数据中双层超图结构建模示意图

2. 多模态超图语义计算

接下来首先介绍基于传统多模态超图语义计算 MHG 的情感预测方法。MHG 采用了一种转导推理的方法来进行超图学习，通过迭代更新相关度分数向量 $\boldsymbol{f}$ 和超边权重 $\boldsymbol{W}$ 来计算表达不同态度的推文之间的相关度分数。这一过程通过优化下列损失函数来实现：

$$\begin{cases}\arg\min\limits_{\boldsymbol{f},\boldsymbol{W}}\left\{\Omega(\boldsymbol{f})+\lambda\mathcal{R}_{\text{emp}}(\boldsymbol{f})+\mu\sum\limits_{i=1}^{n_e}w_i^2\right\}\\ \text{s.t.}\sum\limits_{i=1}^{n_e}w_i=1\end{cases} \tag{14.28}$$

其中，$\boldsymbol{f}$ 是学习得到的相关度分数；$\Omega(\boldsymbol{f})$ 是一个基于超图归一化拉普拉斯构建的正则化项；$\mathcal{R}_{\text{emp}}(\boldsymbol{f})=\|\boldsymbol{f}-\boldsymbol{y}\|^2$ 表示经验损失；$\sum\limits_{i=1}^{n_e}w_i^2$ 是正则项。$\Omega(\boldsymbol{f})$ 可以表示为

$$\Omega(\boldsymbol{f})=\frac{1}{2}\sum_{e\in\mathcal{E}}\sum_{u,v\in\mathcal{V}}\frac{w(e)h(u,e)h(v,e)}{\delta(e)}\times\left(\frac{\boldsymbol{f}(u)}{\sqrt{d(u)}}-\frac{\boldsymbol{f}(v)}{\sqrt{d(v)}}\right)^2 \tag{14.29}$$

其中，$d(v)=\sum\limits_{e\in\mathcal{E}}\boldsymbol{W}(e)h(v,e)$ 表示节点度数；$\delta(e)=\sum\limits_{v\in\mathcal{V}}h(v,e)$ 表示超边度数。令

$\boldsymbol{\Theta}=\boldsymbol{D}_v^{-1/2}\boldsymbol{H}\boldsymbol{W}\boldsymbol{D}_e^{-1}\boldsymbol{H}^{\mathrm{T}}\boldsymbol{D}_v^{-1/2}$，则 $\boldsymbol{\Delta}=\boldsymbol{I}-\boldsymbol{\Theta}$ 表示超图拉普拉斯算子。$d(v)$ 和 $\delta(e)$ 的对角矩阵分别表示为 $\boldsymbol{D}_v$ 和 $\boldsymbol{D}_e$。这里归一化的代价函数可以表示为

$$\Omega(f)=\boldsymbol{f}^{\mathrm{T}}\Delta\boldsymbol{f} \tag{14.30}$$

两个参数 $\boldsymbol{W}$ 和 $\boldsymbol{f}$ 分别使用以下两个函数进行迭代优化：

$$\arg\min_{\boldsymbol{f}}\Phi(\boldsymbol{f})=\arg\min_{\boldsymbol{f}}\left\{\boldsymbol{f}^{\mathrm{T}}\Delta\boldsymbol{f}+\lambda\|\boldsymbol{f}-\boldsymbol{y}\|^2\right\} \tag{14.31}$$

$$\begin{cases}\arg\min\limits_{\boldsymbol{W}}\Phi(\boldsymbol{W})=\arg\min\limits_{\boldsymbol{W}}\left\{\boldsymbol{f}^{\mathrm{T}}\Delta\boldsymbol{f}+\mu\sum\limits_{i=1}^{n_e}w_i^2\right\}\\ \text{s.t.}\sum\limits_{i=1}^{n_e}w_i=1\end{cases} \tag{14.32}$$

MHG 的核心在于通过连续的迭代计算微博推文之间的关联关系，这个过程不仅考虑单个推文内容的分析，还涉及推文之间的互动和影响。虽然 MHG 通过模拟样本之间的关系来构建超图，但是不同模态的属性及其相互之间的关系还没有被充分使用。

3. 双层多模态超图语义计算

与传统的多模态超图语义计算方法 MHG 不同，Bi-MHG 方法的学习过程不仅考虑单层内的语义信息迭代优化，同时还考虑两层建模间的信息交互，通过优化下面的损失函数来进行表示：

$$\begin{cases}\arg\min\limits_{\boldsymbol{f},\boldsymbol{g},\boldsymbol{W},\boldsymbol{M}}\left\{\Omega_1(\boldsymbol{f})+\lambda_1\mathcal{R}_{\mathrm{emp1}}(\boldsymbol{f})+\mu_1\sum\limits_i^{n_{e1}}\boldsymbol{W}_i^2+\Omega_2(\boldsymbol{g})+\lambda_2\mathcal{R}_{\mathrm{emp2}}(\boldsymbol{g})+\mu_2\sum\limits_i^{n_{e2}}\boldsymbol{M}_i^2\right\}\\ \text{s.t.}\begin{cases}\sum\limits_{i=1}^{n_{e1}}\boldsymbol{W}_i=1\\ \sum\limits_{i=1}^{n_{e2}}\boldsymbol{M}_i=1\end{cases}\end{cases} \tag{14.33}$$

其中，$\Omega_1(\boldsymbol{f})$ 和 $\Omega_2(\boldsymbol{g})$ 是超图上的归一化拉普拉斯算子的正则项；$\mathcal{R}_{\mathrm{emp1}}(\boldsymbol{f})=\|\boldsymbol{f}-\boldsymbol{y}\circ\boldsymbol{M}\|^2$ 和 $\mathcal{R}_{\mathrm{emp2}}(\boldsymbol{g})=\|\boldsymbol{g}-\boldsymbol{t}\|^2$ 是经验损失函数；$\sum\limits_{i=1}^{n_{e1}}\boldsymbol{W}_i$ 和 $\sum\limits_{i=1}^{n_{e2}}\boldsymbol{M}_i$ 是超边权重的 L_2 正则项。正则项 $\Omega_1(\boldsymbol{f})$ 和 $\Omega_2(\boldsymbol{g})$ 可以进一步描述如下：

$$\begin{cases}\Omega_1(\boldsymbol{f})=\boldsymbol{f}^{\mathrm{T}}\left(\boldsymbol{I}-\boldsymbol{D}_{v1}^{-1/2}\boldsymbol{H}_1\boldsymbol{W}\boldsymbol{D}_{e1}^{-1}\boldsymbol{H}_1^{\mathrm{T}}\boldsymbol{D}_{v1}^{-1/2}\right)\boldsymbol{f}\\ \Omega_2(\boldsymbol{g})=\boldsymbol{g}^{\mathrm{T}}\left(\boldsymbol{I}-\boldsymbol{D}_{v2}^{-1/2}\boldsymbol{H}_2\boldsymbol{M}\boldsymbol{D}_{e2}^{-1}\boldsymbol{H}_2^{\mathrm{T}}\boldsymbol{D}_{v2}^{-1/2}\right)\boldsymbol{g}\end{cases} \tag{14.34}$$

关于 $\boldsymbol{f}$、$\boldsymbol{W}$、$\boldsymbol{g}$ 和 $\boldsymbol{M}$ 的损失函数可以定义为

$$\begin{aligned}\mathcal{L}(\boldsymbol{f},\boldsymbol{W},\boldsymbol{g},\boldsymbol{M})=&\ \Omega_1(\boldsymbol{f})+\lambda_1\mathcal{R}_{\mathrm{emp1}}(\boldsymbol{f})+\mu_1\sum_i^{n_{e1}}\boldsymbol{W}_i^2\\ &+\Omega_2(\boldsymbol{g})+\lambda_2\mathcal{R}_{\mathrm{emp2}}(\boldsymbol{g})+\mu_2\sum_i^{n_{e2}}\boldsymbol{M}_i^2\\ &+\eta_1\left(\sum_{i=1}^{n_{e1}}\boldsymbol{W}_i-1\right)+\eta_2\left(\sum_{i=1}^{n_{e2}}\boldsymbol{M}_i-1\right)\end{aligned} \tag{14.35}$$

上述优化过程可以比较容易地进行迭代求解，这里不再赘述。Bi-MHG 方法能够有效融合视觉、文本和表情符号等多种模态信息，即使在某些模态信息缺失的情况下，仍然能够建模社交媒体之间的复杂关联，从而实现精确的多模态推文情感预测。

4. 实验结果和分析

（1）数据描述。为评估本节所介绍方法的性能，实验数据是从新浪微博平台采集的[2]，数据收集时间跨度为 2014 年 2～4 月，涵盖了新浪微博上每日排名前十的热点话题。数据集中包含超过 435000 条推文，其中约 71.7%的推文包含图片数据，99.8%的推文包含文本数据，31.9%的推文包含表情符号数据，同时具备这三种模态的推文占比达到了总数据量的 20.3%。图 14.12 详细展示了该数据集中不同模态和主题推文的分布情况。左侧展示了不同模态推文的分布情况，右侧展示了不同话题推文的分布情况。其中 T-M 代表文本模态，V-M 代表视觉模态，E-M 代表表情符号模态，TVE 代表包含三种模态的推文。

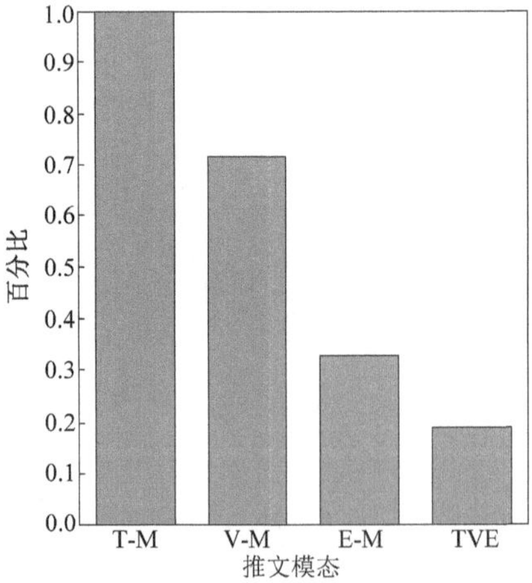

（a）

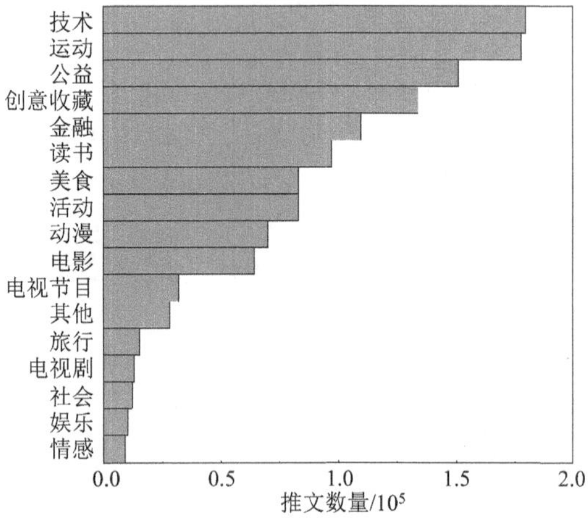

（b）

图 14.12　多模态推文情感数据集中不同模态和主题推文的分布情况

在生成文本词袋的过程中，首先将话题标签和外部链接从文本中剔除。与处理英文文本的方式不同，这里采用了中文自动分词系统 ICTCLAS[27] 对每段文本进行分词。为了简化这一流程，参照常用的中文词典将没有匹配到的词语替换为“未知”标记。根据从文本语料库中的词频挑选出来的 2547 个词语建立了文本词典，同时还参考了情感词典以及 HowNet 和 NTUSD 等资源。在文本分词完成后，该文本词典被用于提取文本特征。视觉词袋的生成则采用在 Twitter 图像集上训练得来的 ANP 检测器库 SentiBank[28]，该库将图像中的低级特征转换为 1200 个 ANP 中级特征。表情符号词袋的构建基于文本语料库中常用的 49 个表情符号。

（2）对比算法。本节所介绍方法分别与以下基于图片、表情包、文字这三种模态的分类方法进行了比较。

- MHG 方法[29]：该方法基于不同模态的节点-节点相似度构建超图结构，并通过超图学习进行情感预测。

- 基于多模态超图的方法（不更新超边权重）MHG_noW：该方法基于 MHG，初始化超边权重为 $1/n^e$，学习过程中不进行权重更新。
- 基于多模态超图的方法（使用多个超图）MMHG：该方法基于 MHG，通过为不同模态分配不同的图来构建多模态超图，目标是学习每个超图的权重而非单个超边的权重。
- 基于跨媒体词袋模型（CBM）的方法[30]：该系列方法包括基于朴素贝叶斯、逻辑回归和 SVM 的跨媒体词袋模型，分别命名为 CBM-NB、CBM-LR 和 CBM-SVM。

（3）评估指标。本节实验中评估指标采用了分类准确率（accuracy）、精确率（precision）、召回率（recall）和 F1 分数。分类实验中采用 10 折交叉验证。准确率表示分类正确的样本占总样本个数的比例。精确率又叫查准率，表示预测结果为正例的样本中实际为正样本的比例。召回率又称查全率，表示预测结果为正样本中实际正样本数量占全部样本中正样本的比例。F1 分数是精确率和召回率的一个加权平均：精确率体现了模型对负样本的区分能力，精确率越高，模型对负样本的区分能力越强；召回率体现了模型对正样本的识别能力，召回率越高，模型对正样本的识别能力越强。F1 分数是两者的综合，F1 分数越高，说明模型越稳健。

（4）对比实验结果分析。图 14.13 给出了不同方法在新浪微博数据集上的情感预测实验结果。Bi-MHG 方法与包括三种跨媒体词袋模型（CBM-NB、CBM-SVM 和 CBM-LR）在内的多模态学习方法进行了比较。同时还与三种基于多模态超图学习的方法 MHG、MHG_noW 和 MMHG 进行了对比。从实验结果中观察可知，Bi-MHG 方法的预测准确率（Acc）可以达到 90%，比 MHG 方法提高了 1.5%。实验结果也表明，所有基于多模态超图计算的方法在性能上均优于传统的跨媒体词袋方法，包括 CBM-NB、CBM-SVM 和 CBM-LR。这个实验结果说明，多模态超图计算方法在融合多模态社交媒体数据的过程中能更有效地使用其内在关联，表征更多维度的信息，从而取得更好的效果。

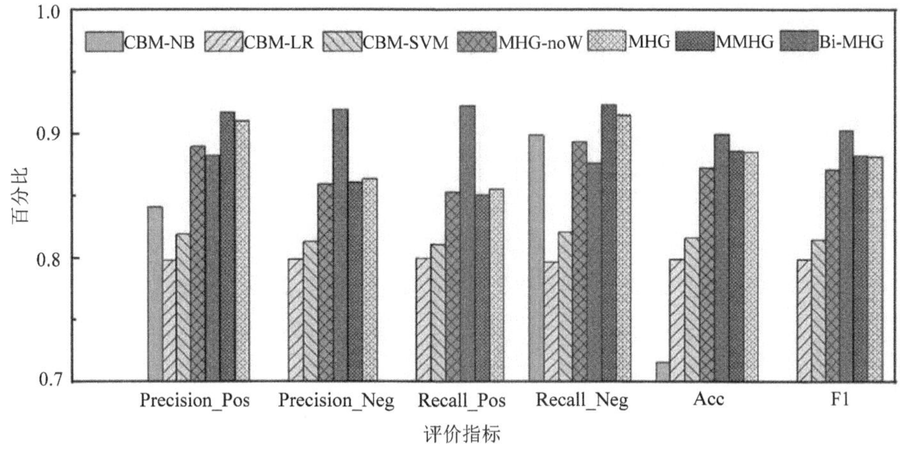

图 14.13（彩色）

图 14.13　多模态社交媒体情感预测任务中不同方法的实验结果

在基于超图计算的几个方法对比中，MHG方法和Bi-MHG方法的性能要优于MHG_noW方法，说明在超图计算过程中对超边权重进行优化是有必要的。

14.4 社交媒体事件检测

如何从海量社交媒体数据中自动检测事件、追踪热点事件已成为一个广泛关注的重要问题。该问题融合了社会科学、数据科学和人工智能等多领域知识，可综合应用社交平台、新闻报道、公共记录等多种社交媒体资源，协助决策者和用户针对特定事件做出决策，在公共安全、政策制定、舆情分析、突发事件响应等多个重要领域发挥着关键作用，同时也面临着诸多挑战。社交媒体平台上的事件检测十分困难。首先，社交媒体平台上存在大量的推文，需要在众多杂乱无序的推文中找到一组关于同一主题的相关推文，而这些推文通常内容短小，缺乏足够的信息量来提供相对完整的视角。其次，社交媒体推文的内容形式多样，不仅包括文本，还包括图像、时间、地理位置、用户偏好和社交关系等。最后，社交媒体推文的实时性特点也为事件检测带来了挑战。

本节介绍一种基于超图计算的社交媒体事件检测方法（hypergraph-based real-time social event detection，HSED）[3]，该方法首先通过超图结构建模不同推文之间的高阶相关性，并进行推文簇的生成。在推文簇的基础上，通过二分图分割进行实时社交媒体事件检测和增量式社交事件检测，其框架如图 14.14 所示。

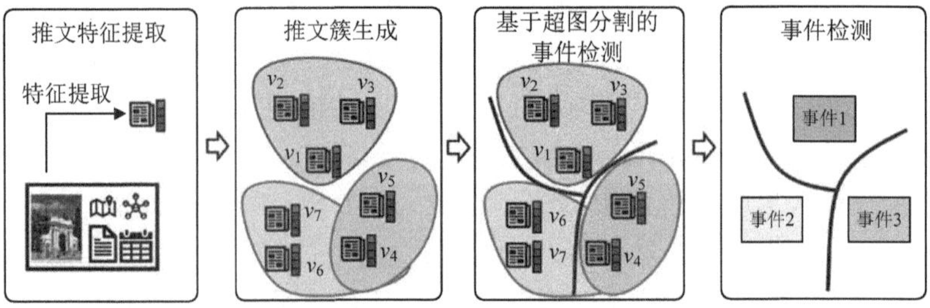

图 14.14 基于超图计算的社交媒体事件检测方法框架

1. 推文超图结构建模和基于超图分割的推文簇生成

由于单条推文通常信息量相对较少、内容简短，首要任务是要获得具有更丰富信息的基础单元。这里定义推文簇（microblog clique，MC）为由一系列紧密关联的推文组成的基本单元，旨在弥补单个推文信息不足的缺陷。这些推文在相对短的时间内集中讨论相同的主题，从而形成了一个信息丰富、视角多元的讨论集合。为了从大量实时推文流中生成推文簇，这里使用超图来描述不同推文数据之间的复杂关系，并进行推文簇的生成。给定一组推文 $M=\{m_1,m_2,\cdots,m_n\}$，在此基础上构建的超图结构为 $\mathcal{G}_H=\{\mathcal{V},\mathcal{E},\boldsymbol{W}\}$，其中 $\mathcal{V}$ 代表节点集合，每个节点 v 对应一个特定的推文，$\mathcal{E}$ 表示超边集合，每个超边 e 包含了一组相关的推文，如图 14.15 所示。超边 e 的权重记作 $w(e)$，通过权重矩阵 $\boldsymbol{W}$ 来体现不同超边的重要性差异。为构造这些超边，首先计算任意两个推文 $\boldsymbol{m}_i$ 和 $\boldsymbol{m}_j$ 之间的相似度，通过不同模态的特征来评估推文之间的相关性，具体计算过程如下。

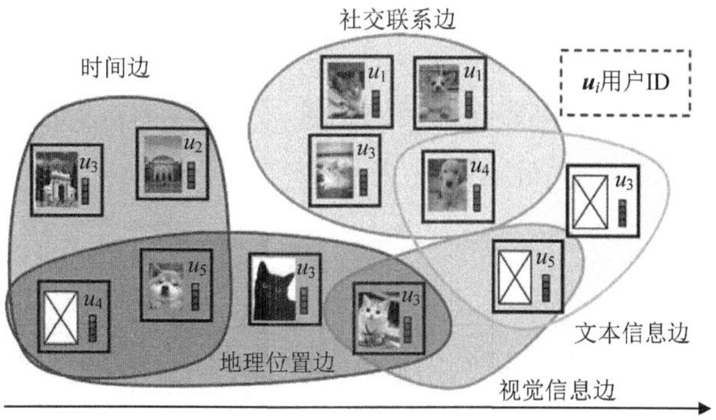

图 14.15　推文超边构建的解释

（1）文本内容：使用 TF-IDF 来描述推文文本特征，使用余弦相似性计算不同特征的相似性，假设推文 m_i 和 m_j 的文本特征为 tc_i 和 tc_j，即可计算该模态的相似度为

$$s_{\mathrm{TC}}\left(m_i,m_j\right)=\frac{\left\langle \mathrm{tc}_i,\mathrm{tc}_j\right\rangle}{\left|\mathrm{tc}_i\right|\left|\mathrm{tc}_j\right|} \tag{14.36}$$

（2）视图内容：采用 Caffe 及其默认参数训练 ImageNet，并使用全连接层作为相应提取特征，最终提取到 4096 维度的深度视觉特征，并通过 PCA 降维到 200 维以方便后续计算，随后同文本内容类似，使用余弦相似度衡量成对的视觉相似性。

（3）位置信息：通过 Harversine 公式衡量不同推文之间的地理相似性。假设推文 m_i 和 m_j 的地理位置分别为 $l(m_i)=(\mathrm{lat}_i,\mathrm{lot}_i)$ 和 $l\left(m_j\right)=\left(\mathrm{lat}_j,\mathrm{lot}_j\right)$，地理相似性可用以下公式计算：

$$\begin{gathered}s_L\left(m_i,m_j\right)=1-2\arctan^2\left(\sqrt{\phi},\sqrt{1-\phi}\right)\\ \Delta\mathrm{lat}=\mathrm{lat}_j-\mathrm{lat}_i,\Delta\mathrm{lot}=\mathrm{lot}_j-\mathrm{lot}_i\end{gathered} \tag{14.37}$$

（4）社交联系：当两个推文共享相同所有者或两个所有者相互关联，如关注者或被关注者，在处理时需要考虑在社交空间中这些推文应较为接近。针对社交相似性，可以通过以下公式进行度量：

$$s_S\left(m_i,m_j\right)=\begin{cases}1 & u_i=u_j\\ 0.5 & u_i\text{和}u_j\text{通过社交平台连接}\\ 0 & \text{其他}\end{cases} \tag{14.38}$$

其中，u_i 是 m_i 的所有者。

（5）时间信息：当两个推文发布时间间隔增大时，它们之间的相关性会降低，使用以下公式度量热度信息的相似性：

$$s_{\mathrm{TI}}\left(m_i,m_j\right)=1-\frac{\left|\mathrm{tt}_i-\mathrm{tt}_j\right|}{\tau} \tag{14.39}$$

其中，tt_i 和 tt_j 分别是推文 m_i 和 m_j 的时间戳；τ 是标准归一化常数。

为了构建推文超图结构，根据位置和时间信息的中间位置及地理距离来创建两个超边，从而将每个推文 m_i 与推文流中相邻的推文连接起来。具体来说，对于每个推文 m_i，选取文本信息和图像内容中最接近的前 N 个推文作为其近邻推文。为了增强超图上的连通性，还将同一用户发表的所有推文连接起来形成另一种类型的超边，不仅增强了推文之间的相关性，还能反映出同一用户在不同时间点的发文模式和趋势。通过上述两种方式构建完推文超图结构后，遵循先前阐述的方法来定义超图的关联矩阵、节点度矩阵和超边度矩阵。推文超图 $\mathcal{G}_H$ 的关联矩阵 $\boldsymbol{H}$ 为

$$\boldsymbol{H}(v,e)=\begin{cases}1 & v\in e\\ 0 & v\notin e\end{cases} \tag{14.40}$$

类似地，节点度矩阵 $\boldsymbol{D}_v$ 和超边度矩阵 $\boldsymbol{D}_e$ 可依照定义得到。在推文超图的基础上，通过超图切割方法对推文进行分组，以便根据相似的主题将推文划分为不同的推文簇。假设集合 S 和 $\overline{S}$ 是在超图 $\mathcal{G}_H$ 上应用双向切割算法得到的结果，那么超图切割的过程可以描述为

$$\begin{cases}\operatorname{Cut}_H\left(S,\overline{S}\right):=\sum\limits_{e\in\partial S}w(e)\dfrac{\left|e\cap S\right|\left|e\cap\overline{S}\right|}{d(e)}\\ \operatorname{lat}_j-\operatorname{lat}_i,\Delta\operatorname{lot}=\operatorname{lot}_j-\operatorname{lot}_i\end{cases} \tag{14.41}$$

式（14.41）中的 ∂S 为超边集边界。双向归一化切割的定义为

$$\operatorname{NCut}_H\left(S,\overline{S}\right):=\operatorname{Cut}_H\left(S,\overline{S}\right)\left(\frac{1}{\operatorname{vol}(S)}+\frac{1}{\operatorname{vol}\left(\overline{S}\right)}\right) \tag{14.42}$$

其中，S 的体积由 $\operatorname{vol}(S)=\sum\limits_{v\in S}D(v)$ 表示。归一化切割问题可以松弛成实数值的优化问题。通过选择超图拉普拉斯算子 $\varDelta$ 的最小非零特征值对应的特征向量，即可找到该问题的解。超图的拉普拉斯公式可写为

$$\varDelta=I-\boldsymbol{D}_v^{-1/2}\boldsymbol{H}\boldsymbol{W}\boldsymbol{D}_e^{-1}\boldsymbol{H}^{\mathrm{T}}\boldsymbol{D}_v^{-1/2} \tag{14.43}$$

将输入的推文 M 分成两组，然后在每个新集合中递归进行双向归一化切割，直到得到最佳切割结果为止。根据贝叶斯信息准则（BIC）获得各个切割的表示能力，从而判定最佳切割数量，进而确定最佳切割结果。给定 $M=\{m_1,m_2,\cdots,m_n\}$ 和一组划分 $P=\{P_1,P_2,\cdots,P_m\}$，BIC 分数由以下公式确定：

$$\mathrm{BIC}=\operatorname{llh}(M)-\frac{N_{\mathrm{p}}}{2}\log n \tag{14.44}$$

其中，$\operatorname{llh}(M)$ 是微博在具有最大似然的分区 P 中的对数似然度；N_{p} 是参数的数量，代表实验中微博特征的维度；n 是微博的数量。方差的最大似然估计通过以下方式计算：

$$\hat{\theta}^2=\frac{1}{n-m}\sum_i d\left(m_i,c_{m_i}\right)^2 \tag{14.45}$$

其中，$d\left(m_i,c_{m_i}\right)$ 是 m_i 和对应的代表性微博 c_{m_i} 之间的距离。微博数据的对数似然度通过以下方式度量：

$$\operatorname{llh}(M)=\sum_i\left(\frac{1}{\sqrt{2\pi}\hat{\theta}^{N_{\mathrm{p}}}}-\frac{1}{2\hat{\theta}^2}d\left(m_i,c_{m_i}\right)^2+\log\frac{n_i}{n}\right) \tag{14.46}$$

其中，N_{p} 表示参数数量和推文特征的维度；n 是推文数量；n_i 是 m_i 的对应划分的数量。通过上述过程，可以将推文数据重新组合成一系列推文簇，以提炼出更加有价值的信息。相较于单一推文的分析，这种基于推文簇的分析方法更能展现社交媒体中的复杂交互和

深层联系，为理解社交媒体的动态提供了新的视角。

以二分割为例，给定两个划分$\{P_0\}$和$\{P_1,P_2\}$，其中P_1和P_2是P_0的分割结果，即$P_0=P_1+P_2$。计算两个分割结果的 BIC 值并选择 BIC 值较高的分割结果。

在微博超图分割之后，所有给定的微博被划分为一组群集。每个微博群集被视为一个 MC，它由其中所有微博的文本信息和视觉内容表示。在去除重复信息后，利用丰富的文本信息和视觉内容来描述 MC。与单个微博相比，MC 为探索高度相关的微博提供了更丰富的信息。

2. 实时及增量社交事件检测

在使用推文簇$\mathrm{MC}=\{\mathrm{MC}_1,\mathrm{MC}_2,\cdots,\mathrm{MC}_p\}$以及对应的推文$M=\{m_1,m_2,\cdots,m_n\}$进行事件检测的过程中，可以发现在单个推文簇内部，推文通常会围绕着同一个事件进行讨论，称为“推文簇线索”，意味着推文簇内部的推文在主题上具有很高的一致性。同时，特征相似的推文簇往往与同一事件有关，被称为“平滑线索”，表明具有相似属性（如文本内容、用户行为、时间标记等）的不同推文簇可能指向同一事件，强调了事件检测中跨推文簇的相关性和一致性。基于推文簇的这两个特点，可以更有效地识别和关联社交媒体中的事件，从而提高事件检测的准确性和效率。

如果一条推文被整合到推文簇中，则会与推文簇相连接，以利用推文簇线索挖掘出更多的社交信息。为了利用平滑线索，将特征空间中相互靠近的推文簇两两相连，在计算形式上使用二分图$\mathcal{G}_B=\{X,Y,B\}$来表示推文簇 MC 和推文 M，其中两个节点集分别表示为X和Y，其中$X:=\mathrm{MC}\cap\mathrm{M}$、$Y:=\mathrm{MC}$、$|X|=|\mathrm{MC}|+|\mathrm{M}|$且$|Y|=|\mathrm{MC}|$。$X$和$Y$之间的跨关联矩阵$B$的定义如下：

$$B_{ij}=\begin{cases}\eta & x_i\in\mathrm{M},x_i\in y_j,y_j\in\mathrm{MC}\\ \mathrm{e}^{-\gamma d_{ij}} & x_i\in\mathrm{MC},y_j\in\mathrm{MC}\\ 0 & \text{其他}\end{cases} \tag{14.47}$$

其中，d_{ij}是两个推文簇之间的距离；η和γ是平衡内部推文簇相关性和推文簇之间平滑性的两个参数。

为了进行事件检测，假设$\mathcal{G}_{BY}=\{Y,\boldsymbol{W}_Y\}$仅包含 MC 的节点。$\boldsymbol{L}_Y=\boldsymbol{D}_Y-\boldsymbol{W}_Y$是$\mathcal{G}_{BY}$的图拉普拉斯矩阵，其中$\boldsymbol{D}_Y=\mathrm{diag}\left(\boldsymbol{B}^{\mathrm{T}}1\right)$、$\boldsymbol{W}_Y=\boldsymbol{B}^{\mathrm{T}}\boldsymbol{D}_X^{-1}\boldsymbol{B}$。假设$\{\lambda_i,\boldsymbol{v}_i\}_1^K$是$\mathcal{G}_B$的$K$个最小特征对，则它们按照如下方式计算：

$$0\leqslant\xi_i\leqslant1,\xi_i\left(2-\xi_i\right)=\lambda_i \tag{14.48}$$

其中，$\boldsymbol{Q}=\boldsymbol{D}_X^{-1}\boldsymbol{B}$是从$X$到$Y$的相应转移概率矩阵。$\{\boldsymbol{f}_1,\boldsymbol{f}_2,\cdots,\boldsymbol{f}_K\}$是由谱聚类得到的，可得到$K$个微博聚类，仅选择包含超过 2%微博的聚类作为检测到的事件。小聚类可视为噪声丢弃。最佳的K值也通过 BIC 进行选择，假设K_0是已存在事件的数量，它的取值是以 0 为左闭区间的整数。此外，假设传入数据的最大数字不大于K_0+n_{new}/t_m，其中阈值t_m用于决定最小的推文数量。因此，二分图被分割n_{new}/t_m+1次，并利用 BIC 选择分割结果作为事件检测结果。假设$\{\Gamma_1,\Gamma_2,\cdots,\Gamma_K\}$是上一个过程中检测到的$K$个事件。通过对每个$\Gamma_i$进行 MC 选择，找到关键推文簇，并根据重要性对每个推文簇进行数量计算。最后，选出每个Γ_i的前$n_{s\mathrm{MC}}$个推文簇来对其进行描述。

在社交媒体平台上，数据是不断增量产生的，面向这一场景的增量社交事件检测用于实时跟踪社交媒体上的事件。在这种场景下，假定在特定时间点t_0进行事件检测，此时已经生成了一系列推文簇$\mathrm{MC}=\left\{\mathrm{MC}_1,\mathrm{MC}_2,\cdots,\mathrm{MC}_p\right\}$和已检测到的事件集合$\left\{\Gamma_1,\Gamma_2,\cdots,\Gamma_q\right\}$，以及一些可能的噪声数据。新数据从$t_0$时刻开始不断到达，并且要在较短的时间间隔$t$内得到处理。也就是说，事件检测在每个$t_0+x\times t$时刻进行，其中$x$的取值为$1,2,\cdots$。在这个例子中，$t_0+\varDelta_t$用作一个示例时刻，$M_{\text{new}}$代表新到达的推文。增量事件检测过程也包括生成推文簇和事件分割两个主要步骤。

为了在这个时间段内生成新的推文簇，使用$\mathrm{MC}^*=\left\{\mathrm{MC}_1^*,\mathrm{MC}_2^*,\cdots,\mathrm{MC}_{n_e}^*\right\}$作为已知的样本集，$\mathrm{MC}^*$和$M_{\text{new}}$被用来构建增量推文超图$\mathcal{G}_H^{t_0+\Delta_t}$。鉴于推文集合与单条推文之间的差异性不明显，其难点在于如何选取代表性推文。通常可以基于转发和评论数量选择每个推文簇中最多三条代表性推文，确保代表性推文总数不超过$3n_e$个。为了创建增量推文超图$\mathcal{G}_H^{t_0+\Delta_t}$，将这些代表性推文与$M_{\text{new}}$结合起来，然后应用超图分割技术从中创建新的推文簇$(\mathrm{MC}_{\text{new}0})$。根据代表性推文，将$\mathrm{MC}_{\text{new}0}$与$\mathrm{MC}^*$进行整合。通过上述方法，构建了$n\mathrm{MC}_{\text{new}}$个新的推文簇$(\mathrm{MC}_{\text{new}0})$，并将其用于事件检测。为了实现实时事件检测，首先将过去已发生事件$\Gamma=\{\Gamma_1,\Gamma_2,\cdots,\Gamma_K\}$作为时间段内的已知数据。在这个框架中，$\Gamma$中的代表性推文簇MC和新生成的增量推文簇$\mathrm{MC}_{\text{new}}$被用来构建下一个超图。对于已经确定的事件，涉及的推文簇之间的距离被设定为0，如下所示：

$$d_{ij}=\begin{cases}0 & x_i\in\Gamma_k\text{并且}y_j\in\Gamma_k\\ \min\limits_{\substack{mx_k\in x_i\\ my_l\in y_j}} d\left(mx_k,my_l\right) & \text{其他}\end{cases}\tag{14.49}$$

其中，$k=1,2,\cdots,K$。因此，根据BIC准则，可以将构建的二分图划分为已存在的事件和新事件。通过上述计算方法，在排除已存在事件后，就可以实现面向新发生事件的动态检测。这样不仅有助于维持已知事件的结构完整性，还能快速有效地整合新旧信息，提高事件检测的连续性和准确性。

MC生成的时间计算成本为$\mathcal{O}\left(n_1^2\log n_1\right)$，其中$n_1=n_{\text{new}}+n_e$，而$n_{\text{new}}$是$\varDelta_t$中的$M_{\text{new}}$的数量。由于$n_{\text{MC}}$不是很大，通过使用一个适当选择的$\varDelta_t$，MC生成过程非常快速。事件检测的时间计算成本按比例缩放为$2K\left(1+d_x\right)n_2+n_3^3$，其中$d_x$是$X$的平均边数，$n_2=n_{\text{new}}+n_3$、$n_3=n_{\mathrm{MC}_{\text{new}}}+n_{s\mathrm{MC}}K$，而$n_{s\mathrm{MC}}$是每个事件选择的代表性MC的数量。通过这种方式，时间计算成本对于实时事件检测是可行的。

3. 实验结果和分析

（1）数据描述。为评估本节所介绍方法的性能，实验数据采用了品牌社交网（brand-social-net，BSN）数据集[31]。BSN数据集源于2012年6月和7月期间新浪微博上的大约300万条推文，包括约130万张图片和100万条用户信息。每条推文不仅包含文本描述，还附有发布者信息、发布时间、用户联系方式、图片以及地理位置信息。BSN数据集中邀请了三位学生参与手动标注，对两组真实数据进行了细致的整理和分析。第一组数据是总结性样本，包含了数十条推文，全面概述了各个事件的主要内容。第二组数据则是排名靠前的精选内容，由10条推文组成，集中体现了每个事件的核心信息。在静态事件检测方面，三位学生从相关的推文中精确筛选出了最具代表性的样本。对于实时事件检测，他们的任务是从事件发生开始到特定日期的数据中进行选择。为了确保标注数据的可靠性和代表性，实验中特别选择了 2012 年 6 月和 7 月期间与 100 个品牌和 300 个产品紧密相关的 20 个热点事件，并收集了这些事件的相关重要新闻报道，这 20 个热点事件如表 14.1 所示。

表 14.1 BSN 数据集中的 20 个热点事件，其中“#”表示相关推文数量

事件名称	缩写	#
The Apple Worldwide Developers Conference	DC	3744
Windows 8 Preview	Win8	3772
Office 2013 Preview	Office	1058
Nokia Lumia	LU	3898
Pepsi Michael Jordan Memorial Can	MJ	1580
Samsung Galaxy 3 I9300	G3	1723
HTC ONE	ONE	4138
ShenGangMaco Auto Expo	SGM	2606
Chongqing Auto Expo	CQ	1163
Changchun Auto Expo	CC	395
Dior Addict	ADD	4161
Hyundai MD Avante	AVA	2667
Citroen DS5	DS5	2970
Farrier Berlinetta F12	F12	1641
Chrysler 300C 2012	300C	1911
Honda Elysion	ELY	623
Honda CR-Z	CRZ	4449
Mazda CX-5	CX5	713
Audi Q3	Q3	1268
Toyota Highlander 2012	HI	856

（2）对比算法。本节所介绍方法分别与以下方法进行了比较。

- 候选排名（candidate retrieval，CR）方法[32]：首先检索到部分备选事件，随后基于文本信息，使用支持向量机（support vector machine，SVM）计算新帖子与检索到的事件之间的概率。
- 结合视觉内容的 CR[32] 方法（CR + V）：CR + V 依照 CR 方法，基于文本信息和视觉内容，融合不同模态特征表示，用 SVM 获得新帖子与检索到事件之间的概率。
- CLASS-SVM（CS）方法[32]：仅使用文本信息，运用 SVM 将新帖子分类到现有事件或新事件中。
- 结合视觉内容的 CS[32] 方法（CS + V）：类似于 CR + V，也加入了视觉的内容。

在静态设置中，事件检测是在所有相关数据上进行的。对于所介绍的方法，静态事

件检测直接使用所有输入的推文。对于其他比较方法，即 CR 和 CS，静态事件检测是数据集最后一天的事件检测结果。在实时设置中，推文数据作为流到达，事件检测任务以时间序列方式进行（Δt 为一天），这个规则同样也适用于所有比较的方法。

（3）评估指标。本节实验中评估指标采用了召回率（recall）、精确率（precision）、F 分数（F-measure）和平均归一化修改检索排名（average normalized modified retrieval rank，ANMRR）作为评估事件检测性能的指标。

召回率旨在衡量检测到的事件对数据的覆盖程度，计算公式如下：

$$\text{Recall}=\frac{|\text{检测到的事件}\cap\text{总结的基准真值}|}{|\text{总结的基准真值}|}$$

精确率用于评估检测到的事件的准确性，计算公式如下：

$$\text{Precision}=\frac{|\text{检测到的事件}\cap\text{总结的基准真值}|}{|\text{检测到的事件}|}$$

F 值是召回率和精确率的综合指标，定义如下：

$$F=\frac{2\times\text{Recall}\times\text{Precision}}{\text{Recall}+\text{Precision}}$$

ANMRR 是一个基于排名的指标，考虑了相关推文的排名顺序。设 Q 表示查询的数量，N 表示数据库中的项目数量。对于一个查询 q，假设 $R(q)$ 是数据库中与 q 相关的推文集合，$\text{NR}(q)$ 是 $R(q)$ 中的推文数量。ANMRR 定义为

$$\text{ANMRR}=\frac{1}{Q}\sum_{q=1}^{Q}\frac{\text{MRR}(q)}{K(q)+0.5-0.5\text{NR}(q)}$$

其中，分母 $K(q)$ 可以具体表示为 $K(q)=\min(4\text{NR}(q),2t)$、$t=\max_{k=1}^{Q}(\text{NR}(k))$，而修改后的检索排名为

$$\text{MRR}(q)=\frac{1}{\text{NR}(q)}\sum_{k=1}^{N}r(k,q)-\left(\frac{[1+\text{NR}(q)]}{2}\right)$$

上式中，函数 $r(k,q)$ 计算作为第 k 个与查询 q 最相似的推文的量化值，定义如下：

$$r(k,q)=\begin{cases}k & k\leqslant K(q)\text{且第}k\text{项元素}\in R(q)\\ K(q)+1 & k>K(q)\text{且第}k\text{项元素}\in R(q)\\ 0 & \text{其他}\end{cases}$$

在实验中，选择的排名靠前的推文被视为正样本。四个测量标准的取值范围为 0～1。对于召回率、精确率和 F 值，数值越高表示性能越好；而对于 ANMRR，数值越低表示性能越好。

（4）对比实验结果分析。在这一部分，将事件检测方法与基准方法，即 CR 和 CS 进行了比较。这些方法在静态事件检测上的平均性能展示在图 14.16 中。图 14.17 展示了实时事件检测的平均性能比较，其中数据是逐渐到达的。第 40 天每个著名事件的详细实验结果展示在图 14.18 中。

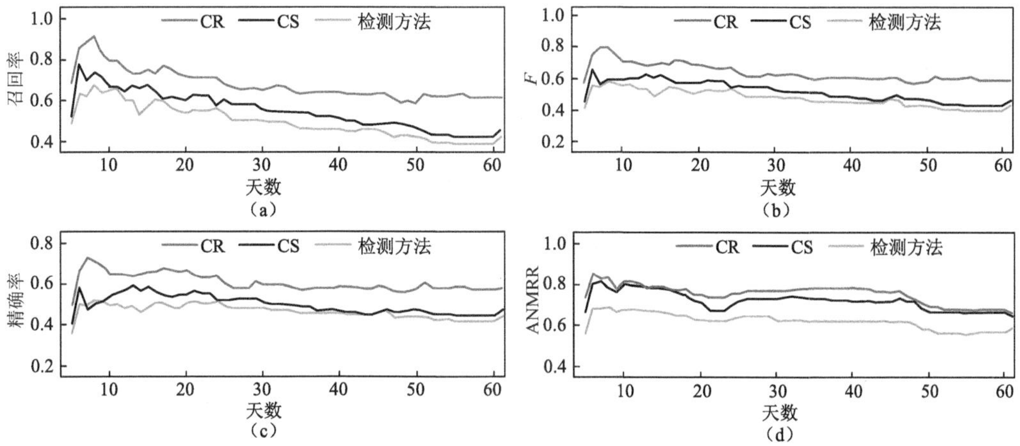

图 14.16 静态事件检测任务中所介绍方法与对比方法的性能比较

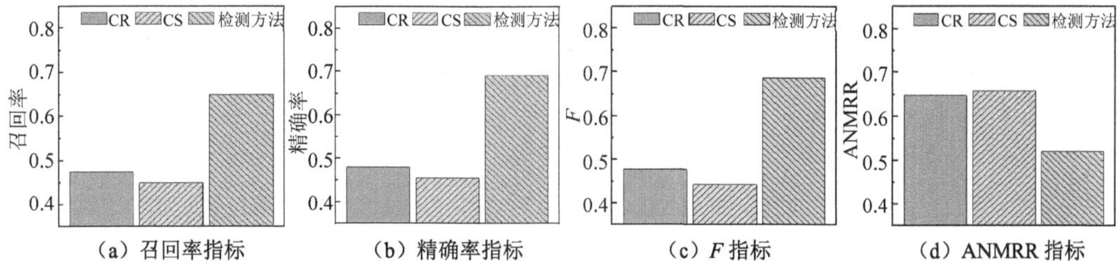

图 14.17 实时事件检测任务中所介绍方法与对比方法的性能比较

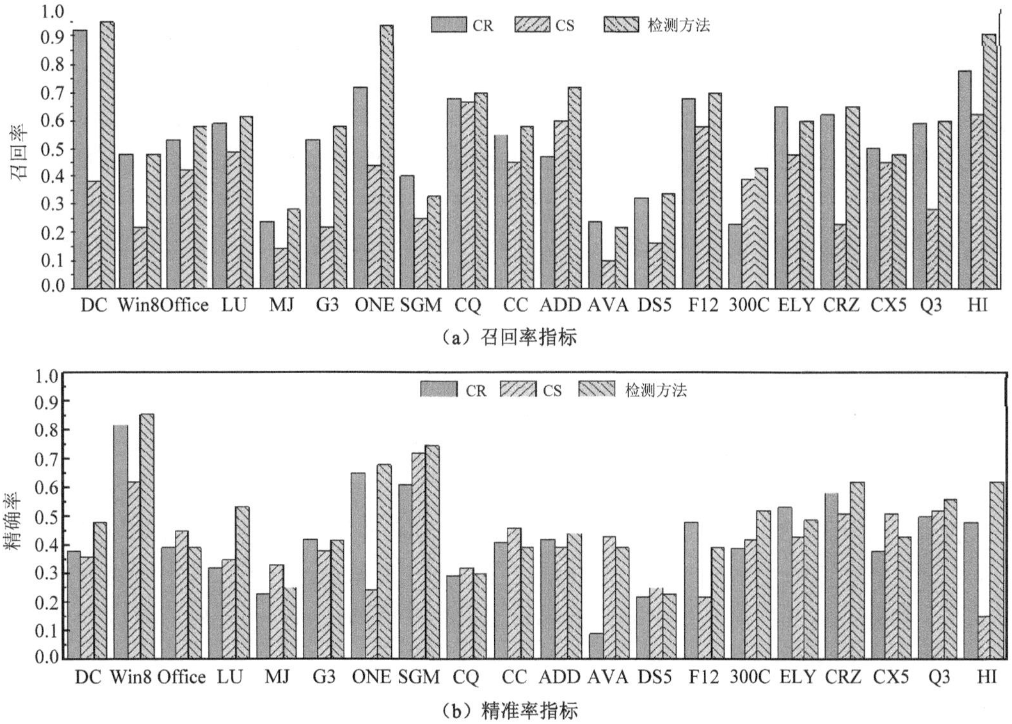

图 14.18 第 40 天所有热点事件进行实时事件检测任务中所介绍方法与对比方法的性能比较

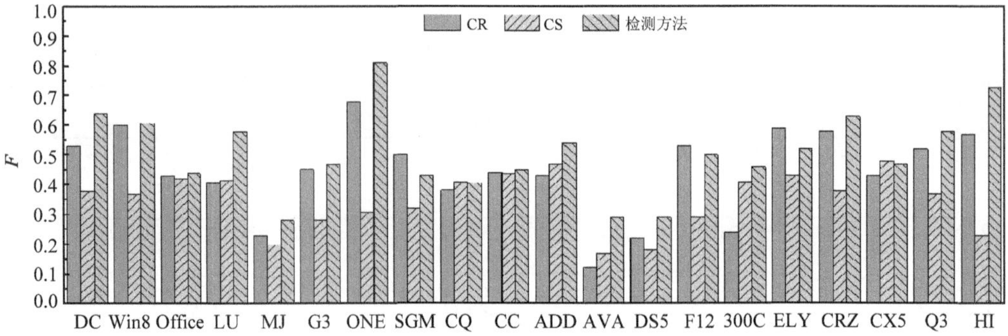

（c）*F* 指标

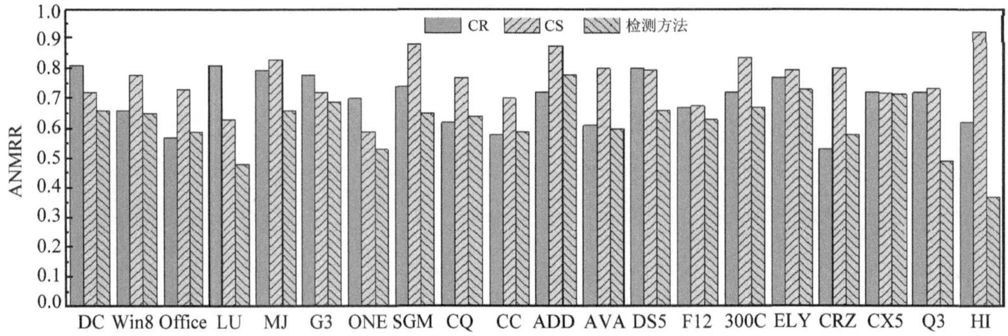

（d）ANMRR 指标

图 14.18（续）

从图 14.16 中可以发现，本节所介绍方法在静态事件检测任务上的表现大大优于 CR 和 CS。具体来说，与 CR 和 CS 相比，本节所介绍方法在召回率、精确率、*F* 值和 ANMRR 方面分别提高了 43.1%、48.4%、45.7%和 20.7%，以及 53.0%、58.0%、55.4%和 22.2%。这些性能提升展示了所介绍方法在静态事件检测上的优越性。在实时事件检测任务中，图 14.17 的结果显示，本节所介绍方法的表现始终比其他对比方法更好。以第 40 天的事件检测结果为例，与 CR 和 CS 相比，所介绍方法在召回率、精确率、*F* 值和 ANMRR 方面分别提高了 24.7%、24.6%、24.7%和 14.2%，以及 39.5%、28.4%、33.6%和 21.2%。在其他天的结果中也可以发现类似的结果。图 14.18 中的详细结果显示，本节所介绍方法在大多数情况下都优于对比方法。所介绍方法的优越性在于对中间语义推文簇和异构数据的探索。通过探索高度相关的推文，推文簇可以解决信息不足的问题。联合考虑文本、视觉和社交内容可以实质性地建模异构数据之间的内在关联，有助于提高事件检测性能。

基于超图的社交事件检测仍然有许多值得探索的问题。例如，实时社交事件检测任务中的一个重要研究方向是如何更深入地挖掘那些可能隐藏在非完整帖子和用户行为中的信息。社交媒体上的帖子和用户互动往往是不完整和不准确的，其中可能蕴含着关键信息。如何从这些片段化和隐晦的信息中提取有价值的内容，并有效地整合到事件检测中，是一个极具挑战性的任务。

本章小结

本章介绍了超图计算在社交媒体分析中的应用，包括推荐系统、情感分析和事件检测三方面内容。在推荐系统方面，具体介绍了协同过滤和属性推断两个实际应用。传统的协同过滤方法仅基于用户-物品的二元关系，而超图计算则能够捕捉用户和物品之间更为复杂的高阶关联。属性推断则在此基础上加入了额外的属性信息，增强了推荐的准确性。此外，上下文信息（如时间和地点等），也可以融入模型中，这为推荐系统的完善提供了新的方向。在情感分析方面，介绍了通过多超图建模多模态推文之间的高阶关联，并通过单层级的语义计算和双层级交互语义计算实现推文的情感预测。事件检测部分则介绍通过超图结构建模推文之间的关系，从而建立更具丰富表达能力的推文簇的方法。

超图计算在社交媒体分析中的应用目前仅是开端，还有许多其他应用值得进一步深入探索。例如，社交媒体中的异构关联十分常见，如何充分利用这些关联中的互补信息是一个值得讨论的方向。此外，社交媒体数据是动态变化的，新数据可能与旧数据存在不同的特征分布，内容之间的高阶关联也呈现动态变化趋势，如何更好地刻画这种关联演化也是值得探索的新方向。

参 考 文 献

[1] JI S, FENG Y, JI R, et al. Dual channel hypergraph collaborative filtering[C]//Proceedings of the 26th ACM SIGKDD Conference on Knowledge Discovery and Data Mining. Virtual Event: Association for Computing Machinery, 2020: 2020-2029.

[2] JI R, CHEN F, CAO L, et al. Cross-modality microblog sentiment prediction via bi-layer multimodal hypergraph learning[J]. IEEE Transactions on Multimedia, 2019, 21(4): 1062-1075 .

[3] ZHAO S, GAO Y, DING G, et al. Real-time multimedia social event detection in microblog[J]. IEEE Transactions on Cybernetics, 2018, 48(11): 3218-3231.

[4] ZHANG S, YAO L, SUN A, et al. Deep learning based recommender system: A survey and new perspectives[J]. ACM Computing Surveys, 2019, 52(1): 1-38.

[5] MALIK S, RANA A, BANSAL M. A survey of recommendation systems[J]. Information Resources Management Journal, 2020, 33(4): 53-73.

[6] BOBADILLA J, ORTEGA F, HERNANDO A, et al. Recommender systems survey[J]. Knowledge-Based Systems, 2013, 46: 109-132.

[7] ZHANG L, WANG S, LIU B. Deep learning for sentiment analysis: A survey[J]. WIREs Data Mining and Knowledge Discovery, 2018, 8(4). DOI: 10.1002/widm.1253.

[8] CAO L, PENG S, YIN P, et al. A survey of emotion analysis in text based on deep learning[C]//IEEE International Conference on Smart City and Informatization. Virtual Platform: IEEE, 2020: 81-88.

[9] PENG S, CAO L, ZHOU Y, et al. A survey on deep learning for textual emotion analysis in social networks[J]. Digital Communications and Networks, 2022, 8(5): 745-762.

[10] NURWIDYANTORO A, WINARKO E. Event detection in social media: A survey[C]//Proceedings of the International Conference on ICT for Smart Society. Jakarta, Indonesia: IEEE, 2013: 1-5.

[11] WANG X, HE X, WANG M, et al. Neural graph collaborative filtering[C]//Proceedings of the International ACM SIGIR Conference on Research and Development in Information Retrieval. Paris: Association for Computing Machinery, 2019: 165-174.

[12] LI X, ZHANG M, WU S, et al. Dynamic graph collaborative filtering[C]//2020 IEEE International Conference on Data Mining (ICDM). Sorrento: IEEE, 2020: 322-331.

[13] FENG Y, YOU H, ZHANG Z, et al. Hypergraph neural networks[C]//Proceedings of the AAAI Conference on Artificial Intelligence: Vol.33. Hilton Hawaiian Village, Honolulu: AAAI Press, 2019: 3558-3565.

[14] HARPER F M, KONSTAN J A. The Movielens datasets: History and context[J]. ACM Transactions on Interactive Intelligent Systems, 2015, 5(4): 1-19.

[15] WANG H, CHEN B, LI W J. Collaborative topic regression with social regularization for tag recommendation[C]//Proceedings of the International Joint Conference on Artificial Intelligence. Beijing: AAAI Press, 2013: 2719-2725.

[16] RENDLE S, FREUDENTHALER C, GANTNER Z, et al. BPR: Bayesian personalized ranking from implicit feedback[C]// Proceedings of the Conference on Uncertainty in Artificial Intelligence. Montreal: AUAI Press, 2009.

[17] BERG R V D, KIPF T N, WELLING M. Graph convolutional matrix completion[C]//Proceedings of the Knowledge Discovery and Data Mining Conference. Halifax: Association for Computing Machinery, 2017.

[18] YING R, HE R, CHEN K, et al. Graph convolutional neural networks for web-scale recommender systems[C]//Proceedings of the Knowledge Discovery and Data Mining Conference. London: Association for Computing Machinery, 2018: 974-983.

[19] HE X, DENG K, WANG X, et al. LightGCN: Simplifying and powering graph convolution network for recommendation[C]// Proceedings of the International ACM SIGIR Conference on Research and Development in Information Retrieval. Virtual Event: Association for Computing Machinery, 2020: 639-648.

[20] RASHED A, GRABOCKA J, SCHMIDT-THIEME L. Attribute-aware non-linear coembeddings of graph features[C]// Proceedings of the ACM Conference on Recommender Systems. Copenhagen: Association for Computing Machinery, 2019: 314-321.

[21] WU L, YANG Y, ZHANG K, et al. Joint item recommendation and attribute inference: An adaptive graph convolutional network approach[C]//Proceedings of the International ACM SIGIR Conference on Research and Development in Information Retrieval. Virtual Event: Association for Computing Machinery, 2020: 679-688.

[22] YOU Q, LUO J, JIN H, et al. Joint visual-textual sentiment analysis with deep neural networks[C]//Proceedings of the Annual ACM Conference on Multimedia Conference. Brisbane: Association for Computing Machinery, 2015: 1071-1074.

[23] YOU Q, CAO L, JIN H, et al. Robust visual-textual sentiment analysis: When attention meets tree-structured recursive neural networks[C]//Proceedings of the ACM Conference on Multimedia Conference. New York: Association for Computing Machinery, 2016: 1008-1017.

[24] CHEN F, GAO Y, CAO D, et al. Multimodal hypergraph learning for microblog sentiment prediction[C]//Proceedings of the IEEE International Conference on Multimedia and Expo. Turin: IEEE, 2015: 1-6.

[25] ZHANG Y, JIN R, ZHOU Z H. Understanding bag-of-words model: A statistical framework[J]. International Journal of Machine Learning and Cybernetics, 2010, 1: 43-52.

[26] LI T, MEI T, KWEON I S, et al. Contextual bag-of-words for visual categorization[J]. IEEE Transactions on Circuits and Systems for Video Technology, 2010, 21(4): 381-392.

[27] ZHANG H P, YU H K, XIONG D, et al. HHMM-based Chinese lexical analyzer ICTCLAS[C]//Proceedings of the Second SIGHAN Workshop on Chinese Language Processing. Sapporo: Association for Computational Linguistics, 2003: 184-187.

[28] BORTH D, JI R, CHEN T, et al. Large-scale visual sentiment ontology and detectors using adjective noun pairs[C]//Proceedings of the ACM International Conference on Multimedia. Barcelona: Association for Computing Machinery, 2013: 223-232.

[29] WANG M, CAO D, LI L, et al. Microblog sentiment analysis based on cross-media bagof-words model[C]//Proceedings of International Conference on Internet Multimedia Computing and Service. Xiamen: Association for Computing Machinery, 2014: 76-80.

[30] GAO Y, WANG F, LUAN H, et al. Brand data gathering from live social media streams [C]//Proceedings of the International Conference on Multimedia Retrieval. Glasgow: Association for Computing Machinery, 2014: 169-176.

[31] REUTER T, CIMIANO P. Event-based classification of social media streams[C]// Proceedings of the ACM International Conference on Multimedia Retrieval. Hong Kong: Association for Computing Machinery, 2012: 1-8.

[32] BECKER H, NAAMAN M, GRAVANO L. Learning similarity metrics for event identification in social media[C]//Proceedings of the ACM International Conference on Web Search and Data Mining. New York: Association for Computing Machinery, 2010: 291-300.

第 15 章　超图计算的其他应用

前几章主要介绍了超图计算在计算机视觉、医学图像处理和社交媒体分析等领域的应用进展。除了以上三个关注较多的领域外，本章将继续介绍超图计算在异常检测、情感计算及药物挖掘等方向的应用。异常检测是工业领域、软件工程等诸多行业关注的任务，本章首先介绍基于超图计算的异常检测方法[1]，通过超图结构建模数据之间的高阶关联，解决了仅依靠数据本身难以进行异常发现的难题。接下来，本章介绍基于超图计算的多模态信号情感计算方法[2-4]，通过超图结构建模不同模态生理信号之间的高阶关联，实现对易混淆生理信号的情感分析。最后，本章介绍基于超图计算的药物挖掘方法[5]，通过建模生物实体之间不同类型的相互作用，学习药物和靶点的嵌入来完成药物-靶点的相互作用预测。

15.1　异 常 检 测

异常检测旨在识别不符合预期行为的异常模式（被称为异常值）。异常检测早期在统计领域研究较多，科学家或研究者通过分析图表数据来查找出现异常的元素。近年来，在数据分析过程中，基于机器学习的异常检测方法可以在数据中标记出不符合常规模式或统计模型的具体实例。这些异常情况可能表现为数据异常值、偏离预期的变化等。异常检测在实际应用中十分重要，可以帮助识别在某一时刻出现的异常模式、行为或事件。在被监测的系统或数据流中，当出现潜在风险或异常情况时，异常检测可以帮助早期定位及预警问题或威胁，实现早期干预，降低风险，保证系统的完整性和可靠性。

异常检测在不同行业中的用途非常广泛。在工业制造领域[图 15.1（a）]，异常检测可以用于识别系统缺陷或设备故障，保证产品质量，提前预警设备风险。在金融领域[图 15.1（b）]，异常检测可以用于检测欺诈，防范金融风险，从交易数据中识别“恶意买家”，如羊毛党、恶意刷屏团伙。在网络安全领域，异常检测可以用于检测异常网络活动，提早发现网络攻击或网络故障。在软件工程领域，异常检测可以用于软件缺陷检测，发现存在问题的软件模块，预警软件故障风险等。

需要指出的是，虽然针对异常检测的研究已经有很长的历史，但异常检测依然存在许多难题。一方面，异常状态通常是很少见的。正常运行的数据可能会较多，但是发生异常的数据较少，甚至是不存在异常数据的，这使得在严重不平衡样本分布下进行精确检测十分困难。另一方面，正常行为的特点可能是规律且动态的，而异常行为的表征很多时候具有较大独立性，难以针对个体样本建立相关模型。目前，许多人工智能模型都基于封闭世界假设来设置，假设测试数据与训练数据分布相似。然而，当整个系统运行在开放世界场景中时，测试样本可能处于已知分布之外，存在 OOD（out-of-distribution）的问题，这也使得如何更好地从已知数据中挖掘未知异常成为了挑战。

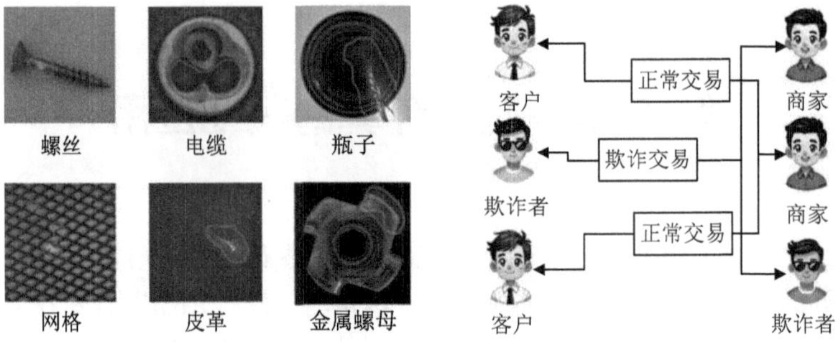

（a）工业异常检测　　（b）电商异常检测

图 15.1　异常检测的不同应用

异常检测方法主要可以分为三类，即基于无监督学习方法[6]、有监督学习方法[7]和半监督学习方法[8]。无监督学习方法的目的是在缺乏标记数据的环境中识别异常，有监督学习方法则依赖于使用更加充足的、源自不同类别的标记数据来检测异常值，而半监督学习方法则结合了标记数据和未标记数据的信息进行异常检测。在工业等应用场景中，通常仅拥有少量标记的异常数据和大量未标记数据，同时这些有限标记数据的类型也不是非常明确的。例如，在工业网络入侵检测领域，检测系统需借助有限的标记异常数据和大量未标记数据来区分入侵行为与正常连接。鉴于入侵类型的多样性及其通常的未知性，直接应用上述方法可能无法取得有效的结果。

在异常检测任务中，如何针对已有数据，充分挖掘数据内在和外在的相关性，实现更有效的异常推断是需要深入探索的重要内容。本节介绍一种基于超图计算的异常检测方法，即基于节点加权的超图学习方法（vertex weighted hypergraph learning，VWHL）[1]。该方法通过超图结构建模已有样本之间的高阶关联，包括具有标记的训练数据和待检测的未知数据，同时通过超图节点的加权来区分不同样本在所建模的超图结构中的重要性，再通过超图上的标签传播来实现异常数据检测。

1. 节点加权的超图结构建模

在异常检测任务中，首先给定一个由 n 个样本组成的集合 $\mathcal{O}=\{\mathcal{O}_1,\mathcal{O}_2,\cdots,\mathcal{O}_n\}$，其中每个样本 $\mathcal{O}_i$ 由一组 d 维属性 $\{A_{i1},A_{i2},\cdots,A_{id}\}$ 表示。在传统的超图结构建模中，超图结构 $\mathcal{G}=(\mathcal{V},\mathcal{E},\boldsymbol{W})$ 包括三个基本部分，即节点集 $\mathcal{V}$、超边集 $\mathcal{E}$ 和超边权重 $\boldsymbol{W}$。在异常检测等应用场景下，由于数据不平衡现象，导致出现不同类型（如正常类型与异常类型）数据量存在较大差异。同时，不同样本对数据的表达能力也存在差异。针对这些问题，VWHL 方法将超图结构建模引入了节点权重，从而形成了以下超图建模形式：$\mathcal{G}=(\mathcal{V},\boldsymbol{U},\mathcal{E},\boldsymbol{W})$，其中 $\boldsymbol{U}$ 表示节点权重。

在超图 $\mathcal{G}=(\mathcal{V},\boldsymbol{U},\mathcal{E},\boldsymbol{W})$ 中，每个节点表示一个样本，超图中共包含 n 个节点。在 VWHL 方法中，超边建立过程采用 k-NN 近邻方式，每次选择一个节点作为中心节点，然后选取 K 个距离最小的近邻节点，并通过一个超边将它们连接起来，如图 15.2 所示。由于每个节点都用作一次中心节点，因此最终建立了 N 个超边。需要指出的是，根据具体的应用场景，可以选用合适的超边生成方式来构建超图结构。

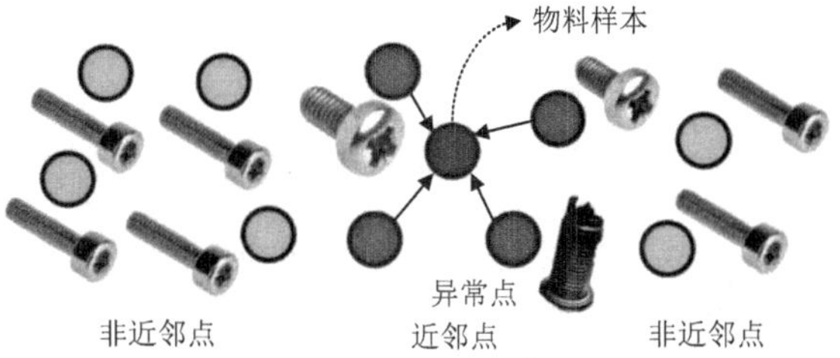

图 15.2　VWHL 中超边构造示意图

超图$\mathcal{G}$使用关联矩阵$\boldsymbol{H}$来描述节点和超边之间的关系，其中元素$\boldsymbol{H}\left(v_i,e_p\right)$表示第$i$个节点$v_i$是否由第$p$个超边$e_p$连接：

$$\boldsymbol{H}\left(v_i,e_p\right)=\begin{cases}\exp\left(-\dfrac{d\left(v_i,v_p\right)^2}{\alpha\bar{d}^2}\right) & v_i\in e_p\\ 0 & v_i\notin e_p\end{cases} \tag{15.1}$$

其中，v_i表示超图中的第i个节点；e_p表示第p个超边；v_p是超边e_p的中心节点；$\bar{d}$是超图中每对样本之间的平均距离；$d\left(v_i,v_p\right)$是中心节点v_p和节点v_i之间的欧几里得距离。该方法用$\boldsymbol{U}(v)$表示节点v的权重。较高的$\boldsymbol{U}(v)$值表示节点v在数据表示中更重要。第i个节点$v_i\in\mathcal{V}$的节点度和第p个超边$e_p\in\mathcal{E}$的超边度被定义为

$$\varpi\left(v_i\right)=\sum_{e_p\in\mathcal{E}}\boldsymbol{W}\left(e_p\right)\boldsymbol{H}\left(v_i,e_p\right) \tag{15.2}$$

$$\delta\left(e_p\right)=\sum_{v_i\in\mathcal{V}}\boldsymbol{U}\left(v_i\right)\boldsymbol{H}\left(v_i,e_p\right) \tag{15.3}$$

与传统的超图结构相比，节点加权超图中考虑了节点权重，较高的节点权重可以对应到较高的超边度。对角矩阵$\boldsymbol{D}_v$和$\boldsymbol{D}_e$的对角元素对应于节点度和超边度。对于所有的超边可以先赋予相同的超边度$1/n$。节点加权的主要目标是区分不同节点对数据表示的影响。考虑到异常样本通常比正常样本少很多，可以根据它们的相关性使用相似度分数和孤立度分数来初始化节点权重。VWHL 的整体计算架构如图 15.3 所示。在给定的数据$\mathcal{O}=\left\{\mathcal{O}_1,\mathcal{O}_2,\cdots,\mathcal{O}_n\right\}$中，首先计算每个节点的孤立度分数。这里构建一个包含多棵树的孤立森林，对于每棵树都通过在数据空间内进行随机分割来构建。具体来说，从数据空间中随机选择一个属性A，并选择一个在$\left[A_{\min},A_{\max}\right]$范围内的分割值$A_{\text{split}}$，接下来在每个节点上进行分割。考虑到异常值的稀缺性和差异性，在孤立树（iTree）中异常值更可能位于靠近根部的位置，而正常样本则更靠近叶子节点。在构建完整个森林之后，可以测量每个实例$\mathcal{O}_i$在树中的路径长度$H\left(\mathcal{O}_i\right)$，即从根部到叶子节点的边数，进而可以计算每个实例$\mathcal{O}_i$在孤立森林中的平均路径长度$E\left(H\left(\mathcal{O}_i\right)\right)$。由于孤立树与二叉搜索树（BST）具有相似的结构，孤立树节点的估计路径长度与 BST 中不成功搜索的长度相同。VWHL 方法中借鉴 BST 分析[9]来估计孤立树的平均路径长度，使用$c(n)=2H(n)-\dfrac{2(n-1)}{n}$来表示不成功搜索的平均路径长度，其中，$n$是样本数量，$H(n)=\ln(n)+0.57721$（欧拉常数）是调和参数。每个样本的孤立度分数计算如下：

$$\mathrm{IS}(\mathcal{O}) = 2^{-\frac{E(h(\mathcal{O}))}{c(n)}} \tag{15.4}$$

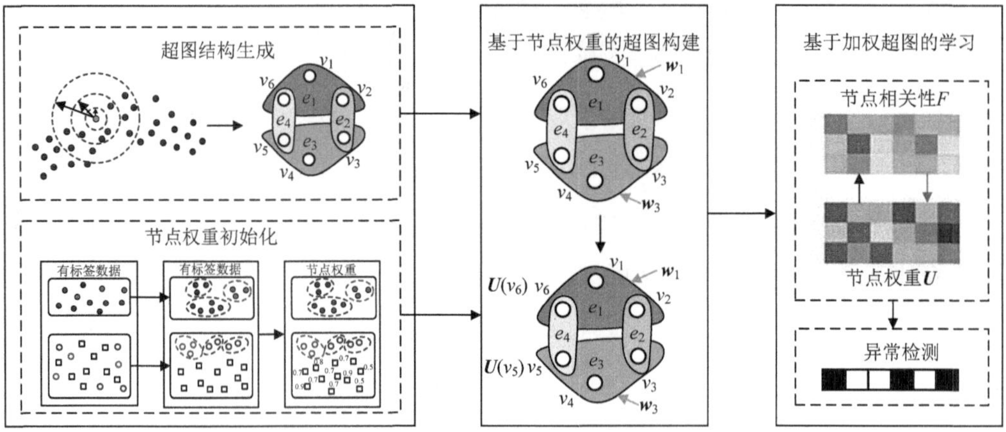

图 15.3　基于节点加权的超图计算框架示意图

图 15.3（彩色）

接下来用 VWHL 方法计算每个节点的相似度分数。首先采用聚类算法对已标记的异常样本进行分组，将其分成k个簇。测试样本与这些异常簇的接近程度越高，该样本成为潜在异常样本的可能性就越大 [10]。每个样本的相似度分数计算如下：

$$\mathrm{SS}(\mathcal{O}) = \max e^{-(\mathcal{O}-\boldsymbol{\theta})^2} \tag{15.5}$$

其中，θ表示簇的中心。在获得孤立度分数和相似度分数之后，每个样本的总分数 [10] 可以定义为

$$\mathrm{TS}(\mathcal{O}) = \eta \mathrm{IS}(\mathcal{O}) + (1-\eta)\mathrm{SS}(\mathcal{O}) \tag{15.6}$$

其中，$\eta \in [0,1]$ 平衡了孤立度分数和相似度分数的重要性，这里将η设为 0.5。具有 $\mathrm{TS} \geqslant \gamma$ 的样本被设置为潜在异常样本，其中γ被定义为$\gamma = \dfrac{1}{n}\sum_{i=1}^{n}\mathrm{TS}(\mathcal{O}_i)$。接下来根据总分和潜在标签设置权重，潜在异常样本的权重计算如下：

$$U(\mathcal{O}) = \frac{\mathrm{TS}(\mathcal{O})}{\max\limits_{\mathcal{O}} \mathrm{TS}(\mathcal{O})} \tag{15.7}$$

潜在正常样本的权重计算如下：

$$U(\mathcal{O}) = \frac{\max\limits_{\mathcal{O}} \mathrm{TS}(\mathcal{O}) - \mathrm{TS}(\mathcal{O})}{\max\limits_{\mathcal{O}} \mathrm{TS}(\mathcal{O}) - \min\limits_{\mathcal{O}} \mathrm{TS}(\mathcal{O})} \tag{15.8}$$

通过上述计算方式，每个节点都给出了一个权重来增强超图结构的表示能力。

2. 基于节点加权的超图语义计算

与传统的超图结构不同，节点加权超图结构平滑正则化项$\Omega(\boldsymbol{F},\mathcal{V},\boldsymbol{U},\mathcal{E},\boldsymbol{W})$可以被定义为

$$
\begin{aligned}
&\Omega(\boldsymbol{F},\mathcal{V},\boldsymbol{U},\mathcal{E},\boldsymbol{W})\\
&=\frac{1}{2}\sum_{k=1}^{K}\sum_{e_p\in\mathcal{E}}\sum_{v_i,v_j\in\mathcal{V}}\frac{\boldsymbol{W}(e_p)\boldsymbol{U}(v_i)\boldsymbol{H}(v_i,e_p)\boldsymbol{U}(v_j)\boldsymbol{H}(v_j,e_p)}{\delta(e_p)}\times\left(\frac{\boldsymbol{F}(v_i,k)}{\sqrt{d(v_i)}}-\frac{\boldsymbol{F}(v_j,k)}{\sqrt{d(v_j)}}\right)^2\\
&=\sum_{k=1}^{K}\left\{\sum_{v_i\in V}\boldsymbol{U}(v_i)\boldsymbol{F}(v_i,k)^2\sum_{e_p\in\mathcal{E}}\frac{\boldsymbol{W}(e_p)\boldsymbol{H}(v_i,e_p)}{d(v_i)}\right.\\
&\quad\times\sum_{v_j\in\mathcal{V}}\frac{\boldsymbol{H}(v_j,e_p)\boldsymbol{U}(v_j)}{\delta(e_p)}\\
&\quad\left.-\sum_{e_p\in\mathcal{E}}\sum_{v_i,v_j\in\mathcal{V}}\frac{\boldsymbol{F}(v_i,k)\boldsymbol{U}(v_i)\boldsymbol{H}(v_i,e_p)\boldsymbol{W}(e_p)\boldsymbol{H}(v_j,e_p)\boldsymbol{U}(v_j)\boldsymbol{F}(v_j,k)}{\sqrt{d(v_i)d(v_j)\delta(e_p)}}\right\}\\
&=\&\mathrm{tr}\left(\boldsymbol{F}^{\mathrm{T}}\left(\boldsymbol{U}^{\mathrm{T}}-\boldsymbol{U}^{\mathrm{T}}\boldsymbol{\Theta}_U\boldsymbol{U}\right)\boldsymbol{F}\right)
\end{aligned}\tag{15.9}
$$

其中，$\boldsymbol{\Theta}_U=\boldsymbol{D}_v^{-1/2}\boldsymbol{H}\boldsymbol{W}\boldsymbol{D}_e^{-1}\boldsymbol{H}^{\mathrm{T}}\boldsymbol{D}_v^{-1/2}$。与不考虑节点权重的传统超图学习方法相比，VWHL方法中的超图结构正则化项在比较两个节点之间的差异时参考了每个节点的权重，具有更高权重的节点在计算过程中会起到更重要的作用。

异常检测任务可以被定义为在节点加权超图结构上的标签传播过程，由已标记样本来分类为标记样本，其损失函数可以写为

$$
\mathcal{Q}_U(\boldsymbol{F})=\Omega(\boldsymbol{F},\mathcal{V},\boldsymbol{U},\mathcal{E},\boldsymbol{W})+\lambda\mathcal{R}_{\mathrm{emp}}(\boldsymbol{F})\tag{15.10}
$$

其中，$\mathcal{R}_{\mathrm{emp}}(\boldsymbol{F},\boldsymbol{U})$是经验损失项：

$$
\begin{aligned}
\mathcal{R}_{\mathrm{emp}}(\boldsymbol{F},\boldsymbol{U})&=\sum_{k=1}^{K}\|\boldsymbol{U}(\boldsymbol{F}(:,k)-\boldsymbol{Y}(:,k))\|^2\\
&=\mathrm{tr}\left(\boldsymbol{F}^{\mathrm{T}}\boldsymbol{U}^{\mathrm{T}}\boldsymbol{U}\boldsymbol{F}+\boldsymbol{Y}^{\mathrm{T}}\boldsymbol{U}^{\mathrm{T}}\boldsymbol{U}\boldsymbol{Y}-2\boldsymbol{F}^{\mathrm{T}}\boldsymbol{U}^{\mathrm{T}}\boldsymbol{U}\boldsymbol{Y}\right)
\end{aligned}\tag{15.11}
$$

异常检测的优化目标函数可以定义为

$$
\arg\min_{\boldsymbol{F}}\Omega(\boldsymbol{F},\mathcal{V},\boldsymbol{U},\mathcal{E},\boldsymbol{W})+\lambda\mathcal{R}_{\mathrm{emp}}(\boldsymbol{F},\boldsymbol{U})\tag{15.12}
$$

对上述优化目标函数求导，可得

$$
\begin{aligned}
\frac{\partial\mathcal{Q}_U}{\partial\boldsymbol{F}}&=\frac{\partial}{\partial\boldsymbol{F}}\left[\Omega(\boldsymbol{F},\mathcal{V},\boldsymbol{U},\mathcal{E},\boldsymbol{W})+\lambda\mathcal{R}_{\mathrm{emp}}(\boldsymbol{F},\boldsymbol{U})\right]\\
&=2\left(\boldsymbol{U}^{\mathrm{T}}-\boldsymbol{U}^{\mathrm{T}}\boldsymbol{\Theta}_U\boldsymbol{U}\right)\boldsymbol{F}+2\lambda\boldsymbol{U}^{\mathrm{T}}\boldsymbol{U}\boldsymbol{F}-2\lambda\boldsymbol{U}^{\mathrm{T}}\boldsymbol{U}\boldsymbol{Y}\\
&=0
\end{aligned}\tag{15.13}
$$

从上述过程可以求解$\boldsymbol{F}$：

$$
\boldsymbol{F}=\lambda\left(\boldsymbol{U}^{\mathrm{T}}-\boldsymbol{U}^{\mathrm{T}}\boldsymbol{\Theta}_I\boldsymbol{U}+\lambda\boldsymbol{U}^{\mathrm{T}}\boldsymbol{U}\right)^{-1}\boldsymbol{U}^{\mathrm{T}}\boldsymbol{U}\boldsymbol{Y}\tag{15.14}
$$

基于生成的相关性矩阵$\boldsymbol{F}$来标识异常数据。

3. 实验结果和分析

（1）数据描述。为评估本节所介绍方法的性能，这里使用了不同行业领域的工业异常检测数据集，包括来自半导体制造过程中的 SECOM 数据集、电离层无线电数据集、

超声流量计诊断数据集和无传感器驱动诊断数据集、检测多维点和时间序列异常的 ODDS 数据集、NASA 和 CK 数据集。

（2）对比算法。本节所介绍方法分别与下列方法进行了性能对比。

- ADOA：该方法利用部分观察到的异常构建异常检测方法来检测异常。
- 偏微分方程连续极限（PDEs）：该方法利用 PDE 连续极限对点进行排序来分类异常样本。
- 孤立森林（iForest）：该方法基于异常对孤立机制敏感的特性来检测异常。
- 过采样主成分分析（osPCA）：该方法通过对目标实例进行过采样，并提取数据的主要方向来检测异常，根据产生的主导特征向量的变化。
- 节点权重超图学习（V-HL）：该方法将固定的节点权重附加到超图结构上，并利用超图学习来探索数据间的高阶关系。
- NSGLP：该方法提出了一种基于图结构的半监督学习方法来识别异常。

（3）评估指标。本节所介绍方法使用三个评估指标来评估各方法的性能。

- 准确率（Accuracy）：准确率是正确分类的实例数占总实例数的比例。
- 受试者工作特征曲线下面积（area under receiver operating characteristic curve，AUC）：AUC 衡量了 ROC 曲线下的面积。ROC 曲线以假正例率为横轴，真负例率为纵轴绘制。
- F1 值（F1-Measure）：F1 值综合考虑了检测概率和精确率，它是检测概率和精确率的调和平均值。

AUC，F1 值的取值范围在[0,1]，数值越大表示性能越好。

（4）实验设置。实验部分将异常实例随机分为训练集和测试集。训练集中异常实例的百分比设置为 10%、20%和 30%，而剩余的正常实例和异常实例则作为测试样本。数据集的划分过程重复十次，并给出平均性能和方差。这里使用零均值归一化对数据集进行预处理。在归一化的数据空间中，将 α 设置为 0.05，以使 $\boldsymbol{H}$ 矩阵中的元素更加有效。至于聚类方法，这里使用 K-均值聚类方法，并将 K 设置为 8。

（5）对比实验结果分析。图 15.4 给出了不同方法在三个数据集上的异常检测性能比较。观察实验结果可知，与 iForest、PDEs 和 osPCA 方法相比，VWHL 方法在三个数据集上均表现更佳。具体而言，在工业异常检测数据集上，当使用10%的数据进行训练时，VWHL 在 F1 指标上的提升分别为 7.92%、5.21%和 12.33%，在 ODDS 数据集上的提升分别为 15.51%、17.34%和 18.12%，在 SDP 数据集上的提升分别为 9.74%、13.23%和 17.39%。当使用 30%的数据作为训练数据时，在准确率方面，工业异常检测数据集上的性能提升分别为 19.31%、16.24%和 17.13%，在 ODDS 数据集上的提升分别为 4.91%、8.33%和 8.41%，在 SDP 数据集上的提升分别为 7.21%、14.25%和 16.82%。

与基于节点权重学习的异常检测方法 ADOA 相比，VWHL 在三个数据集上都显示出了更佳性能。在工业异常检测数据集上，当使用 10%、20%和 30%的训练数据时，VWHL 在 F1 指标上的提升分别为 4.58%、3.42%和 3.23%，在 ODDS 数据集上的提升分别为 3.54%、4.18%和 5.71%，在 SDP 数据集上的提升分别为 5.92%、8.34%和 6.27%。

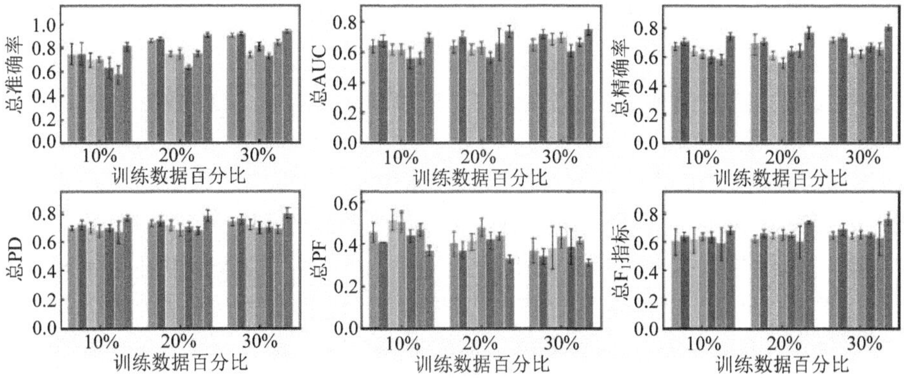

（a）工业异常检测数据集

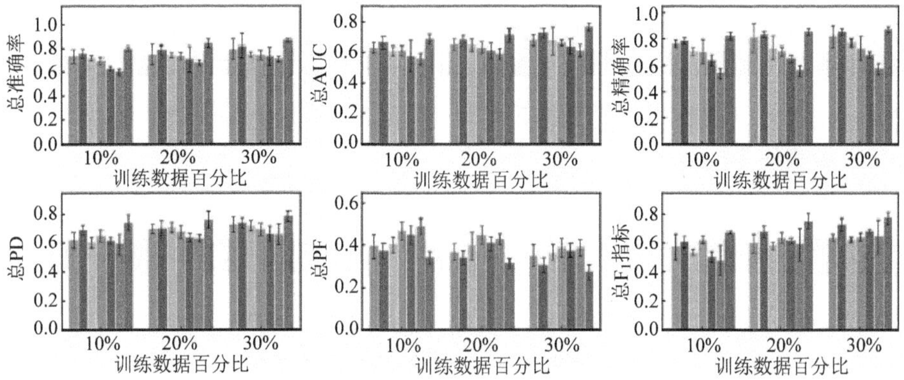

（b）ODDS 数据集

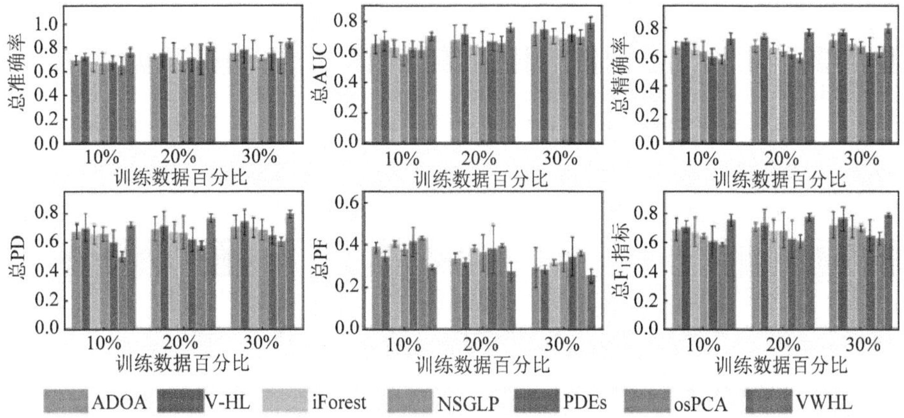

（c）SDP 数据集

图 15.4 不同方法在异常检测任务上的性能对比

图 15.4（彩色）

与传统的基于图学习的方法 NSGLP 相比，在工业异常检测数据集上，当使用 10%、20%和 30%的训练数据时，在 F1 指标上的提升分别为 5.82%、7.27%和 6.53%，在 ODDS 数据集上的提升分别为 4.41%、3.18%和 7.23%，在 SDP 数据集上的提升分别为 4.72%、7.38%和 7.23%。

与基于传统超图计算的方法 V-HL 相比，在工业异常检测数据集上，当使用 10%、20%和 30%的训练数据时，VWHL 在 F1 指标上的提升分别为 7.28%、8.14%和 4.12%，在 ODDS 数据集上的提升分别为 6.72%、5.27%和 4.76%，在 SDP 数据集上的提升分别为 8.67%、11.32%和 9.22%。

同时，在与这些方法的对比中，使用其他指标也让 VWHL 取得了更好的效果，这显著地证明了 VWHL 方法能更准确地进行高精度的异常检测。

VWHL 方法的性能提升主要有两个原因。首先，超图结构能够更好地探索样本之间的高阶关联关系，使所有基于超图计算的方法都比其他方法性能更好。其次，VWHL 方法中的节点加权超图结构更充分地考虑了训练数据分布，减少了对冗余或错误训练数据的依赖。通过这种方式，即使原始数据集中训练样本数量较少，也能对分类决策产生更好的影响。在某些类别的样本数量远多于其他类别的情况下，赋予所有样本等同权重会使分类过程更加关注多数类别，从而降低分类性能。与无节点权重的超图结构不同，VWHL 方法能够平衡训练数据的影响，通过引入节点权重来实现更优的结果。总体而言，节点加权超图学习方法通过在超图中引入节点权重，有效地利用不同训练样本的重要性来提升异常检测任务性能。

15.2 基于多模态生理信号的情感计算

基于多模态生理信号的情感计算旨在通过融合多个生理信号数据来分析和理解个体的情绪状态，从而获取其情感信息。尽管有关个体的情感识别问题已被研究多年，但依然没有得到有效的解决。然而，人类情感不是只通过单一渠道进行表达的，而是可以通过多种渠道来表现，如语言、手势、面部表情以及生理信号等。近年来，越来越多的研究聚焦于融合多种模态数据来解决情感计算的问题。与其他可以主动或被动采用的信号不同，生理信号是由交感神经系统控制的，通常不依赖于人的意志，也不容易被抑制或隐藏。因此，与视觉线索和音频线索相比，生理信号能提供更可靠的情感信息。正是由于情绪与人体生理状态紧密相连，基于生理信号的情绪识别方法往往能提供情绪体验的客观衡量，因此被广泛应用于日常生活中[11]，特别是在人机交互、汽车驾驶辅助、电影情感分类等领域[12]。多模态生理信号的情感计算则通过融合各类生理信号，如心率、皮肤电活动、皮肤温度等来解决情感计算问题，并取得了较好的效果。

在情绪识别中，个体的情感状态通常由多个因素共同作用而成，包括生理信号和环境因素等。传统的情绪识别模型通常采用图模型来建模这些因素之间的关联；相比之下，超图能更有效地捕捉多变量之间的复杂关系，从而提升情绪识别模型的性能和鲁棒性，使情感状态的推断更加精确和可靠。本节将介绍两种基于超图的生理信号情绪识别方法：多模态节点加权超图学习（multi-modal vertex-weighted hypergraph learning，MVHL）[2-3]和多超图神经网络（multi-hypergraph neural networks，MHGNN）[4]。

1. 多模态节点加权超图学习

本节将介绍一种用于个性化情绪识别（personalized emotion recognition，PER）的多

模态节点加权超图学习方法（MVHL）。超图能够有效地描述生理数据与性格特征之间的关联性[2]，MVHL 利用超图结构捕捉个体之间性格的相关性及刺激引起的生理反应的相关性。在这种方法中，超图的节点被建模为（受试者，刺激）的复合元组，同时自适应地学习超图中节点的权重、超边的权重以及模态的权重。其中，超边权重描绘了最佳特征表示的构成，而节点权重则用于表达各类样本和模态在学习过程中的影响力。基于计算出的因子（即情绪相关性）进行情绪识别，并在多模态节点加权超图上进行学习。由于超图的节点是由来自不同个体的混合数据构成的，因此 MVHL 能够同时识别多个个体的情绪。

在该模型中，首先根据受试者和刺激生成的复合元组（受试者，刺激）来构建超图。随后，通过建立多模态超边来捕捉不同个体之间的性格相关性以及不同刺激之间的生理相关性。最终，在节点加权多模态超图的联合学习之后，得到情绪识别的结果。

（1）超图构建。该模型通过不同样本之间的成对相似度构建超图结构。性格 u_i 和 u_j 之间的成对相似度由余弦函数给出：

$$s_{\text{PER}}\left(u_i,u_j\right)=\frac{\left\langle \boldsymbol{p}_i,\boldsymbol{p}_j\right\rangle}{\boldsymbol{p}_i\cdot\boldsymbol{p}_j} \tag{15.15}$$

其中，$\boldsymbol{p}_i$ 表示 u_i 的性格向量。将每个节点依次作为中心点，使用超边将该中心点与其现有表示空间中的 K 个最近邻居连接起来。超边的建立过程同时考虑了主体与性格的相似性。一方面，一个超边将同一主体中的所有节点连接起来。另一方面，基于性格相似性选择每个主体的最接近的 K 个主体，通过创建另一个超边将它们连接起来。

假设构建的超图为 $\mathcal{G}_m=(\mathcal{V}_m,\mathcal{E}_m,\boldsymbol{W}_m)$，其中 $\mathcal{V}_m$ 和 $\mathcal{E}_m$ 分别表示节点集和超边集，$\boldsymbol{W}_m$ 是第 m 个超图的对角超边权重矩阵（$m=1,2,\cdots,M$）。关联矩阵 $\boldsymbol{H}_m$ 可以按如下方式计算：

$$\boldsymbol{H}_m(v,e)=\begin{cases}1 & v\in e\\ 0 & v\notin e\end{cases} \tag{15.16}$$

传统的超图学习方法只是简单地将所有节点视为等权的，而多模态节点加权超图学习则通过学习不同节点的权重来评估它们在学习过程中的价值和贡献。假设 $\boldsymbol{U}_m$ 是节点权重的对角矩阵，节点度数和超边度数分别定义为 $d_m v=\sum_{e\in\mathcal{E}_m}\boldsymbol{W}_m(e)\boldsymbol{H}_m(v,e)$ 和 $\delta(e)=\sum_{v\in\mathcal{V}_m}\boldsymbol{U}_m(e)\boldsymbol{H}_m(v,e)$。相应地，两个对角矩阵定义为 $\boldsymbol{D}_m^v(i,i)=d_m(v_i)$ 和 $\boldsymbol{D}_m^e(i,i)=\delta_m(e_i)$。

（2）超图学习。多模态节点加权超图学习旨在研究生理信号和各个主体之间的性格关系之间的相关性。多模态节点加权超图学习总体框架如图 15.5 所示。给定 N 个主体 $u_1,u_2,\cdots,u_N$ 和涉及的针对 u_i 的刺激 s_{ij}（$j=1,2,\cdots,n_i$），假设第 c 个情绪类别的节点和相关标签为 $\left\{\left(u_1,s_{1j}\right)\right\}_{j=1}^{n_1},\left\{\left(u_2,s_{2j}\right)\right\}_{j=1}^{n_2},\cdots,\left\{\left(u_N,s_{Nj}\right)\right\}_{j=1}^{n_N}$ 和 $\boldsymbol{y}_{1c}=\left[y_{11}^c,y_{12}^c,\cdots,y_{1n_1}^c\right]^{\mathrm{T}},\cdots,\ \boldsymbol{y}_{Nc}=\left[y_{N1}^c,y_{N2}^c,\cdots,y_{Nn_N}^c\right]^{\mathrm{T}}$，其中，$c=1,2,\cdots,n_e$。

情绪类别的数量表示为 n_e，$\boldsymbol{r}_{1c}=\left[r_{11}^c,r_{12}^c,\cdots,r_{1n_1}^c\right]^{\mathrm{T}},\cdots,\boldsymbol{r}_{Nc}=\left[r_{N1}^c,r_{N2}^c,\cdots,r_{Nn_N}^c\right]^{\mathrm{T}}$ 表示与第 c 个情绪类别的指定用户相关联的所有刺激的估计值，也称为情绪相关性。$\boldsymbol{y}_c,\boldsymbol{r}_c$ 表示为

$$\boldsymbol{y}_c=\left[\boldsymbol{y}_{1c}^{\mathrm{T}},\boldsymbol{y}_{2c}^{\mathrm{T}},\cdots,\boldsymbol{y}_{Nc}^{\mathrm{T}}\right]^{\mathrm{T}},\boldsymbol{r}_c=\left[\boldsymbol{r}_{1c}^{\mathrm{T}},\boldsymbol{r}_{2c}^{\mathrm{T}},\cdots,\boldsymbol{r}_{Nc}^{\mathrm{T}}\right]^{\mathrm{T}} \tag{15.17}$$

令 $\boldsymbol{Y}=\left[\boldsymbol{y}_1,\boldsymbol{y}_2,\cdots,\boldsymbol{y}_c,\cdots,\boldsymbol{y}_{n_e}\right]$、$\boldsymbol{R}=\left[\boldsymbol{r}_1,\boldsymbol{r}_2,\cdots,\boldsymbol{r}_c,\cdots,\boldsymbol{r}_{n_e}\right]$，其中两个权衡参数为 λ 和 η 。

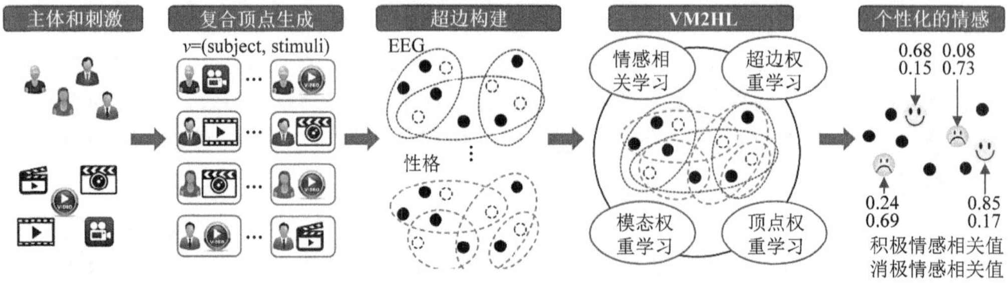

图 15.5　多模态节点加权超图学习总体框架

所提出的超图学习方法采用半监督学习的方式来同时最小化超图结构上的经验损失和正则化项，以及节点、超边和模态的权重：

$$\underset{\boldsymbol{R},\boldsymbol{W},\boldsymbol{U},\alpha}{\operatorname{argmin}}\left\{\Gamma(\boldsymbol{R})+\lambda\Psi(\boldsymbol{R},\boldsymbol{W},\boldsymbol{U},\boldsymbol{\alpha})+\eta\boldsymbol{R}(\boldsymbol{W},\boldsymbol{U},\boldsymbol{\alpha})\right\} \tag{15.18}$$

其中，λ 和 η 是两个权衡参数；$\boldsymbol{W}=\{\boldsymbol{W}_1,\boldsymbol{W}_2,\cdots,\boldsymbol{W}_M\}$；$\boldsymbol{U}=\{\boldsymbol{U}_1,\boldsymbol{U}_2,\cdots,\boldsymbol{U}_M\}$；$\Gamma(\boldsymbol{R})$ 是经验损失函数。

$$\Gamma(\boldsymbol{R})=\sum_{c=1}^{n_e}\boldsymbol{r}_c-\boldsymbol{y}_c{}^2 \tag{15.19}$$

Ψ 是超图结构的正则化项，可以定义为

$$\begin{aligned}\Psi(\boldsymbol{R},\boldsymbol{W},\boldsymbol{U},\boldsymbol{\alpha})&=\frac{1}{2}\sum_{c=1}^{n_e}\sum_{m=1}^{M}\alpha_m\sum_{e\in\mathcal{E}_m}\sum_{\mu,\nu\in\mathcal{V}_m}\\&\quad\frac{\boldsymbol{W}_m e\boldsymbol{U}_m\mu\boldsymbol{H}_m\mu,e\boldsymbol{U}_m\nu\boldsymbol{H}_m\nu,e}{\delta e}\left(\frac{\boldsymbol{r}_c\mu}{\sqrt{\boldsymbol{D}_m^{\nu}\mu,\mu}}-\frac{\boldsymbol{r}_c\nu}{\sqrt{\boldsymbol{D}_m^{\nu}\nu,\nu}}\right)\\&=\sum_{c=1}^{n_e}\boldsymbol{r}_c{}^{\mathrm{T}}\sum_{m=1}^{M}\alpha_m(\boldsymbol{U}_m-\boldsymbol{\Theta}_m)\boldsymbol{r}_c\end{aligned} \tag{15.20}$$

其中，$\boldsymbol{\alpha}$ 代表不同超图的权重，以衡量不同模态特征的重要性，其满足 $\sum_{m=1}^{M}\alpha_m=1$ 。

$$\boldsymbol{\Theta}_m=\left(\boldsymbol{D}_m^{\nu}\right)^{-1/2}\boldsymbol{U}_m\boldsymbol{H}_m\boldsymbol{W}_m\left(\boldsymbol{D}_m^{e}\right)^{-1}\boldsymbol{H}_m^{\mathrm{T}}\boldsymbol{U}_m\left(\boldsymbol{D}_m^{\nu}\right)^{-1/2} \tag{15.21}$$

而 $\boldsymbol{\Delta}=\sum_{m=1}^{M}\alpha_m(\boldsymbol{U}_m-\boldsymbol{\Theta}_m)$ 可以看作具有节点加权的融合超图拉普拉斯矩阵。

$\mathcal{R}$ 是模态、节点和超边权重的正则化项，可以写为

$$\mathcal{R}(\boldsymbol{W},\boldsymbol{U},\boldsymbol{\alpha})=\sum_{m=1}^{M}\left(\operatorname{tr}\left(\left(\boldsymbol{W}^m\right)^{\mathrm{T}}\boldsymbol{W}^m\right)+\operatorname{tr}\left(\left(\boldsymbol{U}^m\right)^{\mathrm{T}}\boldsymbol{U}^m\right)+\operatorname{tr}\left(\boldsymbol{\alpha}^{\mathrm{T}}\boldsymbol{\alpha}\right)\right) \tag{15.22}$$

其中，$\operatorname{tr}(\cdot)$ 是矩阵的迹。

为了解决式（15.18）的优化问题，可以采用一个替代方案。首先固定 $\boldsymbol{W}$、$\boldsymbol{U}$、$\boldsymbol{\alpha}$，然后优化 $\boldsymbol{R}$，则式（15.18）的目标函数变为

$$\underset{\boldsymbol{R}}{\operatorname{argmin}}\left\{\sum_{c=1}^{n_e}\|\boldsymbol{R}(:,c)-\boldsymbol{Y}(:,c)\|^2+\lambda\boldsymbol{R}^{\mathrm{T}}\boldsymbol{\Delta}\boldsymbol{R}\right\} \tag{15.23}$$

其中，$\lambda>0$，$\boldsymbol{R}$ 可以计算如下：

$$\boldsymbol{R}=\left(\boldsymbol{I}+\frac{1}{\lambda}\boldsymbol{\Delta}\right)^{-1}\boldsymbol{Y} \tag{15.24}$$

其次，可以固定 $\boldsymbol{R}$、$\boldsymbol{U}$、$\boldsymbol{\alpha}$，然后优化 $\boldsymbol{W}$。因为每个 $\boldsymbol{W}_m$ 是相互独立的，则目标函数可以重写为

$$\underset{\boldsymbol{W}}{\operatorname{argmin}}\left\{\lambda\sum_{c=1}^{n_e}\boldsymbol{y}_c^{\mathrm{T}}\alpha_m\left(\boldsymbol{U}_m-\boldsymbol{\Theta}_m\right)\boldsymbol{y}_c+\eta\operatorname{tr}\left(\boldsymbol{W}_m^{\mathrm{T}}\boldsymbol{W}_m\right)\right\} \tag{15.25}$$

其中，$\boldsymbol{D}_v^m(v,v)=\sum_{e\in E_m}\boldsymbol{W}_m(e)\boldsymbol{H}_m(v,e),\eta>0$，并且 $\boldsymbol{W}_m(e)\geqslant 0$。用式（15.21）替换 $\boldsymbol{\Theta}_m$，上述优化任务在 $\boldsymbol{W}_m$ 上是凸的，并且可以通过现有的二次规划方法轻松求解。

然后，可以固定 $\boldsymbol{R}$、$\boldsymbol{W}$、$\boldsymbol{\alpha}$，并优化 $\boldsymbol{U}$。因为 $\boldsymbol{U}_m$ 是相互独立的，所以对 $\boldsymbol{U}$ 的优化与对 $\boldsymbol{W}$ 的优化类似。

最后，再固定 $\boldsymbol{R}$、$\boldsymbol{W}$、$\boldsymbol{U}$，并优化 $\boldsymbol{\alpha}$。式（15.18）的目标函数可简化为

$$\underset{\alpha}{\operatorname{argmin}}\left\{\lambda\sum_{c=1}^{n_e}\boldsymbol{y}_c^{\mathrm{T}}\alpha_m\left(\boldsymbol{U}_m-\boldsymbol{\Theta}_m\right)\boldsymbol{y}_c+\eta M\operatorname{tr}\left(\boldsymbol{\alpha}^{\mathrm{T}}\boldsymbol{\alpha}\right)\right\} \tag{15.26}$$

其中，$\sum_{m=1}^{M}\alpha_m=1$；$\eta>0$。进一步可以应用拉格朗日乘子法[13]来解决该优化问题，可以得到

$$\alpha_m=\frac{1}{M}+\frac{\sum_{c=1}^{n_e}\boldsymbol{y}_c^{\mathrm{T}}\sum_{m=1}^{M}\left(\boldsymbol{U}_m-\boldsymbol{\Theta}_m\right)\boldsymbol{y}_c}{2\eta M^2}-\frac{\sum_{c=1}^{n_e}\boldsymbol{y}_c^{\mathrm{T}}\left(\boldsymbol{U}_m-\boldsymbol{\Theta}_m\right)\boldsymbol{y}_c}{2\eta M} \tag{15.27}$$

上述优化过程重复进行，直到收敛。由于上述每一步都降低了目标函数值，而该函数有一个下界 0，因此可以保证交替优化的收敛性。

（3）数据描述。本方法的实验验证采用 ASCERTAIN 数据集[14]。该数据集将生理反应与性格和情绪状态相联系，一共包含了 58 个大学生的数据（其中有 21 名女性，平均年龄为 20 岁），所有受试者都能流利地使用英语，并且经常观看好莱坞电影。为了激发受试者的不同情感，每位受试者受邀观看了 36 段时长在 51～127s 之间的电影片段[15]，而这些片段在 *VA* 空间上是均匀分布的（每个象限有九段）。在观看这些片段时，实验者使用了多个传感器来记录生理信号；在观看完每个片段后，受试者被要求在七个可选分数中给出他们的 *VA* 评分来反映他们的情感印象，即 *V* 从−3 分（非常负面）到 3 分（非常正面）以及 *A* 从−3 分（非常无聊）到 3 分（非常激动）。性格度量采用五大维度，并使用大五维性格问卷进行汇总[16]。ENACO 的标准偏差分别是 1.0783、0.7653、0.7751、0.9176 和 0.6479。但需要注意的是，该数据集是不完整的，其中缺失了一些数据，如第 3 位学生的第 13、15、27 和 34 号 GSR 信号是缺失的。

（4）对比算法。实验选择了以下方法作为对比。

- SVM_L（linear support vector machine）：线性核函数的支持向量机[17]。
- SVM_R（radial support vector machine）：径向基函数的支持向量机[17]。

- NB（naive Bayes）：朴素贝叶斯[17]。
- HL（hypergraph learning）：超图学习[13]。
- HL_E（weighted hypergraph learning）：超边权重优化的超图学习[18]。

本实验通过基于中位数值的觉知和唤醒的情感评级[14]来进行二分类情感识别，因为每个受试者观看和标记的电影片段数量对于细粒度情感识别来说是不够的。采用识别准确率（ACC）[14]作为评估指标。实验中，随机选择了50%的刺激和相应的生理信号、情绪作为训练集，其余数据构成了测试集。对比算法的参数通过对训练集进行十折交叉验证来进行选择。例如，通过网格搜索来选择SVM的γ和C[14]。除非另有说明，则超边生成中的参数K设为10，并采用正则化参数$\lambda=0.1$和$\eta=100$。为了公平比较，实验仔细调整对比算法的参数并使用最佳结果。此外，实验重复10次并使用平均结果以消除随机性的影响。

（5）实验结果和分析。图15.6（a）展示了识别准确率衡量的各方法性能比较，图15.6（b）展示了Mann-Whitney-Wilcoxon检验结果。从结果中可以观察到：①在95%的置信区间下，该方法在警觉度和唤醒度上都明显优于基线方法；②基于超图学习的方法比传统的SVM和NB分类器取得了更好的结果；③NB的表现略好于SVM，但SVM简单的线性核优于RBF核；④所有方法在使用生理特征进行情绪识别时都达到了50%以上的识别率；⑤在警觉度方面的表现优于唤醒度，这可能是因为大多数情况下唤醒度的标准偏差较大，导致了类间差异较大。具体而言，MVHL与SVM_L、SVM_R、NB、HL和HL_E相比，在警觉度上的性能提升分别为26.25%、31.35%、22.84%、17.19%和14.20%，在唤醒度上的性能提升分别为22.86%、27.78%、18.95%、15.12%和12.03%。

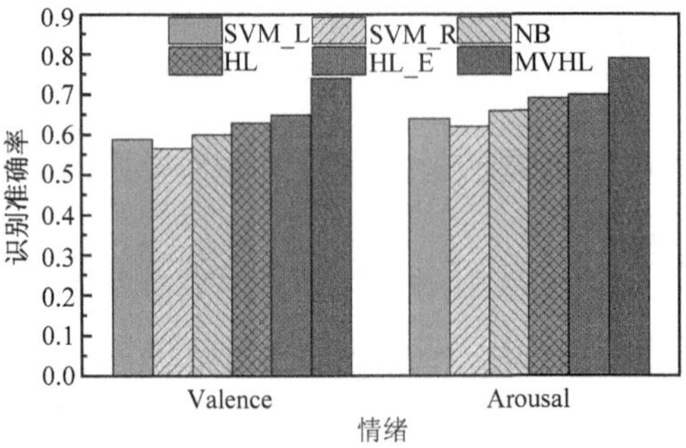

（a）情感识别准确率方面的性能比较

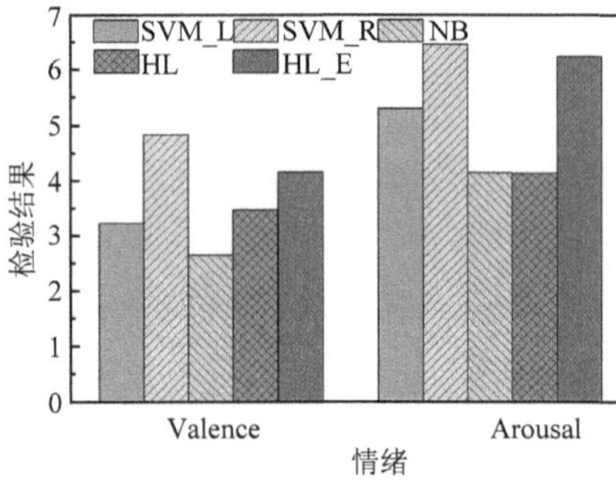

（b）Mann-Whitney-Wilcoxon检验结果

图15.6　实验结果

MVHL之所以性能更佳，原因可以总结为以下几个方面：①超图结构能够更好地探索多模态特征之间复杂的高阶关系，这使得基于超图学习的方法的性能优于其他模型；②考虑性格因素，将具有相似性格的不同主体联系起来，将识别过程变成一个多主体的多任务学习问题，因此能够有效挖掘不同主体之间的潜在相关性，可以视为扩大了每个主体的训练集；③同时学习节点、超边和模态的不同重要性，从而更准确地刻画高阶关联。

2. 多超图神经网络

多超图神经网络（multi-hypergraph neural network，MHGNN）使用超图来建模多种

关联信息，如不同类型信号间的关联、个体间的相互作用以及单个人对各种刺激产生的生理信号变化模式，通过分析生理信号来识别情绪。该模型首先将每个给定的主体和刺激组合成复杂元组，然后基于相关的生理信号为每种类型的关联生成相应的超图。在这些超图中，超边用来表示在不同刺激下生理信号之间的相关性。之后，MHGNN 根据数据的复杂关系对节点进行分类，将情绪识别任务转化为超图上的节点分类问题。不同的超图神经网络通过全连接网络进行组合，得到最终的识别结果。在情绪分类过程中，该网络还考虑了不同多模态生理信号之间的相关性。MHGNN 的主要优势在于其能够整合和利用多模态数据，同时有效地刻画和理解数据间的三种复杂关系：不同类型信号间的关联、个体间的相互作用，以及个体对不同刺激反应的生理信号模式。图 15.7 展示了 MHGNN 方法的流程。

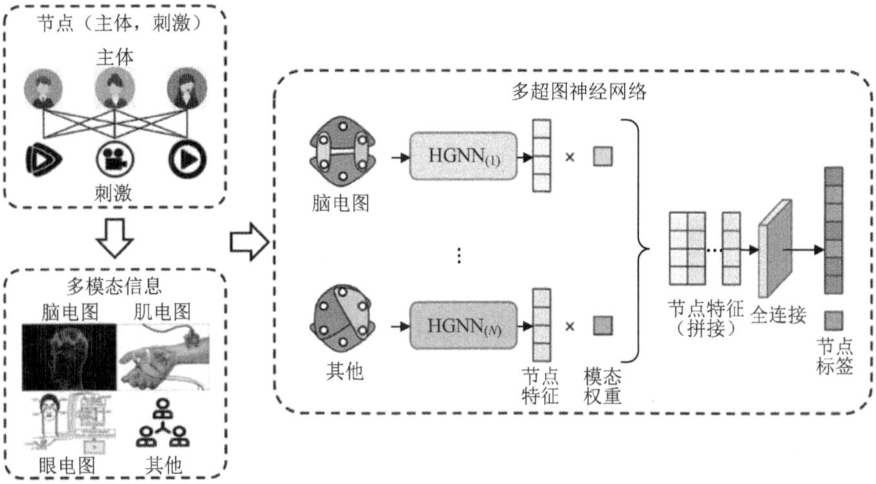

图 15.7　多超图神经网络流程图

（1）多超图建模。给定来自各种生理输入的多个特征，MHGNN 使用多超图结构来表示主体相关性。每种模态由一个单独的超图表示。超图的节点之间的连接使用超边构建，超图上的每个节点表示一个要学习的主体和对应的刺激。使用 k-NN 方法生成超图，其中 k 是用于评估连接性的超参数。将每个节点依次作为中心点建立超边。假设 $S=S_1,S_2,\cdots,S_n$ 表示属于模态 i 的特征 $\boldsymbol{X}^{(i)}=\left\{\boldsymbol{x}_1^{(i)},\boldsymbol{x}_2^{(i)},\cdots,\boldsymbol{x}_n^{(i)}\right\}$ 的训练集，其中向量 $\boldsymbol{x}_j^{(i)}$ 是来自模态 i 的第 j 个训练样本的特征，S_j 表示第 j 个训练样本。根据 k-NN 方法，节点 v_p 与其周围的 k 个最近节点共享超边。超边 e_p 以节点 v_p 为中心。相应特征之间的欧几里得距离表示两个节点之间的距离。节点 p 与节点 q 之间的相关性由矩阵元素 $h_{p,q}$ 表示。相关性可以表示成欧几里得距离的指数：

$$h_{p,q}^{(i)}=\begin{cases}\exp\left(-\dfrac{d\left(\boldsymbol{x}_p^{(i)},\boldsymbol{x}_q^{(i)}\right)^2}{d^2}\right) & q\in u_p\\ 0 & q\notin u_p\end{cases} \tag{15.28}$$

其中，$d\left(\boldsymbol{x}_p^{(i)},\boldsymbol{x}_q^{(i)}\right)$ 代表样本 p 和 q 在特征空间中的欧几里得距离。在 MHGNN 中，由于

缺乏关于超边重要性的先验知识，权重矩阵 $\boldsymbol{W}^{(i)}$ 被当作单位矩阵。因此，关联矩阵 $\boldsymbol{H}^{(i)}$ 包含了超图的全部信息。使用上述方法，对于每种模态都可以生成一个关联矩阵 $\boldsymbol{H}(i)$，m 种模态可以生成 m 个关联矩阵。

（2）多超图卷积网络。情绪识别任务最重要的两个步骤分别是主体表征的创建和情绪的分类。在过去几年中，深度神经网络在数据表征方面取得了重大进展。然而，考虑到数据之间的复杂相关性，其仍然有很大的发展空间。为了表示数据并识别情绪，研究者开发了一种多超图卷积网络框架，可以同时考虑来自不同个体的多个生理信号输入。

在超图卷积网络中，从图谱理论的角度看，空间卷积可以视为一个谱矩阵乘积，而超图拉普拉斯算子 $\boldsymbol{\Delta}$ 将其从空域转换为谱域。$\boldsymbol{\Delta}=\boldsymbol{I}-\boldsymbol{D}_v^{-1/2}\boldsymbol{H}\boldsymbol{W}\boldsymbol{D}_e^{-1}\boldsymbol{H}^{\mathrm{T}}\boldsymbol{D}_v^{-1/2}$，其中 $\boldsymbol{D}_e$ 和 $\boldsymbol{D}_v$ 分别是超边度矩阵和节点度矩阵。在这种情况下，可以为每种模态分别设定一个超图卷积层，如下所示：

$$\boldsymbol{X}_{(l+1)}^{(i)}=\sigma\left(\boldsymbol{D}_v^{(i)-1/2}\boldsymbol{H}^{(i)}\boldsymbol{W}^{(i)}\boldsymbol{D}_e^{(i)-1}\boldsymbol{H}^{(i)\mathrm{T}}\boldsymbol{D}_v^{(i)-1/2}\boldsymbol{X}_{(l)}^{(i)}\boldsymbol{\Theta}_{(l)}^{(i)}\right) \tag{15.29}$$

其中，$\boldsymbol{\Theta}_{(l)}^{(i)}$ 是第 i 个超图神经网络（HGNN）中第 l 层的可学习参数；σ 是激活函数。在使用超图卷积时，通过反向传播特征 $\boldsymbol{X}^{(i)}$ 来更新 $\boldsymbol{\Theta}^{(i)}$ 的参数。与超图结构相关的参数（如 $\boldsymbol{D}_v^{(i)-1/2}\boldsymbol{H}^{(i)}\boldsymbol{W}^{(i)}\boldsymbol{D}_e^{(i)-1}\boldsymbol{H}^{(i)\mathrm{T}}\boldsymbol{D}_v^{(i)-1/2}$）是预先计算的，不在此过程中进行训练。使用 $\boldsymbol{A}_h^{(i)}$ 简化这些参数的表示，超图卷积层可以重写为

$$\boldsymbol{X}_{(l+1)}^{(i)}=\sigma\left(\boldsymbol{A}_h^{(i)}\boldsymbol{X}_{(l)}^{(i)}\boldsymbol{\Theta}_{(l)}^{(i)}\right) \tag{15.30}$$

需要注意的是，图卷积和超图卷积的公式是类似的。图卷积的公式如下：

$$\boldsymbol{X}_{(l+1)}^{(i)}=\sigma\left(\boldsymbol{D}^{(i)-1/2}\boldsymbol{A}^{(i)}\boldsymbol{D}^{(i)-1/2}\boldsymbol{X}_{(l)}^{(i)}\boldsymbol{\Theta}_{(l)}^{(i)}\right) \tag{15.31}$$

在传统的单一超图神经网络模型中，从多种模态的特征构建的超边往往会连接在一起。然而，由于特征的大小和维度不同，超边往往是不一致的。此外，不同模态的视角可能存在一些差异，有些模态可能非常关键，而其他一些则可能没有那么重要。具有相同权重的单一超图模型无法区分这些差异。因此，研究者引入了多超图神经网络结构来集成多个超图，以解决这个问题。

为了计算每种模态的中间表示，可以使用 m 个超图来构建 m 个超图神经网络模型。第 i 个超图神经网络的第 K 层可以表示如下：

$$\mathrm{HGNN}\left(\boldsymbol{H}^{(i)},\boldsymbol{X}^{(i)}\right)=\sigma_K^{(i)}\left(\boldsymbol{A}_h^{(i)}\left(\cdots\sigma_1^{(i)}\left(\boldsymbol{A}_h^{(i)}\boldsymbol{X}^{(i)}\boldsymbol{\Theta}_1^{(i)}\right)\cdots\right)\boldsymbol{\Theta}_K^{(i)}\right) \tag{15.32}$$

之后，一个全连接层使用中间表示的 m 个输出来生成最终输出。作为融合层，该层动态地组合了超图卷积的结果，并相应地进行加权。使用 Softmax 作为分类器。在具有不同超图结构的网络层中，各种大小和维度的多模态特征由融合层进行自动加权合并。

记 $\boldsymbol{W}_f$ 和 $\boldsymbol{b}_f$ 分别代表融合层的权重和偏置。该模型可以表示为

$$\begin{aligned}\mathrm{MHGNN}\left(\boldsymbol{X}^1,\boldsymbol{X}^2,\cdots,\boldsymbol{X}^m\right)=\mathrm{Softmax}\Big(\boldsymbol{W}_f\boldsymbol{W}_m\Big[&\mathrm{HGNN}\left(\boldsymbol{H}^1,\boldsymbol{X}^1\right),\mathrm{HGNN}\left(\boldsymbol{H}^2,\boldsymbol{X}^2\right),\\&\cdots,\mathrm{HGNN}\left(\boldsymbol{H}^m,\boldsymbol{X}^m\right)\Big]+\boldsymbol{b}_f\Big)\end{aligned} \tag{15.33}$$

其中，模态权重的矩阵表示为 $\boldsymbol{W}_m=\mathrm{diag}\left(\boldsymbol{w}^{(1)},\boldsymbol{w}^{(2)},\cdots,\boldsymbol{w}^{(m)}\right)$。

（3）数据描述。实验中使用两个数据集，分别是 DEAP 与 ASCERTAIN。DEAP 包

含大量多模态生理信号和面部表情数据，32 名参与者观看了 40 部 1 分钟音乐视频，同时记录脑电图和生理信号。该数据集中包含 8064 条数据。ASCERTAIN 同样是通过受试者观看视频采集得到的数据。

（4）对比算法。实验中选择了以下方法进行对比。

- DNN（deep neural network）与 CNN（convolutional neural network）[19]：基于深度神经网络和卷积神经网络的方法。
- SLDF（selective localized data fusion）[20]：一种非参数近邻模型，将区段水平特征转化为响应水平特征。
- BC（Bayesian classifier）[21]：贝叶斯分类器，使用加权对数后验函数，以找到具有最大值的情感状态。

（5）实验结果和分析。在 DEAP 和 ASCERTAIN 数据集上的实验验证了 MHGNN 的有效性。DEAP 数据集的实验结果如图 15.8（a）所示，ASCERTAIN 数据集的实验结果如图 15.8（b）所示。所有模型都根据识别准确率进行了评估。根据实验结果，可以得出以下结论：①与最先进的方法相比，MHGNN 在两个数据集上都取得了最佳性能。②深度学习算法在 DEAP 数据集上都取得了良好的性能，这是因为它们在处理复杂函数时具有很强的拟合能力。虽然 BC 的精度高于随机选择的 50%，但却是所有模型中最差的。原因在于应用 BC 时必须满足特定特征的值与任何其他特征的值无关的条件。③在 ASCERTAIN 数据集上，包括 SVM 和 NB 在内的多模态方法优于单模态方法。④在这两个数据集上，MHGNN 识别情绪的准确度都高于唤醒度，这表明在相同的刺激下，唤醒度的水平往往是相同的，而情绪的水平则因人而异。

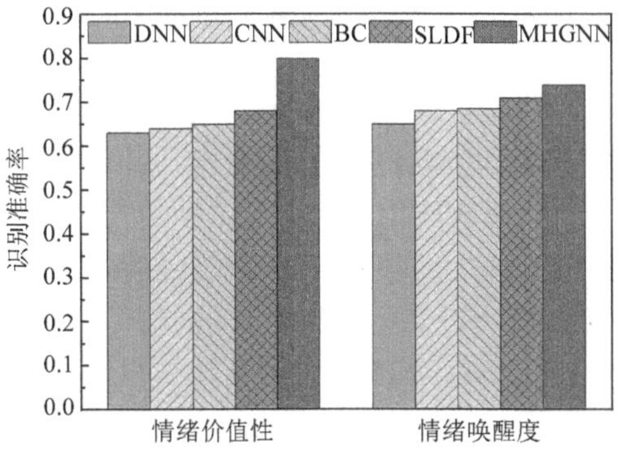

（a）DEAP 数据集上不同方法性能对比

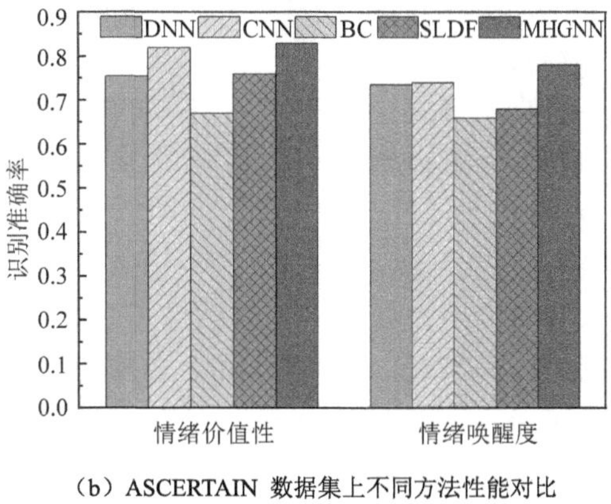

（b）ASCERTAIN 数据集上不同方法性能对比

图 15.8　在 DEAP 和 ASCERTAIN 上的实验结果柱状图

MHGNN 的优越性可以从以下四个方面来解释。首先，超图结构能够在特征空间中刻画样本之间的高阶相关性。与 GCN 相比，超图的灵活性使其能够包含更多的信息。因此，MHGNN 通过更有效的信息交互提高了情感识别的准确度。其次，由于人体情绪反应系统的复杂性，现实生活中多种模态的物理信号之间存在一定的相关性。为了充分利用样本的多模态信息，融合网络结构充分考虑模态之间的差异，自动权衡每种模态的重要性，这可以更容易地描述不同受试者在不同模态下的关联。最后，SR 特异性只考虑到受试者在相同刺激下可能表现出相似的情绪，而 MHGNN 则增加了在不同刺激下传达单个受试者情绪信息的部分，使预测结果更加个性化。此外，该框架可灵活扩展，多模态信息可相互补充。即使某个样本的某个模态数据缺失，也可以删除超图中样本节点的超边，以防止优化过程中损坏数据的扩散。这样可以减少融合中的负面影响，保持良好的鲁棒性。

15.3 面向药物挖掘的超图计算

药物挖掘是一种通过计算机科学和生物信息学技术，对药物进行分析的过程。早期的药物分析通常是在实验室中使用生化实验方法进行，但这种方法通常会面临耗时长、成本高和成功率低等问题。近年来，随着机器学习方法在医学领域的逐步应用，通过对大规模生物数据信息的分析，以更系统、更智能的方式进行药物分析成为科学家们的热点研究方向。

药物挖掘使用多种类型的数据，涵盖了从生物学、化学到医学等多个领域。例如，①分子结构描述符：化学数据中包含有关分子结构的信息，如原子类型、键的类型、分子量等，通过分析这些分子结构描述符来预测分子的生物活性和其他性质；②化学反应数据：药物合成的化学反应数据可用于预测新的药物合成路径，优化已有药物的合成过程；③蛋白质相互作用数据：了解蛋白质之间的相互作用对于理解细胞信号通路和药物靶点具有关键意义；④疾病基因组学数据：包含与疾病关联的基因变异信息，有助于识别潜在的药物靶点和治疗途径；⑤药物数据库：包括已知药物的数据库，提供药物的结构、性质和作用机制等信息，这些数据库可以用于药物重定位和寻找新的药物组合。

药物挖掘的分析过程中，常见的任务包括以下内容。①药物-靶点（dr-ta）关联分析：预测药物与生物分子（如蛋白质）之间的相互作用，识别潜在的药物靶点；②药物相似性分析：比较不同药物分子之间的相似性，用于寻找已有药物的替代品或新的药物组合；③药物-疾病（dr-di）关联分析：探索药物与特定疾病之间的关联，寻找新的治疗途径；④药物副作用预测：预测药物可能的副作用，帮助设计更安全的药物；⑤药物组合研究：分析不同药物组合的协同效应，寻找更有效的治疗方案。其中，预测药物与靶点的相互作用（drug-target interactions，DTIs）是发现治疗疾病的新药过程中的一个关键步骤。基于机器学习的方法认为，类似的靶点可能与类似的药物相联系，对于药物来说，类似的药物可能具有类似的靶点。这一假设意味着药物和靶点之间存在潜在的高阶关联，特别是在考虑包含蛋白质等不同生物实体的复杂异质生物网络的情况下。

在 DTI 网络中，一种药物通常与多个靶点发生相互作用，形成“一对多”的关联模式。当涉及更加复杂和多样的异质生物网络时，生物实体之间的相互作用模式则演变为“多对多”的模式。超图结构因其在超边建模方面的灵活性，非常适合于模拟这种高阶关联，从而成为表征复杂异质生物网络的理想工具。

本节介绍了一种用于 DTI 预测任务的异质超图学习方法——高阶异质药物-靶点相互作用（heterogeneous hypergraph for drug-target interaction，HHDTI）[5]。它通过建模生物实体之间不同类型（如药物-靶点、药物-疾病、靶点-疾病）的相互作用，来进行 DTI 预测。

1. 异构超图建模

图 15.9 展示了将生物网络建模为异质超图的整体流程。给定一个具有不同种类的生物实体和这些实体之间相互作用的异质生物网络，超图建模的目标是将异质生物网络描述成一个异质超图 $\mathcal{G}=(\mathcal{V},\mathcal{E})$ 。这里 $\mathcal{V}=\{\mathcal{V}_1\cup\mathcal{V}_2\cup\cdots\cup\mathcal{V}_o\}$ 表示节点集，$\mathcal{E}=\{\mathcal{E}_1\cup\mathcal{E}_2\cup\cdots\cup\mathcal{E}_r\}$ 表示超边集。o 和 r 分别是实体和交互的类型数。具体来说，节点集合中有 M_o 个节点，超边集合中有 N_r 条超边。

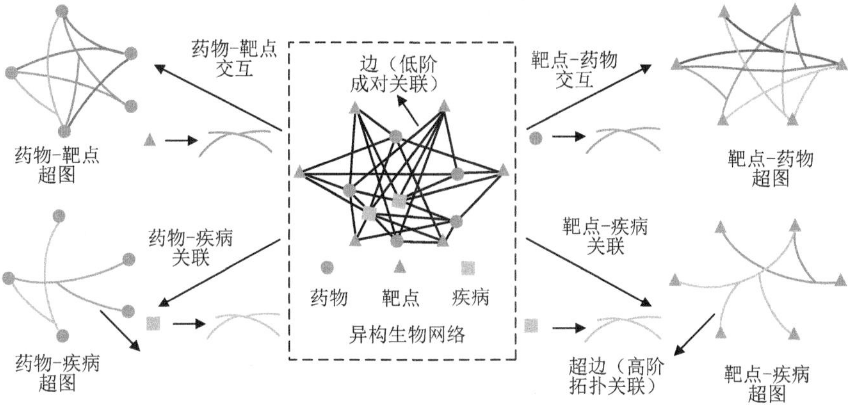

图 15.9（彩色）

图 15.9　将生物网络建模为异质超图的整体流程

此处讨论的异质生物网络中，实体类型集合 O 包含药物、靶点和疾病。交互类型集合 R 包括 dr-ta、ta-dr、dr-di 和 ta-di 交互，其中 dr、ta、di 分别是药物、靶点和疾病的缩写。因此，o 等于 3，r 等于 4。

此外，在整体异质超图的基础上，可以构建多个子超图，其中一个子超图对应一种类型的关联性。因此，相应地获得了四个子超图，即四个邻接矩阵，表示为 $\boldsymbol{H}\in\mathbb{R}^{M\times N}$，$M$ 是对应于关联的两类节点的数量，N 是关联的数量。具体来说，基于 R 生成的四个邻接矩阵定义为 $(\boldsymbol{H}_{\text{dr-ta}},\boldsymbol{H}_{\text{ta-dr}},\boldsymbol{H}_{\text{dr-di}},\boldsymbol{H}_{\text{ta-di}})$。图 15.10 展示了一个药物超图的例子。超图上的每个节点代表一种药物，每个超图连接着所有共享同一靶点的药物。

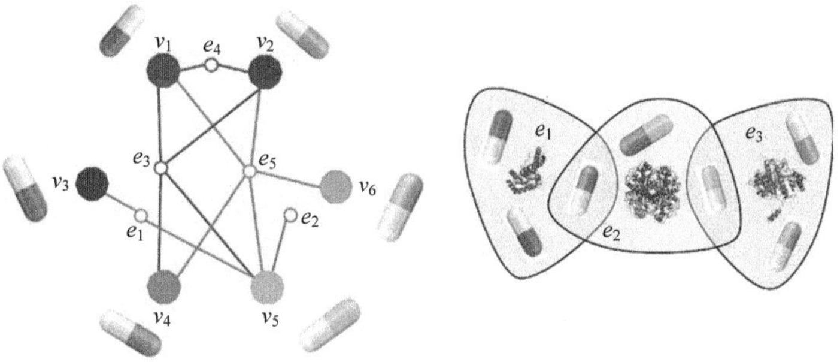

图 15.10（彩色）

图 15.10　一个药物超图的例子

2. 药物和靶点嵌入学习

下面简要介绍学习药物和靶点嵌入的框架。整体嵌入是通过融合主要嵌入和辅助嵌入而形成的。具体而言，主要嵌入负责从直接的药物-靶点相互作用（DTIs）中学习所有药物和靶点的核心向量表征。这一过程直接基于 DTIs 进行。在另一侧，辅助嵌入则提供了一层额外的信息，这些信息源自与疾病相关的数据，如药物-疾病关联和靶点-疾病关联。

首先以药物为例来介绍学习框架。药物的主要嵌入 $\boldsymbol{\Phi}_d^k$ 是使用无监督的贝叶斯深度生成模型，即超图变分自编码器，并基于 $\boldsymbol{H}_{\text{dr-ta}}$ 来学习的，而药物辅助嵌入是利用超图 HGNN [22] 并基于 $\boldsymbol{H}_{\text{dr-di}}$ 生成的。对于药物-靶点子超图结构 $\boldsymbol{H}_{\text{dr-ta}}$，贝叶斯深度生成模型作为节点编码器 [23] 来探索与靶点相关的药物之间的潜在关联。该节点编码器实现了从观测空间 $\boldsymbol{H}_{\text{dr-ta}}$ 到特征空间 $\boldsymbol{\Phi}'_{\text{dr-ta}}$ 的非线性映射，即

$$\boldsymbol{\Phi}'_{\text{dr-ta}} = f\left(\boldsymbol{H}_{\text{dr-ta}}\boldsymbol{W}_{\text{dr-ta}} + \boldsymbol{b}_{\text{dr-ta}}\right) \tag{15.34}$$

其中，激活函数 $f(\cdot)$ 是非线性的。这里考虑到效率问题，采用双曲正切激活函数 $\tanh(x) = \left(\mathrm{e}^x - \mathrm{e}^{-x}\right) / \left(\mathrm{e}^x + \mathrm{e}^{-x}\right)$。可学习的权重和偏差由 $\boldsymbol{W}_{\text{dr-ta}} \in \mathbb{R}^{D_{\text{in}} \times D_{\text{out}}}$ 和 $\boldsymbol{b}_{\text{dr-ta}} \in \mathbb{R}^{D_{\text{out}}}$ 表示。D_{in} 和 D_{out} 分别是 $\boldsymbol{H}_{\text{dr-ta}}$ 和 $\boldsymbol{\Phi}'_{\text{dr-ta}}$ 的维度。在获得 $\boldsymbol{\Phi}'_{\text{dr-ta}}$ 后，采用两个全连接层来估计平均值 $\boldsymbol{\mu}_{\text{dr-ta}}$ 和方差 $\boldsymbol{\sigma}_{\text{dr-ta}}$：

$$\boldsymbol{\mu}_{\text{dr-ta}} = f\left(\boldsymbol{\Phi}'_{\text{dr-ta}}\boldsymbol{W}^{\mu}_{\text{dr-ta}} + \boldsymbol{b}^{\mu}_{\text{dr-ta}}\right) \tag{15.35}$$

及

$$\boldsymbol{\sigma}_{\text{dr-ta}} = f\left(\boldsymbol{\Phi}'_{\text{dr-ta}}\boldsymbol{W}^{\sigma}_{\text{dr-ta}} + \boldsymbol{b}^{\sigma}_{\text{dr-ta}}\right) \tag{15.36}$$

其中，$\boldsymbol{W}^{\mu}_{\text{dr-ta}}, \boldsymbol{W}^{\sigma}_{\text{dr-ta}} \in \mathbb{R}^{D_{\text{out}} \times D}$ 和 $\boldsymbol{b}^{\mu}_{\text{dr-ta}}, \boldsymbol{b}^{\sigma}_{\text{dr-ta}} \in \mathbb{R}^{D}$ 之前已经介绍过。主要嵌入 $\boldsymbol{\Phi}_d^k$ 通过以下方式采样：

$$\boldsymbol{\Phi}_d^k = \boldsymbol{\mu}_{\text{dr-ta}} + \boldsymbol{\sigma}_{\text{dr-ta}} \odot \varepsilon \tag{15.37}$$

其中，$\odot$ 是 Hadamard 乘积；$\varepsilon \sim N(0, I)$。

通过上述方法，DTIs 的高阶结构相关性得以通过主要嵌入进行表示。除了这种直接的相互作用之外，其他类型的相互作用也对 DTI 预测做出了重要贡献，这一点已在最近的研究中得到证实 [24]。例如，药物副作用，即药物对人体非靶点基因的作用产生的可观测表型效应，可通过表型副作用的相似性来推断两种药物是否有共同靶点 [25-26]。此外，已有研究发现，靶点可作为药物与疾病之间的联系纽带 [27]。受这些发现的启发，辅助数据被融入 HHDTI 模型中，以提供补充信息。这样的整合方式即便在极端情况下，如面对所谓的冷启动问题（即只有极少量的 DTI 数据可用）时，也能显著提升预测的准确性。

具体来说，HHDTI 中考虑了 dr-di 和 ta-di 的相关性，从相应的 dr-di 关联矩阵 $\boldsymbol{H}_{\text{dr-di}}$ 学到的嵌入被称为药物辅助嵌入，它作为药物主要嵌入的辅助表示。药物辅助嵌入由 HGNN 模型 [22] 学习，其中高阶关联被编码为

$$\text{Convh}(\boldsymbol{H}, \boldsymbol{X} \mid \boldsymbol{W}) = f\left(\boldsymbol{D}_v^{-1/2}\boldsymbol{H}\boldsymbol{D}_e^{-1}\boldsymbol{H}^{\mathrm{T}}\boldsymbol{D}_v^{-1/2}\boldsymbol{X}\boldsymbol{W}\right) \tag{15.38}$$

其中，$\boldsymbol{D}_v$ 和 $\boldsymbol{D}_e$ 分别是节点和超边的度矩阵。节点和超边的度分别为 $(\boldsymbol{D}_v)_{k,k} = \sum_{j=1}^{L}\boldsymbol{H}^{k,j}$ 和

$\left(\boldsymbol{D}_e\right)_{j,j}=\sum_{k=1}^{N}\boldsymbol{H}^{k,j}$；矩阵 $\boldsymbol{W}$ 是可学习的权重参数；$(\cdot)^{\mathrm{T}}$ 是转置算子。

具体来说，用于学习药物辅助嵌入 $\boldsymbol{\Phi}_d^s$ 的卷积层可以表示为

$$\boldsymbol{\Phi}_d^{s(l)}=\mathrm{Convh}\left(\boldsymbol{H}_{\text{dr-di}},\boldsymbol{\Phi}_d^{s(l-1)}\mid \boldsymbol{W}^{(l-1)}\right) \tag{15.39}$$

其中，$\boldsymbol{\Phi}_d^{s(l-1)}$、$\boldsymbol{\Phi}_d^{s(l)}$ 和 $\boldsymbol{W}^{(l-1)}$ 分别代表第 $l-1$ 层的输入、输出和权重矩阵。节点特征 $\boldsymbol{X}$ 表示药物的固定特征，令其初始化为单位阵，即 $\boldsymbol{\Phi}_d^{s(0)}=\boldsymbol{X}=\boldsymbol{I}$。为了创建整体嵌入，注意力模块被用来将主要嵌入和辅助嵌入结合到一个共享空间。通过确定系数 ω^i，实现双嵌入注意力融合过程，给主要嵌入和辅助嵌入以不同的权重：

$$\omega^i=\frac{\exp\left(f\left(\boldsymbol{\Phi}^i\boldsymbol{W}^i+\boldsymbol{b}^i\right)\cdot\boldsymbol{P}^i\right)}{\sum_{j\in k,s}\exp\left(f\left(\boldsymbol{\Phi}^i\boldsymbol{W}^j+\boldsymbol{b}^i\right)\cdot\boldsymbol{P}^i\right)} \tag{15.40}$$

其中，$\boldsymbol{W}^i\in\mathbb{R}^{D\times D'}$、$\boldsymbol{b}^i\in\mathbb{R}^{D'}$ 和 $\boldsymbol{P}^i\in\mathbb{R}^{D'\times 1}$ 是可训练参数，D 和 D' 是相应的维度。整体药物嵌入 $\boldsymbol{\Phi}^S$ 可以通过以下方式计算：

$$\boldsymbol{\Phi}_d^S=\omega^k\boldsymbol{\Phi}_d^k+\omega^s\boldsymbol{\Phi}_d^s \tag{15.41}$$

靶点 $\boldsymbol{\Phi}_d^S$ 的整体嵌入也是这样计算的。主要区别在于，靶点 $\boldsymbol{\Phi}_d^S$ 的整体嵌入使用 $\boldsymbol{H}_{\text{ta-dr}}$ 和 $\boldsymbol{H}_{\text{ta-di}}$ 作为输入。靶点主要嵌入 $\boldsymbol{\Phi}_t^k$ 使用与药物相同的节点编码器学习。HGNN 模型也被用来从靶点-疾病关联超图中获得靶点辅助嵌入 $\boldsymbol{\Phi}_t^s$。最后，通过双嵌入注意力融合得到靶点整体嵌入 $\boldsymbol{\Phi}_t^S$。

3. 药物-靶点的相互作用预测

计算药物嵌入和靶点嵌入的似然估计以构造重建空间 $\boldsymbol{A}$，从该空间生成 DTI 预测，即

$$\boldsymbol{A}=\mathrm{Sigmoid}\left(\boldsymbol{\Phi}_d^S\left(\boldsymbol{\Phi}_t^S\right)^{\mathrm{T}}\right) \tag{15.42}$$

其中，$\mathrm{Sigmoid}(\cdot)$ 是 Sigmoid 函数。可以给出变分下限 $\mathcal{L}$，并通过以下方式进行优化：

$$\mathcal{L}=\mathbb{E}_q\left[\log p\left(\boldsymbol{A}\mid\boldsymbol{\Phi}_d^S,\boldsymbol{\Phi}_t^S\right)\right]-\beta\left(\mathrm{KL}\left(q\left(\boldsymbol{\Phi}_d^k\mid \boldsymbol{A}\right)\|\, p\left(\boldsymbol{\Phi}_d^k\right)\right)+\mathrm{KL}\left[q\left(\boldsymbol{\Phi}_t^k\mid \boldsymbol{A}\right)\|\, p\left(\boldsymbol{\Phi}_t^k\right)\right]\right) \tag{15.43}$$

其中，$\mathrm{KL}\left[q(\cdot)\,\|\,p(\cdot)\right]$ 表示使用 KL 散度来衡量两个分布 $q(\cdot)$ 和 $p(\cdot)$ 之间的距离。通过改变训练期间提供的学习压力的大小 β，来得到不同的学习表征。受变分自动编码器的启发，本方法使用高斯先验 $p\left(\boldsymbol{\Phi}_d^k\right)=\prod_i p\left(\varphi_i^d\right)=\prod_i$ 和 $p\left(\boldsymbol{\Phi}_t^k\right)=\prod_j p\left(\varphi_j^t\right)=\prod_j\mathcal{N}\left(\varphi_j^t\mid 0,\boldsymbol{I}\right)$。这里，$\mathbb{E}_q\left[\log p(\cdot\mid\cdot)\right]$ 是重建空间 $\boldsymbol{A}$ 的似然估计。

4. 实验设置

（1）数据集。DTINet [28]、deepDTnet [29] 和 TriModel [30] 提出的三个公共数据集（分别命名为 DTINet_17、deepDTnet _ 20 和 KEGG_MED）被用于评估所提方法的性能。DTINet_17 数据集中的数据来源于多个公共数据库。其中，药物节点、蛋白质节点和疾病节点分别来自 DrugBank 数据库（版本 3.0）[31]、HPRD 数据库（版本 9.0）[32]和 CTD

数据库[33]。已知的DTIs是从DrugBank数据库（版本3.0）中导入的，同时从CTD数据库中提取了药物-疾病和靶点-疾病的关联信息。deepDTnet_20数据集也整合了来自多个数据库的数据。DTI数据从DrugBank数据库（版本4.3）[34]、治疗靶点数据库[35]和PharmGKB数据库[36]中收集。此外，从三个数据库（DrugBank数据库（版本4.3）[34]、DrugCentral数据库[37]和repoDB数据库[38]）中整合收集药物-疾病关联数据。药物-疾病关联数据从生物信息学数据源CTD[33]和HuGe Navigator[39]中整合而来。KEGG_MED数据集的规模超过前两个数据集，它包括来自多个数据库的信息，如KEGG[40]、DrugBank数据库[41]、InterPro[42]和UniPro[43]。

（2）评价指标。该框架采用了AUROC[44]曲线和AUPR（area under the precision-recall curve）曲线两种评价指标来评价预测性能。在ROC（receiver operating characteristic）空间中，ROC曲线给出一对x和y值，其中x是假阳性率（FPR），y是真阳性率（TPR），通过将改变截止点得到的所有点连接起来，形成ROC曲线。

$$\mathrm{TPR}=\frac{\mathrm{TP}}{\mathrm{TP}+\mathrm{FN}} \tag{15.44}$$

$$\mathrm{FPR}=\frac{\mathrm{FP}}{\mathrm{TN}+\mathrm{FP}} \tag{15.45}$$

其中，真阳性（TP）表示阳性样本正确预测为阳性的数量，假阳性（FP）表示阴性样本被错误预测为阳性的数量，真阴性（TN）表示阴性样本被正确预测为阴性的数量，假阴性（FN）表示阳性样本被错误预测为阴性的数量。准确率-召回率曲线采用与ROC曲线类似的方式绘制，但x轴为召回率，y轴为精度。召回率（Recall）和精度（Precision）的计算公式如下：

$$\mathrm{Recall}=\frac{\mathrm{TP}}{\mathrm{TP}+\mathrm{FN}} \tag{15.46}$$

$$\mathrm{Precision}=\frac{\mathrm{TP}}{\mathrm{TP}+\mathrm{FP}} \tag{15.47}$$

（3）对比算法。本节所介绍的方法分别与下列方法进行了性能对比。

- DTINet[28]：该方法通过学习异构网络中各节点的低维特征表示来准确解释节点的拓扑特性，然后使用这些表示执行预测。
- NeoDTI[45]：该方法通过非线性特征提取不同数据源构建的邻域信息，并通过拓扑保持学习过程提取药物和靶点的特征表示来预测DTIs。
- deepDTnet[29]：该方法是另一种基于网络的方法，它基于药物和靶点的固有属性整合信息。
- TriModel[30]：以知识图的形式表示异构拓扑相关性，并生成嵌入来预测药物和靶点之间是否存在联系。

5. 实验结果和分析

本研究在三个公共数据集——DTINet_17、deepDTnet_20和KEGG_MED上，采用10折交叉验证方法来验证HHDTI的预测性能，并以AUROC和AUPR为评估指标，与上述四种最先进的药物发现方法进行了比较。这四种方法在相应的数据集上与原始论文中的结果一致（参见图 15.11），在所有三个数据集上，HHDTI 始终取得了最高的预测结果。

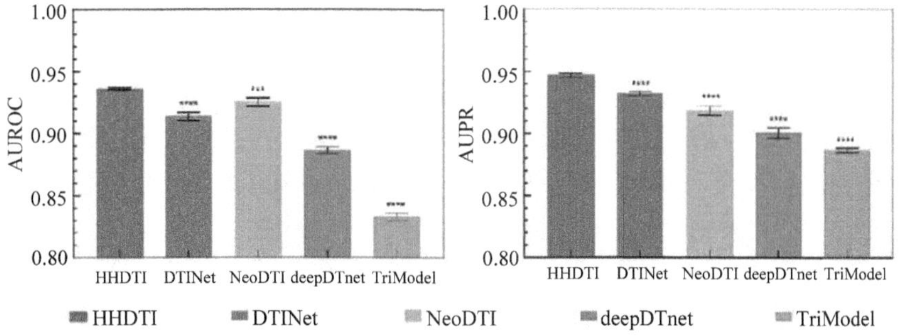

（a）DTINet_17

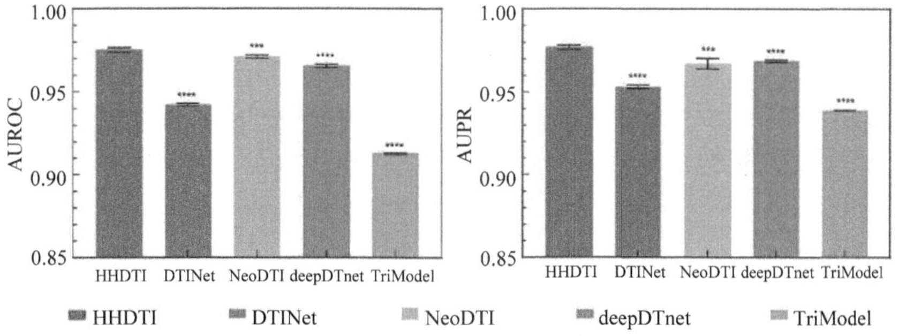

（b）deepDTnet_20

图 15.11（彩色）

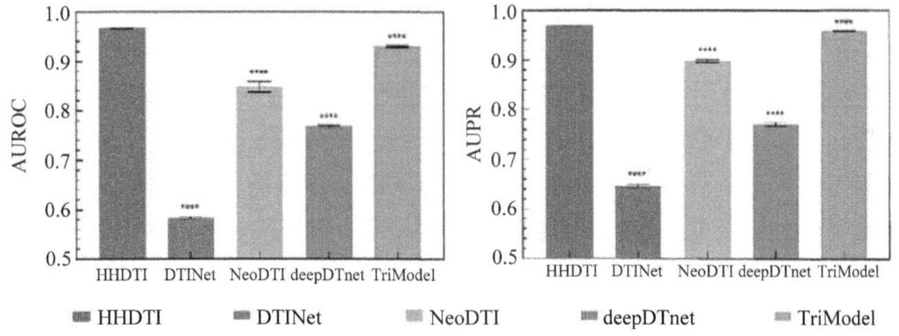

（c）KEGG_MED

图 15.11　药物与靶点关联预测实验结果

具体而言，在 DTINet_17 数据集上，以 AUROC 为评估指标时，HHDTI 达到了 0.9356，对比 DTINet、NeoDTI、DeepDTnet 和 TriModel 分别提高了 0.0217、0.0103、0.0485 和 0.1013；以 AUPR 为评估指标时，HHDTI 达到了 0.9466，对比 DTINet、NeoDTI、DeepDTnet 和 TriModel 分别提高了 0.0152、0.0283、0.0468 和 0.0599。

在 deepDTnet_20 数据集上，以 AUROC 为评估指标时，HHDTI 达到了 0.9763，对比 DTINet、NeoDTI、DeepDTnet 和 TriModel 分别提高了 0.0339、0.0045、0.0106 和 0.0634；以 AUPR 为评估指标时，HHDTI 达到了 0.9767，对比 DTINet、NeoDTI、DeepDTnet 和 TriModel 分别提高了 0.0237、0.0098、0.0081 和 0.0376。

在 KEGG_MED 数据集上，以 AUROC 为评估指标时，HHDTI 达到了 0.9671，对

比 DTINet、NeoDTI、DeepDTnet 和 TriModel 分别提高了 0.3808、0.1178、0.1972 和 0.0342；以 AUPR 为评估指标时，HHDTI 达到了 0.9712，对比 DTINet、NeoDTI、DeepDTnet 和 TriModel 分别提高了 0.3232、0.0698、0.1972 和 0.0082。

四种对比方法虽均基于神经网络，但各有其特点。其中，DTINet、deepDTnet 和 NeoDTI 结合了药物和靶点的固有特性以及生物实体之间的拓扑关联，但是这三种方法在不包含药物化学结构和蛋白质初级序列等固有特性信息的 KEGG_MED 数据集上表现不佳。由于图结构本身的限制，这些基线方法在数据建模上的能力有限，仅能捕获低阶、成对的节点之间的相关性，而无法捕捉更高阶的相关性。与之相对，HHDTI 通过利用超图结构，展现了在建模高阶相关性方面的优势。

本节介绍了一个基于超图的 DTI 预测的一般框架。值得注意的是，本节介绍的框架并不仅限于当前所述的复杂相互作用类型，也不仅适用于 DTI 预测任务。实际上，任何可能促进 DTI 预测的其他相互作用类型，以及任何涉及复杂关联性的任务，都可以在这一框架下进行探讨和应用。在现实世界的应用中，生物医学数据的标注在计算上是很昂贵和耗时的。因此，自监督学习越来越受人关注，它可以以无监督的方式从数据中挖掘有用的信息。在这种情况下，进一步设计用于 DTI 预测的自监督超图计算具有重要意义。

本章小结

本章介绍了超图计算在异常检测、基于多模态生理信号的情感计算和药物挖掘等方面的应用。在异常检测中，本章介绍了一种节点加权超图学习方法，将节点的权重引入超图结构中，考虑不同样本在异常检测任务中的重要性，可适用于类别不平衡的数据分类。在基于多模态生理信号的情感计算中，本章介绍了两种基于超图计算的方法，即多模态节点加权超图学习和多超图神经网络模型。这两种方法都将基于不同生理信号的数据之间的高阶关联通过多超图结构进行建模，并分别采用传统的标签传播方法和超图神经网络模型进行语义计算，实现情绪预测。在药物挖掘中，本章介绍了一种用于药物-靶点相互作用预测任务的异质超图学习方法，该方法考虑实体之间不同类型的相互作用，通过学习药物和靶点嵌入来完成药物-靶点的相互作用预测。超图计算在许多不同场景（如金融欺诈检测、音乐推荐、内容生成等），均有很多应用，受篇幅所限在此不再一一介绍。超图结构由于其建模高阶关联的能力，能够在许多场景均发挥重要作用。在超图计算范式下，与传统数据驱动的语义计算模型相比，超图计算能够更充分地挖掘数据中蕴藏的高阶关联关系，实现数据与高阶关联相协同的语义计算，提高语义分析性能，降低数据需求。更多的超图计算应用还有待读者进一步探索尝试。

参考文献

[1] WANG N, ZHANG Z, ZHAO X, et al. Exploring high-order correlations for industry anomaly detection[J]. IEEE Transactions on Industrial Electronics, 2019, 66(12): 9682-9691.

[2] ZHAO S, DING G, HAN J, et al. Personality-aware personalized emotion recognition from physiological signals[C]// Proceedings of the 27th International Joint Conference on Artificial Intelligence. Stockholm: Morgan Kaufmann, 2018: 1660-1667.

[3] ZHAO S, GHOLAMINEJAD A, DING G, et al. Personalized emotion recognition by personality-aware high-order learning of physiological signals[J]. ACM Transactions on Multimedia Computing, Communications, and Applications, 2019, 15(1s): 1-18.

[4] ZHU J, WEI Y, FENG Y, et al. Physiological signals-based emotion recognition via high-order correlation learning[J]. ACM Transactions on Multimedia Computing, Communications, and Applications, 2019, 15(3s): 1-18.

[5] RUAN D, JI S, YAN C, et al. Exploring complex and heterogeneous correlations on hypergraph for the prediction of drug-target interactions[J]. Patterns, 2021, 2(12): e100327.

[6] DROMARD J, ROUDIERE G, OWEZARSKI P. Online and scalable unsupervised network anomaly detection method[J]. IEEE Transactions on Network and Service Management, 2017, 14(1): 34-47.

[7] FRERY A, JORDAN A, SEBBAN M, et al. Efficient top rank optimization with gradient boosting for supervised anomaly detection[C]//Machine Learning and Knowledge Discovery in Databases. Skopje: Springer International Publishing, 2017: 20-35.

[8] CHAPELLE O, SCHOLKOPF B, ZIEN A. Semi-supervised learning[J]. IEEE Transactions on Neural Networks, 2009, 20(3): 542-542.

[9] PREISS B. Worldwide series in computer science: Data structures and algorithms with object-oriented design patterns in Java[M]. New York: John Wiley&Sons, 2000.

[10] ZHANG Y L, LI L, ZHOU J, et al. Anomaly detection with partially observed anomalies[C]//Companion Proceedings of the Web Conference. Lyon: ACM, 2018: 639-646.

[11] ZHAO S, ZHAO X, DING G, et al. EmotionGAN: Unsupervised domain adaptation for learning discrete probability distributions of image emotions[C]//Proceedings of the 26th ACM International Conference on Multimedia. Boulder: ACM, 2018: 1319-1327.

[12] PORIA S, CAMBRIA E, BAJPAI R, et al. A review of affective computing: From unimodal analysis to multimodal fusion[J]. Information Fusion, 2017, 37: 98-125.

[13] ZHOU D, HUANG J, SCHÖLKOPF B. Learning with hypergraphs: Clustering, classification, and embedding[J]. Advances in Neural Information Processing Systems, 2006, 19:1601-1608.

[14] SUBRAMANIAN R, WACHE J, ABADI M K, et al. Ascertain: Emotion and personality recognition using commercial sensors[J]. IEEE Transactions on Affective Computing, 2018, 9(2): 147-160.

[15] ABADI M K, SUBRAMANIAN R, KIA S M, et al. Decaf: MEG-based multimodal database for decoding affective physiological responses[J]. IEEE Transactions on Affective Computing, 2015, 6(3): 209-222.

[16] PERUGINI M, DI BLAS L. Analyzing personality-related adjectives from an etic-emic perspective: the Big Five Marker Scales (BFMS) and the Italian AB5C taxonomy[J]. Big Five Assessment, 2002: 281-304.

[17] SUBRAMANIAN R, WACHE J, ABADI M K, et al. Ascertain: Emotion and personality recognition using commercial sensors[J]. IEEE Transactions on Affective Computing, 2018, 7(1):17-28.

[18] GAO Y, WANG M, ZHA Z, et al. Visual-textual joint relevance learning for tag-based social image search[J]. IEEE Transactions on Image Processing, 2013, 22(1): 363-376.

[19] TRIPATHI S, ACHARYA S, SHARMA R D, et al. Using deep and convolutional neural networks for accurate emotion classification on DEAP dataset[C]//Proceedings of the Thirty-First AAAI Conference on Artificial Intelligence. San Francisco: AAAI, 2017: 4746-4752.

[20] ROZGIC V, VITALADEVUNI S N P, PRASAD R. Robust EEG emotion classification using segment level decision fusion[C]//IEEE International Conference on Acoustics, Speech and Signal Processing. Seoul: IEEE, 2013: 1286-1290.

[21] CHUNG S Y, YOON H J. Affective classification using Bayesian classifier and supervised learning[C]//International Conference on Control, Automation and Systems. Jeju: IEEE, 2012: 1768-1771 .

[22] FENG Y, YOU H, ZHANG Z, et al. Hypergraph neural networks[C]//Proceedings of the AAAI Conference on Artificial Intelligence. Hawaii: AAAI, 2019: 3558-3565.

[23] KINGMA D P, WELLING M. Auto-encoding variational Bayes[J]. Stat, 2014, 1050: 1.

[24] MADHUKAR N S, KHADE P K, HUANG L, et al. A Bayesian machine learning approach for drug target identification using diverse data types[J]. Nature Communications, 2019, 10(1): 5221 .

[25] ZHOU M, CHEN Y, XU R. A drug-side effect context-sensitive network approach for drug target prediction[J]. Bioinformatics, 2019, 35(12): 2100-2107.

[26] CAMPILLOS M, KUHN M, GAVIN A C, et al. Drug target identification using side-effect similarity[J]. Science, 2008,

321(5886): 263-266.
[27] HU Q N, DENG Z, TU W, et al. VNP: interactive visual network pharmacology of diseases, targets, and drugs[J]. CPT: Pharmacometrics & Systems Pharmacology, 2014, 3(3): 1-8.
[28] LUO Y, ZHAO X, ZHOU J, et al. A network integration approach for drug-target interaction prediction and computational drug repositioning from heterogeneous information[J]. Nature Communications, 2017, 8(1): 573.
[29] ZENG X, ZHU S, LU W, et al. Target identification among known drugs by deep learning from heterogeneous networks[J]. Chemical Science, 2020, 11(7): 1775-1797.
[30] MOHAMED S K, NOVÁČEK V, NOUNU A. Discovering protein drug targets using knowledge graph embeddings[J]. Bioinformatics, 2020, 36(2): 603-610.
[31] KNOX C, LAW V, JEWISON T, et al. DrugBank 3.0: a comprehensive resource for 'omics' research on drugs[J]. Nucleic Acids Research, 2010, 39: D1035-D1041.
[32] KESHAVA PRASAD T, GOEL R, KANDASAMY K, et al. Human protein reference database—2009 update[J]. Nucleic Acids Research, 2009, 37(suppl_1): D767-D772.
[33] DAVIS A P, GRONDIN C J, JOHNSON R J, et al. The Comparative Toxicogenomics Database: update 2019[J]. Nucleic Acids Research, 2019, 47(D1): D948-D954.
[34] LAW V, KNOX C, DJOUMBOU Y, et al. DrugBank 4.0: shedding new light on drug metabolism[J]. Nucleic Acids Research, 2014, 42(D1): D1091-D1097.
[35] YANG H, QIN C, LI Y H, et al. Therapeutic Target Database update 2016: Enriched resource for bench to clinical drug target and targeted pathway information[J]. Nucleic Acids Research, 2016, 44(D1): D1069-D1074.
[36] SANGKUHL K, BERLIN D S, ALTMAN R B, et al. PharmGKB: Understanding the effects of individual genetic variants[J]. Drug Metabolism Reviews, 2008, 40(4): 539-551.
[37] URSU O, HOLMES J, KNOCKEL J, et al. DrugCentral: Online drug compendium[J]. Nucleic Acids Research, 2016: gkw993.
[38] BROWN A S, PATEL C J. A standard database for drug repositioning [J]. Scientific Data, 2017, 4(1): 1-7.
[39] YU W, GWINN M, CLYNE M, et al. A navigator for human genome epidemiology[J]. Nature Genetics, 2008, 40(2): 124-125.
[40] KANEHISA M, FURUMICHI M, TANABE M, et al. KEGG: New perspectives on genomes, pathways, diseases and drugs[J]. Nucleic Acids Research, 2017, 45(D1): D353-D361.
[41] WISHART D S, KNOX C, GUO A C, et al. DrugBank: A comprehensive resource for in silico drug discovery and exploration[J]. Nucleic Acids Research, 2006, 34(suppl_1): D668-D672.
[42] MITCHELL A L, ATTWOOD T K, BABBITT P C, et al. InterPro in 2019: Improving coverage, classification and access to protein sequence annotations[J]. Nucleic Acids Research, 2019, 47(D1): D351-D360.
[43] APWEILER R, BAIROCH A, WU C H, et al. UniProt: The universal protein knowledgebase [J]. Nucleic Acids Research, 2004, 32(suppl_1): D115-D119.
[44] POWERS D. Evaluation: From precision, recall and f-measure to roc, informedness, markedness & correlation[J]. Journal of Machine Learning Technologies, 2011, 2(1): 37-63.
[45] WAN F, HONG L, XIAO A, et al. NeoDTI: Neural integration of neighbor information from a heterogeneous network for discovering new drug-target interactions[J]. Bioinformatics, 2019, 35(1): 104-111.

第 16 章　超图计算工具 DHG

超图计算理论与方法的应用需要工具的支撑。本章介绍基于 PyTorch①框架的超图计算工具 DeepHypergraph（DHG）②。DHG 是一个通用框架，支持生成多种关联结构，包括低阶关联结构（图、有向图、二分图等）和高阶关联结构（超图等）。DHG 处理单元支持低阶和高阶的消息传递，如从节点到节点、从一个域的节点到另一个域的节点、从节点到超边、从超边到节点，以及从节点集合到节点集合的消息传递。在 DHG 内部，不同结构中集成了各种谱域的操作（如基于拉普拉斯矩阵的平滑操作）和空域的操作（如从域到域的消息传递）。为了便于评价不同任务的性能，DHG 也提供了多个常用的性能评估指标，同时集成了部分近期的超图计算应用模型，并提供了多种可视化工具来展示低阶结构和高阶结构。此外，DHG 专门设计了 dhg.experiments 模块（基于 Optuna[1]实现的自动机器学习），可以实现自动调整在训练中的模型超参数。DHG 中已经集成了不同任务的多种数据库，方便用户使用和评测。

16.1　DHG 关联结构建模

设计 DHG 库的核心动机是将基于谱域和基于空域的操作附加到每个指定的结构上。在创建了一个结构后，可以调用并组合这些相关的拉普拉斯矩阵和消息传递操作以处理不同的输入特征。图 16.1 展示了 DHG 中"关联结构"的架构。DHG 支持的关联结构包括图、有向图、二分图和超图等。对于每个关联结构，DHG 也开发了相应的基本操作，如构造和修改结构的函数、关联结构转换函数和学习函数。

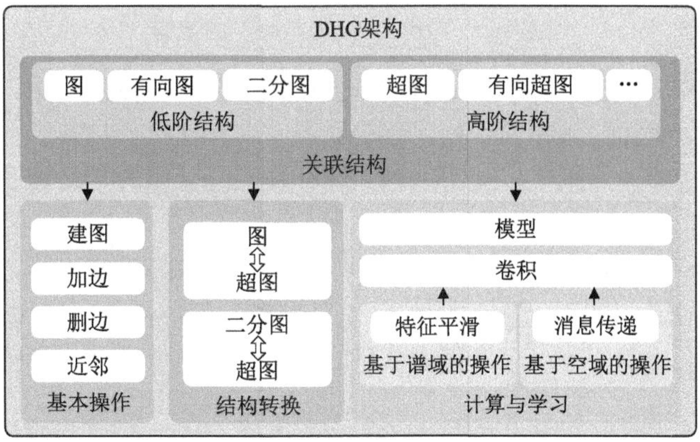

图 16.1　DHG 中"关联结构"的架构

① http://pytorch.org/

② deephypergraph.org

这些关联结构（图、超图等）上的大多数计算过程可以分为两类：基于谱域的卷积和基于空域的消息传递。基于谱域的卷积方法（如 GCN[2]和 HGNN[3]）为给定的结构学习拉普拉斯矩阵，并使用生成的拉普拉斯矩阵对节点特征进行平滑处理，以嵌入低阶和高阶结构到节点特征中。基于空域的消息传递方法（如 GraphSAGE[4]、GAT[5]和 HGNN+[6]）通过节点到节点、节点到超边、超边到节点和节点集合到节点集合的消息传递，将低阶和高阶结构嵌入节点特征中，学习到的节点特征也可以汇集起来生成统一的结构特征。最后，学习到的节点特征或结构特征可以输入下游任务中，如分类、检索、回归和链路预测等。

16.2 DHG 函数库

为了实现代码复用，DHG 提供了函数库，如图 16.2 所示。该函数库共包括五个部分：数据模块、度量模块、可视化模块、自动机器学习模块和结构生成器模块。

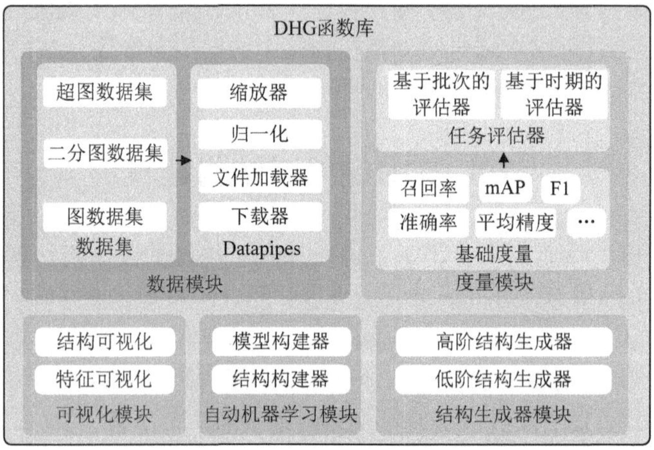

图 16.2 DHG 中“函数库”的架构

在数据模块中，DHG 集成了 20 多个公共图/二分图/超图数据集，以及一些常用的预处理函数，如文件加载器和归一化。默认情况下，DHG 可以自动下载集成的数据集，并检查下载文件完整性，也可以使用 DHG 中的 Datapipe 函数手动构造符合格式的个性化数据集。

在度量模块中，DHG 提供了多种广泛使用的度量指标，如准确率、召回率和平均精度等，用于评估不同任务的性能。DHG 实现了封装好的评估器，可应用于分类、检索、推荐等任务。此外，DHG 提供了结构和特征可视化函数、自动超参数搜索函数和随机结构生成函数。

16.3 DHG 使用示例

本节将系统介绍如何使用 DHG 进行超图计算实践。首先详细介绍 DHG 的安装流程，接下来介绍在 DHG 中构建关联结构的方法以及如何生成随机关联结构，该过程也是挖掘数据关联关系的基础。随后介绍 DHG 中关联结构的核心操作，并展示如何利用 DHG 构建模型并进行表示学习。然后讲述如何通过自动化超参数调优，实现模型性能的最优化。最后介绍 DHG 可视化关联结构的方法。

1. DHG 的安装

首先，确认计算环境满足 DHG 的基本运行要求，包括 Python 的版本需要 3.8 或更高，以及 PyTorch 的版本不低于 1.12。这些前置条件确保了库函数能够在适配的环境中稳定运行。其次，对于标准版本的 DHG，推荐使用 Python 的包管理工具 pip 进行安装。执行以下命令即可从 Python 包索引（PyPI）中下载并安装 DHG 库的稳定版本，当前最新稳定版本为 0.9.4。该过程将自动处理库的依赖关系，并集成到 Python 环境中。

```
pip install dhg
```

如果需要保持最新功能，可以选择安装最新版本，其包含了最新的功能更新和性能优化，但可能伴随着不稳定风险。安装需要通过 Git 来获取最新的代码库，该代码库将从 DHG 的官方 GitHub 仓库[1]中直接拉取源代码并进行安装。

2. DHG 中关联结构构建

关联结构是 DHG 的核心。这里专门介绍不同关联结构的基本构建方法以及结构转换函数。例如，将高阶关联结构简化为低阶关联结构，将低阶关联结构提升到高阶关联结构。

DHG 实现的低阶关联结构包括图、有向图和二分图。在 DHG 中，图为无自环无重边的图，边(x,y)和边(y,x)视为相同的边。可以使用如下方式构建：边列表 dhg.Graph、邻接列表 dhg.Graph.from_adj_list()，以及从超图关联结构简化而来。

可以按照以下方式使用 dhg.Graph 类从边列表构建一个图。

```
>>> import dhg
>>> g=dhg.Graph(5, [(0, 1), (0, 2), (1, 2), (3, 4)])
>>> g
Graph (num_v=5,  num_e=4)
>>> g. v
[0, 1, 2, 3, 4]
>>> g.e
([(0, 1), (0, 2), (1, 2), (3, 4)], [1.0, 1.0, 1.0, 1.0])
>>> g.e_both_side
([(0, 1), (0, 2), (1, 2), (3, 4), (1, 0), (2, 0), (2, 1), \
(4, 3)], [1.0, 1.0, 1.0, 1.0, 1.0, 1.0, 1.0, 1.0])
>>> g.A. to_dense()
tensor ([[0., 1., 1., 0., 0.],
         [1., 0., 1., 0., 0.],
         [1., 1., 0., 0., 0.],
```

[1] https://github.com/iMoonLab/DeepHypergraph

```
          [0., 0., 0., 0., 1.],
          [0., 0., 0., 1., 0.]])
```

可以发现图的邻接矩阵是一个对称矩阵。g.e 属性会返回两个列表的元组，第一个列表是边列表，第二个列表是每个边的权重。g.e_both_side 属性会返回图里所有边及其对应的对称形式。如果边有重边，这些重边将根据指定的 merge_op 合并。

```
>>> g=dhg.Graph (5, [(0, 1), (0, 2), (0, 2), (3, 4)], \
           merge_op=" mean ")
>>> g.e
([(0, 1), (0, 2), (3, 4)], [1.0, 1.0, 1.0])
>>> g=dhg.Graph (5, [(0, 1), (0, 2), (0, 2), (3,4)], \
           merge_op=" sum ")
>>> g.e
([(0,1), (0,2), (3,4)], [1.0, 2.0, 1.0])
```

邻接列表是一个嵌套列表，每一个内层列表包含两个部分。第一个部分是列表的第一个元素，代表源点的索引。第二个部分是列表的剩余元素，代表汇点的索引。可以根据邻接列表构建图，如下所示。

```
>>> g=dhg.Graph.from_adj_list (5, [[0, 1, 2], [1, 3], \
                    [4, 3, 0, 2, 1]])
>>> g.e
([(0, 1), (0, 2), (1, 3), (3, 4), (0, 4), (2, 4), \
(1, 4)], [1.0, 1.0, 1.0, 1.0, 1.0, 1.0, 1.0])
>>> g.A.to_dense ()
tensor([[0., 1., 1., 0., 1.],
        [1., 0., 0., 1., 1.],
        [1., 0., 0., 0., 1.],
        [0., 1., 0., 0., 1.],
        [1., 1., 1., 1., 0.]])
```

图还可以从高阶关联结构简化而来，主要有三种方法：星形扩展[7]、团扩展[8]和基于 HyperGCN[9]的扩展。

星形扩展会在图内将超图的超边视为虚拟节点，每一个虚拟节点连接超边内所有的节点。dhg.Graph.from_hypergraph_star()函数会返回两个值。第一个值是简化得到的图，第二个值为表示节点是否为实际节点的 vertex_mask。vertex_mask 为 True 表示该节点为实际节点，为 False 表示该节点为从超边转换的虚拟节点。以下给出一个转换的示例，其转换的结果如图 16.3 所示。

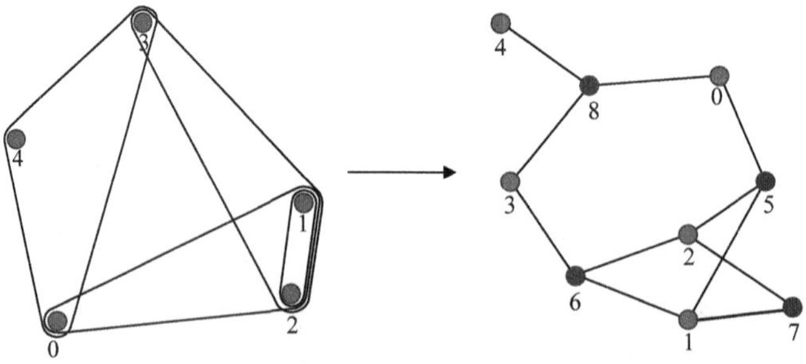

图 16.3（彩色）

图 16.3　使用 DHG 将超图星形扩展为图的示例

```
>>> g, v_mask=dhg.Graph.from_hypergraph_star (hg)
>>> g
Graph ( num_v=9,  num_e=11)
>>> g.e[0]
[(0, 5), (0, 8), (1, 5), (1, 6), (1, 7), (2, 5), (2, 6),\
(2, 7), (3, 6), (3, 8), (4, 8)]
>>> v_mask
tensor ([ True, True, True, True, True, False, False,\
False, False ])
>>> g.A.to_dense ()
tensor ([[0., 0., 0., 0., 0., 1., 0., 0., 1.],
         [0., 0., 0., 0., 0., 1., 1., 1., 0.],
         [0., 0., 0., 0., 0., 1., 1., 1., 0.],
         [0., 0., 0., 0., 0., 0., 1., 0., 1.],
         [0., 0., 0., 0., 0., 0., 0., 0., 1.],
         [1., 1., 1., 0., 0., 0., 0., 0., 0.],
         [0., 1., 1., 1., 0., 0., 0., 0., 0.],
         [0., 1., 1., 0., 0., 0., 0., 0., 0.],
         [1., 0., 0., 1., 1., 0., 0., 0., 0.]])
```

和星形扩展不同的是，团扩展不会在图内增加虚拟节点，它将超图内的超边简化为图的边。对于每一个超边，星形扩展会增加边，以把超边内的节点两两连接。以下给出一个转换的示例，其转换的结果如图 16.4 所示。

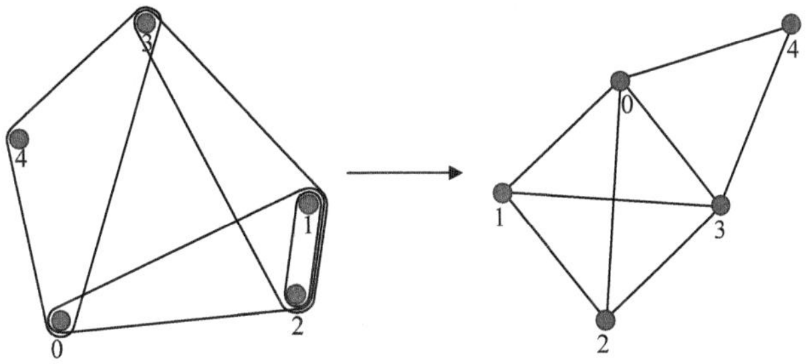

图 16.4 使用 DHG 将超图团扩展为图的示例

```
>>> g=dhg.Hypergraph.from_hypergraph_clique(hg)
>>> g=dhg.Graph.from_hypergraph_clique(hg)
>>> g
Graph(num_v=5, num_e=8)
>>> g.e
([(0, 1), (0, 2), (0, 3), (0, 4), (1, 2), (1, 3), (2, 3),\
(3, 4)], [1.0, 1.0, 1.0, 1.0, 1.0, 1.0, 1.0, 1.0])
>>> g.A.to_dense ()
tensor([[0., 1., 1., 1., 1.],
        [1., 0., 1., 1., 0.],
        [1., 1., 0., 1., 0.],
        [1., 1., 1., 0., 1.],
        [1., 0., 0., 1., 0.]])
```

基于 HyperGCN[9]的扩展方法将超图的超边简化为图的边。以下给出一个转换的示例，其转换的结果如图 16.5 所示。

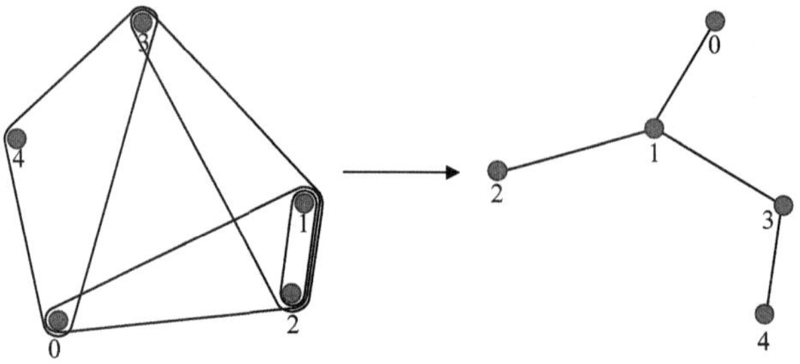

图 16.5　使用 DHG 将超图基于 HyperGCN 扩展为图的示例

```
>>> X=torch.tensor (([[0.6460, 0.0247],
                      [0.9853, 0.2172],
                      [0.7791, 0.4780],
                      [0.0092, 0.4685],
                      [0.9049, 0.6371]]))
>>> g=dhg.Graph.from_hypergraph_hypergcn(hg, X)
>>> g
Graph ( num_v=5 ,  num_e=4)
>>> g.e
([(0, 2), (2, 3), (1, 2), (3, 4)], \
[0.333333, 0.333333, 0.5, 0.333333 ])
>>> g.A.to_dense ()
tensor ([[0.0000, 0.0000, 0.3333, 0.0000, 0.0000],
         [0.0000, 0.0000, 0.5000, 0.0000, 0.0000],
         [0.3333, 0.5000, 0.0000, 0.3333, 0.0000],
         [0.0000, 0.0000, 0.3333, 0.0000, 0.3333],
         [0.0000, 0.0000, 0.0000, 0.3333, 0.0000]])

>>> g=dhg.Graph.from_hypergraph_hypergcn(hg, X, \
          with_mediator=True )
>>> g
Graph ( num_v=5 ,  num_e=6)
>>> g.e
([(1, 2), (0, 1), (2, 3), (1, 3), (3, 4), (0, 3)], \
[0.333333, 0.333333, 0.333333, 0.333333, 0.333333, \
0.333333])
>>> g.A.to_dense ()
tensor ([[0.0000, 0.3333, 0.0000, 0.3333, 0.0000],
         [0.3333, 0.0000, 0.3333, 0.3333, 0.0000],
         [0.0000, 0.3333, 0.0000, 0.3333, 0.0000],
         [0.3333, 0.3333, 0.3333, 0.0000, 0.3333],
         [0.0000, 0.0000, 0.0000, 0.3333, 0.0000]])
```

在 DHG 中，超图是超边中不含方向信息的超图。超图内的每个超边可以连接两个或更多的节点，其可以用所有节点的子集表示。可以使用如下方式构建：超边列表 dhg.Hypergraph、特征的 *k*-近邻 dhg.Hypergraph.from_feature_kNN()，以及从低阶关联结构提升而来。可以按照以下方式使用 dhg.Hypergraph 类从超边列表构建一个超图。

```
>>> hg=dhg.Hypergraph(5, [(0, 2, 1), (2, 3), (0, 4)])
>>> hg
Hypergraph(num_v=5, num_e=3)
>>> hg.e
([(0, 1, 2), (2, 3), (0, 4)], [1.0, 1.0, 1.0])
>>> #print the incidence matrix of the hypergraph
>>> hg.H.to_dense()
tensor([[1., 0., 1.],
        [1., 0., 0.],
        [1., 1., 0.],
        [0., 1., 0.],
        [0., 0., 1.]])
```

需要注意的是，超图里面的超边是节点的无序集，也就意味着超边(0,1,2)、超边(0,2,1)和超边(2,1,0)是同一个超边。如果超边有重边，这些重边将根据指定的 merge_op 合并。

```
>>> hg=dhg.Hypergraph(5, [(0, 1, 2), (2, 3), (2, 3), \
(0, 4)], merge_op="mean")
>>> hg.e
([(0, 1, 2), (2, 3), (0, 4)], [1.0, 1.0, 1.0])
>>> hg=dhg.Hypergraph(5, [(0, 1, 2), (2, 3), (2, 3), \
(0, 4)], merge_op="sum")
>>> hg.e
([(0, 1, 2), (2, 3), (0, 4)], [1.0, 2.0, 1.0])
```

除了从超边列表构建超图，还可以使用 dhg.Hypergraph.from_feature_kNN()函数根据特征的 *k*-近邻构建超图。用这种方法构建超图时，重边根据 mean 操作合并。下面给出一个示例。

```
>>> X=torch.tensor([[0.0658, 0.3191, 0.0204, 0.6955],
                    [0.1144, 0.7131, 0.3643, 0.4707],
                    [0.2250, 0.0620, 0.0379, 0.2848],
                    [0.0619, 0.4898, 0.9368, 0.7433],
                    [0.5380, 0.3119, 0.6462, 0.4311],
                    [0.2514, 0.9237, 0.8502, 0.7592],
                    [0.9482, 0.6812, 0.0503, 0.4596],
                    [0.2652, 0.3859, 0.8645, 0.7619],
                    [0.4683, 0.8260, 0.9798, 0.2933],
                    [0.6308, 0.1469, 0.0304, 0.2073]])
>>> hg=dhg.Hypergraph.from_feature_kNN(X, k=3)
>>> hg.e
([(0, 1, 2), (0, 1, 5), (0, 2, 9), (3, 5, 7), (4, 7, 8), \
```

```
(4, 6, 9), (3, 4, 7), (4, 5, 8), (2, 6, 9)], \
[1.0, 1.0, 1.0, 1.0, 1.0, 1.0, 1.0, 1.0, 1.0])
>>> hg.H.to_dense()
tensor([[1., 1., 1., 0., 0., 0., 0., 0., 0.],
        [1., 1., 0., 0., 0., 0., 0., 0., 0.],
        [1., 0., 1., 0., 0., 0., 0., 0., 1.],
        [0., 0., 0., 1., 0., 0., 1., 0., 0.],
        [0., 0., 0., 0., 1., 1., 1., 1., 0.],
        [0., 1., 0., 1., 0., 0., 0., 1., 0.],
        [0., 0., 0., 0., 0., 1., 0., 0., 1.],
        [0., 0., 0., 1., 1., 0., 1., 0., 0.],
        [0., 0., 0., 0., 1., 0., 0., 1., 0.],
        [0., 0., 1., 0., 0., 1., 0., 0., 1.]])
```

超图还可以从低阶关联结构提升而来，主要分为三种方法：将图直接视为只包含二元关系的超图、从图节点的 k-近邻构建超边以得到超图，以及从二分图构建。

将图直接视为超图的方法直接将图中的边视为度数为 2 的超边。以下给出一个转换的示例，转换结果如图 16.6 所示。

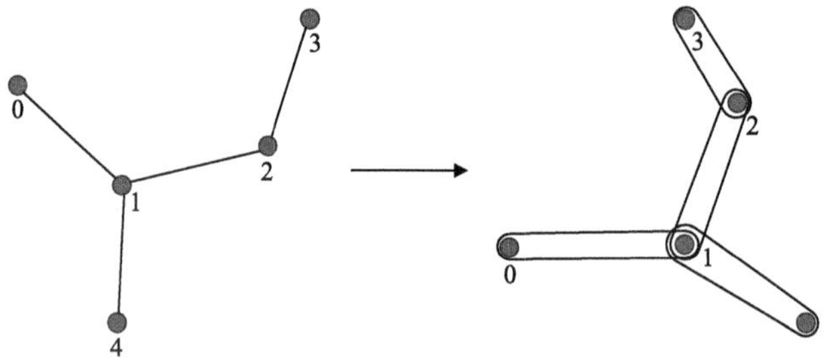

图 16.6　使用 DHG 将图直接视为超图的示例

```
>>> g=dhg.Graph(5, [(0, 1), (1, 2), (2, 3), (1, 4)])
>>> hg=dhg.Hypergraph.from_graph(g)
>>> hg.e
([(0, 1), (1, 2), (2, 3), (1, 4)], [1.0, 1.0, 1.0, 1.0])
>>> hg.H.to_dense()
tensor([[1., 0., 0., 0.],
        [1., 1., 0., 1.],
        [0., 1., 1., 0.],
        [0., 0., 1., 0.],
        [0., 0., 0., 1.]])
```

除了将图直接视为只包含二元关系的超图，还可以根据图中每一个节点的 k-近邻构造超边。该过程可以基于 dhg.Hypergraph.from_graph_kHop()函数实现。以下给出一个转换的示例，转换结果如图 16.7 所示。

```
>>> g=dhg.Graph(5, [(0, 1), (1, 2), (2, 3), (1, 4)])
>>> hg=dhg.Hypergraph.from_graph_kHop(g, k=1)
>>> hg.e
```

```
([(0, 1), (0, 1, 2, 4), (1, 2, 3), (2, 3), (1, 4)],
[1.0, 1.0, 1.0, 1.0, 1.0])
>>> hg.H.to_dense()
tensor([[1., 1., 0., 0., 0.],
        [1., 1., 1., 0., 1.],
        [0., 1., 1., 1., 0.],
        [0., 0., 1., 1., 0.],
        [0., 1., 0., 0., 1.]])
>>> hg=dhg.Hypergraph.from_graph_kHop(g, k=2)
>>> hg.e
([(0, 1, 2, 4), (0, 1, 2, 3, 4), (1, 2, 3)],\
[1.0, 1.0, 1.0])
>>> hg.H.to_dense()
tensor([[1., 1., 0.],
        [1., 1., 1.],
        [1., 1., 1.],
        [0., 1., 1.],
        [1., 1., 0.]])
```

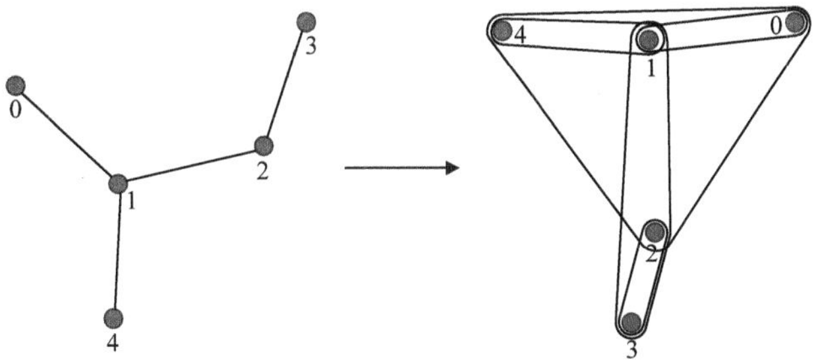

图 16.7　使用 DHG 从图节点的 *k*-近邻构建超边构造超图的示例

二分图中的节点可以被划分为两个互不相交且独立的集合 *u* 和 *v*。如果将二分图的其中一个节点集视为超图的节点集，二分图的另一个节点集视为超图的超边集，二分图节点之间的连接关系视为超图中节点和超边的关系，则可以将二分图提升为超图。下面给出使用 dhg.Hypergraph.from_bigraph()函数从二分图构建超图的示例，转换结果如图 16.8 所示。

```
>>> g=dhg.BiGraph(4, 3, [(0, 1), (1, 1), (2, 1), \
              (3, 0), (1, 2)])
>>> hg=dhg.Hypergraph.from_bigraph(g, U_as_vertex=True)
>>> hg
Hypergraph(num_v=4, num_e=3)
>>> hg.e
([(3,), (0, 1, 2), (1,)], [1.0, 1.0, 1.0])
>>> hg.H.to_dense()
tensor([[0., 1., 0.],
        [0., 1., 1.],
        [0., 1., 0.],
```

```
        [1., 0., 0.]])
>>> hg.e
>>> hg=dhg.Hypergraph.from_bigraph(g, U_as_vertex=False)
>>> hg
Hypergraph(num_v=3, num_e=3)
>>> hg.e
>>> hg.H.to_dense()
tensor([[0., 0., 1.],
        [1., 1., 0.],
        [0., 1., 0.]])
```

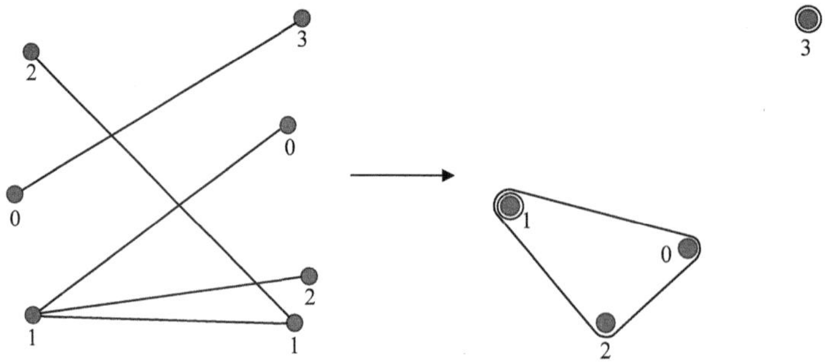

图 16.8（彩色）

图 16.8　使用 DHG 从二分图构建超图的示例

3. DHG 中随机关联结构生成

对于不同的关联结构（图、有向图、二分图和超图），DHG 的结构生成器可以分为以下两类：Gnm（生成包含 n 个节点和 m 条边/超边的随机关联结构）、Gnp（生成包含 n 个节点且以概率 p 选择边/超边）。

在随机图生成中，可以按照以下方式生成包含 n 个节点和 m 条边的图，以及生成包含 n 个节点且以概率 p 选择边的图。

```
>>> import dhg.random as dr
>>> g=dr.graph_Gnm(10, 20)
>>> g
Graph(num_v=10, num_e=20)

>>> g=dr.graph_Gnp(10, 0.5)
>>> g
Graph(num_v=10, num_e=24)
>>> g=dr.graph_Gnp_fast(10, 0.5)
>>> g
Graph(num_v=10, num_e=22)
```

在随机有向图生成中，可以按照以下方式生成包含 n 个节点和 m 条边的有向图，以及生成包含 n 个节点且以概率 p 选择边的有向图。

```
>>> import dhg.random as dr
>>> g=dr.digraph_Gnm(10, 20)
```

```
>>> g
Directed Graph(num_v=10, num_e=20)

>>> g=dr.digraph_Gnp(10, 0.5)
>>> g
Directed Graph(num_v=10, num_e=39)
>>> g=dr.digraph_Gnp_fast(10, 0.5)
>>> g
Directed Graph(num_v=10, num_e=35)
```

在随机二分图生成中，可以按照以下方式生成节点集 u 包含 num_u 个节点、节点集 v 包含 num_v 个节点和 m 个边的二分图，以及生成节点集 u 包含 num_u 个节点、节点集 v 包含 num_v 个节点且以概率 p 选择边的二分图。

```
>>> import dhg.random as dr
>>> g=dr.bigraph_Gnm(5, 6, 8)
>>> g
Bipartite Graph(num_u=5, num_v=6, num_e=8)

>>> g=dr.bigraph_Gnp(5, 6, 0.5)
>>> g
Bipartite Graph(num_u=5, num_v=6, num_e=19)
```

在随机二分图生成中，超图生成器可以分为以下两类：k-均匀超图（每个超边含有相同数量的节点）、一般超图（每个超边含有的节点数量随机）。可以按照以下方式包含 n 个节点和 m 条超边的 k-均匀超图，以及生成包含 n 个节点且以概率 p 选择超边的 k-均匀超图。

```
>>> import dhg.random as dr
>>> hg=dr.uniform_hypergraph_Gnm(3, 20, 5)
>>> hg
Hypergraph(num_v=20, num_e=5)
>>> hg.e
([(2, 11, 12), (4, 14, 18), (0, 5, 16), (2, 6, 12), \
(1, 3, 6)], [1.0, 1.0, 1.0, 1.0, 1.0])

>>> hg=dr.uniform_hypergraph_Gnp(3, 20, 0.01)
>>> hg
Hypergraph(num_v=20, num_e=8)
>>> hg.e
([(1, 6, 16), (2, 17, 18), (3, 14, 16), (5, 9, 17), \
(7, 12, 14), (10, 18, 19), (12, 13, 19), (12, 18, 19)],\
[1.0, 1.0, 1.0, 1.0, 1.0, 1.0, 1.0, 1.0])
```

也可以按照以下方式生成包含 n 个节点和 m 条超边的一般超图。

```
>>> import dhg.random as dr
>>> hg=dr.hypergraph_Gnm(8, 4)
>>> hg
```

```
Hypergraph(num_v=8, num_e=4)
>>> hg.e
([(0, 2, 5, 6, 7), (3, 4), (0, 1, 4, 5, 6, 7), (2, 5, 6)],\
[1.0, 1.0, 1.0, 1.0])
```

4. DHG 中关联结构的核心操作

DHG 支持多种不同的关联结构以及对应的聚合函数。表 16.1 展示了 DHG 支持的结构与对应的空域及谱域操作。

表 16.1 DHG 支持的结构与对应的空域、谱域操作

关联结构	类	类型	基于谱域的操作	基于空域的操作
图	dhg.Graph dhg.Graph	低阶关联	$\mathcal{L}, \mathcal{L}_{sym}, \mathcal{L}_{rw}, \mathcal{L}_{gcn}$	$v \to v$
有向图	dhg.Graph	低阶关联	—	$v_{src} \to v_{dst}, v_{dst} \to v_{src}$
二分图			$\mathcal{L}_{gcn}$	$u \to v, v \to u$
超图	dhg.HyperGraph	高阶关联	$\mathcal{L}, \mathcal{L}_{sym}, \mathcal{L}_{rw}, \mathcal{L}_{hgnn}$	$v \to e, e \to v$

对关联结构的两项核心操作包括基于谱域的卷积和基于空域的信息传递。基于谱域的卷积方法可学习给定结构的拉普拉斯矩阵，并利用生成的拉普拉斯矩阵对节点进行特征平滑处理，从而将低阶和高阶结构嵌入节点特征。基于空域的消息传递方法执行节点到节点、节点到超边、超边到节点和节点集到节点集的消息传递过程，将低阶和高阶结构嵌入节点特征。学习到的节点特征还可以汇集起来生成统一的结构特征。最后，学习到的节点特征或结构特征可用于许多下游任务，如分类、检索、回归和链路预测，以及论文分类、电影推荐、药物开发等应用。

基于谱域操作的核心是平滑矩阵，即拉普拉斯矩阵。每种结构都提供了一些常用的平滑矩阵。例如，GCN 中的拉普拉斯矩阵可以在图结构和二分图结构中调用，HGNN 中提出的拉普拉斯矩阵可以在超图结构中调用。在下面的示例中，随机生成一个有 5 个节点和 8 条边的图结构。可以使用 g.L_GCN 属性获取指定图结构的拉普拉斯矩阵，生成的拉普拉斯矩阵大小为 5×5。然后，对于任何输入的节点特征，都可以使用函数 g.smoothing_with_GCN()用指定的图 g 进行平滑处理。

```
>>> X=torch.rand(5, 2)
#Print information about the graph and feature
>>> g
Graph(num_v=5, num_e=8)
>>> #Print edges in the graph
>>> g.e[0]
[(0, 1), (2, 4), (0, 4), (3, 4), (0, 3), (2, 3), (0, 2)]
>>> #Print vertex features
>>> X
tensor([[0.3958, 0.9219],
        [0.7588, 0.3811],
        [0.0262, 0.3594],
        [0.7933, 0.7811],
```

```
         [0.4643, 0.6329]])
>>> #Print the inside Laplacian Matrix
>>> g.L_GCN.to_dense()
tensor([[0.2000, 0.2582, 0.2236, 0.2000, 0.2236],
        [0.2582, 0.3333, 0.0000, 0.2582, 0.0000],
        [0.2236, 0.0000, 0.2500, 0.2236, 0.2500],
        [0.2000, 0.2582, 0.2236, 0.2000, 0.2236],
        [0.2236, 0.0000, 0.2500, 0.2236, 0.2500]])
>>> X=g.smoothing_with_GCN(X)
#Print the vertex features after GCN-based smoothing
>>> X_
tensor([[0.5434, 0.6609],
        [0.5600, 0.5668],
        [0.3885, 0.6289],
        [0.5434, 0.6609],
        [0.3885, 0.6289]])
```

也可以使用 HGNN 的拉普拉斯矩阵对特征矩阵进行平滑处理，如下所示。

```
>>> hg=dhg.random.hypergraph_Gnm(5, 4)
>>> X=torch.rand(5, 2)
>>> hg.e[0]
[(2, 3), (0, 2, 4), (2, 3, 4), (1, 2, 3, 4)]
>>> X
tensor([[0.3958, 0.9219],
        [0.7588, 0.3811],
        [0.0262, 0.3594],
        [0.7933, 0.7811],
        [0.4643, 0.6329]])
>>> #Print the vertex features befor feautre smoothing
>>> X
tensor([[0.3958, 0.9219],
        [0.7588, 0.3811],
        [0.0262, 0.3594],
        [0.7933, 0.7811],
        [0.4643, 0.6329]])
>>> X_=hg.smoothing_with_HGNN(X)
>>> #Print the vertex features after HGNN-based smoothing
>>> X_
tensor([[0.2257, 0.4890],
        [0.3745, 0.3443],
        [0.5411, 0.7403],
        [0.4945, 0.5725],
        [0.4888, 0.6728]])
```

基于空域操作的核心是从源域到目标域的消息传递，以及使用不同聚合函数的消息聚合。在 DHG 中，源域和目标域可以是一个节点、指定节点集中的一个节点、一个超边或一个节点集。DHG 在低阶结构和高阶结构上都提供了多种类型的消息传递函数。在下面的示例中，随机生成了一个有 5 个节点和 8 条边的图结构。该图结构提供了从一个节点向另一个节点传播消息的功能，支持的消息聚合函数包括 mean、softmax 和 softmax_then_sum。

```
>>> import torch
>>> import dhg
>>> g=dhg.random.graph_Gnm(5, 8)
>>> #Generate a vertex feature matrix with size 5x2
>>> X=torch.rand(5, 2)
>>> #Print information about the graph and feature
>>> g
Graph(num_v=5, num_e=8)
>>> #Print edges in the graph
>>> g.e[0]
[(0, 1), (2, 4), (0, 4), (3, 4), (0, 3), (2, 3), (0, 2)]
>>> #Print vertex messages
>>> X
tensor([[0.3958, 0.9219],
        [0.7588, 0.3811],
        [0.0262, 0.3594],
        [0.7933, 0.7811],
        [0.4643, 0.6329]])
>>> #Propagate messages from a vertex to another vertex
>>> X_=g.v2v(X, aggr="mean")
>>> #Print new vertex messages
>>> X_
tensor([[0.5107, 0.5386],
        [0.5946, 0.8515],
        [0.5512, 0.7786],
        [0.4113, 0.5738],
        [0.4051, 0.6875]])
>>> #Propagate messages from a vertex to another vertex
>>> X_=g.v2v(X, aggr="sum")
>>> #Print new vertex messages
>>> X_
tensor([[2.0427, 2.1545],
        [1.1892, 1.7030],
        [1.6535, 2.3359],
        [1.6452, 2.2954],
        [1.2154, 2.0624]])
>>> #Set the weight of each edge for softmax
>>> e_weight=g.e_weight
>>> #Propagate messages from a vertex to another vertex
>>> X_=g.v2v(X,e_weight=e_weight,aggr="softmax_then_sum")
```

```
>>> #Print new vertex messages
>>> X_
tensor([[0.5107, 0.5386],
        [0.5946, 0.8515],
        [0.5512, 0.7786],
        [0.4113, 0.5738],
        [0.4051, 0.6875]])
```

在超图中，消息传递的方式则更为丰富，包括从节点到超边的消息传递、从超边到节点的消息传递、从节点集到节点集的消息传递等。下面是超图消息传递示例。

```
>>> #Print the vertex messages
>>> X
tensor([[0.3958, 0.9219],
        [0.7588, 0.3811],
        [0.0262, 0.3594],
        [0.7933, 0.7811],
        [0.4643, 0.6329]])
>>> #Message propagation from vertex to hyperedge
>>> Y_=hg.v2e(X, aggr="mean")
>>> #Print the new hyperedge messages
>>> Y_
tensor([[0.4098, 0.5702],
        [0.2955, 0.6381],
        [0.4280, 0.5911],
        [0.5107, 0.5386]])

>>> #Message propagation from hyperedge to vertex
>>> X_=hg.e2v(Y_, aggr="mean")
>>> #Print the new vertex messages
>>> X_
tensor([[0.2955, 0.6381],
        [0.5107, 0.5386],
        [0.4110, 0.5845],
        [0.4495, 0.5667],
        [0.4114, 0.5893]])

>>> #Print the vertex messages
>>> X
tensor([[0.3958, 0.9219],
        [0.7588, 0.3811],
        [0.0262, 0.3594],
        [0.7933, 0.7811],
        [0.4643, 0.6329]])
>>> #Message propagation from vertex set to vertex set
>>> X_=hg.v2v(X, aggr="mean")
>>> #Print the new vertex messages
```

```
>>> X_
tensor([[0.2955, 0.6381],
        [0.5107, 0.5386],
        [0.4110, 0.5845],
        [0.4495, 0.5667],
        [0.4114, 0.5893]])
```

5. 使用 DHG 构建模型

DHG 为构建模型提供了丰富的谱域和空域操作，以及多样化的关联结构。在此，将模型按照其特性划分为四类：谱域模型、空域模型、混合操作模型和混合关联结构模型。

在构建基于谱域的超图模型 HGNN 时，首先对所提供的超图进行拉普拉斯矩阵计算，并以此对特征进行平滑处理。给定超图的关联结构后，HGNN 的拉普拉斯矩阵将被预计算，并存储在属性 L_HGNN 中，以供后续使用。DHG 也提供 smoothing_with_ HGNN 函数，该函数利用 HGNN 的拉普拉斯矩阵对节点特征进行平滑处理。HGNN 模型的卷积层可被构造成如下形式，而多个 HGNNConv 层的叠加可以实现 HGNN 模型。

```
import dhg
import torch
import torch.nn as nn

class HGNNConv(nn.Module):
    def __init__(
        self,
        in_channels: int,
        out_channels: int,
        bias: bool=True,
        drop_rate: float=0.5,
    ):
        super().__init__()
        self.act=nn.ReLU(inplace=True)
        self.drop=nn.Dropout(drop_rate)
        self.theta=nn.Linear(in_channels, out_channels,\
                             bias=bias)

    def forward(self, X: torch.Tensor, \
            hg: dhg.Hypergraph) -> torch.Tensor:
        X=self.theta(X)
        X_=hg.smoothing_with_HGNN(X)
        X_=self.drop(self.act(X_))
        return X_
```

在空域模型 HGNN$^+$中，模型通过超边实现从一组节点到另一组节点的消息传递。每一层的实现方法如下所述，通过重叠多个 HGNNPConv 层，最终形成 HGNN$^+$模型。

```
import dhg
import torch
```

```
import torch.nn as nn

class HGNNPConv(nn.Module):
    def __init__(
        self,
        in_channels: int,
        out_channels: int,
        bias: bool=True,
        drop_rate: float=0.5,
    ):
        super().__init__()
        self.act=nn.ReLU(inplace=True)
        self.drop=nn.Dropout(drop_rate)
        self.theta=nn.Linear(in_channels, out_channels,\
                                  bias=bias)

    def forward(self, X: torch.Tensor, \
                  hg: dhg.Hypergraph) -> torch.Tensor:
        X=self.theta(X)
        Y=hg.v2e(X, aggr="mean")
        X_=hg.e2v(Y, aggr="mean")
        X_=self.drop(self.act(X_))
        return X_
```

混合操作模型允许同时使用基于谱域的卷积和基于空域的卷积将信息嵌入节点特征中。在给定关联结构 g 的情况下，混合操作模型的实现方式如下：

```
import dhg
import torch
import torch.nn as nn

class HOMConv(nn.Module):
    def __init__(
        self,
        in_channels: int,
        out_channels: int,
        bias: bool=True,
        drop_rate: float=0.5,
    ):
        super().__init__()
        self.act=nn.ReLU(inplace=True)
        self.drop=nn.Dropout(drop_rate)
        self.theta=nn.Linear(in_channels, out_channels,\
                            bias=bias)

    def forward(self, X: torch.Tensor, \
                  g: dhg.Graph) -> torch.Tensor:
```

```
        X=self.theta(X)
        X_spectral=g.smoothing_with_GCN(X)
        X_spatial=g.v2v(X, aggr="mean")
        X_=(X_spectral + X_spatial) / 2
        X_=self.drop(self.act(X_))
        return X_
```

混合关联结构模型支持接受多种类型的关联结构输入。构建了低阶关联结构（如图 g）以及高阶关联结构（如超图 hg），并给定了节点集与节点特征 X 后，混合关联结构模型的实现形式如下：

```
import dhg
import torch
import torch.nn as nn

class HSMConv(nn.Module):
    def __init__(
        self,
        in_channels: int,
        out_channels: int,
        bias: bool=True,
        drop_rate: float=0.5,
    ):
        super().__init__()
        self.act=nn.ReLU(inplace=True)
        self.drop=nn.Dropout(drop_rate)
        self.theta=nn.Linear(in_channels, out_channels,\
                             bias=bias)

    def forward(self, X: torch.Tensor, \
                g: dhg.Graph, hg: dhg.Hypergraph) \
                -> torch.Tensor:
        X=self.theta(X)
        X_g=g.v2v(X, aggr="mean")
        X_hg=hg.v2v(X, aggr="mean")
        X_=(X_g + X_hg) / 2
        X_=self.drop(self.act(X_))
        return X_
```

6. 使用 DHG 进行表示学习

首先，以 GCN 模型为例介绍如何使用 DHG 进行节点分类任务的学习与推理，这里选用的数据集是 Cora。首先导入所需的库：

```
import time
from copy import deepcopy
import torch
import torch.optim as optim
```

```
import torch.nn.functional as F
from dhg import Graph
from dhg.data import Cora
from dhg.models import GCN
from dhg.random import set_seed
from dhg.metrics \
   import GraphVertexClassificationEvaluator as Evaluator
```

接下来定义训练与推理的函数：

```
def train(net, X, A, lbls, train_idx, optimizer, epoch):
    net.train()
    st=time.time()
    optimizer.zero_grad()
    outs=net(X, A)
    outs, lbls=outs[train_idx], lbls[train_idx]
    loss=F.cross_entropy(outs, lbls)
    loss.backward()
    optimizer.step()
    return loss.item()

@torch.no_grad()
def infer(net, X, A, lbls, idx, test=False):
    net.eval()
    outs=net(X, A)
    outs, lbls=outs[idx], lbls[idx]
    if not test:
       res=evaluator.validate(lbls, outs)
    else:
       res=evaluator.test(lbls, outs)
    return res
```

其次定义主函数：

```
if __name__=="__main__":
    set_seed(2022)
    device=torch.device("cuda") \
       if torch.cuda.is_available() \
       else torch.device("cpu")
    evaluator=Evaluator(["accuracy",
                          "f1_score",
                          {"f1_score":
                             {"average": "micro"}}])
    data=Cora()
    X, lbl=data["features"], data["labels"]
    G=Graph(data["num_vertices"], data["edge_list"])
    train_mask=data["train_mask"]
    val_mask=data["val_mask"]
    test_mask=data["test_mask"]
```

```
    net=GCN(data["dim_features"],16,data["num_classes"])
    optimizer=optim.Adam(net.parameters(),
                         lr=0.01, weight_decay=5e-4)

    X, lbl=X.to(device), lbl.to(device)
    G=G.to(device)
    net=net.to(device)

    best_state=None
    best_epoch, best_val=0, 0
    for epoch in range(300):
        # train
        train(net, X, G, lbl, train_mask, optimizer, epoch)
        # validation
        if epoch % 1==0:
            with torch.no_grad():
                val_res=infer(net, X, G, lbl, val_mask)
            if val_res>best_val:
                print(f"update best: {val_res:.5f}")
                best_epoch=epoch
                best_val=val_res
                best_state=deepcopy(net.state_dict())
    print("\ntrain finished!")
    print(f"best val: {best_val:.5f}")
    # test
    print("test...")
    net.load_state_dict(best_state)
    res=infer(net, X, G, lbl, test_mask, test=True)
    print(f"final result: epoch: {best_epoch}")
    print(res)
```

如果需要在 Cora 上使用 HGNN 模型进行节点分类任务的学习与推理，其主函数略有不同，可以定义为：

```
if __name__=="__main__":
    set_seed(2022)
    device=torch.device("cuda") \
        if torch.cuda.is_available() \
        else torch.device("cpu")
    evaluator=Evaluator(["accuracy",
                         "f1_score",
                         {"f1_score":
                            {"average": "micro"}}])
    data=Cora()
    X, lbl=data["features"], data["labels"]
    G=Graph(data["num_vertices"], data["edge_list"])
```

```
    HG=Hypergraph.from_graph_kHop(G, k=1)
    train_mask=data["train_mask"]
    val_mask=data["val_mask"]
    test_mask=data["test_mask"]

    net=HGNN(data["dim_features"], 16, \
            data["num_classes"])
    optimizer=optim.Adam(net.parameters(),
                        lr=0.01, weight_decay=5e-4)

    X, lbl=X.to(device), lbl.to(device)
    HG=HG.to(device)
    net=net.to(device)

    best_state=None
    best_epoch, best_val=0, 0
    for epoch in range(200):
        # train
        train(net, X, HG, lbl, train_mask, optimizer, \
              epoch)
        # validation
        if epoch%1==0:
            with torch.no_grad():
                val_res=infer(net, X, HG, lbl, val_mask)
            if val_res>best_val:
                print(f"update best: {val_res:.5f}")
                best_epoch=epoch
                best_val=val_res
                best_state=deepcopy(net.state_dict())
    print("\ntrain finished!")
    print(f"best val: {best_val:.5f}")
    # test
    print("test...")
    net.load_state_dict(best_state)
    res=infer(net, X, HG, lbl, test_mask, test=True)
    print(f"final result: epoch: {best_epoch}")
    print(res)
```

运行上面的代码，就可以实现节点分类任务的训练与推理。对于其他的任务与模型，可以通过替换上述代码中的 model 与 metric 来进行修改。

7. DHG 中自动化超参调优

自动化的超参数搜索与调优（auto-ML）近年来发展迅速，其目标在于发现模型的最佳性能潜力。在 DHG 框架内，借助 Optuna 库实现了三种主要的自动调优策略：自动化高阶结构搜索、自动化模型架构搜索和自动化训练超参数搜索。

在 Auto-ML 中，trial 是代表实验单次运行的重要概念，其中 trial 参数需作为每个 builder 函数的首个参数传入。在每个构造器中，trial 允许在实验的每次运行过程中调用，以选取当前的参数设定。例如，trial.suggest_int 用于选取整型参数，trial.suggest_categorical 用于选取离散参数，而 trial.suggest_float 则用于选取浮点型参数。

在自动化高阶结构搜索中，结构调优函数主要针对超图等高阶关联结构，自动寻找最有效的结构形式。相较之下，低阶关联结构在模型应用时通常固定不变，而高阶关联结构的设计则具有较大的灵活性，不同的高阶关联结构可能对模型的性能产生显著影响[6]。以下示例将展示如何定义结构调优构造函数，以从低阶关联结构出发，构建潜在的高阶关联结构。

```
def structure_builder(trial):
    #g is the graph, X is the vertex feature matrix
    global g, X

    hg=dhg.Hypergraph.from_graph(g)
    if trial.suggest_categorical("use_hop1",[True, False]):
        hg.add_hyperedges_from_graph_kHop(g, 1, \
        only_kHop=True)
    if trial.suggest_categorical("use_hop2",[True, False]):
        hg.add_hyperedges_from_graph_kHop(g, 2, \
        only_kHop=True)
    if trial.suggest_categorical("use_feature_knn", \
    [True, False]):
        k=trial.suggest_int("k", 1, 10)
        hg.add_hyperedges_from_feature_kNN(X, k)

    return hg
```

在自动化模型架构搜索中，模型调优函数负责定义模型的层数、隐藏层维度和激活函数等架构元素。该函数的返回值是一个模型实例，属于 torch.nn.Module 类。以下示例将说明如何定义模型调优构造函数，以在每次实验中构建不同的模型架构。

```
from dhg.models import HGNNP

def model_builder(trial):
    global feature_dim, num_classes

    hidden_dim=trial.suggest_int("hidden_dim", 8, 128)
    use_bn=trial.suggest_categorical("use_bn", \
          [True, False])
    model=HGNNP(feature_dim, hidden_dim, num_classes, \
         use_bn=use_bn)

    return model
```

在自动化训练超参数搜索中，训练调优函数负责定义训练过程中所需的优化器、损失函数等对象。该构造函数接收 trial 和 model 作为输入参数，并返回一个至少包含优化器和损失函数的字典，其中学习率调度器 scheduler 为可选项。

```
import torch.nn as nn
import torch.optim as optim

def train_builder(trial, model):
    optimizer=optim.Adam(
        model.parameters(),
        lr=trial.suggest_loguniform("lr", 1e-4, 1e-2),
        weight_decay=trial.suggest_loguniform(\
                    "weight_decay", 1e-4, 1e-2),
    )
    criterion=nn.CrossEntropyLoss()
    return {
        "optimizer": optimizer,
        "criterion": criterion,
    }
```

基于上述介绍的结构调优函数、模型调优函数和训练调优函数，接下来将展示一个利用 HGNN$^+$ 模型在 Cooking 数据集上执行 Auto-ML 超图节点分类任务的例子。首先导入所需的库：

```
import torch
import torch.nn as nn
import torch.optim as optim

from dhg import Hypergraph
from dhg.data import Cooking200
from dhg.models import HGNNP
from dhg.random import set_seed
from dhg.experiments \
    import HypergraphVertexClassificationTask as Task
from dhg.metrics \
    import HypergraphVertexClassificationEvaluator \
    as Evaluator
```

接下来定义结构调优函数、模型调优函数和训练调优函数：

```
def structure_builder(trial):
    global hg_base, g
    cur_hg: Hypergraph=hg_base.clone()
    return cur_hg


def model_builder(trial):
    return HGNNP(dim_features, trial.suggest_int(\
            "hidden_dim", 10, 20), num_classes, use_bn=True)

```

```

def train_builder(trial, model):
    optimizer=optim.Adam(
        model.parameters(),
        lr=trial.suggest_loguniform("lr", 1e-4, 1e-2),
        weight_decay=trial.suggest_loguniform(\
                        "weight_decay", 1e-4, 1e-2),
    )
    criterion=nn.CrossEntropyLoss()
    return {
        "optimizer": optimizer,
        "criterion": criterion,
    }
```

其次定义主函数：

```
if __name__=="__main__":
    work_root=WORK_PATH
    set_seed(2022)
device=torch.device("cuda") \
         if torch.cuda.is_available() \
          else torch.device("cpu")
    data=Cooking200()
    dim_features=data["num_vertices"]
    num_classes=data["num_classes"]
    hg_base=Hypergraph(data["num_vertices"], \
                data["edge_list"])
    input_data={
        "features": torch.eye(data["num_vertices"]),
        "labels": data["labels"],
        "train_mask": data["train_mask"],
        "val_mask": data["val_mask"],
        "test_mask": data["test_mask"],
    }
    evaluator=Evaluator(["accuracy", "f1_score", \
              {"f1_score": {"average": "micro"}}])
    task=Task(
        work_root, input_data, model_builder, \
        train_builder, evaluator, device, \
        structure_builder=structure_builder,
    )
    task.run(200, 50, "maximize")
```

8. 使用 DHG 可视化关联结构

DHG 提供了一种简单的接口来可视化关联结构，其主要分为三步：①构造关联结构对象（也就是构造 dhg.Graph、dhg.BiGraph、dhg.DiGraph 或 dhg.Hypergraph）；②调用对象的 draw()方法；③调用 plt.show()显示图片或调用 plt.savefig()保存图片。

接下来将随机生成一个节点数为 10、超边数为 8 的超图，并可视化展示该超图关联结构。代码如下所示，执行完毕可以得到可视化图，如图 16.9 所示。

```
>>> import matplotlib.pyplot as plt
>>> from dhg.random import hypergraph_Gnm
>>> hg=hypergraph_Gnm(10, 8, method='low_order_first')
>>> hg.draw()
>>> plt.show()
```

节点的标签可以通过 v_label 参数自定义，v_label 可以为字符串列表，节点的标签为列表中的字符串。如果没有指定 v_label，那么图中不会显示任何标签。dhg.Graph、dhg.DiGraph 和 dhg.Hypergraph 中的 font_size 参数以及 dhg.BiGraph 中的 u_font_size 和 v_font_size 参数用于指定标签字体的相对大小，其默认值为 1；font_family 参数用于指定标签的字体，其默认值为 sans-serif。

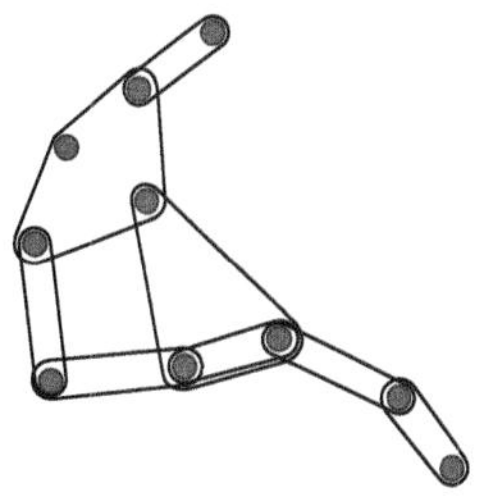

图 16.9　使用 DHG 可视化的超图

除了更改节点的标签，还可以更改节点和超边的颜色，对于 dhg.Graph、dhg.DiGraph 和 dhg.Hypergraph，节点的颜色可以由 v_color 参数指定，超边的颜色可以由 e_color 指定。对于 dhg.BiGraph，集合 U 内节点的颜色可以由 u_color 参数指定，集合 V 内节点的颜色可以由 v_color 参数指定。v_color、u_color 和 e_color 参数可以是单个字符串或字符串列表。若为单个字符串，那么所有的节点或超边将根据该字符串着色；若为字符串列表，节点或超边的颜色为该列表中的字符串。以下代码展示如何自定义超图的节点标签、节点颜色和超边颜色。代码如下所示，执行完毕可以得到可视化图，如图 16.10 所示。

```
>>> import matplotlib.pyplot as plt
>>> from dhg.random import hypergraph_Gnm
>>> hg=hypergraph_Gnm(5, 4, method='low_order_first')
>>> hg.draw(v_label=['A', 'B', 'C', 'D', 'E'], font_size=1.5,
    font_family='serif', v_color=['cyan', 'cyan', 'red',
    'red', 'red'], e_color=['grey', 'black', 'grey', 'black'])
>>> plt.show()
```

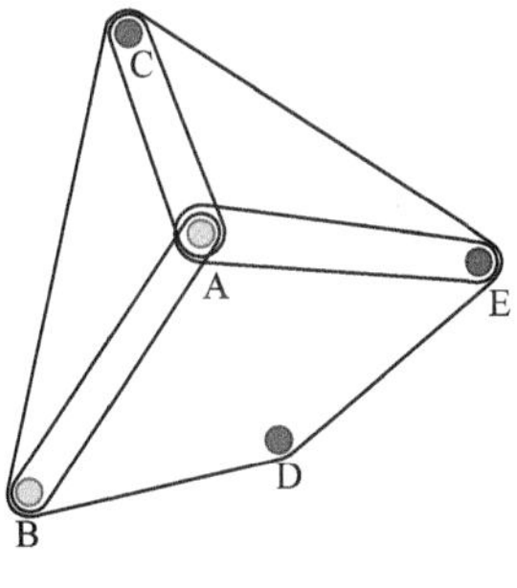

图 16.10　使用 DHG 自定义参数可视化的超图

受篇幅限制，本章仅简要介绍了 DHG 工具的部分关键示例。关于 DHG 的更多使用方法可参考该工具的使用手册 https://deephypergraph.readthedocs.io/en/latest/index.html。

参考文献

[1] AKIBA T, SANO S, YANASE T, et al. Optuna: A next-generation hyperparameter optimization framework[C]//Proceedings of the ACM SIGKDD International Conference on Knowledge Discovery and Data Mining. Anchorage: ACM, 2019: 2623-2631.

[2] KIPF T N, WELLING M. Semi-supervised classification with graph convolutional networks[C]//International Conference on Learning Representations. San Juan, 2016.

[3] FENG Y, YOU H, ZHANG Z, et al. Hypergraph neural networks[C]//Proceedings of the AAAI Conference on Artificial Intelligence. Honolulu: AAAI Press, 2019: 3558-3565.

[4] HAMILTON W, YING Z, LESKOVEC J. Inductive representation learning on large graphs[C]//Advances in Neural Information Processing Systems. Long Beach: Curran Associates Inc., 2017: 30.

[5] VELIČKOVIĆ P, CUCURULL G, CASANOVA A, et al. Graph attention networks[C]//International Conference on Learning Representations. Vancouver, 2018.

[6] GAO Y, FENG Y, JI S, et al. HGNN$^+$: General hypergraph neural networks[J]. IEEE Transactions on Pattern Analysis and Machine Intelligence, 2022, 45(3): 3181-3199.

[7] AGARWAL S, BRANSON K, BELONGIE S. Higher order learning with graphs[C]//Proceedings of the International Conference on Machine Learning. Pittsburgh: ACM, 2006: 17-24.

[8] SUN L, JI S, YE J. Hypergraph spectral learning for multi-label classification[C]//Proceedings of the ACM SIGKDD International Conference on Knowledge Discovery and Data Mining. Las Vegas: ACM, 2008: 668-676.

[9] YADATI N, NIMISHAKAVI M, YADAV P, et al. HyperGCN: A new method for training graph convolutional networks on hypergraphs[C]//Advances in Neural Information Processing Systems. Vancouver: Curran Associates Inc., 2019: 32.

第 17 章　总结与展望

17.1　总　　结

2004 年，Mathematics Awareness Month 的主题是网络中的数学（the mathematics of networks）。自 2004 年开始，网络科学和数据科学都开始迅速发展。网络，即关联关系，通常通过一个图（graph）来表示，这里图是一个由节点和边组成的结构。在这种抽象刻画中，图上的节点用来表示实际系统中的实体，而图上的边表示实体之间的关联关系。在过去几十年间，图的应用推动了对各种复杂系统及其结构和动态特征的刻画，并逐步拓展到加权图、符号图及有向图等结构。根据图的定义，图上所有的关联关系都是成对关系，或称为二元相互作用。需要指出的是，许多现实世界的系统中的关联并不存在于成对的节点之间，而是在节点群体的层面上，通常涉及两个以上节点的联合非线性相互作用。例如，神经科学中需要预测多个神经元之间的协同相互作用；生物网络中的蛋白质和靶点也通过复杂的相互作用模式影响细胞功能，涉及多个信号传递路径的集成；社交网络中的朋友和敌人关系也通常涉及多个个体，超越了二元相互作用的范畴。因此，为了充分获取实际关联关系的特性，关键在于要超越仅能捕捉成对关联关系的图结构，深入挖掘更高阶关联关系相互作用的影响。高阶关联关系的重要性在许多领域都展现出来，因此需要对高阶表示有新的、更深入的理解。

超图和单纯复形是支撑这种高阶关联表示的天然选项。超图由于其在复杂关联关系建模方面的显著优势，获得了学术界的广泛关注，并在计算机视觉、社交网络分析以及生物医学等众多应用领域展现出其独特的优越性。本书从超图这一概念入手，全面系统地介绍了超图计算的基础知识、算法及其应用，并探讨了超图计算领域的最新研究进展。

超图计算以高阶关联作为桥梁，可以有效建模数据与知识等信息所蕴含的多尺度高阶关联，并实现高阶关联和数据的协同计算，突破了传统方法中仅侧重数据或成对关联的局限，实现了对待分析目标的精确语义刻画。相较于传统方法，超图计算有效减少了对数据的依赖，降低了开放场景限制，提升了神经网络的可解释性。

本书第一部分首先阐述了超图的基本概念和主要术语，并对超图相关的数学基础进行了详细说明。然后，探讨了超图计算的范式，包括个体表征学习、群体表征学习以及群体关联学习，并提供了一个关于超图计算多元目标的全面框架。本部分还涉及了超图建模的理论分析，从多角度对比分析了超图与传统图的差异。在超图结构建模章节中详细介绍了如何从收集的数据中构建并优化超图结构。本书第二部分着重介绍了从超图学习到超图上的神经网络等一系列算法，包括转导式超图学习、归纳式超图学习等超图学习框架，并介绍了超图上的聚类等典型的超图计算任务。此外，还详细讨论了超图上的神经网络模型，包括经典的朴素超图神经网络、通用超图神经网络以及适用于动态场景的时序超图神经网络等。针对超图神经网络可视野局限的问题，这一部分进一步介绍了超图动力系统，其以微分动力学的角度模拟超图特征动态变化，并将可视野扩展到全局。在面临大规模数据挑战时，如何进行高效的超图计算和轻量化部署成为实际应用中的关键。这一部分也系统整理了多种面向大规模超图的高效计算方法和轻量化部署策略，以促进超图计算在工业界的实际应用。此外，该部分还讨论了超图大模型的发展方向。本书第三部分介绍了超图计算在医学、计算机视觉和社交媒体分析等领域的应用案例，包括计算机辅助诊断、视觉配准、推荐系统、情感分析等任务。这些应用实例展示了如何使用超图进行高阶关联建模，并为不同的目标选择适当的计算范式。最后，本书介绍了用于超图计算的 DeepHypergraph 工具，为超图计算的实践和研究提供了技术支持。

17.2 未 来 展 望

在过去的十余年中，超图计算系列方法取得了显著进展，但针对高阶关联的建模与计算仍处于初级阶段，还有许多深入的理论问题和技术挑战需要解决。本节着重讨论超图计算的潜在研究方向，包括超图计算的可解释性、超图结构压缩、超图信息量化、超图结构演化、超图大模型以及面向蛋白质等领域的超图建模与分析。

1. 超图计算的可解释性

在人工智能的发展过程中，深度学习模型的应用日益普及，在多种应用中显示出了突出的能力，如医疗诊断、金融风险评估、交通管理等领域。然而，深度学习模型的一个主要挑战是其决策过程的不透明性，这带来了信任和可靠性问题。例如，在医疗领域，一个原理不透明的模型可能会对患者的诊断和治疗产生重大影响；在金融领域，一个难以解释的模型可能导致错误的风险评估。因此，模型的可解释性成为人工智能研究的一个重要方向。

超图计算作为一种新的计算范式，为复杂数据建模表示提供了一种更为复杂和灵活的方式。超图结构通过其拓扑属性能够表达多个节点之间的关系，这在处理高阶复杂关联方面尤为有用。然而，这种扩展性也为超图计算的可解释性带来了一定挑战。要解决超图计算的可解释性问题，需要考虑超图建模的合理性，识别影响决策过程的关键节点和超边，以及评估哪些节点特征对模型的预测最为关键。在实际操作中，超图计算的可解释性可以从两个层面进行探究：实例级和模型级。实例级方法聚焦于影响模型决策结果的关键特征。例如，可以使用不同的掩码生成算法来获得与节点、边或入射矩阵相对应的掩码，然后将掩码作为干扰因素来覆盖原始结构信息，研究不同干扰因素对原始结构的影响。模型级方法关注更高层的模型解释，而不涉及具体的输入特征。例如，探索不同的超图结构（如超边的大小和形状）如何影响模型的学习过程，以及这些结构在模型决策中的作用。在应用领域中也存在大量的超图，其结构与功能高度相关，如生物化学、神经生物学、生态学和工程学等。在神经生物学中，超图模型可能被用于模拟大脑中的神经网络，理解这些网络如何处理信息，以及不同部分如何相互作用对分析脑信号及对外界刺激的反应将起到重要作用，而如何结合领域知识来提高超图计算模型的可解释性是值得深入探索的。对于文本或图像等数据，尽管人类可以较容易地理解语义信息，但直观理解复杂的超图结构和信息仍然具有挑战。因此，将复杂的超图结构和关联信息以更直观的形式呈现的可视化方法也已经成为一个重要的研究方向。超图计算可视化能够帮助用户更好地理解数据建模，以及模型如何从这些数据中提取和处理信息，从而提升超图计算的可解释性。

2. 超图结构压缩

随着信息技术的飞速发展，特别是在 AIGC 技术快速发展的今天，数据生成的速度和规模已经达到了前所未有的水平。在社交网络、生物信息学以及互联网应用中，超图作为一种表达高阶关系的强大工具，已经被广泛应用于复杂数据结构的建模。然而，超图自身固有的复杂性，加之实际应用中海量数据的涌现，不可避免地给数据存储和处理带来巨大的挑战。因此，超图结构压缩技术迫在眉睫，目的是减少数据存储需求，提高数据传输效率，同时保持超图数据的核心信息和结构特征，以提高处理速度和减少计算资源的使用。例如，可以通过利用超图的结构特性来设计专门的压缩算法。在超图结构压缩的过程中，尤其是在有损压缩中，如何保持超图的关键特征是一大挑战，而量化压缩前后超图的变化及评估信息损失对分析结果的影响也是进一步研究的关键点。具体而言，超图结构压缩可以从如下角度开展。

首先是基于张量的超图结构压缩方法。超图的结构可以转换为数学上的多维数组或张量，其压缩通常涉及矩阵分解、张量分解等高阶数学技术。如何从张量视角进行超图结构压缩是一个值得探索的角度。可扩展的超图结构压缩研究如何设计易于扩展的超图结构压缩方法，以适应不断增长的数据规模和日益复杂的数据结构。基于可信计算的超图结构压缩研究如何在压缩数据的同时保护用户隐私，结合差分隐私等技术确保敏感信息不被泄露，防止在数据压缩过程中产生安全漏洞，确保压缩数据在传输和存储过程中的安全性。多层次与多分辨率超图结构压缩通过构建超图的多层次表示，从而在不同的层级上能够以不同的精度查看和处理数据，提高超图数据建模和学习的灵活性和效率。

3. 超图信息量化

超图被用来捕捉和表达实体之间复杂的关系，而如何量化超图中的信息以便于有效存储和快速处理，也是一个迫切需要解决的问题。信息量化不仅涉及数据的大小，还包括数据的复杂性和内在价值。在超图信息量化中，关键在于保留超图的结构特性和重要信息，在压缩或简化过程中也要尽可能地减少信息损失。因此，超图信息量化的研究不仅对数据存储非常重要，同时在数据的可视化、模式识别和机器学习等领域也将发挥重要作用。目前，超图信息量化技术正从基础理论研究逐步过渡到实际应用，近期研究也设计了一些量化指标和压缩算法（如基于信息熵、最小化边重叠的压缩策略等），在一定程度上实现了对超图数据的有效量化和压缩，但大都还处于初级阶段，尚未完全满足实际应用中对于高效率和高准确度的需求。未来超图信息量化的发展主要面临以下几点挑战。首先，目前的量化指标可能无法全面反映超图的复杂性和多样性，需要研究更加全面的量化指标，以适应不同场景下的需求。其次，在信息量化过程中，如何平衡算法的效率与准确性也是一个重要问题。现有算法往往需要在两者之间做出权衡，这限制了它们的应用范围。随着数据规模的持续增长，现有的量化和压缩算法在处理大规模超图时面临巨大挑战。同时，许多超图是动态变化的（如社交网络中用户的交互），这些动态超图的信息量化需要能够实时适应结构的变化。在很多应用中，超图需要整合来自不同领域和层面的数据，如何在量化时考虑和融合这些多维度信息，以避免信息丢失或扭曲，也是需要解决的一个难题。超图信息量化需要跨不同领域的知识和技术，包括数学、统计学、计算机科学和特定的应用领域知识，同时还需要考虑不同用户的个性化需求以及应用环境的特性，实现个性化和环境适应性的量化策略。

4. 超图结构演化

超图结构演化是一个在多个学科中均具有重要意义的研究课题。现实世界中许多系统都是动态变化的，了解这些系统的演化过程对于预测未来的状态、制定干预策略至关重要。超图结构演化的研究旨在揭示这些复杂系统随时间变化的内在规律。首先，超图结构演化是理解复杂系统的基础。现实世界充满了复杂的系统，如社交网络、生物系统、交通网络等，这些系统通常表现出高度的复杂性和动态性。超图提供了一个自然且强大的数学工具来描述这些系统中的多元关系和动态演化。深入研究超图结构的演化能够更好地理解这些复杂系统的内在机制和规律。其次，对超图结构演化的研究有助于预测和管理复杂网络。例如，在生物网络中，通过理解蛋白质相互作用的动态变化可以预测疾病的发展并设计更有效的治疗方法；在社交网络中，通过分析人际关系的演化可以预测信息的传播路径并制定更有效的传播策略。此外，对超图结构演化的研究还可以帮助人们应对大数据时代的挑战。在大数据时代，人们面临的挑战不仅是数据量的增加，还有数据复杂性的增加。超图结构演化的研究提供了一种处理和分析复杂数据的有效工具，有助于从大规模、动态、多元关系的数据中提取有用的信息和知识。

超图结构演化的研究可能会聚焦于以下几个方面。第一，研究如何对超图进行动态建模，这涉及创建数学和计算模型来描述超图随时间的演化，包括定义超图中顶点和超边的添加、删除和变化规则，以及这些规则如何受到超图内部结构和外部因素的影响。这一研究的目标是捕捉和预测实际系统的演变趋势。第二，对超图拓扑结构的分析，研究超图的结构特性，如度分布、集聚系数、社区结构等，以及这些特性随时间的变化规律，有助于理解超图的局部和全局组织方式，以及这些组织方式如何影响系统的功能和演化。第三，对超图演化模式与机制的探索，探究影响超图演化的因素，包括节点的内在属性、超边的组合性质以及外部环境的影响等。此外，研究不同类型的演化模式，如渐进式演化、突变、周期性变化等。第四，多层次与多模态分析，在许多实际应用中，系统可以用多层次或多模态的超图来表示，其中不同层次或模态代表不同类型的实体或关系。研究如何整合这些不同层次或模态的信息，以及它们如何共同影响整个系统的演化。第五，面向应用领域的特定问题的研究。超图结构演化的理论和方法可以应用于多个领域，如社交网络分析、生物信息学、通信网络等。每个领域都有其特定的问题和挑战，如在社交网络中理解信息传播的机制，在生物网络中探索蛋白质相互作用的变化等。

5. 超图大模型

大语言模型已经在诸如机器翻译、文本生成、情感分析等多种自然语言处理任务中证明了其强大的性能。这些模型通过大规模的数据训练，学习到了语言的深层结构和语义，能够理解和生成与人类相似水平的文本。然而，尽管大语言模型在文本处理领域取得了显著的成就，其在理解复杂数据关联关系上仍存在挑战。引入超图计算能够显著提高大语言模型在理解高阶关联结构信息方面的能力，有效地缩小文本理解与高阶关系建模之间的鸿沟。随着数据获取的日益便捷，挖掘数据内在的复杂模式和关联关系的需求也相应增加，这进一步凸显了研究超图大模型的必要性。超图大模型的研究将为实际应用提供新的可能性。未来的研究将需要解决如何更有效地将超图计算与大语言模型结合，以及如何提升这些模型的可扩展性和计算效率，以更精确地探索和利用超图编码的关联信息，进而扩展其应用范围。

在进一步的研究中，基于超图的大模型可能会在几个关键领域带来创新和突破。首先，超图神经网络的自监督学习方法将进一步完善，能够更有效地处理复杂的结构和属性信息。通过使用掩码技术对超图中的节点属性和超边结构进行自监督学习，模型能够更好地理解和重建信息，这不仅提高了模型的泛化能力，也为各种下游任务提供了更丰富的特征表示。其次，将大语言模型应用于超图的结构化和文本化处理将成为一个重要研究方向。通过将复杂的超图结构转化为统一的标记或文本形式，大语言模型可以更容易地处理这些信息，从而实现对超图数据的深入理解和推理。这种方法不仅增强了模型处理结构化数据的能力，也拓展了大语言模型在非传统文本数据上的应用范围。除此之外，超图神经网络与大语言模型的结合将开辟新的研究方向和应用前景。例如，大语言模型可以引导超图神经网络学习深层语义特征，加强其在处理高阶复杂结构时的能力。同时，大语言模型所生成的丰富特征信息可以用来增强超图神经网络的表达能力，使之能够更准确地捕捉和表达数据中的细微关系。此外，通过在隐空间对齐超图神经网络和大语言模型的表示，可以确保两种方法在性能上的一致性，从而获取更完整和更准确的信息表征。最后，超图和大模型的结合不仅能够推动人工智能技术的发展，也将为解决现实世界中的复杂问题提供新的视角和工具。随着研究的不断深入和技术的进步，预计未来将看到更多基于超图的大模型在多个领域得到广泛应用，如生物信息学、社交网络分析、复杂系统建模等，展现出其价值和潜力。

6. 面向蛋白质分析等领域的超图计算

在蛋白质分析等新兴应用领域中，超图计算都有望大显身手。以蛋白质分析为例，蛋白质是生命体中不可缺少的大分子，执行多样化的生物功能，包括作为酶促进生物化学反应、作为信号分子参与细胞之间的通信以及作为结构组件维持细胞和组织的结构完整等。理解蛋白质的结构和功能对于深入探索生物学过程、疾病机理以及开发新药和治疗策略具有重要意义。尽管现代生物技术和生物信息学的发展极大地推进了对蛋白质理解的深度和广度，但仍面临诸多挑战。例如，蛋白质之间的相互作用网络极其复杂，且往往与多种调控机制相互交织；蛋白质的结构预测和功能注释在很大程度上仍是计算密集型和数据密集型的问题，需要更有效的计算方法和数据处理策略。

在蛋白质分析领域，超图计算能够为表达和分析蛋白质复杂交互网络提供新的视角和方法论。超图结构可以更为精准地描绘蛋白质之间的多方面关系，比如多个蛋白质组成的复合物或多个蛋白质在某一特定生物过程中的共同作用。通过超图的高维数据表示和分析，有助于对蛋白质的功能、相互作用及其在复杂疾病中的角色有更深入的理解。未来的研究不仅可以通过超图计算来揭示蛋白质网络背后的复杂机制，还可以探索如何将这一计算范式应用于实际的生物医学问题，如疾病标志物的发现、药物靶点的识别以及个性化医疗的实现。研究更加精准和动态的超图计算方法，以捕获蛋白质之间复杂且时变的相互作用，从而支撑深入理解蛋白质在不同生物学过程中的具体角色。跨学科合作的加强，特别是将数学、统计学和计算科学的最新成果应用于超图计算理论的扩展，将为解决蛋白质领域的复杂问题带来新的途径。